ASSOCIATION
FRANÇAISE
POUR
L'AVANCEMENT DES SCIENCES

Une table des matières est jointe à chacune des parties du Compte rendu de la session de Grenoble ; une table analytique *générale* par ordre alphabétique termine la 2e partie.

Dans cette table les nombres qui sont placés après l'astérisque se rapportent aux pages de la 2e partie.

PARIS. — IMPRIMERIE CHAIX (S.-O.). — 24742-5.

ASSOCIATION
FRANÇAISE
POUR
L'AVANCEMENT DES SCIENCES

COMPTE RENDU DE LA 14E SESSION

GRENOBLE

— 1885 —

PREMIÈRE PARTIE

DOCUMENTS OFFICIELS. — PROCÈS-VERBAUX

PARIS

AU SECRÉTARIAT DE L'ASSOCIATION

4, RUE ANTOINE-DUBOIS, 4

ET CHEZ M. GEORGES MASSON, LIBRAIRE DE L'ACADÉMIE DE MÉDECINE

120, BOULEVARD SAINT-GERMAIN

—

1886

ASSOCIATION FRANÇAISE

POUR L'AVANCEMENT DES SCIENCES

MINISTÈRE
de
l'Instruction publique
et
DES BEAUX-ARTS

CABINET

—

BUREAU
de l'Enregistrement
général
et des Archives.

—

N° 7970.

Reconnaissance d'Utilité publique.

DÉCRET

LE PRÉSIDENT DE LA RÉPUBLIQUE FRANÇAISE,

Sur le rapport du Ministre de l'Instruction publique et des Beaux-Arts,

Vu le procès-verbal de la séance tenue à Lille, le 27 août 1874, par l'Assemblée générale de l'Association française pour l'avancement des sciences, et la demande formée par cette Société, le 5 décembre 1875, à l'effet d'être reconnue comme établissement d'utilité publique ;

Vu les statuts de ladite Société, l'état de sa situation financière et les autres pièces fournies à l'appui de sa demande ;

Le Conseil d'État entendu,

DÉCRÈTE :

ARTICLE PREMIER. — L'Association française pour l'avancement des sciences est reconnue comme établissement d'utilité publique.

ART. 2. — Les statuts sont approuvés tels qu'ils sont annexés au présent décret.

Aucune modification ne pourra y être apportée sans l'autorisation du Gouvernement.

ART. 3. — Le Ministre de l'Instruction publique et des Beaux-Arts est chargé de l'exécution du présent décret.

Fait à Paris, le 9 mai 1876.

Signé : Maréchal DE MAC-MAHON.

Par le Président de la République :

Le Ministre de l'Instruction publique et des Beaux-Arts,
Signé : WADDINGTON.

Pour ampliation :
Le Chef du Cabinet et du Secrétariat,
Signé : L. DE LASTEYRIE.

STATUTS ET RÈGLEMENT

STATUTS

TITRE Ier. — But de l'Association.

Article premier. — L'Association se propose exclusivement de favoriser, par tous les moyens en son pouvoir, le progrès et la diffusion des sciences, au double point de vue du perfectionnement de la théorie pure et du développement des applications pratiques.

A cet effet, elle exerce son action par des réunions, des conférences, des publications, des dons en instruments ou en argent aux personnes travaillant à des recherches ou entreprises scientifiques qu'elle aurait provoquées ou approuvées.

Art. 2. — Elle fait appel au concours de tous ceux qui considèrent la culture des sciences comme nécessaire à la grandeur et à la prospérité du pays.

Art. 3. — Elle prend le nom d'*Association française pour l'avancement des sciences.*

TITRE II. — Organisation.

Art. 4. — Les membres de l'Association sont admis, sur leur demande, par le Conseil.

Art. 5. — Sont membres de l'Association les personnes qui versent la cotisation annuelle. Cette cotisation peut toujours être rachetée par une somme versée une fois pour toutes. Le taux de la cotisation et celui du rachat sont fixés par le Règlement.

Art. 6. — Sont membres fondateurs les personnes qui ont versé, à une époque quelconque, une ou plusieurs souscriptions de 500 francs.

Art. 7. — Tous les membres jouissent des mêmes droits. Toutefois, les noms des membres fondateurs figurent perpétuellement en tête des listes alphabétiques, et ces membres reçoivent gratuitement, pendant toute leur vie, autant d'exemplaires des publications de l'Association qu'ils ont versé de fois la souscription de 500 francs.

Art. 8. — Le capital de l'Association se compose des souscriptions des membres fondateurs, des sommes versées pour le rachat des cotisations, des dons et legs faits à l'Association, à moins d'affectation spéciale de la part des donateurs.

Art. 9. — Les ressources annuelles comprennent les intérêts du capital, le montant des cotisations annuelles, les droits d'admission aux séances et les produits de librairie.

Art. 10. — Chaque année, le capital s'accroît d'une retenue de 10 0/0 au moins sur les cotisations, droits d'entrée et produits de librairie.

TITRE III. — Sessions annuelles.

Art. 11. — Chaque année, l'Association tient, dans l'une des villes de France, une session générale dont la durée est de huit jours : cette ville est désignée par l'Assemblée générale, au moins une année à l'avance.

Art. 12. — Dans les sessions annuelles, l'Association, pour ses travaux scientifiques, se répartit en sections, conformément à un tableau arrêté par le Règlement général.

Ces sections forment quatre groupes, savoir :

1° Sciences mathématiques,
2° Sciences physiques et chimiques,
3° Sciences naturelles,
4° Sciences économiques.

Art. 13. — Il est publié chaque année un volume, distribué à tous les membres, contenant :

1° Le compte rendu des séances de la session;

2° Le texte ou l'analyse des travaux provoqués par l'Association, ou des mémoires acceptés par le Conseil.

COMPOSITION DU BUREAU

Art. 14. — Le Bureau de l'Association se compose :

D'un Président,
D'un Vice-Président,
D'un Secrétaire,
D'un Vice-Secrétaire,
D'un Trésorier.

Tous les membres du Bureau sont élus en Assemblée générale.

Art. 15. — Les fonctions de Président et de Secrétaire de l'Association sont annuelles; elles commencent immédiatement après une session et durent jusqu'à la fin de la session suivante.

Art. 16. — Le Vice-Président et le Vice-Secrétaire d'une année deviennent, de droit, Président et Secrétaire pour l'année suivante.

Art. 17. — Le Président, le Vice-Président, le Secrétaire et le Vice-Secrétaire de chaque année sont pris respectivement dans les quatre groupes de sections, et chacun est pris à tour de rôle dans chaque groupe.

Art. 18. — Le Trésorier est élu par l'Assemblée générale; il est nommé pour quatre ans et rééligible.

Art. 19. — Le Bureau de chaque section se compose d'un Président, d'un Vice-Président, d'un Secrétaire, et, au besoin, d'un Vice-Secrétaire élu par cette section parmi ses membres.

TITRE IV. — Administration.

Art. 20. — Le siège de l'Administration est à Paris.

Art. 21. — L'Association est administrée gratuitement par un Conseil composé :

1° Du Bureau de l'Association, qui est en même temps le Bureau du Conseil d'administration;
2° Des Présidents de sections;
3° De trois membres par section, élus à la majorité relative en Assemblée générale, sur la proposition de leurs sections respectives, renouvelables par tiers chaque année.

Art. 22. — Les anciens Présidents de l'Association continuent à faire partie du Conseil.

Art. 23. — Les Secrétaires des sections de la session précédente sont admis dans le Conseil avec voix consultative.

Art. 24. — Pendant la durée des sessions, le Conseil siège dans la ville où a lieu la session.

Art. 25. — Le Conseil d'administration représente l'Association et statue sur toutes les affaires concernant son administration.

Art. 26. — Le Conseil a tout pouvoir pour gérer et administrer les affaires sociales, tant actives que passives. Il encaisse tous les fonds appartenant à l'Association, à quelque titre que ce soit.

Il place les fonds qui constituent le capital de l'Association en rentes sur l'État ou en obligations de chemins de fer français, émises par des Compagnies auxquelles un minimum d'intérêt est garanti par l'État ; il décide l'emploi des fonds disponibles; il surveille l'application à leur destination des fonds votés par l'Assemblée générale, et ordonnance par anticipation, dans l'intervalle des sessions, les dépenses urgentes, qu'il soumet, dans la session suivante, à l'approbation de l'Assemblée générale.

Il décide l'échange ou la vente des valeurs achetées: le transfert des rentes sur l'État, obligations des Compagnies de chemins de fer et autres titres nominatifs sont signés par le Trésorier et un des membres du Conseil délégué à cet effet.

Il accepte tous dons et legs faits à la Société; tous les actes y relatifs sont signés par le Trésorier et un des membres délégué.

Art. 27. — Les délibérations relatives à l'acceptation des dons et legs, à des acquisitions, aliénations et échanges d'immeubles sont soumises à l'approbation du gouvernement.

Art. 28. — Le Conseil dresse annuellement le budget des dépenses de l'Association; il communique à l'Assemblée générale le compte détaillé des recettes et dépenses de l'exercice.

Art. 29. — Il organise les sessions, dirige les travaux, ordonne et surveille les publications, fixe et affecte les subventions et encouragements.

Art. 30. — Le Conseil peut adjoindre au Bureau des commissaires pour l'étude de questions spéciales et leur déléguer ses pouvoirs pour la solution d'affaires déterminées.

Art. 31. — Les Statuts ne pourront être modifiés que sur la proposition du Conseil d'administration, et à la majorité des deux tiers des membres votants dans l'Assemblée générale, sauf approbation du gouvernement.

Ces propositions, soumises à une session, ne pourront être votées qu'à la session suivante : elles seront indiquées dans les convocations adressées à tous les membres de l'Association.

Art. 32. — Un Règlement général détermine les conditions d'administration et toutes les dispositions propres à assurer l'exécution des Statuts. Ce Règlement est préparé par le Conseil et voté par l'Assemblée générale.

TITRE V. — Dispositions complémentaires.

Art. 33. — Dans le cas où la Société cesserait d'exister, l'Assemblée générale, convoquée extraordinairement, statuera, sous la réserve de l'approbation du gouvernement, sur la destination des biens appartenant à l'Association. Cette destination devra être conforme au but de l'Association, tel qu'il est indiqué dans l'article 1er.

Les clauses stipulées par les donateurs, en prévision de ce cas, devront être respectées.

Les présents Statuts ont été délibérés et adoptés par le Conseil d'État, dans sa séance du 12 avril 1876.

Le Maître des Requêtes,
Secrétaire général du Conseil d'État,
Signé : A. Fouquier.

Vu à la Section de l'Intérieur,
le 29 mars 1876.
Le Rapporteur,
Signé : de Marcheville.

Pour copie conforme,

Le Chef du Cabinet du Ministre de l'Instruction publique,
Signé : L. de Lasteyrie.

RÈGLEMENT

TITRE Ier. — Dispositions générales.

Article premier. — Le taux de la cotisation annuelle des membres non fondateurs est fixé à 20 francs.

Art. 2. — Tout membre a le droit de racheter ses cotisations à venir en versant, une fois pour toutes, la somme de 200 francs. Il devient ainsi membre à vie.

Les membres ayant racheté leurs cotisations pourront devenir membres fondateurs en versant une somme complémentaire de 300 francs. Il sera loisible de racheter les cotisations par deux versements annuels consécutifs de 100 francs.

La liste alphabétique des membres à vie est publiée en tête de chaque volume, immédiatement après la liste des membres fondateurs.

Art. 3. — Dans les sessions générales, l'Association se répartit en dix-sept sections formant quatre groupes, conformément au tableau suivant :

1er groupe : *Sciences mathématiques.*

1. Section de mathématiques, astronomie et géodésie;
2. Section de mécanique;
3. Section de navigation;
4. Section de génie civil et militaire.

2e groupe : *Sciences physiques et chimiques.*

5. Section de physique;
6. Section de chimie;
7. Section de météorologie et physique du globe.

3e groupe : *Sciences naturelles.*

8. Section de géologie et minéralogie;
9. Section de botanique;
10. Section de zoologie et zootechnie;
11. Section d'anthropologie;
12. Section des sciences médicales.

4e groupe : *Sciences économiques.*

13. Section d'agronomie;
14. Section de géographie;
15. Section d'économie politique et statistique;
16. Section de pédagogie;
17. Section d'hygiène et médecine publique.

ART. 4. — Tout membre de l'Association choisit, chaque année, la section à laquelle il désire appartenir. Il a le droit de prendre part aux travaux des autres sections avec voix consultative.

ART. 5. — Les personnes étrangères à l'Association, qui n'ont pas reçu d'invitation spéciale, sont admises aux séances et aux conférences d'une session, moyennant un droit d'admission fixé à 10 francs. Ces personnes peuvent communiquer des travaux aux sections, mais ne peuvent prendre part aux votes.

ART. 5 *bis*. — Le Président sortant fait, de droit, partie du Bureau pendant les deux semestres suivants.

ART. 6. — Le Conseil d'administration prépare les modifications réglementaires que peut nécessiter l'exécution des Statuts, et les soumet à la décision de l'Assemblée générale.

Il prend les mesures nécessaires pour organiser les sessions, de concert avec les comités locaux qu'il désigne à cet effet. Il fixe la date de l'ouverture de chaque session. Il nomme et révoque tous les employés et fixe leur traitement.

ART. 6 *bis*. — Dans le cas de décès, d'incapacité ou de démission d'un ou de plusieurs membres du Bureau, le Conseil procède à leur remplacement.

La proposition de ce ou de ces remplacements est faite dans une séance convoquée spécialement à cet effet : la nomination a lieu dans une séance convoquée à sept jours d'intervalle.

ART. 7. — Le Conseil délibère à la majorité des membres présents. Les délibérations relatives au placement des fonds, à la vente ou à l'échange des valeurs et aux modifications statutaires ou réglementaires ne sont valables que lorsqu'elles ont été prises en présence du quart, au moins, des membres du Conseil dûment convoqués. Toutefois, si, après un premier avis, le nombre des membres présents était insuffisant, il serait fait une nouvelle convocation annonçant le motif de la réunion, et la délibération serait valable, quel que fût le nombre des membres présents.

TITRE II. — Attributions du Bureau et du Conseil d'administration.

ART. 8. — Le Bureau de l'Association est, en même temps, le Bureau du Conseil d'administration.

ART. 9. — Le Conseil se réunit au moins quatre fois dans l'intervalle de deux sessions. Une séance a lieu en novembre pour la nomination des Commissions permanentes ; une autre séance a lieu pendant la quinzaine de Pâques.

ART. 10. — Le Conseil est convoqué toutes les fois que le Président le juge convenable. Il est convoqué extraordinairement lorsque cinq de ses membres en font la demande au Bureau, et la convocation doit indiquer alors le but de la réunion.

ART. 11. — Les Commissions permanentes sont composées des cinq membres du Bureau et d'un certain nombre de membres, élus par le Conseil dans sa séance de novembre. Elles restent en fonctions jusqu'à la fin de la session suivante de l'Association. Elles sont au nombre de quatre :

1° Commission de publication ;
2° Commission de finances ;
3° Commission d'organisation de la session suivante ;
4° Commission des subventions.

Art. 12. — La Commission de publication se compose du Bureau et de quatre membres élus, auxquels s'adjoint, pour les publications relatives à chaque section, le Président ou le Secrétaire, ou, en leur absence, un des délégués de la section.

Art. 13. — La Commission des finances se compose du Bureau et de quatre membres élus.

Art. 14. — La Commission d'organisation de la session se compose du Bureau et de quatre membres élus.

Art. 15. — Pendant la durée de la session, chacune des sections qui n'est pas représentée dans le Bureau par le Vice-Président et le Vice-Secrétaire général désignera un de ses délégués pour faire partie de la Commission des subventions : ces nominations seront considérées comme non avenues pour les sections qui se trouveraient représentées dans le Bureau, par suite de la nomination, en Assemblée générale, du Vice-Président et du Vice-Secrétaire général de la session suivante.

Art. 16. — Le Conseil peut, en outre, désigner des Commissions spéciales pour des objets déterminés.

Art. 17. — Pendant la durée de la session annuelle, le Conseil tient ses séances dans la ville où a lieu la session.

TITRE III. — Du Secrétaire du Conseil.

Art. 18. — Le Secrétaire du Conseil reçoit des appointements annuels dont le chiffre est fixé par le Conseil.

Art. 19. — Lorsque la place de Secrétaire du Conseil devient vacante, il est procédé à la nomination d'un nouveau Secrétaire, dans une séance précédée d'une convocation spéciale qui doit être faite quinze jours à l'avance.

La nomination est faite à la majorité absolue des votants. Elle n'est valable que lorsqu'elle est faite par un nombre de voix égal au tiers, au moins, du nombre des membres du Conseil.

Art. 20. — Le Secrétaire du Conseil ne peut être révoqué qu'à la majorité absolue des membres présents, et par un nombre de voix égal au tiers, au moins, du nombre des membres du Conseil.

Art. 21. — Le Secrétaire du Conseil rédige et fait transcrire, sur deux registres distincts, les procès-verbaux des séances du Conseil et ceux des Assemblées générales. Il siège dans toutes les Commissions permanentes, avec voix consultative. Il peut faire partie des autres Commissions. Il a voix consultative dans les discussions du Conseil. Il exécute, sous la direction du Bureau, les décisions du Conseil. Les employés de l'Association sont placés sous ses ordres. Il correspond avec les membres de l'Association, avec les présidents et secrétaires des Comités locaux et avec les secrétaires des sections. Il fait partie de la Commission de publication et la convoque. Il dirige la publication du volume et donne les bons à tirer. Pendant la durée des Sessions, il veille à la distribution des cartes, à la publication des programmes et assure l'exécution des mesures prises par le Comité local concernant les excursions.

TITRE IV. — Des Assemblées générales.

ART. 22. — Il se tient chaque année, pendant la durée de la session, au moins une Assemblée générale.

ART. 23. — Le Bureau de l'Association est, en même temps, le Bureau de l'Assemblée générale. Dans les Assemblées générales qui ont lieu pendant la session, le Bureau du Comité local est adjoint au Bureau de l'Association.

ART. 24. — L'Assemblée générale, dans une séance qui clôt définitivement la session, élit, au scrutin secret et à la majorité absolue, le Vice-Président et le Vice-Secrétaire de l'Association pour l'année suivante, ainsi que le Trésorier, s'il y a lieu; dans le cas où, pour l'une où l'autre de ces fonctions, la liste de présentation ne comprendrait qu'un nom, la nomination pourra être faite par un vote à mains levées, si l'Assemblée en décide ainsi. Elle nomme, sur la proposition des sections, les membres qui doivent représenter chaque section dans le Conseil d'administration. Elle désigne enfin, une ou deux années à l'avance, les villes où doivent se tenir les sessions futures.

ART. 25. — L'Assemblée générale peut être convoquée extraordinairement, par une décision du Conseil.

ART. 26. — Les propositions tendant à modifier les Statuts, ou le titre Ier du règlement, conformément à l'article 31 des Statuts, sont présentées à l'Assemblée générale par le rapporteur du Conseil et ne sont mises aux voix que dans la session suivante. Dans l'intervalle des deux sessions, le rapport est imprimé et distribué à tous les membres. Les propositions sont, en outre, rappelées dans les convocations adressées à tous les membres. Le vote a lieu sans discussion, par *oui* ou par *non*, à la majorité des deux tiers des voix, s'il s'agit d'une modification au Règlement. Lorsque vingt membres en font la demande par écrit, le vote a lieu au scrutin secret.

TITRE V. — De l'organisation des Sessions annuelles et du Comité local.

ART. 27. — La Commission d'organisation, constituée comme il est dit à l'article 14, se met en rapport avec les membres fondateurs appartenant à la ville où doit se tenir la prochaine session. Elle désigne, sur leurs indications, un certain nombre de membres qui constituent le Comité local.

ART. 28. — Le Comité local nomme son Président, son Vice-Président et son Secrétaire. Il s'adjoint les membres dont le concours lui paraît utile, sauf approbation de la Commission d'organisation.

ART. 29. — Le Comité local a pour attribution de venir en aide à la commission d'organisation, en faisant des propositions relatives à la session et en assurant l'exécution des mesures locales qui ont été approuvées, ou indiquées par la Commission

ART. 30. — Il est chargé de s'assurer des locaux et de l'installation nécessaires pour les diverses séances ou conférences ; ses décisions, toutefois, ne deviennent définitives qu'après avoir été acceptées par la Commission. Il propose les sujets qu'il serait important de traiter dans les conférences, et les personnes qui pourraient en être chargées. Il indique les excursions qui seraient propres à intéresser les membres du Congrès, et prépare celles de ces excursions qui sont acceptées par la Commission. Il se met en rapport, lorsqu'il le juge utile, avec les sociétés savantes et les autorités des villes ou localités où ont lieu les excursions.

ART. 31. — Le Comité local est invité à préparer une série de courtes notices sur la ville où se tient la session, sur les monuments, sur les établissements industriels, les curiosités naturelles, etc., de la région. Ces notices sont distribuées aux membres de l'Association et aux invités assistant au Congrès.

ART. 32. — Le Comité local s'occupe de la publicité nécessaire à la réussite du Congrès, soit à l'aide d'articles de journaux, soit par des envois de programmes, etc., dans la région où a lieu la session.

ART. 33. — Il fait parvenir à la Commission d'organisation la liste des savants français et étrangers qu'il désirerait voir inviter.

Le Président de l'Association n'adresse les invitations qu'après que cette liste a été reçue et examinée par la Commission.

ART. 34. — Le Comité local indique, en outre, parmi les personnes de la ville ou du département, celles qu'il conviendrait d'admettre gratuitement à participer aux travaux scientifiques de la session.

ART. 35. — Depuis sa constitution jusqu'à l'ouverture de la session, le Comité local fait parvenir deux fois par mois, au Secrétaire du conseil de l'Association, des renseignements sur ses travaux, la liste des membres nouveaux, avec l'état des payements, la liste des communications scientifiques qui sont annoncées, etc.

ART. 36. — La Commission d'organisation publie et distribue, de temps à autre, aux membres de l'Association les communications et avis divers qui se rapportent à la prochaine session. Elle s'occupe de la publicité générale et des arrangements à prendre avec les Compagnies de chemins de fer.

TITRE VI. — De la tenue des Sessions.

ART. 37. — Pendant toute la durée de la session, le Secrétariat est ouvert chaque matin pour la distribution des cartes. La présentation des cartes est exigible à l'entrée des séances.

Art. 38. — Tout membre, en retirant sa carte, doit indiquer la section à laquelle il désire appartenir, ainsi qu'il est dit à l'article 4.

Art. 39. — Le Conseil se réunit dans la matinée du jour où a lieu l'ouverture de la session ; il se réunit pendant la durée de la session, autant de fois qu'il le juge convenable. Il tient une dernière réunion, pour arrêter une liste de présentation relative aux élections du Bureau de l'Association, vingt-quatre heures au moins avant la réunion de l'Assemblée générale.

Le Président et l'un des Secrétaires du Comité local assistent, pendant la session, aux séances du Conseil, avec voix consultative.

Art. 39 *bis*. — Les candidatures pour les élections du Bureau doivent être communiquées au Conseil, présentées par dix membres au moins de l'Association, trois jours avant l'Assemblée générale.

Le Conseil arrête la liste des présentations qu'il a reconnues régulières vingt-quatre heures au moins avant l'Assemblée générale. Cette liste de candidature, dressée par ordre alphabétique, sera affichée dans la salle de réunion.

Art. 40. — La session est ouverte par une séance générale, dont l'ordre du jour comprend :

1° Le discours du Président de l'Association et des autorités de la ville et du département ;

2° Le compte rendu annuel du Secrétaire général de l'Association ;

3° Le rapport du Trésorier sur la situation financière.

Aucune discussion ne peut avoir lieu dans cette séance.

A la fin de la séance, le Président indique l'heure où les membres se réuniront dans les sections.

Art. 41. — Chaque section élit, pendant la durée d'une session, son président pour la session suivante : le président doit être choisi parmi les membres de l'Association.

Art. 42. — Chaque section, dans sa première séance, procède à l'élection de son Vice-Président et de son Secrétaire, toujours choisis parmi ses membres. Elle peut nommer, en outre, un second Secrétaire, si elle le juge convenable. Elle procède, aussitôt après, à ses travaux scientifiques.

Art. 43. — Les Présidents de sections se réunissent, dans la matinée du second jour, pour fixer les jours et les heures des séances de leurs sections respectives, et pour répartir ces séances de la manière la plus favorable. Ils décident, s'il y a lieu, la fusion de certaines sections voisines.

Les Présidents de deux ou plusieurs sections peuvent organiser, en outre, des séances collectives.

Une section peut tenir, aux heures qui lui conviennent, des séances supplémentaires, à la condition de choisir des heures qui ne soient pas occupées par les excursions générales.

Art. 44. — Pendant la durée de la session, il ne peut être consacré qu'un seul jour, non compris le dimanche, aux excursions générales. Il ne peut être tenu de séances de sections, ni de conférences, pendant les heures consacrées à une excursion générale.

Art. 45. — Il peut être organisé une ou plusieurs excursions générales, ou spéciales, pendant les jours qui suivent la clôture de la session.

Art. 46. — Les sections ont toute liberté pour organiser les excursions particulières qui intéressent spécialement leurs membres.

Art. 47. — Une liste des membres de l'Association présents au Congrès paraît le lendemain du jour de l'ouverture, par les soins du Bureau. Des listes complémentaires paraissent les jours suivants, s'il y a lieu.

Art. 48. — Il paraît chaque matin un Bulletin indiquant le programme de la journée, les ordres du jour des diverses séances et les travaux des sections de la journée précédente.

Art. 49. — La Commission d'organisation peut instituer une ou plusieurs séances générales.

Art. 50. — Il ne peut y avoir de discussions en séance générale. Dans le cas où un membre croirait devoir présenter des observations sur un sujet traité dans une séance générale, il devra en prévenir par écrit le Président, qui désignera l'une des prochaines séances de sections pour la discussion.

Art. 51. — A la fin de chaque séance de section, et sur la proposition du Président, la section fixe l'ordre du jour de la prochaine séance, ainsi que l'heure de la réunion.

Art. 52. — Lorsque l'ordre du jour est chargé, le Président peut n'accorder la parole que pour un temps déterminé qui ne peut être moindre que dix minutes. A l'expiration de ce temps, la section est consultée pour savoir si la parole est maintenue à l'orateur ; dans le cas où il est décidé qu'on passera à l'ordre du jour, l'orateur est prié de donner brièvement ses conclusions.

Art. 53. — Les membres qui ont présenté des travaux au Congrès sont priés de remettre au Secrétaire de leur section leur manuscrit, ou un résumé de leur travail ; ils sont également priés de fournir une note indicative de la part qu'ils ont prise aux discussions qui se sont produites.

Lorsqu'un travail comportera des figures ou des planches, mention devra en être faite sur le titre du mémoire.

Art. 54. — A la fin de chaque séance, les Secrétaires de sections remettent au Secrétariat :

1° L'indication des titres des travaux de la séance ;
2° L'ordre du jour, la date et l'heure de la séance suivante.

Art. 55. — Les Secrétaires de sections sont chargés de prévenir les orateurs désignés pour prendre la parole dans chacune des séances.

Art. 56. — Les Secrétaires de sections doivent rédiger un procès-verbal des séances. Ce procès-verbal doit donner, d'une manière sommaire, le résumé des travaux présentés et des discussions ; il doit être remis au Secrétariat, aussitôt que possible, et au plus tard un mois après la clôture de la session.

Art. 57. — Les Secrétaires de sections remettent au Secrétaire du Conseil, avec leurs procès-verbaux, les manuscrits qui auraient été fournis par leurs auteurs, avec une liste indicative des manuscrits manquants.

Art. 58. — Les indications relatives aux excursions sont fournies aux membres, le plus tôt possible. Les membres qui veulent participer aux excursions sont priés de se faire inscrire à l'avance, afin que l'on puisse prendre des mesures d'après le nombre des assistants.

Art. 59. — Les conférences générales n'ont lieu que le soir, et sous le contrôle d'un président et de deux assesseurs désignés par le Bureau.

Il ne peut être fait plus de deux conférences générales pendant la durée d'une session.

TITRE VII. — Des comptes rendus.

Art. 60. — Il est publié, chaque année, un volume contenant : 1° le compte rendu des séances de la session ; 2° le texte ou l'analyse des travaux provoqués par l'Association, ou des mémoires acceptés par le Conseil.

Art. 61. — Le volume doit être publié dix mois au plus tard après la session à laquelle il se rapporte. Il est expédié aux invités de l'Association.

L'apparition du volume est annoncée à tous les membres, par une circulaire qui indique à partir de quelle date il peut être retiré au Secrétariat.

Art. 62. — Les membres qui n'auraient pas remis les manuscrits de leurs communications au Secrétaire de leur section devront les faire parvenir au Secrétariat du Conseil avant le 1er novembre. Cette limite n'est pas applicable aux conférences. Passé cette époque, le titre seul du travail figurera dans les comptes rendus, sauf décision spéciale de la Commission de publication.

Art. 62 *bis*. — Dix pages, au maximum, peuvent être accordées à un auteur pour une même question; toutefois, pour les travaux d'une importance exceptionnelle, la Commission de publication pourra proposer au Conseil d'administration de fixer une étendue plus considérable.

Art. 63. — La Commission de publication peut décider, d'ailleurs, qu'un travail ne figurera pas *in extenso* dans les comptes rendus, mais qu'il en sera seulement donné un extrait, que l'auteur sera engagé à fournir dans un délai déterminé. Si, à l'expiration de ce délai, cet extrait n'a pas été fourni au Secrétaire du conseil, l'extrait du procès-verbal relatif à ce travail sera seul inséré.

Art. 64. — Les discussions insérées dans les comptes rendus sont extraites textuellement des procès-verbaux des Secrétaires de sections. Les notes fournies par les auteurs, pour faciliter la rédaction des procès-verbaux, devront être remises dans les vingt-quatre heures.

Art. 65. — La Commission de publication décide quelles seront les planches qui seront jointes au compte rendu et s'entend, à cet effet, avec la Commission des finances.

Art. 66. — Aucun travail, publié en France avant l'époque du Congrès, ne pourra être reproduit dans les comptes rendus : le titre et l'indication bibliographique figureront seuls dans ce volume.

Art. 67. — Les épreuves seront communiquées aux auteurs en placards seulement ; une semaine est accordée pour la correction. Si l'épreuve n'est pas renvoyée à l'expiration de ce délai, les corrections sont faites par les soins du Secrétariat.

Art. 68. — Dans le cas où les frais de corrections et changements indiqués par un auteur dépasseraient la somme de 15 francs par feuille, l'excédent, calculé proportionnellement, serait porté à son compte.

Art. 69. — Les membres dont les communications ont une étendue qui dépasse une demi-feuille d'impression recevront 15 exemplaires de leur travail, extraits des feuilles qui ont servi à la composition du volume.

Art. 70. — Les membres pourront faire exécuter un tirage à part de leurs communications avec pagination spéciale, au prix convenu avec l'imprimeur par le Bureau, en renonçant aux quinze exemplaires indiqués dans l'article 69.

Les tirages à part porteront la mention qu'ils sont extraits des Comptes rendus des congrès de l'Association.

Lorsque la communication aura été suivie de discussion mentionnée dans le compte rendu, celle-ci devra être signalée dans les tirages à part.

Les tirages à part seront distribués aussitôt après la publication des Comptes rendus.

LISTE DES BIENFAITEURS

DE L'ASSOCIATION FRANÇAISE POUR L'AVANCEMENT DES SCIENCES

MM. EICHTHAL (Adolphe D'), Président du Conseil d'administration des chemins de fer du Midi, à Paris.
KUHLMANN (Frédéric), Chimiste, Correspondant de l'Institut, à Lille.
BRUNET (Benjamin), ancien Négociant à la Pointe-à-Pitre, à Paris.
ROSIERS (DES), Propriétaire, à Paris.
PERDRIGEON, Agent de change, à Paris.
BISCHOFFSHEIM (Raphaël-Louis), Député des Alpes-Maritimes, à Paris.
UN ANONYME.
SIEBERT, à Paris.
LA COMPAGNIE GÉNÉRALE TRANSATLANTIQUE, à Paris.
G. MASSON, Libraire de l'Académie de médecine, à Paris.
PEREIRE (Émile), à Paris.
OLLIER, Professeur à la Faculté de médecine de Lyon, correspondant de l'Institut.
GIRARD, Directeur de la manufacture des tabacs de Lyon.

VILLE DE PARIS.
VILLE DE MONTPELLIER.

LISTE DES MEMBRES

DE

L'ASSOCIATION FRANÇAISE POUR L'AVANCEMENT DES SCIENCES

(MEMBRES FONDATEURS ET MEMBRES A VIE)

MEMBRES FONDATEURS

	PARTS
ABBADIE (D'), Membre de l'Institut, 120, rue du Bac. — Paris	4
AIMÉ-GIRARD, Professeur au Conservatoire des Arts et Métiers, 5, rue du Bellay. — Paris	1
ALBERTI, Banquier, 11 *bis*, boulevard Haussmann. — Paris	1
ALMEIDA (D'), Inspecteur général de l'Instruction publique (*Décédé*)	1
AMBOIX (D'), Capitaine d'état-major, 69, boulevard Malesherbes. — Paris	1
ANDOUILLÉ (Edmond), Sous-Gouverneur honoraire de la Banque de France, 2, rue du Cirque. — Paris	2
ANDRÉ (Alfred), Banquier, 49, rue de La Boétie. — Paris	2
ANDRÉ (Édouard), 158, boulevard Haussmann. — Paris	1
ANDRÉ (Frédéric), Ingénieur des Ponts et Chaussées, 4, rue Michelet. — Paris	1
AUBERT (Charles), Licencié en droit, Avoué plaidant. — Rocroi (Ardennes)	1
AUDIBERT, Directeur de la Compagnie de Paris à Lyon et à la Méditerranée. (*Décédé*)	2
AYNARD (Ed.), Banquier, 19, rue de Lyon. — Lyon	1
AZAM, Professeur à la Faculté de Médecine. — Bordeaux	1
BAILLE, Répétiteur à l'École polytechnique, 26, rue Oberkampf. — Paris	1
BAILLON, Professeur à la Faculté de Médecine, 12, rue Cuvier. — Paris	1
BALARD, Membre de l'Institut (*Décédé*)	1
BALASCHOFF (Pierre DE), Rentier, 76, rue de Monceau. — Paris	1
BAMBERGER, Banquier, 14, rond-point des Champs-Élysées. — Paris	1
BAPTEROSSES (F.), Manufacturier. — Briare (Loiret)	1
BARBOUX, Avocat à la Cour d'appel, ancien Bâtonnier de l'ordre, 10, quai de la Mégisserie. — Paris	1
BARTHOLONY, Président du Conseil d'administration des chemins de fer d'Orléans, 12, rue de La Rochefoucauld. — Paris	1
BÉCHAMP, Doyen de la Faculté de Médecine de l'Université catholique, 8, rue Beauharnais. — Lille	1
BECKER (Mme), 260, boulevard Saint-Germain — Paris	1
BELL (Édouard-Théodore), Négociant. — New-York (U.-S.)	1
BELON, Fabricant, avenue de Noailles. — Lyon	1
BERAL (E.), Ingénieur des mines, Sénateur, 1, rue Boursault. — Paris	1
BERDELLÉ (Charles), Ancien Garde général des Forêts. — Rioz (Haute-Saône)	1
BERNARD (Claude), Membre de l'Académie des sciences et de l'Académie française, (*Décédé*)	1
BILLAULT-BILLAUDOT et Cie, Fabricants de produits chimiques, place de la Sorbonne. — Paris	1
BILLY (DE), Inspecteur général des Mines (*Décédé*)	1
BILLY (Charles DE), Conseiller référendaire à la Cour des Comptes, 61, avenue Kléber. — Paris	1
BISCHOFFSHEIM (L.-R.), Banquier (*Décédé*)	1

BISCHOFFSHEIM (Raphaël-Louis), Député des Alpes-Maritimes, 34, rue des Mathurins. — Paris 1
BLOT, Membre de l'Académie de Médecine, 24, avenue de Messine. — Paris 1
BOCHET (Vincent DU) (*Décédé*) 1
BOISSONNET, Général du Génie, Sénateur, 78, rue de Rennes. — Paris 1
BOIVIN (Émile), 64, rue de Lisbonne. — Paris 1
BONAPARTE (Le Prince Roland), 22, cours la Reine. — Paris 1
BONDET, Médecin de l'Hôtel-Dieu, Professeur à la Faculté de Médecine de Lyon, 2, quai de Retz. — Lyon 1
BONNEAU (Théodore), Notaire honoraire. — Marans (Charente-Inférieure) 1
BORIE (Victor), Membre de la Société nationale d'agriculture de France (*Décédé*) 1
BOUDET (F.), Membre de l'Académie de Médecine (*Décédé*) 1
BOUILLAUD, Membre de l'Institut, Professeur à la Faculté de Médecine (*Décédé*) . . 1
BOULÉ, Ingénieur en chef des Ponts et Chaussées, 23, rue de La Boétie. — Paris . . . 1
BRANDENBURG (Albert), Négociant, 1, rue de la Verrerie. — Bordeaux 1
BRÉGUET, Membre de l'Institut et du Bureau des Longitudes (*Décédé*) 2
BRÉGUET (Antoine), Ancien Élève de l'École polytechnique, Directeur de la *Revue scientifique* (*Décédé*) 1
BREITTMAYER (Albert), Ancien Sous-Directeur des docks et entrepôts de Marseille, 8, place de la Préfecture. — Marseille . . . . .
BROCA (Paul), Sénateur, Membre de l'Académie de Médecine, Professeur à la Faculté de Médecine (*Décédé*) 2
BROET, Membre de l'Assemblée nationale (*Décédé*) 1
BROUZET (Ch.), Ingénieur civil, 51, rue Saint-Joseph (Perrache). — Lyon 1
BURTON, Administrateur de la Compagnie des Forges d'Alais, 58, rue de la Chaussée-d'Antin. — Paris 1
CACHEUX (Émile), Ingénieur civil des Arts et Manufactures, 25, quai Saint-Michel. — Paris 1
CAMBEFORT (J.), Banquier, Administrateur des Hospices, 13, rue de la République. — Lyon 1
CAMONDO (Comte N. DE), 31, rue Lafayette. — Paris 1
CAMONDO (Comte A. DE), 31, rue Lafayette. — Paris 1
CAPERON père 1
CAPERON fils 1
CARLIER (Auguste), Publiciste, 12, rue de Berlin. — Paris 1
CARNOT (Adolphe), Ingénieur en chef des Mines, Professeur à l'École des Mines et à l'Institut national agronomique, 60, boulevard Saint-Michel. — Paris 1
CASTHELAZ (John), Fabricant de produits chimiques, 19, rue Sainte-Croix-de-la-Bretonnerie. — Paris 1
CAVENTOU père, Membre de l'Académie de Médecine (*Décédé*) 1
CAVENTOU fils, Membre de l'Académie de Médecine, 11, rue des Saints-Pères. — Paris 1
CERNUSCHI (Henri), 7, avenue Velasquez. — Paris 1
CHABAUD-LATOUR (DE), Général de division du Génie, Sénateur (*Décédé*) 1
CHABRIÈRES-ARLÈS, Administrateur des Hospices, 12, place Louis XVI. — Lyon . . 1
CHAMBRE de Commerce (la). — Bordeaux 1
— — — Lyon 1
— — — Nantes 1
— — — Marseille 1
— — — Rouen 1
CHANTRE (Ernest), Sous-Directeur du Muséum, 37, cours Morand. — Lyon 1
CHARCOT, Membre de l'Institut et de l'Académie de Médecine, Professeur à la Faculté de Médecine de Paris, 17, quai Malaquais. — Paris 1
CHASLES, Membre de l'Institut (*Décédé*.) 1
CHATELIER (LE), Inspecteur général des Mines (*Décédé*.) 1
CHAUVEAU (A.), Directeur de l'École vétérinaire, Professeur à la Faculté de Médecine de Lyon, Correspondant de l'Institut, 22, quai des Brotteaux. — Lyon 1
CHEVALIER, Négociant, 50, rue du Jardin-Public. — Bordeaux 1
CLAMAGERAN, Sénateur, Avocat, 57, avenue Marceau. — Paris 1
CLERMONT (DE), Sous-Directeur du Laboratoire de Chimie à la Sorbonne, 8, boulevard Saint-Michel. — Paris 1

Dr Clin (Ernest-Marie), Ancien Interne des Hôpitaux de Paris, Lauréat de la Faculté de Médecine (Prix Monthyon), Membre perpétuel de la Société chimique, 20, rue des Fossés Saint-Jacques. — Paris 1
Cloquet (Jules), Membre de l'Institut (*Décédé*). 1
Collignon (Ed.), Ingénieur en chef des Ponts et Chaussées, Inspecteur de l'École des Ponts et Chaussées, 28, rue des Saints-Pères. — Paris. 1
Combal, Professeur à la Faculté de Médecine de Montpellier. 1
Combes, Inspecteur général des Mines, Directeur de l'École des Mines (*Décédé*). . . . 1
Compagnie des Chemins de fer du Midi, 54, boulevard Haussmann. — Paris 5
— — d'Orléans, 1, place Walhubert. — Paris 5
— — de l'Ouest, 110, rue Saint-Lazare. — Paris 5
— — de Paris à Lyon et à la Méditerranée, 88, rue Saint-Lazare. — Paris 5
Compagnie du Gaz Parisien, rue Condorcet. — Paris. 4
— des Salins du Midi, 84, rue de la Victoire. — Paris 1
— des Messageries maritimes, 1, rue Vignon. — Paris 1
— des Fonderies et Forges de Terre-Noire, la Voulte et Bessèges. — Lyon. 1
— générale des Verreries de la Loire et du Rhône, à Rive-de-Gier (Loire) (M. Hutter Administrateur délégué) 1
— des Fonderies et Forges de l'Horme, 8, rue Bourbon. — Lyon 1
— du Gaz de Lyon, rue de Savoie. — Lyon 1
— de Roche-la-Molière et Firminy. — Lyon. 1
— des Mines de houille de Blanzy (Jules Chagot et Cie), à Montceau-les-Mines (Saône-et-Loire), 69, boulevard Haussmann. — Paris 1
Conseil d'administration de la Compagnie des Minerais de fer magnétique de Mokta-El-Hadid, 26, avenue de l'Opéra. — Paris. 1
Conseil d'administration de l'École Monge, 145, boulevard Malesherbes. — Paris. . . 1
Coppet (de) Chimiste, villa Irène, aux Baumettes. — Nice 1
Cornu, Membre de l'Institut, Ingénieur en chef des Mines, Professeur à l'École polytechnique, 38, rue des Écoles. — Paris 1
Cosson, Membre de l'Institut et de la Société botanique, 7, rue de La Boétie. — Paris. 1
Courtois de Viçose, 3, rue Mage. — Toulouse. 1
Courty, Professeur à la Faculté de Médecine de Montpellier, 6, rue de Seine. — Paris. 1
Crouan (Fernand), Armateur, 14, rue Héronnière. — Nantes 1
Daguin, Ancien Président du Tribunal de Commerce de la Seine, 4, rue Castellane. — Paris 1
Dalligny, 5, rue d'Albe. — Paris. 1
Danton, Ingénieur civil des Mines, 11, avenue de l'Observatoire. — Paris 1
Davillier, Banquier (*Décédé*) 1
Degousée, Ingénieur civil, 35, rue de Chabrol. — Paris. 1
Delaunay, Ingénieur des Mines, Membre de l'Institut, Directeur de l'Observatoire (*Décédé*). 1
Dr Delore, Chirurgien en chef de la Charité, Professeur agrégé à la Faculté de Médecine de Lyon, 31, place Bellecour. — Lyon 1
Demarquay, Membre de l'Académie de Médecine (*Décédé*) 1
Demongeot, Ingénieur des Mines, Maître des requêtes au Conseil d'État (*Décédé*). . . 1
Dhotel, Adjoint au maire du IIe arrondissement (*Décédé*). 1
Dr Diday, Ex-Chirurgien en chef de l'Antiquaille, Secrétaire général de la Société de Médecine, 71, rue de la République. — Lyon. 1
Dollfus (Mme Auguste), 53, rue de la Côte. — Le Havre 1
Dollfus (Auguste) (*Décédé*) 1
Dorvault, Directeur de la Pharmacie centrale (*Décédé*). 1
Dumas, Secrétaire perpétuel de l'Académie des sciences, Membre de l'Académie française (*Décédé*) 1
Dupouy (E.), Avocat, Sénateur, Président du Conseil général de la Gironde. — Bordeaux. 1
Dupuy de Lome, Membre de l'Institut, Sénateur (*Décédé*). 1
Dupuy (Paul) Professeur à la Faculté de Médecine, 78, chemin d'Eysines. — Bordeaux. 2
Dupuy (Léon), Professeur au Lycée, 13, rue Vital-Carles. — Bordeaux 1
Durand-Billion, Ancien Architecte (*Décédé*) 1
Duval (Fernand), Administrateur de la Compagnie parisienne du Gaz, 53, rue François Ier. — Paris. 1
Duvergier, Président de la Société Industrielle de Lyon (*Décédé*). 1

Eichthal (d'), Banquier, Président du Conseil d'administration des chemins de fer du Midi, 42, rue des Mathurins. — Paris . . . 10

Engel, Relieur, 91, rue du Cherche-Midi. — Paris . . . 1

Erhardt-Schieble, Graveur (*Décédé*) . . . 1

Espagny (le Comte d'), Trésorier-payeur général du Rhône (*Décédé*) . . . 1

Fauré (Lucien), Président de la Chambre de Commerce (*Décédé*) . . . 1

Fremy, Membre de l'Institut, Directeur du Muséum, Professeur au Muséum et à l'École polytechnique, 33, rue Cuvier. — Paris . . . 1

Frémy (Mme), 33, rue Cuvier. — Paris . . . 1

Friedel, Membre de l'Institut, Professeur à la Faculté des Sciences, 9, rue Michelet. — Paris . . . 1

Friedel (Mme) née Combes, 9, rue Michelet. — Paris . . . 1

Frossard (Ch.-L.), 14, rue de Boulogne. — Paris . . . 1

Fumouze (Armand), Docteur-médecin-pharmacien, 78, Faubourg-Saint-Denis. — Paris. 1

Galante, Fabricant d'instruments de chirurgie, 2, rue de l'École-de-Médecine. — Paris . . . 1

Galline (P.), Banquier, Président de la Chambre de Commerce, 11, place Bellecour. — Lyon . . . 1

Gariel (C.-M.), Ingénieur en chef des Ponts et Chaussées, Membre de l'Académie de médecine, Professeur agrégé à la Faculté de Médecine, 39, rue Jouffroy. — Paris. 1

Gaudry (Albert), Membre de l'Institut, Professeur au Muséum d'histoire naturelle, 7 *bis*, rue des Saints-Pères. — Paris . . . 1

Gauthier-Villars, Libraire, ancien Élève de l'École polytechnique, 55, quai des Augustins. — Paris . . . 1

Geoffroy-Saint-Hilaire (Albert), Directeur du Jardin d'acclimatation, 50, boulevard Maillot. — Neuilly (Seine) . . . 1

Germain (Henri), Député de l'Ain, Président du Conseil d'administration du Crédit lyonnais, 21, boulevard des Italiens. — Paris . . . 1

Germain (Philippe), 33, place Bellecour. — Lyon . . . 1

Germer-Baillière, 20, rue des Grands-Augustins. — Paris . . . 1

Gillet fils aîné, Teinturier, 9, quai Serin. — Lyon . . . 1

Dr Gintrac père, Correspondant de l'Institut (*Décédé*) . . . 1

Girard (Ch.), Chef du laboratoire municipal de la Ville de Paris, 2, rue Monge. — Paris 1

Goldschmidt (Frédéric), Banquier, 22, rue de l'Arcade. — Paris . . . 1

Goldschmidt (Léopold), Banquier, 8, rue Murillo. — Paris . . . 1

Goldschmidt (S.-H.), 6, Rond-Point des Champs-Élysées. — Paris . . . 1

Gouin (Ernest), Ingénieur, ancien Élève de l'École polytechnique, Régent de la Banque de France (*Décédé*) . . . 1

Gounouilhou, Imprimeur, 11, rue Guiraude. — Bordeaux . . . 1

Grison (Charles), Pharmacien, 20, rue des Fossés-Saint-Jacques. — Paris . . . 1

Gruner, Inspecteur général des Mines (*Décédé*) . . . 1

Dr Gubler, Membre de l'Académie de Médecine, Professeur à la Faculté de Médecine (*Décédé*.) . . . 1

Dr Guérin (Alphonse), Membre de l'Académie de Médecine, 11*bis*, rue Jean-Goujon. — Paris . . . 1

Guiche (Marquis de la), 16, rue Matignon. — Paris . . . 1

Guimet (Émile), Négociant, place de la Miséricorde. — Lyon . . . 1

Hachette et Cie, Libraires-Éditeurs, 79, boulevard Saint-Germain. — Paris . . . 1

Hadamard (David), 53, rue de Châteaudun. — Paris . . . 1

Haton de la Goupillière, Membre de l'Institut, Inspecteur général des Mines, 9, avenue du Trocadéro. — Paris . . . 1

Haussonville (Comte d'), Sénateur, Membre de l'Académie française (*Décédé*) . . 1

Hecht (Étienne), Négociant, 19, rue Le Peletier. — Paris . . . 1

Hentsch, Banquier, 20, rue Le Peletier. — Paris . . . 2

Hillel frères, 60, rue de Monceau. — Paris . . . 2

Hottinguer, Banquier, 38, rue de Provence. — Paris . . . 1

Houel, Ingénieur, 40, rue du Roi-de-Rome. — Paris . . . 1

Hovelacque (Abel), Professeur à l'École d'anthropologie, 39, rue de l'Université — Paris . . . 1

Dr Hureau de Villeneuve, 95, rue Lafayette. — Paris . . . 1

Huyot, Ingénieur des Mines, Directeur de la Compagnie des chemins de fer du Midi (*Décédé*) . . . 1

Jacquemart (Frédéric), 58, Faubourg-Poissonnière. — Paris . . . 1

JAMESON (Conrad), Banquier, 38, rue de Provence. — Paris 1
JAVAL, Membre de l'Assemblée nationale (*Décédé*) 1
JOHNSTON (Nathaniel), Ancien Député, Pavé des Chartrons. — Bordeaux . . . 1
JUGLAR (Mme J.), 1, rue Lavoisier. — Paris 1
KANN, Banquier, 58, avenue du Bois-de-Boulogne. — Paris 1
KŒNIGSWARTER (Baron Maximilien DE), Ancien Député (*Décédé*) 1
KŒNIGSWARTER (Antoine) (*Décédé*) 1
KRANTZ, Sénateur, Inspecteur général des Ponts et Chaussées, Commissaire général de l'Exposition universelle de 1878, 47, rue La Bruyère. — Paris 1
KUHLMANN (Frédéric), Correspondant de l'Institut (*Décédé*) 1
KUPPENHEIM (J.), Négociant, Membre du Conseil des Hospices de Lyon (*Décédé*) . . 1
Dr LAGNEAU (Gustave), Membre de l'Académie de Médecine, 38, rue de la Chaussée-d'Antin. — Paris 1
LALANDE (Armand), Négociant, 84, quai des Chartrons. — Bordeaux 1
LAMÉ FLEURY, Conseiller d'État, Inspecteur général des Mines, 62, rue de Verneuil. — Paris 1
LAMY (Ernest), 12, rue d'Isly. — Paris 1
LAN, Ingénieur en chef des Mines, Directeur des Forges de Châtillon et de Commentry, 234, boulevard Saint-Germain. — Paris 2
LAPPARENT (DE), Ingénieur des Mines, 3, rue de Tilsitt. — Paris 1
LARREY (Baron), Membre de l'Institut et de l'Académie de Médecine, ancien Député, 91, rue de Lille. — Paris 1
LAURENCEL (Comte DE) (*Décédé*) 1
LAUTH (Ch.), Chimiste, Directeur de la manufacture de Sèvres, 2, rue de Fleurus. — Paris 1
LECONTE, Ingénieur civil des Mines, 49, rue Laffitte. — Paris 2
LECOQ DE BOISBAUDRAN, Correspondant de l'Institut, 36, rue de Prony. — Paris . . 1
LE FORT (Léon), Membre de l'Académie de Médecine, Professeur à la Faculté de Médecine, 96, rue de la Victoire. — Paris 1
LE MARCHAND (Augustin), Ingénieur géologue, aux Chartreux. — Petit-Quevilly, près Rouen 1
LESSEPS (Ferdinand DE), Membre de l'Institut et de l'Académie française, Président-fondateur de la Compagnie universelle du Canal Maritime de l'Isthme de Suez, 29, avenue Montaigne. — Paris 1
LEUDET, Directeur de l'École de Médecine de Rouen, Membre associé national de l'Académie de Médecine, 49, boulevard Cauchoise. — Rouen 1
LEVALLOIS (J.), Inspecteur général des Mines en retraite (*Décédé*) . . . 1
LÉVY-CRÉMIEUX, Banquier, 34, rue de Châteaudun. — Paris 1
LOCHE (Maurice), Ingénieur en chef des Ponts et Chaussées, 24, rue d'Ollemont. — Paris 1
Dr LORTET, Doyen de la Faculté de Médecine de Lyon, Directeur du Muséum d'histoire naturelle, 1, quai de la Guillottière. — Lyon 1
LUGOL, Avocat, 11, rue de Téhéran (parc Monceau). — Paris 1
LUTSCHER, Banquier, 22, place Malesherbes. — Paris 2
LUZE (DE) père, Négociant (*Décédé*) 1
Dr MAGITOT, 8, rue des Saints-Pères. — Paris 1
MANGINI, Ancien Sénateur du Rhône, rue des Archers. — Lyon 1
MANNBERGER, Banquier, 59, rue de Provence. — Paris 1
MANNHEIM, Lieutenant-Colonel d'artillerie, Professeur à l'École polytechnique, 11, rue de la Pompe. — (Passy) Paris 1
MANSY (Eugène), Négociant, 24, rue Barrallerie. — Montpellier 1
MARÈS (Henri), Correspondant de l'Institut. — Montpellier 1
MARTINET (Émile), Ancien Imprimeur, 4, rue de Vigny (Parc Monceau). — Paris . . 1
MARVEILLE (DE), château de Calviac-Lassalle (Gard) 1
MASSON (G.), Libraire de l'Académie de Médecine, 120, boulevard St-Germain. — Paris . 1
M. E. (anonyme) (*Décédé*) 1
MÉNIER, Membre de la Chambre de Commerce de Paris, Député de Seine-et-Marne (*Décédé*) 10
MERLE (Henri) (*Décédé*) 1
MEYNARD (J.-J.), Ingénieur en chef des Ponts et Chaussées en retraite (*Décédé*) . . . 1
MIRABAUD, Banquier, 29, rue Taitbout. — Paris 1
MONOD (Charles), Professeur agrégé à la Faculté de Médecine de Paris, 12, rue Cambacérès. — Paris 1

MONY (C.). — Commentry (Allier) 1
MOREL D'ARLEUX (Charles), Notaire, 28, rue de Rivoli. — Paris 1
Dr NÉLATON, Membre de l'Institut (*Décédé*). 1
OLLIER, Ex-Chirurgien en chef de l'Hôtel-Dieu de Lyon, Correspondant de l'Institut, Associé national de l'Académie de Médecine, Professeur à la Faculté de Médecine de Lyon, 5, quai de la Charité. — Lyon 1
OPPENHEIM frères, Banquiers, 11 *bis*, boulevard Haussmann. — Paris. 2
PARMENTIER (Général), Membre du Comité des fortifications, 5, rue du Cirque. — Paris 1
PARRAN, Ingénieur des Mines, Directeur des mines de fer magnétique de Mokta-el-Hadid, 26, avenue de l'Opéra. — Paris. 1
PARROT, Membre de l'Académie de Médecine, Professeur à la Faculté de Médecine (*Décédé*) 1
PASTEUR, Membre de l'Institut et de l'Académie française, 45, rue d'Ulm. — Paris . . 1
PERDRIGEON, Agent de change, 178, rue Montmartre. — Paris 1
PEROT (Adolphe), Docteur ès sciences, ancien Préparateur de Chimie à la Faculté de Médecine de Paris. — Genève (Suisse) 2
PEYRE (Jules), Banquier. — Toulouse 1
PIAT (A.), Constructeur mécanicien, 85, rue Saint-Maur. — Paris 1
PIATON, Président du Conseil d'administration des Hospices de Lyon (*Décédé*). 1
PICCIONI (Antoine) (*Décédé*). 2
POIRRIER, Fabricant de produits chimiques, 105, rue Lafayette. — Paris 2
POLIGNAC (Prince Camille DE), route de Grasse, villa Jessie. — Cannes. 1
POMMERY (Louis), Négociant en vins, 7, rue Vauthier-le-Noir. — Reims. 1
POTIER, Ingénieur en chef des Mines, Répétiteur à l'École polytechnique, 89, boulevard Saint-Michel. — Paris 1
POUPINEL (Paul), 64, rue de Saintonge. — Paris 1
POUPINEL (Jules), 8, rue Murillo. — Paris. 1
QUATREFAGES DE BRÉAU (DE), Membre de l'Institut et de l'Académie de Médecine, Professeur au Muséum, 36, rue Geoffroy-Saint-Hilaire. — Paris. 1
RÉCIPON (Émile), Propriétaire, Député des Alpes-Maritimes, 39, rue Bassano. — Paris 1
REINACH, Banquier, 31, rue de Berlin. — Paris 1
RENARD (Charles), Directeur général de la Compagnie d'exploitation des minerais de Rio-Tinto. — L'Estaque (Bouches-du-Rhône). 1
RENOUARD fils (Alfred), Filateur, 46, rue Alexandre-Leleux. — Lille. 1
RENOUARD (Mme Alfred), 46, rue Alexandre-Leleux. — Lille. 1
RENOUVIER (Charles), à la Verdette, près le Pontet, par Avignon (Vaucluse) 1
RIAZ (Auguste DE), Banquier, 10, quai de Retz. — Lyon. 1
Dr RICORD, Membre de l'Académie de Médecine, 6, rue de Tournon. — Paris 1
RIFFAUT (Général) (*Décédé*) 1
RIGAUD, Fabricant de produits chimiques, 8, rue Vivienne. — Paris 1
RIGAUD (Mme), 8, rue Vivienne. — Paris. 1
RISLER (Charles), Chimiste, Maire du VIIe arrondissement de Paris, 39, rue de l'Université. — Paris 1
ROCHETTE (DE LA), Maître de forges (Hauts Fourneaux et Fonderies de Givors), 4, place 1
Gensoul. — Lyon. 1
ROLLAND, Membre de l'Institut, Directeur général honoraire des Manufactures de l'État (*Décédé*) 1
Dr ROLLET DE L'YSLE (*Décédé*) 1
ROMILLY (DE), 22, rue Bergère. — Paris 1
ROSIERS (DES), Propriétaire (*Décédé*). 1
ROTHSCHILD (Baron Alphonse DE), 2, rue Saint-Florentin. — Paris. 1
Dr ROUSSEL (Théophile), Sénateur, Membre de l'Académie de Médecine, 64, rue des Mathurins. — Paris. 1
ROUVIÈRE (A.), Ingénieur civil et Propriétaire. — Mazamet (Tarn) 1
SAINT-PAUL DE SAINÇAY, Directeur de la Société de la Vieille-Montagne, 19, rue Richer. — Paris. 1
SALET (Georges), Préparateur à la Faculté de Médecine, 120, boulevard St-Germain. — Paris 1
SALLERON, Constructeur, 24, rue Pavée (au Marais). — Paris. 1
SALVADOR (Casimir) (*Décédé*). 2
SAUVAGE, Directeur de la Compagnie des Chemins de fer de l'Est (*Décédé*). 1
SAY (Léon), Sénateur, ancien Ministre des Finances, 21, rue Frenel. — Paris 1
SCHEURER-KESTNER, Sénateur, 57, rue de Babylone. — Paris. 1
SCHRADER père, Ancien Directeur des classes de la Société philomathique, 20, rue Borie. — Bordeaux 1

Sedillot (C.), Membre de l'Institut, Ex-Médecin Inspecteur général, Directeur de l'École militaire de santé de Strasbourg (*Décédé*) 1
Serret, Membre de l'Institut (*Décédé*). 1
Seynes (de), Agrégé à la Faculté de Médecine, 15, rue Chanaleilles. — Paris. 1
Siébert, 23, rue Paradis-Poissonnière. — Paris 1
Société anonyme des Houillères de Montrambert et de la Béraudière. — Lyon. 1
Société nouvelle des Forges et chantiers de la Méditerranée, 28, rue Notre-Dame-des-Victoires. — Paris 1
Société des Ingénieurs civils, 10, cité Rougemont. — Paris 1
Société générale des Téléphones, 41, rue Caumartin. — Paris 1
Solvay. — Baitsfort-lès-Bruxelles (Belgique). 1
Solvay et Cie, Usine de Varangéville-Dombasle, par Dombasle (Meurthe-et-Moselle) . 2
Dr Suchard, 9, avenue de l'Observatoire. — Paris et aux Bains de Lavey. — (Suisse, Vaud) 1
Surell, Ingénieur en chef des Ponts et Chaussées en retraite, Administrateur du Chemin de fer du Midi, 54, boulevard Haussmann. — Paris 1
Talabot (Paul), Directeur général des Chemins de fer de Paris à Lyon et à la Méditerranée (*Décédé*). 1
Thénard (Baron Paul), Membre de l'Institut (*Décédé*) 1
Tissié-Sarrus, Banquier. — Montpellier 1
Tourasse (Pierre-Louis), Propriétaire (*Décédé*). 8
Trébucien (Ernest), Manufacturier, 25, cours de Vincennes. — Paris 1
Vautier (Émile), Ingénieur civil, 46, rue Centrale. — Lyon. 1
Verdet (Gabriel), Président du Tribunal de commerce. — Avignon 1
Vernes (Félix), Banquier, 29, rue Taitbout. — Paris. 1
Vernes d'Arlandes (Th.), 25, Faubourg-Saint-Honoré. — Paris 1
Vignon (J.), 45, rue Malesherbes. — Lyon 1
Ville de Reims. 1
Ville de Rouen 1
Dr Voisin (Auguste), Médecin des hôpitaux, 16, rue Séguier. — Paris. 1
Wallace (Sir Richard), 2, rue Laffitte. — Paris 2
Wurtz (Adolphe), Sénateur, Membre de l'Institut, Professeur à la Faculté de Médecine et à la Faculté des Sciences (*Décédé*) 1
Wurtz (Théodore), 40, rue de Berlin. — Paris. 1

MEMBRES A VIE

Albertin (Michel), Directeur des Eaux minérales de Saint-Alban, rue de l'Entrepôt. — Roanne (Loire.)
Allard (H.), Ex-Pharmacien de 1re classe à Moulins — Besnay par Besson (Allier).
Amadon (Désiré), 4, rue de Marseille. — Lyon.
Angot (Alfred), Météorologiste titulaire au Bureau central météorologique de France, 82, rue de Grenelle. — Paris.
Anonyme, 42, rue des Mathurins. — Paris.
Arnoux (Louis-Gabriel, Ancien Officier de marine. — Les Mées (Basses-Alpes).
Dr Arloing, Professeur à la Faculté des sciences et à l'École vétérinaire, agrégé à la Faculté de médecine. — Lyon.
Arvengas (Albert), Licencié en droit. — Lisle d'Albi (Tarn).
Auban-Moet, Négociant en vins de Champagne. — Épernay (Marne)
Baille (Mme), 26, rue Oberkampf. — Paris.
Barabant, Ingénieur en chef des Ponts et Chaussées, 17, rue des Ursulines. — Paris.
Bargeaud (Paul), Percepteur. — Jonzac (Charente-Inférieure).
Baron, Ingénieur de la Marine, rue du Ha. — Bordeaux.
Dr Barrois (Ch.), Maître de conférences à la Faculté des Sciences, 185, rue Solférino. — Lille.
Barrois (Jules), 37, rue Rousselle, faubourg Saint-Maurice. — Lille.
Bastide (Scévola), Propriétaire et Négociant, 14, rue Clos-René. — Montpellier.
Baysellance, Ingénieur de la Marine, Président de la région Sud-Ouest du Club Alpin. — Bordeaux.
Bélime (Frédéric), Propriétaire, Conseiller général. — Vitteaux (Côte-d'Or).
Bellon (Paul). — Écully (Rhône).

BERGERON (Jules), Ingénieur des Arts et Manufactures, 75, rue Saint-Lazare. — Paris.
BERGERON (Jules), Membre de l'Académie de Médecine, 75, rue Saint-Lazare. — Paris.
BERTRAND (J.), Membre de l'Institut, Professeur au Collège de France, 6, rue de Seine. — Paris.
BETHOUART (Alfred), Ingénieur civil, Juge au tribunal de commerce. — Chartres.
BEZANÇON (Paul), 78, boulevard Saint-Germain. — Paris.
BIBLIOTHÈQUE publique de la Ville. — Boulogne-sur-Mer.
BICHON, Constructeur de navires. — Lormont, près Bordeaux.
BIOCHET, Notaire. — Caudebec en Caux (Seine-Inférieure).
BLANCHARD, Professeur agrégé à la Faculté de Médecine de Paris, Répétiteur à l'Institut national agronomique, 9, rue Monge. — Paris.
BLANDIN, Député de la Marne, 56, avenue d'Eylau. — Paris.
BLAREZ (Charles), Professeur agrégé à la Faculté de Médecine, 97, rue Saint-Genès. — Bordeaux.
BLONDEL (Émile), Chimiste, 24B, route de Bonsecours. — Rouen.
BOFFARD (Jean-Pierre), Ancien Notaire, 2, place de la Bourse. — Lyon.
Dr BOY, 3, rue d'Espalongue. — Pau.
BORDIER (Henri), Bibliothécaire honoraire à la Bibliothèque nationale, 182, rue de Rivoli. — Paris.
BOUCHÉ (Alexandre), 6, rue de Bréa. — Paris.
BOUDIN (A.), Principal du Collège de Honfleur. — Honfleur.
Dr BOUTIN (Léon), 18, rue de Hambourg. — Paris.
BRANDENBURG (Mme veuve), 1, rue de la Verrerie. — Bordeaux.
BRETON (Félix), Colonel du Génie en retraite, à la porte de France. — Grenoble.
BRIAU, Directeur des Chemins de fer Nantais. — La Madeleine-en-Varades (Loire-Inférieure).
BRILLOUIN (Marcel), Professeur de physique à la Faculté des Sciences. — Toulouse.
BROCA (Auguste), Interne des Hôpitaux, Aide d'anatomie, 1, rue des Saints-Pères. — Paris.
BROCARD, Capitaine du Génie. — Montpellier.
BROCHART (Mme Antonine), 10, rue Las-Cases. — Paris.
BROLEMANN (Georges), Administrateur de la Société Générale, 166, boulevard Haussmann. — Paris.
BROLEMANN, Président du Tribunal de Commerce, 11, quai Tilsitt. — Lyon.
BRUZON ET Cie (J.), Usine de Portillon (céruse et blanc de zinc). — Portillon, près Tours.
BUISSON, Ingénieur civil, rue Saint-Léger. — Évreux.
CABANELLAS (Gustave-Eugène), Ancien Officier de marine. — Nanteuil-le-Haudoin (Oise).
CAIX DE SAINT-AYMOUR (Vicomte Am. DE), Membre du Conseil général de l'Oise, de la Société d'Anthropologie et de plusieurs Sociétés savantes, 4, rue Gounod. — Paris.
CAPERON père.
CAPERON fils.
CARDEILHAC, Ancien Membre du Tribunal de commerce de la Seine, 8, rue du Louvre. — Paris.
Dr CARRET (Jules), Député de la Savoie, 4, rue de Courty. — Paris.
CASSAGNE (Comte Antoine DE).
Dr CAUBET, Ancien Interne des hôpitaux de Paris, Directeur de l'École de Médecine, 44, rue Alsace-Lorraine. — Toulouse.
CAZALIS DE FONDOUCE (Paul-Louis), Secrétaire général de l'Académie des Sciences et Lettres de Montpellier, 18, rue des Étuves. — Montpellier (Hérault).
CAZENEUVE, Doyen de la Faculté de Médecine, 26, rue des Ponts-de-Comines. — Lille.
CAZENOVE (Raoul DE), Propriétaire, 8, rue Sala. — Lyon.
CAZOTTES (A.-M.-J.), Pharmacien. — Millau (Aveyron).
CHABERT, Ingénieur en chef des Ponts et Chaussées. — Tulle.
CHAIX (A.), Imprimeur, 20, rue Bergère. — Paris.
CHALIER (J.). — Maisons-Laffitte (Seine-et-Oise).
CHAMBRE DES AVOUÉS au Tribunal de première instance. — Bordeaux.
CHAMBRE DE COMMERCE DU HAVRE.
CHARCELLAY, Pharmacien. — Fontenay-le-Comte (Vendée).
CHATEL, Avocat défenseur, bazar du Commerce. — Alger.
Dr CHATIN (Joannès), Professeur agrégé à l'École supérieure de pharmacie, Maître de conférences à la Faculté des Sciences, 128, boulevard Saint-Germain. — Paris.
Dr CHIL-Y-NARANJO (Gregorio). — Palmas (Grand-Canaria).
CHIRIS, Sénateur des Alpes-Maritimes, 25, avenue d'Iéna. — Paris.
CLERMONT (Philibert DE), 8, boulevard Saint-Michel. — Paris.

Clermont (Raoul de), Élève diplômé de l'Institut national agronomique, 8, boulevard Saint-Michel. — Paris.
Cloizeaux (des), Membre de l'Institut, Professeur au Muséum, 13, rue Monsieur. — Paris.
Clos, Professeur à la Faculté des Sciences, correspondant de l'Institut, 2, allée des Zéphirs. — Toulouse.
Clouzet (Ferdinand), Conseiller général, cours des Fossés. — Bordeaux.
Comberousse (Ch. de), Ingénieur, Professeur au Conservatoire national des Arts et Métiers et à l'École centrale des Arts et manufactures, 45, rue Blanche. — Paris.
Cornevin (Charles), Professeur à l'École vétérinaire. — Lyon.
Cornu (Mme), 38, rue des Écoles. — Paris.
Cotteau, (Gustave), Ancien Président de la Société géologique de France, 17, boulevard Saint-Germain. — Paris.
Counord (E.), Ingénieur civil, 27, cours du Médoc. — Bordeaux.
Couprie (Louis). — Villefranche-sur-Saône.
Dr Coutagne (Henri), 79, rue de Lyon. — Lyon.
Coutagne (Georges), Ingénieur des Poudres et Salpêtres. — Saint-Chamas (Bouches-du-Rhône).
Crapon (Denis). — Pont-Evesque (Isère).
Crespel-Tilloy (Charles), Manufacturier, 14, rue des Fleurs. — Lille.
Crespin (Arthur), Ingénieur mécanicien, 23, avenue Parmentier. — Paris.
Dr Dagrève (E.), Médecin du Lycée et de l'Hôpital. — Tournon (Ardèche).
Dr Dally (Eugène), Professeur à l'École d'anthropologie, 5, rue Legendre. — Paris.
Degorce (E.), Pharmacien principal de la marine. — Lorient (Morbihan).
Dr Delaporte, 24, rue Pasquier. — Paris.
Delattre (Carlos), Filateur. — Roubaix.
Delessert (Édouard), 17, rue Raynouard. — Paris (Passy).
Delessert (Eugène), Ancien Professeur. — Croix (Nord).
Delhomme, ferme de la Croix-de-fer. — Crézancy (Aisne).
Delon (Ernest), Ingénieur civil, 14, rue du Collège. — Montpellier.
Delvaille, Docteur en médecine. — Bayonne.
Demarçay (Eugène), Ancien Répétiteur à l'École polytechnique, 150, boulevard Haussmann. — Paris.
Dr Demonchy, 47, boulevard Saint-Michel. — Paris.
Demonferrand, Inspecteur de la traction aux chemins de fer de l'État, 19, faubourg Bannier. — Orléans.
Depaul (Henri). — Le Vaublanc par Plémet (Côtes-du-Nord).
Desbois (Émile), 17, boulevard Beauvoisine. — Rouen.
Detroyat (Arnaud). — Bayonne.
Deutsch (A.), Négociant-Industriel, 29, rue Saint-Georges. — Paris.
Dida (A.), Chimiste, 108, boulevard Richard-Lenoir. — Paris.
Dida, fils (Lucien). — Draveil (Seine-et-Oise).
Dollfus (Gustave), Manufacturier. — Mulhouse (Alsace).
Doré-Graslin (Edmond), 24, rue Crébillon. — Nantes.
Douvillé, Ingénieur en chef des Mines, 207, boulevard Saint-Germain. — Paris.
Dr Dransart. — Somain (Nord).
Dr Duboué. — Pau.
Dubourg (Georges), Négociant en draperies, 45, Cours-des-Fossés. — Bordeaux.
Duclaux (É.), Professeur à l'Institut national agronomique, 15, rue Malebranche. — Paris.
Ducrocq, (Henri), Élève à l'École polytechnique. — Paris.
Dufresne, Inspecteur général de l'Université, 73, rue Pierre-Charron. — Paris.
Dr Dulac. — Montbrison.
Dumas (Hippolyte), Ancien Élève de l'École polytechnique, Industriel. — Mousquety par l'Isle-sur-Sorgue (Vaucluse).
Duminy (Anatole), Négociant. — Ay (Marne).
Duplay, Professeur à la Faculté de Médecine de Paris, Chirurgien des hôpitaux, 42, rue de Penthièvre. — Paris.
Duval (Mathias), Professeur à la Faculté de Médecine, Membre de l'Académie de Médecine, Professeur d'anatomie à l'École des Beaux-Arts, Directeur du Laboratoire d'anthropologie de l'École des Hautes Études, 11, cité Malesherbes, rue des Martyrs. — Paris.
Duval, Ingénieur en chef des Ponts et Chaussées, 49, rue Labruyère. — Paris.
Eichthal (Gustave d'), 152, boulevard Haussmann. — Paris.
Eichthal (Eugène d'), 6, rue Mogador. — Paris.
Eichthal (Georges d'), 53, rue de Châteaudun. — Paris.

EICHTHAL (Louis D'). — Les Bezards, par Nogent-sur-Vernisson (Loiret).

ELISEN, Ingénieur-Administrateur de la Compagnie générale Transatlantique, 21, rue de La Boétie. — Paris.

ESPOUS (Comte Auguste D'). — Montpellier.

EYSSERIC (Joseph), Étudiant, rue Duplessis. — Carpentras (Vaucluse).

FIÈRE (Paul), Archéologue, Membre correspondant de la Société française de numismatique et d'archéologie. — Saïgon (Cochinchine).

Dr FIEUZAL, Médecin en chef de l'hospice des Quinze-Vingts, 93, Faubourg-Saint-Honoré. — Paris.

FISCHER DE CHEVRIERS, Propriétaire, 200, rue de Rivoli. — Paris.

FONTARIVE, Propriétaire. — Linneville, commune de Gien (Loiret).

FORTEL fils (A.), Propriétaire, 22, rue Thiers. — Reims.

FOURMENT (Baron DE), — Cercamp-lès-Frévent (Pas-de-Calais).

FOURNIER (Félix), Membre de la Commission des échanges internationaux au Ministère de l'Instruction publique, 119, rue de l'Université. — Paris.

FOURNIER (A.), Professeur à la Faculté de Médecine de Paris, Médecin des Hôpitaux, 1, rue Volney. — Paris.

Dr FROMENTEL (DE). — Gray (Haute-Saône).

GALLARD, Banquier.

Dr GALLIET, rue Thiers. — Reims.

GARDÈS (Louis-Frédéric-Jean), Notaire, Suppléant du juge de paix, ancien Élève de l'École des Mines. — Clairac (Lot-et-Garonne).

GARIEL (Mme), 39, rue Jouffroy. — Paris.

GARNIER (Ernest), Négociant, Président de la Société industrielle, 27, rue Chabot. — Reims.

Dr GAUBE, 23, rue Saint-Isaure. — Paris.

GAUTHIOT (Charles), Secrétaire général de la Société de géographie commerciale de Paris, Rédacteur du *Journal des Débats*, 63, boulevard Saint-Germain. — Paris.

GELIN (l'Abbé Émile), Docteur en philosophie et en théologie, Professeur de mathématiques supérieures au collège de Saint-Quirin. — Huy (Belgique).

GENESTE (Mme), 2, rue Constantine. — Lyon.

GERBEAU, Propriétaire, 13, rue Monge. — Paris.

GERMAIN (Adrien), Ingénieur hydrographe de la Marine, 13, rue de l'Université. — Paris.

GIARD, Professeur à la Faculté des Sciences de Lille, Député du Nord, 181, boulevard Saint-Germain. — Paris.

Dr GIBERT, 41, rue Séry. — Havre.

GIRAUD (Louis). — Saint-Péray (Ardèche).

GOBIN, Ingénieur en chef des Ponts et Chaussées, 8, place Saint-Jean. — Lyon.

GODCHAUX (Auguste), Éditeur, 10, rue de la Douane. — Paris.

GOUMIN (Félix), Propriétaire, 3, route de Toulouse. — Bordeaux.

Dr GRABINSKI. — Neuville-sur-Saône.

GRAD (Charles), Député au Reichstag, Membre de la Délégation d'Alsace-Lorraine. — Logelbach (Alsace).

GRIMAUD (Émile), Imprimeur, place de Gorges. — Nantes.

GROUSSET, Chef d'institution, 65, rue Cardinal-Lemoine. — Paris.

Dr GUÉBHARD (Adrien), Licencié ès sciences mathématiques et physiques, Professeur agrégé à la Faculté de médecine de Paris, 15, rue Soufflot. — Paris.

GUÉZARD, Principal clerc de notaire, 16, rue des Écoles. — Paris.

GUIEYSSE, Ingénieur hydrographe de la Marine, 42, rue des Écoles. — Paris.

GUILLEMINET (André), Pharmacien, 30, rue Saint-Jean. — Lyon.

GUY, Négociant, 29, quai Valmy. — Paris.

HABERT, Ancien Notaire, 80, rue Thiers. — Troyes.

HÉRON (Guillaume), Propriétaire, 2, rue Daleyrac. — Toulouse.

HEYDENREICH, Professeur à la Faculté de Médecine, 30, place Carrière. — Nancy.

HOEL (J.), Fabricant de lunettes, 26, boulevard Voltaire. — Paris.

HOLDEN (Jonathan), Industriel, 17, boulevard Cérès. — Reims.

HOVELACQUE (Maurice), 88, rue des Sablons. — Paris.

HOVELACQUE-GENSE, 2, rue Fléchier. — Paris.

HOVELACQUE-KHNOPFF, 88, rue des Sablons. — Paris (Passy).

HULOT, Ex-Directeur de la fabrication des timbres-poste à la Monnaie, 26, place Vendôme. — Paris.

HUMBERT (G.), 45, rue Malesherbes. — Lyon.

JACKSON (James), Archiviste-Bibliothécaire de la Société de géographie, 15, avenue d'Antin. — Paris.
Dr JAVAL, Directeur du Laboratoire d'ophtalmologie à la Sorbonne, Député de l'Yonne, 58, rue de Grenelle. — Paris.
JONES (Charles), chez M. R.-P. Jones, 8, cité Gaillard. — Paris.
JORDAN (Camille), Membre de l'Institut, Ingénieur des Mines, Professeur à l'École polytechnique, 48, rue de Varennes. — Paris.
JULLIEN, Ingénieur en chef des Ponts et Chaussées. — Carcassonne.
JUMEAU (Georges), Commis d'architecte, 23, Allées-du-Chenil. — Raincy.
JUNGFLEISCH, Membre de l'Académie de Médecine, Professeur à l'École supérieure de Pharmacie, 38, rue des Écoles. — Paris.
KŒCHLIN (Jules), 44, rue Pierre-Charron. — Paris.
KŒCHLIN-CLAUDON (Émile), Ingénieur civil. — Mulhouse (Alsace).
KRAFFT (Eugène), Professeur de mathématiques au lycée, 26, rue Rohan. — Bordeaux.
LABRUNIE, Négociant, 49, pavé des Chartrons. — Bordeaux.
LADUREAU, Directeur du Laboratoire central agricole et commercial, 44, rue Notre-Dame-des-Victoires. — Paris.
LADUREAU (Mme Albert), 44, rue Notre-Dame-des-Victoires. — Paris.
LAENNEC, Directeur de l'École de Médecine, 13, boulevard Delorme. — Nantes.
LALLEMENT (Ed.), Professeur à la Faculté de Médecine, 10, place de l'Académie. — Nancy.
LALLIÉ (Alfred), Avocat, 11, avenue Camus. — Nantes.
LANCIAL (Henri), Professeur au Lycée. — Rennes (Ille-et-Vilaine).
LANG, Directeur de l'École La Martinière, 5, rue des Augustins. — Lyon.
Dr LANTIER (E.). — Corbigny (Nièvre).
LAROCHE (Félix), Ingénieur des Ponts et Chaussées, 110, avenue de Wagram. — Paris.
LAROCHE (Mme Félix), 110, avenue de Wagram. — Paris.
LATASTE, Zoologiste, 7, avenue des Gobelins. — Paris.
LATHAM (Lionel), 9, rue Escarpée. — Havre.
LAUSSEDAT (Colonel), Directeur du Conservatoire des Arts et Métiers, rue Saint-Martin. — Paris.
LAVALLEY, Ingénieur, manoir Bois-Tillard. — Pont-l'Évêque.
LEBRET (Paul), 148, boulevard Haussmann. — Paris.
LECHAT (Charles), Maire de Nantes, place Launay. — Nantes.
Dr LE DIEN (Paul), 155, boulevard Malesherbes. — Paris.
LEDOUX (Samuel), Négociant, 29, quai de Bourgogne. — Bordeaux.
LE MONNIER, Professeur de botanique à la Faculté des Sciences, 5, rue de la Pépinière. — Nancy.
LEPINE, Professeur à la Faculté de Médecine de Lyon. — Lyon.
LEPINE (Jean-Camille), 42, rue Vaubécourt. — Lyon.
LESPIAULT, Professeur à la Faculté des Sciences, rue Michel-Montaigne. — Bordeaux.
LETHUILLIER-PINEL (Madame), Propriétaire, 26, rue Méridienne. — Rouen.
LEUDET (Robert), 18, rue Soufflot. — Paris.
LE VALLOIS (Jules), Chef de bataillon au 1er régiment du Génie. — Versailles.
LEVASSEUR, Membre de l'Institut, Professeur au Collège de France, 26, rue Monsieur-le-Prince. — Paris.
LEVAT (Daniel), Ingénieur civil, ancien Élève de l'École polytechnique, 30, rue Racine. — Paris.
LEWTHWAITE (William), Directeur de la maison Isaac Holden, 27, rue des Moissons. — Reims.
LISBONNE, Ingénieur de la Marine, Directeur des Constructions navales, 59, rue de La Boétie. — Paris.
LONGCHAMPS (G. DE), Professeur de mathématiques spéciales au lycée Charlemagne, 15, rue de l'Estrapade. — Paris.
LONGHAYE (Aug.), Négociant, 22, rue de Tournai. — Lille.
LORIOL (DE), Ingénieur civil, ancien Élève de l'École des Mines, 46, rue Centrale. — Lyon.
LOYER (Henri), Filateur, 394, rue Notre-Dame. — Lille.
MAC-CARTY (O.), Conservateur-Administrateur du musée-bibliothèque. — Alger.
MARCHEGAY, Ingénieur civil des Mines, 11, quai des Célestins. — Lyon.
MARCHEGAY (Mme), 11, quai des Célestins. — Lyon.
Dr MARÈS (Paul), 91, boulevard Saint-Michel. — Paris.
MARGRY (Gustave), Pharmacien. — Château-Thierry (Aisne).
MARIGNAC (Charles), Professeur. — Genève (Suisse).
MARJOLIN, Chirurgien des Hôpitaux, 16, rue Chaptal. — Paris.

MARTIN (William), 13, avenue Hoche. — Paris.
Dr MARTIN (DE), Secrétaire général de la Société médicale d'émulation de Montpellier, Membre correspondant pour l'Aude de la Société nationale d'agriculture de France, 22, boulevard du Jeu-de-Paume. — Montpellier.
MARTIN-RAGOT (J.), Manufacturier, 9, rue du Cloître. — Reims.
MASURIER (J.), Négociant, 16, rue d'Aumale. — Paris.
MAUFROY (Jean-Baptiste), Directeur de manufacture, 20, rue des Moulins. — Reims.
Dr MAUNOURY (Gabriel). — Chartres.
MAUREL (Marc), Négociant. — Bordeaux.
MAUREL (Émile), Négociant, 7, rue d'Orléans. — Bordeaux.
MAXWELL-LYTE (F.), F. C. S, F. J. C, Science club, 4, Savile Row. — Londres, S. W.
MAZE (l'Abbé). — Harfleur (Seine-Inférieure).
MEISSONIER, Fabricant de produits chimiques, 5, rue Béranger. — Paris.
MERGET, Professeur à la Faculté de Médecine. — Bordeaux.
MERLIN, 16, rue du Luxembourg. — Paris.
Dr MESNARDS (P. DES), rue Saint-Vivien. — Saintes (Charente-Inférieure).
MEUNIER (Mme Hippolyte) (*Décédée*).
Dr MICÉ, Professeur à l'École de Médecine. — Bordeaux.
MICHAUD fils, Notaire. — Tonnay-Charente (Charente-Inférieure).
MILNE-EDWARDS (Alphonse), Membre de l'Institut, Professeur de zoologie au Muséum et à l'École de Pharmacie, rue Cuvier, au Muséum. — Paris.
MIRABAUD (Paul), 29, rue Taitbout. — Paris.
MOCQUERIS (Edmond), 58, boulevard d'Argenson. — Neuilly (Seine).
MOCQUERIS (Paul), 58, boulevard d'Argenson. — Neuilly (Seine).
Dr MONTFORT, Professeur à l'École de Médecine, 19, rue Voltaire. — Nantes.
MONT-LOUIS, Imprimeur, 2, rue Barbançon. — Clermont-Ferrand.
MORIN (Théodore), Docteur en droit, Administrateur de la Compagnie Algérienne, 4, avenue Ingres — Paris. (Passy).
MORTILLET (Gabriel DE), Professeur à l'École d'Anthropologie, Attaché au Musée des Antiquités nationales. — Saint-Germain-en-Laye.
MORTILLET (Adrien DE), au Musée des Antiquités nationales. — Saint-Germain-en-Laye.
Dr MOSSÉ (Alphonse), Professeur agrégé à la Faculté de Médecine, 48, Grande-Rue. — Montpellier.
MOULLADE (Albert), Licencié ès Sciences, Pharmacien-major de 1re classe, 11, rue du Bocage. — Nantes.
Dr NICAS. — Fontainebleau.
NIVET (Gustave), 87, rue de Rennes. — Paris.
NOELTING, Directeur de l'École de chimie. — Mulhouse (Alsace).
NORMAND, Conseil général de la Loire-Inférieure, 12, quai des Constructions. — Nantes.
NIEL (Eugène), 28, rue Herbière. — Rouen.
ODIER, Directeur adjoint de la caisse générale des familles, 4, rue de la Paix. — Paris.
ŒCHSNER DE CONINCK (William), 121, rue de Rennes. — Paris.
Dr OLIVIER (Paul), Médecin en chef à l'hospice général, Professeur à l'École de Médecine, 12, rue de la Chaîne. — Rouen.
OUTHENIN-CHALANDRE (Joseph), 37, rue Saint-Roch. — Paris.
PALUN (Auguste), Juge au Tribunal de Commerce. — Avignon.
Dr PAMARD (A.), Chirurgien en chef des Hôpitaux. — Avignon.
PARION, Membre de la Société d'astronomie, 55, rue Saint-Jacques. — Paris.
PARISE, Professeur à l'École de Médecine, Associé national de l'Académie de Médecine, 26, place des Bluets. — Lille.
PASSY (Frédéric), Député de la Seine, Membre de l'Académie des Sciences morales et politiques, 8, rue Labordère. — Neuilly (Seine).
PASSY (Paul-Edouard), Licencié ès lettres, 8, rue Labordère. — Neuilly (Seine).
PÉLAGAUD (Élysée), Docteur ès sciences, 15, quai de l'Archevêché. — Lyon.
PÉLAGAUD (Fernand), 14, quai de l'Archevêché. — Lyon.
PELLET, Professeur à la Faculté des Sciences de Clermont-Ferrand. — Clermont-Ferrand.
PELTEREAU (E.), Notaire. — Vendôme.
PENNÉS (J.-A.), Ex-Fabricant de produits chimiques et hygiéniques, 31, boulevard du Port-Royal. — Paris.
PEREIRE (Henri), 33, boulevard de Courcelles. — Paris.
PEREIRE (Émile), 10, rue de Vigny. — Paris.
PEREIRE (Eugène), Administrateur de la Compagnie générale Transatlantique, 45, Faubourg-Saint-Honoré. — Paris.

PEREZ, Professeur à la Faculté des Sciences. — Bordeaux.
PERIDIER (Louis), Administrateur de la Bibliothèque populaire gratuite de Cette, 2, quai du Sud. — Cette.
PEROT, Graveur, 117, boulevard de Créteil. — Parc Saint-Maur-les-Fossés.
PERRET (Michel), 3, place d'Iéna. — Paris.
PERRIAUX, Négociant en vins, 107, quai de la Gare. — Paris.
PERRICAUD, Cultivateur. — La Balme (Isère).
PERRICAUD (Saint-Clair).—La Battero, commune de Sainte-Foy-lès-Lyon (Mulatière)(Rhône).
Dr PERROUD, Médecin de l'Hôtel-Dieu, chargé de la clinique complémentaire à la Faculté de Médecine de Lyon, 6, quai des Célestins. — Lyon.
Dr PETIT (Henri), Sous-Bibliothécaire à la Faculté de médecine, 11, rue Monge. — Paris.
PETRUCCI, Ingénieur. — Béziers (Hérault).
PHILIPPE (Léon), Ingénieur en chef des Ponts et Chaussées, 28, avenue Marceau. —Paris.
PICHE (Albert), Ancien Conseiller de préfecture, 8, rue Montpensier. — Pau.
Dr PIERROU. — Chazay-d'Azergues (Rhône).
PITRES (A.), Professeur à la Faculté de Médecine, Médecin de l'hôpital Saint-André, 22, rue du Parlement-Sainte-Catherine. — Bordeaux.
PLASSIARD, Ingénieur en chef des Ponts et Chaussées en retraite, 4, rue Poissonnière — Lorient (Morbihan).
POILLON (L.), Ingénieur-Constructeur (exploitation générale des pompes Greind), 74, boulevard Montparnasse. — Paris.
POLIGNAC (Comte Melchior DE). — Kerbastic sur Gestel (Morbihan).
POLIGNAC (Comte Guy DE). — Kerbastic sur Gestel (Morbihan).
POMMEROL, Avocat, Rédacteur de la revue *Matériaux pour l'histoire primitive de l'homme.* — Veyre-Mouton (Puy-de-Dôme) et 36, rue des Écoles. — Paris.
PORGÈS (Charles), Banquier, 13, rue Grange-Batelière. — Paris.
POULAIN (César), Manufacturier, 50, rue des Capucins. — Reims.
POUPINEL (Gaston), Interne des Hôpitaux, 56, rue de Lisbonne. — Paris.
Dr POUSSIÉ, 64, rue de Rivoli. — Paris.
POUYANNE, Ingénieur en chef des Mines, rue Rovigo, maison Chaise. — Alger.
POZZI, Professeur agrégé à la Faculté de Médecine, Chirurgien des Hôpitaux, 10, place Vendôme. — Paris.
PRAT, Chimiste, 101, route de Toulouse. — Bordeaux.
PREVET (Ch.), Négociant, 48, rue des Petites-Écuries. — Paris.
Dr PUJOS (A.), Médecin principal du Bureau de bienfaisance, 58, rue Saint-Sernin. — Bordeaux.
QUATREFAGES DE BRÉAU (Mme DE), 36, rue Geoffroy-Saint-Hilaire, Muséum. — Paris.
QUATREFAGES DE BRÉAU (Léonce DE), Ingénieur des Arts et Manufactures, 36, rue Geoffroy-Saint-Hilaire, Muséum. — Paris.
RACLET (Joannis), Ingénieur civil, 10, place des Célestins. — Lyon.
RAFFARD, Ingénieur civil, 16, rue Vivienne. — Paris.
Dr RAINGEARD, Professeur suppléant à l'École de Médecine de plein exercice, 1, place Royale. — Nantes.
RAMBAUD, Maître de conférences à la Faculté des Lettres, 76, rue d'Assas. — Paris.
REILLE (Baron), Député du Tarn, 10, boulevard de la Tour-Maubourg. — Paris.
Dr RELIQUET, 17, boulevard de la Madeleine. — Paris.
REY (Louis), Ingénieur, 77, boulevard Exelmans. — Paris.
RIGOUT, Chimiste à l'École des Mines, 60, boulevard Saint-Michel. — Paris.
RILLIET, 8, rue de l'Hôtel-de-Ville. — Genève (Suisse).
RISLER (Eugène), Directeur de l'Institut national agronomique, 35, rue de Rome. — Paris.
ROBERT (Gabriel), Avocat, 6, quai de l'Hôpital. — Lyon.
ROBIN, Banquier, 38, rue de l'Hôtel-de-Ville. — Lyon.
ROBINEAU, Ancien Avoué, Licencié en Droit, 78, rue Lafayette. — Paris.
ROGER (Henri), Membre de l'Académie de Médecine, Professeur agrégé de la Faculté de Médecine, 15, boulevard de la Madeleine. — Paris.
ROUSSELET (L.), Archéologue, 126, boulevard Saint-Germain. — Paris.
SABATIER (Armand), Professeur à la Faculté des Sciences de Montpellier. — Montpellier.
SAINT-MARTIN (Charles DE), 22, avenue du Maine. — Paris.
SAINT-OLIVE (G.), Banquier, 13, rue de Lyon. — Lyon.
SCHLUMBERGER (Charles), Ingénieur des Constructions navales en retraite, 54 *bis*, rue du Four-Saint-Germain. — Paris.
SCHWÉRER (Pierre-Alban), Notaire, 3, rue Saint-André. — Grenoble.
SEGRETAIN, Colonel Directeur du génie. — Grenoble.
SELLERON (E.), Ingénieur des constructions navales, 76, rue de la Victoire. — Paris.

SERVIER (Aristide-Édouard), Ingénieur des Arts et Manufactures, Directeur de la Compagnie du Gaz de Metz, 2, rue Hippolyte-Lebas. — Paris.
SEYNES (Léonce DE), 58, rue Calade. — Avignon.
SIÉGLER (Ernest), Ingénieur des Ponts et Chaussées, Ingénieur principal des chemins de fer de l'Est, 8, rue Noel. — Reims.
SOCIÉTÉ académique de la Loire-Inférieure. — Nantes
SOCIÉTÉ philomathique de Bordeaux. — Bordeaux.
SOCIÉTÉ industrielle d'Amiens. — Amiens.
SOCIÉTÉ centrale de Médecine du Nord. — Lille.
SOCIÉTÉ médico-pratique de Paris, place Beaudoyer, mairie du IVe arrondissement. — Paris.
SOCIÉTÉ médicale de Reims. — Reims.
SOCIÉTÉ industrielle de Reims. — Reims.
SOCIÉTÉ de géographie, 184, boulevard Saint-Germain. — Paris.
SOCIÉTÉ des Sciences physiques et naturelles, rue Montbazon. — Bordeaux.
SOCIÉTÉ libre d'Agriculture, Sciences, Arts et Belles-Lettres de l'Eure. — Évreux.
SOCIÉTÉ nationale de Médecine de Lyon. — Lyon.
STENGELIN, maison Évêsque et Cie, 31, rue Puits-Gaillot. — Lyon.
STEINMETZ (Charles), Tanneur. — Mulhouse (Alsace).
SURRAULT, Notaire, 5, rue Cléry. — Paris.
TACHARD, Médecin-major de 1re classe, boulevard de Salan. — Brive (Corrèze).
TARRADE (A.), Pharmacien, Adjoint au maire, Membre du Conseil général, 69, avenue du Pont-Neuf. — Limoges (Haute-Vienne).
Dr TEILLAIS, place du Cirque. — Nantes.
Dr TEISSIER, Professeur à la Faculté de Médecine de Lyon, 16, quai Tilsitt. — Lyon.
TERQUEM (Alfred), Professeur à la Faculté des Sciences, 116, rue Nationale. — Lille.
TESTUT (L.), Professeur d'anatomie à la Faculté de Médecine, 13, rue d'Inkermann. — Lille.
THÉNARD (Mme la Baronne), 6, place Saint-Sulpice. — Paris.
Dr THULIÉ, 31, boulevard Beauséjour. — Paris.
THIBAULT (J.), Tanneur. — Meung-sur-Loire.
THURNEYSSEN (Émile), Administrateur de la Compagnie générale Transatlantique, 80, boulevard Malesherbes. — Paris.
TILLY (DE), Teintures et apprêts, 77, rue des Moulins. — Reims.
TISSOT (J.), Ingénieur en chef des Mines. — Constantine.
Dr TOPINARD (Paul), Directeur-adjoint du Laboratoire d'anthropologie de l'École des Hautes Études, Professeur à l'École d'Anthropologie, 105, rue de Rennes. — Paris.
TOURTOULON (Baron DE), Propriétaire. — Valergues, par Lansargues (Hérault).
TRAVELET, Ingénieur des Ponts et Chaussées. — Besançon.
TRÉLAT (Ulysse), Membre de l'Académie de Médecine, Professeur à la Faculté de Médecine, 18, rue de l'Arcade. — Paris.
TRÉLAT (Émile), Architecte, Directeur de l'École spéciale d'architecture, Professeur au Conservatoire des arts et métiers, 17, rue Denfert-Rochereau. — Paris.
TURENNE (Marquis DE), 26, rue de Berri. — Paris.
URSCHELLER (Georges-Henri), Professeur d'allemand au Lycée, 4, rue Saint-Yves. — Brest.
Dr VAILLANT (Léon), Professeur au Muséum, 8, quai Henri IV. — Paris.
Dr VALCOURT (DE). — Cannes (Alpes-Maritimes).
VANEY (Emmanuel), Conseiller à la Cour d'appel, 14, rue Duphot. — Paris.
VAN ISEGHEM (Henri), Avocat, Conseiller général de la Loire-Inférieure, 9, rue du Calvaire. — Nantes.
VARNIER-DAVID, Négociant, 3, rue de Cernay. — Reims.
VASSAL (Alexandre). — Montmorency (Seine-et-Oise), et 55, boulevard Haussmann. — Paris.
VAUTIER (Théodore), Étudiant, 46, rue Centrale. — Lyon.
Dr VERGER (Th.). — Saint-Fort-sur-Gironde (Charente-Inférieure).
VERNEUIL, Membre de l'Académie de Médecine, Professeur à la Faculté de Médecine, 11, boulevard du Palais. — Paris.
VERNEY (Noël), Étudiant, 11, quai des Célestins. — Lyon.
VEYRIN, (Émile), 6, rue Favart. — Paris.
VIEILLARD (Albert), 77, quai de Bacalan. — Bordeaux.
VIEILLARD (Charles), 77, quai de Bacalan. — Bordeaux.
VIELLARD (Henri), Manufacturier. — Morvillars (Haut-Rhin).
VINCENT (Auguste), Négociant, 6 *bis*, rue d'Orléans. — Bordeaux.
WILLM, Professeur de chimie générale appliquée à la Faculté des Sciences de Lille, 82, boulevard Montparnasse. — Paris.

LISTE GÉNÉRALE DES MEMBRES

DE

L'ASSOCIATION FRANÇAISE POUR L'AVANCEMENT DES SCIENCES

(*Les noms des membres Fondateurs sont suivis de la lettre* **F** *et ceux des membres à vie de la lettre* **R**. — *Les astérisques indiquent les membres qui ont assisté au Congrès de Grenoble.*)

ABADIE père, Vétérinaire, 5, rue Franklin. — Nantes.
ABADIE (Alain), Ingénieur, 56, rue de Provence. — Paris.
ABBADIE (D'), Membre de l'Institut, 120, rue du Bac. — Paris. — **F**
ABEL, Avocat. — Marmande.
ACADÉMIE des Sciences, Belles-Lettres et Arts de Savoie. — Chambéry.
ACADÉMIE d'Hippone. — Bone (départ. de Constantine).
ADAM (Paul), place Richelieu. — Bordeaux.
ADAM (A.). — Bitschwiller-Thann (Alsace).
ADHÉMAR (Vicomte P. D'), Propriétaire, 25, Grand'Rue. — Montpellier.
ADUY (Eugène), Juge au Tribunal de commerce. — Perpignan.
AGACHE (Édouard), Manufacturier, 47, boulevard de la Liberté. — Lille.
AGACHE (Edmond), 57, boulevard de la Liberté. — Lille.
AGACHE (Alfred), square de Jussieu. — Lille.
Dr AGUILHON (Élie), 19, rue d'Antin. — Paris.
AIMÉ-GIRARD, Professeur au Conservatoire des Arts et Métiers, 5, rue du Bellay. — Paris. — **F**
ALANORE, Pharmacien de 1re classe, Président de la Société médicale, Membre de la Société botanique de France. — Clermont-Ferrand.
ALAUZE (Paul-Émile), 60, rue Ferrère. — Bordeaux.
ALBENQUE, Pharmacien. — Rodez (Aveyron).
ALBERTI, Banquier, 11 *bis*, boulevard Haussmann. — Paris. — **F**
ALBERTIN (Michel), Directeur des Eaux de Saint-Alban, rue de l'Entrepôt. — Roanne (Loire). — **R**
Dr ALBESPY. — Rodez (Aveyron).
ALCAN (Félix), Libraire, 108, boulevard St-Germain. — Paris.
ALCAY (Théodore), rue d'Isly. — Alger.
ALFASSA, 31, rue Lafayette. — Paris.
ALFROY (A.), 24, rue Beaurepaire. — Paris.
*ALGLAVE (Em.), Ancien Directeur de la *Revue scientifique*, Professeur à la Faculté de Droit de Paris, 27, avenue de Paris. — Versailles.

ALICOT (Mme veuve), rue Sainte-Foix. — Montpellier.

Dr ALIX, 3, rue Sainte-Germaine. — Toulouse.

ALLAIN-LAUNAY, Inspecteur des finances, ancien Élève de l'École polytechnique, 37, boulevard Malesherbes. — Paris.

ALLARD (Henri), Conseiller municipal, rue Bonne-Louise. — Nantes.

*ALLARD (H.), Ex-Pharmacien de 1re classe, à Moulins. — Bresnay, par Besson (Allier). — **R**

ALLARD (Émile), Inspecteur général des Ponts et Chaussées, 15, rue Paul-Louis-Courier. — Paris.

ALLARD (Aimé), 77, place d'Erlon. — Reims.

*Dr ALLARD (Félix), 6, rue Hector-Berlioz. — Grenoble.

ALLÈGRE (Léonce), Notaire, 11, rue Beauharnais. — Lille.

ALLEZARD, Juge d'instruction. — Issoire (Puy-de-Dôme).

*ALLOEND-BESSAND (Ernest), Commis-Négociant, 2, rue de la Belle-Image. — Reims.

ALLUARD (E.), Doyen de la Faculté des Sciences, Directeur de l'Observatoire météorologique du Puy-de-Dôme. — Clermont-Ferrand.

ALPHANDERY, Membre du Tribunal de commerce, 4, rue de la Licorne. — Alger.

AMADON (Désiré), 4, rue de Marseille. — Lyon. — **R**

Dr AMANS (Paul), 18, rue du Manège. — Montpellier.

AMBOIX (D'), Capitaine d'état-major, 69, boulevard Malesherbes. — Paris. — **F**

AMÉ (G.), Employé au chemin de fer du Midi, 37, rue Naujac. — Bordeaux.

AMSLER (Jundt), Papetier, lieu dit le Château-d'Eau. — Reims.

*ANDOUARD, Pharmacien, Professeur à l'École de Médecine et de Pharmacie, 8, rue Clisson. — Nantes.

ANDOUILLÉ (Edmond), Sous-Gouverneur honoraire de la Banque de France, 2, rue du Cirque. — Paris. — **F**

ANDRA (Edgard), 168, Faubourg-Saint-Honoré. — Paris.

ANDRAULT, Procureur de la République, rue du Palais. — La Rochelle.

ANDRÉ (Fréd.), Ingénieur des Ponts et Chaussées, 4, rue Michelet. — Paris. — **F**

ANDRÉ (Charles), Astronome, Professeur à la Faculté des Sciences de Lyon. — Saint-Genis-Laval (Rhône).

ANDRÉ (Alfred), Banquier, 49, rue de La Boétie. — Paris. — **F**

ANDRÉ (Édouard), 158, boulevard Haussmann. — Paris. — **F**

Dr ANDRÉ, 52, allées Lafayette. — Toulouse.

ANDRÉEFF (Constantin), Professeur à l'Université de Kharkow. — Kharkow (Russie).

Dr ANDREY (Édouard), 37, rue Truffaut. — Paris.

ANDRIEUX (Gaston), Entrepreneur de serrurerie, 12, cours des Casernes. — Montpellier.

*ANGOT (Alfred), Météorologiste titulaire au Bureau central météorologique de France, 82, rue de Grenelle. — Paris. — **R**

ANGOT (Paul), 36, boulevard de Sébastopol. — Paris.

ANONYME, 42, rue des Mathurins. — Paris. — **R**

ANTERRIEU (Émile), Conseiller général, 7, rue Boussairolle. — Montpellier.

ANTHOINE (Édouard), Ingénieur, Chef du service de la Carte de France et de la Statistique graphique au Ministère de l'Intérieur, 13, rue Cambacérès. — Paris.

ANTONI, Banquier, boulevard de la République. — Alger.

ANTOINE (L.-V.), Propriétaire. — Staoueli, près Alger.

ANTONY, Médecin-Major à l'hôpital de Bone. — Bone (dépt de Constantine).

APOLIS (Alexandre), Rentier-Propriétaire, 9, rue Friperie. — Montpellier.

*Dr APOSTOLI, 5, rue Molière. — Paris.

*APPERT, 15, boulevard Poissonnière. — Paris, et avenue d'Eglé. — Maisons-Laffitte.

*APPERT (Mme), 15, boulevard Poissonnière. — Paris, et avenue d'Eglé. — Maisons-Laffitte.

*APPERT (Mlle Marie), 15, boulevard Poissonnière. — Paris, et avenue d'Eglé. — Maisons-Laffitte.

ARBAUMONT (Jules D'), Membre de l'Académie de Dijon, 43, rue Sermaise. — Dijon.

ARCIN, Négociant, 16, rue du Réservoir. — Bordeaux.

ARDISSON (Fernand), 45, rue Fondaudège. — Bordeaux.

*Dr ARDUIN (Léon), 40, boulevard Ménilmontant. — Paris.

Dr ARLOING, Professeur agrégé à la Faculté de Médecine, Professeur à l'École vétérinaire et à la Faculté des Sciences. — Lyon. — **R**

*ARMAINGAUD, Docteur en médecine, 61, cours de Tourny. — Bordeaux.

ARMAND (Jean), Étudiant en pharmacie. — Miramont (Lot-et-Garonne).

Dr ARMET (Silvère). — Saint-Marcel (Aude).

Armet de Lisle, 18, rue Malher. — Paris.
Arnaud (Moïse), Négociant, — Olonzac (Hérault).
Arnaud (Léonin), Négociant. — Cognac (Charente).
*Dr Arnaud de Fabre, 36, rue Sainte-Catherine. — Avignon.
Arnould (Charles), 18, rue Thiers. — Reims.
Arnould (Mme Arthur), 18, rue Thiers. — Reims.
Arnould (Jean-Baptiste-Camille), Directeur de l'Enregistrement et des Domaines, rue Augustin-Thierry. — Blois.
*Arnoux (Louis-Gabriel), Ancien Officier de marine. — Les Mées (Basses-Alpes).
*Arnozan (Gabriel), Pharmacien, 40, allées de Tourny. — Bordeaux.
*Arnozan (Mme), 40, allées de Tourny. — Bordeaux.
Aron (Henri), Adjoint au Maire du 2e arrondissement, 14, rue de Grammont. — Paris.
Aronssohn (P.), Professeur agrégé libre de la Faculté de Médecine de Nancy, 130, boulevard Haussmann. — Paris.
Arosa (A.), Membre de la Société de géographie, 44, rue Bassano. — Paris.
Arth (Georges), Chef des Travaux chimiques à la Faculté des Sciences, 7, rue de Rigny. — Nancy.
Arvengas (Albert), Licencié en droit. — Lisle d'Albi (Tarn). — **R**
*Asquier, Proviseur du Lycée. — Grenoble.
Association amicale des anciens Élèves de l'Institut du Nord, 83 *bis*, boulevard de la Liberté. — Lille.
*Astor (A.), Professeur à la Faculté des Sciences, 1, boulevard de Bonne. — Grenoble.
Auban-Moet, Négociant en vins de Champagne. — Épernay (Marne). — **R.**
Aubergier, Doyen de la Faculté des Sciences de Clermont-Ferrand. — Clermont-Ferrand.
Dr Aubert, 33, rue Bourbon. — Lyon.
Aubert (Charles), Licencié en droit, Avoué plaidant. — Rocroi (Ardennes). — **F**
Aubin (Émile), Chimiste, 176, rue du Temple. — Paris.
Aubry (Félix), Négociant, 35, Faubourg-Poissonnière. — Paris.
Dr Audé. — Fontenay-le-Comte (Vendée).
Audenet, Ingénieur en chef de la Compagnie Transatlantique, 11, rue de Londres. — Paris.
Audoynaud (Alfred), Professeur de chimie à l'École d'agriculture de Montpellier, 18, rue Villefranche. — Montpellier.
Audry (Gustave), Avocat, 18, rue Admyrault. — La Rochelle.
Augé (Eugène), 3, rue Levat. — Montpellier.
*Ault Dumesnil (D'), Géologue, Conservateur du Musée, 1, rue de l'Eauette. — Abbeville (Somme).
Dr Auquier (Eugène). — Sommières (Gard).
Auriol (Adrien), Professeur d'agriculture. — Oran (Algérie).
Avenard (Alfred), Négociant. — Pouliguen (Loire-Inférieure).
Avenelle (Ernest), Directeur des établissements Rivière et Cie, 8, rue Pavée. — Rouen.
Aynard (Ed.), Banquier, 19, rue de Lyon. — Lyon. — **F**
*Azam, Professeur à la Faculté de Médecine. — Bordeaux. — **F**
Azambre (F.), Notaire. — Fourmies (Nord).
Babot, Médecin-Vétérinaire. — Miramont (Lot-et-Garonne).
Babut (Eugène) fils, 9, rue Villeneuve. — La Rochelle.
Bachelot (Théodore). — Vernou-sur-Brenne (Indre-et-Loire).
Dr Bachelot-Villeneuve. — Saint-Nazaire (Loire-Inférieure).
Dr Bacquias (Eugène), Ancien Député de l'Aube, ancien Président de la Société académique de l'Aube. — Troyes.
Dr Bader, 30, rue de Lille. — Paris.
Baeschlin (H.-T.), Fabricant d'objets de pansement. — Montpellier.
Dr Bagneris. — Samatan (Gers).
Dr Baillarger, Membre de l'Académie de Médecine, 8, rue de l'Université. — Paris.
*Baille, Répétiteur à l'École polytechnique, 26, rue Oberkampf. — Paris. — **F**
Baille (Mme), 26, rue Oberkampf. — Paris. — **R**
Baillehache (de), Ingénieur civil, 171, avenue de Wagram — Paris.
Baillon, Professeur à la Faculté de Médecine, 12, rue Cuvier. — Paris. — **F**
*Baillou (A.), Propriétaire, 96, rue Croix-de-Seguey. — Bordeaux.
Balanche (Stanislas), Chimiste, maison Lemaitre-Lavrotte et Cie — Bolbec (Seine-Inférieure).
Balaschoff (Pierre de), Rentier, 76, rue de Monceau. — Paris. — **F**

BALGUERIE (Edmond), Ingénieur civil, 23, quai des Chartrons. — Bordeaux.
BALL, Professeur à la Faculté de Médecine de Paris, Membre de l'Académie de Médecine, 179, boulevard Saint-Germain. — Paris.
*BALME (Paul), Négociant, 6, place de la Halle. — Grenoble.
BAMBERGER, Banquier, 14, rond-point des Champs-Élysées. — Paris. — F
BAPTEROSSES (F.), Manufacturier. — Briare (Loiret). — F
BARABANT, Ingénieur en chef des Ponts et Chaussées, 17, rue des Ursulines. — Paris. R
Dr BARADUC (Léon), Médecin des mines de Saint-Éloi.— Montaigut-en-Combraille, par Saint-Éloi (Puy-de-Dôme).
Dr BARATIER. — Bellenave (Allier).
BARBAZA (François), Négociant en vins. — Narbonne.
BARBEDETTE (Mme), rue Réaumur. — La Rochelle.
BARBELENET (S.), Professeur au Lycée. — Reims.
BARBIER, Peintre, rue Édouard-Larue. — Le Havre.
BARBOUX, Avocat à la Cour d'appel, ancien Bâtonnier du conseil de l'ordre, 10, quai de la Mégisserie. — Paris. — F
Dr BARDET, 119 *bis*, rue Notre-Dame-des-Champs. — Paris.
BARDOUX, Sénateur, ancien Ministre de l'Instruction publique, 72, rue de Naples. — Paris.
Dr BARÉTY (Alexandre). — Nice.
*BARGE (Henry), Architecte, ancien Élève de l'École des Beaux-Arts, Maire. — Jeanneyrias (Isère).
*BARGEAUD (Paul), Percepteur. — Jonzac (Charente-Inférieure). — R
BARGOIN, Négociant, 27, rue Balainvillers. — Clermont-Ferrand.
BARIAT, Ingénieur civil. — Creil (Oise).
Dr BARNAY (Marius), rue du Collège. — Roanne.
BARON, Ingénieur de la Marine, rue du Ha. — Bordeaux. — R
*BARON (Charles), Propriétaire, 5, boulevard du Champbonnet. — Moulins (Allier).
BARON-LATOUCHE (Émile), Juge au Tribunal civil. — Fontenay-le-Comte.
*BARRAL (Étienne), Préparateur de chimie à la Faculté de Médecine, 1, rue Coysevox. — Lyon.
BARRÉ (Léopold), Ingénieur, Fabricant de produits chimiques. — Betton (Ille-et-Vilaine).
BARROIS (Th.) Filateur, 35, rue de Lannoy. — Fives-Lille.
Dr BARROIS (Ch.), Maître de conférences à la Faculté des Sciences, 185, rue Solférino, — Lille. — R
BARROIS (Th.) fils, Licencié ès sciences, 35, rue de Lannoy. — Fives-Lille.
BARROIS (Jules), 37, rue Rousselle, faubourg Saint-Maurice. — Lille. — R
BARROUX (Abel), Directeur de l'asile d'aliénés. — Villejuif (Seine).
BARSALOU, Agriculteur. — Montredon, par Narbonne (Aude).
BARTHÈS (Antonin), Propriétaire. — Maraussan, près Béziers.
Dr BARTH (Henry), Médecin des Hôpitaux, 125, boulevard Saint-Germain. —Paris.
BARTHE-DEJEAN (Jules), 5, rue Bab-el-Oued. — Alger.
Dr BARTHE DE SANDFORT, aux Thermes de Dax. — Dax (Landes).
*BARTHELEMY, 22, Faubourg-des-Trois-Maisons. — Nancy.
BARTHOLONY, Président du Conseil d'administration du chemin de fer d'Orléans, 12, rue La Rochefoucauld. — Paris. — F
BARY (Albert DE), Négociant en vins de Champagne, 18, rue des Templiers. — Reims.
BARY (Alexandre DE), Négociant en vins de Champagne, 17, boulevard du Temple. — Reims.
BASSET (Charles), Négociant, cours Richard. — La Rochelle.
Dr BASSET, Médecin-Inspecteur des Eaux de Royat, 2, cité Trévise. — Paris.
BASSET (Henri), Étudiant en médecine, 2, cité Trévise. — Paris.
BASTIDE (Étienne), Pharmacien, rue d'Armagnac. — Rodez.
BASTIDE (Henri), Pharmacien, 27, place Francheville. — Périgueux.
BASTIDE (Scévola), Propriétaire et Négociant, 14, rue Clos-René. — Montpellier. — R
BATAILLARD, Archiviste à la Faculté de Médecine de Paris, 119 *bis*, rue Notre-Dame-des-Champs. — Paris.
BATTANDIER, Professeur à l'École de Médecine d'Alger, hôpital civil de Mustapha.— Alger.
Dr BATTAREL, Médecin de l'hôpital civil, 69, rue de Constantine, Mustapha. — Alger.
BATLLE (Étienne), rue du Petit-Scel. — Montpellier.
BAUBIGNY (Henry), Docteur ès sciences, 136, boulevard Saint-Germain. — Paris.
BAUCHE fils, Fabricant de coffres-forts, 22, rue Boulard. — Reims.
BAUDET (Cloris), Ingénieur-Électricien, 90, rue Saint-Victor. — Paris.

BAUDOIN (Édouard), 9, place de l'Hôtel-de-Ville. — Étampes.
*BAUDOIN, Pharmacien. — Montlhéry (Seine-et-Oise).
BAUDOUIN, Marchand de fer. — Pons (Charente-Inférieure).
Dr BAUDRIMONT fils. — Bordeaux.
Dr BAUDRY (Sosthène), Professeur agrégé à la Faculté de Médecine, 14, rue Jacquemars-Grélée. — Lille.
BAUMGARTNER, Ingénieur en chef des Ponts et Chaussées. — Agen (Lot-et-Garonne).
BAVILLE (Georges), Propriétaire, 11, rue Baronie. — Toulouse.
BAVILLE (François), Propriétaire, 11, rue Baronie. — Toulouse.
BAYARD, Pharmacien, ancien Interne des hôpitaux de Paris, Secrétaire de la Société des pharmaciens de Seine-et-Marne, 16, rue Neuville. — Fontainebleau.
BAYE (Jules), Fabricant de draps — Sedan (Ardennes).
BAYEN (Maximilien), Négociant en tissus, 15, rue de la Peirière. — Reims.
BAYSELLANCE, Ingénieur de la Marine, Président de la région sud-ouest du Club Alpin. — Bordeaux. — **R**
BAZAINE, Ingénieur en chef des Ponts et Chaussées en retraite, 65, rue d'Anjou. — Paris.
BAZAINE (Achille), Ingénieur auxiliaire des travaux de l'État, ancien Élève de l'École polytechnique, 57, boulevard de Clichy. — Paris.
BAZAINE (Mme Achille), 57, boulevard de Clichy. — Paris.
BAZILLE (Louis), Négociant, 27, cours des Casernes. — Montpellier.
BAZILLE (Gaston), Sénateur, Grand'Rue. — Montpellier.
BAZILLE (Marc), Grand'Rue. — Montpellier.
BEAUDIN (Léon), Architecte, 8, rue Plantey. — Bordeaux.
BEAURAIN (Narcisse), Bibliothécaire-adjoint de la Ville, Hôtel de Ville. — Rouen.
*Dr BEAUREGARD (Henri), Aide Naturaliste au Muséum d'histoire naturelle, 56, rue Gay-Lussac. — Paris.
*BEAUSACQ (Mme la Comtesse DE), 41, rue d'Amsterdam. — Paris.
BEAUVAIS (Maurice). — La Roche-sur-Yon (Vendée).
BÉCHAMP, Doyen de la Faculté de Médecine de l'Université catholique, 8, rue Beauharnais. — Lille. — **F**
BECKER (le Général), 260, boulevard Saint-Germain. — Paris.
BECKER (Mme), 260, boulevard Saint-Germain. — Paris. — **F**
BECKER (E.), Agent de change, 76, rue de Talleyrand. — Reims.
BÉCLARD, Membre de l'Académie de Médecine, Doyen de la Faculté de Médecine, École de Médecine. — Paris.
BEER (Guillaume), 34, rue des Mathurins. — Paris.
BÉGUYER DE CHANCOURTOIS, Inspecteur général au Corps des Mines, Professeur de géologie à l'École des Mines, 197, boulevard Saint Germain. — Paris.
*BEIGBEDER (D.), Ancien Ingénieur des manufactures de l'État, 26, avenue de l'Opéra. — Paris.
*BEIGBEDER (Émile), Ingénieur des Poudres et Salpêtres. — Saint-Chamas.
BÉLIME (Frédéric), Propriétaire, Conseiller général. — Vitteaux (Côte-d'Or). — **R**
BELL (Édouard-Théodore), Négociant. — New-York (U. S.). — **F**
*BELLEMER (Th.), Propriétaire et Maire de Bruges, 52, quai des Chartrons. — Bordeaux.
*BELLEMER (Mme Th.), 52, quai des Chartrons. — Bordeaux.
*BELLEMER (Henri), 52, quai des Chartrons. — Bordeaux.
*BELLEMER (Louis), 52, quai des Chartrons. — Bordeaux.
*BELLOC, Ingénieur, ancien Élève de l'École polytechnique, 136, avenue Daumesnil. — Paris.
BELLON (Paul). — Écully (Rhône). — **R**
BELLOT (Arsène-Henri), 71, rue des Saints-Pères. — Paris.
BELLOT (DE), Trésorier-payeur en retraite, 13, rue d'Isly. — Alger.
BELON, Fabricant, avenue de Noailles. — Lyon. — **F**
BELTON (Louis), Avocat, rue Beauvoir. — Blois.
BELTREMIEUX (Édouard), Vice-Président du Conseil de préfecture, Président de la Société des Sciences naturelles, rue des Fonderies. — La Rochelle.
BELUGOU (David), Pharmacien, 3, boulevard de la Comédie. — Montpellier.
BENOIST (J.), Négociant, 3, rue des Cordeliers. — Reims.
BENOIST (Félix), Manufacturier, 30, rue de Monsieur. — Reims.
BENOIT (Charles), Négociant en vins de Champagne, 81, rue de Venise. — Reims.
Dr BENOIT, Docteur ès sciences, Ingénieur civil, Adjoint au Bureau international des poids et mesures. — Pavillon de Breteuil, par Saint-Cloud (Seine-et-Oise).

Benoit (Léon), 4, rue de Bréa. — Nantes (Loire-Inférieure).
Benoit (Alfred), Propriétaire. — Pornic (Loire-Inférieure).
Beral (E.), Ingénieur des Mines, Sénateur du Lot, 1, rue Boursault. — Paris. — **F**
Beraud, 10, rue Fontenelle. — Rouen.
Dr Berchon, Médecin principal de 1re classe de la Marine, Directeur du service sanitaire de la Gironde. — Pauillac (Gironde).
*Berchon (Mme). — Pauillac (Gironde).
*Berchon (Auguste), Propriétaire. — Cognac.
*Berdellé (Charles), Ancien Garde général des forêts. — Rioz (Haute-Saône).— **F**
Berdoly (H.), Avocat. — Château d'Uhuart-Mixe, près Saint-Palais (Basses-Pyrénées).
Berge, Avocat à la Cour d'appel, 56, rue de Verneuil. — Paris.
Berge (René), 240, Faubourg-Saint-Honoré. — Paris.
Berge (Étienne-Jean-Gustave), Licencié en droit, sous-lieutenant de réserve au 3e régiment du génie, 39, rue Cardinet. — Paris.
Dr Bergeon, 3, place Bellecour. — Lyon.
*Dr Berger (Jules), Directeur de l'École de Médecine, 5, rue Lafayette. — Grenoble.
Bergeron (Jules), Ingénieur des Arts et Manufactures, 75, rue Saint-Lazare. — Paris. — **R**
Bergeron (Jules), Membre de l'Académie de Médecine, 75, rue Saint-Lazare. — Paris. — **R**
Dr Bergeron (Albert), 34, rue du Bac. — Paris.
*Bergès (Achille), Ingénieur des Ponts et Chaussées. — Sables d'Olonne (Vendée).
*Bergès (Aristide), Ingénieur civil. — Lancey (Isère).
Bergis (Léonce), Propriétaire. — Pech-Bétou, par Molières (Tarn-et-Garonne).
*Dr Berlioz (Fernand), — Uriage-les-Bains.
Bernadac (A.), Ancien Élève de l'École polytechnique, Lieutenant de vaisseau de réserve, 33, rue Castelnau. — Pau.
Bernard (Remy), Conseiller municipal, boulevard Saint-Aignan. — Nantes.
Bernard, Contrôleur des Contributions directes, 5, rue de l'Escale. — La Rochelle.
Bernard, Professeur de chimie à l'École de Cluny. — Cluny (Saône-et-Loire).
Bernard, Pharmacien militaire. — Fontainebleau.
*Bernard (Gustave), Professeur de Mathématiques spéciales, en retraite, 20, rue Créqui. — Grenoble.
Berne, Professeur à la Faculté de Médecine de Lyon, 14, rue Saint-Joseph. — Lyon.
Berney (J.-B.), Négociant, 2, faubourg Cérès. — Reims.
*Bernheim, Professeur à la Faculté de Médecine. — Nancy.
*Beroud (l'Abbé), — Cejzeriat (Ain).
Berrens, Manufacturier. — Barcelone.
Berrubé (Émile), Manufacturier, 17, route de Darnétal — Rouen.
Bert (Paul), Membre de l'Institut, Professeur à la Faculté des Sciences, Député de l'Yonne, 9, rue Guy-la-Brosse. — Paris.
*Bertault-Simon, Propriétaire-Viticulteur, 37, rue de Châlons. — Ay-Champagne.
Bertaut, 40, rue Bonaparte. — Paris.
Bertaut (Mme), 40, rue Bonaparte. — Paris.
Bertèche (G.), Chimiste, 24, place d'Armes. — Valenciennes.
Berthaut, Professeur, 19, rue Jouffroy. — Paris (Batignolles).
Berthe (Ernest). — Jonchery-sur-Vesle (Marne).
Berthier (Camille), Ingénieur civil. — La Ferté-Saint-Aubin (Loiret).
*Dr Berthollet, 14, place Sainte-Clair. — Grenoble.
Berthon (Auguste), 2, rue de la Paix. — Paris.
Berthon, Propriétaire, 46, rue de Rome. — Paris.
Bertifort, Membre de la Société des Agriculteurs de France. — Pons (Charente-Inférieure).
Dr Bertillon (Jacques), Publiciste, Chef de la statistique municipale, 26, rue de Laval. — Paris.
Dr Bertin (Georges), Professeur suppléant à l'École de Médecine, 2, rue Franklin. — Nantes.
*Dr Bertin, 2, boulevard Sévigné. — Dijon.
Bertin-Sans (Émile), Professeur à la Faculté de Médecine, 3, rue de la Merci. — Montpellier.
Bertrand (J.), Membre de l'Institut, Professeur au Collège de France, 6, rue de Seine. — Paris. — **R**

BESSELIÈVRE (Ch.), Manufacturier, Conseiller général de la Seine-Inférieure — Maromme, près Rouen.
BESSELIÈVRE (L.) fils, Manufacturier, 24, rue de Crosne. — Rouen.
Dr BESSETTE (E.), Chirurgien de l'Hôpital civil et militaire. — Angoulême.
BESSON (A.), Pharmacien de l'École de Paris. — Libourne.
BETHMANN (Édouard DE), 5, rue de la Verrerie. — Bordeaux.
BÉTHOUART (Émile), Receveur de l'enregistrement, 25, rue de la Tannerie. — Abbeville. — R
BÉTHOUART (Alfred), Ingénieur civil, Juge au Tribunal de commerce. — Chartres. — R
BETHUNE (A.), Notaire. — Tour-sur-Marne.
BEUDON (Justin-Émile), 24, rue d'Isly. — Alger.
BEYLOT, Vice-Président du Tribunal civil. — Bordeaux.
BEYRIES (Paul), Avocat. — Marmande (Lot-et-Garonne).
BEYSSAC, Étudiant en droit, 18, rue Boudet. — Bordeaux.
BEZANÇON (Paul), 78, boulevard Saint-Germain. — Paris. — R
BÉZINEAU, Professeur au Lycée, 12, rue Sibié. — Marseille.
BIBLIOTHÈQUE de l'École Fénelon, 23, rue Malesherbes. — Paris.
BIBLIOTHÈQUE de l'École régimentaire du génie. — Grenoble.
BIBLIOTHÈQUE publique de la Ville. — Boulogne-sur-Mer. — R
BICHON, Constructeur de navires. — Lormont, près Bordeaux. — R
BIDAULT (Alfred), 75, rue Madame. — Paris.
Dr BIENFAIT, boulevard des Promenades. — Reims.
Dr BIERMONT (DE), 5, rue des Menuts. — Bordeaux.
BIERMONT (Georges DE), 5, rue des Menuts. — Bordeaux.
BIGNON (Jean), Ingénieur des Arts et Manufactures, 6, rue Vaudoyer. — Paris-Passy.
BIGOUROUX (A.), Capitaine au long cours, 44, rue Traversière. — Bordeaux.
BILLAUD (Louis), Propriétaire, hôtel d'Allier. — Moulins (Allier).
BILLAULT-BILLAUDOT et Cie, Fabricants de produits chimiques, place de la Sorbonne. — Paris. — F
Dr BILLON, Maire. — Loos (Nord).
BILLY (Charles DE), Conseiller référendaire à la Cour des Comptes, 63, avenue Kléber. — Paris. — F
BILLY (Alfred DE), Inspecteur des Finances, 2, rue Corvetto. — Paris.
BINET, Propriétaire, 26, rue Marie-Talabot. — Sainte-Adresse (Havre).
BINOT (Jean), 155, boulevard Saint-Germain. — Paris.
BIOCHET, notaire. — Caudebec-en-Caux (Seine-Inférieure). — R
BISCHOFFSHEIM (Raphaël-Louis), Député des Alpes-Maritimes, 3, rue Taitbout. — Paris. — F
BISSON (E.), 24, quai de Seine. — Sartrouville (Seine-et-Oise).
BIVER (Alfred), Directeur des manufactures de glaces de la Compagnie de Saint-Gobain, 9, rue Sainte-Cécile. — Paris.
*BIZET, Conducteur des Ponts et Chaussées. — Bellesme (Orne).
BLAISE (Jules), Pharmacien. — Montreuil-sous-Bois (Seine).
BLAISE (Émile), Ingénieur des Arts et Manufactures, 44, rue Cambon. — Paris.
Dr BLACHE, 5, rue de Suresnes. — Paris.
BLANCHARD (Raphaël), Professeur agrégé à la Faculté de Médecine, Répétiteur à Institut national agronomique, 9, rue Monge. — Paris. — R
Dr BLANCHE (Emmanuel), Professeur à l'École de Médecine et à l'École des Sciences de Rouen, 53, boulevard Cauchoise. — Rouen.
*BLANCHET (Augustin), Fabricant de papiers, Château d'Alivet. — Renage, près Rives (Isère).
Dr BLANCHIER. — Chasseneuil (Charente).
BLANCHIN, Maire. — Dormans (Marne).
BLANDIN, Député de la Marne, 56, avenue d'Eylau. — Paris. — R
BLANDIN, Ingénieur, Manufacturier. — Nevers.
*Dr BLANQUINQUE. — Laon.
BLAQUIÈRE (Alp.), Architecte, Archiviste de la commission des monuments historiques de la Gironde, 9, rue Hustin. — Bordeaux.
*BLAREZ (Charles), Professeur agrégé à la Faculté de Médecine, 97, rue Saint-Genès. — Bordeaux. — R
*BLAVET, Négociant, Président de la Société d'horticulture de l'arrondissement d'Étampes, 10, 12 et 14, rue de la Juiverie. — Étampes (Seine-et-Oise).
BLAVY (Alfred), Avoué à la Cour, Suppléant de la justice de paix, Officier d'académie, 4, rue Barralerie. — Montpellier.

BLEICHER, Professeur d'histoire naturelle. — Nancy.
BLEYNIE DE CHATEAUVIEUX (François-Émile), Pasteur de l'Église réformée, 37, rue Blatin. — Clermont-Ferrand.
BLIN, Fabricant de draps, maison Blin et Bloch. — Elbeuf-sur-Seine.
BLONDEAU-BERTAULT (Jules), Propriétaire, Négociant, Adjoint au maire. — Ay-Champagne (Marne).
BLONDEL (Henri), Architecte, 14, quai de la Mégisserie. — Paris.
BLONDEL (Mme Henri), 14, quai de la Mégisserie. — Paris.
BLONDEL (Mlle Hélène), 14, quai de la Mégisserie. — Paris.
BLONDEL (Émile), Chimiste, 24D, route de Bonsecours. — Rouen. — R
BLOT, Membre de l'Académie de Médecine, 24, avenue de Messine. — Paris. — F
*BLOTTIÈRE (Alfred), 189, rue Lafayette. — Paris.
*BLOUME (Eugène), Professeur au Lycée, 1, rue des Bains. — Grenoble.
BLOUQUIER (Charles), rue Salle-l'Évêque. — Montpellier.
BOAS-BOASSON (J.), Chimiste, chez MM. Henriet, Romanna et Vignon, 15, rue Saint-Dominique. — Lyon.
BOCA (Léon). — 16, rue d'Assas— Paris.
BOCA (Paul), Ancien Élève de l'École polytechnique, 1, place du Théâtre-Français. — Paris.
*BOCA (Edmond), Ingénieur des Arts et Manufactures, 9, rue d'Isly. — Paris.
Dr BŒCKEL (J.), Correspondant de la Société de chirurgie de Paris, 2, place de l'Hôpital. — Strasbourg (Alsace).
BOFFARD (Jean-Pierre), Ancien Notaire, 2, place de la Bourse. — Lyon. — R
Dr BOGROS. — Latour-d'Auvergne (Puy-de-Dôme).
*BOIS (Georges-Francisque), Avocat, 57, avenue de l'Observatoire. — Paris.
BOILEVIN (Ed.), Négociant, Juge au Tribunal de commerce, Grande-Rue. — Saintes.
*BOISSELLIER, Agent administratif de la Marine. — Rochefort (Charente-Inférieure).
BOISSIÈRE (Juvenal), Négociant, 50B, rue Fontenelle. — Rouen.
BOISSONNET, Général du Génie, Sénateur, 78, rue de Rennes. — Paris. — F
BOISTEL (G.), Ingénieur civil, 8, rue Picot (avenue du Bois-de-Boulogne). — Paris.
BOISTEL (Mme), 8, rue Picot (avenue du Bois-de-Boulogne). — Paris.
BOITEAU (Pierre), Vétérinaire délégué de l'Académie. — Villegouge, par Lugon (Gironde).
*BOITON (D.-E.-J.), Géomètre et Arpenteur forestier, 6, rue Brocherie. — Grenoble.
BOIVIN (Émile), 64, rue de Lisbonne. — Paris. — F
*BOIVIN, Ingénieur-Architecte. — Lille.
*BOIVIN (Léon), Étudiant, 284, rue Nationale. — Lille.
BOMMARTIN (Pierre), Notaire. — Soumensac, arrondissement de Marmande (Lot-et-Garonne).
BOMPARD (Maurice), Secrétaire d'ambassade. — Tunis.
BONAPARTE (le Prince Roland), 22, cours La Reine. — Paris. — F
*BONDET, Médecin de l'Hôtel-Dieu, Professeur à la Faculté de Médecine de Lyon, 2, quai de Retz. — Lyon. — F
BONFAIT, Pharmacien, 1, rue Saint-Martin. — Havre.
BONIFACE (Charles), Fabricant d'huiles, Juge au Tribunal de commerce de Rouen. — Sotteville-les-Rouen.
Dr BONNAFOND, Ancien Médecin principal de l'Armée, 3, rue Mogador. — Paris.
Dr BONNAL. — Arcachon.
BONNAMOUR (Camille), 15, rue de l'Annonciade. — Lyon.
BONNARD (Paul), 49, rue de Grenelle. — Paris.
BONNEAU (Théodore), Notaire honoraire. — Marans (Charente-Inférieure). — F
*BONNET (Mme Léontine), 14, avenue de Valz. — Le Puy-en-Velay.
Dr BONNET (Noël), 12, rue de Ponthieu. — Paris.
*Dr BONNET (Ed.), 11, rue Claude-Bernard. — Paris.
BONNEVILLE (DE), Ancien Avoué. — Château de Bonneville, par Saint-Julien-Chapteuil (Haute-Loire).
*BONNIER, Licencié ès sciences naturelles, 75, rue Madame. — Paris.
BONPAIN, Ingénieur civil, 40, rue d'Amiens. — Rouen.
BONTEMS (E.), Lieutenant-Trésorier au 12e Chasseurs. — Lyon.
BONTEMS (Georges). Ingénieur civil, 11, rue de Lille. — Paris.
BONZEL (Arthur). — Haubourdin, près Lille (Nord).
BONZOM, Pharmacien. — Monein (Basses-Pyrénées).
BONZOM, Vétérinaire, 11, rue Bab-Azoun. — Alger.

BORDIER (Henri), Bibliothécaire honoraire à la Bibliothèque nationale, 182, rue de Rivoli. — Paris. — **R**

*Dr BORDIER, Professeur à l'École d'Anthropologie, 44, avenue Marceau. — Paris.

BORDET (Adrien), Avocat défenseur, 4, rue Neuve-du-Divan. — Alger.

BORDET (Léon), Propriétaire. — La Jolivette, commune de Chemilly, par Moulins (Allier).

BORDO (Louis), Médecin de colonisation. — Chéragas (province d'Alger).

BOREL, 5, quai des Brotteaux. — Lyon.

BOREL, Droguiste, 1, rue Lafayette. — Grenoble.

*BOREL (Auguste), Président du Tribunal de Commerce, 17, place Grenette. — Grenoble.

BORÉLY (Charles DE), Notaire, 14, rue Saint-Firmin. — Montpellier.

BORGEAUD (Luc), 2, rue Sainte-Pauline. — Marseille.

BOSTEAU, Maire. — Cernay-lès-Reims (Marne).

*BOUCHARD, Professeur à la Faculté de Médecine de Paris, 174, rue de Rivoli. — Paris.

BOUCHARD (Mme), 174, rue de Rivoli. — Paris.

*BOUCHARD, Avocat, 5, boulevard des Quatre-Ponts. — Moulins.

*BOUCHARD fils, 5, boulevard des Quatre-Ponts. — Moulins (Allier).

BOUCHÉ (Alexandre), 6, rue de Bréa. — Paris. — **R**

BOUCHER, Agent voyer. — Argenteuil (Seine-et-Oise).

BOUCHER (Eugène), Industriel, usine du Pied-Selle. — Fumay (Ardennes).

Dr BOUCHEREAU, Médecin à l'Asile Sainte-Anne, 1, rue Cabanis. — Paris.

*Dr BOUCHERON, 24, rue du Quatre-Septembre. — Paris.

BOUCHET, Étudiant en droit, place d'Espagne. — Issoire.

BOUCHUT, Professeur agrégé à la Faculté de Médecine de Paris, Médecin des Hôpitaux, 38, rue de la Chaussée-d'Antin — Paris.

BOUDE, (Paul), Raffineur de soufre, 8, rue Saint-Jacques. — Marseille.

BOUDET (C.), 24, quai Saint-Antoine. — Lyon.

BOUDET DE BARDON, Conseiller général du Puy-de-Dôme. — Riom.

BOUDIER, Ingénieur mécanicien, 10, rue du Hameau-des-Brouettes. — Rouen.

BOUDIER, Pharmacien honoraire, Membre correspondant de l'Académie de Médecine. — Montmorency.

*BOUDIN (A.), Principal du Collège de Honfleur. — Honfleur. — **R**

*BOUDIN (Mme), au Collège. — Honfleur.

Dr BOUILLY, Professeur agrégé à la Faculté de Médecine, Chirurgien des Hôpitaux, 43, boulevard Haussmann. — Paris.

BOUISSIN (Léon), Ancien Conseiller général de l'Hérault, 5, rue Saint-Philippe-du-Roule. — Paris.

BOUJU (Georges), Étudiant en médecine, 82, rue de la République. — Rouen.

BOULÉ, Ingénieur en chef des Ponts et Chaussées, 23, rue de la Boétie. — Paris. — **F**

BOULET (Gaston), Manufacturier, Membre de la Chambre de Commerce, 31, boulevard Cauchoise. — Rouen.

Dr BOULEY, Membre de l'Institut, Inspecteur général des Écoles vétérinaires, Professeur au Muséum, 81, rue des Saints-Pères. — Paris.

BOULINAUD (Édouard). — Aux Épis, par Segonzac (Charente).

BOULLAND, 58, rue Monsieur-le-Prince. — Paris.

BOUQUET DE LA GRYE, Membre de l'Institut, Ingénieur hydrographe de 1re classe de la Marine, 104, rue du Bac. — Paris.

BOUQUET DE LA GRYE (Mme), 104, rue du Bac. — Paris.

BOURBON (Émile), Rédacteur au journal *la Gironde*, 8, rue Cheverus. — Bordeaux.

*BOURDELLES, Ingénieur en chef des Ponts et Chaussées, 22, rue d'Édimbourg. — Paris.

BOURDIL, Ingénieur des Arts et Manufactures, 20, rue de Téhéran. — Paris.

BOURDON (C.), 87, boulevard Voltaire. — Paris.

*Dr BOURGEOIS, 12, boulevard Poissonnière. — Paris.

*BOURGERY (Henri), Notaire. — Nogent-le-Rotrou.

BOURGUIN (Maxime), Ingénieur des Ponts et Chaussées. — Mézières (Ardennes).

Dr BOURLIER (A.), Professeur à l'École de Médecine, 6, boulevard de la République. — Alger.

Dr BOURNEVILLE, Député de la Seine, 14, rue des Carmes. — Paris.

*BOURNON, Archiviste. — Blois.

BOURRIER (Joseph), Substitut du Procureur de la République. — Le Puy (Haute-Loire).

BOURRIT (C.), Agent de change, 10, rue de la République. — Lyon.

BOURSIER (André), Professeur agrégé à la Faculté de Médecine, 1, rue Blanc-Dutrouilh. — Bordeaux.

BOUSCAREN (Alfred), Propriétaire, 21, boulevard du Jeu-de-Paume. — Montpellier.

BOUTELANT, Médecin, Pharmacien de 1re classe, 92, rue de Flandre. — Paris.

Boutemaille Conseiller général. — Bou-Farik, près Alger.
Boutet de Monvel (Maurice), 26, rue Monsieur-le-Prince. — Paris.
Bouthry-Lafrenay, Receveur des postes, rue du Palais. — La Rochelle.
Boutillier, Ingénieur en chef de la Compagnie du Midi, 134, boulevard Haussmann. — Paris.
Dr Boutin (Léon), 18, rue de Hambourg — Paris. — **R**
Boutmy, Maître de forges, Conseiller général des Ardennes. — Messempré, par Carignan.
Boutmy (Charles), Ingénieur civil, 114, boulevard Magenta. — Paris.
Boutmy (Mme Charles), 114, boulevard Magenta. — Paris.
Boutry (Georges), Propriétaire. — Les Bernards, près Chemilly, par Moulins (Allier).
Boutry (Mme Georges), Propriétaire. — Les Bernards, près Chemilly, par Moulins (Allier).
*Bouvet, Administrateur de l'École La Martinière, 11, rue Gentil. — Lyon.
Bouvier, Pharmacien, 11, place Dauphine. — Bordeaux.
*Bouvier (Marius), Ingénieur en chef des Ponts et Chaussées. — Avignon.
*Bouy-Remy, Propriétaire. — Mailly (Marne).
Dr Boy, 3, rue d'Espalongue. — Pau.
Boyenval, Ingénieur des manufactures de l'État, Directeur de la manufacture des Tabacs. — Tonneins (Lot-et-Garonne).
Boyer, Pharmacien de 1re classe. — Espalion (Aveyron).
Braemer (Gustave), Chimiste. — Izieux, près Saint-Chamond (Loire).
Dr Brame (Ch.), Ancien Professeur de chimie à l'École de Médecine de Tours, 106, rue Nollet. — Paris.
Brancher (A.), Ingénieur civil, 21, rue de Choiseul. — Paris.
Brandenburg (Albert), Négociant, 1, rue de la Verrerie. — Bordeaux. — **F**
Brandenburg (Mme veuve), 1, rue de la Verrerie. — Bordeaux. — **R**
Dr Brard. — La Rochelle.
Brasil, Archéologue, 21, rue de la Cage. — Rouen.
*Braun, Ingénieur des Poudres et Salpêtres, 6, boulevard de la Paix. — Marseille.
Bravais (Raoul), Chimiste, 6, rue Greffulhe. — Paris.
Dr Breen (James), 2, rue Notre-Dame. — Bordeaux.
*Breittmayer (Albert), Ancien Sous-Directeur des Docks et Entrepôts de Marseille, 8, place de la Préfecture. — Marseille. — **F**
Dr Bremont (J.-J.-L.), 13, Faubourg-Montmartre. — Paris.
*Dr Bremont fils (Ernest), Médecin au Lycée Condorcet, 67, rue Caumartin. — Paris.
Dr Bremond (Félix), Inspecteur du Travail des enfants dans l'industrie, 66, rue Rochechouart. — Paris.
*Brenier (Casimir), Ingénieur-Constructeur, 20, avenue de la Gare. — Grenoble.
*Brès (A.), Pharmacien honoraire, ancien Maire. — Riez (Basses-Alpes).
Brésis (de), Ingénieur, Directeur de l'usine à gaz. — Mustapha-Alger.
Bressant, 30, rue Delambre. — Paris.
Bresson (Léopold), Ancien Directeur général de la Société des chemins de fer de l'État, 166, Faubourg-Saint-Honoré. — Paris.
*Breton (Félix), Colonel du Génie en retraite, à la porte de France. — Grenoble. — **R**
*Breton (Philippe), Ingénieur en chef des Ponts et Chaussées en retraite, 6, rue des Alpes. — Grenoble.
Breul (Charles), Substitut au Procureur de la République. — Vervins.
*Breynat (Frédéric), Rédacteur en chef de l'*Impartial des Alpes*, 8, rue Hector-Berlioz. — Grenoble.
Briau, Directeur des chemins de fer Nantais. — La Madeleine-en-Varades (Loire-Inférieure). — **R**
Bricard, Ingénieur, Secrétaire général de la Compagnie des forges et chantiers de la Méditerranée, 9, rue Picpus. — Havre.
Bricka (Adolphe), Négociant, 13, rue Maguelonne. — Montpellier.
Bricka (Scipion) fils, 13, rue Maguelonne. — Montpellier.
Brière (Léon), Propriétaire et Directeur du *Journal de Rouen*, 7, rue St-Lô. — Rouen.
*Brillouin (Marcel), Professeur de physique à la Faculté des Sciences. — Toulouse. — **R**
Bris (Paul), Ingénieur des Arts et Manufactures, 16, rue du Faubourg-Saint-Georges. — Nancy.
Brissaud, Professeur d'histoire au lycée Charlemagne, Examinateur d'admission à l'École spéciale militaire de Saint-Cyr, 9, rue Mazarine. — Paris.
Dr Brisson. — Averton, commune de Montils (Charente-Inférieure).

Brissonneau, Industriel, Adjoint au Maire, 86, quai de la Fosse. — Nantes.
Brivet, Ingénieur civil, 53, rue Rennequin. — Paris.
Brylinski (Mathieu), Négociant, 7 et 9, rue d'Uzès. — Paris.
Broadbent (Horace), Ingénieur, Chapel Hill. — Huddersfield (Angleterre).
Broca (Georges), Ingénieur civil, 18, quai de la Mégisserie. — Paris.
Broca (Auguste), Interne des Hôpitaux, Prosecteur à la Faculté, 1, rue des Saints-Pères. — Paris. — **R**
Broca (Émile), Licencié en droit, 16, rue des Pyramides. — Paris.
Broca (Élie), Ancien Proviseur du Lycée Charlemagne, 5, quai Malaquais. — Paris.
Brocard, Capitaine du Génie. — Montpellier. — **R**
Brochart (Mme Antonine), 1, rue Las-Cases. — Paris. — **R**
Brodu (Alexandre), Propriétaire. — La Plaine, près Pornic (Loire-Inférieure).
Broglie (Duc de), Ancien Sénateur, 10, rue de Solférino. — Paris.
Brolemann (Georges), Administrateur de la Société Générale, 166, boulevard Haussmann. — Paris. — **R**
Brolemann, Président du Tribunal de commerce, 11, quai Tilsitt. — Lyon. — **R**
Brongniart (Charles), Préparateur de zoologie à l'École supérieure de pharmacie, 8, rue Guy-la-Brosse. — Paris.
Brossier, 9, rue Charras. — Paris.
Brostrom, Négociant. — Le Havre.
Brouant, Pharmacien de 1re classe, 81, avenue d'Eylau. — Paris.
Brouardel, Professeur à la Faculté de Médecine, Membre de l'Académie de Médecine, 195, boulevard Saint-Germain. — Paris.
Brousset (Pierre), Négociant. — Tunis.
Brouzet (Ch.), Ingénieur civil, 51, rue Saint-Joseph (Perrache). — Lyon. — **F**
Bruet, 17, rue d'Aubervilliers. — Saint-Denis (Seine).
Dr Brugère. — Uzerches (Corrèze).
*Brugère (Alfred), Notaire. — Miramont (Lot-et-Garonne).
Brun (A.), Ingénieur, usine de Leskova-Dolina. — Poste Altenmarkt, près Rakek-Krain (Autriche).
Brun (André), 19, rue des Halles. — Paris.
*Brunat (Louis), Constructeur. — Moulins (Allier).
Bruneau (Léopold), fils, Pharmacien de 1re classe, 71, rue Nationale. — Lille.
Brunon (Raoul), Externe des hôpitaux de Paris, 76, boulevard Saint-Michel. — Paris.
Bruyas (Émile), 42, rue Bourbon. — Lyon.
Bruyère, Négociant, 27, rue de Béthune. — Lille.
Bruzon et Cie (J.), Usine de Portillon (céruse et blanc de zinc). — Portillon, près Tours. — **R**
Bucaille (E.), 132, rue Saint-Vivien. — Rouen.
Buchler (Mme), Propriétaire, 35, rue de Vesle. — Reims.
Buffet (Charles), Fabricant, rue Sainte-Marguerite. — Reims.
*Bugey (Ferdinand), Professeur à l'École Vaucanson, 2, rue Perthuisière. — Grenoble.
Buirette-Gaulart, Manufacturier. — Suippes (Marne).
*Buisson, Ingénieur civil, rue Saint-Thomas. — Évreux. — **R**
Bujard, Greffier du Tribunal. — Fontenay-le-Comte (Vendée).
Dr Bureau (E.), Professeur au Muséum d'Histoire naturelle, 24, quai de Béthune. — Paris.
Dr Bureau (Louis), Directeur du Muséum d'Histoire naturelle, 15, rue Gresset. — Nantes.
Burguère (Gabriel), Propriétaire. — Château d'Engach, par Graulhet (Tarn).
Burnan (Adrien), Banquier, 3, boulevard de la Banque. — Montpellier.
*Dr Burot, Professeur agrégé à l'École de Médecine navale. — Rochefort.
*Burot (Mme), 45, rue des Fonderies, — Rochefort.
Burton, Administrateur de la Compagnie des Forges d'Alais, 58, rue de la Chaussée-d'Antin. — Paris. — **F**
*Bussy (Adrien), Ingénieur des Arts et Manufactures. — Écully, près Lyon.
Butin-Denniel, Cultivateur, Fabricant de sucre. — Haubourdin (Nord).
Butte, Maire de Malzéville. — Malzéville, près Nancy.
Dr Buttura, de Cannes, 41, rue de la Pompe. — (Passy-Paris).
Cabanellas (Gustave-Eugène), Ancien Officier de marine. — Nanteuil-le-Haudoin (Oise). — **R**
Cabanes (J.-J.), — à Pommerol-Libourne (Gironde).
Cabello (Vicente), Médecin-major de la marine d'Espagne. — Algésiras (Espagne).

CABRIÈRES (Mgr DE), Évêque de Montpellier, rue des Carmes. — Montpellier.
CACHEUX (Émile), Ingénieur civil des Arts et Manufactures, 25, quai Saint-Michel. — — Paris. — F
CAGNY (P.), Vétérinaire, Membre de la Société centrale vétérinaire. — Senlis (Oise).
CAHOURS, Membre de l'Institut, à la Monnaie, rue Guénégaud. — Paris.
CAILLARD (Frédéric), Négociant, 9, rue Cambronne. — Nantes.
CAILLIAUX (Ed.), Négociant, 71, rue Neuve. — Reims.
CAILLOL DE PONCY (O.), Professeur à l'École de Médecine, 8, rue Clapier. — Marseille.
CAIX DE SAINT-AYMOUR (Vicomte Am. DE), Membre du Conseil général de l'Oise, de la Société d'Anthropologie et de plusieurs Sociétés savantes, 4, rue Gounod. — Paris. — R
*CALLOT (Ernest), Directeur de la *Garantie Générale* (Vie), 19, rue Vintimille. — Paris.
CAMBEFORT (J.), Banquier, Administrateur des Hospices, 13, rue de la République. — Lyon. — F
CAMBON (Victor), Ingénieur des Arts et Manufactures, 62, rue Saint-Joseph. — Lyon.
CAMERANO (Lorenzo), Professeur agrégé ès sciences naturelles du Musée Royal de Zoologie. — Turin.
CAMÉRÉ, Ingénieur en chef des Ponts et Chaussées. — Vernon (Eure).
CAMONDO (Comte N. DE), 31, rue Lafayette. — Paris. — F
CAMONDO (Comte A. DE), 31, rue Lafayette. — Paris. — F
CANDOLLE (Casimir DE), Botaniste. — Genève (Suisse).
CANONVILLE-DESLYS (Thomy), Professeur au Lycée et à l'École des Sciences, 4, rue de Crosne. — Rouen.
CANTAGREL, Ancien Élève de l'École polytechnique, Agent administratif de l'École Monge, 145, boulevard Malesherbes. — Paris.
CANTALOUBE, Capitaine de frégate. — Rochefort (Charente-Inférieure).
CAPELLE (Jules), Adjoint au maire de Rouen, Membre du Conseil d'arrondissement, 22, rue Lenôtre. — Rouen.
CAPGRAND-MOTHES, Fabricant de produits pharmaceutiques, 20, cité Trévise. — Paris.
CARDEILHAC, Ancien Membre du Tribunal de commerce de la Seine, 8, rue du Louvre. Paris. — R
CARISTIE, Propriétaire et Conseiller municipal. — Avallon (Yonne).
Dr CARLES, Agrégé de la Faculté de Médecine et de Chirurgie de Bordeaux, 30, quai des Chartrons. — Bordeaux.
*CARLET, Professeur à la Faculté des Sciences. — Grenoble (Isère).
CARLIER (Auguste), Publiciste, 12, rue de Berlin. — Paris. — F
CARLIER. — Saint-Martin-de-Hinx (Landes).
*CARNOT (Adolphe), Ingénieur en chef des Mines, Professeur à l'École des Mines et à l'Institut national agronomique, 60, boulevard Saint-Michel — Paris. — F
*CARNOT (Paul), Étudiant, 60, boulevard Saint-Michel. — Paris.
CARON (Hippolyte), Manufacturier, 46, rue de Lyons-la-Forêt. — Rouen.
CARPENTIER, Constructeur d'instruments de physique, 20, rue Delambre. — Paris.
*CARPENTIER (J.-B.), 16 *bis*, rue Gasparin (près Bellecour). — Lyon.
Dr CARPENTIER-MÉRICOURT, 6, rue Villedo. — Paris.
CARRÉ, Juge de Paix. — Maillezais (Vendée).
Dr CARRE, Médecin en chef de l'Hôtel-Dieu. — Avignon.
*Dr CARRET (Jules), Député de la Savoie, 4, rue de Courty. — Paris. — R
CARRIÈRE (Paul), Pharmacien. — Saint-Pierre (Ile d'Oléron).
CARRIEU, Professeur agrégé à la Faculté de Médecine, 5, Grande-Rue. — Montpellier.
*CARRON (C.), Ingénieur. — Pont-de-Claix (Isère).
CARTAILHAC, Directeur de la Revue des *Matériaux pour l'histoire primitive de l'Homme*, 5, rue de la Chaine. — Toulouse.
*Dr CARTAZ, 18, rue Daunou. — Paris.
CASALONGA, Directeur de la *Chronique industrielle*, 15, rue des Halles. — Paris.
CASSÉ (Charles), Propriétaire. — La Bastide-de-Sérou (Ariège).
Dr CASSIN (Paul). — Avignon.
CASTAN, Professeur à la Faculté de Médecine. — Montpellier.
CASTAN (Ad.), Ingénieur civil E. C. P., rue Saint-Louis. — Montauban (Tarn-et-Garonne).
CASTANHEIRA DAS NEVES (J.-P.), Ingénieur, Inspecteur des télégraphes et des phares du Portugal, Calçada de Estrella, 95. — Lisbonne.
CASTELNAU (Edmond), Propriétaire, 18, rue des Casernes. — Montpellier.
CASTELNAU (Émile), Propriétaire, 2, rue Nationale. — Montpellier.
CASTELNAU (Paul), Propriétaire, Trésorier de la Société d'agriculture, 34, rue Saint-Guilhem. — Montpellier.

CASTELOT, Vice-Consul de Belgique. — Colonne Voirol, Alger-Mustapha.
Dr CASTERA. — Portets (Gironde).
CASTHELAZ (John), Fabricant de produits chimiques, 19, rue Sainte-Croix-de-la-Bretonnerie. — Paris. — F
CATALAN, Professeur d'analyse à l'Université de Liège (Belgique).
CATEL-BÉGHIN, 21, boulevard de la Liberté. — Lille.
CATILLON (A.), Pharmacien, 23, rue Saint-Vincent-de-Paul. — Paris.
Dr CAUBET, Ancien Interne des hôpitaux de Paris, Directeur de l'École de Médecine, 44, rue Alsace-Lorraine. — Toulouse. — **R**
CAUCHE, Ancien Négociant, 51, rue Cérès. — Reims.
CAUCHOIS, Médecin des Hôpitaux, Professeur adjoint à l'École de Médecine, ex-Interne des hôpitaux de Paris, 28, rue du Contrat-Social. — Rouen.
Dr CAUSSANEL, Chirurgien de l'hôpital civil, 9, rue de la Lyre. — Alger.
CAUSSE (Scipion), Propriétaire, 32, quai Jayr. — Lyon.
Dr CAUSSIDOU, Médecin adjoint à l'hôpital. — Alger.
CAVENTOU fils, Membre de l'Académie de Médecine, 11, rue des Saints-Pères. — Paris. — **F**
CAZALIS (Gaston), rue Terral. — Montpellier.
CAZALIS DE FONDOUCE (Paul-Louis), Secrétaire général de l'Académie des Sciences et Lettres de Montpellier, 18, rue des Étuves. — Montpellier (Hérault). — **R**
*CAZANOVE (F.), Négociant, 13, rue Turenne. — Bordeaux.
CAZAVAN, Directeur des forges et chantiers de la Méditerranée, 31, rue d'Harfleur. — Le Havre.
CAZELLES (Émile), Préfet des Bouches-du-Rhône. — Marseille.
CAZELLES (Jean), Étudiant en droit, à la Préfecture. — Marseille.
CAZENEUVE, Doyen de la Faculté de Médecine, 26, rue des Ponts-de-Comines. — Lille. — **R**
CAZENEUVE (Albert). — Au château d'Esquiré, par Saint-Lys (Haute-Garonne).
Dr CAZENEUVE (Paul), Professeur agrégé à la Faculté de Médecine, 4, avenue du Doyenné. — Lyon.
CAZENOVE (Raoul DE), Propriétaire, 8, rue Sala. — Lyon. — **R**
CAZESSUS (Théophile), Négociant, 64, rue Rodrigues-Pereire. — Bordeaux.
Dr CAZIN, Directeur de l'hôpital. — Berck-sur-Mer (Pas-de-Calais).
CAZOTTES (A.-M.-J.), Pharmacien. — Millau (Aveyron). — **R**
CELLIEZ, Ingénieur, 24, rue Royale. — Paris.
CENDRE (Gustave), Ingénieur en chef des Ponts et Chaussées, 234, boulevard Saint-Germain. — Paris.
CERCLE D'ALGER de la Ligue de l'Enseignement, 1, rue de Bone. — Alger.
CERCLE ARTISTIQUE, rue de la Comédie. — Montpellier.
CERCLE GIRONDIN de la Ligue de l'Enseignement, 16, rue Mably. — Bordeaux.
CERCLE ROCHELAIS de la Ligue de l'Enseignement. — La Rochelle.
CERCLE PHARMACEUTIQUE de la Marne. — Reims (Marne).
CERCLE PHILHARMONIQUE de Bordeaux.
*CÉRÉMONIE, Vétérinaire, 50, rue de Ponthieu. — Paris.
CERNUSCHI (Henri), 7, avenue Velasquez. — Paris. — **F**
*CERTES, Inspecteur général des finances, 21, rue Barbet-de-Jouy. — Paris.
Dr CEZILLY, Directeur de la Société et du journal *le Concours médical*, 9, rue du Faubourg-Poissonnière. — Paris.
CHABERT, Ingénieur en chef des Ponts et Chaussées. — Tulle. — **R**
*Dr CHABRAND (J.-A.), 4, place du Lycée. — Grenoble.
Dr CHABRELY, à la Bastide. — Bordeaux.
CHABRIÉ (Camille), Élève à l'École pratique, 52, rue des Martyrs. — Paris.
CHABRIER, Ingénieur civil, 89, rue Saint-Lazare (avenue du Coq). — Paris.
CHABRIÈRES-ARLÈS, Administrateur des Hospices, 12, place Louis XVI. — Lyon. — **F**
Dr CHAIGNEAU, Maire de Floirac, allées de Tourny. — Bordeaux.
CHAILLOT (E.), Pharmacien, 37, rue du Mirage. — Angoulême.
CHAIX (A.), Imprimeur, 20, rue Bergère. — Paris. — **R**
CHALIER (J.). — Maisons-Laffitte (Seine-et-Oise). — **R**
Dr CHALON. — Namur (Belgique).
Dr CHAMBON (Daniel). — Miramont, par Marmande (Lot-et-Garonne).
CHAMBRE DES AVOUÉS au Tribunal de 1re instance. — Bordeaux. — **R**
CHAMBRE de Commerce (la). — Bordeaux. — **F**
— — — Lyon. — **F**

CHAMBRE de commerce (la) — Nantes. — **F**
— — — Le Havre. — **R**
— — — Marseille. — **F**
— — — Rouen. — **F**

*CHAMBRELENT, Inspecteur général des Ponts et Chaussées, 57, rue du Four-Saint-Germain. — Paris.

CHAMEROT (Georges), Imprimeur, 19, rue des Saints-Pères. — Paris.

*CHAMPIGNY, Pharmacien, 65, avenue de Breteuil. — Paris.

*CHAMPIGNY (Armand), Ingénieur civil, 11, rue de Berne. — Paris.

CHAMPONNOIS, 45, rue des Petits-Champs. — Paris.

CHANAL (F.), Ancien Négociant, 107, rue de Vendôme. — Lyon.

CHANCEL, Recteur de l'Académie. — Montpellier.

CHANDON DE BRIAILLES (Raoul), Négociant en vins de Champagne. — Épernay (Marne).

CHANDON DE BRIAILLES (Paul), Négociant en vins de Champagne. — Épernay (Marne).

CHANDON DE BRIAILLES (Gaston), Négociant en vins de Champagne. — Épernay (Marne).

Dr CHANSEAUX (A). — Aubusson (Creuse).

CHANTERET (l'Abbé Pierre), Docteur en droit, 80, rue Claude-Bernard. — Paris.

*CHANTRE (Ernest), Sous-Directeur du Muséum, 37, cours Morand. — Lyon. — **F**

CHANTREAU (Charles), Chimiste et Manufacturier, rue de Bellain. — Douai.

CHAPELLE (DE), Docteur en médecine, pont de la Maye. — Bordeaux.

*CHAPER (Eugène), Ancien Député, 10, rue Villars. — Grenoble.

CHAPERON (G.), Ingénieur civil des Mines, 18, avenue de l'Observatoire. — Paris.

CHAPERON-GRAUGÈRE (Robert), 57, rue de la Sablière. — Libourne.

CHAPLAIN-DUPARC (G.), Capitaine au long cours, Ingénieur civil, 4, rue des Minimes. — Le Mans.

Dr CHAPUIS (Scipion). — Bou-Farik (province d'Alger).

*Dr CHAPUIS, 2, rue de la Paix. — Grenoble.

CHARBONNEAU (Firmin), Maître de verreries, 98, rue du Bourg-Saint-Denis. — Reims.

CHARCELLAY, Pharmacien. — Fontenay-le-Comte (Vendée). — **R**

CHARCELLAY (Mme). — Fontenay-le-Comte.

CHARCHY (Gustave), Directeur particulier de *la Confiance*, compagnie d'assurances contre les accidents, 11, place des Quinconces. — Bordeaux.

CHARCOT, Membre de l'Académie de Médecine, Professeur à la Faculté de Médecine de Paris, 17, quai Malaquais. — Paris. — **F**

CHARDONNET (Anatole), Négociant, 22, rue Hincmar. — Reims.

CHARDIN, Ingénieur électricien, 5, rue de Châteaudun. — Paris.

CHARDINY, Avocat, 2, rue des Marronniers. — Lyon.

CHARIER, Architecte. — Fontenay-le-Comte (Vendée).

CHARLEMAINE (Théodore), Armateur, 20, rue Jeanne-d'Arc. — Rouen.

CHARLOT (J.-B.), Fabricant de caoutchouc, 25, rue Saint-Ambroise. — Paris.

Dr CHARPENTIER, Professeur à la Faculté de Médecine de Nancy, 4, rue Isabey — Nancy.

CHARPIN (Mlle), 24, rue Duperré. — Paris.

CHARPY (V. Adrien), Chef des travaux anatomiques à la Faculté de Médecine, 14, rue Laurencin. — Lyon.

CHARRON, Trésorier général. — Nantes.

CHARROPPIN (Georges), Pharmacien de 1re classe. — Pons (Charente-Inférieure).

*CHARVET (Victor), Professeur à l'École Vaucanson, 1, quai Claude-Brosses. — Grenoble.

*Dr CHARVET (Jean-Baptiste), 1, rue de l'Écu. — Grenoble.

CHASTEIGNER (Comte Alexis DE), 5, rue Duplessis. — Bordeaux.

CHATEL (Victor). — Valcongrain, par Aunay-sur-Odon (Calvados).

CHATEL, Avocat défenseur, Bazar du Commerce. — Alger. — **R**

CHATELAIN (Louis), 10, rue des Anglais. — Reims.

Dr CHATIN (Joannès), Maître de conférences à la Faculté des Sciences, Professeur agrégé à l'École supérieure de Pharmacie, 128, boulevard Saint-Germain. — Paris. — **R**

*CHATROUSSE (Joseph), Architecte, 27, rue Lesdiguières. — Grenoble.

*CHAUDERLOT, Négociant, 10, rue du Champ-de-Mars. — Reims.

CHAUDESSOLLE (Félix), Avocat, ancien Bâtonnier, 3, Montée de Jaude. — Clermont-Ferrand.

CHAUDRON (Georges), Négociant, 99, rue de Vesle. — Reims.

CHAULIAGUET (Mme). — La Poterie, par Molineuf (Loir-et-Cher).

CHAUMETTE (Albert), Négociant, 29, rue Lacornée. — Bordeaux.

*Dr CHAUMIER (Edmond). — Pressigny-le-Grand (Indre-et-Loire).

*Chaumier (Mme Edmond). — Pressigny-le-Grand (Indre-et-Loire).
Dr Chaussat. — Aubusson (Creuse).
Chauvassaigne (Paul), Conseiller général du Puy-de-Dôme, 37, rue du Vieux-Pont. — Vésinet.
*Chauveau (A.), Directeur de l'École vétérinaire, Professeur à la Faculté de Médecine de Lyon, Correspondant de l'Institut, 22, quai des Brotteaux. — Lyon. — F
Chauveau fils, 22, quai des Brotteaux. — Lyon.
Chauveau (Mlle), 22, quai des Brotteaux. — Lyon.
Chauveau (Comte de), 2, avenue des Princes. — Bois de Boulogne (Seine).
Chauvet (G.), Notaire. — Ruffec (Charente).
Chauvet (Mme). — Ruffec (Charente).
Dr Chauvet, 35, rue de la Bourse. — Lyon.
Chauvin (Eugène), Architecte, 35, rue Barbet-de-Jouy. — Paris.
Chauviteau, 112, boulevard Haussmann. — Paris.
Chavasse (Paul), Négociant. — Cette (Hérault).
Chavasse (Jules), Propriétaire. — Cette (Hérault).
Chazal (L.), Caissier payeur central du Trésor public au Ministère des finances, rue de Rivoli. — Paris.
*Chazot, Propriétaire. — Alger.
Chemin (A.), Propriétaire, 40, boulevard du Chemin-de-Fer. — Reims.
Dr Chenantais, 22, rue de Gigant. — Nantes.
Chérot (A.), Ancien Élève de l'École polytechnique, 85, boulevard de Courcelles. — Paris.
Dr Chervin (Arthur), Directeur de l'Institution des bègues de Paris, 10, avenue Victor-Hugo. — Paris.
Cheuret, Notaire, 16, chaussée d'Ingouville. — Le Havre.
Dr Cheurlot, 48, avenue Marceau. — Paris.
Cheux (Albert), Météorologiste, 47, rue Delaage. — Angers.
Cheux, Pharmacien-major en retraite. — Ernée (Mayenne).
Chevalier, Fabricant de produits chimiques, 3, rue Magenta. — Villeurbanne (Rhône).
Chevalier, Négociant, 50, rue du Jardin-Public. — Bordeaux. — F
Dr Chevalier (Alfred). — Verzenay (Marne).
Dr Chevalier (Victor), Conseiller général. — Saint-Aignan (Charente-Inférieure).
Chevallier (Victor), Chimiste, 7, boulevard de la Comédie. — Montpellier.
Chevallier (Georges). — Montendre (Charente-Inférieure).
Dr Chevallier (Paul). — Compiègne.
Chevreux (Édouard). — Le Croisic (Loire-Inférieure).
Cheysson (Émile), Ingénieur en chef des Ponts et Chaussées, 115, boulevard Saint-Germain. — Paris.
Dr Chil-y-Naranjo (Grégorio). — Palmas (Grand-Canaria). — R
Chiris, Sénateur des Alpes-Maritimes, 25, avenue d'Iéna. — Paris. — R
Cholley (Paul), Pharmacien, 2, avenue de la Gare. — Rennes.
Choquin (Albert), Bandagiste, Porte-Jeune. — Mulhouse (Alsace).
*Chouillou (Albert), Élève de l'École d'agriculture de Grignon, Directeur de l'usine, 69, boulevard du Mont-Riboudet. — Rouen.
Chouillou (Édouard), Fabricant de produits chimiques, 69, boulevard du Mont-Riboudet. — Rouen.
Clairfond, Restaurateur, place Grenette. — Grenoble.
Clamageran, Sénateur, Avocat, 57, avenue Marceau. — Paris. — F
Clamageran (Mme), 57, avenue Marceau. — Paris.
Claude, Vétérinaire, 26, rue d'Isly. — Alger.
Claude-Lafontaine, Banquier, 32, rue de Trévise. — Paris.
Claudon (Émile), Négociant, Domaine de Malrives. — Castries (Hérault).
Claudon (Adolphe), Négociant. — Béziers.
Claudon (Édouard), Ingénieur des Arts et Manufactures, 6, boulevard d'Enfer. — Paris.
Clauzet (Fernand), Propriétaire. — Lesparre (Gironde).
Clavel (Georges), Ingénieur des Ponts et Chaussées, 32, rue du Palais-de-Justice. Bordeaux.
Clavel (Henri), Négociant. — Névian, près Narbonne (Aude).
Dr Clavier. — Arlay (Jura).
Clément, Médecin des Hôpitaux, 53, rue Saint-Joseph. — Lyon.
Clément (Léopold), Agriculteur. — Caumont-sur-Garonne (Lot-et-Garonne).
Cler (Alfred). — Nîmes.

CLERC (Charles), Capitaine au 139e de ligne, impasse et montée de Choulan. — Lyon.
CLERC (J.), Pharmacien, 29, Cours du XXX Juillet. — Bordeaux.
CLERCQ (CH. DE), 111, avenue du Trocadéro. — (Paris-Passy).
*CLERMONT (DE), Sous-Directeur du Laboratoire de chimie à la Sorbonne, 8, boulevard Saint-Michel. — Paris. — **F**
*CLERMONT (Philibert DE), 8, boulevard Saint-Michel. — Paris. — **R**
*CLERMONT (Raoul DE), Élève diplômé de l'Institut national agronomique, 8, boulevard Saint-Michel. — **R**.
CLIGNET (E.), Filateur, 6, rue des Augustins. — Reims.
Dr CLIN (Ernest-Marie), Ancien Interne des hôpitaux de Paris, Lauréat de la Faculté de Médecine (prix Montyon), Membre perpétuel de la Société chimique, 20, rue des Fossés-Saint-Jacques. — Paris. — **F**
CLOIZEAUX (DES), Membre de l'Institut, Professeur au Muséum, 13, rue Monsieur. — Paris. — **R**
CLOS, Professeur à la Faculté des Sciences, Correspondant de l'Institut, 2, allée des Zéphirs. — Toulouse. — **R**
Dr CLOS, 77, rue de l'Église-Saint-Seurin. — Bordeaux.
CLOUET (G.), Professeur de Chimie à l'École de Médecine, Licencié ès Sciences, 7, rue Fontenelle. — Rouen.
CLOUZET (Ferd.), Conseiller général, cours des Fossés. — Bordeaux. — **R**
COCAGNE (Adrien-Oscar), Avocat, rue Cauchoise. — Neufchâtel-en-Bray (Seine-Inférieure).
COCHARD, Propriétaire, 38, rue du Boulevard-du-Temple. — Reims.
COCHOT (Albert), Ingénieur civil, Contrôleur des bâtiments scolaires, 21, Rempart-Beaulieu. — Angoulême (Charente).
Dr COCHOT (Alfred), 21, Rempart-Beaulieu. — Angoulême.
COENE (Jules DE) Ingénieur civil, Président de la Société pour la défense des intérêts de la vallée de la Seine, 21, boulevard Jeanne-d'Arc. — Rouen.
COINDRE, Ingénieur des Ponts et Chaussées. — Senlis (Oise).
Dr COLLARDOT, Médecin de l'hôpital civil, 3, rue Cléopâtre. — Alger.
COLLET, Propriétaire, place de l'Hôtel-de-Ville. — Sainte-Menehould (Marne).
*COLLET (Jean), Professeur à la Faculté des Sciences, 25, rue Lesdiguières. — Grenoble.
*COLLIGNON (Ed.), Ingénieur en chef des Ponts et Chaussées, Inspecteur de l'École des Ponts et Chaussées, 28, rue des Saints-Pères. — Paris. — **F**
Dr COLLIGNON (René), Médecin-Major à l'hôpital militaire. — Sousse (Tunisie).
COLLIN, Ingénieur civil, 30, avenue de Messine. — Paris.
Dr COLLINEAU, 84, rue d'Hauteville. — Paris.
*Dr COLLOMB. — Flumet.
*COLLOT (Louis), Docteur ès sciences, Professeur à la Faculté des Sciences, 45, rue Saint-Philibert. — Dijon.
Dr COLOMBET. — Miramont (Lot-et-Garonne).
Dr COLRAT, Professeur agrégé à la Faculté de Médecine de Lyon, 19, rue Gentil. — Lyon.
COMBAL, Professeur à la Faculté de Médecine. — Montpellier. — **F**
Dr COMBES, Conseiller général. — Pons (Charente-Inférieure).
COMBÈS (Julien-David), Géomètre, Architecte. — Graissessac (Hérault).
COMBEROUSSE (DE), Ingénieur, Professeur au Conservatoire national des Arts et Métiers et à l'École centrale des Arts et Manufactures, 45, rue Blanche. — Paris. — **R**
Dr COMBESCURE (Clément), Sénateur, 13, rue de Poissy. — Paris.
COMICE AGRICOLE DE BONE. — Bone (Département de Constantine).
COMITÉ MÉDICAL DES BOUCHES-DU-RHÔNE, 25, rue de l'Arbre. — Marseille.
COMMINES DE MARSILLY (Arthur DE), ancien Officier de cavalerie, 73, avenue des Champs-Elysées. — Paris.
COMMISSION DE MÉTÉOROLOGIE DU DÉPARTEMENT DE LA MARNE. — Châlons-sur-Marne.
COMMOLET Professeur au Lycée, 47, rue Clovis. — Reims.
COMPAGNIE des chemins de fer du Midi, 54, boulevard Haussmann. — Paris. — **F**
— — d'Orléans, 1, place Walhubert. — Paris. — **F**
— — de l'Ouest, 110, rue Saint-Lazare. — Paris. — **F**
— — de Paris à Lyon et à la Méditerranée, 88, rue Saint-Lazare. — Paris. — **F**
— du Gaz Parisien, rue Condorcet. — Paris. — **F**
— des Salins du Midi, 84, rue de la Victoire. — Paris. — **F**
— des Messageries maritimes, 1, rue Vignon. — Paris. — **F**
des Fonderies et Forges de Terre-Noire, la Voulte et Bessèges. — Lyon. — **F**

COMPAGNIE générale des Verreries de la Loire et du Rhône, à Rive-de-Gier (Loire). (M. HUTTER, Administrateur délégué). — F
— des Fonderies et Forges de l'Horme, 8, rue Bourbon. — Lyon. — F
— du Gaz de Lyon, rue de Savoie. — Lyon. — F
— de Roche-la-Molière et Firminy. — Lyon. — F
— des Mines de houille de Blanzy (Jules CHAGOT et Cie) à Montceau-les-Mines (Saône-et-Loire), 69, boulevard Haussmann. — Paris. — F
*Dr COMTE (Léon), hospice de la Charité. — Lyon.
CONDAMY, Pharmacien, rue du Temple. — La Rochelle.
CONGNET, 6, rue Mondovi. — Paris.
CONSEIL d'administration de la Compagnie des Minerais de fer magnétique de Mokta-el-Hadid, 26, avenue de l'Opéra. — Paris. — F
CONSEIL d'administration de l'École Monge, 145, boulevard Malesherbes. — Paris. — F
CONSTANT (Lucien), Avocat, 66, rue des Petits-Champs. — Paris.
Dr CONSTANTIN. — Saint-Barthélemy (Lot-et-Garonne).
*CONTAMIN (F.), Filateur, Boulevard de la Pyramide. — Vienne (Isère).
COPIN (Edouard), Fabricant de faïence d'art, rue Denis-Papin. — Blois.
COPPET (DE), Chimiste, villa Irène, aux Baumettes. — Nice. — F
*CORBIN, Colonel du Génie en retraite, 6, place Lavalette. — Grenoble.
*CORDIER (Henri), Professeur à l'École des langues orientales, 3, place Vintimille. — Paris.
CORNEVIN (Ch.), Professeur à l'École vétérinaire. — Lyon. — R
*CORNIER (Nestor), Ingénieur civil, 11, rue Joseph-Chaurion. — Grenoble.
CORNIL, Sénateur de l'Allier, Professeur à la Faculté de Médecine de Paris, Membre de l'Académie de Médecine, 19, rue Saint-Guillaume. — Paris.
CORNIL (Mme), 19, rue Saint-Guillaume. — Paris.
CORNU, Membre de l'Institut, Ingénieur en chef des Mines, Professeur à l'École polytechnique, 38, rue des Écoles. — Paris. — F
CORNU (Mme), 38, rue des Écoles. — Paris. — R
CORNU (Max), Professeur de culture au Muséum d'Histoire naturelle, au Muséum, rue Cuvier. — Paris.
CORNUT, Ingénieur en chef de l'Association des propriétaires d'appareils à vapeur, 22, rue de Puebla. — Lille.
CORNY, Graveur, 17, rue de la Casbah. — Alger.
CORPET, Ingénieur-Mécanicien, 119, avenue Philippe-Auguste. — Paris.
CORSEL, Avocat, 41, rue d'Amsterdam. — Paris.
*Dr CORTYL, Docteur-Médecin de l'asile des aliénés de Saint-Yon. — Saint-Yon (Seine-Inférieure.)
COSSÉ (Victor), Raffineur, 1, rue Daubenton. — Nantes.
Dr COSSÉ (Émile), 41, rue Richer. — Paris.
COSSON, Membre de l'Institut et de la Société de botanique, 7, rue de La Boétie. — Paris. — F
COSTE (Eugène), 6, rue des Capucins. — Lyon.
COSTE (Adolphe), 4, cité Gaillard (rue Blanche). — Paris.
COTARD (Charles), Ingénieur, ancien Élève de l'École polytechnique. — Au Val-André par Pléneuf (Côtes-du-Nord).
*COTTEAU (Gustave), 17, boulevard Saint-Germain. — Paris. — R
*COTTEAU (Edmond), Membre de la Société de géographie, 4, rue Sedaine. — Paris.
COTTEREAU-REHM. —Pagny-sur-Moselle.
Dr COUILLAUD, rue Jean-Moët. — Épernay.
*COULET (Camille), Libraire-Éditeur, 5, Grande-Rue. — Montpellier..
*COULET (Jules), Étudiant, 5, Grande-Rue. — Montpellier.
*COUNEAU (Émile), Greffier du tribunal civil de La Rochelle. — La Rochelle.
COUNORD (E.), Ingénieur civil, 27, cours du Médoc. — Bordeaux. — R
COUPÉRIE (Stephen), 11, rue Montméjan. — Bordeaux.
COUPIER (T.), Fabricant de produits chimiques, 21, quai Saint-Symphorien. —Tours.
COUPIER (Mme), 21, quai Saint-Symphorien. — Tours.
COUPRIE (Louis). — Villefranche-sur-Saône. — R
COURBERY (J.), Propriétaire. — Mostaganem (Département d'Oran).
COURCIÈRE, 14, rue Bab-el-Oued. — Alger.
COURCY-THOMPSON (Sydney DE) Secretary of the National Scientific Society F. Z. S.) member A. S. Liverpool and the B. A., 42, Shenley Road, Peckham. — Londres.
COURGEON, Limonadier, place de la République. —Alger,

*Dr COURJON (A.), Propriétaire-Directeur de l'établissement médical de Meyzieu (Isère), 11, rue de la Barre. — Lyon.

COURTIN (Benoît), Chef d'institution. — Solre-le-Château (Nord).

COURTOIS (Henri), Licencié ès sciences physiques.— Au château de Muges, par Damazan (Lot-et-Garonne).

COURTOIS DE VIÇOSE, 3, rue Mage. — Toulouse. — **F**

COURTOIS DE VIÇOSE (Mme), 3, rue Mage. — Toulouse.

COURTY, Professeur à la Faculté de Médecine de Montpellier, 6, rue de Seine. — Paris. — **F**

*COUSIN (Jules), Chimiste, 43, rue du Rocher. — Paris.

*COUSIN (Pierre), Étudiant, 43, rue du Rocher. — Paris.

COUSTÉ, Ancien Directeur de la Manufacture des tabacs, 6, Boulevard de l'Odet. — Quimper (Finistère).

Dr COUTAGNE (Henri), 79, rue de Lyon. — Lyon. — **R**

COUTAGNE (Georges), Ingénieur des Poudres et Salpêtres. — Saint-Chamas (Bouches-du-Rhône). — **R**

COUTANCEAU, Ingénieur civil, rue de la Concorde. — Bordeaux.

COUTELIER, Licencié en droit. — Marmande (Lot-et-Garonne).

COUTEREAU (Léon), Banquier. — Branne (Gironde).

COUVREUX (Abel), 80, boulevard Haussmann. — Paris.

*COUZINET (Henri), Ancien Notaire. — Miramont (Lot-et-Garonne).

COZE (André) fils, Sous-Ingénieur, à l'usine à gaz. — Reims.

CRAPEZ (Auguste), Négociant. — Landrecies (Nord).

*CRAPON (Denis). — Pont-Évêque (Isère). — **R**

CRAPONNE (Paul), Ingénieur de la Compagnie du Gaz, 2, rue Bayard. — Lyon.

CREPEAUX (Virgile), 42, rue des Mathurins. — Paris.

CREPELLE (Charlemagne), 9, rue Lolliette. — Arras.

CRÉPY (Paul), Négociant, Membre du Tribunal de Commerce. — Lille.

CRESPIN (Arthur), Ingénieur-Mécanicien, 23, avenue Parmentier. — Paris. — **R**

CRESPEL-TILLOY (Charles), Manufacturier, 14, rue des Fleurs. — Lille. — **R**

CROIZIER (Eugène), Notaire, Licencié en droit. — Moulins (Allier).

CROS-MAYREVIEILLE, Avocat, 57, rue des Barques-de-la-Cité. — Narbonne.

CROS-MAYREVIEILLE (Gabriel). — Narbonne.

CROUAN (Fernand), Armateur, 14, rue Héronnière. — Nantes. — **F**

CROUTELLE (Félix), Propriétaire, 66, rue Ponsardin. — Reims.

*CROUZET, 10, avenue de la Gare. — Grenoble.

CROVA (André), Professeur à la Faculté des Sciences, 14, rue du Carré-du-Roi. Montpellier.

CROWTHER (William), Chimiste. — Quarmby-Huddersfield (Angleterre).

*CROZALS (Jacques DE), Professeur à la Faculté des Lettres, 5, rue du Phalanstère. — Grenoble.

*CROZEL (Georges), place de l'Hôtel-de-Ville. — Vienne (Isère).

Dr CRUET, 2, rue de la Paix. — Paris.

CRUZEL (Pierre), Ancien Pharmacien. — Miramont (Lot-et-Garonne).

CUAU, 53, rue Denfert-Rochereau. — Rochefort.

Dr CUIGNET, Médecin principal de 1re classe, Médecin en chef de l'hôpital de Lille. — Lille.

Dr CULOT (Charles), Ancien Interne des Hôpitaux. — Maubeuge.

CUNEAU (Gustave), Pharmacien, rue des Trois-Marteaux. — La Rochelle.

CUVELIER (Eugène), Propriétaire. — Thomery (Seine-et-Marne).

Dr CYON (E. DE), 99, boulevard Haussmann. — Paris.

*DAGRÈVE (E.), Médecin du Lycée et de l'Hôpital. — Tournon (Ardèche). — **R**

Dr DAGUILLON. — Joze, par Maringues (Puy-de-Dôme).

DAGUIN, Ancien Président du Tribunal de Commerce de la Seine, 4, rue Castellane. — Paris. — **F**

DALBINE (Octave), Propriétaire, 7, rue des Grands-Jours. — Clermont-Ferrand.

*DALEAU (François). — Bourg-sur-Gironde.

DALIPHARD (E.), 6, rue du Fond-de-la-Jatte. — Rouen.

DALIPHARD (Mme Edmond), 6, rue du Fond-de-la-Jatte. — Rouen.

DALLÉAS, 4, cours de l'Intendance. — Bordeaux.

DALLIGNY, 5, rue d'Albe. — Paris. — **F**

Dr DALLY (Eugène), Professeur à l'École d'Anthropologie, 5, rue Legendre. — Paris. — **R**

DAMOUR, Médecin-Dentiste, 1, montée de Jaude. — Clermont-Ferrand.

Damoy (Julien), 19, rue des Moines. — Paris.
Danel, Imprimeur, 93, rue Nationale. — Lille.
Daney, Négociant. — Bordeaux.
Danton, Ingénieur civil des Mines, 11, avenue de l'Observatoire. — Paris. — F
Dan Dawson, Milesbridge Chemical Works, near Huddersfield (Angleterre).
Darasse (Léon), Fabricant de produits chimiques, 21, rue Simon-Lefranc. — Paris.
Darboux (G.), Professeur à la Faculté des Sciences, Membre de l'Institut, 36, rue Gay-Lussac. — Paris.
Dard (J.), Minotier. — Moulins de Bures, par Orsay (Seine-et-Oise).
Darland (Jean), Avocat. — Nérac (Lot-et-Garonne).
Dr Darland (Xavier). — Nérac (Lot-et-Garonne).
Daubrée, Membre de l'Institut, ancien Directeur de l'École des Mines, Inspecteur général des Mines en retraite, 254, boulevard Saint-Germain. — Paris.
Daussargues, Agent voyer en chef de Tarn-et-Garonne. — Montauban.
Davanne, 82, rue des Petits-Champs. — Paris.
Dr David (Ph.), 23, rue Amelot. — La Rochelle.
David (Paul), Négociant, 93, place d'Erlon. — Reims.
Dr David, 180, boulevard Saint-Germain. — Paris.
Daymard, Ingénieur en chef de la Compagnie générale Transatlantique, 47, rue de Courcelles. — Paris.
Debize, Colonel en retraite, 42, quai de la Charité. — Lyon.
Deblont (Jules), Teinturier. — Fives-Lille.
Debons (Marcel), 47, quai du Havre. — Rouen.
Decauville (Paul), Directeur des Établissements de Petit-Bourg. — Petit-Bourg (Seine-et-Oise).
*Dr Decès (A.), 72, rue du Bourg-Saint-Denis. — Reims.
*Decès (Mme), 72, rue du Bourg-Saint-Denis. — Reims.
*Decès (Charles-E.), Étudiant, 72, rue du Bourg-Saint-Denis. — Reims.
Decès (Mlle Marie), 72, rue du Bourg-Saint-Denis. — Reims.
Dr Dechambre, Membre de l'Académie de Médecine, 91, rue de Lille. — Paris.
Declais (Émile), Géomètre, Architecte, 44, rue Jouvenet. — Rouen.
Dr Déclat (G.), 25, rue Vignon. — Paris.
Décourteix, Ingénieur agricole. — La Châtre (Indre).
*Dr Decrand (J.), Ancien Chef de clinique à la Faculté de Montpellier, 17, cours Lavieuville. — Moulins-sur-Allier.
Decroix (Jules), Banquier, 42, rue Royale. — Lille.
Defforges (Gilbert), Capitaine d'état-major, 123, rue de Grenelle-Saint-Germain. — Paris.
Defodon, Rédacteur en Chef du *Manuel général de l'Instruction primaire*, 79, boulevard Saint-Germain. — Paris.
Defresne (Th.), Pharmacien-Droguiste, 56, rue de la Verrerie. — Paris.
Degeorge, Architecte, 151, boulevard Malesherbes. — Paris.
Degorce (E.), Pharmacien principal de la Marine. — Lorient (Morbihan). — R
Degoulet (Marin-Étienne), Pharmacien, 26, rue St-Clair. — Lyon.
Degousée, Ingénieur civil, 35, rue de Chabrol. — Paris. — F
Degrange-Touzin, Avocat, 24 *bis*, rue du Temple. — Bordeaux.
Degrange-Touzin (Mme Armand), 24 *bis*, rue du Temple. — Bordeaux.
Dehérain (P.-P.), Professeur au Muséum et à l'École de Grignon, 1, rue d'Argenson. — Paris.
Déjardin (E.), Pharmacien de 1re classe, ex-Interne des Hôpitaux, 103, boulevard Haussmann. — Paris.
Déjardin, 3, place Saint-Paul. — Nîmes.
Dr Déjerine, Médecin des Hôpitaux, 14, rue Jacob. — Paris.
Delabost (Merry), Chirurgien en chef de l'Hôtel-Dieu et des Prisons de Rouen, 76, rue Ganterie. — Rouen.
Delacroix (Félix), Ingénieur-Mécanicien. — Deville-lès-Rouen.
Deladerrière (Émile), Avocat, Docteur en droit, 8, rue Capron. — Valenciennes.
Dr Delage, 18, rue des Fleurs. — Lille.
Delagrange, Notaire. — Blois.
*Delahodde-Destombes (Vr), 19, rue Gauthier-de-Châtillon. — Lille.
*Delahodde-Destombes (Mme), 19, rue Gauthier-de-Châtillon. — Lille.

Dr DELAMARE, Officier de l'Instruction publique, Professeur à l'École de Médecine de plein exercice, 3, place Graslin. — Nantes.
DELAMARE (E.-A.), Consul de Grèce, 91, route de Darnétal. — Rouen.
DELAMARE (Antoine-André), Négociant, 28, rue de Buffon. — Rouen.
DELAPORTE (Georges), Ingénieur à la Société des Teintures et Apprêts. — Tarare (Rhône).
DELAPORTE (Charles), Filateur de coton, Juge au Tribunal de commerce. — Maromme (Seine-Inférieure).
Dr DELAPORTE, 24, rue Pasquier. — Paris. — **R**
DELARUE (Louis), Joaillier-Orfèvre, 22, rue Grand-Pont. — Rouen.
DELATTRE (Carlos), Filateur. — Roubaix. — **R**
*DELAVAUVRE (Jules-Joseph), Propriétaire. — Aux Écossais, par Besbon (Allier).
Dr DELBARRE fils. — Cambrai (Nord).
DELBRUCK (J.). — Langoiran (Gironde).
DELCOMINÈTE, Professeur à l'École supérieure de Pharmacie. — Nancy.
DELÉCLUZE, Propriétaire. — Pont-à-Marcq (Nord).
DELESALLE (Alfred), Filateur. — La Madeleine (Nord).
DELESSERT (Édouard), 17, rue Raynouard. — Paris (Passy). — **R**
DELESSERT (Eugène), Ancien Professeur. — Croix (Nord). — **R**
DELESTRAC, Ingénieur des Ponts et Chaussées, Hôtel des travaux publics, quai de la Joliette. — Marseille.
DELEURROU, Procureur général. — Bordeaux.
DELEVEAU, Professeur au Lycée. — Marseille.
DELHOMME, ferme de la Croix-de-Fer. — Crézancy (Aisne). — **R**.
DELHORBE, Sous-Directeur du Crédit général français, 30, cours de l'Intendance. — Bordeaux.
Dr DELISLE, Préparateur d'anthropologie au Muséum d'Histoire naturelle, 30, rue Gay-Lussac. — Paris.
DELIUS (Mme Émilie), 8, rue du Marc. — Reims.
DELIUS (Georges), Négociant, 8, rue du Marc. — Reims.
DELIUS (Henry), Négociant, 8, rue du Marc. — Reims.
DELIUS (Paul), Négociant, 8, rue du Marc. — Reims.
*Dr DELMAS, Maison de convalescence, 5, place Longchamps. — Bordeaux.
DELMAS (Mme), 5, place Longchamps. — Bordeaux.
*DELMAS (Julien), cours des Dames. — La Rochelle.
DELOCRE, Inspecteur général des Ponts et Chaussées, 8, rue Pasquier. — Paris.
DELON (Ernest), Ingénieur civil, 14, rue du Collège. — Montpellier. — **R**
Dr DELORE, Chirurgien en chef de la Charité, Professeur agrégé à la Faculté de Médecine de Lyon, 31, place Bellecour. — Lyon. — **F**
DELORME (Louis). — Vatan (Indre).
*DELORT, Professeur au Collège. — Auxerre.
DELRIEU, Banquier. — Marmande (Lot-et-Garonne).
DELTIL, Notaire. — Lavaur (Tarn).
*Dr DELTHIL. — Nogent-sur-Marne (Seine).
*DELUNE (Théodore), Négociant en ciment, 94, quai de France. — Grenoble.
DELUNS-MONTAUT, Député, 46, rue d'Assas. — Paris.
DELVAILLE, Docteur en médecine. — Bayonne. — **R**
DEMARÇAY (Eugène), ancien Répétiteur à l'École polytechnique, 150, boulevard Haussmann. — Paris. — **R**
DEMESMAY (Félix). — Cysoing (Nord).
DÉMICHEL, Constructeur d'Instruments de physique, 24, rue Pavée (au Marais) — Paris.
DEMOLON (Lucien), Ingénieur civil, 10, avenue Parmentier. — Paris.
Dr DEMONCHY, 47, boulevard Saint-Michel. — Paris. — **R**
DEMONFERRAND, Inspecteur de la traction aux chemins de fer de l'État, 19, faubourg Bannier. — Orléans. — **R**
*Dr DEMONS, 45, cours de Tourny. — Bordeaux.
*DEMONS (Mme), 45, cours de Tourny. — Bordeaux.
*DENIS (Ernest), Professeur à la Faculté des Lettres, 22, cours Berriat. — Grenoble.
DENISE (L.), Architecte, 17, rue d'Antin. — Paris.
DENISE, Pharmacien, place Notre-Dame. — Étampes.
DENOYEL (Antonin), Propriétaire, 4, rue des Deux-Maisons. — Lyon.
DENUCÉ, Doyen de la Faculté de Médecine. — Bordeaux.

DENUCÉ (Maurice), Interne des Hôpitaux. — Bordeaux.
*DEPAUL (Henri). — Le Vaublanc, par Plemet (Côtes-du-Nord). — R
*DEPEAUX (Félix), Membre du Conseil général de la Seine-Inférieure, 25, boulevard Cauchoise. — Rouen.
*DEPIERRE (Alphonse), Propriétaire. — Macheron (Haute-Savoie).
DEPIERRE (Joseph), Ingénieur-Chimiste. Holleschowitz. — Prague (Bohême).
DEPOULLY (Paul), 15, rue Levert. — Paris.
DEPREZ (Marcel), Ingénieur, 111, rue de Rennes. — Paris.
DEQUEKER (Émile), 46, boulevard de Strasbourg. — Paris.
DEQUOY, Filateur, 27, rue de Wazemmes. — Lille.
DEREVOGE (Félix), Conseiller général. — Pontfaverger (Marne).
DERO, Docteur-Médecin, 69, rue du Champ-de-Foire. — Le Havre.
DERODÉ (Marcel), Avocat, 49, rue des Capucins. — Reims.
DEROO, Pharmacien, 119, rue de Paris. — Lille.
DERRIEN, Chef de bataillon breveté au 141e régiment de ligne. — Aix (Bouches-du-Rhône).
*DERUELLE, Propriétaire, 199, rue de Vaugirard. — Paris.
DESAILLY (Paul), Exploitation de phosphate de chaux fossile, 17, rue du Faubourg-Montmartre. — Paris.
DESBOIS (Émile), 17, boulevard Beauvoisine. — Rouen. — R
DESBONNES (F.), Négociant, 5, cours de Gourgues. — Bordeaux.
DESBOVES, Grande-Rue. — Cayeux-sur-Mer.
DESBRIÈRES, Secrétaire du comité des Forges, 96, rue d'Amsterdam. — Paris.
DESCAMPS (Maurice), Ingénieur des Arts et Manufactures, 22, rue de Tournai. — Lille.
DESCAMPS (Ange), 49, rue Royale. — Lille.
DESCHAMPS, Pharmacien. — Riom.
DESCHAMPS (Arnold), Avocat, Juge suppléant au Tribunal civil de Rouen, 17, rue de la Poterne. — Rouen.
DESCHAMPS (Louis), Manufacturier, Filateur, 26, rue Beffroi. — Rouen.
Dr DESCOMPS. — Aiguillon (Lot-et-Garonne).
DESEILLIGNY (l'Abbé), Aumônier de Monseigneur l'Archevêque, à l'Archevêché. — Rouen.
DESFONTAINES (Charles), Rentier, 17, boulevard Haussmann. — Paris.
DESHAYES (Victor), Ingénieur, Chef de service aux forges d'Alais. — Tamaris (Gard).
*Dr DESHAYES (Charles), Médecin des Hôpitaux, 35, rue Pavée. — Rouen.
Dr DESHAYES, 7, galerie Malakoff. — Alger.
*DES HOURS (Louis), Propriétaire. — Mézouls, près Mauguio (Hérault).
*DESLANDRES (Henri), Ancien Élève de l'École polytechnique, 34, rue Gay-Lussac. — Paris.
DESLONGCHAMPS, Professeur à la Faculté des Sciences. — Caen.
Dr DESMAISONS-DUPALLANS. — Castel-d'Andorte, près Bordeaux.
DESMAREST (Paul), Ingénieur des Arts et Manufactures, 97, boulevard Saint-Michel. — Paris.
DESMEDT-WALLAERT, 12, rue Terremonde. — Lille.
*DESNOYERS (Alfred), Ingénieur, 36, rue Geoffroy-Saint-Hilaire. — Paris.
*DÉSORTIAUX, Ingénieur des Poudres, 92, avenue de Paris. — Rueil (Seine-et-Oise).
DESROZIERS (Edmond), Ingénieur civil des Mines, 16, rue Taitbout. — Paris.
DESSAILLY, Agent commercial, 30, rue de Flandre. — Paris.
DESTRÈS, Maire de Saint-Brice. — Saint-Brice (Marne).
DÉTROYAT (Arnaud). — Bayonne. — R
DEUTSCH (A.), Négociant-Industriel, 20, rue Saint-Georges. — Paris. — R
DEVAY (F.). — Condé-sur-Vesgres (Seine-et-Oise).
DEVIC (Marcel), Professeur à la Faculté des Lettres de Montpellier. — Montpellier.
DEVIENNE (Joseph), Juge au Tribunal civil, 2, rue des Célestins. — Lyon.
DEWULF, Colonel du Génie. — Bordeaux.
DIACON, Professeur à l'École de Pharmacie. — Montpellier.
DIDA (A.), Chimiste, 108, boulevard Richard-Lenoir. — Paris. — R
DIDA fils (Lucien). — Draveil (Seine-et-Oise). — R
*Dr DIDAY, Ex-Chirurgien en chef de l'Antiquaille, Secrétaire général de la Société de Médecine, 71, rue de la République. — Lyon. — F
DIDIER (Marc), Agriculteur. — La Neuville-aux-Larris, par Châtillon-sur-Marne.
DIDIER (Georges), 42 *bis*, boulevard du Temple. — Reims.
DIDIER (Mme), 42 *bis*, boulevard du Temple. — Reims.
DIDIER (Jules), Propriétaire, 28, rue de Turin. — Paris.

Diederich-Perrégaux, Manufacturier. — Jallieu (Isère).
Dietz (J.), rue de la Monnaie. — Nancy.
Dr Dieulafoy (Georges), Professeur agrégé à la Faculté de Médecine de Paris, 16, rue Caumartin. — Paris.
Diolot (Édouard), — Vendôme (Loir-et-Cher).
Doin, Libraire-Éditeur, 8, place de l'Odéon. — Paris.
Dollfus (Mme Auguste), 53, rue de la Côte. — Le Havre. — F
Dollfus (Auguste), Président de la Société industrielle. — Mulhouse.
Dollfus (Adrien), 35, rue Pierre-Charron. — Paris.
Dollfus (Charles), 16, avenue Bugeaud. — Paris.
Dollfus (Gustave), Manufacturier. — Mulhouse (Alsace). — R
Dollfus (Jules). — Oran (Algérie).
Dombre (Louis), Ingénieur-Administrateur des Mines. — Lourches (Nord).
*Donnadieu, Professeur à l'Université catholique. — Lyon.
Dony (Min), Ingénieur civil, 327, rue Paradis. — Marseille.
Dr Dor (Henri), Professeur honoraire à l'Université de Berne, 55, montée de la Boucle. — Lyon.
Dor (Mme Henri), 55, montée de la Boucle. — Lyon.
Doré-Graslin (Edmond), 24, rue Crébillon. — Nantes. — R
*Dormoy, Ingénieur en chef des Mines, 14, rue de Clichy. — Paris.
Dr Douaud, rue Notre-Dame. — Bordeaux.
Douay (Léon), 4, rue Hérold, chalet Silvia. — Nice.
Doucet, Professeur au Lycée et à l'École des Sciences, 64, rue Ganterie. — Rouen.
Doumenjou (Hippolyte). — Foix (Ariège).
Doumenjou (Paul), Avoué. — Foix (Ariège).
Doumerc, Ingénieur civil, 10, rue Copenhague. — Paris.
Doumerc (Jean), Ingénieur civil des Mines, Membre de la Société géologique de France, 1, rue Corail. — Montauban.
Doumerc (Paul), Ingénieur civil, Membre de la Société géologique de France. — Montauban.
*Doumet-Adanson, Président de la Société d'horticulture et d'histoire naturelle de l'Hérault. — Château de la Baleine par Villeneuve-sur-Allier (Allier).
Dr Doutrebente, Directeur de l'asile des aliénés, 34, avenue de Paris. — Blois.
Douvillé, Ingénieur en chef des Mines, 207, boulevard Saint-Germain. — Paris. — R
Dr Douvre (Victor-Joseph), Médecin honoraire des hôpitaux de Rouen, 63, boulevard Jeanne-d'Arc. — Rouen.
Dr Doyen (O.), Maire de Reims, 5, rue Cotta. — Reims.
Dr Doyon, Médecin des Eaux. — Uriage (Isère).
Dr Dransart. — Somain (Nord). — R
Drée (Comte de), au dépôt de recrutement. — Besançon.
Dr Dresch (G.). — Foix (Ariège).
Dr Dresch. — Pontfaverger (Marne).
*Drevet (Xavier), Directeur du journal *le Dauphiné*, 14, rue Lafayette. — Grenoble.
Drouin (A.), Ingénieur-Chimiste, 33, rue Charlot. — Paris.
*Dr Drouineau (Gustave), Chirurgien en chef des Hospices civils, 4, rue des Augustins. — La Rochelle.
Droz (Alfred), Avocat, 13, rue Royale. — Paris.
Dubar, Rédacteur de *l'Écho du Nord*, Grande-Place. — Lille.
Dr Dubest (Hippolyte). — Pont-du-Château (Puy-de-Dôme).
Dubignon. — Margaux (Gironde).
Dublanc (Mme Aline), 47, quai des Tournelles. — Paris.
Dubois (E.), Professeur de physique au Lycée, 31, rue Cozette. — Amiens.
*Dr Dubois (Raphaël), Préparateur à la Faculté des Sciences, 154, boulevard Montparnasse. — Paris.
Dubois (Frédéric), Sous-Directeur de l'imprimerie Chaix, 20, rue Bergère. — Paris.
*Duboscq, Constructeur d'instruments d'optique, 21, rue de l'Odéon. — Paris.
*Duboscq (Mlle), 21, rue de l'Odéon. — Paris.
Dr Duboué. — Pau. — R
Dubourg, Avoué, 27, rue du Temple. — Bordeaux.
Dubourg (Georges), Négociant en draperies, 45, cours des Fossés. — Bordeaux. — R
Dr Dubreuilh (Ch.), 12, rue du Champ-de-Mars. — Bordeaux.

Dr DUBRISAY, Membre du Comité consultatif d'Hygiène publique, 6, rue Marengo. — Paris.
DUBROCA (Camille), Propriétaire. — Cérons (Gironde).
DUCHATAUX, Avocat, 12, rue de l'Échauderie. — Reims.
DUCHEMIN (E.), 33, place Saint-Sever. — Rouen.
DUCHEMIN (Paul-Henri), Entrepreneur de transports par eau, 33, place Saint-Sever. — Rouen.
*Dr DUCHEMIN, Médecin principal de l'Armée, Médecin en chef de l'Hôpital militaire. — Grenoble.
DUCLAUX (Émile), Professeur à l'Institut national agronomique, 15, rue Malebranche. — Paris. — **R**
DUCLOS (Lucien), Fabricant de produits chimiques. — Croisset, près Rouen.
DUCRETET (E.), Fabricant d'instruments de physique, 75, rue Claude-Bernard. — Paris.
DUCROCQ (Henri), Élève de l'École polytechnique. — Paris. — **R**
DUCROCQ (Th.), Professeur de droit administratif, à la Faculté de droit de Paris, Doyen et Professeur honoraires de la Faculté de droit de Poitiers, Correspondant de l'Institut, 12, rue Stanislas. — Paris.
DUFAITELLE, Rentier, 18, rue Beaurepaire. — Paris.
Dr DUFAY, Sénateur de Loir-et-Cher, 76, rue d'Assas. — Paris.
DUFAY (Maurice), Avocat, 10, rue des Beaux-Arts. — Paris.
DUFET (Henri), Professeur au Lycée Saint-Louis, 130, boulevard Montparnasse. — Paris.
DUFRESNE, Inspecteur général de l'Université, 69, rue Pierre-Charron. — Paris. — **R**
DUFRESNÉ, Architecte, rue Chambourdin. — Blois.
*DUGIT (Ernest), Doyen de la Faculté des Lettres, 25, rue Lesdiguières. — Grenoble.
DUGUET, Professeur agrégé à la Faculté de Médecine de Paris, Médecin des hôpitaux, 60, rue de Londres. — Paris.
DUHALDE, Négociant, 13, rue Cérès. — Reims.
*DUHAMEL (Henry), Président de la section de l'Isère du Club Alpin français. — Gières, près Grenoble (Isère).
*DUHAMEL (Émile), Négociant, Grande-Rue. — Grenoble.
Dr DUJARDIN-BEAUMETZ, Médecin de l'hôpital Saint-Antoine, Membre de l'Académie de Médecine, 176, boulevard Saint-Germain. — Paris.
DU LAC (Frédéric), 40, place Dauphine. — Bordeaux.
Dr DU LAC (Dieudonné). — La Gauphine, par Cazouls-lès-Béziers (Hérault).
Dr DULAC. — Montbrison. — **R**
DU MARCHÉ, Chef d'escadrons au 13e régiment d'artillerie, détaché au Tonkin.
DUMAS (Léon), Professeur à la Faculté de Médecine, 2, Plan du Palais. — Montpellier.
DUMAS (Hippolyte), Ancien Élève de l'École polytechnique, Industriel. — Mousquety, par l'Isle-sur-Sorgue (Vaucluse). — **R**
Dr DUMÉNIL, Correspondant de l'Académie de Médecine, 45, rue Thiers. — Rouen.
Dr DU MESNIL (O.), Médecin de l'asile de Vincennes, 14, rue du Cardinal-Lemoine. — Paris.
DUMINY (Anatole), Négociant. — Ay (Marne). — **R**
*DUMOLLARD (Félix), 6, rue Hector-Berlioz. — Grenoble.
Dr DUMONTPALLIER, Médecin des Hôpitaux, 24, rue Vignon. — Paris.
DUMORISSON, Secrétaire général de la Préfecture. — La Rochelle.
Dr DUNOYER (Léon). — Au Dorat (Haute-Vienne).
DU PASQUIER, Négociant, 6, rue Bernardin-de-Saint-Pierre. — Havre.
DUPLAY, Professeur à la Faculté de Médecine de Paris, Chirurgien des Hôpitaux, 2, rue de Penthièvre. — Paris. — **R**
*DUPLOUY, Chirurgien en chef de l'hôpital militaire, rue des Fonderies. — Rochefort
*DUPLOUY (Mme), rue des Fonderies. — Rochefort.
*DUPONCHEL (A.), Ingénieur en chef des Ponts et Chaussées en retraite. — Montpellier.
DUPONT (Louis), Agrégé de l'Université, Professeur au Lycée, 48, avenue du Pont-Neuf. — Limoges.
DUPONT (Edmond), boulevard Crespel. — Arras.
DUPOUY (E.), Sénateur de la Gironde, Président du Conseil général. — Bordeaux. — **F**
DUPRÉ (Anatole), Sous-Chef au Laboratoire municipal de la Préfecture de Police, 11, rue de Cluny. — Paris.
DUPRÉ (Jean-Marie), 31, rue des Récollets. — Paris.
DUPREY (H.), Professeur à l'École de Médecine de Rouen, 28 *ter*, rampe Saint-Hilaire. — Rouen.
DUPUIS. — Pontarmé (Oise).

Dupuy (Paul), Professeur à la Faculté de Médecine, 78, chemin d'Eysines.—Bordeaux.—F
Dupuy (Léon), Professeur au Lycée, 13, rue Vital-Carles. — Bordeaux. — F
Dupuy, Pharmacien. — Branne (Gironde).
Dupuy (Ed.), Pharmacien de 1re classe, ex-Interne des Hôpitaux de Paris. — Châteauneuf (Charente).
Dupuy (G.), rue du Faubourg-Saint-Martin. — Angoulême.
Dupuy, Professeur d'histoire au Lycée, rue Villeneuve. — La Rochelle.
Dupuy (C.), Ingénieur, 17, rue Condorcet. — Lisieux (Calvados).
Dupuy (Joseph), Avocat à la Cour d'appel, 33, rue Thiac. — Bordeaux.
*Dupuy (Henri), 14, rue Éblé. — Paris.
Durand (Eugène), Professeur à l'École d'Agriculture. — Montpellier.
*Durand-Claye (Alfred), Ingénieur en chef des Ponts et Chaussées, 69, rue de Clichy. — Paris.
Durand-Claye (Léon), Ingénieur en chef des Ponts et Chaussées, 81, rue des Saints-Pères. — Paris.
Dr Durand-Fardel, Membre associé national de l'Académie de Médecine, 17, rue Guénégaud. — Paris.
Durand-Gasselin, Banquier, 6, rue Jean-Jacques-Rousseau. — Nantes.
Durando (Gaëtan), Professeur de botanique, ancien Bibliothécaire de l'École de Médecine, 19, rue de Tanger. — Alger.
Duranteau (Mme la Baronne). — Au château de Laborde, près et par Châtellerault (Vienne).
Duranteau (le Baron Alfred), Propriétaire. — Au château de Laborde, près et par Châtellerault (Vienne).
Durassier, Chimiste, Inspecteur du travail des enfants dans l'industrie, 24, avenue de Wagram. — Paris.
Dureau (Alexis), Archiviste honoraire de la Société d'Anthropologie de Paris, Bibliothécaire adjoint à l'Académie de Médecine, 16, rue de la Tour-d'Auvergne. — Paris.
Duret (Théodore), Homme de lettres. — Cognac (Charente).
Dr Duriau, rue de Soubise. — Dunkerque.
Durin (Henri), Notaire. — Montaigut-en-Combrailles.
Dussaut (Mlle Caroline), aux Ruches. — Fontainebleau.
Dussaut (Louis), Contrôleur des contributions indirectes. — Mayenne.
Dutailly (G.), Député de la Haute-Marne, Professeur à la Faculté des Sciences, 181, boulevard Saint-Germain. — Paris.
Duval (Antonin), Manufacturier, 31, rue du Puits-Gaillot. — Lyon.
Duval (Fernand), Administrateur de la Compagnie parisienne du Gaz, 53, rue François Ier. — Paris. — F
Duval, Ingénieur en chef des Ponts et Chaussées, 49, rue La Bruyère. — Paris. — R
Duval (Alphonse), Négociant, 2, rue Geoffroy-Marie. — Paris.
Duval (Mathias), Professeur à la Faculté de Médecine de Paris, Membre de l'Académie de Médecine, Professeur d'anatomie à l'École des Beaux-Arts, 11, cité Malesherbes, rue des Martyrs. — Paris. — R.
Duval (Jules), Capitaine du Génie. — Vincennes (Seine).
Duveyrier, Géographe, 16, rue des Grès. — Sèvres (Seine-et-Oise).
Duvillier (Édouard), Professeur de Chimie à l'École supérieure des Sciences, 7, rue Courbet. — Mustapha-Alger.
Duzéa (René), Interne des hôpitaux de Lyon, Hôtel-Dieu. — Lyon.
École spéciale d'Architecture, 136, boulevard Montparnasse. — Paris.
Eichthal (d'), Banquier, Président du Conseil d'administration des chemins de fer du Midi, 42, rue des Mathurins. — Paris. — F
Eichthal (Gustave d'), 152, boulevard Haussmann, — Paris. — R
Eichthal (Eugène d'), 6, rue Mogador. — Paris. — R
Eichthal (Georges d'), 53, rue de Châteaudun. — Paris. — R
Eichthal (Louis d'). — Les Bezards, par Nogent-sur-Vernisson (Loiret). — R
Élie (Eugène), Manufacturier, 50, rue de Caudebec. — Elbeuf.
Elisen, Ingénieur administrateur de la Compagnie générale Transatlantique, 21, rue de La Boétie. — Paris. — R
Engel, Relieur, 91, rue du Cherche-Midi. — Paris. — F
Engel (Rodolphe), Professeur à la Faculté de Médecine. — Montpellier.
Engel (Eugène), chez MM. Dollfus, Mieg et Cie. — Dornach (Alsace-Lorraine).
Escarraguel, Propriétaire, 1, allées de Tourny. — Bordeaux.
Espous (Comte Auguste d'). — Montpellier. — R

Estor, Professeur d'anatomie pathologique et d'histologie à la Faculté de Médecine de Montpellier. — Montpellier.
*Dr Eury. — Charmes-sur-Moselle (Vosges).
Excelsmans (Comte), 3, avenue du Bois-de-Boulogne. — Paris.
Eymard (Albert), Usine de Neuilly-sur-Seine, 14, rue des Huissiers. — Neuilly (Seine).
Eyssartier (Maurice), Pharmacien. — Uzerche (Corrèze).
*Dr Eyssautier (Ch.), Lauréat de la Faculté de Médecine de Bordeaux, 10, rue de Buci. — Paris.
*Eysséric (Joseph), Étudiant, 14, rue Duplessis. — Carpentras (Vaucluse). — R
Fabre (Charles), Propriétaire, 24, rue des Petits-Hôtels, place Lafayette. — Paris.
Fabre (Ernest), Ingénieur-Directeur de la Société anonyme des chaux hydrauliques de l'Homme-d'Armes. — L'Homme-d'Armes, près Montélimar (Drôme).
Fabre, Ancien Élève de l'École polytechnique, Sous-Inspecteur des forêts. — Alais (Gard).
Fabre (Francis), Ingénieur civil, 13, rue de l'Arbre-Sec. — Fontainebleau.
Fabrier (Louis), Chimiste. — Oran (Algérie).
Faget (Marius), Architecte, 12, rue de Rohan. — Bordeaux.
Faguet (L.-Auguste), Chef des Travaux pratiques d'histoire naturelle, à la Faculté de Médecine, 26, avenue des Gobelins. — Paris.
Falateuf (Oscar), Avocat, ancien Bâtonnier de l'ordre, 6, boulevard des Capucines. — Paris.
Falcouz (Étienne), Architecte, 10, place des Célestins. — Lyon.
Falières, Pharmacien. — Libourne.
Fallot (Alfred), Manufacturier. — Valentigney (Doubs).
Dr Fanton, 9, boulevard du Nord. — Marseille.
Faucher (Émile), Ingénieur civil. — Levesque, par Sauve (Gard).
Faucherand (Th.), Propriétaire. — Veille, par Tonnay-Boutonne (Charente-Inférieure).
Fauchille (Auguste), Docteur en droit, 56, rue Royale. — Lille.
Fauconnier (Adrien), Licencié ès sciences physiques, Préparateur à la Faculté de Médecine, 41, rue Jacob. — Paris.
Dr Faudel, Secrétaire perpétuel de la Société d'Histoire naturelle de Colmar, 8, rue des Blés. — Colmar (Alsace).
Faulquier (Rodolphe), Manufacturier, Juge au Tribunal de Commerce, 5, rue Boussairolles. — Montpellier.
Fauquet (Ernest), Négociant, Membre du Conseil municipal de Rouen, 41, rue de Crosne. — Rouen.
Fauquet (Octave), Filateur de coton à Oissel, Juge au Tribunal de commerce, 9, place Lafayette. — Rouen.
Faure (Ernest), Propriétaire. — Tresses (Gironde).
Faure, Ingénieur civil, Fabricant de produits chimiques, 35, rue Sainte-Claire. — Clermont-Ferrand.
Faure (Fernand), Professeur à la Faculté de Droit, 56, rue de la Trésorerie. — Bordeaux.
*Faure (le Colonel A.), Commandant le 4e régiment du Génie, 24, rue Lesdiguières. — Grenoble.
*Faure (l'Abbé Pamphile), Supérieur du petit Séminaire, au Rondeau. — Grenoble.
*Dr Fauvel, Chirurgien des Hôpitaux, 109, rue d'Orléans. — Havre.
*Dr Fauvelle, Président de la Société de Médecine de l'Aisne, 11, rue de Médicis. — Paris.
*Fauvelle (René), Étudiant, 11, rue de Médicis. — Paris.
Dr Fauverteix (Adrien). — Saint-Sauves (Puy-de-Dôme).
Favereaux (Georges), Chef du Cabinet du Gouverneur général de l'Algérie. — Alger.
Dr Favre, Médecin consultant de la Compagnie P.-L.-M., 1, rue du Peyrat. — Lyon.
*Favre (l'Abbé Ch.), Professeur, 47, rue Ampère. — Paris.
Favreuil (de), Géomètre expert, 25, rue du Molinel. — Lille.
*Fayet aîné (E.), Négociant, 30, cours du Médoc. — Bordeaux.
Fayol, Ingénieur en chef des houillères de Commentry. — Commentry (Allier).
Félix (Marcel), Étudiant en Médecine, 94, rue de Rennes. — Paris.
Fenieux (Edmond). — Sens-sur-Yonne.
Fenouil, Agent voyer en chef en retraite du département de l'Hérault. — Montpellier.
Feraud (L.), Avoué en première instance, place du Petit-Scel. — Montpellier.

FERBER, Élève de l'École polytechnique, 19, quai Malaquais. — Paris.
Dr FÉRÉOL (Félix), Membre de l'Académie de Médecine, 8, rue des Pyramides. — Paris.
FERÈRE (G.), Armateur, 19, rue Jules Lecesne. — Le Havre.
FERRAY, Pharmacien de 1re classe. — Évreux.
Dr FERRAND (Joseph). — Blois.
*FERRAND (Henri), 7, rue Sainte-Claire. — Grenoble.
FERRAND (Eusèbe), Pharmacien, 18, quai de Béthune. — Paris.
Dr FERRET, Ancien Chirurgien en chef de l'hôpital de Meaux, 5, place Saint-Michel. — Paris.
FERROUILLAT (Prosper), Fabricant de produits chimiques, 1, rue d'Égypte. — Lyon.
*FERRY (Émile), Négociant, Membre du Conseil général de la Seine-Inférieure, 21, boulevard Cauchoise. — Rouen.
FERRY (Mme Émile), 21, boulevard Cauchoise. — Rouen.
*Dr FERRY DE LA BELLONE (DE). — Apt (Vaucluse).
FERTÉ (Émile), 3, rue de la Loge. — Montpellier.
*FEUILLADE, Professeur au Lycée, 58, rue de Marseille. — Lyon.
FÉVRIER (le Général), Commandant le 6e corps d'armée. — Châlons-sur-Marne.
*Dr FICATIER. — Auxerre.
FICHEUR (E.), Ancien Professeur au Collège de Beauvais, Préparateur de botanique à l'École des Sciences d'Alger. — Mustapha, près Alger.
FIDELLE, Administrateur de la commune mixte. — Azeffoun, par Tizi-Ouzou (département d'Alger).
FIÈRE (Paul), Archéologue, Membre correspondant de la Société française de Numismatique et d'Archéologie. — Saïgon (Cochinchine). — **R**
Dr FIEUZAL, Médecin en chef de l'hospice des Quinze-Vingts, 93, rue du Faubourg-Saint-Honoré. — Paris. — **R**
FIÉVET, Fabricant de sucre. — Masny (Nord).
FIGARET, Directeur-Ingénieur des télégraphes, 2, rue de l'Ancien-Courrier. — Montpellier.
*FIGUIER, Professeur à la Faculté de Médecine. — Bordeaux.
*FIGUIER (Mlle), 17, place des Quinconces. — Bordeaux.
FILHOL (E.), Professeur de chimie à la Faculté des Sciences. — Toulouse.
FILLOUX, Pharmacien. — Arcachon.
FINDLA (James), Palace Hotel. — San Francisco (États-Unis).
Dr FINES, Directeur de l'Observatoire, 2, rue du Bastion-Saint-Dominique. — Perpignan (Pyrénées-Orientales).
FINES (Mlle Jacqueline), 2, rue du Bastion-Saint-Dominique. — Perpignan.
*FINET (François), Entrepreneur, 61, Chaussée du Port. — Reims.
FISCHER DE CHEVRIERS, Propriétaire, 200, rue de Rivoli. — Paris. — **R**
Dr FISELBRAND, 13, rue de Mâcon. — Reims.
FLAMENT (Henri), Ingénieur civil, 39, rue Cardinet, Parc Monceau. — Paris.
*FLANDRIN (Hippolyte), Pharmacien, 7, rue Voltaire. — Grenoble.
FLERS (DE), 62, rue de la Rochefoucauld. — Paris.
FLEUREAU (Georges), Ingénieur des Ponts et Chaussées. — Le Puy (Haute-Loire).
FLEURY, Ancien Recteur de l'Académie. — Douai.
FLEURY, Directeur de l'École de Médecine. — Clermont-Ferrand.
FLEURY (A.), Propriétaire. — Hennaya, près Tlemcen (département d'Oran, Algérie).
FLEURY (Albert), Architecte, 28, rue Beffroy. — Rouen.
FLOQUET (G.), Professeur à la Faculté des Sciences, 17, rue Saint-Lambert. — Nancy.
*FLOTARD (G.), Propriétaire, 53, rue Rennequin. — Paris.
FLOURENS (G.), Ingénieur-Chimiste, Membre de la Société industrielle du Nord. — Haubourdin, près Lille.
*FLOURNOY (Edmond), Membre de la Société d'Anthropologie, 13, rue Bonaparte. — Paris.
*FOEX (Gustave), Directeur de l'École d'Agriculture. — Montpellier.
FONCIN, Inspecteur général de l'Instruction publique, 121, boulevard Saint-Germain — Paris.
FONCIN (Mme), 121, boulevard Saint-Germain. — Paris.
FONTANNES (F.), Géologue, 60, avenue de Noailles. — Lyon.
FONTARIVE. — Linneville, commune de Gien (Loiret). — **R**
*FONTOYNONT, Pharmacien, 9, rue de Lévis. — Batignolles-Paris.
FORQUERAY (Emmanuel), rue Fleuriau. — La Rochelle.
FORRER-DEBAR, Négociant, 3, quai Saint-Clair. — Lyon.
FORTEL fils (A.), Propriétaire, 22, rue Thiers. — Reims. — **R**

FORTIER, Président du Comice agricole et de la Société d'Agriculture, chemin des Cotter, — Mont-Saint-Aignan (Seine-Inférieure).
FORTIN (Raoul), 24, rue du Pré. — Rouen.
FOSSAT (J.), Huissier, 97, rue Sainte-Catherine. — Bordeaux.
FOSSIER (Louis-Joseph), Architecte, 23, rue Petit-Roland. — Reims.
FOSSIER (Firmin), Ancien Notaire. — Tour-sur-Marne (Marne).
FOUGERON (Paul), 55, rue de la Bretonnerie. — Orléans.
FOUQUE (Laurent), Conseiller général. — Oran (Algérie).
FOURCADE (Es.), Caissier central de la Compagnie du Canal de Suez, 9, rue Charras. — Paris.
FOURCAND (Léon), Négociant, Membre du Conseil municipal, 34, rue Saint-Remy. — Bordeaux.
FOUREAU (Fernand), Membre de la Société de Géographie de Paris. — Bussière-Poitevine. (Haute-Vienne).
Dr FOURGNAUD. — La Flotte (île de Ré).
FOURMENT (baron DE). — Cercamp-lès-Frévent (Pas-de-Calais). — **R**
FOURNEREAU (l'Abbé), Professeur de sciences à l'institution des Chartreux. — Lyon.
FOURNET, place Tourny. — Bordeaux.
FOURNIÉ (Victor), Ingénieur des Ponts et Chaussées, 4, rue Paillet. — Paris.
Dr FOURNIÉ (Édouard), Médecin de l'Institut des Sourds-Muets, 11, rue Louis-le-Grand. — Paris.
Dr FOURNIER (Alban).— Rambervillers (Vosges).
FOURNIER (Félix), Membre de la Commission des échanges internationaux au Ministère de l'Instruction publique, 119, rue de l'Université. — Paris. — **R**
*FOURNIER (A.), Professeur à la Faculté de Médecine de Paris, Médecin des Hôpitaux, 1, rue Volney. — Paris. — **R**
FOURNIER (Charles-Albert), Ancien Notaire, 20, rue Bazoges. — La Rochelle.
FRANCEZON (Paul), Chimiste et Industriel. — Alais (Gard).
FRANCK (Émile), Ingénieur civil, Inspecteur de la Compagnie *la Providence* (*vie*), 124, boulevard Haussmann. — Paris.
*Dr FRANÇOIS-FRANCK (Ch. A.), Professeur suppléant au Collège de France, 5, rue Saint-Philippe-du-Roule. — Paris.
FRANCQ (L.), Ingénieur civil des Mines, Lauréat de l'Institut, 32 avenue Bugeaud. — Paris.
FRANQUET, Négociant, 12, boulevard Cérès. — Reims.
FRANTZEN, Fabricant de fleurs, 8, cour des Petites-Écuries. — Paris.
Dr FRAT (Victor), 23, rue Maguelonne. — Montpellier.
FRÉCHOU, Pharmacien. — Nérac.
*FRÉMINET (Adrien), 24, rue Saint-Nicaise. — Châlons-sur-Marne.
FREMY, Membre de l'Institut, Directeur du Muséum, Professeur au Muséum et à l'École polytechnique, 33, rue Cuvier. — Paris. — **F**
FREMY (Mme), 33, rue Cuvier. — Paris. — **F**.
FRÈRE (Isidore), Propriétaire-Négociant. — Saint-Genis-des-Fontaines (Pyrénées-Orientales).
FRESQUET (Édouard DE), Professeur d'économie politique et de législation à l'École normale spéciale de Cluny. — Cluny (Saône-et-Loire).
*FRÉVILLE (Ernest), 151, boulevard Haussmann. — Paris.
*FREVILLE (Augustin), Membre du Conseil général de Seine-et-Oise, 151, boulevard Haussmann. — Paris.
FREYSSINGE, Pharmacien de 1re classe, 105, rue de Rennes. — Paris.
Dr FRICKER, 36, rue Notre-Dame-de-Lorette. — Paris.
*FRIEDEL, Membre de l'Institut, Professeur à la Faculté des Sciences, 9, rue Michelet. — Paris. — **F**
*FRIEDEL (Mme), née Combes, 9, rue Michelet. — Paris. — **F**
*FRIEDEL (Mlle Lucie), 9, rue Michelet. — Paris.
*FRIEDEL (Jean), 9, rue Michelet. — Paris.
*FRIEDEL (Georges), 9, rue Michelet. — Paris.
FRIEDERICH, Négociant. — Fontenay-le-Comte (Vendée).
Dr FRISON (A.), 5, rue de la Lyre. — Alger.
FRITSCH (Aug. Em.), 7a, place Paradis. — Marseille.
Dr FROMENTEL (DE). — Gray (Haute-Saône). — **R**
FROSSARD (Ch.-L.), 14, rue de Boulogne. — Paris. — **F**
*FUCHS, Ingénieur en chef des Mines, 5, rue des Beaux-Arts. — Paris.

Fumouze (Armand), Docteur-Médecin-Pharmacien, 78, Faubourg-Saint-Denis. — Paris. — **F**

Dr Fumouze (Victor), 132, rue Lafayette. — Paris.

Gabillot (Joseph), 3, place des Cordeliers. — Lyon.

Gablin, Pharmacien de 1re classe, rue d'Orléans. — Saumur.

Gachassin-Lafite (Léon), Avocat, 9 *bis*, rue de Cheverus. — Bordeaux.

*Gachassin-Lafite (Mme), 9 *bis*, rue Cheverus. — Bordeaux.

*Dr Gaché (A.), 1, rue Claude-Brosse. — Grenoble.

Dr Gaches-Sarraute (Mme), 61, rue de Rome. — Paris.

*Gâdeau de Kerville (Henri), Secrétaire de la Société des amis des Sciences naturelles de Rouen, 7, rue Dupont. — Rouen.

*Gadeceau (Émile), Membre de la Commission municipale du Muséum, 11, rue des Hauts-Pavés. — Nantes.

Gadiot (E.), Négociant en laines, 9, rue Legendre. — Reims.

Gaillard (Louis), Commissaire-priseur, 37, quai Maubec. — La Rochelle.

Dr Gairal père. — Carignan (Ardennes).

*Galante, Fabricant d'instruments de chirurgie, 2, rue de l'École-de-Médecine. — Paris. — **F**

Galante (Mme Henry-Charles), 2, rue de l'École-de-Médecine. — Paris.

Galante (Henri-Charles), 2, rue de l'École-de-Médecine. — Paris.

Dr Galezowski, 25, boulevard Haussmann. — Paris.

Galibert (Paul), Avoué, 1, rue Cheverus. — Bordeaux.

Galicher (J.) fils, Relieur, 81, boulevard Montparnasse. — Paris.

Dr Galippe, Chef du laboratoire de la Faculté de Médecine, 65, rue Sainte-Anne. — Paris.

Galland (Auguste), 33, quai Saint-Vincent. — Lyon.

Gallard, Médecin des Hôpitaux, 7, rue Monsigny. — Paris.

Gallard, Banquier. — **R**

Gallé (Émile), Secrétaire général de la Société centrale d'horticulture de Nancy, 2, avenue de la Garenne. — Nancy.

Dr Galliard (Lucien), Ancien Interne des Hôpitaux, 43, rue de la Victoire. — Paris.

Gallice (Henry), Négociant en vins de Champagne, faubourg du Commerce. — Épernay (Marne).

Dr Galliet, rue Thiers. — Reims. — **R**

Galline (P.), Banquier, Président de la Chambre de commerce, 11, place Bellecour. — Lyon. — **F**

Dr Gallois (Paul), Ancien Interne des Hôpitaux, 41, rue de l'Abbé-Grégoire. — Paris.

Galot (Jules), Administrateur des Compagnies Ouest, 68, rue de la Bastille. — Nantes.

Gand (de), Directeur du Crédit Lyonnais. — Grenoble.

*Gandoulf, Principal du Collège. — Embrun (Hautes-Alpes).

Gandriau (Raoul), Manufacturier. — Fontenay-le-Comte (Vendée).

Gandriau (Georges), Manufacturier. — Fontenay-le-Comte.

Garcin (Paul), Pharmacien de 1re classe, au haut du Cours. — Aix-en-Provence.

Gardès (Louis-Frédéric-Jean), Notaire, Suppléant du Juge de paix, ancien Élève de l'École des Mines. — Clairac (Lot-et-Garonne).

*Gariel (C.-M.), Ingénieur en chef des Ponts et Chaussées, Membre de l'Académie de Médecine, Agrégé à la Faculté de Médecine, 39, rue Jouffroy. — Paris. — **F**

Gariel (Mme), 39, rue Jouffroy. — Paris. — **R**

Garin (J.), Avocat, Docteur en droit, 31, place Bellecour. — Lyon.

Garnier (Paul), Ingénieur-Mécanicien, 16, rue Taitbout. — Paris.

Garnier (Louis), Négociant, 7, rue du Cloître. — Reims.

Garnier (Ernest), Négociant, Président de la Société industrielle, 27, rue Chabaud. — Reims. — **R**

*Garreau, Ancien Capitaine de frégate, 1, rue de Floirac. — Agen.

Dr Garrigou, 38, rue Valade. — Toulouse.

Garrisson (Gaston), Avocat, 110, faubourg Saint-Germain — Paris.

*Gascard (A.), Pharmacien, 47, rue du Bac. — Rouen.

*Gascard (A.), Licencié ès sciences, 111, rue Notre-Dame-des-Champs. — Paris.

Gascheau (Maurice), Banquier. — Rodez (Aveyron).

*Gasqueton (Mme Georges). — Saint-Estèphe-Médoc (Gironde).

Gasser (Édouard), Pharmacien. — Massevaux (Alsace).

*Dr Gaston (R), Ancien Interne des Hôpitaux, villa Gaston. — Aix-les-Bains — l'hiver, 5, rue Saint-Michel. — Nice.

GATINE (L.), Fabricant de produits chimiques, 23, rue des Rosiers. — Paris.
Dr GAUBE, 23, rue Saint-Isaure. — Paris. — **R**
Dr GAUCHAS, 7, rue de Thann. — Paris.
*GAUCHE (Léon), Administrateur du Musée industriel de la Ville, 153, rue de Paris. — Lille.
GAUDERMEN, Négociant, 22, rue Beccaria. — Paris.
GAUDERMEN (Mme), 22, rue Beccaria. — Paris.
GAUDRY (Albert), Membre de l'Institut, Professeur au Muséum d'histoire naturelle, 7 *bis*, rue des Saints-Pères. — Paris. — **F**
Dr GAURAN, Médecin-Oculiste, Conseiller municipal, 8, rue de l'École. — Rouen.
GAURAN, Médecin de la Marine. — Brest.
GAUTHIER (V.), Professeur au Lycée de Vanves, 17, boulevard du Lycée. Vanves (Seine).
GAUTHIER (Charles), Ingénieur civil. — Milianah (Algérie).
GAUTHIER (Gaston), Pharmacien. — Uzerche (Corrèze).
GAUTHIER-VILLARS, Libraire, ancien Élève de l'École polytechnique, 55, quai des Augustins. — Paris. — **F**
GAUTHIOT (Charles), Secrétaire général de la Société de Géographie commerciale de Paris, Rédacteur au *Journal des Débats*, 63, boulevard Saint-Germain. — Paris. — **R**
GAUTIÉ, Ingénieur en chef des Ponts et Chaussées. — Clermont-Ferrand.
GAUTIER (Léon), Secrétaire du Comité local de Cette, de la Société d'horticulture et d'histoire naturelle de l'Hérault, 8, quai de Bosc. — Cette.
*GAUTIER (Joseph). — Germeville, par Aigre (Charente).
*GAUTIER (Étienne). — Germeville, par Aigre (Charente).
GAUTIER (Gaston), Président du Comice agricole. — Narbonne.
GAUTREAU (Louis), Administrateur de la Compagnie générale Transatlantique, 94, rue Saint-Lazare. — Paris.
GAVARRET, Inspecteur général de l'Instruction publique, Membre de l'Académie de Médecine, Professeur à la Faculté de Médecine, 73, rue de Grenelle-Saint-Germain. — Paris.
GAVELLE (Émile), Filateur, 275, rue de Solférino. — Lille.
Dr GAY. — Jarnac.
GAY (Henri), Professeur de physique au Lycée, 36, rue de la Gare. — Lille.
GAY (Tancrède), Bandagiste, 17, rue de Vesle. — Reims.
Dr GAYAT-WECKER. — Saint-Raphaël (Var).
Dr GAYET, Ex-Chirurgien titulaire de l'Hôtel-Dieu, Professeur à la Faculté de Médecine de Lyon, 100, rue de l'Hôtel-de-ville. — Lyon.
*Dr GAYME, 11, place des Tilleuls. — Grenoble.
GAYON, Professeur à la Faculté des Sciences, 456, rue de la Benauge. — Bordeaux.
GAYRAUD (E.), Professeur agrégé à la Faculté de Médecine, rue Argenterie. — Montpellier.
GEAY, Directeur des Constructions navales, 73, quai Colbert. — Le Havre.
GELIN (l'Abbé Émile), Docteur en philosophie et en théologie, Professeur de mathématiques supérieures au Collège de Saint-Quirin. — Huy (Belgique). — **R**
GELLIS (Paul), Propriétaire. — Malras, près Limoux (Aude).
*Dr GÉMY, Chirurgien à l'hôpital civil, 1, impasse de la Lyre. — Alger.
*GENAILLE, Ingénieur civil au Bureau central des chemins de fer de l'État, 16, rue Saint-Étienne. — Tours.
GÉNELLA (Émile), Secrétaire général de la Mairie. — Alger.
GÉNELLA (Léon), Secrétaire général de la Préfecture, 7, boulevard de la République. — Alger, Mustapha.
GENESTE (Eugène), Ingénieur civil, 42, rue du Chemin-Vert. — Paris.
GENESTE (Mme), 2, rue Constantine. — Lyon. — **R**
GENEVOIX (Émile), Pharmacien, 14, rue des Beaux-Arts. — Paris.
GENEVOIX, Pharmacien, 27, rue des Martyrs. — Paris.
GENSOUL (Paul), Ingénieur civil, 42, rue Vaubécour. — Lyon.
GENTY, Ingénieur des Ponts et Chaussées. — Oran.
GEOFFROY (Victor), Libraire, 5, place Royale. — Reims.
GEOFFROY SAINT-HILAIRE (Albert), Directeur du Jardin d'acclimatation, 50, boulevard Maillot. — Neuilly (Seine). — **F**
GEORGES, Négociant, 1, place des Quinconces. — Bordeaux.

GEORGIN (Ed.), Étudiant, 7, faubourg Cérès. — Reims.
GÉRARD (Paul), Professeur au Lycée, 5, rue des Petites-Forges. — Saint-Brieuc.
GÉRARD (Mme Jeanne), 5, rue des Petites-Forges. — Saint-Brieuc.
GERBAUD (Germain) fils, Banquier. — Moissac.
*GERBEAU, Propriétaire, 13, rue Monge. — Paris. — **R**
Dr GÉRENTE (Paul), Médecin Directeur de l'asile des aliénés, rue de la Flèche. — Alger.
GERIN (Gabriel), 2, rue Cuvier. — Lyon.
GERMAIN (Adrien), Ingénieur hydrographe, 13, rue de l'Université. — Paris. — **R**
GERMAIN (Henri), Député de l'Ain, Président du conseil d'administration du Crédit Lyonnais, 21, boulevard des Italiens. — Paris. — **F**
GERMAIN (Philippe), 33, place Bellecour. — Lyon — **F**
GERMAIN (Jean-Louis), Caissier de la maison Babut, rue des Fonderies. — La Rochelle.
*GERMAIN (Auguste), Adjoint au Maire, hôtel de la Cité. — Grenoble.
GERMER-BAILLIÈRE, 20, rue des Grands-Augustins. — Paris. — **F**
GERVAIS (Alfred), Directeur des Salins du Midi, 2, rue des Étuves. — Montpellier.
Dr GERVAIS. — Saugues (Haute-Loire).
GERVAIS (Eugène), Peintre, 9, place du Château. — Blois.
GERY, Directeur de filature, 11, boulevard Saint-Marceau. — Reims.
GIARD, Professeur à la Faculté des Sciences de Lille, Député du Nord, 181, boulevard Saint-Germain. — Paris. — **R**
Dr GIBERT, 41, rue de Séry. — Le Havre. — **R**
GIBON, Ingénieur Directeur des forges de Commentry. — Commentry (Allier).
GIBOU, Propriétaire, 91, rue Saint-Lazare. — Paris.
GIFFARD (Émile), Pharmacien de 1re classe, place du Ralliement. — Angers.
GILARDONI (Jules), Manufacturier. — Altkirch (Alsace).
GILARDONI (Camille), Manufacturier. — Altkirch (Alsace).
GILON (Adolphe), Entrepreneur, 11, rue du Départ. — Paris.
GILLET (François), Teinturier, 9, quai Serin. — Lyon.
GILLET fils aîné, Teinturier, 9, quai Serin. — Lyon. — **F**
GILLET (Elie), Inspecteur honoraire de l'Instruction primaire. — Clamecy (Nièvre).
Dr GILLET DE GRANDMONT, 4, rue Halévy. — Paris.
GILLET DE GRANDMONT (Mme), 4, rue Halévy. — Paris.
GILLET-PARIS, Ingénieur, 23, quai Fulchiron. — Lyon.
*Dr GILLOT, 5, rue du Faubourg-Saint-Andoche. — Autun (Saône-et-Loire).
GINESTOU, Agent de la Société d'encouragement, 44, rue de Rennes. — Paris.
GINOUX DE FERMON (Comte), Député et Conseiller général de la Loire-Inférieure, 30 *bis*, rue du Général-Foy. — Paris.
GIRARD (Ch.), Chef du Laboratoire municipal de la Ville de Paris, 2, rue Monge. — Paris. — **F**
Dr GIRARD, Conseiller général du Puy-de-Dôme. — Riom (Puy-de-Dôme).
*GIRARD (Jules), Professeur à l'École de Médecine, Conseiller municipal, 4, rue Vicat. — Grenoble.
GIRARD (Joseph DE), Professeur agrégé à la Faculté de Médecine, 3, rue Rebuffy. — Montpellier.
GIRARD (Jules), Négociant, 6, place Saint-Pierre. — Clermont-Ferrand.
GIRARDON, Ingénieur des Ponts et Chaussées, 1, cours Lafayette. — Lyon.
GIRARDOT (V.), 17, place du Marché. — Reims.
GIRAUD (Louis). — Saint-Péray (Ardèche). — **R**
Dr GIRAUD-TEULON, Membre de l'Académie de Médecine, 1, rue d'Édimbourg. — Paris.
*Dr GIRET (Georges). — Limoux (Aude).
Dr GIRIN, 24, rue de Lyon. — Lyon.
*GIROD, Contrôleur principal des Contributions directes, 30 *bis*, boulevard Contrescarpe. — Paris.
*GIROUD (Benjamin), Secrétaire général de la Mairie, Hôtel de ville. — Grenoble.
*GIROUD (Adolphe), Professeur à l'École de Médecine, 3, quai de l'Ile-Verte. — Grenoble
GLAIZE (Paul), Préfet de la Loire. — Saint-Étienne.
GOBERT, Pharmacien-Chimiste. — Montferrand (Puy-de-Dôme).
*GOBIN, Ingénieur en chef des Ponts et Chaussées, 8, place Saint-Jean. — Lyon. — **R**
GODARD (H.), Directeur du journal la *Chronique Blésoise*, 65, rue Denis-Papin. — Blois.
GODCHAUX (Auguste), Éditeur, 10, rue de la Douane. — Paris. — **R**

GODEFROY (l'Abbé), Professeur de chimie à l'Université catholique de Paris, 1, rue d'Alençon. — Paris.
GODRON (Émile), Avocat, 91, boulevard de la Liberté. — Lille.
GOFFRES (Paul), Sous-Préfet. — Saint-Omer.
GOLDSCHMIDT (Frédéric), 22, rue de l'Arcade. — Paris. — **F**
GOLDSCHMIDT (Léopold), Banquier, 8, rue Murillo. — Paris. — **F**
GOLDSCHMIDT (S.-H.), 6, Rond-Point des Champs-Élysées. — Paris. — **F**
Dr GOLDSCHMIDT, 5, rue des Bouchers. — Strasbourg (Alsace).
GOLL, Conseiller de Préfecture, place du Château. — Blois.
*GONNET, Avoué, 17, rue Bayard. — Grenoble.
GORDON (Richard), Bibliothécaire-adjoint à l'École de Médecine. — Montpellier.
GORISSE (Eugène), Ancien Inspecteur à la Compagnie française du Phénix, 2, rue de Rohan. — Mirande (Gers).
GORRE (Antoine-Jean), Rentier, 3, rue d'Aubigné. — Paris.
GOSME (Alfred), Négociant en laines, rue Legendre. — Reims.
*Dr GOSSE. — Genève.
GOSSELET, Professeur à la Faculté des Sciences, 18, rue d'Antin. — Lille.
GOSSELIN Membre de l'Institut, Professeur à la Faculté de Médecine, 81, rue Saint-Lazare. — Paris.
GOUBAULT (Ernest), Chef de caves. — Épernay (Marne).
GOUGET, Archiviste du département. — Bordeaux.
*Dr GOUGUENHEIM, Médecin des Hôpitaux, 9, rue des Capucines. — Paris.
*GOUIN (Raoul), 115, rue du Bac. — Paris.
GOULET (Georges), Négociant en vins de Champagne, 21, rue Buirette. — Reims.
GOULET-GRAVET (François), 21, rue Buirette. — Reims.
GOULLIN (Gustave-Charles), Consul de Belgique, ancien Adjoint au Maire de Nantes, 51, place Launay. — Nantes.
*GOUMIN (Félix), Propriétaire, 3, route de Toulouse. — Bordeaux. — **R**
GOUNOUILHOU, Imprimeur, 11, rue Guiraude. — Bordeaux. — **F**
Dr GOURAUD (Xavier), Médecin de l'hôpital Cochin, 40, rue du Bac. — Paris.
GOURDON (Camille), Professeur à l'École La Martinière. — Lyon.
*GOUVERNEUR, Maire. — Nogent-le-Rotrou (Eure-et-Loir).
GOUVION (Albert), Ingénieur des Arts et Manufactures. — Saulzoir (Nord).
Dr GOZARD. — Toury-sur-Jour (Nièvre).
GOZIER-VOISIN, Architecte, 53, rue de Vesle. — Reims.
GOZZADINI (Comte J.), Sénateur du royaume d'Italie, ancien Président du Congrès international d'anthropologie et d'archéologie préhistoriques. — Bologne (Italie).
Dr GRABINSKI. — Neuville-sur-Saône. — **R**
GRAD (Charles), Député au Reichstag, Membre de la délégation d'Alsace-Lorraine. — Logelbach (Alsace). — **R**
GRAMMAIRE (Louis). Géomètre, Capitaine adjudant-major au 52e régiment territorial, Agent général du Phénix. — Chaumont (Haute-Marne).
GRANDIDIER, Membre de l'Institut, 6, Rond-Point des Champs-Élysées. — Paris.
*GRANDIDIER (Félix), Conservateur des Forêts, 1, rue Voltaire. — Grenoble.
Dr GRANEL (Maurice). — Saint-Pons (Hérault).
*GRAS (Alexandre), Colonel du Génie en retraite, 2, rue Madeleine. — Grenoble.
*GRASSET (J.), Agrégé à la Faculté de Médecine, 6, rue Basse. — Montpellier.
GRASSET (Mme Joseph), 6, rue Basse. — Montpellier.
GRÉDY (Frédéric), 16, quai des Chartrons. — Bordeaux.
GRELLET. — Kouba, près Alger.
GRELLEY (Jules), Ancien Élève de l'École polytechnique, Directeur de l'École supérieure du commerce de Paris, 102, rue Amelot. — Paris.
Dr GRENET, rue de la Grosse-Tombe. — Joigny.
GRENIER, Pharmacien, 61, rue des Pénitents. — Le Havre.
Dr GRILLOT. — Autun (Saône-et-Loire).
GRIMAUD (B. P.), Membre du Conseil municipal, 34, rue de Châteaudun. — Paris.
GRIMAUD (Emile), Imprimeur, place de Gorges. — Nantes. — **R**
GRIMAUX, Professeur à l'École polytechnique et à l'Institut national agronomique, 123, boulevard Montparnasse. — Paris.
GRISON (Charles), Pharmacien, 20, rue des Fossés-Saint-Jacques. — Paris. — **F**
GRISON (Eugène). Commis-Négociant, 5, rue de la Prison. — Reims.
*GRISON-PONCELET (E.), Manufacturier. — Creil (Oise).
Dr GRIZOU. — Châlons-sur-Marne.

GROC (Alcide), Directeur des travaux communaux. — La Rochelle (Charente-Inférieure).

GROLOUS, Ancien Élève de l'École polytechnique, 19, Faubourg-Saint-Éloi. — Choisy-le-Roi.

GROS (Camille), Employé des lignes télégraphiques, Conseiller municipal, 24, rue Béteille. — Rodez.

Dr GROS. — Marcilly-sur-Seine.

Dr GROS, 97, rue de Vendôme. — Lyon.

Dr GROSCLAUDE. — Elbeuf.

GROSS, Professeur à la Faculté de Médecine, 17, quai Isabey. — Nancy.

*GROSSETESTE (William), Ingénieur E. C. P. — 11, rue des Tanneurs. — Mulhouse.

GROTTES (Comte Jules DES), Conseiller général, 11, place Dauphine. — Bordeaux.

*GROULT, Avocat, Docteur en droit, Fondateur des Musées cantonaux. — Lisieux.

GROUSSET (Eugène), Inspecteur des pharmacies. — Castelsarrasin (Tarn-et-Garonne).

GROUSSET, Chef d'institution, 65, rue du Cardinal-Lemoine. — Paris. — **R**

*GRUYER (Hector), Conseiller général, Maire. — Sassenage, près Grenoble.

GUCCIA (Jean), 28, Via Ruggiero Settimo. — Palerme (Italie).

Dr GUÉBHARD (Adrien), Licencié ès sciences mathématiques et physiques, Professeur agrégé à la Faculté de Médecine, 15, rue Soufflot. — Paris. — **R**

Dr GUÉRIN (Alphonse), Membre de l'Académie de Médecine, 11 *bis*, rue Jean-Goujon. — Paris. — **F**

GUÉRIN (Jules), Ingénieur civil, 56, rue d'Assas. — Paris.

GUÉRIN, Opticien, 14, rue Bab-Azoun. — Alger.

GUÉRIN DE SOSSIONDO, Vice-Président d'honneur de l'Académie du Progrès, Propriétaire. — Château de Fonfrède, par Roullet (Charente).

GUÉRIN DE SOSSIONDO (Mme Clarisse). — Château de Fonfrède par Roullet (Charente).

GUERNE (Jules DE), Naturaliste, 2, rue Monge. — Paris.

GUESTIER (Daniel), Membre de la Chambre de commerce. — Bordeaux.

*GUÉZARD, Principal Clerc de notaire, 16, rue des Écoles. — Paris. — **R**

*GUÉZARD (Mme). 16, rue des Écoles. — Paris.

GUIARD, Ingénieur des Ponts et Chaussées, 9, rue de Penthièvre. — Paris.

GUIAUCHAIN, Architecte. — L'Agha (département d'Alger).

Dr GUICHARD (A.), Professeur suppléant à l'École de Médecine d'Angers, 75, Faubourg-Bressigny. — Angers.

GUICHARD (Mme Ambroise), 75, Faubourg-Bressigny. — Angers.

GUICHE (Marquis DE LA), 16, rue Matignon. — Paris. — **F**

GUIET (Gustave), 95, avenue Montaigne. — Paris.

GUIEYSSE, Ingénieur hydrographe de la Marine, 42, rue des Écoles. — Paris. — **R**

GUIGNAN (Alcide). — Sainte-Terre (Gironde).

*GUIGNARD (Ludovic-Léopold), Vice-Président de la Société d'Histoire naturelle de Loir-et-Cher. — Sans-Souci. — Chouzy (Loir-et-Cher).

GUIGNERY (Alfred), Ancien Industriel, 9, rue du Moulin-Vert. — Paris (Montrouge).

GUIGON, Propriétaire-Rentier. — Saint-Marcel, près le Puy-en-Velay (Haute-Loire).

*GUIGONNET (Théodore), Notaire, Adjoint au Maire, 14, rue Lafayette. — Grenoble.

Dr GUILLAUD, Licencié ès sciences naturelles, Professeur à la Faculté de Médecine. — Bordeaux.

GUILLAUME (Léon), Directeur de l'École d'horticulture des pupilles de la Seine. — Villepreux (Seine-et-Oise).

Dr GUILLAUME (Ed.). — Attigny (Ardennes).

GUILLAUME (Mme veuve), 39, rue de Clichy. — Paris.

GUILLAUME, 39, rue de Clichy. — Paris.

GUILLEMIN, Maire d'Alger, Professeur de physique au Lycée, 18, rampe Vallée. — Alger.

*GUILLEMINET (André), Pharmacien, 30, rue Saint-Jean. — Lyon. — **R**

GUILLEY, Président du Cercle des Beaux-Arts, 27, rue de Gigant. — Nantes.

GUILLIBERT (Hippolyte), Avocat à la Cour d'Aix, 3, rue Saint-Claude. — Aix-en-Provence.

GUILLOTIN, 76, rue de Lourmel. — Paris.

GUIMET (Émile), Négociant, place de la Miséricorde. — Lyon. — **F**

*Dr GUINANT, 17, rue Grenette. — Rive-de-Gier (Loire).

Dr GUIRAUD. — Montauban.

GUNDELACH (Charles), 37, rue de Paris. — Asnières.

GUNDELACH (Émile), Maison Meissonnier. — Saint-Denis (Seine).

GUY, Négociant, 29, quai Valmy. — Paris. — R
*GUYARD, Membre de la Société des Sciences naturelles. — Auxerre.
GUYERDET (A.), Attaché aux Collections géologiques de l'École des Mines, 3, rue du Canivet, près la place Saint-Sulpice. — Paris.
GUYOT (Yves), Publiciste, 95, rue de Seine. — Paris.
GUYOT (Charles), 15, boulevard du Temple. — Paris.
GUYOT-LAVALINE, Sénateur, Vice-Président du Conseil général du Puy-de-Dôme, 68, rue de Rennes. — Paris.
HAAG, Ingénieur en chef des Ponts et Chaussées, 1, rue Chardin. — Paris.
HABERT, Ancien Notaire, 80, rue Thiers. — Troyes. — R
Dr HABRAN (Jules), 16, rue Thiers. — Reims.
HABRAN (Mme), 16, rue Thiers. — Reims.
HACHETTE et Cie, Libraires-Éditeurs, 79, boulevard Saint-Germain. — Paris. — F
HADAMARD (David), 53, rue de Châteaudun. — Paris. — F
HALBARDIER, 44, rue de Vesle. — Reims.
HALLER (A.), Professeur à la Faculté des Sciences. — Nancy.
HALLETTE (Albert), Fabricant de sucre. — Le Cateau (Nord).
HALLEZ (Paul), Professeur suppléant à la Faculté des Sciences, 52, rue Saint-Gabriel. — Lille.
HALLOPEAU (P.-F.-A.), Inspecteur principal au chemin de fer de Lyon, Répétiteur à l'École centrale (Métallurgie), 3, rue de Lyon. — Paris.
Dr HALLOPEAU, Professeur agrégé à la Faculté de Médecine de Paris, 30, rue d'Astorg. — Paris.
HALPHEN (Constant), 11, rue Tilsitt. — Paris.
HALPHEN (G.), Chef d'escadron d'artillerie, Examinateur d'admission à l'École polytechnique, 8. rue Gounod. — Paris.
*HAMARD (l'Abbé), à l'Oratoire. — Rennes. — R
Dr HAMEAU. — Arcachon.
HAMELIN (E), Professeur agrégé à la Faculté de Médecine, rue St-Roch.—Montpellier.
HAMOIR (Fernand), Ingénieur des Arts et Manufactures, Directeur de la fabrique de produits chimiques. — Louvroil-lès-Maubeuge (Nord).
Dr HAMY, Aide-naturaliste au Muséum, Conservateur du musée d'ethnographie, 40, rue de Lübeck (avenue du Trocadéro). — Paris.
HANAPPIER (Mme), 57, rue du Jardin-Public. — Bordeaux.
*HANRA, Professeur à l'École des Arts et Métiers. — Châlons-sur-Marne.
*HANRA (Mlle). — Chalons-sur-Marne.
HANRIOT, Professeur agrégé à la Faculté de Médecine de Paris, 5, rue Saint-Benoît. — Paris.
HANSEN-BLANGSTED (Émile), 18, rue Littré. — Paris.
*HARAUCOURT (C.), Professeur au Lycée, 29, rue Poussin. — Rouen.
HARDEL (l'Abbé Charles), Curé. — Vineuil, près Blois.
HARDY (E.), Chef des Travaux chimiques de l'Académie de Médecine, 90, rue de Rennes. — Paris.
HARLÉ, Ingénieur des Ponts et Chaussées. — Lure (Haute-Saône).
HATON DE LA GOUPILLIÈRE, Inspecteur général des Mines, Membre de l'Institut, 9, avenue du Trocadéro. — Paris. — F
HATT, Ingénieur hydrographe, 31, rue Madame. — Paris.
HAU (Michel), Négociant en vins de Champagne. — Reims.
HAUGUEL, Négociant, 35, rue Hilaire-Colombel. — Le Havre.
*HAURIOU (Maurice), Agrégé à la Faculté de droit, 11, rue Lapeyrouse. — Toulouse.
HAUSER, Négociant, 83, rue Tourneville. — Le Havre.
HAUTERIVE (Georges D'), 14, rue d'Anjou. — Paris.
*HAYEM, Professeur à la Faculté de Médecine, 7, rue de Vigny. — Paris.
*HÉBERT, Pharmacien. — Isigny (Calvados).
HÉBERT, Docteur ès sciences, ancien Inspecteur d'Académie, Professeur au Lycée, impasse Belair. — Rennes.
HÉBERT (Ernest), Inspecteur des Postes et Télégraphes. — Arras (Pas-de-Calais).
HECHT (Étienne), Négociant, 19, rue Le Peletier. — Paris. — F
HEIDELBERGER, Négociant en vins, rue Liberger. — Reims.
HEIMPEL, Négociant. — Béziers.
*HEITZ (Paul), Ancien élève de l'École centrale des Arts et Manufactures, 6, avenue du Bel-Air. — Paris.
HELLÉ, Dessinateur, 34, rue de Seine. — Paris.

Dr Henneguy, Préparateur au Collège de France, 17, rue du Sommerard. — Paris.
*Dr Hénocque (Albert), Directeur adjoint du Laboratoire de médecine de l'École des hautes études au Collège de France, 87, avenue de Villiers. — Paris.
Henri-Lepaute (Léon), Constructeur d'horlogerie et de phares, 6, rue Lafayette. — Paris.
Henrivaux, Directeur de la Manufacture des glaces. — Saint-Gobain (Aisne).
Dr Henrot (Adolphe). — Reims.
*Henrot (Jules), Président du Cercle pharmaceutique de la Marne, 75, rue Gambetta. — Reims.
*Dr Henrot (Henri), Professeur à l'École de Médecine, Maire de Reims, 73, rue Gambetta. — Reims.
Dr Henry, 38, rue de l'Hôpital-Militaire. — Lille.
Hentsch, Banquier, 20, rue Le Peletier. — Paris. — F
Hérard (Hippolyte), Médecin de l'Hôtel-Dieu, Membre de l'Académie de Médecine, 11, rue de Rome. — Paris.
Herbault-Nemours, Agent de change, 5, rue Gaillon — Paris.
Herbé-Porson, Représentant de filature, 9, rue Saint-André. — Reims.
Héron (Guillaume), Propriétaire, 2, rue Dalayrac. — Toulouse. — R
Héron, 7, place de Tourny. — Bordeaux.
Héron de Villefosse (Antoine), Conservateur adjoint du département des antiquités grecques et romaines au Musée du Louvre, Maître de conférences à l'École pratique des Hautes Études, 80, rue de Grenelle. — Paris.
Herrenschmidt (Paul), 52, rue Bichat. — Paris.
*Herscher (Charles), Ingénieur civil, 42, rue du Chemin-Vert. — Paris.
Hérubel (Frédéric), Fabricant de produits chimiques. — Petit-Quevilly, près Rouen.
Hervé-Mangon, Membre de l'Institut, Député de la Manche, 3, rue Saint-Dominique. — Paris.
Hervier (François), Industriel, 23, rue de Boulogne. — Paris.
Heurtaux (Alfred), Propriétaire, rue Bonne-Louise. — Nantes.
Heydenreich, Professeur à la Faculté de Médecine, 30, place Carrière. — Nancy. — R
Hillel frères, 60, rue de Monceau. — Paris. — F
Himly (L.), Négociant, rue des Hallebardes. — Strasbourg (Alsace).
Dr Hirigoyen, 36, rue de Cursol. — Bordeaux.
Hirsch, Architecte en chef de la Ville, 17, rue Centrale. — Lyon.
*Hirsch, Ingénieur en chef des Ponts et Chaussées, 1, rue de Castiglione. — Paris.
Hirsch (Henri-Gustave), Changeur, 55, rue Boulainvilliers. — Paris.
Hochard (Polydore), Propriétaire, 22, rue de l'Église-Saint-Seurin. — Bordeaux.
Hoel (J.), Fabricant de lunettes, 26, boulevard Voltaire. — Paris. — R
Hoel (Mlle Hélène), 26, boulevard Voltaire. — Paris.
Hoffmann (H.), Pharmacien de 1re classe. — Tournus (Saône-et-Loire).
Hofmann (H.), Professeur de langue allemande, rue de Joinville, impasse Quesnay. — Le Havre.
Holden (Jonathan), Industriel, 17, boulevard Cérès. — Reims. — R
Holden (Isaac), Manufacturier, 27, rue des Moissons. — Reims.
Holden (Jean), Manufacturier, 31, rue des Moissons. — Reims.
Holden (Mme), 17, boulevard Cérès. — Reims.
Holstein (P.), Agent de change, 20, rue de Lyon. — Lyon.
Honnorat (Ed.-F.). — Moustier-Sainte-Marie (Basses-Alpes) et quartier des Siéyès. — Digne.
Horster, Censeur des Études au Lycée. — Dijon.
Hospitalier, Ingénieur des Arts et Manufactures, Professeur à l'École municipale de Physique et de Chimie industrielles, 6, rue du Bellay. — Paris.
Hottinguer, Banquier, 38, rue de Provence. — Paris. — F
*Houdaille (F.), Répétiteur de physique à l'École nationale d'agriculture. — Montpellier.
Houel, Ingénieur, 40, avenue du Roi-de-Rome. — Paris. — F
Houlon aîné, Négociant, 8, rue Thiers. — Reims.
Houpin (Ernest), Teintures et Apprêts, 72, rue Fléchambault. — Reims.
Houzé de l'Aulnoit, Avocat. — Lille.
Houzeau (Paul), Huile et Savons, 8, impasse des Romains. — Reims.
Hovelacque (Abel), Professeur à l'École d'Anthropologie, 39, rue de l'Université. — Paris. — F
Hovelacque-Gense, 2, rue Fléchier. — Paris. — R

HOVELACQUE-KHNOPFF, 88, rue des Sablons. — (Passy) Paris. — R
HOVELACQUE (Maurice), 88, rue des Sablons. — Paris-Passy. — R
HOVELACQUE-MAHY, 99, rue Royale. — Lille.
HUBER (Frédéric), Peintre, 135, rue de la Tour. — Paris (Passy.)
HUBERT (Pierre), Industriel, 16, rue Marceau. — Nantes.
*Dr HUCHARD, Médecin des Hôpitaux, 67, avenue des Champs-Elysées. — Paris.
*HUDELO, Répétiteur de physique générale à l'École centrale, 8, rue Saint-Louis-en-l'Isle. — Paris
HUET (Louis), Ingénieur-Chimiste, 7, place Richebé. — Lille (Nord).
*HUGUENOT (Henri), Élève au Lycée de Troyes, rue Jeanne-d'Arc. — Troyes.
HULOT, Ex-Directeur de la fabrication des timbres-poste, à la Monnaie, 26, place Vendôme. — Paris. — R
HUMBERT (G.), 45, rue Malesherbes. — Lyon. — R
HUMBERT, Ingénieur des Ponts et Chaussées, Route basse de Paris. — Blois.
HURAULT, Avocat, 10, rue Saint-Étienne. — Reims.
Dr HUREAU DE VILLENEUVE, 95, rue Lafayette. — Paris. — F
HUREAU DE VILLENEUVE (Mme), 95, rue Lafayette. — Paris.
HUREL (Alexandre), 26, rue Beaurepaire. — Paris.
HURET (E.), Ingénieur des Arts et Manufactures, 24, avenue des Champs-Élysées. — Paris.
*HURION (A.), Professeur à la Faculté des Sciences. — Grenoble.
HUTTIN, (Aug.), Percepteur de Courtelevant. — Delle (Territoire de Belfort).
IBRY, Ancien Manufacturier, 34, rue Marlot. — Reims.
Dr ICARD, Secrétaire général de la Société des Sciences médicales, 48, rue de Lyon. — Lyon.
ICARD (J.), Pharmacien, 24, cours Belzunce. — Marseille.
ILLARET (A.), Vétérinaire, 176, rue Judaïque. — Bordeaux.
IRROY (Ernest), Négociant en vins de Champagne, 34, boulevard du Temple. — Reims.
ISELIN (William), Négociant, 81, rue d'Orléans. — Le Havre.
ISSAURAT, Publiciste, 98, boulevard Saint-Germain. — Paris.
ISTRATI, Licencié ès sciences physiques et chimiques, Professeur à la Faculté de Médecine, 69, Calea Victoria. — Bucarest (Roumanie).
JACCOUD, Membre de l'Académie de Médecine, Professeur à la Faculté de Médecine, 62, boulevard Haussmann. — Paris.
JACKSON (James), Bibliothécaire-Archiviste de la Société de géographie, 15, avenue d'Antin. — Paris. — R
JACQUET, Directeur de l'usine de la Voulte. — La Voulte (Ardèche).
JACQUEMART (Frédéric), 58, Faubourg-Poissonnière. — Paris. — F
JACQUEMART-PONSIN, Propriétaire, place Godinot. — Reims.
*JACQUEMET (Pierre), Professeur agrégé à la Faculté de Médecine, 51, Grande-Rue. — Montpellier.
JACQUENET (Monseigneur), Évêque d'Amiens. — Amiens (Somme).
JACQUIER, Négociant en épiceries, 7, rue Cérès. — Reims.
*JACQUIER (Gaston). — Gières (Isère).
JALABERT (Félix), Propriétaire. — Poussan (Hérault).
Dr JALABERT. — L'Arba, près Alger.
*JALARD, Pharmacien, 526, rue Sainte-Anne. — Narbonne.
*JALLIFFIER, Professeur agrégé au Lycée Condorcet, 11, rue Say. — Paris.
JAMESON (Conrad), Banquier, 38, rue de Provence. — Paris. — F
JANGOT, Propriétaire, 7, rue Montée-des-Anges. — Lyon.
JANSSEN, Membre de l'Institut, Directeur de l'Observatoire physique. — Meudon (S.-et-O.)
JAQUINÉ, Inspecteur général honoraire des Ponts et Chaussées. — Nancy.
JARSAILLON (François), Vice-Président du Comice agricole. — Oran.
JAUMES (J.), 5, rue Sainte-Croix. — Montpellier.
Dr JAVAL, Directeur du Laboratoire d'ophtalmologie à la Sorbonne, Député de l'Yonne, 58, rue de Grenelle. — Paris. — R
JAY (Louis), Agent de change. — Clermont-Ferrand.
Dr JEAN, Ancien Interne des hôpitaux de Paris, 51, rue des Mathurins. — Paris.
JEAN (Paul), Constructeur d'appareils à gaz, 52, rue des Martyrs. — Paris.
JEANJEAN, Professeur à l'École de Pharmacie. — Montpellier.
JEANJEAN, Propriétaire et Géologue. — Saint-Hippolyte-du-Fort (Gard).
Dr JEANNIN (O.). — Montceau-les-Mines (Saône-et-Loire).

JENNEPIN, Chef d'institution. — Cousolre (Nord).
Dr JEUNEHOMME, Médecin-major de 1re classe, à l'Hôpital militaire. — Batna (dép. de Constantine).
JOBARD, Manufacturier, rue de Gray. — Dijon.
Dr JOFFROY, Professeur agrégé à la Faculté de Médecine de Paris, Médecin des Hôpitaux, 28, rue Godot-de-Mauroy. — Paris.
JOHANNOT (H.), Fabricant de papiers. — Annonay (Ardèche).
JOHNSTON (Nathaniel), Ancien Député, pavé des Chartrons. — Bordeaux. — **F**
Dr JOLICŒUR, 13, boulevard des Promenades. — Reims.
Dr JOLLAN DE CLERVILLE, 5, rue des Cadeniers. — Nantes.
JOLY (Charles), Vice-Président de la Société centrale d'Horticulture de France. 11, rue Boissy-d'Anglas. — Paris.
Dr JOLY (Nicolas), Correspondant de l'Institut, Professeur à la Faculté des Sciences, 52, rue des Amidonniers. — Toulouse.
JOLY (Antonin), 5, rue de l'Hôtel-de-ville. — Lyon.
JOLY (J.), Ingénieur-Constructeur, usine Saint-Lazare. — Blois.
JOLLY (Léopold), Pharmacien, 64, Faubourg-Poissonnière. — Paris.
Dr JOLYET, Chargé de cours à la Faculté de Médecine. — Bordeaux.
*JONES (Charles), chez M. R.-P. Jones, 8, cité Gaillard. — Paris. — **R**
JORDAN (A.), Professeur, 40, rue de l'Arbre-Sec. — Lyon.
JORDAN (Camille), Membre de l'Institut, Ingénieur des Mines, Professeur à l'École polytechnique, 48, rue de Varennes. — Paris. — **R**
JOUANNY (Georges), Fabricant de papiers peints, 70, Faubourg-du-Temple. — Paris.
JOUET (Daniel), Ingénieur Agronome, Délégué régional adjoint pour le phylloxera, 27, cours du Jardin-Public. — Bordeaux.
JOULIE, Pharmacien à la Maison municipale de Santé, 200, rue du Faubourg-Saint-Denis. — Paris.
Dr JOUON, 23, rue du Moulin. — Nantes.
JOURDAN (Adolphe), Libraire-Éditeur, 4, place du Gouvernement. — Alger.
JOURDIN, Chimiste, Inspecteur des établissements insalubres, 3, boulevard de Belleville. — Paris.
Dr JOURJON, 32, avenue Ledru-Rollin. — Paris.
JOUSSET DE BELLESME, Physiologiste, Directeur des établissements de pisciculture de la Ville de Paris, 12, rue Chanoinesse. — Paris.
*JUGLAR (Mme J.), 1, rue Lavoisier. — Paris. — **F**
JULIAN, Assureur, boulevard de Caudéran. — Bordeaux.
JULIEN, Professeur de géologie à la Faculté des Sciences. — Clermont-Ferrand.
JULIEN, Pharmacien de 1re classe. — Saint-Amand-les-Eaux (Nord).
JULLIEN, Ingénieur en chef des Ponts et Chaussées. — Carcassonne. — **R**
JULLIEN, Capitaine au 1er Régiment de Zouaves, détaché à l'École normale de Tir. — Au camp de Châlons (Marne).
*JUMEAU (Georges), Commis d'architecte, 23, Allées du Chenil. — Raincy. — **R**
JUNDZITT (Comte Casimir), Étudiant en droit, 13, rue Vidok. — Varsovie (Pologne russe).
JUNGFLEISCH, Membre de l'Académie de Médecine, Professeur à l'École supérieure de Pharmacie, 38, rue des Écoles. — Paris. — **R**
JUNCKER (Albert), Ingénieur en chef des Ponts et Chaussées, 8, rue Héronnière. — Nantes.
JURY, Ingénieur civil. — Saïgon (Cochinchine).
JUSSELIN, Propriétaire, 8, rue Madame-Lafayette. — Le Havre.
JUSTINART (J.), Imprimeur, rue Hincmar. — Reims.
*KABELGUEN (François), 26, rue Sainte-Luce. — Bordeaux.
KANN, Banquier, 58, avenue du Bois-de-Boulogne. — Paris. — **F**
KEITTINGER (Jules), Fabricant d'indiennes à Lescure, 165, rue du Renard. — Rouen.
KEITTINGER (Charles), Fabricant d'indiennes à Lescure, 36, rue du Renard. — Rouen.
Dr KIRCHBERG, Professeur suppléant à l'École de Médecine, 1, rue Basse-du-Château, — Nantes.
*KIRWAN (DE), Inspecteur des Forêts, 15, rue Vaubécourt. — Lyon.
KLEINMANN, Directeur de l'agence du Crédit Lyonnais. — Alexandrie (Égypte).
KLIPFFEL (Auguste), Négociant. — Béziers.
KNEIDER, Directeur des Établissements Malétra. — Petit-Quevilly, près Rouen.
KŒCHLIN (Jules), 44, rue Pierre-Charron. — Paris. — **R**
KŒCHLIN-CLAUDON (Émile), Ingénieur civil. — Mulhouse (Alsace). — **R**
Dr KŒCHLIN (E.). — Mulhouse (Alsace).
KŒNIG (Théodore), Rentier, 21, rue de Vaugirard. — Paris.

Dr Kohn (Arthur), 4, rue Lavoisier. — Paris.

*Kollmann, Professeur d'anatomie. — Bâle (Suisse).

Kornprobst, Ingénieur en chef des Ponts et Chaussées en retraite, 4, place du Château. — Blois.

Kovalski, Professeur à l'École supérieure de commerce et d'industrie, 18, rue Ravez. — Bordeaux.

Krafft (Eugène), Professeur de mathématiques au Lycée, 26, rue de Rohan. — Bordeaux. — **R.**

Krantz, Sénateur, Inspecteur général des Ponts et Chaussées, Commissaire général de l'Exposition universelle de 1878, 47, rue La Bruyère. — Paris. — **F**

Krantz (Camille), Maître des requêtes au Conseil d'État, 24, rue de Turin. — Paris.

Krantz (Mme Camille), 24, rue de Turin. — Paris.

Krug (P.), Négociant en vins de Champagne, 30, boulevard du Temple. — Reims.

Kübler (Gustave), Négociant. — Altkirch (Alsace).

Kunkler, Ex-Capitaine d'artillerie, Ingénieur des Ponts et Chaussées, aux chemins de fer de l'État, 27, rue de l'Alma. — Tours.

Kunholtz-Lordat, rue Saint-Guillaume. — Montpellier.

Labat (A.), Professeur à l'École vétérinaire de Toulouse. — Toulouse.

Labatut (Félix), Notaire, Président de la Chambre de discipline. — La Bastide-de-Sérou (Ariège).

Labbé (Henri), Garde général des Forêts. — Alais.

Labbé (Léon), Professeur agrégé à la Faculté de Médecine, Membre de l'Académie de Médecine, 117 boulevard Haussmann. — Paris.

Labbé (Mme Léon), 117, boulevard Haussmann. — Paris.

Dr Labouré, Médecin de l'hôpital. — Aïn-Témouchent (dépt. d'Oran).

Laboureur (L.), Pharmacien, 26, rue de l'Abbé-Grégoire. — Paris.

*La Brosse (René de), Ingénieur des Ponts et Chaussées, 10, rue Villars. — Grenoble.

Labrunie, Négociant, 49, pavé des Chartrons. — Bordeaux. — **R**

Lacaze (Gabriel), Notaire. — Samatan (Gers).

Lacaze-Duthiers (de), Membre de l'Institut, Professeur à la Faculté des Sciences, 7, rue de l'Estrapade. — Paris.

Lachaize (Laurent), Peintre-Verrier. — Rodez.

Lachaume (Hippolyte), Ingénieur, 17 bis, rue d'Amiens. — Lille.

*Lacour (Mme). — Archamps-sous-Salève (Haute-Savoie).

Lacroix, Chimiste, 186, avenue Parmentier. — Paris.

*Lacroix (Sigismond), Député de la Seine, 25, rue Humboldt. — Paris.

Lacroute (Lucien). — Ruffec (Charente).

Dr Ladreit de la Charrière, Médecin en chef de l'Institution nationale des sourds-muets et de la Clinique otologique, 1, rue Bonaparte. — Paris.

Ladureau, Directeur du Laboratoire central agricole et commercial, 44, rue Notre-Dame-des-Victoires. — Paris. — **R**

Ladureau (Mme Albert), 44, rue Notre-Dame-des-Victoires. — Paris. — **R**

Laennec, Directeur de l'École de Médecine, 13, boulevard Delorme. — Nantes. — **R**

Lafargue (Georges), Sous-Préfet. — Lunéville.

Dr Lafaurie, 25, rue de Joinville. — Le Havre.

Dr Laferon (A.), 17, rue d'Abbeville. — Paris.

Lafitte (Paul), impasse Montbauron. — Versailles.

Lafitte, Négociant, 21, rue Meslay. — Paris.

*Dr Lafitte. — Coutras (Gironde).

Lafon, Professeur à la Faculté des Sciences, 2, place Louis XVI. — Lyon.

Lafont (Georges), Architecte, 17, rue Rosière. — Nantes.

Lafont (Jules), Propriétaire, 7, boulevard Saint-Louis. — Le Puy-en-Velay.

Lafont (Mme J.), 7, boulevard Saint-Louis. — Le Puy-en-Velay.

Dr Lagneau (Gustave), Membre de l'Académie de Médecine, 38, rue de la Chaussée-d'Antin. — Paris. — **F**

Lagneau (Mme), 38, rue de la Chaussée-d'Antin. — Paris.

Dr Lagout. — Aigueperse (Puy-de-Dôme).

Lagrave, Magistrat, 27, cours de l'Intendance. — Bordeaux.

Lagrave (J.-B.-Henri), Licencié en droit, 70, rue Saint-Sernin. — Bordeaux.

Lagrené (de), Inspecteur général des Ponts et Chaussées. — 114 *bis*, rue d'Assas. — Paris.

Lahaye, Notaire. — Pontfaverger (Marne).

Dr Lailler, Médecin de l'hôpital Saint-Louis, 3, rue de Bruxelles, près la place Blanche. — Paris.
Lair (Comte Charles), 18, rue Las-Cases. — Paris.
Lair, Maire de Saint-Jean-d'Angely. — Saint-Jean-d'Angely (Charente-Inférieure).
Laire (G. de), 92, rue Saint-Charles. — Paris.
Laisant, Député de la Seine, 84 *bis*, avenue Victor-Hugo. — Paris.
Lalance (Auguste), Manufacturier. — Château de Pfartead, près Mulhouse (Alsace).
Lalande (de), 18, rue Desbordes-Valmore. — Paris (Passy).
Lalande (Armand), Négociant, 84, quai des Chartrons. — Bordeaux. — **F**
*Lalande (Marcellin), Membre de la Société française de physique. — Brive (Corrèze).
*Lalanne (Émile), Directeur du poids public, 71, rue de Turenne. — Bordeaux.
*Lalanne (Mme Émile), 71, rue de Turenne. — Bordeaux,
Lalanne, Sénateur, Membre de l'Institut, Inspecteur général des Ponts et Chaussées, 116, rue de Rennes. — Paris.
Laleman, Avocat, 47, rue Inkermann. — Lille.
Dr Lalesque, Ancien Interne des Hôpitaux de Paris, boulevard de la Plage. — Arcachon.
Lallemand (A.), Doyen de la Faculté des Sciences. — Poitiers.
Dr Lallement (Ed.), Professeur à la Faculté de Médecine, 10, place de l'Académie. — Nancy. — **R**
Lallié (Alfred), Avocat, 11, avenue Camus. — Nantes. — **R**
Lalouette, Directeur de *l'Omnium*, 13, rue de Lyon. — Lyon.
Lamare (Alphonse), Étudiant en médecine, 62, rue Monge. — Paris.
Lambert (Ch.), Courtier, rue de Betheny. — Reims.
Lambert (Éd.), Ingénieur. — Au Bousquet d'Orb (Hérault).
Lamé Fleury, Conseiller d'État, Inspecteur général des Mines, 62, rue de Verneuil. — Paris. — **F**
Lamey, Conservateur des Forêts en retraite, 89, avenue de Saint-Cloud. — Versailles.
Lamic (J.), Professeur à l'École de Médecine, 2, rue Sainte-Germaine. — Toulouse.
*Lamothe-Tenet, Censeur du Lycée. — Grenoble.
Lamotte (H.), Médecin. — Hussein-Dey, près Alger.
Lamouroux, Chef de bataillon en retraite, 31, rue Casavan — Le Havre, et à Etainhus, par Saint-Romain (Seine-Inférieure).
*Lamy (Ernest), 12, rue d'Isly. — Paris. — **F**
Lamy (Adhémar), Sous-Inspecteur des forêts, 24, rue des Jacobins. — Clermont-Ferrand.
Lan, Ingénieur en chef des Mines, Directeur des Forges de Châtillon et de Commentry, 234, boulevard Saint-Germain. — Paris. — **F**
Lancial (Henri), Professeur au Lycée. — Rennes. — **R**
Dr Lande, rue Vital-Carles. — Bordeaux.
*Dr Landouzy, Professeur agrégé à la Faculté de Médecine, Médecin des Hôpitaux, 4, rue Chauveau-Lagarde. — Paris.
*Dr Landowski (Paul), 36, rue Blanche. — Paris.
Landreau, Notaire. — Pornic (Loire-Inférieure).
Landrin, Chimiste, 21, rue Simon-le-Franc. — Paris.
Landry (F.), Licencié ès sciences mathématiques, 77, rue Denfert-Rochereau. — Paris.
Landry (G.), Avocat, Docteur en droit, Maire de Beuzeval-Oulgate, 16, place Saint-Sauveur. — Caen.
*Lane, Avocat, 38, rue de la Sourdière. — Paris.
Lang, Directeur de l'École La Martinière, 5, rue des Augustins. — Lyon. — **R**
Lang (Pierre), Négociant. — Altkirch (Alsace).
*Lange (Albert), 236, Faubourg Saint-Honoré. — Paris.
Dr Langlet, 67, rue de Venise. — Reims.
Langlois (Marcellin), Professeur de physique, 43, rue de l'Écu. — Beauvais (Oise).
Lannegrace, Professeur à la Faculté de Médecine, 1, rue Sainte-Croix. — Montpellier.
Lannelongue, Professeur à la Faculté de Médecine, Membre de l'Académie de Médecine, 3, rue François Ier. — Paris.
Dr Lantier (E.). — Corbigny (Nièvre). — **R**
Lantiome (Jules), Avocat. — Reims.
Lanusse (P.-E.), Négociant, 4, rue Gouvion. — Bordeaux.
Laplanche (Maurice C. de). — Château de Laplanche, par Luzy (Nièvre).
Laporte (Maurice), Négociant. — Jarnac (Charente).

LAPPARENT (DE), Ingénieur des Mines, 3, rue de Tilsitt. — Paris. — F

*LARIVE (Adolphe), Associé-Apprêteur, 10, boulevard Gerbert. — Reims.

LAROCHE (Félix), Ingénieur des Ponts et Chaussées, 110, avenue de Wagram. — Paris. — R

LAROCHE (Mme Félix), 110, avenue de Wagram. — Paris. — R

LAROCQUE, Directeur de l'École supérieure des Sciences, rue Voltaire. — Nantes.

Dr LAROYENNE, Chirurgien en chef de la Charité, Chargé de clinique complémentaire à la Faculté de Médecine de Lyon, 16, rue Boissac (Bellecour). — Lyon.

LAROZE (Alfred), Avocat, Député de la Gironde, 17, rue Montméjan. — Bordeaux.

LAROZE (Numa), Négociant, 2, rue de Bouthier (La Bastide). — Bordeaux.

LARRÉ, Avoué, rue Vital-Carles. — Bordeaux.

LARREY (Baron), Membre de l'Institut et de l'Académie de Médecine, 91, rue de Lille. — Paris. — F

Dr LARRIVÉ, 5, Place de Rennes. — Paris.

LARRONDE (E.), Conseiller municipal, 9, rue Vauban. — Bordeaux.

LARTILLEUX (Arthur), 26, place Saint-Timothée. — Reims.

LATASTE, Ancien Maire de Libourne. — Saint-Loubès (Gironde).

LATASTE, Zoologiste, 7, avenue des Gobelins. — Paris. — R

LATHAM (Ed.), Négociant, 41, rue de la Côte. — Le Havre.

LATHAM (Lionel), 9, rue Escarpée. — Le Havre. — R

LA TOUR DU BREUIL (Vicomte A. DE), Ingénieur civil, Château de Mée, par Pellevoisin (Indre).

LAUBEUF (Maxime), Élève-Ingénieur de constructions navales, 47, boulevard de Seine. — Poissy.

LAUMONIER (J.), Licencié ès sciences naturelles, 58, rue Jacob. — Paris.

*Dr LAUNOIS, Ancien Interne des Hôpitaux de Paris, 15, rue de Châteaudun. — Paris.

LAURAS, Pharmacien, 23, rue d'Isly. — Alger.

Dr LAURENS, Maire, Conseiller général de la Drôme. — Nyons (Drôme).

*LAURENT, Négociant, cours de l'Intendance. — Bordeaux.

*LAUSSEDAT (le Colonel), Directeur du Conservatoire des Arts et Métiers, 292, rue Saint-Martin. — Paris. — R

*LAUSSEDAT (Mme), 292, rue Saint-Martin. — Paris.

LAUTH (Ch.), Directeur de la manufacture de Sèvres, 2, rue de Fleurus. — Paris. — F

LAUTH (Émile), Ingénieur E. C. P. Manufacturier. — Masevaux (Alsace).

LAVALLEY (Étienne), Propriétaire, 1, rue du Général-Foy. — Paris.

LAVALLEY, Ingénieur, Manoir Bois-Tillard. — Pont-l'Évêque. — R

LA VALLIÈRE (DE), Directeur de l'assurance « Le Loir-et-Cher. » — Blois.

LA VERNÈDE (Juan DE), Vice-Consul de France. — San-Remo (Italie).

LAVIGNE (Jean). — Miramont (Lot-et-Garonne).

LAVOISIER (Eugène), Manufacturier, Président du Tribunal de Commerce de Rouen. — Saint-Léger-du-Bourg-Saint-Denis, près Rouen.

LAVOLLÉE, Ingénieur des Ponts et Chaussées, 47, rue de Lille. — Paris.

LAWTON (William), Négociant, pavé des Chartrons. — Bordeaux.

LAX, Ingénieur en chef des Ponts et Chaussées, 17, rue Joubert. — Paris.

LEAUTÉ, Ingénieur des manufactures de l'Etat, Répétiteur à l'École polytechnique, 145, boulevard Malesherbes. — Paris.

LEBEAULT (P.), 172, avenue du Trocadéro. — Paris.

LE BLANC (Victor), Négociant, rue de Vertou. — Nantes.

LE BLANC (Félix), Professeur à l'École centrale des Arts et Manufactures, 103, avenue de Villiers. — Paris.

Dr LE BLAYE (J.), 9, cours de Gourgues. — Bordeaux.

LEBLEU, Avocat. — Dunkerque.

Dr LE BLOND (A.), Médecin adjoint de Saint-Lazare, 53, rue Hauteville. — Paris.

LEBLOND, Professeur d'électricité à l'École des défenses sous-marines. — Boyardville (île d'Oleron, Charente-Inférieure).

LEBLOND (Paul), Juge au Tribunal civil, Membre du Conseil municipal, 17, rue Louette. — Rouen.

LEBON (Ernest), Professeur de géométrie descriptive, 4 bis, rue des Écoles — Paris.

LEBON (Maurice), Avocat, Membre du Conseil municipal, 87, rue Jeanne-d'Arc. — Rouen.

LEBOUTEUX (E.), Teinturier en soie, 17, rue Basse-des-Ursins. — Paris.

LEBRET (Paul), 148, boulevard Haussmann. — Paris. — R

Le Breton (G.), Directeur du Musée de céramique de Rouen, 25 *bis*, rue Thiers. — Rouen.
Lecadre (Édouard), 21, place de l'Hôtel-de-ville. — Le Havre.
Lecaplain, Professeur au Lycée et à l'École des Sciences, 146, rue Beauvoisine. — Rouen.
Lechat (Charles), Ex-Maire de Nantes, place Launay. — Nantes. — **R**
Le Chatelier (Henry), Lieutenant au 130e de ligne. — Ouargla par Laghouat (département d'Alger).
Le Chatelier (Henry), Ingénieur des Mines, 7, rue Nicole. — Paris.
Le Cler (Achille), Ingénieur civil, Maire de Bouin (Vendée), 7, rue de la Pépinière. — Paris.
*Dr Lecler (Alfred). — Rouillac (Charente).
*Lecler (Mme). — Rouillac (Charente).
*Lecocq (G.), Directeur d'assurances, 7, rue du Nouveau-Siècle. — Lille.
Lecœur (Édouard), Ingénieur, 3, rue Saint-Jacques. — Rouen.
Lecomte-Bruère. — Mousseaux, près Romorantin (Loir-et-Cher).
Leconte, Ingénieur civil des Mines, 49, rue Laffitte. — Paris. — **F**
Lecoq de Boisbaudran, Correspondant de l'Institut, 36, rue de Prony. — Paris. — **F**
Lecornu, Ingénieur des Mines, Maître de conférences à la Faculté des Sciences. — Caen.
Lecourt (Armand), Ancien Élève de l'École polytechnique, Ingénieur des Poudres et Salpêtres, Raffinerie nationale, 180, rue de Paris. — Lille.
Lecrosnier (Émile), Libraire-Éditeur, 23, place de l'École-de-Médecine. — Paris.
Dr Lécuyer (H.), Membre titulaire de la Société d'Anthropologie de Paris. — Beaurieux (Aisne).
Ledanois, Ancien Référendaire au Sceau, 14, rue de Maubeuge. — Paris.
Dr Le Dien (Paul), 155, boulevard Malesherbes. — Paris. — **R**
Ledoux (Samuel), Négociant, 29, quai de Bourgogne. — Bordeaux. — **R**
Ledoux (Antony), 20, rue Admyrault. — La Rochelle.
Ledreux, Percepteur, 62, rue de Mars. — Reims.
Ledru, Architecte, Président de la Commission départementale. — Clermont-Ferrand.
Ledru, Avocat à la Cour d'appel, 3, rue des Mathurins. — Paris.
Leduc (H.), 28, rue Larochefoucauld. — Paris.
Lee, Chirurgien-Dentiste, 37, rue du Clou-dans-le-Fer. — Reims.
Dr Leenhardt (René). — Montpellier.
Leenhardt (Frantz), Professeur à la Faculté. — Montauban (Tarn-et-Garonne).
Leenhardt (Jules), Négociant, rue Clos-René (maison Vidal). — Montpellier.
Leenhardt (Charles), Négociant, Président de la Chambre de commerce, 27, cours des Casernes. — Montpellier.
Lefebvre (Henry), Ingénieur civil, 8, rue Henry. — Elbeuf.
Lefèvre (Léon), Préparateur de chimie à l'École polytechnique. — Mont-Saint-Aignan lès Rouen et 33, rue Linné. — Paris.
Lefèvre (Léon), Ingénieur des Ponts et Chaussées. — Abbeville (Somme).
Lefèvre, 8, rue Dumont-Durville. — Paris.
Lefort (Jules), Membre de l'Académie de Médecine, 87, rue Neuve-des-Petits-Champs. — Paris.
Lefort (Joseph), Avocat à la Cour d'appel, 54, rue Blanche. — Paris.
Lefort, Notaire, 12, rue de la Grue. — Reims.
Le Fort (Léon), Membre de l'Académie de Médecine, Professeur à la Faculté de Médecine, 96, rue de la Victoire. — Paris. — **F**
Lefranc (P.), Notaire. — Chatel-Censoir (Yonne).
Léger (Léopold), Ingénieur civil, 2, rue Juba. — Alger.
Léger (Alfred), Ingénieur, 9, rue Boissac. — Lyon.
Legris (Georges), Ingénieur-Mécanicien. — Maromme (Seine-Inférieure).
Le Lasseur, 120, rue de Paris. — Nantes.
Lelegard (A.), 21, rue de Suresnes. — Paris.
Lelièvre (Ernest), 14, rue Monge. — Paris.
Dr Leloir (Henri), Professeur à la Faculté de Médecine. — Lille.
Lelong (l'Abbé), 44, rue David. — Reims.
Dr Lelorain, 16, rue Monge. — Paris.
Le Marchand (Abel) Constructeur de navires, 29, rue du Perrey. — Le Havre.
Le Marchand (Augustin), Ingénieur. — Les Chartreux, Petit-Quevilly (Seine-Inférieure). — **F**

Lemercier (Comte Anatole), Ancien Maire de Saintes, 18, rue de l'Université. — Paris.
Lemerre (A.), Éditeur, 27-31, passage Choiseul. — Paris.
Le Mesle (G.), Géologue, 19, place du Château. — Blois.
Lemeunier (J.-H.), Avocat à la Cour d'appel, 79, boulevard Beaumarchais. — Paris.
Lemierre (Ferd.), Négociant en vins, 74 et 74 *bis*, rue Mondenard. — Bordeaux.
*Lemoine (Émile), Ingénieur civil, ancien Élève de l'École polytechnique, 5, rue Littré. — Paris.
*Lemoine (Mme), 5, rue Littré. — Paris.
Lemoine (G.), Ingénieur en chef des Ponts et Chaussées, 76, rue d'Assas. — Paris.
*Lemoine, Professeur à l'École de Médecine, 49, boulevard des Promenades. — Reims.
*Lemoine (Mme), 49, boulevard des Promenades. — Reims.
Le Monnier, Professeur de botanique à la Faculté des Sciences, 5, rue de la Pépinière. — Nancy. — **R**
Lemut, Ingénieur civil, 12 *bis*, rue Mondésir. — Nantes.
Lenglet (Paul), Banquier, 18, place de la Carrière. — Nancy.
Lennier (G.), Directeur du Musée d'histoire naturelle, 2, rue Bernardin-de-Saint-Pierre. — Le Havre.
Lenoir (Léon), Architecte, 11, rue Contrescarpe. — Nantes.
Leo, Propriétaire. — Chéragas, près Alger.
Dr Léon, (A.), 5, rue Dufour-Dubergier. — Bordeaux.
Léon (Adrien), Député de la Gironde, 5, rue Foy. — Bordeaux.
Léon (Alexandre), Administrateur de la Compagnie du Midi, Armateur, 11, cours du Chapeau-Rouge. — Bordeaux.
Léonard-Jennepin (J.), Négociant en marbres. — Cousolre (Nord).
Lepez (André), 131, rue Beauharnais. — Lille.
*Lepine, Professeur à la Faculté de Médecine de Lyon. — Lyon. — **R**
*Lépine (Jean-Camille), 42, rue Vaubecour. — Lyon. — **R.**
Lequeux (J.), Architecte, 44, rue du Cherche-Midi. — Paris.
Leras, Ancien Inspecteur d'Académie, 17, rue Bois-le-Vent. — Paris. (Passy).
Dr Leroux (Armand). — Ligny-le-Châtel (Yonne).
Dr Leroux. — Corbeny (Aisne).
Le Roux (Henri), Chef de division à la Préfecture de la Seine, 14, rue Cambacérès. — Paris.
Leroy, Propriétaire. — Villers-Franqueux (Marne).
Dr Lesage (Max.). — Beauvais (Oise).
Dr Lescardé, 11, rue du Blanc-Pignon. — Arras.
Lescarret, Président de la Société philomathique, rue Montméjan. — Bordeaux.
Leseigneur-Dalipharé (Mme Marie), 5, rue Bellevue. — Rouen.
*Dr Lesguillons (Jules). — Compiègne.
Lesmaris, Notaire, 23, rue Pascal. — Clermont-Ferrand.
Dr Lesouef (Jules), Membre du Conseil général de la Seine-Inférieure. — Criquetot-sur-Ouville.
Lespès (Joachim), Contre-Amiral, 49, rue Prony. — Paris.
*Lespiault, Professeur à la Faculté des Sciences, rue Michel-Montaigne. — Bordeaux. — **R**
Lespiault (Maurice), Conservateur du Musée. — Nérac.
Lespinas (V.), Ingénieur, 35, rue Fontenelle. — Rouen.
Lesseps (Ferdinand de), Membre de l'Institut et de l'Académie française, Président-Fondateur de la Compagnie universelle du canal maritime de l'Isthme de Suez, 29, avenue Montaigne. — Paris. — **F**
Lessert (Alex. de), 15, rue de Bordeaux. — Le Havre.
Lestrange (Vicomte de). — Saint-Julien, par Saint-Genis de Saintonge (Charente-Inférieure).
Lesure (Maurice), Élève à Sainte-Barbe. — Attigny (Ardennes).
Letellier (A.), Avocat défenseur, Conseiller général, 26, rue Duquesne. — Alger.
Letellier, 123, rue de Paris. — Saint-Denis (Seine).
Leteurtre (V.), Fabricant de rouennerie, Membre du Conseil municipal de Rouen, 52, rue du Renard. — Rouen.
Le Thuillier-Pinel (Mme), Propriétaire, 26, rue Méridienne. — Rouen. — **R.**
Dr Letourneau, 70, boulevard Saint-Michel. — Paris.
Letourneur, Conseiller à la Cour d'appel. — Alexandrie (Égypte).
Letrange (Édouard), Ancien Maire. — Charleville (Ardennes).
*Leudet, Directeur de l'École de Médecine de Rouen, Membre associé national de l'Académie de Médecine, 49, boulevard Cauchoise. — Rouen. — **F**

*LEUDET (Mme), 49, boulevard Cauchoise. — Rouen.
*LEUDET (Robert), Interne des Hôpitaux, 7, rue Coetlogon. — Paris. — **R**.
Dr LEUDUGER-FORTMOREL. — Saint-Brieuc.
*LEVADOUX, Notaire. — Saint-Germain-Lembron (Puy-de-Dôme).
*LEVADOUX, fils. — Saint-Germain-Lembron (Puy-de-Dôme).
LEVAINVILLE et RAMBAUD, Négociants, 16, rue du Parc-Royal. — Paris.
LE VALLOIS (Jules), Chef de bataillon au 1er régiment du Génie. — Versailles. — **R**
*LEVASSEUR, Membre de l'Institut, Professeur au Collège de France, 26, rue Monsieur-le-Prince. — Paris. — **R**
*LEVASSEUR (Mme), 26, rue Monsieur-le-Prince. — Paris.
*LEVASSEUR (Mlle), 26, rue Monsieur-le-Prince. — Paris.
*LEVASSEUR, fils, 26, rue Monsieur-le-Prince. — Paris.
LEVASSEUR, Avocat, 49, rue Saint-Georges. — Paris.
LE VASSEUR, Éditeur, 33, rue de Fleurus. — Paris.
LEVAT (David), Ingénieur civil, ancien Élève de l'École polytechnique, 30, rue Racine. — Paris. — **R**
LEVEAU (Gustave), Astronome-titulaire, à l'Observatoire de Paris, 166, boulevard Montparnasse. — Paris.
Dr LÉVÊQUE, 27, rue de Nesle. — Reims.
LEVI-ALVARÈS (Albert), Ingénieur civil, 6, avenue de Messine. — Paris.
LÉVY-CRÉMIEUX, Banquier, 34, rue de Châteaudun. — Paris. — **F**
LEWTHWAITE (William), Directeur de la maison Isaac Holden, 27, rue des Moissons. — Reims. — **R**
LHOSE, Propriétaire, 34, rue des Martyrs. — Paris.
L'HOTE, Chimiste, 223, faubourg Saint-Honoré. — Paris.
Dr LIAUTAUD, 27, cours du Chapitre. — Marseille.
LICHTENSTEIN (Henri), Négociant, cours des Casernes (Maison Andrieux). — Montpellier.
LICHTENSTEIN (Jules), Rentier. — Villa la Lironde, près Montpellier.
*LIECTHY (Armand), Agent général de la Compagnie d'assurances l'Union. — Clamecy (Nièvre).
*LIÉGEOIS (Jules), Professeur de droit administratif à la Faculté de Droit de Nancy. — Nancy.
Dr LIEUTAUD, Professeur d'histoire naturelle à l'École de Médecine, Directeur du Jardin des Plantes, 25, boulevard des Lices. — Angers.
LIGUINE (V.), Professeur à l'Université. — Odessa (Russie).
LILIENTHAL, Membre de la Chambre de commerce, 13, quai de l'Est. — Lyon.
*LILLAZ (J.-F.), Entrepreneur de travaux publics. — Suresnes (Seine).
LIMASSET, Ingénieur des Ponts et Chaussées. — Châlons-sur-Marne.
Dr LIMBO (S.-G.), 110, boulevard Malesherbes. — Paris.
*LIMOUSIN (S.), Pharmacien, 2 *bis*, rue Blanche. — Paris.
*LIMOUSIN (Mme), 2 *bis*, rue Blanche. — Paris.
*LIMOUSIN (Mlle), 2 *bis*, rue Blanche. — Paris.
LIONNET, Ingénieur en chef des Ponts et Chaussées en retraite, 122, avenue de Wagram. — Paris.
LIOUVILLE, Député de la Meuse, Agrégé de la Faculté de Médecine de Paris, 3, quai Malaquais. — Paris.
LISBONNE, Ingénieur de la Marine, Directeur des constructions navales, 59, rue de La Boétie. — Paris. — **R**
LISBONNE (Eugène), Avocat. — Montpellier.
LISBONNE (Georges), 5, plan du Palais. — Montpellier.
LISBONNE (Gaston), Avocat, 5, plan du Palais. — Montpellier.
LIVACHE, Ingénieur civil, 24, rue de Grenelle-Saint-Germain. — Paris.
Dr LIVON (Ch.), Professeur suppléant à l'École de Médecine, 14, rue Peirier. — Marseille.
LLAURADO (Mlle, Marie-Andrée), 46, Calle de la Montera. — Madrid (Espagne).
Dr LLOVERAS (Roberto), 386, Piedad. — Buenos-Ayres (République Argentine).
LOBINHES, Négociant, 11, Cours du Midi. — Lyon.
LOCARD, (Arnould), Ingénieur civil, 38, quai de la Charité. — Lyon.
*LOCHE (Maurice), Ingénieur en chef des Ponts et Chaussées, 24, rue d'Offemont — Paris. — **F**
Dr LŒWENBERG (DE), Médecin auriste, 15, rue Auber. — Paris.
LŒVY (Maurice), Membre de l'Institut, Sous-Directeur de l'Observatoire, 119 *bis*, rue Notre-Dame-des-Champs. — Paris.

*Loir, Doyen de la Faculté des Sciences, 5, quai des Brotteaux. — Lyon.
*Loiset (Auguste), Propriétaire, 64, rue Brûle-Maison. — Lille.
*Loisnel, Ancien Maire de Neufchâtel. — Neufchâtel (Seine-Inférieure).
Lombard-Gerin, Ingénieur, 5, rue des Cordeliers. — Lyon.
Lompech (Denis), Propriétaire. — Miramont (Lot-et-Garonne).
*Longchamps (G. de), Professeur de mathématiques spéciales au Lycée Charlemagne, 15, rue de l'Estrapade. — Paris. — **R**
Loncke, Directeur particulier de la Compagnie d'Assurances générales, 13, boulevard de la Liberté. — Lille.
*Londie (Jules), 16, rue de Metz. — Toulouse.
Longhaye (Aug.), Négociant, 22, rue de Tournay. — Lille. — **R**
Longjumeau (Comte de Norreys de), villa Francinelli. — (Carabacel) Nice.
Lordereau, Ingénieur des Ponts et Chaussées. — Montargis.
*Lorenti, Secrétaire général de la Société d'Agriculture, 22, cours Morand. — Lyon.
Lorin, Préparateur de chimie industrielle et de physique générale, Chef de manipulation de physique à l'École centrale des Arts et Manufactures, 5, place des Vosges. — Paris.
*Lorinet (Mme A.), rue Croix-de-Bussy. — Épernay.
*Loriol (P. de), Géologue. — Chalet-des-Bois, par Crassier (canton de Vaud) (Suisse).
*Loriol (de), Ingénieur civil, ancien Élève de l'École des Mines, 46, rue Centrale. — Lyon. — **R**
Dr Lortet, Doyen de la Faculté de Médecine de Lyon, Directeur du Muséum d'histoire naturelle, 1, quai de la Guillotière. — Lyon. — **F**
*Lory (Charles), Doyen de la Faculté des Sciences. — Grenoble.
Lostau (Ludovic de), Ancien Officier instructeur à Saint-Cyr. — Escot, près Lesparre (Gironde).
Loste, Notaire, 50, rue Ferrère. — Bordeaux.
Lottin, Juge de paix. — Selles-sur-Cher (Loir-et-Cher).
Lottin (Mme). — Selles-sur-Cher.
Louer (Jacques), Brasseur, 20, rue d'Étretat. — Le Havre.
*Lougnon (Cyr), Avocat, 48, rue Gay-Lussac. — Paris.
Lougnon (Victor), Ingénieur aux forges de Saint-Jacques. — Montluçon (Allier).
Loussert (Ernest), Avocat. — Aurillac (Cantal).
Dr Love (James) 28, boulevard des Italiens. — Paris.
Loyer (Henri), Filateur, 394, rue Notre-Dame. — Lille. — **R**
Loyer (Mme Pauline), née Houzé de l'Aulnoit, 287, rue Nationale. — Lille.
Loyson, Président honoraire en Cour d'appel, 42, rue Vaubecour. — Lyon.
Lucante (Angel), Secrétaire général de la Société française de botanique. — Courrensan, par Gondrin (Gers).
*Lucas (Édouard), Professeur au Lycée Saint-Louis, 1, rue Boutarel. — Paris.
Lucas (Charles), Architecte de la Ville de Paris, 8, boulevard Denain. — Paris.
Lucas-Championnière, Chirurgien des Hôpitaux, 50, rue du Faubourg-Poissonnière. — Paris.
Lucet (Émile), Pharmacien, 52, rue de la Grosse-Horloge. — Rouen.
Dr Lugeol, 8, rue Dufau. — Bordeaux.
Lugol, Avocat, 11, rue de Téhéran (parc Monceau). — Paris. — **F**
Lugol (Mlle B.), 11, rue de Téhéran. — Paris.
*Luneau, Ingénieur des Ponts et Chaussées, 41, rue Saint-Pétersbourg. — Paris.
Lunier (Mme), 6, rue de l'Université. — Paris.
Lusseau (Daniel), Notaire. — Saint-Fort-sur-Gironde (Charente-Inférieure).
Lusson, Professeur de physique au Lycée, rue Alcide-d'Orbigny. — La Rochelle.
Dr Lutaud, 25, boulevard Haussmann. — Paris.
Dr Luton (Alfred), 4, rue du Levant. — Reims.
Lutscher, Banquier, 22, place Malesherbes. — Paris. — **F**
Lutz (Emile), Administrateur général de la Société cotonnière, 88, rue Cauchoise. — Rouen.
Luuyt, Inspecteur général des Mines, Directeur de l'École des Mines, 60, boulevard Saint-Michel. — Paris.
Luys (Jules), Membre de l'Académie de Médecine, Médecin de la Salpêtrière, 20, rue de Grenelle. — Paris.
Luzzani (Étienne), Négociant, 18, rue de Vesle. — Reims.
Lykiardopulos (Jean-P.), Professeur de physique et de chimie à l'École de commerce, Strada Doumitiif. — Bucarest.
Lyon (Max), Ingénieur civil, 15, rue Louis-le-Grand. — Paris.

Mac Carty (O.), Conservateur-administrateur du Musée-bibliothèque. — Alger. — **R**
*Macquart-Leroux (H.), 145, rue des Capucins. — Reims.
Macquin, Agriculteur, Conseiller d'arrondissement. — Villeceaux, près Bray-sur-Seine (Seine-et-Marne).
Madelaine, Inspecteur du service de la voie aux chemins de fer de l'État. — La Roche-sur-Yon.
Maes, Directeur de la cristallerie de Clichy, 9, cour des Petites-Écuries. — Paris.
*Dr Magaud (Jules), 9, rue du Garet. — Lyon.
Mager (Henri), Publiciste, 11, rue d'Aboukir. — Paris.
*Dr Magitot, 8, rue des Saints-Pères. — Paris. — **F**
Dr Magnan, Médecin de l'asile Sainte-Anne, 1, rue Cabanis. — Paris.
Magnien (L.), Professeur d'agriculture de la Côte-d'Or. — Dijon.
*Dr Magnin (Ant.), Chargé d'un cours de botanique à la Faculté des Sciences. — Besançon.
Mahieu (Aug.), Filateur. — Armentières (Nord).
Mahoudeau, Médecin, 12, rue du Texel. — Paris.
Mahue (Louis). — Anizy-le-Château (Aisne).
*Maignien (Edmond), Conservateur de la bibliothèque publique, 2, rue Fer-à-Cheval. — Grenoble.
Mailho, Pharmacien, 9, cours des Fossés. — Bordeaux.
Maillet, Ancien Élève de l'École Polytechnique, Teintures et Apprêts, 262, rue de Vesle. — Reims.
Maillet du Boulay, Directeur du Musée départemental d'antiquités, enclave Sainte-Marie. — Rouen.
Maillet-Valser, Adjoint au Maire, Propriétaire, 23, rue Boulard. — Reims.
Dr Maillot (F.-C.), Ancien Président du Conseil de santé des armées, 21, rue du Vieux-Colombier. — Paris.
Maireau, Ancien Notaire, 23, rue de la Peirière. — Reims.
Mairet, Constructeur-Mécanicien, quai Jayr. — Lyon.
Maistre (Jules). — Villeneuvette, près Clermont-l'Hérault.
Malézieux (André), rue des Canonniers. — Saint-Quentin (Aisne).
*Malfilatre, Interne des Hôpitaux à l'asile. — Ville-Évrard (Seine-et-Oise).
Malivoire (Paul), 24, rue Commaille (103, rue du Bac). — Paris.
Mallarmé, Avocat, 48, rue de la Lyre. — Alger.
Mallet (F.), Négociant, 25, rue de l'Orangerie. — Le Havre.
Malloizel (Raphaël), Ancien Élève de l'École polytechnique, Professeur de mathématiques, 11, rue de l'Estrapade. — Paris.
Dr Malot. — Novion-Porcien (Ardennes).
Manchon (Ernest), Manufacturier, Secrétaire et Membre de la Chambre de commerce de Rouen, 27, rue du Pré-de-la-Bataille. — Rouen.
Manès, Ingénieur civil, Directeur de l'École supérieure de commerce et d'industrie, 20, rue Judaïque. — Bordeaux.
Manès (Mme), 20, rue Judaïque. — Bordeaux.
Mangini, Ancien Sénateur du Rhône, rue des Archers. — Lyon. — **F**
Manier, Professeur. — Oxford (Angleterre).
Mannberger, Banquier, 59, rue de Provence. — Paris. — **F**
Mannheim, Lieutenant-colonel d'artillerie, Professeur à l'École polytechnique, 11, rue de la Pompe. — (Passy) Paris. — **F**
*Dr Manouvrier (L.), Préparateur au Laboratoire d'anthropologie de l'École des Hautes Études, Professeur suppléant à l'École d'anthropologie, 15, rue de l'École-de-Médecine. — Paris.
Mansy (Eugène), Négociant, 24, rue Barallerie. — Montpellier. — **F**
Maquenne, Docteur ès sciences, 38, rue Truffaut. — Paris.
Marais (Charles), Sous-Préfet. — Châteaubriant (Loire-Inférieure).
Marcadé (Georges), Manufacturier, rue du Débarcadère. — Deville-lès-Rouen (Seine-Inférieure).
Marchal, Conseiller général, Rédacteur en chef du *Petit Colon*, 15, rue Duquesne. — Alger.
Marchand (Eugène), Correspondant de l'Académie de Médecine. — Fécamp (Seine-Inférieure).
Marchand, Professeur agrégé à la Faculté de Médecine, Chirurgien des Hôpitaux, 85 *bis*, rue Lafayette. — Paris.
Marchand, Imprimeur. — Blois.
Marché (E.), Ingénieur civil, 53, rue Blanche. — Paris.
*Marchegay, Ingénieur civil des Mines, 11, quai des Célestins. — Lyon. — **R**

MARCHEGAY (Mme), 11, quai des Célestins. — Lyon. — **R**
MARCHEGAY, Ingénieur du Génie maritime, 103, rue Saint-Lazare. — Paris.
Dr MARCORELLES (J.), 71, rue de Rome. — Marseille.
Dr MARDUEL, 10, rue Saint-Dominique. — Lyon.
MARÉ (Alexandre), Fabricant de ferronnerie. — Bogny-sur-Meuse (Ardennes).
MARÉCHAL, 25, rue du Manège. — Bordeaux.
MARÉCHAL, Sous-Préfet de Jonzac. — Jonzac.
MARÈS (Henri), Correspondant de l'Institut. — Montpellier. — **F**
Dr MARÈS (Paul), 91, boulevard Saint-Michel. — Paris. — **R**
MARÈS (Roger), 91, boulevard Saint-Michel. — Paris.
Dr MAREY, Membre de l'Institut, Professeur au Collège de France, 11, boulevard Delessert. — Paris (Passy).
MARGOTIN (Alexandre), Apprêteur, 14, rue des Trois-Résinets. — Reims.
MARGRY (Gustave), Pharmacien. — Château-Thierry (Aisne). — **R**
MARGUERITTE (Émile), 3, rue Nicolas-Flamel. — Paris.
MARGUET (Paul), 29, boulevard des Promenades. — Reims.
MARIAGE (J.), Fabricant de sucre. — Thiant, par Denain (Nord).
MARIAGE (Charles), Clerc de notaire, 22, rue des Boulangers. — Paris.
MARIAGE (Louis), Étudiant en médecine, 22, rue des Boulangers. — Paris.
MARICAL, Pharmacien, 112, rue de Paris. — Le Havre.
MARIE, Avocat, 1, rue du Calvaire. — Nantes.
MARIÉ-DAVY, Astronome, Directeur de l'Observatoire de Montsouris. — Paris.
MARIGNAC (Charles), Professeur. — Genève (Suisse). — **R**
Dr MARIGNAN (E.). — Massillargues (Hérault).
MARIGNIER, Ingénieur civil. — Joze, par Maringues (Puy-de-Dôme).
*Dr MARITOUX (Eugène). — Uriage-les-Bains (Isère).
MARJOLIN, Membre de l'Académie de Médecine, Chirurgien des Hôpitaux, 16, rue Chaptal. — Paris. — **R**
MARLIER (Dominique), Marchand de bois, 79, rue du Jard. — Reims.
Dr MARMOTTAN, Ancien Député de la Seine, 31, rue Desbordes-Valmore. — Paris.
MARNAS (J.-A.), 11, quai des Brotteaux. — Lyon.
MARQUET (Léon), Fabricant de produits chimiques, 15, rue Vieille-du-Temple. — Paris.
MARSILLY (le Général DE), rue Chante-Pinot. — Auxerre (Yonne).
MARTEAU (Victor), Manufacturier, 13, rue Noël. — Reims.
MARTEAU (Charles), Manufacturier, 13, avenue de Laon. — Reims.
MARTEAU (Albert), Négociant, 9, rue Piper. — Reims.
Dr MARTEL (Joannis), Chef de clinique à la Faculté de Médecine, 97, rue Saint-Lazare. — Paris.
MARTEL (Alcide), Négociant. — Mèze (Hérault).
MARTEL, Professeur à l'École de Droit, villa Maurice, au village d'Isly. — Alger-Mustapha.
MARTIN (Albert), 7, rue du Puits-Gaillot. — Lyon.
MARTIN (André), Secrétaire général adjoint de la Société de Médecine publique et d'Hygiène professionnelle, 1, rue Perdonnet. — Paris.
MARTIN (William), 13, avenue Hoche. — Paris. — **R**
Dr MARTIN (DE), Secrétaire général de la Société médicale d'émulation de Montpellier, Membre correspondant pour l'Aude de la Société nationale d'agriculture de France, 22, boulevard du Jeu-de-Paume. — Montpellier. — **R**
MARTIN (Gabriel), Ancien Sous-Préfet, 5, avenue de la République. — Guéret.
MARTIN, Avoué. — Nérac (Lot-et-Garonne).
*MARTIN (F.), Membre de la Commission départementale des antiquités et des arts de Seine-et-Oise. — Villeneuve-Saint-Georges (Seine-et-Oise).
MARTIN-RAGOT (J.), Manufacturier, 9, rue du Cloître. — Reims. — **R**.
MARTINET (Ludovic). — Banyuls-sur-Mer (Pyrénées-Orientales).
MARTINET (Émile), Ancien Imprimeur, 4, rue de Vigny (Parc Monceau). — Paris. — **F**
Dr MARTINEZ, 1, rue de la Marine. — Alger.
MARTRE (Étienne), Inspecteur des Contributions directes, 9, quai Maubec. — La Rochelle.
MARVEILLE (DE). — Château de Calviac-Lasalle (Gard). — **F**
MARX (Armand), Négociant, 18, rue du Calvaire. — Nantes.
MARX (Raoul), Négociant, 18, rue du Calvaire. — Nantes.
MARZAC (Ferdinand), aîné, Négociant, 2, rue Porte-des-Portanets. — Bordeaux.

MAS (Alphonse), Avoué. — Béziers (Hérault).
*MASCART, Membre de l'Institut, Professeur au Collège de France, 60, rue de Grenelle. — Paris.
MASQUELIER (Em.), Négociant, 7, quai d'Orléans. — Le Havre.
Dr MASSART. — Honfleur.
MASSART, fils. — Honfleur.
MASSAT (Camille), Pharmacien. — Sainte-Foy-la-Grande (Gironde).
MASSE (E.), Professeur à la Faculté de Médecine. — Bordeaux.
MASSE (Alexandre), Rentier. — Gadou, commune de Vieil-Baugé (Maine-et-Loire).
MASSÉNAT (Élie). — Brive (Corrèze).
MASSIOU (Ernest), Architecte, Officier d'Académie, 12, rue du Palais. — La Rochelle.
MASSOL (Gustave), Professeur agrégé à l'École supérieure de Pharmacie, 45, rue Triperie-Vieille. — Montpellier.
*MASSON (Georges), Libraire de l'Académie de Médecine, 120, boulevard Saint-Germain. — Paris. — F
MASSON (Émile), 82, rue Taitbout. — Paris.
Dr MASUREL, 18, rue de la Barre. — Lille.
MASURIER (J.), Négociant, 16, rue d'Aumale. — Paris. — R
MATHÉ, Propriétaire. — Les Bugandières, près Muron (Charente-Inférieure).
MATHERON (Philippe), Ingénieur civil, 86, rue Notre-Dame. — Marseille.
MATHIAS, Ingénieur principal de la traction au chemin de fer du Nord, 84, rue de Maubeuge. — Paris.
MATHIEU (Henry), Ingénieur en chef des chemins de fer du Midi, 26, rue Las-Cases. — Paris.
MATHIEU, Professeur de mathématiques spéciales au Lycée. — Reims.
MATHIEU (Émile), Propriétaire. — Bize (Aude).
MATTAUCH (J.), Chimiste, Établissements H. Stackler. — Saint-Aubin-Épinay (Seine-Inférieure).
MAUFRAS (E.), Ancien Notaire. — Villegouge, par Castelnau de Médoc (Gironde).
MAUFROY (Jean-Baptiste), Directeur de manufacture, 20, rue des Moulins. — Reims. — R.
MAUGUIN, Libraire, Conseiller général. — Blidah (province d'Alger).
*MAUNOIR, Secrétaire général de la Société de géographie, 14, rue Jacob. — Paris.
Dr MAUNOURY (Gabriel). — Chartres. — R
MAUREL (Marc), Négociant. — Bordeaux. — R
MAUREL (Émile), Négociant, 7, rue d'Orléans. — Bordeaux. — R
Dr MAUREL, Médecin de 1re classe de la Marine, 51, rue Bonhomme. — Cherbourg.
*MAURY (Paul), Préparateur de botanique à l'École pratique des Hautes Études, 53, rue Censier. — Paris.
MAUSSELIN (Charles), Banquier, 76, rue de Monceau — Paris.
*Dr MAUXION, 34, rue Saint-Jacques. — Paris.
MAXWELL-LYTE (Farnham), F. C., S.; F. J. C., Science club, 4, Savile Row. — Londres. S. W. — R
MAYER (Ernest), Ingénieur en chef, Conseil aux chemins de fer de l'Ouest, Membre du comité technique des chemins de fer, 9, rue Moncey. — Paris.
MAYET, Professeur à la Faculté de Médecine, Médecin des Hôpitaux, 64, rue de la République. — Lyon.
*MAZE (l'Abbé). — Harfleur. — R
MEESTER (Charles DE), Avocat, Rédacteur au *XIXe Siècle*, 8, cité Gaillard. — Paris.
Dr MEIGE. — 2, rue de l'Université. — Paris.
MEIGNÉ, Ingénieur des Arts et Manufactures, Directeur propriétaire de l'usine à gaz. — Saintes (Charente-Inférieure).
MEISSAS, 10 *bis*, rue du Pré-aux-Clercs. — Paris.
MEISSONIER, Fabricant de produits chimiques, 5, rue Béranger. — Paris. — R
MEKARSKI, Ingénieur civil, Directeur des Tramways de Nantes. — Doulon, près Nantes.
MELLER père, Négociant, 43, pavé des Chartrons. — Bordeaux.
MELLERIO, Élève de l'École des Hautes Études, 18, rue des Capucines. — Paris.
*MENGIN-LECREULX (le Colonel), Directeur du Génie, 35, rue Servan. — Grenoble.
MER (Émile), Inspecteur adjoint des Forêts, 1, avenue Duquesne. — Paris.
*Dr MÉRAN, 54, rue Judaïque. — Bordeaux.
MERCADIER, Directeur des études à l'École polytechnique, rue Descartes. — Paris.
*MERCERON (Vicat-Maurice), Ingénieur des Ponts et Chaussées, 5, rue de la Liberté. — Grenoble.

Dr MERCIER (Anatole). — Fontenay-le-Comte (Vendée).
MERCIER (Gustave), Pharmacien, Conseiller général, 13, rue Bab-el-Oued. — Alger.
MERGET, Professeur à la Faculté de Médecine. — Bordeaux. — **R**
MERLHE, Pharmacien. — Portbail (Manche).
MERLIN, 16, rue du Luxembourg. — Paris. — **R**
MERVILLE (Jules), 1, rue de la Paix. — Le Havre.
MERVILLE (Mme Jules), 1, rue de la Paix. — Le Havre.
MESNAGER, Professeur au Lycée Charlemagne, 6, boulevard Henri IV. — Paris.
Dr MESNARDS (P. DES), rue Saint-Vivien. — Saintes (Charente-Inférieure). — **R**
MESSIMY, Notaire, 13, rue de Lyon. — Lyon.
MESTREZAT, Négociant, Consul suisse, rue du Parlement. — Bordeaux.
METZGER, Ingénieur des Ponts et Chaussées, aux chemins de fer de l'État, 13, boulevard Saint-Germain. — Paris.
Dr MEUNIER (Valéry), Médecin-Inspecteur des Eaux-Bonnes. — Pau.
MEUNIER (Ludovic), Négociant, rue Saint-Symphorien. — Reims.
MEURDRA (H.), Directeur de la Compagnie des Eaux du Havre, 91, rue de Montivilliers. — Le Havre.
MEURE, Pharmacien, 117, rue Notre-Dame. — Bordeaux.
MEUREIN, Pharmacien, 30, rue de Gand. — Lille.
Dr MEUSNIER (Paul), 14, Place Saint-Louis. — Blois.
Dr MEYER (Édouard), 73, boulevard Haussmann. — Paris.
MEYER (Lucien), Chimiste, 33, rue Grange-aux-Belles. — Paris.
*MEYRAN (Octave), 39, rue de l'Hôtel-de-ville. — Lyon.
Dr MICÉ, Professeur à l'École de Médecine. — Bordeaux. — **R**
MICHAUD fils, Notaire. — Tonnay-Charente (Charente-Inférieure). — **R**
MICHAUD, Architecte de la Ville. — Rochefort.
Dr MICHEL (Édouard), Secrétaire général de la Société médico-pratique de Paris, 11, rue Rougemont. — Paris.
MICHEL (Alphonse), Ingénieur civil, rue des Jacobins. — Beauvais (Oise).
MICHELI (Marc). — Château du Crest, près Genève (Suisse).
MICHENOT (Théophile), Commis de banque, rue Saint-Léonard. — La Rochelle.
MIEG (Mathieu), 8 *bis*, rue des Bonnes-Gens. — Mulhouse (Alsace).
MIELLE (Adolphe), 4, place Saint-Jean. — Lyon.
MIEUSEMENT, Photographe, 13, rue de Passy. — Paris.
Dr MIGNEN. — Montaigu (Vendée).
Dr MIGNOT, Lauréat de l'Institut. — Chantelle (Allier).
Dr MILLARD, Médecin des hôpitaux, 4, rue Rembrandt. — Paris.
MILLARDET, Professeur à la Faculté des Sciences, 152, rue Bertrand-de-Goth. — Bordeaux.
Dr MILLET, Ancien Interne des hôpitaux de Paris. — Crépy-en-Valois.
MILLET (Paul), Maître répétiteur au Lycée Saint-Louis, 44, boulevard Saint-Michel. — Paris.
*MILLIAT (A.), Professeur de rhétorique au petit séminaire du Rondeau. — Grenoble.
Dr MILLIOT (Benjamin), Médecin de colonisation. — Bone (Algérie).
MILLOU D'AINVAL, Ingénieur civil, Chef de section aux chemins de fer d'Orléans. — Orléans.
MILNE-EDWARDS (Alphonse), Membre de l'Institut, Professeur de zoologie au Muséum et à l'École de Pharmacie, rue Cuvier, au Muséum. — Paris. — **R**
*MIRA (R.) aîné, Propriétaire. — Saint-Savin (Vienne).
MIRABAUD (Paul), 29, rue Taitbout. — Paris. — **R**
MIRABAUD, Banquier, 29, rue Taitbout. — Paris. — **F**
MIRAY (Paul), Teinturier, Manufacturier, 32, rue Préfontaine. — Rouen.
*Dr MIRPIED, 59, rue Saint-Sulpice. — Bourges.
MOCQUERIS (Edmond), 58, boulevard d'Argenson. — Neuilly (Seine). — **R**
MOCQUERIS (Paul), 58, boulevard d'Argenson. — Neuilly (Seine). — **R**
MODELSKI (Edmond), Ingénieur des Ponts et Chaussées. — La Rochelle.
MOINET (Édouard), Directeur des Hospices civils de Rouen, rue de Germont. — Rouen.
MOITESSIER, Professeur à la Faculté de Médecine. — Montpellier.
MOLLINS (S. DE), Ingénieur civil. — Croix (Nord).
MOLLINS (Jean DE), Docteur ès sciences de Zurich, maison Holden. — Croix, près Roubaix (Nord).
*MOLTENI (A.). Fabricant de machines et d'instruments de précision, 44, rue du Château-d'Eau. — Paris.

*MOMUS (Mme), 176, rue Fondaudège. — Bordeaux.
MONCHEAUX (E. DE), Pharmacien de 1re classe, 27, rue de Ponthieu. — Paris.
MONCHY (DE), Propriétaire, 52, rue des Remparts. — Bordeaux.
Dr MONDOT, 9, boulevard Malakoff. — Oran (Algérie).
MONGELLAS (E.), Président du Conseil général. — Alger.
Dr MONIER (Louis), Médecin en chef des hôpitaux. — Avignon.
MONGIN, Directeur du Dépôt de mendicité. — Beni-Messous, près Chéragas, par Alger.
MONNET (G.), Pharmacien, place du Gouvernement, galerie Sarlande. — Alger.
*MONNET (Prosper), Chimiste, Directeur de l'usine de la Plaine (Dardagny). — Genève (Suisse).
MONNIER (E.), Ingénieur de la Compagnie des Porteurs de la Marne, ancien Mécanicien principal de la Marine, 12, rue Sévigné. — Paris.
MONOD (Charles), Professeur agrégé à la Faculté de Médecine de Paris, 12, rue Cambacérès. — Paris. — F
Dr MONOD (Louis), 5, rue des Écuries-d'Artois. — Paris.
Dr MONOD, 20, rue Hustin. — Bordeaux.
MONOYER (F.), Professeur à la Faculté de Médecine, 1, cours de la Liberté. — Lyon.
MONOYER (Mme F.), 1, cours de la Liberté. — Lyon.
MONSEU, Ingénieur, Directeur gérant de la Société anonyme de glaces et verreries du Hainaut. — Roux (Belgique).
*Dr MONTAZ (Léon), 2, rue des Alpes. — Grenoble.
MONTEL (Jules), Négociant, ancien Juge au Tribunal de Commerce, 3, boulevard de la Comédie. — Montpellier.
Dr MONTFORT, Professeur à l'École de Médecine, 19, rue Voltaire. — Nantes. — R
MONTLAUR (Vicomte Amaury DE). — Au château de Poudres, par Sommières (Gard).
MONT-LOUIS, Imprimeur, 2, rue Barbançon. — Clermont-Ferrand. — R
MONY (C.). — Commentry (Allier). — F
MORAND (Gabriel) — Issoire (Puy-de-Dôme).
MORANDIÈRE, Ingénieur de la Compagnie de l'Ouest, 78, rue de Passy. — Paris.
MORCH (Mme), rue Réaumur. — La Rochelle.
Dr MOREAU (E.), 7, rue du Vingt-Neuf-Juillet. — Paris.
MOREAU (Benjamin), Conseiller municipal, 52, rue de Rennes. — Nantes.
Dr MOREAU, 187, rue de Pessac. — Bordeaux.
MOREL, Archéologue, Receveur des finances. — Carpentras (Vaucluse).
MOREL D'ARLEUX (Charles), Notaire, 28, rue de Rivoli. — Paris. — F
Dr MORET (Jules), 53, rue Cérès. — Reims.
Dr MORICE, Médecin à l'Hôtel-Dieu. — Blois.
MORIÈRE, Doyen de la Faculté des Sciences. — Caen.
MORILLOT, Ancien Avocat général à Besançon, Docteur en droit, Avocat au Conseil d'État et à la Cour de Cassation, 60, rue Richelieu — Paris.
MORIN (Edouard-Charles), Chimiste, 16, avenue Marigny. — Fontenay-sous-Bois.
MORIN (Théodore), Docteur en droit, Administrateur de la Compagnie algérienne, 4, Avenue Ingres (Passy). — Paris. — R
MORLAND (le Colonel John), Union club, Trafalgar square. — Londres, S. W.
MOROGUES (Baron Eudoxe DE), 6, rue du Bœuf-St-Paterne. — Orléans.
MORREN, Membre de l'Académie royale de Belgique, 1, rue Boverie. — Liège (Belgique).
MORTIER (François), Teintures et Apprêts, rue Clovis. — Reims.
*MORTILLET (Gabriel DE), Professeur à l'École d'Anthropologie, Attaché au Musée des antiquités nationales. — Saint-Germain-en-Laye. — R
MORTILLET (Adrien DE), au Musée des antiquités nationales. — Saint-Germain-en-Laye. — R.
MOSNERON-DUPIN, Président de la Société industrielle, 14, rue Voltaire. — Nantes.
*Dr MOSSÉ (Alp.), Agrégé à la Faculté de Médecine, 48, Grande-Rue. — Montpellier. — R
Dr MOTAIS, Chef des Travaux anatomiques à l'École de Médecine, 26, rue du Cornet. — Angers.
MOTELAY (Léonce), Rentier, cours de Gourgues. — Bordeaux.
Dr MOTET, 161, rue de Charonne. — Paris.
MOUCHEZ (Contre-Amiral), Membre de l'Institut, Directeur de l'Observatoire, à l'Observatoire. — Paris.
*MOUCHON (Émile), Élève de l'École polytechnique. — Paris.
MOUCHOT (A.), Professeur en retraite. — Fontainebleau.

MOULIA, Négociant, 169, boulevard de Strasbourg. — Le Havre.
MOULLADE (Albert), L. S., Pharmacien-major de 1re classe, 11, rue du Bocage — Nantes. — R
Dr MOURE (J.-E.), cours de l'Intendance. — Bordeaux.
Dr MOURGUES. — Lassale (Gard).
MOURLAN-DESCUDÉ, Propriétaire. — Nérac.
MOUSNIER (Jules), Pharmacien. — Sceaux (Seine).
Dr MOUSSOUS, 38, rue d'Aviau. — Bordeaux.
MOUSSOUS fils, 38, rue d'Aviau. — Bordeaux.
MULOT, Industriel, 43, rue des Boulets. — Paris.
MUMM (G.-H.), Négociant en vins de Champagne, 17, boulevard du Temple. — Reims.
MURGUE (Daniel), Ingénieur de la Compagnie houillère de Bességes. — Bességes (Gard).
MURRAY, Économiste, Membre honoraire du Cobden-Club, 84-85, King William street. — Londres. E. C.
Dr MUSGRAVE-CLAY (R. DE), 19, rue Latapie. — Pau.
MUSSAT (E.), Professeur de botanique à l'École de Grignon, 11, boulevard Saint-Germain. — Paris.
*MUSSET (Ch.), Professeur à la Faculté des Sciences. — Grenoble.
NACHET, Fabricant d'instruments de précision, 17, rue Saint-Séverin. — Paris.
NADAILLAC (Marquis DE), Correspondant national de l'Institut, 8, rue d'Anjou-Saint-Honoré. — Paris.
Dr NADAUD, Médecin des Hôpitaux. — Angoulême.
NANOT (Georges), Ingénieur des Ponts et Chaussées. — Le Mans.
NANSOUTY (le Général DE), Directeur honoraire de l'observatoire du Pic-du-Midi. — Bagnères-de-Bigorre.
NANSOUTY (Max DE), Ingénieur-Chimiste, 6, rue de la Chaussée d'Antin. — Paris.
*Dr NAPIAS (Henri), Secrétaire général de la Société de Médecine publique et d'Hygiène professionnelle, 68, rue du Rocher. — Paris.
NAPIAS (Mme), 68, rue du Rocher. — Paris.
NAPOLI (David), Chimiste aux chemins de fer de l'Est, 98, Faubourg-Poissonnière. — Paris.
NARBONNE (Paul), Propriétaire, — Bize (Aude).
*Dr NÉGRIÉ, Médecin des Hôpitaux, 54, rue Ferrère. — Bordeaux.
*NÉGRIÉ (Mme), 54, rue Ferrère. — Bordeaux.
NEGRIN (Paul), Propriétaire, Directeur de la verrerie Labocca. — Cannes.
*Dr NEPVEU, 66, rue d'Hauteville. — Paris.
Dr NEUMANN, 43, rue de Châteaudun. — Paris.
NEVEU, Ingénieur civil. — Rueil (Seine-et-Oise).
NEVEU-DEROTRIE, Ingénieur en chef des Ponts et Chaussées, 63, rue d'Isly. — Alger.
NEVEUX, Notaire, 1, rue de la Clef. — Reims.
NICAISE, Professeur agrégé à la Faculté de Médecine, Chirurgien des Hôpitaux, 37, boulevard Malesherbes. — Paris.
NICAISE, Archéologue. — Châlons-sur-Marne.
Dr NICAS. — Fontainebleau. — R
*NICHOLSON, Chirurgien-Dentiste, 179, boulevard Haussmann. — Paris.
NICOLAS, Représentant de commerce, 10, rue de Lille. — Reims.
NICOLAS (Auguste), Architecte du département du Calvados, 92, rue Saint-Pierre. — Caen.
*Dr NICOLAS (Adolphe), 4, rue Brocherie. — Grenoble.
*NICOLAS (Hector), Archéologue, Conducteur des Ponts et Chaussées, 9, rue Velouterie. — Avignon.
NICOLET (Victor), Fabricant de ciment, 26, rue Saint-Jacques. — Grenoble.
NIDELET (Urbain), Notaire, 14, rue Crébillon. — Nantes.
NIEL (Eugène), 28, rue Herbière. — Rouen. — R
*Dr NIEPCE fils (A.), Villa Breuil. — Saint-Raphaël (Var).
Dr NIEPCE, Ex-Médecin inspecteur. — Allevard.
NINET aîné, Directeur de la Société des déchets, 21, rue du Jard. — Reims.
NIVESSE (A.), Ingénieur-Chimiste attaché à la maison Lefebvre. — Corbehem (Pas-de-Calais).
NIVET, Ingénieur civil, 87, rue de Rennes. — Paris.
NIVET (Mme), 87, rue de Rennes. — Paris.
NIVET (Gustave), 87, rue de Rennes. — Paris. — R
NIVET (V.), Professeur à l'École de Médecine et de Pharmacie. — Clermont-Ferrand.

NIVET (Maurice), Ingénieur-Agronome. — Chasseneuil (Charente).
NIVOIT (Edmond), Ingénieur en chef des Mines, 2, rue de la Planche. — Paris.
NOEL, Négociant en bois du Nord, 85, cours de la République. — Le Havre.
NOEL (J.), Ingénieur, 20, rue Rohan. — Bordeaux.
*Dr NOELAS (F.), rue du Phénix. — Roanne (Loire).
NOELTING, Directeur de l'École de Chimie. — Mulhouse (Alsace). — R
NOGUEY (Gustave), 14, rue Chai-des-Farines. — Bordeaux.
NOIROT (Maurice), Employé, 14, rue Coquebert. — Reims.
NOIZET (Paul). — Crèvecœur Alland'Huy, canton d'Attigny (Ardennes).
NORDSTROM, Consul de S. M. le roi de Suède et Norvège en Algérie, boulevard de la République, maison Féraud. — Alger.
NORMAND, Conseiller général de la Loire-Inférieure, 12, quai des Constructions. — Nantes. — R
NORMAND (A.), Constructeur de navires, 67, rue du Perrey. — Le Havre.
NOROY (Ch.), Chimiste, 10, avenue du Chemin de fer. — Chatou (Seine-et-Oise).
*NOTTELLE, Secrétaire du Syndicat général des Chambres syndicales, Membre de la Société d'économie politique, 49, rue Réaumur. — Paris.
NOURY, Professeur à la Société industrielle. — Elbeuf.
NOUVEL, Pharmacien de 1re classe. — Rodez (Aveyron).
NOUVELLE (Georges), Ingénieur civil, 25, rue Brézin. — Paris.
NOUVION, fils, Manufacturier. — Betheniville (Marne).
NUGUES (A.), Chimiste, Chef du Laboratoire à la raffinerie Lebaudy frères, 19, rue de Flandres. — Paris.
OBERKAMPFF (E.), Ministre du saint Évangile, 69, avenue de Saxe. — Lyon.
Dr OCHOROWICZ, Agrégé de l'Université de Lemberg, 5, place du Panthéon. — Paris.
ODIER, Directeur adjoint de la Caisse générale des Familles, 4, rue de la Paix. — Paris. — R
ODIN, Inspecteur du Crédit foncier de France, 3, rue de l'Abbé-Grégoire. — Paris.
Dr ODIN (Joseph), 3, place de la Bourse. — Lyon.
ŒCHSNER DE CONINCK (William), 121, rue de Rennes. — Paris. — R
OLIVER (Paul), Pharmacien de 1re classe. — Collioure (Pyrénées-Orientales).
OLIVIER (Ernest), Membre des Sociétés botanique et entomologique de France, 10, cours de la Préfecture. — Moulins (Allier).
OLIVIER (Auguste), Ancien Magistrat, Conseiller d'arrondissement de Bar-sur-Seine. — Saint-Parres-les-Vaudes (Aube).
Dr OLIVIER (Paul), Médecin en chef à l'Hospice général, Professeur à l'École de Médecine, 12, rue de la Chaine. — Rouen. — R
OLIVIER DE LANDREVILLE (Arsène), 112, boulevard Voltaire. — Paris.
*OLLIER DE MARICHARD, Archéologue. — Vallon (Ardèche).
*OLLIER, Ex-Chirurgien en chef de l'Hôtel-Dieu de Lyon, Correspondant de l'Institut, Associé national de l'Académie de Médecine, Professeur à la Faculté de Médecine de Lyon, 5, quai de la Charité. — Lyon. — F
OLLIVIER, Professeur agrégé à la Faculté de Médecine de Paris, 5, rue de l'Université. — Paris.
OLLIVIER-BEAUREGARD (G.-M.), 3, rue Jacob. — Paris.
*OLTRAMARE, Professeur. — Genève (Suisse).
ONÉSIME (le Frère), 24, montée Saint-Barthélemy. — Lyon.
*Dr ONIMUS, 7, place de la Madeleine. — Paris.
OPPENHEIM frères, Banquiers, 11 *bis*, boulevard Haussmann. — Paris. — F
ORBIGNY (Alcide D'), Armateur, rue Saint-Léonard. — La Rochelle.
Dr ORÉ, Professeur à l'École de Médecine, Correspondant national de l'Académie de médecine, rue du Palais-de-Justice. — Bordeaux.
O'REILLY (Joseph-Patrice), Professeur de minéralogie et d'exploitation des mines au Collège Royal. — Dublin (Irlande).
ORIOLLE, Ingénieur de l'École centrale des Arts et Manufactures. — Nantes.
OSMOND (F.), Ingénieur des Arts et Manufactures, 49, boulevard Richard-Lenoir. — Paris.
OUIN-LEPAGE, Chef d'institution, rue d'Esmonts. — Elbeuf.
OUTHENIN-CHALANDRE (Joseph), 37, rue Saint-Roch. — Paris. — R
*OUTRAN (Émile), 10, Coleman Street. — Londres (E. C.).
PAGNOUL, Professeur de chimie, Directeur de la Station agricole du Pas-de-Calais. — Arras.
PALLIER (Alfred), Sculpteur. — Viroflay.

PALUN (Auguste), Juge au Tribunal de Commerce. — Avignon. — R
*PAMARD (A.), Chirurgien en chef des Hôpitaux. — Avignon. — R
*PAMARD, Chef de bataillon du Génie, 2, place du Lycée. — Grenoble.
PANCKOUCKE (Henri), Trésorier-Payeur général. — Alençon.
PAPILLAUD (Mme). — Saujon (Charente-Inférieure).
PARAF, Ingénieur des Mines, 25, rue de Grammont. — Paris.
PARION, Membre de la Société d'astronomie, 55, rue Saint-Jacques. — Paris. — R
Dr PARIS (H.). — Chantonnay (Vendée).
PARISE, Professeur à l'École de Médecine, Associé national de l'Académie de Médecine, 26, place des Bluets. — Lille. — R
PARISSE (Eugène), Ingénieur des Arts et Manufactures, 49, rue Fontaine-au-Roi. — Paris.
PARMENTIER (Général), Membre du Comité des fortifications, 5, rue du Cirque. — Paris. — F
Dr PARMENTIER. — Flizes (Ardennes).
PARMENTIER, 3, rue d'Alger. — Paris.
PAROISSIEN (Albert), Négociant, 3, rue des Templiers. — Reims.
PARQUET (Mme), 1, rue Daru. — Paris.
PARRAN, Ingénieur des Mines, Directeur des mines de fer magnétique de Mokta-el-Hadid, 26, avenue de l'Opéra. — Paris. — F
PARSAT, Pharmacien. — Montpazier (Dordogne).
PARTRIDGE (William), Administrateur de la Station maritime de physiologie, 145, rue de Paris. — Le Havre.
PASCAL (DE), Ingénieur, 34, quai de la Charité. — Lyon.
Dr PASQUET (A.). — Uzerches (Corrèze).
PASSION (Octave), Avocat. — Issoire (Puy-de-Dôme).
PASSY (Frédéric), Membre de l'Académie des Sciences morales et politiques, Député de la Seine, 8, rue Labordère. — Neuilly-sur-Seine. — R
PASSY (Paul-Edouard), Licencié ès lettres, 8, rue Labordère. — Neuilly (Seine). — R
PASTEUR, Membre de l'Institut et de l'Académie française, 45, rue d'Ulm. — Paris. — F
Dr PATOIR. — Lille.
PATUREL (Georges), Chimiste, 18, rue Gérando. — Paris.
*PAUL (Constantin), Professeur agrégé à la Faculté de Médecine de Paris, Membre de l'Académie de Médecine, 45, rue Cambon. — Paris.
PAULET, Professeur à la Faculté de Médecine, 27, quai Tilsitt. — Lyon.
*PAUQUET (H.), Négociant. — Creil (Oise).
PAYEN, 44, rue de Châteaudun. — Paris.
PECHAUD (Jean), Propriétaire. — Saint-Saulges (Nièvre).
PÉCHINEY (A.), Ingénieur Chimiste — Salindres (Gard).
*Dr PÉCOUD (Albert), 1, rue Frédéric-Taulier. — Grenoble.
PÉLAGAUD (Élysée), Docteur ès sciences, 15, quai de l'Archevêché. — Lyon. — R
PELAGAUD (Fernand), Docteur en droit, 14, quai de l'Archevêché. — Lyon. — R
PELÉ (F.), 52, rue Caumartin. — Paris.
PELIGOT, Membre de l'Institut, hôtel des Monnaies. — Paris.
*PELLAT (Adolphe), Propriétaire, ancien Vice-Président du Conseil de Préfecture de l'Isère. — Fontaine, près Grenoble.
PELLET (H.), Chimiste de la Compagnie Fives-Lille, 5, rue Fénelon. — (Passy) Paris.
PELLET, Professeur à la Faculté des Sciences. — Clermont-Ferrand. — R
PELLETANT, Propriétaire. — Genté, par Salles-d'Angle (Charente).
PELLETIER (Horace), Président du Comice agricole de Blois. — Madon, par les Montils (Loir-et-Cher).
PELLOUX, Fabricant de ciment, 7, rue Montorge. — Grenoble.
PELTEREAU (E.), Notaire. — Vendôme. — R
*PENET (Léon), Conservateur du Muséum d'histoire naturelle, 3, rue Villars. — Grenoble.
*PENNÈS (J.-A.), Ex-Fabricant de produits chimiques et hygiéniques, 31, boulevard de Port-Royal. — Paris. — R
Dr PENNETIER, Directeur du Muséum d'histoire naturelle, Professeur à l'École de Médecine, impasse de la Corderie, barrière Saint-Maur. — Rouen.
PENOT (Achille), Directeur de l'École de commerce, 34, rue de la Charité. — Lyon.
PERARD (Louis), Professeur à l'Université. — Liège (Belgique).
PERDRIGEON, Agent de change, 178, rue Montmartre. — Paris. — F

PÉRÉ (Paul), Avoué. — Marmande (Lot-et-Garonne).
PEREIRE (Henry), 33, boulevard de Courcelles. — Paris. — **R**
PEREIRE (Émile), 10, rue de Vigny. — Paris. — **R**
PEREIRE (Eugène), Administrateur de la Compagnie Transatlantique, 45, Faubourg-Saint-Honoré. — Paris. — **R**
PEREZ, Professeur à la Faculté des Sciences. — Bordeaux. — **R**
*PEREZ (Mlle), 26, rue du Haras. — Tarbes.
PÉRIDIER (Jean), chez M. Péridier et Cie, Banquier. — Cette (Hérault).
PÉRIDIER (Louis), Administrateur de la Bibliothèque populaire gratuite de Cette, 2, quai du Sud. — Cette. — **R**
PÉRIER, Professeur agrégé à la Faculté de Médecine, Chirurgien des Hôpitaux, 7, rue Drouot. — Paris.
PERIER (Louis), 21, rive de la Seine. — Issy (Seine).
PERIER (Auguste), Courtier, rue Villeneuve. — La Rochelle.
PERIN (Albert), 88, rue de Talleyrand. — Reims.
PERON (Pierre-Alphonse), Sous-Intendant militaire. — Bourges (Cher).
PEROT (Adolphe), Docteur ès sciences, ancien Préparateur de chimie à la Faculté de Médecine de Paris. — Genève (Suisse). — **F**
PEROT, Graveur, 117, boulevard de Créteil. — Parc Saint-Maur-les-Fossés. — **R**
PÉROUSE (Denis), Ingénieur des Ponts et Chaussées, 50, quai de Billy. — Paris.
PERREAU (Paul), 12 *bis*, rue de Venise. — Reims.
PERRÉGAUX (Louis), Manufacturier. — Jallieu, par Bourgoin (Isère).
PERRET, Ancien Sénateur du Rhône, château de la Chaux. — Collonge-au-Mont (Rhône).
PERRET (Auguste), Négociant, 49, quai Saint-Vincent. — Lyon.
PERRET (Michel), 3, place d'Iéna. — Paris. — **R**
*PERRIAUX, Négociant en vins, 107, quai de la Gare. — Paris. — **R**
PERRICAUD, Cultivateur. — La Balme (Isère). — **R**
PERRICAUD (Saint-Clair). — La Battero, commune de Sainte-Foy-lès-Lyon (Mulatière, Rhône). — **R**
Dr PERRICHOT, 5, rue de la Communauté. — Le Havre.
PERRIER, Professeur au Muséum, 28, rue Gay-Lussac. — Paris.
PERRIER (Ch.). — Valleraugue (Gard).
PERRIER, Colonel, Membre de l'Institut et du Bureau des longitudes, Sous-Directeur au Ministère de la Guerre, 138, rue de Grenelle. — Paris.
PERRIER (E.), Ingénieur des Ponts et Chaussées, faubourg de Figuerolles. — Montpellier.
PERRIN (R.), Ingénieur en chef des Mines, 17, rue de l'Étoile. — Le Mans.
*PERRIN (Gabriel), Directeur de l'École Vaucanson, 4, rue du Vieux-Temple. — Grenoble.
*PERRIN (Félix), Négociant, 5, Grande-Rue. — Grenoble.
Dr PERRIN, Directeur du Val-de-Grâce, 136, boulevard Saint-Germain. — Paris.
PERRIN (Jules), Fabricant de cuirs vernis, 6, avenue de la Tourelle. — Saint-Mandé.
PERRIN (Antoine), Propriétaire. — Sidi-Bel-Abbès (Dép. d'Oran).
PERROT (Ernest), 7, rue du Lycée. — Laval (Mayenne).
PERROT (J.), Commissaire-priseur, 66, rue Miromesnil. — Paris.
Dr PERROUD, Médecin de l'Hôtel-Dieu, chargé de la clinique complémentaire à la Faculté de Médecine de Lyon, 6, quai des Célestins. — Lyon. — **R**
PERRY, Pharmacien. — Layrac (Lot-et-Garonne).
Dr PERRY (Jean). — Miramont, près Marmande (Lot-et-Garonne).
Dr PERY, Médecin des Hôpitaux, 67, rue d'Aquitaine. — Bordeaux.
PESIER (Edmond), Chimiste. — Valenciennes.
PETIT, Pharmacien, 8, rue Favart. — Paris.
PETIT (Mme), 8, rue Favart. — Paris.
PETIT (Charles-Paul), Ancien Pharmacien de 1re classe, 17, boulevard Saint-Germain — Paris.
PETIT, Ingénieur en chef des Ponts et Chaussées, 38, rue Franklin. — Lyon.
*Dr PETIT (Henri), Sous-Bibliothécaire à la Faculté de Médecine, 11, rue Monge. — Paris. — **R**
Dr PETIT (L.), 108, Faubourg-Saint-Honoré. — Paris.
PETIT (Charles), Banquier. — Blois.
PETIT (Ernest), Avocat, rue du Domaine. — Blois.
*PETIT (Louis), 37, cours Morand. — Lyon.
PETIT-MONTAUDON, 37, rue de Vesle. — Reims.
*PETITON (A.), Ingénieur-conseil des Mines, 91, rue de Seine. — Paris.

Dr PETON. — Saumur (Maine-et-Loire).
PETRUCCI, Ingénieur. — Béziers (Hérault). — **R**.
PETRUCCI-DELACHAPELLE (Mme), 33, avenue Saint-Pierre. — Béziers.
PEUGEOT (Armand), Manufacturier. — Valentigney (Doubs).
Dr PEYRAUD. — Libourne (Gironde).
PEYRAUD (Mme). — Libourne (Gironde).
PEYRE (Jules), Banquier. — Toulouse. — **F**
PEYROT (J.-J.), Professeur agrégé à la Faculté de Médecine, Chirurgien des Hôpitaux, 18, rue Lafitte. — Paris.
PEZAT (Albert), Négociant, 171, rue Sainte-Catherine. — Bordeaux.
Dr PEZZER (DE), 13, rue Saint-Florentin. — Paris.
PHILIP (Isidore), Propriétaire, 7, rue du Jardin-des-Plantes. — Bordeaux.
*PHILIPPE (Léon), Ingénieur en chef des Ponts et Chaussées, 28, avenue Marceau. — Paris. — **R**
PIARRON DE MONTDÉSIR, Ingénieur en chef des Ponts et Chaussées en retraite, 133, avenue de Neuilly. — Neuilly (Seine).
PIAT (A.), Constructeur-Mécanicien, 85, rue Saint-Maur. — Paris. — **F**
Dr PIBERET, 54, Faubourg-Montmartre. — Paris.
Dr PICARD. — Selles-sur-Cher.
*Dr PICARDAT (A.). — Saint-Parres-les-Vaudes (Aube).
Dr PICHANCOURT. — Bourgogne (Marne).
PICHE (Albert), Ancien Conseiller de Préfecture, 8, rue Montpensier. — Pau. — **R**
PICHOU (Alfred), Chef de bureau aux chemins de fer du Midi, 11, chemin de Cauderès. — Talence, près Bordeaux.
PICOT (Émile), Pharmacien de 1re classe, boulevard de Tancarville. — Havre.
PICOU (Gustave). — Saint-Denis (Seine).
PICQUET (H.), Capitaine du Génie, Répétiteur à l'École polytechnique, 73, boulevard Saint-Michel. — Paris.
PIÉGU, 18, rue d'Enghien. — Paris.
PIERRARD, (Eugène), Ingénieur-Manufacturier, 22, boulevard du Temple. — Reims.
PIERRE (Dominique), Homme de lettres, 72, rue du Bois-de-Cros. — Clermont-Ferrand.
*PIERRET, Professeur de clinique des maladies mentales à la Faculté de Médecine. — Lyon.
*Dr PIÉROU. — Chazay-d'Azergues (Rhône). — **R**
*PIEROU (Mme). — Chazay-d'Azergues (Rhône).
PIÉTON, Avocat, 27, rue de Vesle. — Reims.
PIETTE (Ed.), Juge au Tribunal de 1re instance, 18, rue de la Préfecture. — Angers (Maine-et-Loire).
PIFRE (Abel), Ingénieur, 63, avenue Friedland. — Paris.
PILLET, Professeur à l'École des Ponts et Chaussées et à l'École des Beaux-Arts, 18, rue Saint-Sulpice. — Paris.
PILON, Notaire. — Blois.
PILLOT (Maurice), Négociant, cours Richard. — La Rochelle.
Dr PIN (Paul). — Alais (Gard).
PINASSEAU (A.), Notaire. — Saintes (Charente-Inférieure).
*PINAT (Anatole), Ingénieur des forges d'Allevard. — Allevard (Isère).
*Dr PINEAU (Emm.). — Château-d'Oleron (Ile d'Oleron, Charente-Inférieure).
*PINEAU (Mme). — Château-d'Oleron (Charente-Inférieure).
PINEL (Charles), Ingénieur-Constructeur, ancien Juge au Tribunal de commerce, 24, rue Méridienne. — Rouen.
PINON (P.), Négociant, 14, rue Saint-Symphorien. — Reims.
*PINOT (Jean), Directeur de l'Asile départemental d'aliénés. — Saint-Robert, près Grenoble.
*PISON (Joseph), Inspecteur adjoint des Forêts, 2, rue Vaucanson. — Grenoble.
*PITAT (Germain), Propriétaire, 10, boulevard du Champbonnet. — Moulins (Allier).
PITRAT aîné, Imprimeur, 4, rue Gentil. — Lyon.
PITRES (A.), Professeur à la Faculté de Médecine, Médecin de l'hôpital Saint-André, 22, rue du Parlement-Sainte-Catherine. — Bordeaux. — **R**
PLANCHON, Correspondant de l'Institut. — Montpellier.
PLANTÉ, Inspecteur du service télégraphique aux chemins de fer de l'État, 6, rue des Étudiants. — Tours.
PLANTÉ fils (Charles), Inspecteur de l'exploitation des chemins de fer de l'État. — Saintes (Charente-Inférieure).
PLANTEAU, Professeur agrégé de la Faculté de Médecine de Bordeaux, 45, cours d'Alsace-Lorraine. — Bordeaux.

Plantier (Alfred), Docteur en médecine et en droit. — Alais (Gard).

Plassiard, Ingénieur en chef des Ponts et Chaussées en retraite, 4, rue Poissonnière. — Lorient (Morbihan). — R

Dr Plumeau (A.), 84, cours de Tourny. — Bordeaux.

Poan de Sapincourt, Ingénieur, Professeur à l'École supérieure d'industrie, 33, rue Armand-Carrel. — Rouen.

Poillon (L.), Ingénieur-Constructeur (Exploitation générale des Pompes Greindl), 74, boulevard Montparnasse. — Paris. — R

*Poincaré, Professeur adjoint à la Faculté de Médecine, 9, rue de Serre. — Nancy.

*Poincaré, Ingénieur des Mines, Maître de Conférences à la Faculté des Sciences de Paris, 66, rue Gay-Lussac. — Paris.

Poirier (J.), Aide-naturaliste au Muséum, 43, avenue du Maine. — Paris.

Poirrier, Fabricant de produits chimiques, 105, rue Lafayette. — Paris. — F

Poirrier (aîné), Teintures et Apprêts, rue Clovis. — Reims.

Poisson (Jules), Aide-naturaliste au Muséum, 69, rue de Buffon. — Paris.

Poissonnier (Achille), Architecte, 18, avenue du Bel-Air. — Paris.

Poivre, Avocat, Défenseur à la Cour d'appel, boulevard de la République, maison Kamoui. — Alger.

Polaillon, Professeur agrégé à la Faculté de Médecine, Membre de l'Académie de Médecine, Chirurgien des Hôpitaux, 6, rue de Seine. — Paris.

Polignac (Prince Camille de), route de Grasse, villa Jessie. — Cannes. F

Polignac (Comte Melchior de). — Kerbastic-sur-Gestel (Morbihan). — R.

Polignac (Comte Guy de). — Kerbastic-sur-Gestel (Morbihan). — R.

Pollet, Vétérinaire, 20, rue Jeanne-Maillotte. — Lille.

Polliart (Léon), Courtier, 5, rue de la Renfermerie. — Reims.

Pollosson (Maurice), Professeur agrégé à la Faculté de Médecine, 16, rue des Archers. — Lyon.

Polony, Ingénieur en chef des Ponts et Chaussées. — Rochefort.

*Pomel (A.), Ancien Sénateur, Directeur de l'École supérieure des Sciences. — Mustapha, près Alger.

Pomier-Layrargues (Georges), Ingénieur. — Montpellier.

*Dr Pommerol, Conseiller général du Puy-de-Dôme. — Gerzat (Puy-de-Dôme).

Pommerol, Avocat, Rédacteur de la Revue *Matériaux pour l'histoire primitive de l'Homme,* Veyre-Mouton (Puy-de-Dôme), et 36, rue des Écoles. — Paris. — R

Pommery (Louis), Négociant en vins, 7, rue Vauthier-le-Noir. — Reims. — F

Pommery (Mme Louis), 7, rue Vauthier-le-Noir. — Reims.

*Dr Poncet (Antonin), Professeur à la Faculté de Médecine, Chirurgien en chef désigné de l'Hôtel-Dieu, place de l'Hôtel-Dieu. — Lyon.

*Poncet (Mme), place de l'Hôtel-Dieu. — Lyon.

Ponchon, Sous-Ingénieur des Ponts et Chaussées, rue Haute-Saint-André. — Clermont-Ferrand.

Poncin, Chef d'institution, 8, rue des Maronniers. — Lyon.

Dr Pons. — Nérac (Lot-et-Garonne).

Pontier (André), Pharmacien, 48, boulevard Saint-Germain. — Paris.

Pontzen, Ingénieur civil, 4, Rue Castellane. — Paris.

Porgès (Charles), Banquier, 13, rue Grange-Batelière. — Paris. — R

Portal (Paul), Banquier. — Montauban.

Portevin (V.), Ancien Adjoint au Maire, Juge au Tribunal civil, 2, rue de la Belle-Image. — Reims.

Portevin (H.), Ingénieur civil, ancien Élève de l'École polytechnique, 2, rue de la Belle-Image. — Reims.

*Potain, Professeur à la Faculté de Médecine, Membre de l'Académie de Médecine, 256, boulevard Saint-Germain. — Paris.

Potel (Ernest), Ingénieur en chef des Ponts et Chaussées, rue Fleuriau. — La Rochelle.

Potier, Ingénieur en chef des Mines, Répétiteur à l'École polytechnique, 89, boulevard Saint-Michel. — Paris. — F

Potier (Mme), 89, boulevard Saint-Michel. — Paris.

Potron (Ernest). — Beaumont-en-Argonne (Ardennes).

Pouchain (V.), Maire d'Armentières, rue du Faubourg-de-Lille. — Armentières.

*Dr Pouchet, Professeur au Muséum, Directeur du Laboratoire de zoologie et de physiologie maritime de Concarneau, 5, rue Médicis. — Paris.

*Poujade, Professeur au Lycée de Lyon. — Lyon.

Poujade (Mme), au Lycée. — Lyon.

POULAIN (César), Manufacturier, 50, rue des Capucins. — Reims. — R

POULLAIN (Mme), 4, rue du Chaume. — Paris.

POUPINEL (Paul), 64, rue de Saintonge. — Paris. — F

POUPINEL (Jules), 8, rue Murillo. — Paris. — F

POUPINEL (Émile), 41, boulevard de Sébastopol. — Paris.

POUPINEL (Gaston), Interne des Hôpitaux, 56, rue de Lisbonne. — Paris. — R

Dr POUSSIÉ, 64, rue de Rivoli. — Paris. — R

Dr POUSSIÉ. — Marvéjols (Lozère).

POUSSIER (Alfred), Pharmacien, 4, place Eau-de-Robec. — Rouen.

Dr POUSSON (Alfred), Ancien Interne des Hôpitaux, 7, rue Villedo. — Paris.

POUYANNE, Ingénieur en chef des Mines, rue Rovigo, maison Chaise. — Alger. — R

*Dr POUZET fils. — Privas (Ardèche).

POWELL (Thomas), Ingénieur, 32, rue d'Elbeuf. — Rouen (Seine-Inférieure).

Dr POZZI, Professeur agrégé à la Faculté de Médecine de Paris, Chirurgien des Hôpitaux, 10, place Vendôme. — Paris. — R

Dr PRADIER (Frédéric), 6, rue de la Treille. — Clermont-Ferrand.

PRALON, Ingénieur civil, 43, rue de Berlin. — Paris.

PRAROND (Ernest), Président honoraire de la Société d'émulation d'Abbeville. — Abbeville (Somme).

PRAT, Chimiste, 111, route de Toulouse. — Bordeaux. — R

Dr PRAVAZ, Docteur ès sciences, Sainte-Foy-la-Mulatière (Rhône).

PRAX (Maurice), Avoué. — Montauban.

PRELLER, Négociant, 5, cours de Gourgues. — Bordeaux.

PRETERRE (A.), Rédacteur en chef de l'*Art dentaire*, 29, boulevard des Italiens. — Paris.

PREVET (Ch.), Négociant, 48, rue des Petites-Écuries. — Paris. — R

*PREVOST (Maurice), Membre de la Société de Topographie de France, 55, rue Claude-Bernard. — Paris.

PROUST, Professeur à la Faculté de Médecine, Membre de l'Académie de Médecine, Médecin de l'hôpital Lariboisière, 9, boulevard Malesherbes. — Paris.

*PROUTEAUX (Henri), 122, avenue de Villiers. — Paris.

PRUD'HOMME (Charles), Propriétaire, 52, rue de Phalsbourg. — Le Havre.

*PRUDHOMME (Auguste), Archiviste départemental de l'Isère, 6, place de l'Étoile. — Grenoble.

*PRUDON (le Général), 77, boulevard Haussmann. — Paris.

PRUNIER, Juge suppléant de la justice de paix de Saint-Hilaire. — Brizambourg, canton de Saint-Hilaire (Charente-Inférieure).

Dr PRUNIÈRES. — Marvéjols (Lozère).

PUERARI, 69, boulevard Haussmann. — Paris.

PUJOS, 19, allées de Chartres. — Bordeaux.

*Dr PUJOS (A.), Médecin principal du Bureau de bienfaisance, 58, rue Saint-Sernin. — Bordeaux. — R

PULLIGNY (Vicomte DE), au château de Chesnay-sur-Ecos (Eure).

Dr PUPIER, rue Strauss. — Vichy.

PUTZ (Gabriel), Lieutenant au 12e régiment d'artillerie. — Vincennes.

PUTZ (le Général H.), Commandant l'artillerie du 1er corps d'armée. — Douai.

PUTZEYS, Professeur d'hygiène à l'Université de Liège. — Liège (Belgique).

QUATREFAGES DE BRÉAU (DE), Membre de l'Institut et de l'Académie de Médecine, Professeur au Muséum, 36, rue Geoffroy-Saint-Hilaire. — Paris. — F

QUATREFAGES DE BRÉAU (Mme DE), 36, rue Geoffroy-Saint-Hilaire, Muséum. — Paris. — R

QUATREFAGES DE BRÉAU (Léonce DE), Ingénieur des Arts et Manufactures, 36, rue Geoffroy-Saint-Hilaire, Muséum. — Paris. — R

*QUEF-DEBIÈVRE, Propriétaire, 2, boulevard Louis XIV. — Lille.

Dr QUÉIREL, 61, rue Saint-Jacques. — Marseille.

Dr QUÉLET, Lauréat de l'Académie des Sciences. — Hérimoncourt (Doubs).

QUENAULT, Sous-Préfet honoraire. Conseiller général de la Manche. — Montmartin-sur-Mer (Manche).

QUENTIN (Pol), Négociant, 5, impasse des Romains. — Reims.

QUESNÉ (Victor), Ancien Banquier. — Elbeuf.

QUINETTE, Confiseur, avenue Charras. — Clermont-Ferrand.

QUINETTE DE ROCHEMONT, Ingénieur en chef des Ponts et Chaussées, 45, rue Sainte-Adresse. — Le Havre.

Dr QUINQUAUD, Professeur agrégé à la Faculté de Médecine, Médecin des Hôpitaux 5, rue de l'Odéon. — Paris.

RABAUD (Alfred), Président de la Société de géographie de Marseille, 101, rue de Paris. — Marseille.

RABOT, Docteur ès sciences, Pharmacien, Président du Conseil d'hygiène du département de Seine-et-Oise, 33, rue de la Paroisse. — Versailles.

RABOURDIN (Charles), Architecte du département du Loiret, 1, rue des Anglais. — Orléans.

RABOURDIN (Lucien), Professeur d'économie politique, 50, rue des Écoles. — Paris.

RACHEL (Edmond), Négociant, 14, Esplanade Cérès. — Reims.

RACLET (Joannis), Ingénieur civil, 10, place des Célestins. — Lyon. — **R**

Dr RAFAILLAC. — Margaux (Gironde).

RAFFARD, Ingénieur civil, 16, rue Vivienne. — Paris. — **R**

RAGAIN (Gustave), Professeur au Lycée et à l'École de commerce et d'industrie, 42, rue de Ségalier. — Bordeaux.

RAGOT (J.), Ingénieur civil, Administrateur délégué de la Sucrerie de Meaux. — Villenoy, près Meaux (Seine-et-Marne).

RAILLARD, Inspecteur général des Ponts et Chaussées, 7, rue Fénelon. — Paris.

RAIMBAULT (Paul), Pharmacien de 1re classe, 38, rue des Lices. — Angers.

*Dr RAIMBERT. — Châteaudun.

Dr RAINGEARD, Professeur suppléant à l'École de Médecine, 1, Place Royale — Nantes. — **R**

RAMBAUD (Alfred), Maître de conférences à la Faculté des Lettres, 76, rue d'Assas. — Paris. — **R**

RAMES (J.-B.), Pharmacien et Géologue. — Aurillac (Cantal).

Dr RAMES (J.), rue d'Aurcigues. — Aurillac (Cantal).

RAMON, Chef du service du matériel et de la traction. — Gisors (Eure).

RAMPONT (Henri), Avocat. — Toul (Meurthe-et-Moselle).

Dr RANQUE (Paul), 13, rue Champollion. — Paris.

Dr RANSE (DE), Rédacteur en chef de la *Gazette médicale*, 85, avenue Montaigne. — Paris.

*RAOULT (François), Professeur à la Faculté des Sciences, 2, rue des Alpes. — Grenoble.

Dr RATTEL, 149, rue Montmartre. — Paris.

Dr RAUGÉ, 11, quai de l'Est. — Lyon.

RAULET (Lucien), 93, rue Nollet. — Paris.

RAVEAUD, Conseiller à la Cour, 188, rue de l'Église-Saint-Seurin. — Bordeaux.

RAVEAUD (Mme Gustave), 118, rue de l'Église-Saint-Seurin. — Bordeaux.

RAYNAL, Négociant, 12, place des Quinconces. — Bordeaux.

Dr REBATEL (Fleury), 4, rue des Archers. — Lyon.

REBER (Jean), Chimiste, maire de Houlme. — Au Houlme (Seine-Inférieure).

REBOUL (le Colonel), 52, boulevard Eugène. — Neuilly (Seine).

RÉCIPON (Émile), Propriétaire, Député des Alpes-Maritimes, 39, rue Bassano. — Paris. — **F**

*Dr RECLUS, Professeur agrégé à la Faculté de Médecine, 9, rue des Saints-Pères. — Paris.

*RECLUS (Élisée), Géographe. — Clarens (Vaud-Suisse).

RECLUS (Onésime), Géographe. — Pavillon Chaintreauville, par Nemours (Seine-et-Marne).

Dr REDARD, 4, rue du Mont-Blanc. — Genève.

*Dr REDDON, Médecin résident à la Villa Penthièvre. — Sceaux (Seine).

REDIER (A.), Constructeur d'instruments de précision, 8, cour des Petites-Écuries. — Paris.

Dr RÉGIS (Emmanuel), Ancien Chef de clinique des maladies mentales à la Faculté de Médecine de Paris, Médecin de la maison de santé de Castel d'Andorte. — Bouscat (Gironde).

Dr REGNARD (Paul), Professeur à l'Institut national agronomique, 50, boulevard Saint-Michel. — Paris.

REGNAULT (Henri), Industriel. — Mohon (Ardennes).

REICH (Louis), Agriculteur. — L'Armillière, par le Sambuc (Bouches-du-Rhône).

REIGNIER (Alexandre), Médecin consultant, place Rosalie. — Vichy.

REILLE (Baron), Député du Tarn, 10, boulevard de Latour-Maubourg. — Paris. — **R**

REIMONENQ (Charles), Ex-Chef de section de la voie au chemin de fer du Midi, domaine du Bastard. — La Tresne (Gironde).

REINACH, Banquier, 31, rue de Berlin. — Paris. — **F**

*REINWALD, Libraire, 15, rue des Saints-Pères. — Paris.

*REINWALD (Mme), 15, rue des Saints-Pères. — Paris.

Dr RELIQUET, 17, boulevard de la Madeleine. — Paris. **R**

REMERAND, Pharmacien. — Fontenay-le-Comte (Vendée).
RÉMY (Ch.), Professeur agrégé à la Faculté de Médecine, 74, rue de Rome.—Paris.
REMY-TANEUR, Imprimeur en taille douce, 38, rue Lacépède. — Paris.
RENARD (Charles), Directeur général de la Compagnie d'exploitation des Minerais de Rio-Tinto. — L'Estaque (Bouches-du-Rhône). — F
RENARD, Capitaine du Génie, au haras du Chalet. — Meudon (Seine-et-Oise).
RENARD (A.), Juge au Tribunal civil, 3, boulevard des Promenades. — Reims.
RENARD, Chimiste, Professeur à l'École supérieure d'industrie de Rouen, 37, rue du Contrat Social. — Rouen.
RENARD et VILLET, Teinturiers, cité Lafayette. — Lyon.
*RENAUD (Georges), Directeur de la *Revue géographique internationale*, Professeur d'économie politique, de législation et de géographie aux Écoles supérieures de la ville de Paris, 76, rue de la Pompe. — (Passy) Paris.
RENAUD (Paul), Constructeur-Mécanicien, prairie de Mauves. — Nantes.
RENAULT (E.), Fabricant de tissus imprimés, 6, rue aux Juifs. — Darnétal, près Rouen.
RENAULT, Docteur ès sciences, Aide-naturaliste au Muséum, 1, rue de la Collégiale. — Paris.
*RENAUT (Joseph), Professeur à la Faculté de Médecine, 6, rue de l'Hôpital. — Lyon.
RÉNIER, Receveur des finances. — Issoire (Puy-de-Dôme).
*RENOUARD fils (Alfred), Filateur, 46, rue Alexandre-Leleux. — Lille. — F
RENOUARD (Mme Alfred), 46, rue Alexandre-Leleux. — Lille. — F
RENOUARD-BÉGHIN, Filateur et Fabricant de toiles, 3, rue à Fiens. — Lille.
RENOUVIER (Charles) — La Verdette, près le Pontet, par Avignon (Vaucluse). — F
RENVERSÉ, Sous-Intendant militaire en retraite, 49, rue Naujac. — Bordeaux.
RÉROLLE (Louis), 44, quai de la Guillotière. — Lyon.
RETTIG (Fritz), Chimiste, maison Heilmann et Cie. — Mulhouse.
*REVAUX (G.), Ingénieur, 104, rue Lafayette. — Paris.
REVILLIOD (Hippolyte), Docteur en droit, ancien Élève de l'École des Sciences politiques, Avocat, rue Villars. — Grenoble.
REVOIL, Architecte des monuments historiques, Membre correspondant de l'Institut, avenue Feuchères. — Nîmes.
REVOT (Adolphe), Manufacturier, 9, rue Saint-Pierre-les-Dames. — Reims.
REVOUY (J.-A.), Médecin vétérinaire. — Vienne (Isère).
REY (Louis), Ingénieur, 77, boulevard Excelmans. — Paris. — R.
*Dr REY (Armand), Directeur de l'établissement thermal. — Bouquéron-les-Bains, près Grenoble.
*REY (Édouard), Maire de Grenoble, 2, rue Saint-Laurent. — Grenoble.
*REY (Aristide), Homme de lettres, Conseiller municipal de Paris, 60, rue Monge. — Paris.
*REY (Mme Aristide), 60, rue Monge. — Paris.
REY-LESCURE, Membre de la Société géologique de France, 8, faubourg du Moustier. — Montauban.
REYNAUD (G.), Manufacturier. — Betheniville (Marne).
Dr REYNIER, Professeur agrégé à la Faculté de Médecine, Chirurgien des Hôpitaux, 11, rue de Rome. — Paris.
Dr RIANT, Médecin de l'École normale du département de la Seine, 138, rue du Faubourg-Saint-Honoré. — Paris.
RIAZ (Auguste DE), Banquier, 10, quai de Retz. — Lyon. — F
Dr RIBAN, Directeur adjoint au Laboratoire d'enseignement chimique et des Hautes Études à la Sorbonne, 85, rue d'Assas. — Paris.
RIBOT, Avocat, Député du Pas-de-Calais, 65, rue Jouffroy. — Paris.
RICARD (Louis), Avocat, Maire de Rouen, Membre du Conseil général de la Seine-Inférieure, 210, rue Beauvoisine. — Rouen.
*Dr RICCI, 9, rue de la Liberté. — Grenoble.
RICHARD, Chimiste, 13, rue Crévier. — Rouen.
RICHARD (J.), Entrepreneur. — Uzès (Gard).
RICHARD (Maurice), Maire de Millemont, Conseiller général de Seine-et-Oise, 33, rue de Prony. — Paris.
*Dr RICHARD. — Châlons-sur-Marne.
RICHARD, Fabricant d'instruments de physique, 8, impasse Fessard. — Paris.
*RICHARD (Alfred), Pharmacien, 41, cours Berriat. — Grenoble.
Dr RICHARDIÈRE (Henri), Ancien Interne des Hôpitaux de Paris, 167, boulevard Saint-Germain. — Paris.
Dr RICHER (Paul), Chef de Laboratoire à la Faculté de Médecine, 15, rue Soufflot. — Paris.

Richet (Ch.), Professeur agrégé à la Faculté de Médecine de Paris, 15, rue de l'Université. — Paris.
Ricome (P.), Pharmacien. — Massillargues (Hérault).
Dr Ricord, Membre de l'Académie de Médecine, 6, rue de Tournon. — Paris. — **F**
Rieder (Jacques), Ingénieur E. C. P. — Vesserling (Alsace).
Rieumal, Négociant, 6, rue de Mulhouse. — Paris.
Dr Rigabert. — Saacy (Seine-et-Marne).
Rigaud (Ad.), Négociant, Conseiller municipal, 49, quai de Béthune. — Lille.
Rigaud, Fabricant de produits chimiques, 8, rue Vivienne. — Paris. — **F**
Rigaud (Mme), 8, rue Vivienne. — Paris. — **F**
Rigaut (E.), Filateur, rue Sainte-Marie. — Fives-Lille.
Rigout, Chimiste à l'École des Mines, 60, boulevard Saint-Michel. — Paris. — **R**
*Rigel (Jérôme), chez M. Fauvel, 10, boulevard Bonne-Nouvelle. — Paris.
Rilliet, 8, rue de l'Hôtel-de-Ville. — Genève (Suisse). — **R**
Risler (Charles), Chimiste, Maire du VIIe arrondissement de Paris, 39, rue de l'Université. — Paris. — **F**
Risler (Eugène), Directeur de l'Institut national agronomique, 35, rue de Rome. — Paris. — **R**
Rispal, Négociant, 200, boulevard de Strasbourg. — Le Havre.
Rivière (Émile), Publiciste, 50, rue de Lille. — Paris.
*Rivoire-Vicat (Marc), Ingénieur des Ponts et Chaussées, 24, rue Lesdiguières.—Grenoble.
Robert (Édouard), Ancien Élève de l'École normale, Professeur au Lycée, 16, rue du Manège. — Montpellier.
Robert (Gabriel), Avocat, 6, quai de l'Hôpital. — Lyon. — **R.**
*Robert, Juge, 49 bis, rue du Foix. — Blois.
*Robert (Mme Félix), 49 *bis*, rue du Foix. — Blois.
*Robert (Auguste), Ingénieur, Conseiller municipal, 3, rue Villars. — Grenoble.
Robin (Alphonse), 60, rue Saint-Joseph. — Lyon.
Robin, Banquier, 38, rue de l'Hôtel-de-Ville. — Lyon. — **R**
*Robin (Louis). — 57, boulevard de Strasbourg. — Paris.
*Robineau, Ancien Avoué, Licencié en Droit, 78, rue Lafayette. — Paris. — **R**
Robineaud, Pharmacien, 62, rue Notre-Dame. — Bordeaux.
Robinet, Chimiste. — Épernay (Marne).
Rocaché, Ingénieur civil, 9, rue des Taillandiers, 5, passage des Taillandiers. — Paris.
Rochambeau (de), Président de la Société archéologique du Vendômois, 51, rue de Naples. — Paris.
*Rochard (Jules), Inspecteur général du service de Santé de la Marine, Membre de l'Académie de Médecine, 4, rue du Cirque. — Paris.
*Rochas d'Aiglun (de), Commandant du Génie, quai Saint-Jean. — Blois.
Dr Roche (A. de la), 21, rue du Plat. — Lyon.
Roche (Léon). — Oradour-sur-Vayres (Haute-Vienne).
Roche (Louis), 103, rue de la Croix blanche. — Bordeaux.
Rochebillard (Paul), 3, rue du Rivage. — Roanne.
Rocher, Avocat, Membre de la Société de Médecine légale, 71, rue de la Victoire. — Paris.
Rochette (de la), Maître de forges (Hauts Fourneaux et Fonderies de Givors), 4, place Gensoul. — Lyon. — **F**
Rodanet (Lucien), Vice-Consul des Pays-Bas. — Chalet-la-Guadeloupe, par Royan-sur-Mer.
Rœderer (Théophile), Négociant en vins de Champagne, 104, rue des Capucins. — Reims.
Roehrig, Professeur à l'École de Commerce et d'Industrie, 66, rue Saint-Sernin. — Bordeaux.
Rogelet (Camille), Manufacturier, 18, boulevard du Temple. — Reims.
Rogelet (Edmond), Manufacturier, 3, rue du Marc. — Reims.
Rogelet (Charles), Manufacturier, 9, rue Ponsardin. — Reims.
Roger (Henri), Membre de l'Académie de Médecine, Professeur agrégé à la Faculté de Médecine, 15, boulevard de la Madeleine. — Paris. — **R**
Dr Roger (J.), 108, boulevard François Ier. — Le Havre.
Roger (Mme), 108, boulevard François Ier. — Le Havre.
*Roger (A.), rue Croix-de-Bussy. — Épernay.
Rohart (Gaston), 44, rue Chabaud. — Reims.
Dr Rohmer, Professeur agrégé à la Faculté de Médecine de Nancy, 8 *ter*, rue des Ponts. — Nancy.

ROIG-TORRÈS, Directeur de la *Cronica cientifica*, 26, rue Claris. — Barcelone (Espagne).
ROLAND (H.), Ingénieur en chef de l'Association normande des propriétaires de machines à vapeur, 3, rue Jeanne-d'Arc. — Rouen.
ROLAND (Lucien), Banquier. — Rethel (Ardennes).
ROLLAND (G.), Ingénieur des Mines, 49, avenue d'Antin. — Paris.
ROLLAND (L.), Fabricant de produits chimiques, 19, Grande-Rue. — Montrouge (Seine).
Dr ROLLET, Professeur à la Faculté de Médecine de Lyon, ex-Chirurgien en chef de l'Antiquaille, 41, rue Saint-Pierre. — Lyon.
ROLLET (Paul), 6, rue Herschell. — Paris.
ROLLEZ (G.), 24, boulevard de la Liberté. — Lille.
ROLLIN (Albert), Ingénieur des Arts et Manufactures, 20, rue Saint-Jacques. — Rouen.
ROMAN (E.), Ingénieur des Ponts et Chaussées, 3, rue Barbecanne. — Périgueux.
ROMERO (D. Vicente DE), Député au Parlement espagnol, 11, Puerta Ferrisa. — Barcelone (Espagne).
ROMILLY (DE), 22, rue Bergère. — Paris. — **F**
Dr RONDEAU, Préparateur des travaux de physiologie à la Faculté de Médecine, 34, rue de la Pompe. — Paris (Passy).
RONDEAUX (Fernand), Fabricant d'indiennes au Houlme. — Le Houlme par Malaunay (Seine-Inférieure).
RONDET, Pharmacien, 45, avenue de l'Observatoire. — Paris.
RONNA (A.), Ingénieur, Secrétaire du comité de la Société autrichienne I. R. P. des chemins de fer de l'État, 25, rue de Grammont. — Paris.
ROOSMALEN (E. DE), Directeur de l'École d'Agriculture du Pas-de-Calais. — Berthonval, par Mont-Saint-Éloi, près Arras (Pas-de-Calais).
ROQUETTE-BUISSON (le Comte DE), Trésorier-Payeur général de Loir-et-Cher. — Blois.
ROSENSTIEHL (Auguste), 114, route de Saint-Leu. — Enghien (Seine-et-Oise).
ROSET (Henri), Pharmacien, Fabricant de produits chimiques, 31, place d'Aumont. — Tours.
ROTHSCHILD (Baron Alphonse DE), 2, rue Saint-Florentin. — Paris. — **F**
ROUART (H.), Ancien Élève de l'École polytechnique, 137, boulevard Voltaire. — Paris.
*ROUAULT (François), Professeur départemental d'agriculture. — Grenoble.
ROUCH (Germain), Licencié ès sciences naturelles, 2, rue de l'Hospice-Saint-Joseph. — Béziers.
ROUCHY (l'Abbé), Curé. — Chastel par Murat (Cantal).
ROUGERIE (Mgr P. E.), Évêque. — Pamiers (Ariège).
ROUGET (Paul), Ingénieur, Directeur de la Compagnie du gaz de Brest, 38, rue de Berri. — Paris.
Dr ROUGIER. — Arcachon.
ROUHER (Gustave). — Château de Creil (Oise).
ROUIT, Ingénieur en chef de la Compagnie du Médoc. — Bordeaux.
ROUMAZEILLES, Vétérinaire. — Bernos, près Bazas (Gironde).
ROUMIEU, Négociant, cours de l'Intendance. — Bordeaux.
ROUSSEAU (Paul), Négociant, 26, rue Notre-Dame. — Valenciennes.
Dr ROUSSEL (Théophile), Sénateur, Membre de l'Académie de Médecine, 64, rue des Mathurins. — Paris. — **F**
ROUSSEL (Jules), Négociant, avenue Plateforme. — Nîmes (Gard).
ROUSSEL, Chimiste, 13, rue Neuve. — Clermont-Ferrand.
Dr ROUSSEL (J.), 26, boulevard des Italiens. — Paris.
ROUSSELET (L.), Archéologue, 126, boulevard Saint-Germain. — Paris. — **R**
ROUSSELET, Sous-Inspecteur des forêts. — Saint-Gobain (Aisne).
ROUSSELIER (Jean), Directeur de la Société des charbons agglomérés du Sud-Est, 18, rue de la République. — Marseille.
*ROUSSET (Alfred), Professeur au Lycée. — 4, rue Vicat. — Grenoble.
ROUSSILLE (Albert), Chimiste expert, 40, rue Truffault. — Paris.
Dr ROUSTAN, 58, rue d'Antibes. — Cannes.
Dr ROUVEIX (M.). — Saint-Germain-Lembron.
ROUVIER, Conseiller général. — Surgères.
ROUVIÈRE (A.), Ingénieur civil et Propriétaire. — Mazamet (Tarn). — **F**
ROUVIÈRE (Léopold), Pharmacien. — Avignon.
ROUVILLE (P. DE), Doyen de la Faculté des Sciences. — Montpellier.
*ROUX, Imprimeur, 21, rue Centrale. — Lyon.

Roux (Ph.), 138, rue Amelot. — Paris.
Rouyer (L.), Négociant, 27, rue David. — Reims.
Roy, Pharmacien, Vice-Président de la Société de pharmacie de Seine-et-Marne. — Melun.
Rozey (Émile), Négociant, 18, rue de l'Assomption. — Paris.
Rubino (Alfred), Propriétaire, 11, rue du Minage. — La Rochelle.
Ruch (Alphonse), 29, rue Sévigné. — Paris.
Rumpler (Théophile), Vice-Président de la Société de protection des Alsaciens-Lorrains demeurés Français, 8, rue Beauregard. — Paris.
Dr Sabatier, rue de la Coquille. — Béziers (Hérault).
*Sabatier (Armand), Professeur à la Faculté des Sciences de Montpellier. — Montpellier. — **R**
Sabatier (Camille), Administrateur de la commune mixte. — Fort-National (département d'Alger).
Dr Sabatier-Desarnaud. — Béziers (Hérault).
Sabin-Boulet, 30, rue Abel-de-Pujol. — Valenciennes.
Sacaze (Julien), Avocat, Président de la Société des Études du Comminges, Pyrénées centrales. — Saint-Gaudens (Haute-Garonne).
Dr Sadler (A.), Chef des travaux histologiques à la Faculté de Médecine. — Nancy.
Saget, Directeur de la Banque de France. — Tours.
*Saglier, Préparateur à la Faculté des Sciences, 12, rue d'Enghien. — Paris.
Sagnier (Henri), Secrétaire de la rédaction du *Journal de l'Agriculture*, 2, carrefour de la Croix-Rouge. — Paris.
Saignat (Léo), Professeur à l'École de Droit, 24 *bis*, rue du Temple. — Bordeaux.
Saint-Joseph (Baron de), 23, rue François Ier. — Paris.
*Saint-Laurent (de), Avocat, 128, cours des Fossés. — Bordeaux.
Saint-Loup, Professeur à la Faculté des Sciences. — Clermont-Ferrand.
Saint-Martin (Charles de), 22, avenue du Maine. — Paris. — **R**
Saint-Olive (G.), Banquier, 13, rue de Lyon. — Lyon. — **R**
Saint-Oüen (Fernand de), Propriétaire, rue Notre-Dame. — Valenciennes.
Saint-Paul de Sainçay, Directeur de la Société de la Vieille-Montagne, 19, rue Richer. — Paris. — **F**
Saint-Quentin, Professeur au Collège. — Laon.
Saint-Requier, Ingénieur, 4, avenue Lalauzière. — Asnières (Seine).
Saint-Saud (Aymar d'Arlot, Comte de), ancien Magistrat. — La Roche-Chalais (Dordogne).
Saint-Venant, Sous-Inspecteur des Forêts. — Bourges.
Salanson (A.), Directeur de l'usine à gaz. — Nîmes.
Salavert-Pelletreau (J.-Émile), Propriétaire. — Tonneins (Lot-et-Garonne).
Salet (Georges), Préparateur à la Faculté de Médecine, 120, boulevard Saint-Germain. — Paris. — **F**
Salet (Mme), 120, boulevard Saint-Germain. — Paris.
Salier (François). — Moissac (Tarn-et-Garonne).
Salle (Adolphe), Négociant, 61, pavé des Chartrons. — Bordeaux.
Salleron, Constructeur, 24, rue Pavée (au Marais). — Paris. — **F**
*Salmon (Ph.), Avocat, Vice-Président de la Commission des monuments mégalithiques, 29, rue Le Peletier. — Paris.
Salomon (Georges), Ingénieur civil des Mines, 30, boulevard Malesherbes. — Paris.
Salvago (Nicolas), Villa Lola. — Nice.
Salvert de Bellenave (de), Ingénieur de la Marine, 4, rue de l'Entrechaux. — Toulon.
Samary (Paul), Ingénieur, Architecte en chef de la Ville, 31, rue Mogador. — Alger.
Samazeuilh (Fernand), Avocat, 60, cours de l'Intendance. — Bordeaux.
Samuel (Émile), Manufacturier. — Neuville-sur-Saône.
*Saporta (le Marquis de), Correspondant de l'Institut. — Aix-en-Provence et l'été à Fonscolombe, par le Puy-Ste-Réparade (Bouches-du-Rhône).
*Saporta (Le Comte Antoine de), 29, rue de la Loge. — Montpellier.
Saporta (Mme la Comtesse A. de), 29, rue de la Loge. — Montpellier.
*Sar (Georges), Élève de mathématiques spéciales, 50, boulevard Saint-Germain. — Paris.
Sarazin (Edmond), Licencié ès sciences. — Genève.
Sarcey (Francisque), 59, rue de Douai. — Paris.
Sarradin (Émile), Trésorier de l'Association polytechnique nantaise, 22, boulevard Delorme. — Nantes.

*Dr Sarret (Jules), Maire. — Goncelin (Isère).
*Dr Satre, 1, rue Montorge. — Grenoble.
Saunion (Alexandre), Négociant, rue des Ormeaux. — La Rochelle.
Saury (J.), Pharmacien. — Aurillac (Cantal).
*Dr Saussol, 22, boulevard Henri IV. — Montpellier.
Dr Sauvage (Émile), Directeur de la station aquicole, 9, rue Tour-Notre-Dame. — Boulogne-sur-Mer.
*Sauvage, Pharmacien, 11, rue Scribe. — Paris.
*Dr Savatier. — Beauvais-sur-Matha (Charente-Inférieure).
Savé, Pharmacien. — Ancenis (Loire-Inférieure).
Say (Léon), Sénateur, ancien Ministre des Finances, 21, rue Frenel. — Paris. — F
Schaeffer (Gustave), Chimiste. — Dornach (Haut-Rhin).
Scheurer-Kestner, Sénateur, 57, rue de Babylone. — Paris. — F
Schlotfeldt (Frédéric), Directeur de l'usine à gaz. — Montpellier.
*Schlumberger (Charles), Ingénieur des Constructions navales, en retraite, 54 *bis*, rue du Four-Saint-Germain. — Paris. — R
Schlumberger (Donald). — Mulhouse (Alsace).
Schmitt, Pharmacien principal à la Pharmacie centrale des hôpitaux militaires, 160, rue de l'Université. — Paris.
Schmitt (Ernest), Professeur de chimie à la Faculté libre des Sciences, Professeur de chimie et de pharmacie à la Faculté libre de Médecine. — Lille.
Schmol (Charles), 132, rue de Turenne. — Paris.
Dr Schœlhammer. — Mulhouse (Alsace).
Schœlhammer (Paul), Chimiste chez MM. Scheurer, Rott et Cie. — Thann (Alsace).
Schoengrun, Membre de la Chambre de commerce, place Dauphine. — Bordeaux.
Schoelaub (Auguste), Agent d'assurance. — Altkirch (Alsace).
Schrader père, Ancien Directeur des classes de la Société philomathique, 20, rue Borie. — Bordeaux. — F
Schrader (Frantz), Membre de la Direction centrale du Club Alpin, 75, rue Madame. — Paris.
Schultz (E.) et Cie, Fabricants, 8, rue du Griffon. — Lyon.
Schutzenberger, Professeur au Collège de France, Membre de l'Académie de Médecine, 53, rue Claude-Bernard. — Paris.
Schwab (Fernand), Ingénieur des Arts et Manufactures, 11, rue Saint-Nicolas. — Nancy.
Dr Schwartz, 122, boulevard Saint-Germain. — Paris.
Dr Schwéhisch, 55, rue du Cherche-Midi. — Paris.
*Schwérer (Pierre-Alban), Notaire, 3, rue Saint-André. — Grenoble. — R.
Schwob, Directeur du *Phare de la Loire*, 6, rue Héronnière. — Nantes.
Sciama (Daniel), Ingénieur agronome. — Mesley, près Limoges (Haute-Vienne).
Scrive (Désiré), Négociant, 1, rue des Lombards. — Lille.
Scrive-Loyer, Manufacturier, 27 *bis*, rue du Vieux-Bourg. — Lille.
Sebert (H.), Colonel d'artillerie de la Marine, 13, rue de la Cerisaie. — Paris.
Secrestat, Négociant, Membre du Conseil municipal. — Bordeaux.
Secretant (Georges), Ingénieur-Opticien, 13, rue du Pont-Neuf. — Paris.
Sée (Marc), Membre de l'Académie de Médecine, Professeur agrégé à la Faculté de Médecine de Paris, 126, boulevard Saint-Germain. — Paris.
Sée (Edmond), Ingénieur, 121, boulevard de la Liberté. — Lille.
Sée (Paul), Ingénieur civil. — Lille.
Segrestaa (Maurice), 25, allées de Chartres. — Bordeaux.
Segretain, Colonel, Directeur du Génie. — Grenoble. — R
Séguin (Paul), Ingénieur, quai des Étroits. — Bellerive, par Lyon.
Séguin (L.), Directeur de la Compagnie du Gaz du Mans, Vendôme et Vannes, à l'usine à gaz. — Le Mans.
Dr Seguy, boulevard Séguin. — Oran.
Seiler (Antonin), Juge d'instruction. — La Châtre (Indre).
Seiler (Albert), Ingénieur, 17, rue Martel. — Paris.
Dr Seiler (M.), 26, boulevard Magenta. — Paris.
Seignouret (P.-E.), Ancien Élève de l'École polytechnique, 23, cours du Jardin-Public. — Bordeaux.
Selleron (E.), Ingénieur des Constructions navales, 18, rue Esprit-des-Lois. — Bordeaux. — R
Selleron-Koechlin (Ernest) père, Négociant, 76, rue de la Victoire. — Paris.

Dr Selsis. — Nérac.

Sélys-Longchamps (Walther de), 33, rue de la Vanne. — Bruxelles.

*Senart (E.), 22, rue Grande-Étape. — Châlons-sur-Marne.

Sentini, Pharmacien, Président de la Société de Pharmacie de Lot-et-Garonne. — Agen.

*Sentis, Professeur au Lycée. — Grenoble.

Serre (Gaston de), Membre de la Société géologique de France, 8, rue Las-Cases. — Paris.

Serre (Fernand), Avocat, 2, rue Levat. — Montpellier.

Serre, Inspecteur primaire, 4 *bis*, rue Mogador. — Alger.

Serres (de), Vice-Président du Comité de direction de la Société autrichienne I. R. priv. des chemins de fer de l'État, Park Ring. — Vienne (Autriche). — 23, rue de Grammont. — Paris.

Dr Servajan, Inspecteur des Eaux minérales de Saint-Alban, Entrepôt des Eaux minérales. — Saint-Alban (Loire).

Dr Servantie, Pharmacien, 31, rue Margaux. — Bordeaux.

Serve (Élie), Notaire. — Saint-Pourçain (Allier).

Servier (Aristide-Édouard), Ingénieur des Arts et Manufactures, Directeur de la Compagnie du gaz de Metz, 2, rue Hippolyte-Lebas. — Paris. — **R**

Dr Seuvre, 9, rue du Bourg-Saint-Denis. — Reims.

Sévenne, Président de la Chambre de commerce, 1, rue de Lyon. — Lyon.

Seynes (Léonce de), 58, rue Calade. — Avignon. — **R**

Seynes (de), Agrégé à la Faculté de Médecine, 15, rue Chanaleilles. — Paris. — **F**

Seyrig, Ingénieur civil, 147, avenue de Wagram. — Paris.

Dr Sezary, Médecin de l'hôpital civil, 8, rue Vialar. — Alger.

Sibour (Auguste), Capitaine de vaisseau. — Salon (Bouches-du-Rhône).

Sicard, Chef de section aux chemins de fer de l'État. — La Roche-sur-Yon (Vendée).

Sicard (H.), Professeur à la Faculté des Sciences, 2, place Kléber. — Lyon.

Dr Sicard (Léonce), 4, rue Montpelliéret. — Montpellier.

Sicard (H.), Pharmacien de 1re classe. — Béziers (Hérault).

Siébert, 23, rue Paradis-Poissonnière. — Paris. — **F**

Siegfried (Jacques), Banquier, 1, rue de Choiseul. — Paris.

*Siégler (Ernest), Ingénieur des Ponts et Chaussées, Ingénieur principal des chemins de fer de l'Est, 8, rue Noël. — Reims. — **R**

Dr Signez, 136, boulevard Voltaire. — Paris.

*Silva (R.-D.), Chef des travaux de chimie analytique à l'École centrale, Professeur à l'École municipale de physique et de chimie industrielles, 26, rue de la Harpe. — Paris.

Simon (Pierre), Propriétaire, 12, quai de Turenne. — Nantes.

Simon, Bijoutier. — Rodez (Aveyron).

Simon (A.-B.), Ingénieur, Directeur des mines de Graissessac, 12, rue du Clos-René. — Montpellier.

Simon, Pharmacien, 36, rue de Provence. — Paris.

Simonin, Ingénieur civil, 34, rue de Turin. — Paris.

Simonnet (Camille), Filateur, 28-30, rue de Courcelles. — Reims.

Sindico (Pierre), Peintre, 7, rue Garreau (Montmartre.) — Paris.

Dr Sinety (de), 10, rue de la Chaise. — Paris.

Sinot, Négociant. — Cette.

*Sirand (Pierre), Pharmacien, 4, rue Vicat. — Grenoble.

Dr Siredey (François), Médecin de l'hôpital Lariboisière, 23, rue Saint-Lazare. — Paris.

Siret (Eugène), Rédacteur du *Courrier de la Rochelle*, place de la Mairie. — La Rochelle.

*Sirodot (Simon), Correspondant de l'Institut, Doyen de la Faculté des Sciences de Rennes. — Rennes.

Sivry (P.), Chef de bureau au Crédit foncier de France, 34, rue de l'Ouest. — Paris.

Skousès (Paul). — Athènes (Grèce).

Dr Smester, 31, rue de Naples. — Paris.

Société anonyme des Houillères de Montrambert et de la Béraudière. — Lyon. — **F**

Société nouvelle des Forges et Chantiers de la Méditerranée, 1, rue Vignon. — Paris. — **F**

Société des Ingénieurs civils, 10, cité Rougemont. — Paris. — **F**

Société des anciens Élèves des Écoles nationales d'Arts et Métiers, 36, rue Vivienne. — Paris.

Société de Géographie d'Oran. — Oran.
Société des Beaux-Arts, des Sciences et des Lettres, rue du Marché. — Alger.
Société académique de la Loire-Inférieure. — Nantes. — **R**
Société philomathique de Bordeaux. — **R**
Société centrale de Médecine du Nord. — Lille. — **R**
Société des Sciences naturelles de la Charente-Inférieure, représentée par M. Beltremieux, Officier de l'Instruction publique. — La Rochelle.
Société hispano-portugaise de Toulouse. — Toulouse.
Société d'Agriculture de l'Indre, place du Marché-aux-Blés. — Châteauroux.
Société de Médecine de Saint-Étienne et de la Loire. — Saint-Étienne (Loire).
Société d'Émulation des Côtes-du-Nord. — Saint-Brieuc.
Société d'Émulation du Doubs. — Besançon.
Société de Médecine et de Chirurgie de Bordeaux.
Société de Médecine et de Chirurgie. — La Rochelle.
Société des Sciences physiques et naturelles, rue Montbazon. — Bordeaux. — **R**
Société des Sciences médicales de Lyon.
Société des Sciences et Arts de Vitry-le-François.
Société des Sciences physiques et naturelles de Toulouse, 5, rue Moulins-Boyard. — Toulouse.
Société d'Agriculture, Industrie, Sciences, Arts, Belles-Lettres du département de la Loire. — Saint-Etienne.
Société polymathique du Morbihan. — Vannes.
Société de Pharmacie de Bordeaux. — Bordeaux.
Société d'Agriculture, Commerce, Sciences et Arts du dép[t] de la Marne. — Châlons.
Société Ramond. — Bagnères-de-Bigorre.
Société nationale des Sciences naturelles et mathématiques de Cherbourg. — Cherbourg.
Société d'Études des Sciences naturelles. — Béziers.
Société industrielle d'Amiens. — Amiens. — **R**
Société d'Agriculture, Belles-Lettres, Sciences et Arts. — Poitiers.
Société linnéenne de Bordeaux. — Bordeaux.
Société française d'Hygiène (Président de la), 30, rue du Dragon. — Paris.
Société des Sciences, de l'Agriculture et des Arts de Lille. — Lille.
Société de Géographie, 184, boulevard Saint-Germain. — Paris. — **R**
Société des Pharmaciens des Bouches-du-Rhône, 25, rue de l'Arbre. — Marseille.
Société de Statistique, 4, rue d'Arcole. — Marseille.
Société des Sciences de Nancy. — Nancy.
Société industrielle de Reims. — Reims. — **R**
Société médicale de Reims. — Reims. — **R**
Société de Pharmacie de Paris, École de pharmacie, avenue de l'Observatoire. — Paris.
Société de Lecture de Lyon, 37, rue de la Bourse. — Lyon.
Société de Statistique, Sciences, Lettres et Arts des Deux-Sèvres. — Niort.
Société médico-pratique de Paris, place Beaudoyer, mairie du IVe arrondissement. — Paris. — **R**
Société d'économie politique de Lyon, 12, rue de la Bourse. — Lyon.
Société française de photographie, 20, rue Louis-le-Grand. — Paris.
Société générale des Téléphones, 41, rue Caumartin. — Paris. — **F**
Société des Sciences et des Lettres de Loir-et-Cher. — Blois.
Société de Pharmacie de Lyon. — Lyon.
Société Botanique de Lyon, Palais des Beaux-Arts, place des Terreaux. — Lyon.
Société Médicale de Jonzac. — Jonzac.
Société des Lettres, Sciences et Arts du Gers. — Auch.
Société de Géographie de Toulouse. — Toulouse.
Société Française des Amis de la Paix, 30, rue Taitbout. — Paris.
Société de Médecine Vétérinaire de l'Yonne. — Auxerre.
Société de Médecine vétérinaire pratique, mairie du IVe arrondissement. — Paris.
Société d'Histoire naturelle de Loir-et-Cher. — Blois.
Société des Excursionnistes. — Blois.
Société libre d'agriculture, sciences, arts et belles lettres de l'Eure. — Évreux. — **R**
Société des Sciences, Lettres et Arts de Pau. — Pau.
Société nationale de Médecine de Lyon. — Lyon. — **R**.
Société d'études des Sciences naturelles, 16, rue Bourdaloue. — Nimes.
Dr Solles, Conseiller municipal, rue Sainte-Catherine. — Bordeaux.

*SOLLIER (E.), Fabricant de ciment, Neufchâtel, par Samer (Pas-de-Calais).
SOLVAY. — Baitsfort-lès-Bruxelles (Belgique). — **F**
SOLVAY ET Cie, usine de Varangeville-Dombasle, par Dombasle (Meurthe-et-Mos.). — **F**
*SOMASCO (Charles), Ingénieur. — Creil (Oise).
*Dr SORDES (A.). — Tarare.
*SORET (Louis), Professeur à l'Université de Genève, 2, rue Beauregard. — Genève. (Suisse).
*SORET (Charles), 2, rue Beauregard. — Genève.
SORREL (Joseph), Tanneur, place de la République. — Moulins (Allier).
SOUCHÉ, Instituteur communal. — Pamproux (Deux-Sèvres).
SOUCHET (Alexis), Notaire, 19, rue Gargouleau. — La Rochelle.
Dr SOULEZ. — Romorantin.
Dr SOULIGNOUX. — Vichy (Allier).
Dr SOUVERBIE (Saint-Martin), Conservateur du Muséum d'histoire naturelle, 5, rue Bardineau. — Bordeaux.
*SPILLMANN (Paul), Professeur agrégé à la Faculté de Médecine. — Nancy.
Dr STAGIENSKI DE HOLUB, 2, rue Balay. — Saint-Étienne (Loire).
STEAD (W. H.), 1, Trafalgar Road, Birkdale. — Southport (Angleterre).
STEINMETZ (Charles), Tanneur. — Mulhouse (Alsace). — **R**
STENGELIN, maison Évesque et Cie, 31, rue Puits-Gaillot. — Lyon. — **R**
Dr STÉPHAN (E.), Professeur suppléant à l'École de Médecine d'Alger, 18, rue Rovigo. — Alger.
STIEFFEL (Jules), Entrepreneur, 102, chaussée de Dornach. — Mulhouse (Alsace).
*Dr STŒBER, 2, rue Drouot. — Nancy.
STŒCKLIN, Inspecteur général des Ponts et Chaussées, 4, avenue de l'Alma. — Paris.
STORCK, Ingénieur civil, 78, rue de l'Hôtel-de-Ville. — Lyon.
STORCK (Mme A.), 78, rue de l'Hôtel-de-Ville. — Lyon.
*STOUFF (Xavier), Inspecteur d'Académie, 6, rue Haxo. — Grenoble.
STRAPART, Professeur à l'École de Médecine de Reims, 9, impasse du Carrouge. — Reims.
STROBL (Hermann), Chimiste. — Valenciennes.
*STUDLER, Directeur de l'École primaire supérieure. — Bel-Abbès (département d'Oran).
STUREL (Émile), Propriétaire, 56, rue Saint-Laurent. — Pont-à-Mousson.
Dr SUCHARD, 9, avenue de l'Observatoire, à Paris et aux bains de Lavey. — Vaud (Suisse). — **F**
*SUREDA (Mme), 34, rue Haute. — Rueil (Seine-et-Oise).
SURELL, Ingénieur en chef des Ponts et Chaussées en retraite, Administrateur du chemin de fer du Midi, 54, boulevard Haussmann. — Paris. — **F**
SURRAULT, Notaire, 5, rue de Cléry, — Paris. — **R**
SURUN (Émile), Pharmacien, 376, rue Saint-Honoré. — Paris.
Dr SUZZARINI, Conseiller général. — Arzew (Dépt d'Oran).
SYCINSKI, Ingénieur, 6, rue Blanchard. — Alger.
SYKES (Alfred), Solicitor. — Milesbridge, near Huddersfield (Angleterre).
SYNDICAT des pharmaciens de l'Indre. — Châteauroux.
TABARAUD (Wilfrid), 5, quai de Bacalan. — Bordeaux.
Dr TACHARD, Médecin-Major de 1re classe, boulevard de Salan. — Brive (Corrèze). — **R**
TACHARD (Mme), boulevard de Salan. — Brive (Corrèze).
TACHARD (Albert), Ancien Député du Haut-Rhin, 13, rue Tronchet. — Paris.
TACHET, Président du Tribunal de Commerce, 2, rue Juba. — Alger.
TAINE (Albert), Pharmacien de 1re classe, 4, place des Pyrénées. — Paris.
TANESSE, Professeur en retraite, 53, quai Valmy. — Paris.
TANRET (Charles), Pharmacien de 1re classe, 64, rue Basse-du-Rempart. — Paris.
*TANVIRAY (Jules), Professeur départemental d'Agriculture. — Blois.
TARBOURIECH (Paul), Conseiller d'arrondissement. — Sallèles-d'Aude (Aude).
TARDIVEAU (A.), Associé d'agent de change, 4, rue Meyerbeer. — Paris.
TARRADE (A.), Pharmacien, Adjoint au Maire, Membre du Conseil général, 69, avenue du Pont-Neuf. — Limoges (Haute-Vienne). — **R**
*TARISSAN, Professeur au Lycée de Tarbes, 26, rue du Haras. — Tarbes.
*TARISSAN (Mme), 26, rue du Haras. — Tarbes.
*TARRY, Inspecteur des Finances, 6, rue Clauzel. — Alger.
TARRY (Gaston), Contrôleur des Contributions diverses. — Alger.
TASTET (Édouard), Négociant, 60, façade des Chartrons. — Bordeaux.
TATIN (Victor), Ingénieur-Constructeur, 54, rue de la Folie-Regnault. — Paris.

TAUSSERAT (Alexandre), Élève à l'École des Chartes, 2, rue de Fleurus. — Paris.
TAVERNIER (DE), Ingénieur des Ponts et Chaussées, 7, rue Baudin. — Paris.
TCHEBICHEF, Membre de l'Académie. — Saint-Pétersbourg (Russie).
Dr TEILLAIS, place du Cirque. — Nantes. — **R**
TEISSEIRE (Omer), Négociant exportateur, 33, allée d'Amour. — Bordeaux.
TEISSERENC (Émile), 17, rue Maguelonne. — Montpellier.
*TEISSERENC DE BORT (Léon), Chef de service de météorologie générale, 60, rue de Grenelle. — Paris.
TEISSET (Jules), Ingénieur chez MM. Béthouart et Brault, constructeurs-mécaniciens, Fonderies de Chartres. — Chartres (Eure-et-Loir).
*Dr TEISSIER (Joseph), Professeur agrégé à la Faculté de Médecine de Lyon, 8, place Bellecour. — Lyon.
*TEISSIER (Mme), 8, place Bellecour. — Lyon.
Dr TEISSIER, Professeur à la Faculté de Médecine de Lyon, 16, quai Tilsitt. — Lyon. — **R**
TELLIER (Jules), Propriétaire. — Sézanne (Marne).
TEMPIÉ, Propriétaire, rue Maguelonne. — Montpellier.
TERQUEM, Professeur d'hydrographie. — Dunkerque.
TERQUEM (Alfred), Professeur à la Faculté des Sciences, 116, rue Nationale. — Lille. — **R**
TERRAS (DE), Ancien Élève de l'École polytechnique. — Au Grand Bouchet, par Montdoubleau (Loir-et-Cher).
*TERRAVALIEN (Auguste-Marie), Propriétaire, 3, rue de Montreuil. — Paris.
*TERRAVALIEN (Mme), 3, rue de Montreuil. — Paris.
*TERRIER (Léon), Professeur au Collège Rollin, avenue Trudaine. — Paris.
*TERRIER, Architecte, Secrétaire de l'École spéciale d'Architecture, 136, boulevard Montparnasse. — Paris.
TERRIER (Paul), Ingénieur, 56, rue de Provence — Paris.
TERRIER, Professeur agrégé à la Faculté de Médecine de Paris, 22, rue Pigalle. — Paris.
TESSIER (Charles), Négociant, rue de Feltres. — Nantes.
Dr TESTELIN (Achille), Sénateur, 16, rue de Thionville. — Lille.
*TESTOUD (Charles), Professeur à la Faculté de Droit, Adjoint au Maire, 5, rue Montorge. —. Grenoble.
*TESTUT (L.), Professeur d'anatomie à la Faculté de Médecine, 13, rue Inkermann. — Lille. — **R**
TEULADE (Marc), Avocat, Membre de la Société de Géographie et de la Société d'Histoire naturelle de Toulouse, 10, rue Peyras. — Toulouse.
*TEULLÉ (le Baron Pierre), Propriétaire, Membre de la Société des Agriculteurs de France. — Moissac (Tarn-et-Garonne).
TEXCIER (Henri), Professeur au Lycée Corneille, 38, rue Armand-Carrel. — Rouen.
TEXIER (Louis), Directeur de l'École de Médecine, Président de l'Association des médecins de l'Algérie. — Alger.
THÉLIN (DE), Ingénieur des Ponts et Chaussées. — Avignon.
THÉNARD (Mme la Baronne), 6, place Saint-Sulpice. — Paris. — **R**.
THÉRY, Conseiller général. — Langon (Gironde).
THEURIER (A.), Chimiste, 8, place des Pénitents. — Lyon.
THÉVENARD, Maire de Nevers. — Nevers.
THEVENET (Antoine), Professeur à l'École supérieure des Sciences. — Mustapha, près d'Alger.
THEVENET, Relieur, 31, rue de Tournon. — Paris.
Dr THÉVENOT, 44, rue de Londres. — Paris.
Dr THÈZE (A.), Ancien Médecin de la Marine, 59, rue de l'Arsenal. — Rochefort-sur-Mer.
THIBAULT, Ingénieur-Entrepreneur, 3, rue de l'Hôpital. — Avallon (Yonne).
THIBAULT (J.), Tanneur. — Meung-sur-Loire. — **R**
Dr THIERRY, Médecin en chef de l'Hôpital général, Professeur à l'École de Médecine, 37, rue Thiers. — Rouen.
*THIERVOZ (Émile), Directeur de la Voirie et des Eaux, 2, passage de l'Hôtel-de-Ville. — Grenoble.
THIRIEZ (Léon), Ingénieur-Manufacturier. — Lille.
THOMAS (Louis), Chirurgien en chef de l'hôpital de Tours, 19, boul. Heurteloup. — Tours.
Dr THOMAS (Philadelphe). — Tauziès, par Gaillac (Tarn).
THOMAS (René), Licencié en droit, 3, rue Lapeyrouse. — Toulouse.

THOMAS (A.), Notaire. — Montrouge (Seine).
THOMAS, Député, 15, boulevard des Promenades. — Reims.
THOMAS (Ch.), Vétérinaire en 1er au 10e hussards. — Nancy (Meurthe-et-Moselle).
THOMAS (Paul), Propriétaire, 16, avenue Carnot. — Paris.
THOMAS (Jean), Pharmacien, 48, avenue d'Italie. — Paris.
THOMAS (Léonce), Avocat, 10, rue Montméjean. — Bordeaux.
THONA, Agent temporaire des Ponts et Chaussées, Chef de section au Chemin de fer de Marvéjols à Mende. — Le Poujet, arrondissement de Saint-Flour (Cantal).
THORAUX (L.), Notaire. — Vendôme.
Dr THORENS, Secrétaire général de la Société de Médecine de Paris, 34, rue Vernet. — Paris.
*THORRANS, Fabricant de ciment. — Voreppe (Isère).
THUILLIER-PONSIN, Négociant, 8, place Godinot. — Reims.
Dr THULIÉ, 31, boulevard Beauséjour. — Paris. — **R**
THURNEYSSEN (Émile), Administrateur de la Compagnie générale Transatlantique, 80, boulevard Malesherbes. — Paris. — **R**
THURNINGER, Ingénieur des Ponts et Chaussées. — La Rochelle.
THURON (Charles), Ingénieur des Arts et Manufactures, 68, rue La Fontaine. — Paris (Auteuil).
TILLION (A.), 15, rue Sous-les-Augustins. — Clermont-Ferrand.
TILLY (DE), Teintures et Apprêts, 77, rue des Moulins. — Reims. — **R**
*Dr TISON, Docteur ès sciences naturelles, 31, rue de l'Abbé-Grégoire. — Paris.
TISSANDIER (G.), Chimiste, 19, avenue de l'Opéra. — Paris.
TISSANDIER (Albert), 19, avenue de l'Opéra. — Paris.
*TISSERAND, Professeur au Collège. — Oran (Algérie).
TISSEYRE (Albert), Archiviste de la section sud-ouest du Club Alpin, 61 *bis*, pavé des Chartrons. — Bordeaux.
TISSIÉ (Alphonse), Banquier. — Montpellier.
TISSIÉ-SARRUS, Banquier. — Montpellier. — **F**
TISSIER (L), Avoué, 6, rue Sainte-Claire. — Moulins.
TISSOT (J.), Ingénieur en chef des Mines. — Constantine. — **R**
TOFFART (Auguste), Secrétaire général de la mairie. — Lille.
Dr TOLMATSCHEW (Nicolas), Clinique. — Kasan (Russie).
TONDUT (Albert), Procureur de la République. — Blaye.
Dr TOPINARD (Paul), Directeur adjoint du Laboratoire d'anthropologie de l'École des Hautes Études, 105, rue de Rennes. — Paris. — **R.**
TORCAPEL, Ingénieur, 7, rue Saluces. — Avignon.
TORQUET (L.), 17, rue Jeanne-Hachette. — Havre.
TORRILHON, Fabricant de caoutchouc. — Chamalières près Clermont-Ferrand (Puy-de-Dôme).
TOULON (Paul), Ingénieur des Ponts et Chaussées, Licencié ès lettres, Licencié ès sciences, rue des Champs-des-Oiseaux. — Rouen.
Dr TOURANGIN (Gaston), Conseiller général de l'Indre, 20 *bis*, boul. Voltaire. — Paris.
*TOURNIER (L'Abbé), au Collège. — Toissey (Ain).
TOURON (Eugène), 46, rue Royale. — Saint-Quentin (Aisne).
TOURTOULON (Baron DE), Propriétaire. — Valergues, par Lansargues (Hérault). — **R**
Dr TOUSSAINT. — Mézières (Ardennes).
TOUSSAINT (Mlle), 3, rue de Douai. — Paris.
Dr TOUTANT. — Marans (Charente-Inférieure).
Dr TRABUT, Médecin adjoint à l'hôpital civil, boulevard Bon-Accueil. — Mustapha, près Alger.
TRAMASSÉ, Négociant, 17, rue Lafaurie-de-Monbadon. — Bordeaux.
*TRANNIN, Docteur ès sciences. — Arras.
TRAVELET, Ingénieur des Ponts et Chaussées. — Besançon. — **R**
*TRAVET (A.), 33, boulevard de la Révolte. — Clichy (Seine).
TRÉBUCIEN (Ernest), Manufacturier, 25, cours de Vincennes. — Paris. — **F**
TRECH (R.), Avocat défenseur, Conseiller municipal, 11, rue Bruce. — Alger.
*TRÉLAT (Émile), Architecte, Directeur de l'École spéciale d'Architecture, Professeur au Conservatoire des Arts et Métiers, 17, rue Denfert-Rochereau. — Paris. — **R**
*TRÉLAT (Gaston), Architecte, 14, avenue de l'Observatoire. — Paris.
TRÉLAT (Ulysse), Membre de l'Académie de Médecine, Professeur à la Faculté de Médecine, 18, rue de l'Arcade. — Paris. — **R**

· TRENQUELLÉON (Fernand DE), 5, rue Calamène. — Agen (Lot-et-Garonne).
TREPIED (Ch.), Directeur de l'Observatoire. — La Kouba, près Alger.
TRICOUT, Orthopédiste, 82, place Drouet-d'Erlon. — Reims.
TROISIER, Professeur agrégé à la Faculté de Médecine de Paris, 32, rue Caumartin. — Paris.
*Dr TROLARD, Professeur à l'École de Médecine, 29, rue Bab-Azoun. — Alger.
Dr TROLLIER, Professeur à l'École de Médecine, 1, rue Lamoricière. — Alger.
TROUETTE (E.), Pharmacien de 1re classe, 163 et 165, rue Saint-Antoine. — Paris.
TRUCHOT, Directeur de la station agronomique du Centre, Professeur de chimie à la Faculté des Sciences, 4, barrière d'Issoire. — Clermont-Ferrand.
TRUCHOT (Ch.), Préparateur de chimie à la Faculté des Sciences. — Clermont-Ferrand.
TRUTAT (E.), Conservateur du Musée d'histoire naturelle, 3, rue des Prêtres. — Toulouse.
TRYSTRAM, Député du Nord, Conseiller général, 95, rue de Rennes. — Paris.
TULPIN (Frédéric), Ingénieur-Mécanicien, ancien juge au Tribunal de Commerce de Rouen, 21, rue du Pré-de-la-Bataille. — Rouen.
TULPIN (Alfred), Ingénieur-Mécanicien, 19, rue du Pré-de-la-Bataille. — Rouen.
TURENNE (Marquis DE), 26, rue de Berry. — Paris. — **R**
TURPAUD (Georges), Négociant. — Duras (Lot-et-Garonne).
TURQUET (J.-B.), Blanchisserie. — Senlis (Avilly, Oise).
TURQUET (Mme J.-B.). — Senlis (Avilly, Oise).
*Dr TURREL, rue de la Liberté. — Grenoble.
URSCHELLER (Georges-Henri), Professeur d'allemand au Lycée, 4, rue Saint-Yves. — Brest. — **R**
USSEL (Vicomte D'), Ingénieur en chef des Ponts et Chaussées, quai des Fourneaux. — Melun.
Dr VAILLANT (Léon), Professeur au Muséum, 8, quai Henri IV. — Paris. — **R**
VAILLANT, Architecte, 108, avenue de Villiers. — Paris.
*Dr VALCOURT (DE). — Cannes (Alpes-Maritimes). — **R**
VALENCIENNES (A.), Directeur de l'usine de la Pharmacie centrale de France, 317, avenue de Paris. — Saint-Denis.
VALENTIN (Achille), Négociant, 28, rue du Pont-Juvénal. — Montpellier.
Dr VALLANTIN (Jacques-Henri), 7, rue Tison-d'Argence. — Angoulême.
VALLÉE (Alfred), Propriétaire. — La Noue-Laurent-Saint-Aignan, par Pont-Rousseau (Loire-Inférieure).
VALLÉE (Mme Alfred). — La Noue-Laurent-Saint-Aignan, par Pont-Rousseau (Loire-Inférieure).
Dr VALLIN, Professeur d'hygiène au Val-de-Grâce, 180, boulevard Saint-Germain. — Paris.
VALSER (A.), Professeur à l'École de Médecine, 20, rue Petit-Roland. — Reims.
*Dr VALUDE, 134, boulevard Saint-Germain. — Paris.
VAN-ASSCHE (F), Pharmacien chimiste, 13, quai de la Bourse. — Rouen.
VANEY (Emmanuel), Conseiller à la Cour d'appel, 14, rue Duphot. — Paris. — **R**
*VAN HAMEL (Mme). — Groningue (Pays-Bas).
*VAN HAMEL, Professeur à la Faculté des Lettres. — Groningue (Pays-Bas).
VAN-ISEGHEM (Henri), Avocat, Conseiller général de la Loire-Inférieure, 9, rue du Calvaire. — Nantes. — **R**
VAN TIÉGHEM, Membre de l'Institut, Professeur au Muséum, 16, rue Vauquelin. — Paris.
Dr VARIGNY (Henri DE), 33, quai Voltaire. — Paris.
VARIOT, Ingénieur civil, 13, rue de Constantine. — Lyon.
VARNIER-DAVID, Négociant, 3, rue de Cernay. — Reims. — **R**
Dr VASNIER (Henri), rue Vauthier-le-Noir. — Reims.
VASSAL (Alexandre), Montmorency (Seine-et-Oise) et 55, boulevard Haussmann. — Paris. — **R**
VATTEMENT, Pharmacien à l'École normale, 57, rue de la République. — Rouen.
VAUTHIER (L.-L.), Conseiller municipal de la Ville de Paris, 18, rue Molitor. — Paris.
*VAUTIER (Théodore), Étudiant, 46, rue Centrale. — Lyon. — **R**
VAUTIER (Émile), Ingénieur civil, 46, rue Centrale. — Lyon. — **F**
VAVASSEUR, Propriétaire, 17, rue Saint-Vincent-de-Paul. — Paris.
Dr VAYRON. — Lavallette (Charente).
Dr VAZEILLE (Michel), 14, route des Moulineaux. — Issy (Seine).
VEDLÈS (Ad.), rue du Bac-d'Asnières. — Clichy (Seine).
VÉE (Amédée), 24, rue Vieille-du-Temple. — Paris.

*Veissilier, Artiste. — Lancey (Isère).
Vélain, Répétiteur des Hautes Études à la Sorbonne, 9, rue Thénard. — Paris.
*Velpry (C.), Pharmacien-Chimiste, 14 et 16, rue Saint-Thomas. — Reims.
Velten, 32, rue Bernard-du-Bois. — Marseille.
Venet, Capitaine au 46e régiment de ligne, 3, rue de la Vérité. — Auxerre.
Dr Verchère (Fernand), Chef de clinique chirurgicale à la Faculté de Médecine, 86, rue de Lille. — Paris.
Verdet (Gabriel), Président du Tribunal de commerce. — Avignon. — **F**
*Verdin (Ch.), Constructeur d'instruments de précision pour la physiologie, 6, rue Rollin. — Paris.
Vereker, 1, Portman Square. — London. W.
Dr Vergely, rue Castéja. — Bordeaux.
*Dr Verger (Th.) — Saint-Fort-sur-Gironde (Charente-Inférieure) — **R**
*Verlot (Jean-Baptiste), Jardinier en chef de la Ville, au Jardin des Plantes.—Grenoble.
Verly, Rédacteur en chef de *l'Écho du Nord*. — Lille.
Vernes (Félix), 29, rue Taitbout. — Paris. — **F**
Vernes d'Arlandes (Th.), 25, Faubourg-Saint-Honoré. — Paris. — **F**
Vernet, Fabricant de produits chimiques. — Poussan (Hérault).
*Verneuil, Membre de l'Académie de Médecine, Professeur à la Faculté de Médecine, 11, boulevard du Palais. — Paris. — **R**
*Verneuil (Mme), 11, boulevard du Palais. — Paris.
Verneuil (Ch. de), au Crédit lyonnais, 21, boulevard des Italiens. — Paris.
Verney (Noël), Étudiant, 11, quai des Célestins. — Lyon. — **R**
Veyrin (Émile), 6, rue Favart. — Paris. — **R**
Vezin, Conseiller général de la Loire-Inférieure. — Saint-Nazaire.
Vial, Pharmacien-Chimiste, 1, rue Bourdaloue. — Paris.
Vial, Agent principal de la Compagnie générale Transatlantique. — Le Havre
Dr Viala (Jules). — Rodez (Aveyron).
Vialla (Louis), Président de la Société d'Agriculture, rue des Grenadiers. — Montpellier.
*Viallet (Constant), Ancien Président du Tribunal de commerce, 2, rue de France. — Grenoble.
*Viallet (Marius), Maison Dumollard et Viallet, 92, quai de France. — Grenoble.
Viallet (Augustin), Maison Dumollard et Viallet, 92, quai de France. — Grenoble.
Dr Viardin (E.). — Troyes (Aube).
*Dr Vibert. — Puy-en-Velay.
Vidal, Membre de l'Académie de Médecine, Médecin des Hôpitaux, 49, rue Cambon. — Paris.
Videau (A. G.), Négociant, 56, quai de Bacalan. — Bordeaux.
Vieillard (Albert), 77, quai de Bacalan. — Bordeaux. — **R**
Vieillard (Charles), 77, quai de Bacalan. — Bordeaux. — **R.**
Viellard (Henri), Manufacturier. — Morvillars (Haut-Rhin). — **R**
*Dr Viennois, 39, quai de la Charité. — Lyon.
Viéville (V.), Fabricant de tissus, 9, rue de la Peirière. — Reims.
*Vignancour (Marc). — Château des Boulaires, près Cusset (Allier).
*Vignard (Charles), Négociant, Licencié en droit, 6, rue Urvoy-de-St-Bédan. — Nantes.
Vignes (Émile), Ingénieur aux chemins de fer de l'État, 22, rue Saint-Pétersbourg. — Paris.
Vignes (Léopold), Propriétaire, 4, rue Michel-Montaigne. — Bordeaux.
Vignon (J.), 45, rue Malesherbes. — Lyon. — **F**
Vigouroux, Ingénieur de chemins de fer. — Bordj-bou-Arréridj (département de Constantine).
Dr Viguier, Docteur ès sciences, Professeur à l'École des Sciences. — Alger.
Viguier (Hilaire), Professeur à la Faculté des Sciences. — Montpellier.
Vilanova y Piera (Jean), Professeur de paléontologie à l'Université, 12, San Vicente. — Madrid (Espagne).
Villain (G.), Préparateur de chimie à la Faculté de Médecine, 81, rue de Maubeuge. — Paris.
Ville (Georges), Professeur de physique végétale au Muséum d'histoire naturelle, 43 *bis*, rue de Buffon. — Paris.
Ville (Alphonse), Adjoint au Maire, rue d'Allier. — Moulins (Allier).
Ville de Reims. — Reims. — **F**
Ville de Rouen. — Rouen. — **F**

Villeminot (Paul), Manufacturier, rue Denfert-Rochereau. — Agha-Mustapha supérieur, près Alger.

Villeneuve (L.), Chirurgien en chef des Hôpitaux, Professeur suppléant à l'École de Médecine, 8, rue Papère. — Marseille.

Villette (Ch.), Trésorier-Payeur général. — Moulins (Allier).

Vinay, Conducteur des Ponts et Chaussées. — Saint-Flour (Cantal).

Vincent (Auguste), Négociant, 7, rue du Chai-des-Farines. — Bordeaux. — **R**

Dr Vincent, Chirurgien à l'Hôpital civil, Professeur à l'École de Médecine, 11, rue d'Isly. — Alger.

Vincent, Directeur de l'École des Sciences, Professeur au Lycée Corneille, 19, rue Maladrerie. — Rouen.

Dr Vincent du Claux, Secrétaire de la rédaction des *Annales d'Hygiène publique et de Médecine légale*, 11 *bis*, rue Chardin. — Paris.

Vinchon, Propriétaire, rue Traversière. — Roubaix.

*Vinot, Directeur du *Journal du Ciel*, cour de Rohan. — Paris.

Dr Violet, 48, rue de l'Hôtel-de-Ville. — Lyon.

Violle, Maître de conférences à la Faculté des Sciences, 89, boulevard Saint-Michel. — Paris.

Viollet (Henri), Ingénieur. — Royas par Saint-Jean-de-Bournay (Isère).

Viollette (Ch.), Doyen de la Faculté des Sciences. — Lille.

Vissière, Constructeur d'instruments de précision, 15, rue de Paris. — Le Havre.

Vivier (Alfred), Juge au Tribunal civil, 26, rue Bazoges. — La Rochelle.

Vivier (Alphonse), Procureur de la République. — Marennes (Charente-Inférieure).

Vogt (G.), Ingénieur à la Manufacture. — Sèvres.

Vogt, Fondeur, rue Buffon. — Mulhouse (Alsace).

*Dr Voisin (Auguste), Médecin des Hôpitaux, 16, rue Séguier. — Paris. — **F**

Voisin-Bey, Inspecteur général des Ponts et Chaussées, 3, rue Scribe. — Paris.

Voland (Pierre), Clerc de notaire, 60 *bis*, rue Boursault. — Paris.

Vollot, Professeur de mathématiques au Lycée — Alger.

Vourloud, Ingénieur civil, 3, quai d'Occident. — Lyon.

Dr Vovard, 39, rue Neuve. — Bordeaux.

Vuigner (H.), Ingénieur civil des Mines, 28, rue de l'Université. — Paris.

Vuillemin, Directeur des Mines. — Aniche.

Vuillemin (Georges), Ingénieur civil des Mines, Secrétaire général de la Compagnie des mines d'Aniche. — Aniche (Nord).

Wahl (Maurice), Professeur d'histoire au Lycée Lakanal, 63, rue Duplessis. — Versailles.

Walbaum (Alfred), Manufacturier, rue Gerbert. — Reims.

Walbaum (Édouard), Manufacturier, 28, rue Cérès. — Reims.

Walecki, Professeur au Lycée Condorcet, rue du Havre. — Paris.

Wallace (Sir Richard), 2, rue Laffitte. — Paris. — **F**

Wallaert (Auguste), Filateur, 28, boulevard de la Liberté. — Lille.

Wallon (Étienne), Professeur au Lycée de Vanves, 24, rue Saint-Pétersbourg. — Paris.

*Warcy (Gabriel de), 28, rue Saint-André. — Reims.

Warée (Adrien), Fabricant de dentelles, 19, rue de Cléry. — Paris.

Dr Warmont (Aug.), Ancien Interne des hôpitaux de Paris, Médecin honoraire de la Manufacture de Saint-Gobain, 50, rue du Four-Saint-Germain. — Paris.

Warmont (Paul), Élève au Lycée Louis-le-Grand, 50, rue du Four-Saint-Germain. — Paris.

Warnod, Ingénieur civil. — Giromagny, près Belfort.

Wartelle, Blanchisserie de fils et tissus, 191, rue de Paris. — Herrin (Nord).

Watel (Henry), Directeur des tramways d'Alger. — Alger-Mustapha.

*Weber, Vétérinaire, Président de la Société centrale de Médecine vétérinaire, 43, rue de Bourgogne. — Paris.

Dr Wecker (de), 55, rue du Cherche-Midi. — Paris.

Weiller (Lazare), Ingénieur-Manufacturier. — Angoulême.

Dr Weisgerber (Charles-Henri), 262, rue du Faubourg-Saint-Honoré. — Paris.

Weiss (Albert), 15, rue de la Grange. — Lyon-Vaise.

Welté (Charles), Caissier, 2, rue des Murs. — Reims.

Welter (Émile), Constructeur de machines. — Mulhouse (Alsace).

Wendling (Félix), Médecin communal. — Hussein-Dey (province d'Alger).

Wenz, Négociant, 9, boulevard Cérès. — Reims.

Wertheimer (E.), Professeur agrégé à la Faculté de Médecine, 53, rue Saint-Étienne. — Lille.

Werve et de Schilde (Baron Van de). — Château de Schilde, par Wyneghem (Province d'Anvers, Belgique).

West (Émile), Ingénieur, Ancien Élève de l'École centrale, 13, rue Bonaparte. — Paris.
Westphal-Castelnau, Propriétaire, villa Louise. — Montpellier.
Westphalen, Négociant, 29, rue de la Ferme. — Le Havre.
Dr Wickham (Georges), Officier de l'Instruction publique, 16, rue de la Banque. — Paris.
Wickham (Henri), Étudiant en médecine, 7, rue de la Michodière. — Paris.
Wild (Eugène), École technique. — Winterthour (Suisse).
Wilhem (Georges), Chimiste, 28, rue du Sentier. — Paris.
Willm, Professeur de chimie générale appliquée à la Faculté des Sciences de Lille, 82, boulevard Montparnasse — Paris. — **R**
Wilson, Député d'Indre-et-Loire, au Palais de l'Élysée. — Paris.
Windsor (E.), Constructeur de machines à vapeur, 1, rue du Hameau-des-Brouettes. — Rouen.
Winter, Négociant, 42, rue Jean-Jacques-Rousseau. — Paris.
Witz (Joseph), Négociant. — Épinal (Vosges).
Witz (Albert), Photographe, 46, place des Carmes. — Rouen.
*Dr Wollaston. — Cannes.
Worms (Fernand), Avocat, 14, rue Royale. — Paris.
Wouters, Rentier, 85, rue d'Assas. — Paris.
Wurtz (Théodore), 40, rue de Berlin. — Paris. — **F**
Wyrouboff (G.), Docteur ès sciences, 18, rue Molitor — Paris.
*Xambeu, Professeur. — Saintes (Charente-Inférieure).
Yver, Ancien Élève de l'École polytechnique. — Briare (Loiret). — **F**
Yvert, Avoué, rue Gargouleau. — La Rochelle.
*Dr Yvonneau, rue Porte-Coté. — Blois.
Zambaux, Propriétaire, 42, boulevard Henri IV. — Paris.
*Zaborowska (Mme), 2, avenue de Paris. — Thiais, près Choisy-le-Roi.
*Zaborowski, Homme de lettres, 2, avenue de Paris. — Thiais, près Choisy-le-Roi.
Zègre (Germain), Étudiant à la Faculté des Sciences, 7, place des Reigneaux. — Lille.
Zeiller (René), Ingénieur en chef des Mines, 43, rue de Rennes. — Paris.
Zindel (Édouard), Chimiste aux usines de la Compagnie de Saint-Gobain. — Saint-Fons (Rhône).
Ziegler, 14, rue de la Marine. — Alger.
Ziérer, Ingénieur civil, 57, rue Jeanne-d'Arc. — Rouen.
Zolla (Daniel), Élève à l'École des Sciences politiques, 17, boulevard Montmorency. — Paris (Auteuil).
Zurcher (Philippe), Ingénieur des Ponts et Chaussées, faubourg du Morillon, 7, rue Saint-François. — Toulon (Var).

LISTE DES DÉLÉGUÉS DES MINISTÈRES

AU CONGRÈS DE GRENOBLE

MINISTÈRE DE L'AGRICULTURE.

M. Philippe, Directeur de l'hydraulique agricole.

MINISTÈRE DE LA GUERRE.

M. le Général Haillot, Commandant la 53e brigade d'infanterie, à Grenoble.

MINISTÈRE DE LA JUSTICE.

M. Yvernès, Chef de division.

MINISTÈRE DE LA MARINE ET DES COLONIES.

MM. Rochard, Inspecteur général du service de santé de la Marine.
Bouquet de la Grye, Ingénieur hydrographe de 1re classe.

MINISTÈRE DES POSTES ET TÉLÉGRAPHES.

M. Loir, Directeur-Ingénieur des Télégraphes de la région de Lyon.

MINISTÈRE DES TRAVAUX PUBLICS.

M Courtois, Ingénieur en chef des Ponts et Chaussées, à Grenoble.

LISTE DES SAVANTS ÉTRANGERS

AYANT ASSISTÉ AU CONGRÈS DE GRENOBLE

MM. ALEXEYEFF (Pierre), Professeur de chimie à l'Université de Kiew (Russie).
CANDÈZE (Dr), Membre de l'Académie des Sciences de Belgique.
CERROTI (Philippe), Lieutenant général du Génie italien, Vice-Président du Tribunal suprême de guerre et marche, à Rome.
CERRUTI (Valentino), Professeur de mécanique à l'Université royale de Rome.
FOL (Hermann), Professeur à l'Université de Genève.
FOLIE, Directeur de l'Observatoire royal de Belgique, à Bruxelles.
FRANCHIMONT, Professeur à l'Université de Leyde (Pays-Bas).
GIORGINO (J.), à Colmar (Alsace).
LORIOL (P. DE), Naturaliste, à Genève.
MALAISE (C.), Professeur, Membre de l'Académie royale de Belgique, à Gembloux.
OLTRAMARE (G.), Professeur à l'Université de Genève.
GOSSE (Dr H.-J.), Doyen de la Faculté de Médecine de Genève.
HUGO-GYLDEN, Directeur de l'Observatoire de Stockholm, Correspondant de l'Institut de France.
PACHIOTTI (Jacinthe), Sénateur, Professeur de médecine à l'Université de Turin.
PLATEAU (F.), Professeur à l'Université de Gand (Belgique).
RAGONA (Domenico), Professeur, Directeur de l'Observatoire royal d'astronomie et de météorologie de Modène.
REDARD (Dr), Professeur à Genève.
RINDI (Scipione), Docteur, Professeur au Lycée de Pesaro (Italie).
SCHOUTE (P.-H.), Professeur à l'Université de Groningue (Pays-Bas).
SIEMACHKO (Julien DE), Minéralogiste, Conseiller d'État actuel à Saint-Pétersbourg.
SORET (Louis), Professeur à l'Université de Genève.
SORET (Charles), Professeur à l'Université de Genève.
VAN HAMEL, Professeur à la Faculté des Lettres de Groningue (Pays-Bas).
VENIOUKOFF, Major Général russe en retraite.
YUNG (Émile), Professeur à Genève.

LISTE DES SOCIÉTÉS SAVANTES

QUI SE SONT FAIT REPRÉSENTER AU CONGRÈS DE GRENOBLE.

ACADÉMIE de Blois, représentée par M. le Commandant DE ROCHAS.

ACADÉMIE des Sciences, Inscriptions et Belles-Lettres de Toulouse, représentée par M. le Professeur N. JOLY et M. JOULIN, Ingénieur en chef des Poudres.

REALE ACCADEMIA di Scienze, Lettere ed Arti di Modena, représentée par M. D. RAGONA.

ACADÉMIE des Sciences de Savoie, représentée par M. PILLET (Louis).

COMPAGNIE de Saint-Gobain, représentée par M. REVAUX.

SOCIÉTÉ des Amis des Sciences naturelles de Rouen, représentée par M. GADEAU DE KERVILLE, son Secrétaire.

SOCIÉTÉ des Agriculteurs de France, représentée par M. A. DE LA VALETTE.

SOCIÉTÉ libre d'Agriculture de l'Eure, représentée par M. BUISSON.

SOCIÉTÉ d'Agriculture, Commerce, Sciences et Arts du département de la Marne, représentée par M. BRISSON.

SOCIÉTÉ d'Agriculture, Industrie, Sciences, Arts, Belles-Lettres du département de la Loire et de Saint-Étienne, représentée par M. le Dr REYNAUD.

SOCIÉTÉ d'Anthropologie de Bordeaux et du Sud-Ouest, représentée par M. le Professeur AZAM et M. F. DALEAU.

SOCIÉTÉ d'Anthropologie de Paris, représentée par MM. G. DE MORTILLET et SALMON.

SOCIÉTÉ Botanique de Lyon, représentée par M. MEYRAN, son Secrétaire.

SOCIÉTÉ de Climatologie et Sciences d'Alger, représentée par M. POMEL.

SOCIÉTÉ d'Émulation de l'Allier, représentée par M. BOUCHARD (Ernest), Avocat.

SOCIÉTÉ d'Émulation et de Prévoyance des Pharmaciens de l'Est, représentée par M. GUILLEMINET, son Vice-Président.

SOCIÉTÉ des Anciens Élèves des Écoles d'arts et métiers, représentée par M. BOURDILLAT.

SOCIÉTÉ d'Études des Sciences naturelles, représentée par M. FÉMINIER.

SOCIÉTÉ Française des Amis de la Paix, représentée par M. NOTTELLE.

SOCIÉTÉ de Géographie commerciale de Paris, représentée par M. le Vicomte BRENIER DE MONTMORAND et M. le Dr NEIS.

SOCIÉTÉ de Géographie de l'Est, représentée par MM. le Dr FOURNIER et GÉRARD.

SOCIÉTÉ de Géographie de Paris, représentée par M. MAUNOIR, son Secrétaire général.

SOCIÉTÉ de Géographie de Toulouse, représentée par M. F. REGNAULT.

SOCIÉTÉ Géologique de France, représentée par M. LOUSTEAU.

SOCIÉTÉ d'Histoire naturelle de Colmar, représentée par M. le Dr FAUDEL.

SOCIÉTÉ d'Histoire naturelle de Loir-et-Cher, représentée par M. L. GUIGNARD, son Vice-Président.

SOCIÉTÉ Industrielle de Mulhouse, représentée par M. GROSSETESTE.

SOCIÉTÉ pour l'Instruction élémentaire, représentée par MM. CARNOT, MAURY et VINOT.

SOCIÉTÉ de Médecine et de Chirurgie de la Rochelle, représentée par M. le Dr DROUINEAU.

SOCIÉTÉ de Médecine publique de Bordeaux, représentée par M. le Dr DROUINEAU.

SOCIÉTÉ Météorologique, représentée par M. TEISSERENC DE BORT (Léon), son Secrétaire général.

SOCIÉTÉ Nationale de Médecine de Lyon, représentée par M. le Dr DIDAY, son Secrétaire général.

Société de Pharmacie de Bordeaux, représentée par M. le Dr Blarez.
Société de Pharmacie de Lyon, représentée par M. Guilleminet, son Vice-Président.
Société Ramond, représentée par M. C.-X. Vaussenat.
Société des Sciences de Nancy, représentée par M. Gény.
Société des Sciences et Lettres de Loir-et-Cher, représentée par M. A. de Rochas.
Société des Sciences naturelles de la Rochelle, représentée par M. Couneau.
Société des Sciences naturelles du Sud-Est, représentée par M. Richard (Alfred) et M. Villot.
Société de Statistique de l'Isère, représentée par M. Latars, Professeur à l'École du Génie, à Grenoble.
Société de Topographie de France, représentée par M. Prévost.

BOURSES DE SESSIONS

LISTE DES BOURSIERS AYANT ASSISTÉ AU CONGRÈS DE GRENOBLE

MM. Charreyre, de la Faculté des Sciences de Marseille.
Goirand, de l'École nationale des Arts et Métiers d'Aix.
Maury, du Laboratoire de botanique de l'École des Hautes Études de Paris.

ASSOCIATION FRANÇAISE

POUR

L'AVANCEMENT DES SCIENCES

ASSEMBLÉES GÉNÉRALES

ASSEMBLÉE GÉNÉRALE

Tenue à Grenoble le 20 Août 1885

PRÉSIDENCE DE M. VERNEUIL

PROFESSEUR A LA FACULTÉ DE MÉDECINE, CHIRURGIEN DES HÔPITAUX,
MEMBRE DE L'ACADÉMIE DE MÉDECINE,
PRÉSIDENT DE L'ASSOCIATION

— *Extrait du Procès-verbal*

L'Assemblée adopte les propositions faites par les sections pour la nomination des membres du Conseil d'administration.

(Voir ci-après la composition du Conseil.)

L'Assemblée générale a adopté les vœux suivants, présentés par le Conseil au nom des sections :

Sur la proposition de la 7e section, l'Assemblée générale émet le vœu que l'Observatoire du Mont-Ventoux, comme ceux du Puy-de-Dôme et du Pic du Midi, soit classé parmi les observatoires de l'État.

Sur la proposition de la 14e section, l'Assemblée générale émet le vœu que le projet d'exécution d'une carte de France à $\frac{1}{10,000}$ soit repris et réalisé, et qu'à cette occasion il soit introduit de l'unité dans l'exécution des travaux topographiques en France.

Le Président rappelle que le Conseil, en vue principalement de la fusion avec l'Association scientifique de France, a présenté à l'Assemblée générale de Blois une proposition de modifications aux Statuts et Règlement; cette proposition a été discutée en 1884; le rapport a été imprimé et distribué à tous les membres; il va être procédé, sur cette proposition, au vote, sans discussion, conformément à l'article 26 du Règlement, étant bien entendu que l'adoption, si elle est votée, est subordonnée à l'adoption de la proposition par l'Association scientifique de France et à l'approbation du gouvernement.

La proposition est adoptée à l'unanimité, moins deux voix.

L'Assemblée adopte également la proposition, faite par le Conseil, de l'addition de deux articles relatifs aux vœux, articles qui ont été publiés dans le Bulletin n° 42, et qui portent provisoirement les numéros 71 et 72.

Le Président donne lecture d'une lettre du maire de Toulouse invitant l'Association pour l'année 1887. L'Assemblée décide que la session de 1887 aura lieu à Toulouse.

Il est procédé à la nomination d'un vice-président et d'un vice-secrétaire pour la session prochaine : ils doivent être pris respectivement dans le 4e et le 3e groupe.

Par acclamation sont nommés:

Vice-Président : M. le Dr Rochard, Membre de l'Académie de médecine, Inspecteur général des services de santé de la Marine;

Vice-Secrétaire : M. Schlumberger, Ingénieur des constructions navales en retraite.

Le Président propose au nom du Conseil et l'Assemblée vote, à l'occasion du Congrès de Grenoble, des remerciements : aux Ministres qui ont désigné des délégués; au Maire de Grenoble et au Conseil municipal; au Comité local et à son secrétaire; au Recteur; aux Doyens; au Proviseur; au Colonel du génie et aux Officiers de l'école et du régiment du génie; au Corps des sapeurs-pompiers; aux Conférenciers; aux Compagnies de chemins de fer et à la Compagnie générale Transatlantique; aux Directeurs et Propriétaires des établissements visités pendant la session; aux personnes qui ont aidé aux excursions en prêtant leur concours empressé.

Le Président déclare close la session de 1885

BUREAU DE L'ASSOCIATION

MM. FRIEDEL, Membre de l'Institut, Professeur à la Faculté des Sciences	*Président.*
ROCHARD (Dr JULES), Inspecteur général du Service de santé de la Marine, Membre de l'Académie de Médecine	*Vice-Président.*
COLLIGNON, Ingénieur en chef des Ponts et Chaussées, Inspecteur de l'École des Ponts et Chaussées	*Secrétaire de l'Association.*
SCHLUMBERGER (CHARLES), Ingénieur des Constructions navales en retraite	*Vice-Secrétaire de l'Association.*
GALANTE (ÉMILE), Fabricant d'Instruments de Chirurgie	*Trésorier.*
GARIEL (C.-M.), Membre de l'Académie de Médecine, Ingénieur en chef des Ponts et Chaussées	*Secrétaire du Conseil.*

ANCIENS PRÉSIDENTS ET MEMBRES HONORAIRES FAISANT PARTIE DU CONSEIL D'ADMINISTRATION.

MM. QUATREFAGES DE BRÉAU (DE), Membre de l'Institut et de l'Académie de Médecine, Professeur au Muséum.

EICHTHAL (AD. D'), Président du Conseil d'administration de la Compagnie des Chemins de fer du Midi.

FRÉMY, Membre de l'Institut, Directeur du Muséum, Professeur à l'École polytechnique.

BARDOUX, Sénateur, ancien Ministre de l'Instruction publique.

KRANTZ, Sénateur, Inspecteur général des Ponts et Chaussées, Commissaire général de l'Exposition universelle de 1878.

CHAUVEAU, Professeur à la Faculté de Médecine et Directeur de l'École vétérinaire de Lyon, Correspondant de l'Institut.

JANSSEN, Membre de l'Institut, Directeur de l'Observatoire physique de Meudon.

PASSY (FRÉDÉRIC), Membre de l'Institut, Député de la Seine.

BOUQUET DE LA GRYE, Membre de l'Institut, Ingénieur hydrographe de 1re classe de la Marine.

VERNEUIL, Membre de l'Académie de Médecine, Professeur à la Faculté de Médecine.

MASSON (G.), Libraire de l'Académie de Médecine, *Trésorier honoraire.*

PRÉSIDENTS, SECRÉTAIRES ET DÉLÉGUÉS DE SECTIONS

1re et 2e Sections.

Longchamps (de), *Président.*
Sar (H.), *Secrétaire.*
Em. Lemoine.
Perrier (Colonel).
Mannheim.

—

Lucas (Éd.), *Président p. 1886.*

3e et 4e Sections.

Laussedat, *Président.*
Boca, *Secrétaire.*
Ém. Trélat.
Durand-Claye.
Laussedat.

—

Chambrelent, *Prés. pour 1886.*

5e Section.

Baille, *Président.*
Hurion, *Secrétaire.*
Lallemand.
Dubosco.
Blavet.

—

Bichat, *Prés. pour 1886.*

6e Section.

Clermont (de), *Président.*
Saglier, *Secrétaire.*
Figuier (A.).
Grimaux (Ed.).
Clermont (de).

—

Silva (R.-D.). *Prés. p. 1886.*

7e Section.

Bouvier, *Président.*
Roger (Albert), *Secrétaire.*
Angot.
Mascart.
Roger (Albert).

—

Teisserenc de Bort, *Pr. p. 1886*

8e Section.

Lory, *Président.*
Bourgery, *Secrétaire.*
Cotteau.
Fuchs.
Schlumberger.

—

Bleicher, *Prés. pour 1886.*

9e Section.

Saporta (de), *Président.*
Maury, *Secrétaire.*
Blanche.
Maury (Paul).
Bonnet.

—

Saporta (de), *Président p. 1886.*

10e Section.

Carlet, *Président.*
Gadeau de Kerville, *Secrét.*
Giard.
Henneguy.
Lataste.

—

» , *Prés. pour 1886.*

11e Section.

Salmon, *Président.*
Dr Pineau, *Secrétaire.*
Mortillet (G. de).
Dr Magitot.
Chantre.

—

D'Ault-Dumesnil, *Prés, p. 1886.*

12e Section.

Henrot (H.), *Président.*
Petit, *Secrétaire.*
Potain.
Bergeron.
Nicaise.

—

Bouchard, *Prés. p. 1886.*

13e Section.

Weber, *Président.*
Rouault, *Secrétaire.*
Weber.
Dehérain.
Nambeu.

—

Dehérain, *Prés. p. 1886.*

14e Section.

Parmentier (Général), *Présid.*
Duhamel, *Secrétaire.*
Schrader.
Mager.
Jackson.

—

Debidour, *Prés. p. 1886.*

15e Section.

Liégeois, *Président.*
Bois, *Secrétaire.*
Alglave.
Renaud (G.).
Bouvet.

—

Yves Guyot, *Prés. p. 1886.*

16e Section.

Vinot (Joseph), *Président.*
Boudin, *Secrétaire.*
Boudin.
Dally.
Callot.

—

Hément (Félix), *Prés. p. 1886.*

17e Section.

Trélat (Émile), *Président.*
Dr Berthollet *Secrétaire.*
Dr Drouineau.
Dr Henrot.
Dr Rochard.

—

Dr Girard, *Prés. p. 1886.*

COMITÉ LOCAL DE GRENOBLE

MEMBRES HONORAIRES :

MM. Le Général de division, Gouverneur de Lyon, commandant le 14e corps d'armée.
Le premier Président de la Cour d'appel de Grenoble.
Le Général commandant la 27e division militaire.
Le Président du Conseil général de l'Isère.
Le Préfet de l'Isère.
Le Procureur général près la Cour d'appel.
Le Recteur de l'Académie.
Le Général commandant l'artillerie du 14e corps d'armée à Grenoble.
Le Général commandant les 1re et 2e subdivisions.
Le Président de la Chambre de commerce.
Accarias, Inspecteur général de l'Enseignement supérieur.
Alphand, Inspecteur général des Ponts et Chaussées, Directeur des Travaux de la ville de Paris.
Bouiller (Francisque), Membre de l'Institut, Inspecteur général de l'Enseignement supérieur.
Hébert (Ernest), Membre de l'Institut, Directeur de l'École française de Rome.
Macé de l'Épinay, Doyen honoraire de la Faculté des lettres de Grenoble.

BUREAU :

MM. Rey (Édouard), Maire de Grenoble, *Président*.
Lory (Charles), Correspondant de l'Institut, Doyen de la Faculté des sciences, *Vice-Président*.
Collet, Professeur à la Faculté des sciences, *Secrétaire général*.

MEMBRES :

MM. Ablard, Directeur de l'École normale d'instituteurs.
Allard (le Docteur), Professeur à l'École de médecine.
Asquer, Proviseur du Lycée de Grenoble.
Astor, Professeur à la Faculté des sciences.
Bernard, Ancien Professeur de mathématiques au Lycée.
Berger (le Docteur), Directeur de l'École de médecine.
Berlioz (le Docteur), Professeur à l'École de médecine.
Berthollet (le Docteur).
Blanchet (Augustin), Ingénieur des Arts et Manufactures, à Rives.
Bloume, Professeur de mathématiques au Lycée.
Bordier (le Docteur), Professeur à l'École d'anthropologie, à Paris.
Borel, Président du Tribunal de commerce.
Bouvier, Pharmacien, à Grenoble.
Brenier, Constructeur-mécanicien, à Grenoble.

MM. BRETON (Camille), Papetier, Maire au Pont-de-Claix.
BRETON (Henri), Professeur à l'École de médecine.
BRETON (Philippe), Ingénieur en chef des Ponts et Chaussées en retraite.
BROSSE (de La), Ingénieur des Ponts et Chaussées, à Grenoble.
BUGEY, Professeur à l'École professionnelle Vaucanson.
CARLET (le Docteur), Professeur à la Faculté des sciences et à l'École de médecine.
CHABERT, Inspecteur de l'Exploitation des chemins de fer P.-L.-M.
CHANTRE (Ernest), Sous-Directeur du Muséum d'histoire naturelle de Lyon.
CHAPER (Eugène), Gérant de la Compagnie des mines de la Motte.
CHARBONNIER, Architecte de la ville de Grenoble.
CHARVET (le Docteur Baptiste), Médecin à Grenoble.
CHARVET, Professeur à l'École professionnelle Vaucanson.
CHATIN, Membre de l'Institut, Directeur de l'École supérieure de Pharmacie de Paris.
CENDRE, Conseiller d'État, Ingénieur en chef des Ponts et Chaussées.
COLLET, Professeur à la Faculté des sciences.
CORBIN, Colonel du Génie en retraite, Membre de la Commission administrative des Hospices.
CORNIER, Ingénieur civil.
COURTOIS, Ingénieur en chef des Ponts et Chaussées.
CROZALS (de), Professeur à la Faculté des lettres.
CROUZET, Capitaine du Génie, Directeur de la Brigade topographique.
DALMAS, Président de la Société d'agriculture.
DENIS, Professeur à la Faculté des lettres.
DUGIT, Doyen de la Faculté des lettres.
DUHAMEL (Henry), Président de la section de l'Isère du Club-Alpin français.
DURAND (Jules), Membre de la Commission de l'Instruction publique.
FAURE, Colonel du 4e régiment du Génie.
FAURE (l'Abbé), Supérieur du Petit Séminaire.
FLANDRIN, Pharmacien à Grenoble.
GACHES, Professeur de mathématiques au Lycée.
GACHÉ (le Docteur), Membre du Conseil municipal, Conseiller général.
GAUTHIER (Abel), Membre de la Commission de l'Instruction publique.
GERMAIN (Auguste), Adjoint au Maire de Grenoble.
GIRARD (le Docteur), Professeur à l'École de médecine, Chirurgien en chef de l'Hôpital, Conseiller municipal.
GÉRANT (le) du *Dauphiné*.
GIROUD, Professeur à l'École de médecine et de pharmacie.
GIROUD (Benjamin), Secrétaire général de la Mairie.
GRANDIDIER, Conservateur des Forêts.
GRUYER (Hector), Membre du Conseil général.
GUEYMARD, Doyen de la Faculté de droit.
GUIGONNET, Doyen des Notaires, Adjoint au Maire de Grenoble.
HURION, Professeur à la Faculté des sciences.
KUSS, Ingénieur des Mines.
LONG (de), Métallurgiste à Vienne.
LORY, Doyen de la Faculté des sciences.
MAIGNIEN, Conservateur de la Bibliothèque publique.
MARQUIAN, Membre de la Commission de l'Instruction publique.

MM. Merceron-Vicat, Ingénieur des Ponts et Chaussées.
Mortillet (G. de), Conservateur du Musée de Saint-Germain-en-Laye.
Musset (le Docteur), Professeur à la Faculté des sciences, Conseiller municipal.
Neyret, Industriel à Rioupéroux.
Nicolas (le Docteur), Professeur suppléant à l'École de médecine.
Pamard, Commandant, Directeur de l'École régimentaire du Génie.
Pégoud (le Docteur), Professeur suppléant de l'École de médecine.
Pellat, Ancien Vice-Président du Conseil de préfecture.
Penet, Conservateur du Muséum d'histoire naturelle.
Perrégaux, Manufacturier à Jallieu.
Perrin, Directeur de l'École professionnelle Vaucanson.
Picot (Léon), Ingénieur à Allevard.
Pison, Inspecteur-adjoint des Forêts.
Pochoy (le Docteur), Industriel à Voiron.
Poulat, Membre de la Commission de l'Instruction publique.
Prud'homme, Archiviste départemental de l'Isère.
Raoult, Professeur à la Faculté des sciences.
Racapé, Inspecteur-adjoint des Forêts.
Rédacteur (le) en chef du *Courrier du Dauphiné*.
— — de l'*Impartial des Alpes*.
— — du *Républicain de l'Isère*.
— — du *Réveil du Dauphiné*.
— — des *Alpes françaises*.
Refait, Membre de la Commission de l'Instruction publique.
Rey (Aristide), Homme de lettres, à Paris.
Rey (le Docteur), Professeur à l'École de médecine.
Richard, Pharmacien.
Ricoud, Architecte, Commandant du bataillon des Sapeurs-Pompiers.
Rivoire-Vicat, Ingénieur des Ponts et Chaussées.
Robert, Ingénieur civil et Conseiller municipal.
Rochas (de), Industriel à Pontcharra, Conseiller général.
Rouault, Professeur départemental d'agriculture.
Roux (Xavier), Correspondant du *Lyon-Républicain*.
Rousset, Professeur de mathématiques au Lycée.
Sentis, Professeur de physique au Lycée.
Sirand, Pharmacien.
Tartari, Professeur à la Faculté de droit.
Testoud, Professeur à la Faculté de droit, Adjoint au Maire de Grenoble.
Thiervoz, Directeur de la Voirie et des Eaux.
Turel (le Docteur), Professeur à l'École de médecine.
Verlot, Jardinier en chef de la ville de Grenoble.
Viallet (Constant), Ancien Président du Tribunal de commerce.
Viallet (Félix), Constructeur-mécanicien.
Villot, Président de la Société des sciences naturelles du Sud-Est.

CONGRÈS DE GRENOBLE

PROGRAMME DE LA SESSION

12 Aout. — 1 h. 1/2, séance du Conseil d'administration. — A 2 h. 1/2, séance d'inauguration dans la salle du Gymnase municipal. — A 8 h. 1/2, réception par la municipalité à l'hôtel de ville.

13 Aout. — A 8 h. 1/2 du matin, séances de sections. — Dans l'après-midi, visites industrielles. — A 8 h. 1/2 du soir, conférence : *La nouvelle galerie de paléontologie du Muséum*, par M. G. Cotteau, ancien président de la Société géologique de France.

14 Aout. — A 8 h. 1/2 du matin, séances de sections. — A 2 heures, séance générale au palais des Facultés : MM. Ferran, Merceron, Dormoy et Duhamel. — A 8 h. 1/2 du soir, expériences d'extinction d'incendie au nouvel hôtel des Postes, place Vaucanson.

15 Aout. — Excursion générale à la grande Chartreuse et à Lus-la-Croix-Haute.

16 Aout. — Excursion générale à Vizille et Uriage.

17 Aout. — A 8 h. 1/2 du matin, séances des sections. — Dans l'après-midi, visites industrielles. — A 9 heures du soir, conférence : *Les ressources alimentaires de la France*, par M. Jules Rochard, inspecteur général du service de santé de la Marine, membre de l'Académie de médecine.

18 Aout. — Excursion générale dans la vallée de la Bourne et à Allevard.

19 Aout. — A 8 h. 1/2 du matin, séances de sections. — A 11 heures, séance du Conseil d'administration au palais des Facultés. — A 1 h. 1/2, travaux du génie militaire au polygone.

20 Aout. — A 8 h. 1/2 du matin, séances de sections. — A 11 heures, séance du Conseil d'administration. — A 4 heures, assemblée générale et séance de clôture.

SEANCES GÉNÉRALES

SÉANCE D'OUVERTURE

20 Août 1885

PRÉSIDENCE DE M. VERNEUIL

M. VERNEUIL

Professeur à la Faculté de médecine, Membre de l'Académie de médecine, Président de l'Association.

MESDAMES, MESSIEURS,

Ceux d'entre vous qui connaissent mon faible penchant pour les honneurs doivent être assez surpris de me voir présider aujourd'hui l'Association française, car, si je n'ai jamais refusé le labeur ni la lutte, j'ai toujours voulu travailler et combattre en humble ouvrier ou en simple soldat, sans désir ni prétention de dominer les autres.

Un jour, plusieurs d'entre vous m'ont dit qu'il fallait pourtant prendre le commandement, et pour m'y décider, ils ont prononcé les deux mots magiques qui nous servent de devise. Ils m'ont affirmé que, dans les limites de mon influence, je pouvais être utile à la patrie et à la science françaises, et voilà pourquoi je suis pour quelques jours à votre tête.

Une fois mon parti pris, j'ai dû penser à faire un discours, comme l'usage le commande, et à choisir un sujet capable de vous intéresser quelques instants. Les sciences biologiques m'en devant fournir le sujet, je n'avais que l'embarras du choix. Il m'eût suffi d'ouvrir les livres d'un de nos compatriotes ayant nom Claude Bernard, Pasteur, Charcot, Davaine, Villemin, j'en passe, et des meilleurs, pour y trouver matière à une œuvre oratoire, où j'aurais pu, sans chauvinisme, exalter les grandeurs de la science française moderne, que nos ennemis se plaisent sottement à dire en décadence.

Mais j'ai songé aussi à la profession que j'exerce et cru bon de vous parler de médecine, et de vous en parler en médecin. La tentative ne laisse pas que d'être hardie. En effet, c'est comme savant que je suis investi de la dignité présidentielle, et c'est comme tel que je dois pérorer. Or vous n'ignorez pas qu'on a voulu exclure la médecine du cercle des sciences, pour la ranger simplement parmi les arts. Il ne faut pas remonter le cours des siècles pour rencontrer cette opinion singulière; quelques contemporains, très haut placés et fort éminents, j'en conviens, l'ont professée, au reste, sans l'appuyer sur des arguments bien solides.

Je ne vois guère de meilleure occasion que celle-ci pour protester et pour inscrire résolument parmi les sciences cette partie des connaissances humaines qui sert à nous introduire dans le monde, à nous y maintenir le plus longtemps possible; à développer, à entretenir, à restaurer, à protéger nos organes; qui nous rend toujours des services, sans jamais nous nuire; qui, enfin, joint à ses mérites propres le bienfait de conserver en bon état et en bonne santé les savants mêmes qui en médisent et la dénigrent.

Mais, direz-vous, ce préjugé contre la médecine n'existe point dans notre compagnie; l'Association française compte dans ses rangs un grand nombre de médecins, sa douzième section est exclusivement consacrée aux sciences médicales; enfin, sur les quatorze présidents qu'elle a désignés jusqu'à ce jour, cinq au moins avaient le diplôme de docteur.

Ce dernier détail paraît décisif, mais je ferai observer que c'est comme chimistes, physiologistes ou anthropologistes que nos éminents confrères ont parlé dans les séances solennelles précédentes, et que nul ne vous y a entretenu de la médecine telle qu'elle se pratique tous les jours. Et pourtant, que de choses à dire pour la vulgariser, la répandre, en démontrer la valeur! que d'efforts à faire pour dissiper la quantité de préjugés et d'erreurs qui règnent encore à son égard dans les masses populaires! Chose singulière, de toutes les sciences appliquées, la médecine, qui est incontestablement la plus utile, se trouve être la plus contestée; c'est la plus difficile, et c'est celle sur laquelle tout le monde se croit capable de discourir, je devrais dire plutôt de divaguer.

Et puisque je parle de préjugés, permettez-moi de combattre quelques-uns des plus anciens, des plus répandus et des plus fâcheux. Ils ont trait à la chirurgie.

Vous n'êtes pas sans savoir qu'à une époque indéterminée, mais fort reculée, on a divisé l'art de guérir en deux branches, la médecine proprement dite et la chirurgie. A chaque siècle, il s'est trouvé de grands esprits pour déplorer cette scission et en démontrer les dangers, mais ils ont prêché dans le désert, et plus nous allons, plus il semble que la séparation s'accentue. Les médecins avouent, sans rougir, ne rien connaître à la chirurgie, et les chirurgiens, s'ils ne le proclament pas, prouvent, hélas! trop souvent qu'ils ne savent guère de médecine.

Tout le monde est complice de cet état de choses; tout le monde en souffre, mais personne ne s'en plaint. Il est même curieux de voir comment le public (et j'entends par là la masse commune des citoyens, depuis le membre de l'Institut jusqu'au prolétaire) juge la dichotomie en question et fait à sa manière le parallèle entre les deux branches de l'art de guérir.

Vous entendez d'abord beaucoup de gens vous dire avec un imperturbable sérieux qu'ils croient à la chirurgie et non à la médecine, et, quand vous leur demandez pourquoi, ils vous répondent non moins gravement que la chirurgie est un art positif, et la médecine un art conjectural, que la première fait tous les jours des progrès, tandis que la seconde n'a pas avancé depuis Hippocrate, que le chirurgien agit à ciel ouvert et voit ce qu'il fait, tandis que le médecin procède à l'aveugle sur des organes profonds, inaccessibles, mystérieux, et autres balivernes.

Après cet hommage flatteur rendu à la chirurgie, vous allez croire que le beau parleur accorde toute sa confiance à ceux qui la pratiquent. Il n'en est rien; sur vingt sujets auxquels nous offrons les secours de notre adresse et de notre arsenal, quinze pour le moins commencent par refuser, et si quelque médecin, quelque apothicaire, un rebouteur, voire un simple herboriste, fait entrevoir la guérison, avec des simples, des emplâtres, l'omnipotent massage, ou les courants plus ou moins continus, l'apôtre convaincu de la chirurgie se met aussitôt entre ses mains.

Un second préjugé consiste à croire que les affections chirurgicales ne sont justiciables que des moyens violents, soit le fer, soit le feu. Aussi compare-t-on souvent le chirurgien à un boucher ayant du sang jusqu'au poitrail et taillant la chair à grands coups. Quelques personnages, plus mal élevés que les autres et pensant faire de l'esprit à nos dépens, nous traitent de charcutiers, sans songer qu'ils s'assimilent alors, irrévérencieusement et sans y être forcés, à l'immonde pourceau, le plus impur des quadrupèdes.

Or il suffit de parcourir un service où l'on admet indifféremment toutes les affections du ressort de la pathologie externe pour se convaincre qu'un grand nombre de malades sont soignés et guéris sans perdre un millimètre de leur peau ni une goutte de leur sang, les uns à l'aide de médicaments internes ou externes tout semblables à ceux qu'on emploie en médecine, les autres par les seules ressources de ce qu'on appelle la petite chirurgie, c'est-à-dire par une série d'actes manuels fort bénins et qui ne portent nulle atteinte à l'intégrité des organes.

Pour les contusions, les entorses, les plaies légères, les brûlures superficielles, les inflammations circonscrites, nous nous contentons d'appliquer des topiques variés ; pour les blessures plus graves, les inflammations plus profondes, nous employons les pansements perfectionnés antiseptiques et antiphlogistiques et les révulsifs : sangsues, ventouses, vésicatoires volants ; mais nous faisons jouer le plus grand rôle au repos, au régime, à la position des membres, à l'immobilisation rigoureuse de la partie malade, etc.

Pour les fractures, les luxations, les affections articulaires, qui forment un si gros contingent, l'action manuelle est indispensable, mais le sang ne coule pas encore, et, dans l'immense majorité des cas, le traitement n'utilise que des agents inoffensifs : les bandes, les compresses, les substances solidifiables et les appareils orthopédiques.

Si de la chirurgie générale nous passons aux spécialités, nous retrouvons la même proportion entre les moyens doux et les opérations violentes ; en ophtalmologie, en otologie, en laryngologie, en urologie, en gynécologie même, la médecine opératoire intervient relativement si peu, que les spécialités en question sont exercées tout aussi bien par des pathologistes internes que par des chirurgiens de profession. Quant à la dermatologie, qu'on exclurait difficilement de la pathologie externe, extérieure si l'on veut, chacun sait que les opérateurs ne s'en occupent point.

Je ne suis pas en mesure de fournir des relevés numériques capables de satisfaire les statisticiens, mais je crois pouvoir dire que sur cent malades qui consultent un chirurgien ou entrent dans ses salles, un quart à peine, un cinquième plutôt, subissent une opération véritable. Il y a loin de là à l'opinion qui assimile un service chirurgical à une succursale de l'abattoir.

D'après une imputation plus sérieuse, non seulement les chirurgiens opéreraient sans cesse par passion, par habitude, par métier, tout comme les voyageurs voyagent et les présidents président, mais de plus ils feraient maintes fois des opérations inutiles ou qu'ils pourraient du moins facilement éviter. C'est à qui citera des faits accusateurs. Celui-ci raconte qu'ayant été grièvement blessé, on lui a présenté l'amputation comme indispensable; il a refusé et il a conservé sa vie et son membre. Celui-là avait une tumeur : l'ablation devait être la seule planche de salut, quelques frictions et quelques pilules l'ont guéri.

Un troisième cite l'exemple d'un ami qui portait au cuir chevelu une innocente loupe; un chirurgien ayant conseillé et pratiqué l'extirpation, un érysipèle est survenu qui a entraîné la mort en quelques jours. Un quatrième accuse la chirurgie d'avoir abrégé une existence qui lui était chère. Sa vieille mère supportait tant bien que mal une tumeur du sein, avec laquelle elle aurait pu vivre quelques mois, quelques années peut-être. Un opérateur promet la guérison, on le laisse faire, et au bout d'une semaine on porte en terre la pauvre femme.

Il y a quelque quinze ans, ce qu'on appelle tout Paris s'émut fort du fait suivant : un avocat bien connu allait partir pour la campagne, son chirurgien pratique sur lui, en courant pour ainsi dire, la petite opération du cathétérisme : quatre jours après, on commandait les billets de faire part.

Je pourrais remplir des pages entières de récits de ce genre, que chacun répète et colporte avec plus ou moins de malveillance et qui compromettent singulièrement l'honneur et la dignité professionnels. Mais je crois mieux faire en examinant en toute sincérité le vrai et le faux de ces préjugés et de ces allégations, qui peuvent se résumer de la façon suivante : confiance irraisonnée dans la chirurgie, suspicion blessante et injuste contre les chirurgiens.

Je ne m'arrêterai pas à discuter la fréquence plus ou moins grande des opérations. Tant qu'elles seront nécessaires, leur nombre ne prouvera rien ni pour ni contre leur légitimité. Un praticien très répandu opère beaucoup parce que beaucoup de malades ayant besoin d'être opérés viennent à lui. Un jour de grande bataille, le chirurgien militaire le plus conservateur abat cinquante membres et en abattrait cent si ses forces et son temps le lui permettaient. Lorsque, aux siècles passés, la saignée était fort en honneur, les barbiers en vogue saignaient du matin au soir parce que les médecins ne daignaient pas ouvrir la veine.

La question n'est pas de savoir si nous opérons *souvent*, mais bien si nous opérons *trop souvent*. Car la quantité par elle-même ne constitue pas l'excès, et, si l'on condamne l'abus, personne ne songe à proscrire l'usage. Qu'avons-nous donc à répondre?

Reconnaissons d'abord franchement que certains cas traités par l'opération auraient pu guérir sans elle; ainsi, une fracture compliquée pour laquelle nous amputons; une tumeur blanche pour lesquelles nous réséquons. Mais sommes-nous coupables d'avoir amputé ou réséqué? Nullement, car si nous avons pris le couteau et la scie, c'est en nous appuyant sur le calcul des probabilités. La conservation nous offrait vingt chances de salut; le sacrifice du membre en promet quarante; en expropriant ce membre pour cause d'utilité générale, nous avons agi en véritables conservateurs.

Sans doute, on pourra dire que parfois ce calcul des probabilités qui nous sert de guide est faux; que pour les fractures de cuisse par armes à feu, par exemple, il est parfaitement démontré de nos jours que l'amputation, considérée par nos pères comme pouvant seule sauver la vie, la compromet, au contraire, beaucoup plus que la conservation, — que, d'ailleurs, les probabilités peuvent changer d'un moment à l'autre par l'introduction ou la suppression d'un facteur, — qu'ainsi la fracture compliquée de la jambe, dont la guérison sans opération était fort problématique il y a vingt ans, se comporte de la manière la plus bénigne, sans la moindre intervention chirurgicale depuis qu'elle est pansée antiseptiquement. D'où cette conclusion que le chirurgien qui, en 1885, amputerait d'emblée certaine jambe brisée, commettrait la même faute que le chirurgien qui, en 1860, ne l'eût point aussitôt coupée.

Je rappelle ces faits aux amis trop bienveillants de la chirurgie, qui lui accordent une précision et une sûreté qu'elle ne possède malheureusement pas encore.

Combien serait longue, en effet, la liste de nos incertitudes, de nos hésitations, des difficultés de tout genre qui nous attendent quand nous voulons porter certains diagnostics, poser certains pronostics; juger enfin l'efficacité d'un traitement et l'opportunité d'une opération!

Si, dans les cas précédents, où la vie est en danger pressant, on opère quelquefois mal à propos, la faute en est souvent à la théorie, qui est encore indécise, et le praticien peut se croire excusable; il l'est moins dans la circonstance suivante :

Pour un cas de moyenne gravité, il propose une opération; le patient la refuse, consulte ailleurs, fait un traitement pharmaceutique, n'emploie que des moyens doux, et finalement guérit. Le public, en pareille occurrence, est très sévère à notre égard; pensant que l'opération n'était pas nécessaire, puisqu'on a pu s'en dispenser, il nous blâme vertement de l'avoir conseillée. Nous nous défendons en invoquant l'impuissance ordinaire ou la lenteur des traitements de douceur, les sollicitations des malades, qui sont toujours pressés de retourner à leurs affaires ou à leurs plaisirs, qui n'ont jamais le temps de se soigner, et qui ne se gênent pas d'ailleurs pour nous accuser de traîner leur mal en longueur, quand nous parlons de le traiter pendant des semaines, des mois ou des années.

Certainement nous n'avons pas toujours tort; mais le vulgaire non plus. D'abord nous faisons parfois des erreurs de diagnostic, prenant, je suppose, un accident tertiaire pour un néoplasme; puis, des erreurs de pronostic, considérant comme au-dessus des ressources de la nature ou de la thérapeutique ce que l'une et l'autre, isolées ou réunies, peuvent parfaitement guérir. Puis, quelques-uns manquent de persévérance, car, il faut bien le dire, s'il y a des clients impatients, il y a aussi des chirurgiens trop pressés, et si les premiers disent : *Time is money*, je soupçonne les autres de murmurer tout bas : *Operation also is money*.

Il y a un moyen bien simple d'éviter les erreurs de pronostic, et, par suite, les commentaires malveillants, c'est de proclamer l'opération, comme le public le fait d'ailleurs, la ressource extrême, l'*ultima ratio*, et de ne l'appliquer qu'après avoir épuisé tous les moyens moins sévères.

Or, sans vouloir calomnier mes confrères, j'affirme que certains d'entre eux n'agissent pas ainsi. Pour justifier l'intervention chirurgicale intempestive ou prématurée, ils se contentent de dire que *tous* les moyens ordinaires ont été épuisés, mais ils oublient d'énumérer ces moyens réputés infructueux, imitant en cela les bonnes gens qui, pour s'excuser d'aller chez les charlatans et les somnambules, se disent abandonnés de *tous* les médecins (c'est l'expression consacrée), alors qu'ils ont consulté en passant un ou deux praticiens obscurs, trois pharmaciens, un droguiste, le vétérinaire et la sage-femme du lieu.

Maintes fois, en interrogeant des malades qui venaient me consulter avant de refuser ou d'accepter une opération, j'ai été frappé de l'insuffisance des moyens thérapeutiques qui leur avaient été prescrits. Maintes fois, je les ai envoyés chez le pharmacien ou le bandagiste, aux stations d'eaux ou sur le bord de la mer, et les ai vus revenir entiers et bien portants au bout de quelques semaines ou de quelques mois. J'ai toujours été, je l'avoue, très heureux et très fier de ces victoires de l'art conservateur. C'est par elles surtout qu'on acquiert la confiance et la reconnaissance des malades, qui, par contre, gardent toujours quelque rancune au chirurgien qui les avait condamnés à subir une mutilation superflue.

Le vulgaire se trompe étrangement quand il nous croit plus intéressés à opérer qu'à guérir. Certes, au point de vue matériel, nous paraissons souvent lésés, lorsque l'heure de la rémunération étant venue, on nous offre généralement quatre fois moins pour avoir conservé laborieusement un membre que pour l'avoir lestement retranché. Mais, en revanche, de quelle autorité jouit, de quel prestige est entouré le chirurgien qui ne recommande jamais de sacrifices inutiles, et auquel l'événement donne raison dans ses pronostics favorables!

A ne prendre qu'un exemple, se figure-t-on quelle gloire recueillerait, quels trésors amasserait celui qui parviendrait à guérir le cancer avec le seul secours des remèdes? Que de coups de bistouri ne faudrait-il pas donner pour réunir pareille somme d'honneur et d'argent!

Puisque nous sommes dans la voie des aveux, confessons que certains hommes, à certaines époques et dans certains pays, ont opéré beaucoup trop, et que de nos jours mêmes le *prurigo secandi* est une maladie sporadique, endémique et épidémique, dont le vaccin n'est pas encore trouvé.

La démonstration n'est pas malaisée à fournir. Au XVIIe siècle, on se mit à faire la transfusion. Ce fut une fureur telle, qu'un édit du parlement, daté de 1668, dut y mettre un terme. Au XVIIIe siècle on trépanait tout homme qui était tombé sur la tête et qu'on soupçonnait de s'être plus ou moins fêlé le crâne. Pendant les guerres de la fin du siècle dernier et du commencement de celui-ci, tout fracas des membres par arme à feu était traité par l'amputation.

A l'époque où j'entrai dans la carrière médicale, la ténotomie faisait rage : on coupait tous les tendons, tous les ligaments, tous les muscles, et dans toutes les régions du corps. On prétendait guérir ainsi les louches, les bègues, les bossus, les bancals et jusqu'aux sourds. La méthode sous-cutanée était alors la selle à tous chevaux, on lui demandait tout; c'était la panacée opératoire.

Un peu plus tard, j'ai vu naître et prospérer la *résécomanie*. Elle a fleuri surtout en Angleterre et en Allemagne; c'est par centaines que quelques chirurgiens étrangers comptent leurs résections articulaires. En France, on s'est toujours montré plus réservé.

C'est surtout dans le champ des spécialités que les ultra-opérateurs s'exercent. Vous connaissez tous la célèbre chansonnette :

> Dans la gendarmerie
> Quand un gendarme rit, etc.

Je ferais injure à votre instruction littéraire si j'achevais. Or, quand un spécialiste opère, tous les spécialistes opèrent; quand il coupe quelque chose, tous ses collègues le coupent également, sauf à le couper un peu autrement et avec un outillage varié, comme l'atteste le catalogue de nos grands couteliers. Si l'on fonde un jour un musée de médecine opératoire, il faudra d'immenses vitrines pour aligner tous les lithotomes, uréthrotomes, hystérotomes et autres machines en *tome*, y compris de petits instruments innominés, je crois, destinés à couper les rétrécissements du canal nasal, rétrécissements qui, soit dit sans médisance, n'existent à peu près jamais ou n'ont pas besoin d'être coupés quand ils existent.

La gynécologie et l'ophtalmologie se disputent la place d'honneur sur ce turf d'un nouveau genre, mais je crois au triomphe de la première. Dans ces derniers temps surtout, on a vu naître, indépendamment des cautérisations si souvent vaines et des débridements du col, d'une utilité si contestable, une opération d'Emmet, une opération de Battey ou d'Hégar, une opération d'Alexander, etc. Les revues, les journaux en parlent et en général les louent; on publie force faits à l'appui, et un gynécologue risque de passer pour un homme de peu s'il n'a pas d'observations à produire.

La facilité avec laquelle se répandent certaines pratiques est en vérité surprenante. Je puis citer, entre autres, le raclage ou rugination des abcès froids. L'idée théorique en est soutenable, mais la réflexion inspire déjà quelques réserves, et il semblerait prudent d'en appeler à l'expérience. Mais pour cela il faudrait attendre, et c'est à quoi la génération présente ne peut vraiment pas se résoudre. Alors on a raclé, raclé, et on racle encore, et ceux qui ne raclent pas sont déclarés arriérés et rétrogades, et, tout en raclant, on pénètre au besoin jusque dans le canal rachidien; et, bien que l'opération donne des résultats encourageants (c'est la formule courante), la malade raclé va rejoindre ses ancêtres dans un monde meilleur.

Mon dessein n'étant pas de vous donner la chair de poule et d'agiter votre sommeil de la nuit prochaine par un cauchemar affreux, je vous signalerai, en terminant, une manie actuelle qui a au moins le mérite d'être à peu près innocente, n'étant que ridicule : je veux parler de l'application des pointes de feu. Cette pratique succédanée du sinapisme, du badigeonnage iodé et du vésicatoire volant, moyens d'un emploi beaucoup plus simple, rentre dans la médication révulsive, qui nous rend certainement des services; mais elle en est une forme plus compliquée et surtout exige une mise en scène qui a bien son prix. C'est l'effroi des enfants et ce n'est pas la joie des parents. Pourtant, si dans cet auditoire cent personnes ont été atteintes d'affections externes, tout me porte à croire que cinquante pour le moins ont reçu les susdites pointes, quelques-unes les ayant subies deux ou trois fois, peut-être plus. Il ne manque qu'à les appliquer préventivement chez les gens bien portants contre les maladies à venir, et vous pouvez croire que certains praticiens y pensent.

Si l'on m'objectait, non sans raison d'ailleurs, que les opérations précitées sont bonnes et méritent d'être conservées, je n'en soutiendrais pas moins qu'on en a singulièrement abusé, c'est-à-dire qu'on a trop transfusé, trop trépané, trop ténotomisé, trop réséqué, débridé trop de rétrécissements, excisé trop d'iris, beaucoup trop travaillé dans le petit bassin de la femme, raclé beaucoup trop d'abcès froids, et promené trop souvent la pointe du thermo-caûtère sur la peau.

S'il fallait des preuves péremptoires de l'abus, je rappellerais simplement que, dans un grand pays comme le nôtre, avec nos 37 millions d'habitants, on compte au plus, maintenant, par année, une demi-douzaine de transfusions et une douzaine de trépanations; qu'on laisse désormais tranquilles en tous pays les muscles rachidiens et linguaux chez les bossus et chez les bègues; qu'en Angleterre, où l'on a tant réséqué, on ne résèque presque plus; que tel chirurgien étranger, fort enthousiaste d'une résection qu'il proclamait excellente, au point de la pratiquer par douzaines, la déclare aujourd'hui d'une utilité contestable — que les oculistes, qui naguère ne croyaient pas au succès de la cataracte sans iridectomie, s'accordent presque tous maintenant à respecter l'iris — que le fameux raclage perd tous les jours du terrain et sera relégué d'ici à deux ou trois ans dans le musée des antiques, tout comme le pointillage de la peau avec le fer rouge.

Si le temps me le permettait, je mettrais sous vos yeux toutes les reculades des matamores du bistouri. Vous verriez qu'après avoir pendant quelque temps opéré à tort et à travers, ces grands sécateurs, s'apercevant de la médiocrité des résultats obtenus, finissent par s'arrêter : c'est par là qu'ils auraient dû commencer.

Tout chirurgien de bonne foi et de bon sens, qui voudra bien lire avec attention les faits relatifs aux opérations réhabilitées ou récemment introduites dans la chirurgie, constatera que plusieurs d'entre elles non seulement n'ont servi à rien, mais étaient d'avance frappées de stérilité.

On a fait grand tapage en ces dernières années à propos des extirpations du larynx, du pharynx, de l'estomac, de l'utérus, du rein, etc. Combien de patients sont-ils restés guéris? Combien ont bénéficié d'une façon quelconque de ces terribles entreprises? A peine 10 pour 100. Pour ceux-là, j'en conviens, l'opération a été d'un bon usage; mais pour les 90 autres, l'abus est-il niable?

J'appelle votre attention et vos critiques sur le petit raisonnement qui suit. Soit cent cas d'une maladie donnée : à une certaine époque, on en opère la moitié, — vingt ans plus tard on n'en opère plus que le quart. Si les résultats des deux séries sont également heureux, j'en conclus que, des cinquante opérations de la première, vingt-cinq étaient pour le moins superflues.

Tous les chirurgiens savent ou doivent savoir ces choses. Alors pourquoi sont-ils si prompts à agir; pourquoi s'exposent-ils si légèrement aux insuccès? Ils répondent par le fameux axiome : *Melius anceps remedium quam nullum.* Mais outre qu'en certains cas le remède n'est nullement douteux, étant manifestement détestable et certainement pire que le mal, on pourrait répliquer également en latin et leur dire : *primo non nocere.*

Ils allèguent encore la nécessité de soulager et de consoler ceux qu'on est impuissant à guérir ou de prolonger et d'adoucir la vie des incurables. Nous ne restons point sourds à ces raisons humanitaires, mais à la condition qu'on n'en abuse pas et qu'on ne les fasse pas servir à masquer d'autres motifs moins nobles. Nous ne considérons ni comme inutiles ni comme nuisibles les opérations palliatives, mais nous voulons qu'on les propose et qu'on les pratique comme telles, sans dissimuler leur impuissance finale et le caractère essentiellement temporaire de leur utilité.

Et ceci nous conduit à examiner un autre argument du procès que les gens du monde intentent aux chirurgiens. Ils nous reprochent de ne pas être sincères, de promettre ce que nous ne pouvons pas tenir. Ces accusations malheureusement ne sont pas sans bases. Je suis tout le premier à reconnaître qu'on ne peut pas dire aux patients eux-mêmes toute la vérité — qu'il faut les tromper dans une certaine mesure, et que le mensonge, haïssable en général, devient œuvre pie quand il console et endort la douleur morale; il faut relever vivement les sots indiscrets : le mari qui devant sa femme ou le fils qui devant sa mère demandent si l'opération que l'on conseille est dangereuse, et si l'on en peut mourir. J'agis de même vis-à-vis de ceux qui exigent qu'on leur garantisse le succès; mais je trouve toujours moyen que mes déclarations au malade ou à ses proches renferment assez de vérité pour que l'issue finale, quelle qu'elle soit, ne puisse compromettre en aucune sorte ma probité, ma considération, ni surtout la dignité de l'art.

Mettons-nous un instant à la place d'une mère à laquelle nous avons imprudemment et sans réserve promis de guérir son fils en l'opérant. L'opération faite, l'enfant meurt. La mère pense naturellement que nous l'avons trompée ou que nous nous sommes trompés nous-mêmes; alors elle nous accuse de fourberie dans le premier cas, et d'ignorance dans le second. Et les commentaires de marcher pour découvrir les motifs du mensonge.

S'il s'agissait d'un malade pauvre, à l'hôpital, par exemple, le chirurgien a voulu faire une expérience! Si, au contraire, le fait s'est passé dans une famille fortunée, il a voulu gagner de l'argent. On ne saurait croire à quel degré est enracinée, chez les gens du peuple surtout, cette croyance que l'hôpital est un lieu d'expérimentation, où l'on soumet sans scrupule les malades à des essais de tout genre. Le laisser aller du langage, les controverses qui s'établissent au chevet du lit entre le chef de service, les auditeurs et les élèves, ou entre ces derniers, justifient ces soupçons dont nous n'avons pas d'ailleurs à nous trop défendre. Oui, nous expérimentons à l'hôpital, tout comme en ville d'ailleurs, parce que l'expérimentation est inhérente à l'art de guérir, et que le médecin qui n'expérimenterait pas ne serait qu'une momie ou un tardigrade; le tout est que l'expérimentation thérapeutique soit conduite suivant certaines règles que je n'ai point à tracer ici, mais qui rendent son emploi irréprochable.

La question est plus grave, quand l'argent s'en mêle. Je ne me prononcerai pas entre la médisance et la vérité : toujours est-il que les mauvaises langues affirment que si Artaxercès offrait des présents à un chirurgien de nos jours, il ne serait pas trop rudement éconduit, que le désintéressement n'est pas la qualité dominante des opérateurs d'aujourd'hui, et que l'élément honoraires enfin joue un rôle important dans la discussion des indications opératoires.

Comme je manie le fer rouge en chirurgien et non en moraliste, vous me permettrez de ne point cautériser ici une plaie que je sais exister, dont je m'afflige beaucoup, mais dont notre profession n'est pas la seule atteinte en ce temps d'appétits sans bornes.

Au reste, nos aïeux, paraît-il, ne valaient pas mieux que nous, si j'en crois ce que Pierre Franco disait au XVIe siècle des barbiers ses confrères, et ce qu'écrivait au siècle dernier l'auteur d'un pamphlet dont le titre est très significatif, puisqu'il est intitulé : *les Brigandages de la chirurgie.*

C'est surtout dans les cas désespérés et dans les maladies incurables que les opérations inutiles sont abusivement pratiquées. Après avoir épuisé toutes les ressources de la médecine, certains patients viennent réclamer notre assistance et se déclarent prêts à subir telle opération qu'il nous plaira de leur imposer. Parfois ils souffrent cruellement; parfois ils sont épuisés par les hémorragies ou empoisonnés par les produits infects d'une horrible ulcération; réellement ils font pitié et il semblerait inhumain de leur refuser une opération capable de les soulager, ne fût-ce que pour un temps.

Il n'est pas de chirurgien, si timoré qu'il soit, qui n'ait pratiqué dans des cas de ce genre des trachéotomies, des ponctions vésicales, des anus contre nature, et détruit même avec le fer, le caustique ou le feu des tumeurs ulcérées en divers points du corps. Il ne s'agit là que de l'usage des opérations palliatives dont nous avons déjà parlé.

L'abus se manifeste quand on intervient sans nécessité impérieuse, la vie n'étant pas immédiatement en péril ou étant tout à fait près de s'éteindre. Le chirurgien probe s'abstient en pareil cas, ne pouvant ni soulager ni guérir; l'autre, le praticien douteux, ne promet rien formellement sans doute, mais dit qu'on peut tenter l'aventure, qu'on a vu guérir des cas semblables, et qu'il en a guéri, et qu'après tout on ne risque pas grand'chose puisque le patient est condamné, etc.; il parle comme l'avocat retors, qui dit toujours *que ça peut s'plaider*.

Il opère, et la mort survient, ou l'état reste pareil, sinon pire qu'auparavant. On met le quidam à la porte, c'est vrai; mais l'art chirurgical n'en reste pas moins compromis, et si plus tard dans la même famille se présente à nouveau l'occasion d'une opération, cette fois opportune, quelque parent la fait rejeter, arguant de l'insuccès de la première.

Il importe en effet d'insister sur ce point que le défaut de confiance dans les promesses des opérateurs contribue, autant que la crainte des opérations, à faire rejeter ou pour le moins ajourner l'intervention chirurgicale, qui perd de la sorte la plus grande partie de sa valeur. Je m'explique.

Dans l'état actuel de la science, les néoplasmes vrais, ce qu'on appelle vulgairement les tumeurs, ne guérissent à peu près jamais sans opération. L'expérience prouve encore que la guérison radicale est d'autant plus rare qu'on agit plus tard; d'où cette conclusion naturelle que, si l'on enlevait dès le début une production néoplasique, fût-elle maligne comme le cancer, on aurait grande chance d'obtenir un succès définitif.

C'est dans ce sens que plaident les chirurgiens sérieux, surtout depuis que le chloroforme a mis de côté l'objection douleur, et que la méthode antiseptique a presque annihilé la fin de non-recevoir tirée du danger immédiat. Mais on rencontre encore des résistances considérables, et chaque jour nous voyons revenir après un, deux ou plusieurs mois, des malheureuses auxquelles nous avions conseillé l'ablation d'une tumeur du sein, des fumeurs endurcis que nous voulions débarrasser d'un petit épithélioma lingual, qui ont refusé et qui sont désormais inopérables.

Comme il faut dire la vérité, dût-elle être désagréable à ses amis, la responsabilité de ces regrettables retards pèse lourdement sur nos confrères les médecins ordinaires des familles. On leur montre la tumeur au début; dans le but louable de rassurer le patient ou l'entourage, ils commencent à dire qu'il n'y a point de danger, puis ils prescrivent l'inévitable pommade iodurée et le non moins inévitable iodure de potassium. Il n'en résulte naturellement aucun bénéfice; mais les semaines et les mois s'écoulent, et la tumeur grossit, et les ganglions voisins se prennent et les souffrances apparaissent. Alors on se décide à nous consulter ; s'il en est temps encore, nous conseillons l'opération. On nous objecte que, si le mal peut et doit revenir, ce n'est pas la peine de l'enlever, et on nous demande des assurances formelles contre la récidive. Nous les refusons, bien entendu, comme le jardinier qui peut bien arracher les mauvaises herbes de son parterre, mais non s'engager à ce qu'elles ne repousseront pas.

On ne saurait croire jusqu'où va, lorsqu'il s'agit de chirurgie, l'enfantillage des gens du monde, et j'entends du meilleur et des hommes les plus instruits, les plus intelligents.

Permettez-moi de vous citer un exemple :

Une coxalgie se déclare chez un garçon dont les parents sont en relation avec un de mes amis. Celui-ci insiste pour qu'on vienne me voir. « Je m'en garderais bien, répond le père, si je vais chez Verneuil (on supprime le monsieur pour les médecins de quelque renom), il va endormir mon enfant pour redresser le membre et le mettre dans une gouttière de Bonnet ou dans un appareil inamovible. » De là il part consulter un masseur à la mode. Six mois plus tard, on me ramène le pauvre petit dans un piteux état.

Une autre fois, c'était une mère qui ne voulait plus entendre parler de moi, parce que j'avais ordonné qu'on fît marcher sa fillette avec des béquilles !

Le présent discours pourrait être à la rigueur intitulé : *Confession d'un chirurgien du siècle*. Mais comme je ne me mets pas en cause et ne me couvre pas personnellement d'iniquités, on m'accusera sans doute de faire œuvre sacrilège, de compromettre les collègues et les confrères, de justifier les accusations et les médisances du public, de céder enfin à la malsaine manie du jour, qui court sans vergogne après les révélations indiscrètes et les scandales retentissants.

Il n'y a rien de tout cela dans la présente allocution. Mon esprit n'est point imprégné d'amertume ; je déteste le bruit et la réclame ; je n'ai jamais calomnié personne, et je n'ai jamais écrit ni diatribe ni réquisitoire, seulement j'aime beaucoup la vérité et n'ai point peur de la dire. Depuis bien longtemps, parodiant un vers fameux de Voltaire, je répétais sans cesse : *La chirurgie n'est pas ce qu'un vain peuple pense*. J'ajoutais aussi : *La chirurgie n'est pas ce que la font les chirurgiens eux-mêmes*. C'est simplement ce que j'ai désiré développer devant vous.

Aux gens du monde j'ai voulu dire qu'ils avaient tort de considérer la chirurgie comme une spécialité étroite, comme une sorte de métier de précision, un art si l'on veut, qu'on pourrait ranger, à part le but plus relevé, à côté de l'ébénisterie et de l'horlogerie; qu'ils avaient tort aussi de demander aux chirurgiens l'infaillibilité professionnelle qu'on exige des ingénieurs, des constructeurs de machines et des entrepreneurs de travaux publics ; qu'ils avaient tort encore de mettre sans cesse leurs actes en contradiction avec leurs paroles en accordant trop de valeur au métier et pas assez de respect à ses artisans — de juger à la légère enfin des choses pour lesquelles leur incompétence est notoire.

Mais, d'autre part, j'ai voulu faire entendre aux chirurgiens, mes frères et mes confrères, quelques avertissements utiles. C'est pourquoi je leur dis ici, où ils sont en minorité, mais avec l'espoir que mes paroles se répandront : Si vous voulez être décidément classés parmi les vrais savants et non point assimilés seulement aux grands et utiles ouvriers, faites bon marché de votre habileté manuelle, quelque peine que vous ayez eue à l'acquérir et quelque soin que vous preniez encore pour la conserver et l'accroître.

Tirez peu de vanité de vos succès opératoires, vous rappelant qu'ils sont parfois bien éphémères, et poursuivez surtout les succès thérapeutiques, c'est-à-dire la guérison définitive au vrai sens du mot.

Refusez les titres et qualités de spécialistes avec les avantages matériels y adhérents ; rentrez modestement dans le giron commun de la médecine générale ; soyez avant tout des pathologistes sans cesse préoccupés d'étendre vos connaissances en étiologie et en pathogénie ; cherchez sans relâche à vous perfectionner dans le diagnostic et le pronostic, et restez convaincus que le maximum des guérisons reviendra par surcroît aux plus instruits et aux plus sages d'entre vous.

Naturellement vous poursuivrez toujours la cure de vos malades, but suprême de la médecine, mais vous apporterez le plus grand soin au choix des moyens à mettre en usage. Plus fiers d'être rangés parmi les thérapeutes que parmi les opérateurs, vous n'armerez votre main qu'à la dernière extrémité, après avoir loyalement essayé les remèdes et utilisé en conscience toutes les forces disponibles de la nature médicatrice.

Quand l'impuissance des agents pharmaceutiques ou hygiéniques sera avérée : quand la nécessité de l'intervention sera démontrée, optez toujours — ceci est un principe absolu — entendez-vous bien — pour l'acte le moins dangereux : *actum minoris periculi*, sans vous arrêter aux impatiences bien naturelles des malades, aux sollicitations intéressées de quelques parents, soutiens de famille ou héritiers, ni surtout à la considération tout à fait secondaire de la peine grande que vous pourrez avoir et du bénéfice petit que vous en pourrez tirer. Et notez bien que cet acte le moins périlleux se trouve être parfois le plus hardi, le plus radical, le plus destructeur en apparence. Sachez qu'en certaines blessures des membres, l'amputation, faite très vite et très haut, est dix fois plus conservatrice que la résection et cent fois plus préservatrice de la vie que l'expectation la plus attentive; que, pour la pierre vésicale, la lithotritie se trouve parfois beaucoup plus grave que la taille, et que l'ovariotomie est infiniment plus bénigne que l'injection iodée multiple. Ne craignez donc point d'être accusé de timidité quand, en certains cas, vous refusez de verser le sang ou de mutiler vos patients.

Je conviens que le choix est parfois malaisé, tant nous avons de ressources opératoires, et tant sont grandes la variété et la complexité des cas cliniques.

J'ai proposé, pour tirer d'embarras les jeunes praticiens, un criterium facile. Quand il leur faudra décider entre deux ou plusieurs opérations rivales, ils mettront au premier rang l'efficacité, au second la bénignité, au troisième la facilité.

Et puis, il est un second criterium, plus utile encore et d'un emploi tout aussi simple, car quelques minutes suffisent pour poser l'équation et la résoudre, sans même qu'on possède une longue expérience, une érudition considérable, et qu'on sache exactement comment telle affection chirurgicale se traite au jour dit à Vienne, à Londres ou à Berlin. Il s'agit tout uniquement d'appliquer le principe évangélique consistant à faire à autrui ce qu'on voudrait qui fût fait à soi ou à ses proches.

Bien des fois des parents que je sollicitais pour soumettre leur enfant à une opération indispensable, qui résistaient opiniâtrement et défendaient leur progéniture contre moi tout comme contre un ennemi, m'ont, à bout d'arguments, posé cette question suprême. — « Que feriez-vous, docteur, s'il s'agissait de votre enfant ? »

La demande ne m'a jamais embarrassé, ou du moins depuis longtemps elle ne m'embarrasse plus, car il y a bien trente ans que je me l'adresse du matin au soir, en ville et à l'hôpital, chez l'indigent et chez le riche, c'est-à-dire chaque fois qu'il s'agit de décider entre l'action et l'abstention chirurgicales. Bien souvent j'ai invoqué l'argument sans y être sollicité et quand je voulais vaincre des scrupules exagérés. Après une telle déclaration, carte blanche m'étant généralement donnée, j'opère et soigne de mon mieux : l'issue est tantôt bonne, tantôt mauvaise, j'ai tantôt de la joie, tantôt du chagrin, mais jamais de remords. Je compte, au jour actuel, comme amis très sincères des fils, des pères ou des maris dont j'ai opéré et perdu les parents, les enfants et les femmes. Car, remarquez-le bien, tout le monde devant mourir, on ne nous accuse pas de perdre ceux de nos malades qui sont insauvables, mais on exige que nous fassions tout ce qui est humainement possible.

C'est encore en se demandant ce qu'on ferait ou ce qu'on laisserait faire à soi ou à ses proches qu'on arrive à prendre un parti dans des conjectures fort délicates, où la conscience, l'humanité, le devoir, l'intérêt, que sais-je encore ? sont en jeu. Sur 100 opérations qu'on *peut pratiquer*, il en est 20 qu'on *doit imposer* tyranniquement, 20 qu'il *faut refuser* absolument et 60 en moyenne qu'on peut à la rigueur, et en se fondant sur des motifs plausibles, faire ou ne pas faire.

Or il arrive aux chirurgiens de pécher dans tous les sens. Ceux-ci n'opèrent pas les cas trop mauvais pour ne pas compromettre leur renommée ou assombrir leur statistique. Il y a quarante ans environ, Ph. Boyer avait la prétention de ne pas perdre d'opérés ; quand un cas trop grave entrait dans ses salles, il n'y touchait pas, ou bien il faisait passer dans un service de médecine le phtisique tombant dans le marasme et auquel il avait coupé la jambe quelques semaines auparavant.

D'autres ne savent pas refuser une opération; tantôt c'est par humanité et tantôt par pure complaisance. Pourtant j'affirme que les occasions ne sont pas rares où le chirurgien doit très fermement se récuser. En lisant certains récits, je me demande avec stupeur comment on a pu se résoudre à porter le scalpel sur de vrais moribonds, et comment, à l'autre bout de l'échelle, on a, de gaieté de cœur, exposé les jours de gens robustes, atteints d'infirmités à peine désagréables. Lorsque je liquiderai ma situation morale dans la vallée de Josaphat, je compte porter à mon actif les nombreuses opérations que j'ai déconseillées comme inutiles ou dangereuses.

En ce qui concerne les opérations dites de *complaisance*, on invoque un argument spécieux. L'homme est l'arbitre de sa destinée ; il expose chaque jour sa vie pour ses besoins, pour ses passions, pour ses plaisirs ; une difformité physique l'obsède, il veut s'en débarrasser ; l'entreprise a des périls, il les accepte ; des accidents opératoires surviennent, il les subit et n'accuse que lui. Pourquoi lui refuser votre concours ? Pourquoi vous montrer plus royaliste que le roi ?

La réplique est fort simple. X... est las de la vie ; il peut disposer de ses jours, la chose est évidente. Chargerez-vous son revolver ou lui administrerez-vous dix centigrammes de strychnine ?

Mais si je n'opère pas, direz-vous, mon voisin opérera. Eh bien, laissez-le faire et consolez-vous. Plus d'une fois, ayant refusé une opération, j'ai appris quelques jours plus tard qu'elle avait été faite et suivie d'une issue funeste. Le compère avait empoché les sesterces, mais j'avais gagné et je conservais l'estime. C'est peu, diront les positifs ; — c'est beaucoup, penseront ceux qui, assimilant la médecine aux choses les plus sacrées, répéteront avec notre grand poète :

L'art est saint. Dieu le fit afin que dans le monde
Tout ne se courbât pas devant la force et l'or.

Je n'ai point l'intention — le lieu serait d'ailleurs mal choisi, bien que nous soyons dans la patrie du Chevalier Bayard — d'éditer ici un code de moralité professionnelle, une sorte de bréviaire du *Chirurgien sans peur et sans reproche.* Je n'ai pas davantage la prétention naïve d'éclairer le public sur ses véritables intérêts, et pourtant je m'imagine que si des deux côtés mes paroles étaient entendues, les Paré et les Dupuytren de l'avenir accompliraient fort bien leur destinée et affronteraient tout comme nous les chances de la lutte pour la vie. D'autre part les patients auxquels on peut reprocher leur sympathie ou, si l'on trouve l'expression trop forte, leur défaut d'antipathie suffisante pour les faiseurs, les charlatans, les acrobates, la racaille médicale, en un mot, seraient plus souvent guéris, à meilleur marché, et surtout moins dupés, bernés et volés. Un philosophe chagrin a dit : *Vulgus vult decipi ; ergo decipiatur.* C'est le *tant pis pour eux* des modernes. Je n'ai point cette placide indifférence et ne peux voir un malfaiteur mal faire sans avoir la tentation de lui courir sus.

Il me paraît qu'en ce temps de prophylaxie universelle, on devrait songer un peu à garantir les simples et les crédules contre l'obséquiosité de l'un, la sensiblerie de l'autre, la solennité de celui-ci et les hâbleries de celui-là. Fournir à un public confiant des chirurgiens honnêtes, tel est le but que je poursuivrais de grand cœur.

Ce n'est pas d'aujourd'hui, Messieurs, que je tiens le langage que vous venez d'entendre. Depuis longtemps je m'élève contre l'abus des opérations, et je recommande d'épuiser les ressources de la thérapeutique médicale ; mais la chose ne tirait pas à conséquence, et l'on pouvait n'y voir qu'une opinion plus ou moins défendable. Mais, à cette heure, je suis accusé d'entraver l'essor de la science française et de paralyser ses progrès. Alors ma fibre patriotique s'émeut.

Il en est de la chirurgie comme des autres branches de notre activité. Partout la compétition est ardente, âpre, sans merci, tout le monde voulant avoir la première place. Depuis Guy de Chauliac jusqu'à la fin du siècle dernier, la France avait sans contestation possible tenu la tête ; l'Angleterre, l'Italie, l'Allemagne, entrées plus tard dans la lice, lui disputent aujourd'hui la prééminence. Quelques scribes de ce côté et sur l'autre rive de l'Atlantique affirment gravement que nous sommes descendus au dernier rang, sans doute parce que nous nous montrons un peu plus soucieux et plus économes de la vie d'autrui et que nous faisons un peu plus de façon pour couper en quatre notre prochain. Vous remarquerez que c'est précisément dans les pays où l'on fulmine contre les expériences sur les animaux que l'on nous accuse de faire une chirurgie timide et comme sénile.

Eh bien, acceptons le reproche. Qu'il plaise à certains étrangers de transformer leurs salles de chirurgie en laboratoires de vivisection humaine, la chose ne nous regarde pas et reste à débattre entre les intéressés.

Qu'en ce temps de contradiction morale incroyable, où l'on s'apitoie autant sur le sort des assassins que sur celui de leurs victimes, on se croie en droit de sacrifier dix-neuf cancéreux pour essayer de sauver le vingtième, qu'on déclare fécond par excellence ce sang versé, le comparant à celui des braves qui meurent en conquérant des mondes nouveaux, peu nous importe si la *chair à scalpel* ne se révolte pas.

Que nous profitions même de ces expériences en spectateurs curieux et attentifs, comme on s'instruit en voyant de loin commettre des méfaits auxquels on ne prend pas part, j'y consens encore. Mais qu'on nous engage dans cette voie coupable, qu'on nous lance dans les excentricités opératoires, halte-là. Dussions-nous passer pour arriérés, réactionnaires, nous préférerions, pour nos Français, une pratique plus froide, plus rationnelle, plus humaine, plus tendre, si je puis ainsi dire, et dont il ressorte bien que le chirurgien, en France, voit toujours en tout malade un frère, un enfant ou un ami.

Avec des praticiens et des savants inspirés de la sorte, la science française, j'en conviens, ne chaussera pas les bottes de sept lieues; mais elle avancera pourtant, gagnant tous les jours quelque chose, ne rétrogradant pas et ne brûlant pas le lendemain ce qu'elle aura adoré la veille. Sans vouloir écraser personne, elle gardera son rang en conservant son calme, sa sérénité et sa grandeur, laissant s'agiter autour d'elle ses rivales brouillonnes et inquiètes, sans doute parce qu'elles sont plus jeunes et moins expérimentées.

A vous dire tout le fond de ma pensée, il me serait fort égal d'entendre proclamer qu'à Londres, à Vienne, à Rome, à New-York, on opère plus et mieux qu'à Paris, si l'on ajoutait qu'en cette dernière ville on guérit plus souvent et qu'on meurt un peu moins.

Heureux, a-t-on dit, les peuples qui n'ont pas d'histoire! Heureux seraient les chirurgiens qui n'auraient pas de trousse et qui sauraient s'en passer! Plus heureux encore, direz-vous, leurs clients, au nombre desquels le hasard peut malheureusement vous ranger.

Puisse un jour, grâce au progrès de la science française, la chirurgie ne pas faire couler de sang et ne plus faire verser de larmes!

M. Édouard REY

Maire de la ville de Grenoble, Président du Comité local.

MESSIEURS,

Il y a deux ans, à pareille époque, s'accomplissait dans cette ville un événement d'une haute portée scientifique et dont le retentissement n'est pas près de s'éteindre.

M. Marcel Deprez expérimentait sa découverte de la transmission de la force par l'électricité dans des conditions que vous n'avez sans doute pas oubliées. La puissance motrice d'une chute d'eau, située à une quinzaine de kilomètres de Grenoble, voyageait sur un fil et, sans s'égarer en route, arrivait presque entière pour activer divers appareils.

Le spectacle des travaux de M. Deprez, auxquels il n'est pas permis de ne pas s'intéresser, alors même que l'on ne partagerait pas ses longs espoirs et ses vastes pensées, suggéra à la municipalité le projet de convier dans cette ville l'Association pour l'avancement des sciences pour la session de 1885.

Dès longtemps était parvenu jusqu'à nous le bruit de vos pèlerinages laïques ; pèlerinages entrepris dans l'intérêt de la vérité scientifique et du progrès.

Nous n'ignorions pas l'attrait de vos assemblées, l'intérêt des communications qui y sont échangées. Nous savions, enfin, quel lustre vous donnez, par votre séjour, aux villes dont vous acceptez les invitations et où vous pratiquez si largement la décentralisation scientifique.

Vous avez bien voulu répondre favorablement à l'appel qui vous était fait. Je vous en remercie et je vous dis, au nom de la ville de Grenoble :

Soyez les bienvenus.

Vous êtes ici, Messieurs, et c'est un point qui doit vous être particulièrement sensible, dans un centre d'enseignement supérieur, primaire et secondaire, au milieu d'écoles qui ne sont pas sans réputation et dont plusieurs peuvent être fières de leur passé. Vous n'êtes pas des étrangers ; la plupart de nos concitoyens connaissaient vos noms et vos œuvres ; ils seront heureux de développer, de pousser plus loin ces relations.

Votre séjour parmi nous, quoique bien court, ne peut qu'être profitable aux études que vous poursuivez. Les sciences naturelles, particulièrement, ne peuvent qu'être en grand honneur dans notre province si pittoresque et si peu connue.

C'est ici, en effet, que la minéralogie et la géologie françaises ont leurs plus grandes richesses, je dirais presque leurs trésors. Le savant M. Lory s'en est constitué le gardien et il voudra bien les étaler à vos yeux. Vous verrez, par son exemple, que celui qui connaît nos montagnes s'y attache pour la vie, et que leur attrait a suffi parfois pour faire renoncer à de brillantes carrières et à l'éclat parisien d'une renommée scientifique incontestée.

La flore alpestre, si brillante, si variée, attirera aussi, je n'en doute pas, vos regards, et vous pourrez apprécier la supériorité des jardins qu'a cultivés la seule main de la puissante nature sur ceux qu'a embellis la main patiente de l'homme.

Je craindrais, Messieurs, de faire preuve d'un chauvinisme provincial exagéré en poursuivant plus longtemps cette énumération.

Vous ne trouverez pas chez nous les châteaux historiques que vous avez visités sur les bords de la Loire, ni les gothiques églises de Normandie. Nous avons peu de ruines et ce ne sont pas les débris des âges passés que vous aurez à admirer, mais vous verrez des lacs, des forêts, des glaciers, des torrents qui ne le cèdent pas en beauté sauvage à leurs émules de la Suisse, et si vous pouviez, dans les quelques jours que vous allez nous consacrer, vous faire une idée du caractère des habitants de cette contrée, vous trouveriez que nous aimons, comme nos voisins, passionnément la liberté, qu'il y a ici une population toujours prête à se faire le serviteur de l'idée, jamais celui de l'homme, et lorsque vous visiterez le château de Vizille, vous penserez que la terre du

Dauphiné, qui a entendu la première les protestations de l'humanité, était digne de recevoir les représentants de la science, de cette science qui est en si grand honneur dans cette ville, et à laquelle nous offrons de grand cœur des millions pour lui élever des temples et des autels.

Je m'arrête, Messieurs, il ne me reste qu'à vous souhaiter la clémence du ciel pour les excursions intéressantes que vous allez entreprendre.

Quant au bon accueil de la population de Grenoble et de nos montagnes, je puis vous en donner la garantie solennelle.

Comme nous aimons la science et la liberté, nous aimons aussi notre pays, et nous l'aimons trop pour ne pas bien accueillir ceux qui viennent le visiter.

M. Henri NAPIAS

Secrétaire général.

L'ASSOCIATION FRANÇAISE EN 1884-1885

Un pieux usage de l'Association française pour l'avancement des sciences veut que chaque année, en vous présentant son compte rendu sommaire, votre secrétaire général évoque le souvenir de ceux de nos collègues que nous avons perdus et paye à leur mémoire le tribut de nos regrets.

C'est un usage qu'il faut garder; il est le corollaire de la cordiale camaraderie qui unit les membres de nos congrès, des fécondes relations scientifiques qui s'y nouent, des amitiés solides qui naissent d'un commun travail.

Pour moi, il me semble que nous ne pouvons ni féliciter ceux de nos collègues qui ont vu leurs travaux récompensés, ni nous abandonner au charme du revoir, sans nous souvenir de ceux qui ne sont plus, des maîtres qui nous ont précédés dans la carrière scientifique, des émules avec qui nous y avons marché la main dans la main.

C'est de l'accomplissement de ce devoir que je veux d'abord m'acquitter.

La liste de nos morts est longue; on pouvait espérer qu'elle était close pour cette année, quand il y a quinze jours la science perdait le grand et vénérable savant dont je veux d'abord citer le nom. — *Henri Milne-Edwards*, professeur et doyen honoraire de la Faculté des sciences, était né avec le siècle, à Bruges, d'une famille anglaise; mais, naturalisé Français, nul n'aimait plus que lui notre patrie. Il avait commencé par exercer la médecine, mais il s'était bientôt adonné à l'histoire naturelle, à laquelle il a consacré le meilleur de ses travaux. Ses leçons sur la physiologie et l'anatomie comparée n'ont point été égalées. Il eut l'honneur de succéder à Cuvier à l'Académie des sciences, et plus tard à Isidore Geoffroy-Saint-Hilaire au Muséum. Henri Milne-Edwards, si modeste quand il s'agissait de ses travaux, se montrait fier des travaux du fils en qui revivent aujourd'hui les éminentes qualités paternelles. N'est-ce pas une histoire à la fois touchante et glorieuse que celle de ces sortes de dynasties scientifiques, de ces familles qui se sont taillé une souveraineté indiscutée dans la science, et dont l'héritage, pieusement recueilli et fidèlement transmis, perpétue les noms des Darwin, des Geoffroy-Saint-Hilaire, des Milne-Edwards. Tous ceux qui ont connu le vénérable maître qui vient de mourir, tous ceux qui ont suivi ses leçons, garderont son souvenir et, chaque fois qu'ils entendront prononcer son nom, verront passer devant leurs yeux, encadrée de ses longs cheveux, la douce figure où se lisait l'indulgente bonté de ce grand savant. Milne-Edwards n'appartenait pas à notre association, mais il était le président de l'Association scientifique, et c'est à son initiative qu'ont été dus les pourparlers qui vont amener une heureuse et prochaine fusion des deux sociétés.

Dupuy de Lôme, sénateur, membre de l'Institut, membre fondateur de notre association, était né en 1816 à Plœmeur, près de Lorient. Il n'avait pas encore soixante-dix ans quand il a été enlevé à la science; mais nulle existence n'a été plus active, plus remplie par le travail, plus justement récompensée par le succès. A sa sortie de l'École polytechnique, il entra dans les constructions navales : ce fils de marin était attiré par la marine, qu'il devait transformer tout entière. Dès 1852 il construisait le premier navire de guerre à grande vitesse, et on s'imagine aisément quelle joie triomphante il dut ressentir quand il vit son œuvre mise à l'épreuve glorieuse de la guerre d'Orient. Quand en 1854 on vit la flotte française traverser les Dardanelles malgré les vents et les courants contraires, alors que la flotte anglaise était impuissante à franchir le détroit, on put comprendre qu'une révolution était faite dans l'art naval. Mais Dupuy de Lôme ne devait pas s'en tenir là; on lui doit d'avoir transformé nos navires à voiles en navires à vapeur, en les allongeant par le centre; on lui doit aussi la création d'un modèle particulier de paquebots; on lui doit enfin la construction de notre premier cuirassé : *la Gloire;* et si depuis on a fait mieux, si nos modernes cuirassés sont de tous points supérieurs au prototype qu'il avait réalisé, il est juste de ne point oublier qu'il entra le premier dans cette voie et de laisser rejaillir sur sa mémoire une part du splendide éclat dont notre marine nationale vient de faire briller notre drapeau dans l'extrême Orient.

Depuis 1870, Dupuy de Lôme s'était attaqué à un nouveau problème. A l'heure où le ciel de Paris assiégé se constellait d'aérostats, il s'était pris d'enthousiasme pour l'aérostation et pour les aéronautes, pour ces hardis navigateurs qui ont, comme celui dont parle Horace, le cœur cuirassé d'un triple blindage de chêne et de bronze et qui confient à une fragile nacelle d'osier leur vie et leurs espérances, — audacieux sublimes dont Tite-Live aurait dit :

Possunt omnia audere qui hoc ausi sunt.

Il s'était mis à l'œuvre; il cherchait le navire aérien qui devait labourer les nuages de son éperon, et peut-être avait-il à ses derniers moments la vision de l'escadre ailée qui fera quelque jour flotter nos couleurs dans les hautes régions de l'air, car il connaissait les intéressants résultats obtenus par nos collègues Tissandier et Renard, et il savait que l'avenir se chargeait de la réalisation de ce rêve grandiose.

Le général de *Chabaud-Latour*, sénateur, était aussi un de nos fondateurs. La génération actuelle ne le connaissait guère que pour l'avoir vu mêlé aux luttes ardentes de la politique, il convient de rappeler que c'était un savant officier qui avait fourni une belle carrière. Né à Nîmes en 1804, il sortait en 1822 de l'École polytechnique et entrait dans le génie militaire ; il avait pris une part active à l'expédition d'Alger, et à la construction des fortifications qui ont permis à Paris de soutenir un long siège sans armée régulière, sans autre défense que le patriotisme de ses habitants.

M. *Paulin Talabot*, directeur général des chemins de fer de Paris-Lyon-Méditerranée, était né à Limoges en 1799. Sorti de l'École polytechnique dans les ponts et chaussées, il avait pris une grande part à la construction et au développement de nos lignes de chemins de fer. Il était membre fondateur de l'Association française.

M. *Serret*, membre de l'Institut, était né en 1819. Sorti de l'École polytechnique dans l'artillerie il avait, presque aussitôt, donné sa démission pour se consacrer aux mathématiques. Dès 1848, il était examinateur d'admission à l'École polytechnique, suppléant du cours supérieur d'algèbre à la Sorbonne en 1849, suppléant de physique en 1856 ; il était nommé en 1861 au Collège de France ; enfin, en 1863, il revenait à la Sorbonne comme professeur de calcul différentiel et intégral. En 1870, quand Gambetta établit l'École polytechnique à Bordeaux, ce fut Serret qui fut chargé de la diriger. Il laisse des ouvrages nombreux et dont la plupart sont classiques.

Parmi les membres fondateurs qui ont été enlevés cette année à l'Association française pour l'avancement des sciences, il nous faut citer encore M. le général *Riffaut*, ancien commandant de l'École polytechnique; M. *Ernest Gouin*, le grand constructeur, l'entrepreneur hardi de tant de grands travaux ; M. *Lan*, directeur de l'École des mines ; M. *Rolland*, membre de l'Institut, directeur général des manufactures de tabac, dont il avait perfectionné l'outillage par d'ingénieuses inventions et notamment par son appareil pour la torréfaction du tabac en vase clos qui réalisait à la fois un progrès industriel et un progrès hygiénique.

Jean-Augustin Barral, qui nous a été enlevé à l'âge de soixante-cinq ans, avait, lui aussi, été ingénieur des manufactures de tabac. C'est par là qu'il a commencé en quittant l'École polytechnique, et on sait que c'est lui qui isola la nicotine. En 1850, Barral fit avec Bixio deux ascensions aérostatiques célèbres ; les audacieux aéronautes s'élevèrent à 7,000 mètres et subirent un froid de — 39°. Mais c'est surtout par ses travaux de chimie agricole et par sa théorie des engrais que Barral avait conquis une grande notoriété dans le monde des agriculteurs. Il est à propos de rappeler que le grand Arago avait pour lui une estime particulière, et qu'il l'avait désigné en mourant comme éditeur de ses œuvres complètes.

Il me faut citer encore parmi nos morts de cette année M. *Malézieux*, inspecteur général des ponts et chaussées; le professeur *Létiévant*, de Lyon; M. *Vazeilles*, directeur des études au collège Sainte-Barbe ; M. *Victor Dessaignes*, avocat, docteur en médecine, membre correspondant de l'Institut, membre de la Société chimique de Londres, que les membres de la section de chimie étaient allés saluer à Vendôme pendant une excursion du Congrès de Blois. M. Dessaignes avait quatre-vingt-cinq ans. Les chimistes, si éprouvés l'année dernière, qui avaient vu partir des maîtres comme Dumas, comme Wurtz, des hommes éminents comme Thénard, comme Corenwinder, allaient féliciter dans sa retraite le vaillant et modeste confrère dont la verte vieillesse ne permettait pas de supposer que la fin fut si proche.

Mais, s'il est toujours douloureux de voir s'en aller ceux qu'on estime ou qu'on aime, c'est une consolation de penser qu'ils ont fait leur tâche, que leur longue vie a été utilement employée, qu'ils étaient entrés déjà dans un repos mérité, ou, s'ils étaient encore dans la pleine activité du travail et de la recherche, que leur nom depuis longtemps répété par la renommée demeurera gravé sur les tablettes de bronze de la postérité ! — Hélas ! le chagrin est plus cuisant quand la mort atteint l'homme jeune qui avait justement assez fait pour faire regretter tout ce qu'on pouvait espérer de lui voir faire : notre collègue *Henninger*, professeur agrégé de la Faculté de médecine de Paris, un des plus brillants élèves de Wurtz, a suivi de près son maître dans la tombe, laissant à ses amis d'inconsolables regrets, car, de tout ce qu'il perd, ce que l'homme regrette le plus vivement, c'est l'espérance.

Enfin, quand, à Blois, à l'inauguration de la statue de Denis Papin, vous écoutiez la parole si claire, si précise, de notre collègue *Tresca*, vous ne pensiez pas sans doute que cette fois il manquerait à notre rendez-vous annuel. Henri-Édouard *Tresca* était né à Dunkerque en 1814, reçu à Saint-Cyr en 1832, à l'École polytechnique en 1833 ; il en était sorti dans les ponts et chaussées, qu'il abandonna bientôt pour se faire ingénieur civil. En 1852, il entra au Conservatoire des arts et métiers, et c'est là qu'il a fait ses remarquables travaux sur les machines à vapeur, sur l'écoulement des solides, etc. Son activité était incroyable. Membre de l'Académie des sciences, membre et plusieurs fois président de la Société des ingénieurs civils, vice-président de la Société d'encouragement, membre du conseil supérieur de l'enseignement technique, président du conseil de perfectionnement de l'École centrale, membre du conseil du Conservatoire des arts et métiers, vice-président de la Société des électriciens, il était partout, infatigable, incapable de repos, toujours préparé à la discussion, toujours prêt à l'étude. Un tel homme ne devait pas s'attarder aux lenteurs d'une longue maladie ; il a été frappé d'un coup, foudroyé pour ainsi dire par l'apoplexie, au seuil même de la Société des ingénieurs civils. — Tresca est mort au champ d'honneur.

L'Association française pour l'avancement des sciences a l'habitude d'inviter à chacun de ses congrès un certain nombre de savants étrangers ; ceux qui ont bien voulu accepter cette invitation sont particulièrement nombreux cette année. Nous leur offrons ici nos souhaits de bienvenue. Il faut qu'ils sachent que dès qu'ils ont consenti à partager nos travaux, nous les tenons pour nos collègues, et que nous savons garder leur souvenir. Aussi, quand la mort vient à frapper l'un d'entre eux, c'est un deuil pour notre association ; et cette année c'est un triple deuil que nous portons. Nous avons perdu M. *de Baumhauer*, M. *Fleming-Jenkin*, Mme *Bowell-Sturge*.

M. *de Baumhauer*, secrétaire perpétuel de la Société hollandaise des sciences, était venu plusieurs fois à nos congrès et s'y était créé de vives sympathies.

M. *Fleming-Jenkin*, membre de la Société royale de Londres, ingénieur distingué, passait à bon droit pour un des plus remarquables électriciens de l'Angleterre ; il avait mis sa haute compétence au service de la science sanitaire et s'était surtout occupé de l'assainissement des habitations.

Mme *Bowell-Sturge*, docteur en médecine de la Faculté de Paris, médecin du nouvel hôpital des femmes de Londres, était venue depuis quelques années chercher sous le climat de Nice un adoucissement à la cruelle maladie dont elle souffrait, et dont l'issue fatale a pu être ainsi retardée. C'est un lourd fardeau pour une femme qu'un diplôme de docteur. Nous avons encore sur ce point de tenaces préjugés ; le nom de *femme savante* est difficile à porter depuis que Molière y a exercé sa cruelle raillerie! Pourtant ce n'était pas un ennemi de l'instruction des femmes, celui qui a si vigoureusement bafoué l'Arnolphe qui ne croit à la vertu d'Agnès qu'autant qu'il la suppose ignorante.

Je consens qu'une femme ait des clartés de tout,

disait-il, et c'est la pédanterie qu'il critiquait, non la science. Mme Sturge était modeste, très simple, et si bonne, que les gens les plus imbus des vieux préjugés, parmi les hommes et parmi les femmes, lui pardonnaient sa science en faveur de sa grâce, et son intelligence en faveur de son cœur.

Si nous avons eu des causes de tristesse, nous avons trouvé aussi pendant l'année qui s'est écoulée, depuis le Congrès de Blois, bien des sujets de joie et d'orgueil.

Nous félicitons d'abord en votre nom ceux de nos collègues devant qui se sont ouvertes les portes de l'Institut. M. Mascart y avait sa place depuis longtemps marquée, et, parmi ceux qui ont reçu le titre de membres correspondants, nous sommes heureux de citer le marquis de Nadaillac, M. Sirodot, M. Gosselet, qui, comme secrétaire du comité local, avait pris une part importante à l'organisation du Congrès de Lille. M. Schutzenberger, M. Vallin, M. Javal, ont été nommés membres de l'Académie de médecine; MM. Durand-Fardel et Denucé sont devenus associés nationaux de la même Académie; M. Oré a été nommé membre correspondant.

Dans les Facultés nous avons à signaler des nominations nombreuses :

M. Jamin a été nommé doyen de la Faculté des sciences de Paris; notre collègue M. Violle a été nommé maître de conférences à cette Faculté; M. Arloing a été appelé à une chaire à la Faculté des sciences de Lyon. Parmi les autres nominations nous citerons M. Ducrocq, professeur à la Faculté de droit de Paris; et dans les Facultés de médecine : M. Proust, professeur à la Faculté de Paris ; M. Figuier, à celle de Bordeaux ; M. Testut, à celle de Lille; MM. Dumas et Lannegrace, à celle de Montpellier.

Parmi les lauréats de l'Institut nous relevons les noms de MM. *Cabanellas*, *Durand-Claye*, *Cotteau*, *Rivière*, Dr *Testut*, Dr *Leloir*, Dr *Constantin Paul*. Parmi ceux de l'Académie de médecine nous trouvons les noms de MM. Dr *Mignot*, Dr *Perroud*, Dr *Pennetier*.

Un nombre relativement grand de nos collègues ont été nommés ou promus dans la Légion d'honneur.

M. le général *Parmentier* a été élevé à la dignité de grand officier; M. *Gavarret* a été promu commandeur; ceux qui n'ont pas eu comme nous le bonheur de l'avoir pour maître et d'avoir été plus tard honorés de son amitié, se féliciteront au moins avec nous de ce succès du savant conférencier qu'ils ont entendu au Congrès de Nantes. M. le colonel Perrier, ancien secrétaire de notre association et qui préside cette année même la section de géographie, a été nommé aussi commandeur. La croix de chevalier vient d'être conférée a M. Godard, le directeur bien connu et si justement estimé de l'École Monge. Enfin, à la suite de l'épidémie de l'année dernière, des médecins qui ont donné leurs soins aux cholériques ou qui ont étudié les conditions de propagation du fléau afin que des mesures énergiques puissent être prises contre son extension, des administrateurs qui ont eu à appliquer ces mesures protectrices, des dévouements désintéressés comme il s'en trouve chez nous — nous pouvons le dire avec orgueil — chaque fois qu'il en est besoin, ont été récompensés par le gouvernement et je n'ai pas besoin de vous apprendre qu'il y avait là beaucoup de membres de notre association. M. Cazelles, préfet de Marseille, que notre association avait trouvé autrefois préfet de Montpellier et dont elle a gardé le meilleur souvenir ; M. le Dr Brouardel, l'infatigable et sympathique président du comité consultatif d'hygiène de France, ont été promus commandeurs. Parmi les officiers, nous trouvons les noms de nos collègues *Velten*, Dr *Proust*, Dr *Queirel*, Dr *Pamard;* parmi les chevaliers, ceux de M. *Laurens*, maire de Nyons. Dr *Hamelin* et Dr *Mossé* de Montpellier, *Rocaché*, maire du XIe arrondissement de Paris.

Vous rappellerai-je à présent que M. *Hervé-Mangon* a été mis par la confiance du président de la République à la tête du ministère de l'agriculture, que les électeurs ont envoyé au Sénat notre collègue le Dr *Cornil* et à la Chambre notre collègue le Dr *Javal?* Nous n'avons pas l'habitude de nous occuper ici de ces succès politiques, et pourtant les qualités éminentes qui ont fait distinguer nos collègues, la popularité qu'ils ont acquise et qui leur vaut les suffrages de leurs concitoyens, c'est presque toujours à la science qu'ils les doivent, c'est à leurs travaux qu'ils ont souvent apportés devant vous et soumis à votre discussion. Aussi vous associerez-vous aux félicitations que nous leur adressons; elles sont à leur place le jour où vous inaugurez vos travaux dans ce pays qui a vu naître des hommes d'État et des hommes politiques comme Abel Servien, de Lionne, Mounier, Barnave, Casimir Périer, des philosophes qui ont affranchi la pensée humaine comme Mably et Condillac ; à deux pas de ce château de Vizille, où les députés des municipalités dauphinoises se réunissaient le 21 juillet 1788 et réclamaient la convocation des états généraux, préparant ainsi la Révolution d'où devait sortir notre droit politique moderne.

Vous savez déjà, Mesdames et Messieurs, que M. Georges Masson a donné sa démission de trésorier de l'Association française. Il occupait depuis la fondation de notre œuvre ce poste, difficile surtout au début et quand tout était encore à organiser. Il fallait y apporter, en effet, non seulement une compétence solide, l'habitude du maniement des affaires, un jugement droit et sûr, mais encore d'autres qualités personnelles qu'il avait : la distinction et l'affabilité des manières, la cordiale simplicité des relations, la franchise de la parole. Nous aurions à regretter tout cela, si M. Georges Masson nous quittait, mais il ne quitte que ses fonctions de trésorier, qu'il a remises en bonnes mains, et il reste des nôtres. L'Association saura bien imposer de nouveaux devoirs à son dévouement et à son activité.

Le nombre de nos sections s'est encore accru depuis l'année dernière. Une sous-section d'archéologie a fonctionné pour la première fois à Blois et fonctionnera encore cette année à Grenoble. Si ce nouvel essai démontre l'utilité de créer une section d'archéologie à titre définitif, la proposition vous en sera faite en assemblée générale et vous aurez à statuer sur cette création nouvelle. Nous sommes obligés de rappeler à ce propos à ceux de nos nouveaux collègues qui s'occupent d'archéologie que nos comptes rendus ne sauraient contenir des monographies, mais seulement des notes résumant les communications, indiquant les points nouveaux ou particulièrement intéressants, sur lesquels les auteurs tiennent à attirer l'attention.

Le Congrès de Blois a installé à titre définitif la nouvelle section d'hygiène et de médecine publique. Il faut souhaiter de voir cette section, grâce au concours de tous nos collègues, prendre l'importance qu'elle mérite d'avoir. Les applications de l'hygiène à la sociologie sont chaque jour plus nombreuses et préoccupent justement, non plus seulement les savants, mais les administrateurs et les législateurs; ce ne sont plus seulement les médecins qui ont à établir les bases de cette science sociale; ce sont avec eux les architectes, les ingénieurs, les physiciens, les chimistes, les économistes. Elle touche, en effet, à la médecine par l'étiologie des maladies transmissibles, à l'art de l'architecte et de l'ingénieur par la salubrité des maisons, des édifices publics, par les travaux si compliqués de la voirie des grandes villes; à la chimie par la recherche des fraudes qui, en altérant les aliments les plus indispensables, altèrent la santé du peuple, et aussi par l'analyse de l'air des ateliers, par la découverte de procédés industriels, qui substituent à des substances toxiques des substances que l'ouvrier peut manier sans danger. Les industriels, les mécaniciens viendront exposer devant cette section nouvelle les moyens qu'ils ont trouvés d'assurer la sécurité du travail en évitant les accidents; les pédagogues voudront étudier avec nous les conditions de salubrité de l'école et l'hygiène de l'écolier. Ce sera le rendez-vous où se trouveront tous ceux qui, dans l'étude de la science où ils sont spécialisés, auront incidemment rencontré quelque fait nouveau capable de contribuer au perfectionnement, à la prolongation, à l'économie de la vie humaine. Ne sera-t-il pas intéressant, dans chacune des villes où nous siégerons, d'étudier ensemble ce qui a été fait pour l'assainissement des habitations, pour la salubrité et la sécurité du travail industriel, pour l'installation d'hôpitaux convenables, d'écoles bien éclairées et aérées, pour amener jusqu'à chaque habitant une quantité suffisante d'une eau irréprochable, pour assurer une alimentation saine, pour pourvoir à l'assistance des malheureux, des malades, des infirmes, et d'établir ainsi, année par année, les éléments d'une sorte de géographie de l'hygiène en France?

Mais je pense que, si je n'y prenais garde, je me laisserais entraîner un peu loin par un sujet qui m'est cher, et j'ai, avant de finir, encore un devoir à remplir.

Je dois, Mesdames et Messieurs, remercier en votre nom les organisateurs du Congrès de Blois et la municipalité de la ville, pour l'accueil qui a été fait à l'Association française. Ceux qui n'ont pas eu le plaisir d'y assister ont vu dans la chaleur des récits qui leur en étaient faits et dans l'enthousiasme des narrateurs la preuve que le Congrès de Blois comptera comme une des bonnes étapes de notre voyage à travers la France.

Mais l'esprit humain se plait aux contrastes, et il est vraisemblable que le souvenir des riants coteaux des bords de la Loire va, pour un temps, s'affaiblir en présence des sévères montagnes et de la nature grandiose du Dauphiné. Nous remercions tous ceux qui nous ont appelés à Grenoble, et les membres du comité local, qui ont pris si fort à cœur leur métier d'organisateurs et qui ont si complètement réussi.

Mesdames et Messieurs, quand l'Association française a été fondée, elle n'imitait pas les sociétés similaires qui fonctionnaient déjà à l'étranger; elle reprenait une idée française. — L'idée de grouper des travailleurs de toutes les sciences pour concourir à une œuvre commune, c'est l'idée même de la grande *Encyclopédie*, monument gigantesque auquel est attaché impérissablement le nom de D'Alembert. Eh bien, cet enfant du hasard, devenu l'un des plus grands hommes de son siècle, avait du sang grenoblois dans les veines; il tenait à Grenoble par les entrailles maternelles, par Mme de Tencin. Votre ville peut le revendiquer comme un de ses citoyens, l'adopter comme un fils, et Grenoble, au moins, est une mère qui n'abandonne pas ses enfants.

M. Émile GALANTE

Trésorier.

LES FINANCES DE L'ASSOCIATION (1)

Mesdames et Messieurs,

En l'absence de M. Masson, je suis chargé de vous présenter son compte rendu de l'exercice 1884.

Je saisis cette occasion pour vous exprimer combien je sens vivement l'honneur que vous m'avez fait en reportant sur moi la confiance que vous lui aviez accordée lors de la fondation de notre Société; soyez assurés que tous mes efforts tendront à continuer les traditions établies par notre cher collègue, mon prédécesseur, et recevez l'expression de ma profonde gratitude.

Bien pénétré du but que se proposait l'Association française, M. Masson sut, à son origine, en organiser le service financier avec un véritable talent. Ses solides et brillantes qualités d'administrateur, son dévouement et son zèle infatigables contribuèrent, dans une mesure que nous avons tous appréciée, à la prospérité de notre œuvre. Dans ses comptes rendus annuels, qui resteront des modèles de clarté, de correction et d'élégance, M. Masson nous a fait suivre les progrès de cette prospérité, les résumant l'année dernière, à Blois, dans un intéressant et original travail de statistique.

Appelé par vos suffrages à demeurer au sein de notre conseil, M. Masson en suivra les travaux avec l'intérêt et le dévouement dont il a donné tant de preuves; son concours nous reste donc entièrement assuré.

Je suis certainement l'interprète des sentiments unanimes de l'Association en lui renouvelant ici l'expression de notre reconnaissance.

Je passe à la lecture de son rapport :

Mesdames et Messieurs,

REVENUS.

Le compte *Revenus* de l'Association s'est soldé en recettes, au 31 décembre 1884, par 79,590 fr. 27, chiffre sensiblement égal à celui de l'exercice 1883.

En voici le détail :

(1) Rapport lu au nom de M. G. Masson, trésorier honoraire.

RECETTES.

Reliquat de l'année 1883. . . . . Fr.	1.121 28
Cotisations des membres annuels	56.720 »
Arrérages des capitaux placés	21.466 59
Recettes diverses.	282 40
Total des recettes.	79.590 27

DÉPENSES.

Les dépenses se sont élevées à.		72.450 85
ainsi réparties :		
Frais d'administration		21.391 65
Impression du volume		33.195 80
Frais d'impressions diverses		3.655 20
Subventions :		
MM. Testu et Dufourcet : pour les aider à continuer leurs fouilles anthropologiques dans le sud-ouest de la France. . . . . Fr.	500 »	
La Société française de physique : pour contribuer à la publication des œuvres de Coulomb	300 »	
Genaille : pour contribuer aux dépenses de la construction d'une machine à calculer électrique.	600 »	
Gallois : pour la construction d'un thermographe médical	300 »	
Hauvel : pour l'aider à continuer ses travaux sur la prévision des temps.	200 »	
Zurcher : pour l'achat de livres de paléontologie nécessaires à ses recherches géologiques	850 »	
Motais : pour l'aider à continuer ses travaux d'anatomie (subvention de la ville de Paris).	400 »	
Sabatier : pour l'aider à continuer ses travaux d'anatomie (subvention B. Brunet).	500 »	
Laboratoire de Wimereux : pour aider à la publication des travaux qui y ont été faits (subvention B. Brunet)	500 »	
Laboratoire d'anthropologie de Toulouse : pour aider à en compléter l'installation.	500 »	
Pommerol : pour l'aider à continuer ses fouilles préhistoriques en Auvergne	150 »	
Magitot : pour l'aider à continuer ses recherches à Combperet	200 »	
Delort : pour l'aider à continuer ses fouilles préhistoriques dans le Cantal	150 »	
A reporter. . . Fr.	5.150 »	58.242 65

Report. . . . . Fr.	5.150 »	58.242 65
La Société d'anthropologie de Bordeaux : pour aider à la publication de ses travaux . . .	800 »	
Andouard : pour aider à la continuation de ses travaux de chimie appliquée (subvention de la ville de Montpellier)	600 »	
Souché : pour aider à la continuation de ses fouilles	100 »	
Observatoire du Mont-Ventoux : pour contribuer à l'installation de l'observatoire (2e annuité).	2.000 »	
Observatoire météorologique de l'Aigoual : pour contribuer à l'organisation et à l'installation (3e annuité)	1.000 »	
Doumenjou : pour souscription à son ouvrage : *Études sur la revision du Code forestier* . . .	150 »	
Quélet : pour l'aider à continuer ses études sur la flore mycologique de France	300 »	
	10.100 »	10.100 »
Bourses de sessions		700 »
Frais de session à Blois		2.014 85
Entretien du mobilier.		1.393 35
		72.450 85
Laissant disponible un solde de 7.139 fr. 42, d'où il a été prélevé pour la réserve statutaire		5.700 25
Et porté à nouveau		1.439 17
Total des recettes.		79.590 27

CAPITAL.

Le capital, qui était, au 31 décembre 1883, de.	468.465 11
s'est augmenté de :	
Réserve statutaire.	5.700 25
3 parts de fondateurs	1.500 »
38 rachats et versements à valoir.	3.940 »
Dons et legs	5.699 25
Soit au total	485.304 61

Représenté par :

Rente 4 1/2 pour cent nouveau	13.657 »
— ancien	3.600 »
Rente 3 pour cent.	4.029 »

et pour mémoire diverses valeurs n'ayant pu être réalisées et converties en rente.

En résumé, l'exercice 1884 est un exercice normal, et nous n'avons rien à vous signaler que la continuation du bon état de nos finances, en vous demandant cependant une propagande active pour accroître le nombre des membres annuels, que nous voudrions ramener peu à peu au chiffre qu'il avait exceptionnellement atteint lors du Congrès d'Alger.

L'Association a, dans le courant de cette année, été autorisée à accepter le legs de notre collègue M. Girard, legs dont le montant viendra augmenter, dans une notable proportion, notre capital; mais les débats judiciaires soulevés, en dehors de nous, à propos de cette succession, ne sont pas terminés. Nous espérons, l'an prochain, vous en annoncer la solution.

Au commencement de l'exercice 1885, notre commission des finances a procédé à une vérification générale de notre comptabilité et à la transmission régulière des livres, comptes courants et autres pièces comptable, nécessitée par la retraite du trésorier démissionnaire et l'entrée en fonctions de M. Émile Galante, son successeur.

Le compte rendu qui vient de vous être lu est le dernier de ma gestion et je remets aujourd'hui définitivement le soin de nos affaires en des mains plus jeunes, et qui se montrent de tous points si dignes du choix que vous avez fait.

Voulez-vous me permettre de terminer ce dernier rapport par quelques mots personnels et de vous remercier sincèrement de la bienveillance que vous n'avez cessé de me témoigner pendant treize ans?

Vous avez bien voulu, en me nommant trésorier honoraire, reconnaître beaucoup mieux qu'ils ne le méritent mes faibles services. Ce lien n'était pas nécessaire pour que je restasse un membre assidu et dévoué de nos réunions, qui me rappellent tant de précieux souvenirs; mais j'ai été profondément ému et reconnaissant du sentiment qui a dicté votre vote, et je ne faillirai pas aux devoirs qu'il m'impose envers vous.

SÉANCE GÉNÉRALE

du 14 août 1885

PRÉSIDENCE DE M. VERNEUIL

Dans cette séance MM. FERRAN, MERCERON, DORMOY et DUHAMEL ont successivement pris la parole et présenté les communications suivantes :

M. FERRAN

Avocat, à Grenoble.

EXCURSION DANS LE DAUPHINE

M. MERCERON VICAT (Maurice)

Ingénieur des Ponts et Chaussées, à Grenoble.

DU CIMENT ET DE SON EMPLOI

M. DORMOY

Ingénieur en chef des Mines.

SUR LA LANGUE VOLAPÜK

MESDAMES, MESSIEURS,

La part que vous voulez bien prendre cette année aux travaux de notre Association, et votre présence même à Grenoble me prouvent que vous n'êtes pas seulement des savants de cabinet, mais que vous êtes aussi des voyageurs; et que vous ne reculez pas devant un déplacement souvent fort long, pour venir admirer les beautés de la nature, dont ce merveilleux pays du Dauphiné est prodigue, et pour vous mêler aux savants français et étrangers qui tiennent ici le quatorzième Congrès de l'Association. A mon avis, le plus clair bénéfice intellectuel, et le plus grand plaisir que l'on retire des Congrès et des Expositions universelles, ce n'est peut-être pas d'écouter les mémoires qui y sont discutés, ni d'étudier les inventions nouvelles qui sont présentées à nos regards : c'est plutôt de faire connaissance avec les artistes, avec les savants étrangers, et de se mêler aux conversations familières de ces hommes, qui sont les premiers dans leur pays par les dons de l'intelligence, et qui veulent bien venir prendre part à nos études. De notre côté, bien qu'on ait dit longtemps que le Français n'est pas voyageur, c'est avec empressement que nous saisissons et que nous saisirons toujours l'occasion de franchir aussi la frontière, pour aller rendre à nos voisins leurs visites, dans des circonstances analogues.

Mais pour se mêler utilement aux hommes, il faut au moins les comprendre, il faut parler la même langue qu'eux. Aussi je ne crois pas me tromper en affirmant que nous tous, qui nous trouvons réunis aujourd'hui dans ce palais des Facultés, si gracieusement mis à notre disposition par la ville de Grenoble, nous avons appris ou cherché à apprendre quelques-unes des langues qui se parlent en Europe : l'anglais, l'allemand, l'espagnol ou l'italien. Tous, nous avons été frappés à la fois et des difficultés qu'il y a à apprendre une langue étrangère, et de l'ennui, je dirai même de l'espèce d'humiliation que l'on éprouve à ne pas la savoir quand on parcourt les pays où elle se parle.

Pour ma part, si jamais j'ai commis le péché d'envie, c'est lorsqu'il m'est arrivé de voyager à l'étranger avec des amis, des compatriotes, qui pouvaient converser librement, causer avec aisance dans la langue du pays, avec toutes les personnes que nous rencontrions, tandis que moi — j'étais beaucoup plus jeune alors — j'éprouvais quelque peine à demander mon chemin dans les rues de Londres ou de Madrid.

Malheureusement, il n'y a pas beaucoup de Français — ni de Françaises — qui soient à même de causer aisément dans une langue étrangère ; et je me souviens toujours de ce que disait une dame qui se trouvait assise auprès de moi à table d'hôte dans une petite ville d'Autriche ; elle s'écriait avec indignation : *Brod*, *Bred!* Pourquoi ne disent-ils pas tout simplement du pain ? Pourquoi tout le monde ne parle-t-il pas français? Vœu peut-être un peu naïf, que l'on corrige généralement dans son expression, et que l'on transforme en celui-ci : Pourquoi tous les peuples ne parlent-ils pas la même langue?

Mais, que la faute en soit à l'aventure de la Tour de Babel, à ces travaux gigantesques entrepris par quelque de Lesseps du XXXe siècle avant Jésus-Christ, ou qu'il faille en chercher la cause dans la diversité des climats, dans une variété de conformation du larynx, de la bouche et de l'oreille chez les différentes races de l'espèce humaine, le fait existe : non seulement tous les peuples ne parlent pas la même langue, mais il se parle sur ce globe sublunaire environ deux mille langues ou idiomes différents.

Ce n'est pas devant un auditoire aussi éclairé que celui qui me fait l'honneur de m'écouter qu'il est nécessaire de s'étendre longuement sur les immenses avantages qu'apporterait l'adoption d'une langue universelle, se substituant à toutes les autres. Facilité des communications intellectuelles, rapprochement des peuples, diminution des préjugés, des haines et des rivalités nationales, l'adoption d'un langage uniforme serait évidemment un grand bienfait pour l'humanité tout entière.

Aussi, depuis longtemps, un grand nombre de savants, de philosophes, ont-ils cherché à résoudre ce grand problème. Les deux plus célèbres d'entre eux sont Descartes et Leibnitz. Descartes, ce profond penseur, l'inventeur de la Méthode, qui voulait établir toutes les connaissances humaines sur les bases de la logique et du raisonnement, devait trouver souverainement illogique que, tandis que tous les individus d'une même espèce animale se comprennent, tous les individus qui forment l'espèce humaine ne soient pas encore arrivés à se comprendre les uns les autres.

Leibnitz, ce grand savant, quand, après avoir calculé les mouvements des astres dans le ciel, et déterminé le mode de formation du soleil, des nébuleuses et des planètes, il abaissait ses regards sur la terre, devait également s'indigner que ce globe minuscule fût aussi divisé par des démarcations de frontières, par les habitudes, par le langage de ses habitants.

Tous deux ont échoué dans leur tâche.

Après ces deux illustres philosophes, vingt autres ont repris la même tentative. Mais leurs noms sont tombés dans l'oubli, parce que le succès n'a pas couronné leurs efforts; et en effet, dans les termes où l'on posait alors le problème, on peut dire que ce problème est, pour bien longtemps encore, absolument insoluble.

Vous voyez donc, Messieurs, que je vais au-devant d'une objection qui a déjà bien certainement pris naissance dans vos esprits, et cette objection, je ne cherche pas à la combattre; je dis avec vous : non, l'on ne peut pas, au moins dans l'état actuel des relations internationales, songer à remplacer toutes les langues existantes par une langue uniforme et universelle.

Et en effet, veut-on adopter pour langue universelle une des langues existantes, le français, l'anglais, ou toute autre? On se heurte à des rivalités nationales inconciliables, à des sentiments patriotiques bien faciles à comprendre : chaque peuple veut continuer à parler sa langue nationale, et rien au monde ne l'en empêchera.

Veut-on créer de toutes pièces une langue nouvelle, destinée à remplacer toutes les autres? Il faudrait avoir de robustes illusions pour espérer obtenir que chaque peuple abandonne sa langue maternelle, qu'il connaît à fond, dans laquelle se concentrent et se résument son histoire, ses traditions, son génie propre, ses amours et ses haines, pour le plaisir tout platonique de parler une langue plus logiquement construite.

Les tentatives que l'on a faites dans les temps modernes pour la création d'une langue universelle n'ont abouti, dans l'ordre de la pratique, qu'à deux résultats.

Le premier de ces résultats a été l'adoption de la langue française pour les correspondances diplomatiques des différents cabinets européens : notre langue a été choisie comme étant la plus précise et la plus simple. Après la guerre de 1870, le chancelier de l'empire allemand voulut essayer de rompre cette tradition; la première dépêche diplomatique qu'il eut à adresser au cabinet de Pétersbourg fut, par ses ordres, entièrement rédigée en allemand. Il se trouvait alors, à la tête du ministère russe des affaires étrangères un homme d'esprit, qui, sans relever cette infraction aux traditions adoptées, fit répondre à M. de Bismarck par une longue dépêche en langue russe. La tentative allemande n'eut pas de suite, et la langue française conserva son privilège diplomatique.

Le second résultat pratique dont je voulais vous entretenir a été l'adoption d'un langage conventionnel universel, qui permet aux navires de toutes les nations d'échanger quelques phrases entre eux, pendant leur navigation, au moyen de pavillons représentant des lettres. Mais ces lettres sont presque toutes des consonnes; et ce langage, d'ailleurs très incomplet, et ne s'appliquant qu'aux choses de la marine, ne peut être que lu et n'a aucune prétention à être parlé.

La langue volapük peut faire un peu plus, et même beaucoup plus que cette langue nautique; car elle peut aborder tous les ordres d'idées. Elle a son dictionnaire et sa grammaire, et elle peut tout aussi bien se parler que s'écrire. Cependant, dans les modestes limites où elle se renferme, nous pensons qu'on ne peut pas la taxer d'utopie. En effet, le volapük laisse subsister toutes les langues qui existent dans le monde; et il se borne à leur offrir une sorte de truchement, d'interprète commun. Pour se faire comprendre en Europe, il faut connaître au moins cinq ou six langues; il faut porter ce nombre à dix si l'on veut entamer des relations avec quelques-uns des pays de l'Orient, qui entrent chaque jour de plus en plus dans le courant de notre civilisation. L'emploi du volapük permet de réduire, pour tout le monde, le nombre de ces langues à une: que chacun connaisse sa propre langue, plus le volapük, et tout le monde pourra se comprendre.

Ainsi, le volapük n'a nullement la prétention de se substituer aux langues existantes; pas plus que la photographie n'a la prétention de détrôner la peinture, pas plus que le télégraphe ne veut supprimer la correspondance par lettres; pas plus que le téléphone ne peut remplacer la conversation de deux vieux amis, causant le verre en main, les coudes sur la table, ou les doux propos échangés par deux fiancés sous une tonnelle de verdure. Ces derniers sont, du reste, vivement secondés par le regard, qui est une conversation aussi éloquente que toutes les autres, et que l'électricité n'est pas encore parvenue à imiter.

Puisque le mot de *téléphone* vient d'être prononcé, il peut me fournir une comparaison qui vous fera bien comprendre le genre de service que le volapük a la prétention de rendre. De même qu'il y a deux mille langues qui se parlent dans le monde, supposons qu'il y ait dans une ville deux mille abonnés au téléphone. Au lieu de relier chaque abonné à tous les autres par un fil direct, ce qui ferait deux millions de lignes à établir, on choisit un poste central, et l'on se borne à relier chaque abonné à ce poste central: tous peuvent encore causer ensemble, et l'on n'a eu que deux mille lignes à établir, au lieu de deux millions. Le volapük est appelé à rendre des services du même genre.

Pour le moment, nous ne demandons pas que tout le monde apprenne le volapük, et que chaque voyageur, circulant à l'étranger, soit certain de se faire comprendre en parlant volapük avec les bateliers, les cochers, les paysans et les habitants des villes. On y arrivera peut-être; mais nous ne nous proposons pour le moment qu'un but commercial, et ce que nous cherchons à propager, c'est simplement une *langue commerciale universelle.*

C'est en effet avec raison que M. Kerckhoffs a traduit le nom de volapük par le nom de Langue commerciale universelle, qui n'en est pas la traduction grammaticale, mais qui en reproduit fidèlement la pensée génératrice.

L'inventeur de la langue, M. Schleyer, de Constance, lui a donné le nom de volapük, nom formé de deux mots pris naturellement dans la langue elle-même: *Vol*, univers, *Pük*, langue; mot à mot : langue de l'univers. M. Kerckhoffs, qui a été le premier initiateur du volapük en France et qui en professe un cours à l'École des hautes études commerciales, a traduit ce nom par celui de Langue commerciale universelle, parce qu'il a pensé, et avec beaucoup de raison, que c'est précisément au commerce international que l'adoption d'un idiome commun pourrait rendre les services les plus considérables et les plus prompts.

L'utilité d'une langue commerciale universelle est plus grande pour les Français que pour les autres grandes nations de l'Europe. Non pas que notre langue soit infiniment moins répandue que les trois autres langues les plus importantes de notre continent : on estime que l'anglais est parlé déjà par 80 millions de personnes, l'allemand par 56 millions, le français et l'espagnol, chacun par 43 millions. Mais nos 43 millions d'individus parlant français sont presque tous des habitants ou de la France, ou de la Belgique et de la Suisse, ces deux sœurs de la France. Dans les pays lointains, dans les grands ports de mer étrangers, dans les stations commerciales de l'Orient, de l'Amérique et même de l'Europe, on ne trouve souvent personne qui parle français, pas un commerçant, pas un employé, pas même un interprète. Personnellement, en parcourant toute la Norwège, je n'ai trouvé dans aucun port de mer, ni à Christiania, ni à Bergen, ni à Aalesund, ni à Molde, ni à Trondhjem, personne parlant français, sauf peut-être quelques maîtres d'hôtels (car on sait que les maîtres d'hôtels excellent à vous écorcher dans toutes les langues), tandis que j'ai trouvé dans toutes les banques, dans toutes les maisons de commerce, des employés parlant anglais, ou faisant la correspondance en anglais. J'ai constaté la même chose à Constantinople. Dans l'Extrême-Orient, à Shang-haï, à Yokohama, on trouve dans toutes les maisons de commerce des employés correspondant en anglais, en allemand, et presque aucun connaissant le français. Comment tous ces employés ne faciliteraient-ils pas le commerce avec l'Angleterre et l'Allemagne, plutôt qu'avec la France ? On fera les comptes en guinées et en marcs, plutôt qu'en francs ; on aura un crédit à la Banque d'Angleterre et non à la Banque de France ; on écoulera les produits de Birmingham et de Manchester et non ceux de Roubaix ou du Creuzot. L'adoption d'un idiome permettant à tous de correspondre et de se comprendre serait donc d'un secours tout spécial pour les intérêts français et bien certainement la vulgarisation de la langue volapük rendrait plus de services réels à nos nationaux que les brillantes conquêtes de Tunis, du Tonkin et même de l'Annam tout entier. Les gens pratiques peuvent donc venir à nous ; ce n'est pas une œuvre d'érudits ou de curieux que nous poursuivons : c'est une œuvre toute commerciale et qui doit donner rapidement des résultats utiles.

Je n'ai plus maintenant, Messieurs, qu'à vous donner quelques notions de la grammaire et de la langue volapük ; d'ailleurs la grammaire est si simple et si courte, que quelques instants suffiront pour vous la faire connaître tout entière.

APERÇU DE LA GRAMMAIRE VOLAPÜK

Les lettres sont celles de la langue française, et se prononcent à peu près de même. Une même lettre se prononce toujours de la même manière ; toutes les lettres se prononcent isolément. Il n'y a par conséquent pas de diphtongues ; à nos cinq voyelles, on ajoute les trois suivantes : ä, ö, ü, qui se prononcent : ai, eu, u. La voyelle u du français se prononce : ou.

ARTICLE.

L'article est supprimé, comme nous le supprimons déjà fréquemment dans la correspondance télégraphique.

SUBSTANTIF.

Les radicaux de la langue sont les substantifs. Ces radicaux sont empruntés pour la plupart à l'anglais, à l'allemand et au latin; mais ils sont simplifiés et réduits eux-mêmes à leur squelette.

Ainsi: *Mot* (mère), *son* (fils), *mon* (argent), sont empruntés à l'anglais (mother, son, money).

Nad (aiguille), *vun* (blessure), *fel* (champ), viennent de l'allemand (Nadel, wunde, feld).

Dom (maison), *Vög* (voix), *Kop* (corps), dérivent du latin (Domus, vox, corpus).

Les substantifs se déclinent: on forme le génitif, le datif et l'accusatif en ajoutant simplement a, e, i, après le radical. *Fata, fate, fati:* du père, au père, le père. On forme le pluriel par l'addition d'un s. *Fatas, fates,* des pères, aux pères.

On forme des substantifs composés en joignant ensemble deux radicaux; le mot déterminant se place le premier et se met au génitif. *Vol*, univers; *pük*, langue; *volapük*, langue de l'univers. *Fat*, père; *län*, pays; *fataslän*, pays des pères, patrie.

ADJECTIF.

Tous les adjectifs se forment en ajoutant la terminaison *ik* (ique du français) après le substantif radical correspondant. *Vam*, chaleur; *Vamik*, chaud; *Lib*, liberté; *libik*, libre. L'adjectif se place après le substantif et ne s'accorde pas. *Mots gudik*, les bonnes mères; *länes libik*, aux pays libres.

On forme le comparatif et le superlatif en ajoutant après l'adjectif simple les terminaisons *um* et *ün*. *Jönik, jönikum, jönikün ;* joli, plus joli, le plus joli.

NUMÉRATION.

Les nombres 1. 2. 3. 4. 5. 6. 7. 8. 9. se traduisent par : *bal, tel, kil, fol, lul, mäl, vel, jöl, zül.* 100 se dit *tum*, du latin *centum*. Pour multiplier un chiffre par 10, on ajoute un *s* : *bals, tels,* 10, 20; plus un *e*, qui signifie *et*, lorsque l'on veut former un nombre composé de plusieurs chiffres. *Telsekil* donne donc 23; et *kiltum balsebal* donne 311.

Par des affixes très simples, on obtient une numération complète. En voici des exemples suffisants :

Telid, second; *telido,* secondement; *telna*, deux fois; *telidna*, la seconde fois; *telnalik*, qui se répète deux fois; *a tel*, tous les deux: *telik*, double; *teldil*, un demi; *teldel*, lundi (*del* signifie jour); *telul*, février (*mul* signifie mois).

Toute cette numération est admirable; et, bien que je n'aie pas l'honneur de connaître M. Schleyer, je suis certain qu'il a dû faire une étude toute spéciale des sciences mathématiques.

PRONOMS.

Ob, ol, om, signifient : je, tu, il; *obs, ols, oms* donnent : nous, vous, ils. *Ons* signifie *vous*, forme d'étiquette (Vmd. de l'espagnol). *Ok* signifie *soi, oks* en est le pluriel.

Les pronoms se déclinent comme les substantifs : *oba, obe, obi, obas, obes, obis.*

Pour abréger, je laisse de côté les pronoms possessifs, démonstratifs, etc.

VERBES.

Tous les verbes se forment du substantif par l'addition d'une terminaison, qui varie pour les différents temps du verbe. Pour former l'infinitif, on ajoute *ön*. *Löf*, amour; *löfön*, aimer. *Pen*, plume ; *penön*, écrire.

Les verbes se conjuguent; la conjugaison se fait en ajoutant simplement les pronoms après le radical. Ainsi, pour l'indicatif présent, nous aurons : *penob, penol, penom*, j'écris, tu écris, il écrit; *penots*, vous écrivez, en parlant à plusieurs personnes; *penons*, vous écrivez, en parlant à une seule personne (en espagnol, *Vd. escribe*).

Les différents temps du verbe se forment au moyen de préfixes, qui sont simplement les voyelles, placées dans leur ordre naturel. *Äpenob*, j'écrivais; *epenom*, il a écrit; *ipenob*, j'avais écrit; *openons*, vous écrirez ; *upenoms*, ils auront écrit.

La forme passive s'obtient en ajoutant la lettre *p* devant le temps correspondant de la forme active.

Lob, louange; *lobön*, louer; *lobom*, il loue; *palobom*, il est loué; *pelobom*, il a été loué; *polobons*, vous serez loué.

ADVERBES, PRÉPOSITIONS, etc.

En ajoutant la lettre o après un adjectif, on forme l'adverbe correspondant. *Gud*, bonté ; *gudik*, bon; *gudiko*, bien ; *gudikumo*, mieux ; *gudiküno*, le mieux.

Il y a aussi d'autres adverbes qui ne dérivent pas des substantifs; ceux-ci, de même que les prépositions, les conjonctions, etc., sont alors formés par des mots de deux ou trois lettres, que l'on a dû choisir arbitrairement, comme les substantifs radicaux.

PRÉFIXES ET DÉSINENCES.

Les préfixes et les désinences, dont on fait grand usage dans la langue volapük, lui donnent une certaine richesse, tout en permettant de ne pas augmenter le nombre des mots radicaux. En voici quelques exemples :

PRÉFIXES. *Be*, être cause de. *Läb*, bonheur; *läbik*, heureux ; *läbön*, être heureux; *beläbön*, rendre heureux.

De, séparation. *Dedit*, congé, adieu.

Gle, principal. *Zif*, ville; *glezif*, ville principale.

Ke, avec. *Vob*, travail; *vobel*, travailleur; *kevobel*, compagnon de travail.

Lä, addition. *Givön*, donner; *lägivön*, ajouter.

Le, augmentatif. *Dom*, maison ; *ledom*, palais.

Lu, sens défavorable. *Sanel*, médecin; *lusanel*, charlatan.

Mo, éloignement. *Polön*, porter; *mopolön*, emporter ailleurs.

Ne, négation, contraire. *Flen*, ami ; *neflen*, ennemi.

Plo, pré, avant. *Vöd*, mot; *plovöd*, préface.

Ta, contre. *Pükön*, parler; *tapukön*, contredire.

DÉSINENCES. *Ab*, objets concrets. *Lafab*, alphabet.
Äb, personnes. *Löfäb*, favori.
Ad, objets. *Lömib*, pluie; *lömibad*, parapluie.
Af, animaux. *Flitaf*, mouche.
Äf, fleurs. *Liäf*, lis.
Al, personnes de qualité. *Genal*, général.
Äl, substantifs abstraits. *Cil*, enfant; *ciläl*, amour filial.
Am, action. *Datuvam*, invention.
Ed, produit d'une action. *Pened*, lettre.
El, fonction. *Tab*, table; *tabel*, menuisier.
Gik, abondant. *Bim*, arbre; *bimagik*, abondant en arbres.
Il, diminutif, etc., etc.

Ainsi, vous le voyez, Messieurs, la langue volapük est excessivement simple; c'est son principal mérite. L'arbitraire indispensable n'a présidé qu'au choix des radicaux. Ce choix, une fois arrêté, les mots dérivés en ont été déduits avec un art et un discernement remarquables. Les déclinaisons s'obtiennent par l'addition d'une seule lettre; les conjugaisons des verbes par l'addition d'une lettre devant le radical et de deux lettres après lui. C'est une langue éminemment logique, et d'une régularité pour ainsi dire mathématique.

Répétons, en terminant, que cette langue n'a nullement la prétention de détrôner les langues existantes. Chacune de celles-ci a son caractère particulier que rien ne peut remplacer; leurs irrégularités, leurs idiotismes, leurs constructions de phrases quelquefois fantaisistes sont précisément ce qui leur donne tant de nuances, tant de grâces, tant de charmes pour qui a le bonheur de les connaître. Nous respectons leur génie, leurs traditions, leur histoire; nous nous bornons à chercher entre elles une sorte de truchement, un interprète commun.

Et ne croyez pas que notre tentative soit tout à fait dans l'enfance. Il y a déjà des livres, des revues, des dictionnaires publiés en volapük; on compte, en Europe, aux États-Unis, en Syrie, 52 sociétés qui se sont fondées pour la propagation de cette langue, et une association française doit se constituer prochainement dans le même but. Un congrès de volapükistes s'est réuni il y a peu de temps à Friedrichshafen, sur le lac de Constance; et un autre congrès doit se tenir à Paris, pendant l'Exposition de 1889.

J'espère que quelques-unes des personnes qui m'ont fait l'honneur de m'écouter voudront bien y prendre part. C'est un vœu bien sincère, que je puis traduire en volapük de la manière suivante :

Spelob, o Läds e Söls (j'espère, Mesdames et Messieurs), binön säto labik (être assez heureux) plo tuvön (pour trouver) onsis valik (vous tous), pos yels fol (dans quatre ans), in lelasam volapükelas in Paris (au Congrès des volapükistes, à Paris).

M. DUHAMEL

Président du Club Alpin, section de l'Isère.

EXCURSIONS DANS LES ALPES DAUPHINOISES

CONFÉRENCES

M. Gustave COTTEAU

Ancien Président de la Société géologique de France.

LA PALÉONTOLOGIE EN 1885

La paléontologie est une science relativement nouvelle. C'est à notre immortel Cuvier qu'appartient l'honneur de l'avoir créée. En 1796, le jour même où l'Institut tenait sa première séance publique, Cuvier lut son mémoire sur les éléphants fossiles et annonça ses vues sur les animaux perdus. Ainsi c'est au moment où l'Institut commence la série de ses remarquables travaux, que prend naissance une science qui allait devenir si féconde en grandes découvertes. Cuvier était le fondateur de la paléontologie zoologique et comparée; près d'un demi-siècle après, Alcide d'Orbigny donnait une vive impulsion à la paléontologie stratigraphique. Envoyé en mission dans l'Amérique méridionale, où il resta sept années, ce fut, comme il me l'a dit plus d'une fois, au milieu des solitudes des Pampas qu'il conçut le projet de publier la *Paléontologie française*, c'est-à-dire la description et la figure de tous les animaux fossiles invertébrés de notre pays. A son retour, d'Orbigny se mit résolument à l'œuvre; il parcourut la France entière, examinant les couches, relevant des coupes, recueillant des fossiles, stimulant le zèle des chercheurs et donnant lieu partout à un mouvement scientifique vraiment étonnant. C'est à cette époque que d'Orbigny devint mon maître et mon ami, et que j'éprouvai pour ses travaux et sa personne une estime et une sympathie que j'ai toujours conservées. Pendant plus de quinze ans, d'Orbigny se consacra à la *Paléontologie française*; il prodigua pour cette œuvre son temps, son intelligence, son argent, et mourut à la peine, après avoir publié, sur les fossiles du terrain jurassique et du terrain crétacé, près de quinze cents planches.

En 1853, M. Fourtoul, alors ministre de l'instruction publique, créa au Muséum de Paris la chaire de paléontologie, et Alcide d'Orbigny en fut le premier titulaire. Cette chaire fut occupée successivement par d'Archiac, Lartet et, depuis 1872, par M. Gaudry, qui remplit avec tant d'éclat ses fonctions, et sait attirer, à chacune de ses leçons, grâce à sa parole facile, élégante, toujours intéressante, un si nombreux auditoire.

Fig. 1. — Elephas meridionalis. (Extrait de la *Nature*.)

La paléontologie, depuis 1853, a donc pris droit de cité au Muséum; mais il manquait au professeur une chose essentielle : les collections faisaient défaut.

Les richesses paléontologiques que renferme le Muséum se trouvaient dispersées dans des collections générales, dans des laboratoires, et le professeur de paléontologie ne les avait pas sous la main. Cet état de choses regrettable vient de cesser, en partie du moins, pour les animaux vertébrés. Grâce à l'insistance de M. Gaudry, parfaitement secondé par M. Frémy, administrateur du Jardin des Plantes ; grâce à la bonne volonté de M. Poulin, chef de division au ministère des travaux publics, les spécimens de vertébrés fossiles les plus remarquables viennent d'être réunis dans une galerie spéciale et mis à la disposition du professeur.

La vue extérieure de cette galerie n'est pas séduisante : c'est une sorte de hall, ayant l'aspect d'un vaste hangar ou d'une remise ; l'intérieur, dans lequel nous allons pénétrer, est mieux approprié à sa destination : l'ensemble de ces grands squelettes, parfaitement disposés et installés par les soins de M. Gaudry, de M. Fischer et du commandant Morlet, a quelque chose de vraiment majestueux et cause, au premier abord, une impression saisissante.

Au centre s'élève l'*Elephas meridionalis*, qui mesure plus de quatre mètres de hauteur. L'*Elephas meridionalis* se distingue du mammouth ou *Elephas primigenius* par sa taille plus forte, ses défenses moins recourbées, ses molaires garnies d'un émail plus épais, formées de lames plus larges et plus écartées ; il vivait, suivant toute probabilité, dans un climat chaud, et sa peau rugueuse n'était pas revêtue de l'épaisse fourrure qui caractérise le mammouth.

Ce squelette a été trouvé en place et entier dans le terrain pliocène de Durfort (Gard) ; sa découverte est due à MM. Cazalis de Fondouce et Ollier de Marichard. Ces deux naturalistes, dans une excursion géologique aux environs de Durfort, avaient aperçu l'extrémité des défenses qui affleuraient le sol ; ils commencèrent les fouilles et ne tardèrent pas à constater que le squelette entier était enfoui sur place, la tête relevée, les défenses en l'air et tous les os en connexion. Il est probable que l'animal, en raison de son poids énorme, avait été enseveli vivant dans la vase de l'ancien marais de Durfort. L'extraction fut faite aux frais et par les soins de nos deux zélés naturalistes, qui, par l'entremise de M. Gervais, professeur d'anatomie comparée, avec lequel ils s'étaient mis en rapport, offrirent généreusement au Muséum de Paris cette pièce unique, d'une valeur inestimable, et qui est assurément la plus belle de la nouvelle galerie. Au nom de la science, nous ne saurions remercier trop vivement MM. Cazalis de Fondouce et Ollier de Marichard de ce don magnifique.

La galerie ne possède pas de squelette de mammouth, mais seulement des ossements isolés, des défenses, des dents, et aussi des touffes de poils rapportées du musée de Saint-Pétersbourg par M. Gaudry. A l'époque glaciaire, les mammouths ont été nombreux dans nos régions, et il n'est pas rare de rencontrer leurs défenses et leurs dents au milieu de nos dépôts quaternaires ; ils existaient surtout en abondance dans le nord de l'Europe. Au musée de Saint-Pétersbourg, on peut voir un de ces mammouths, recouvert encore en partie de ses chairs et de ses poils ; échoué sur les rivages de la mer Glaciale, il a été retiré, il y a quelques années, d'un bloc de glace, dans lequel il s'était conservé depuis l'époque glaciaire !

A l'époque quaternaire vivait, dans les environs de Paris, un éléphant dont la taille était supérieure encore à celle de l'éléphant méridional. C'était l'*Elephas antiquus*. Un humérus appartenant à cette dernière espèce, provenant du terrain diluvien de Montreuil-sous-Bois, se trouve dans la galerie, près du squelette de l'*Elephas meridionalis* ; il mesure 1m,30, tandis que l'humérus de l'*Elephas meridionalis* n'a que 1m,14. L'éléphant de Montreuil dépassait donc de 70 centimètres environ la taille de l'*Elephas meridionalis*.

Au fond de la salle a été placé le *Mastodon angustidens*, le plus ancien des mastodontes connus ; il remonte à l'époque miocène et a été découvert, par M. Lartet, dans la colline de Sansan (Gers). Le mastodonte est voisin de l'éléphant ; il s'en distingue cependant par plusieurs caractères importants : sa taille est plus petite ; sa forme est plus allongée et son cou moins trapu ; sa mâchoire inférieure, très fortement accentuée, porte des défenses pareilles à celles de la mâchoire supérieure. Ces quatre défenses, presque droites, devaient singulièrement gêner l'usage de la trompe, qui sans doute était très courte. Les dents molaires des mastodontes offrent un caractère spécial ; elles sont formées de gros mamelons revêtus d'une forte couche d'émail. Cette structure leur permettait de broyer les aliments les plus durs et indique que ces animaux étaient omnivores, comme un grand nombre de pachydermes et notamment les cochons. Les molaires de l'éléphant sont bien différentes ; composées de lames pressées les unes contre les autres, elles forment une râpe, merveilleusement disposée pour la triture des herbes.

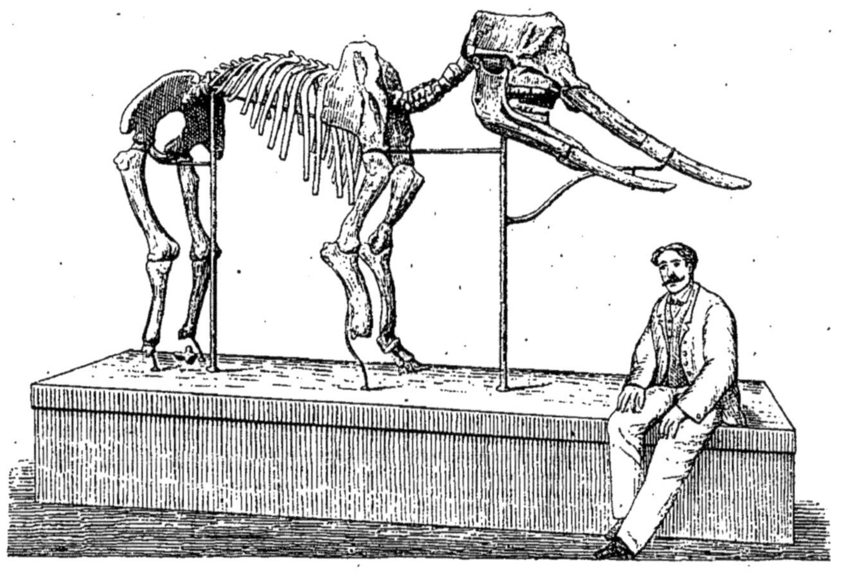

Fig. 2. — Le Mastodon angustidens.

Non loin des éléphants se range le *Dinotherium*, plus grand que l'*Elephas meridionalis*, plus grand que le mastodonte de l'Ohio. Le galerie n'en renferme que quelques débris, mais ils annoncent un animal qui dominait tous les autres par sa taille colossale. C'était un proboscidien ; mais, au rebours des éléphants, il était armé de défenses recourbées en dedans, et seulement à la mâchoire inférieure. C'est en 1837 que la première tête entière fut découverte dans les sables d'Eppelsheim (Hesse-Darmstadt), par M. de Klipstein, et retirée d'une fosse de 18 mètres de profondeur. Les dimensions de cette tête étaient si considérables, son aspect et ses caractères si étranges, que cette découverte eut un grand retentissement et causa une véritable sensation dans le monde scientifique. Ce monstre de l'époque tertiaire ne ressemble à aucun autre :

Cuvier le considérait comme un tapir et le rapprochait des animaux fouisseurs; Blainville y voyait une sorte de lamentin habitant les bords des grands fleuves de l'époque tertiaire. Les fouilles du ravin de Pikermi, en Grèce, fournirent à M. Gaudry plusieurs ossements, installés aujourd'hui dans la galerie, et qui lui permirent de reconnaître que le *Dinotherium giganteum* était un véritable proboscidien terrestre, voisin des éléphants.

A droite, au fond de la salle, nous voyons le squelette de l'ours des cavernes (*Ursus spelæus*). Supposez ce squelette couvert de chair, de peau et de longs poils, et vous aurez un carnassier vraiment énorme. Voisin de l'ours actuel, il en diffère par sa taille beaucoup plus élevée, ses formes plus lourdes, son front plus bombé et la structure plus massive de ses arrière-molaires. C'était un des animaux les plus communs de l'époque quaternaire, et on évalue à plusieurs centaines le nombre des individus dont on a recueilli les débris dans la caverne de l'Herm et dans la grotte de Gargas (Pyrénées). La grotte d'Arcy-sur-Cure (Yonne) nous a fourni, sur un espace assez restreint, les ossements de plus de trente ours.

Un des compagnons habituels de l'ours des cavernes, c'est l'hyène; mais il est très rare de rencontrer l'animal complet. Les cavernes des Pyrénées ne fournissent le plus souvent que des débris épars, rongés par les carnassiers et par les hyènes elles-mêmes, qui se dévoraient entre elles. Tout récemment, M. Regnault, de Toulouse, a recueilli un squelette entier d'hyène, et cela dans des circonstances qui méritent d'être rappelées. M. Regnault a consacré plusieurs années à explorer la grotte de Gargas; il en a retiré un nombre considérable d'ossements quaternaires. Au fond de la grotte se trouve un puits profond de plus de 20 mètres, et qu'on désigne sous le nom des *Oubliettes de Gargas*. Cette excavation, large de 1 mètre à peine à l'ouverture, s'agrandit vers la base. M. Regnault, le corps attaché par une corde et muni d'une lampe, s'est fait descendre dans ce trou obscur et il a eu la bonne fortune de trouver, ensevelis dans le limon, plusieurs squelettes d'animaux quaternaires entiers, et notamment le magnifique squelette d'une hyène qui avait été entraînée par un cours d'eau dans la place même où on l'a retrouvée aujourd'hui.

L'ours des cavernes, ainsi que la plupart des carnassiers des temps quaternaires, tels que le tigre, le lion, l'hyène, se relient plus ou moins directement aux espèces actuelles, dont ils sont probablement les ancêtres; il en est un cependant, le *Machairodus*, le plus redoutable assurément, qui ne paraît, de nos jours, représenté par aucune espèce. Le *Machairodus* se distingue de tous les carnassiers que nous connaissons par ses canines très allongées, aplaties, aussi tranchantes que des lames de poignard, et destinées sans doute à enlever des lanières dans le cuir épais des pachydermes.

Non loin de l'ours des cavernes se dresse le *Cervus megaceros*, ou grand cerf d'Irlande, dont la taille était très élevée et qui portait des bois extraordinairement développés, d'un poids énorme, et de 4 mètres d'envergure. La palme surtout est très large et garnie d'une douzaine d'andouillers plus ou moins saillants. Les deux squelettes qu'on voit dans la galerie, l'un mâle et l'autre femelle, proviennent des anciens marais de l'Irlande, et leur séjour dans les tourbières leur a donné la couleur brune qui les caractérise. L'existence géologique de ces grands cerfs n'a pas été de longue durée; ils ont vécu à la fin de l'époque glaciaire et ont disparu avec elle. Dans les contrées qu'ils habitaient, la végétation forestière devait être faible et rabougrie. Comment supposer qu'avec leur pesante et gigantesque ramure, ils aient pu parcourir des forêts encombrées de branches d'arbres? Ainsi, de nos jours, le renne et l'élan, dont la ramure est largement développée, vivent au milieu d'arbres chétifs et d'arbustes qu'ils peuvent facilement dominer. Suivant M. de Mortillet, les vastes palmes des bois du *Cervus megaceros* faisaient fonction de pelles, lui servant probablement à déblayer la neige et à mettre à découvert les végétaux dont il se nourrissait.

A gauche, en entrant dans la salle, un animal très curieux, à moitié encastré dans un gros bloc de pierre, est appliqué contre la muraille : c'est le *Paleotherium magnum*. Voisins des rhinocéros, les *Paleotherium* en diffèrent par la structure de leurs dents, par la mâchoire supérieure dépourvue de corne et munie d'une petite trompe analogue à celle des tapirs. Les *Paleotherium*, dont les espèces, assez nombreuses, ont été pour la plupart décrites et reconstituées

Fig. 3. — Le Megatherium. (Extrait de la *Nature*.)

par Cuvier, se rencontrent principalement dans les terrains gypseux des environs de Paris. Le *Paleotherium* de la galerie a été découvert dans le couloir souterrain d'une carrière de plâtre, située à Vitry-sur-Seine, par M. Vasseur.

De très belles têtes de *Bos primigenius* sont suspendues sur les parois de la galerie. Le *Bos primigenius* ne diffère de certaines espèces de bœufs que par sa taille plus forte et ses cornes beaucoup plus puissantes.

A l'entrée de la galerie, en face en entrant, se trouve un des animaux les plus curieux des temps géologiques, le *Megatherium Cuvieri* ; il a été recueilli dans les pampas de la république Argentine. Plus gros qu'un rhinocéros dont il présente l'attitude, il est remarquable par ses formes lourdes et massives, par sa queue puissante, par ses pattes munies d'ongles énormes et recourbés. Il appartient à la famille des édentés et se nourrissait de végétaux et de feuilles d'arbre, comme l'indique la structure de ses dents. Trop lourd, trop massif pour grimper dans les arbres, il coupait les racines avec ses griffes tranchantes; puis, s'appuyant sur son énorme queue et ses membres postérieurs, il étreignait l'arbre avec ses pattes de devant, le secouait vigoureusement et le renversait par terre pour dévorer plus facilement ses fruits et ses feuilles.

La galerie renferme deux magnifiques spécimens de *Glyptodon* : l'un est recouvert de sa carapace, l'autre est à l'état de squelette. Cet animal bizarre a été découvert dans le limon des pampas, sur les bords du Rio-Salado ; il appartient, comme le *Megatherium*, à la famille des édentés; il se rapproche un peu

Fig. 4. — Les Dinornis. (Extrait de la *Nature*.)

des tatous actuels, mais il en diffère par sa taille énorme, par la forme extraordinaire de sa mâchoire, par la structure de ses dents, par sa grande carapace arrondie, composée de plaques solides, soudées entre elles, qui, vues en dessous, paraissent hexagones et sont unies par des sutures dentées, tandis qu'en dessus elles forment des doubles rosettes très élégantes; la queue était longue et recouverte, comme la carapace, de plaques osseuses. M. Gaudry pense que les hommes primitifs, ne rencontrant dans les pampas ni grottes ni abris, se sont servis de ces carapaces pour en faire leur demeure. En face du *Glyptodon* couvert de sa parapace, nous voyons le squelette parfaitement conservé de ce curieux animal, et on peut étudier d'autant plus facilement sa conformation bizarre, ses mâchoires, ses pieds massifs aux phalanges courtes et déprimées, ses hautes et puissantes vertèbres dorsales destinées à soutenir sa large et pesante carapace.

Un groupe d'oiseaux appartenant au genre *Dinornis* se montre, à droite, près de la porte d'entrée et attire tout d'abord l'attention. L'espèce la plus étrange est sans contredit le *Dinornis giganteus* : sa taille, un tiers plus forte que celle de l'autruche, dépasse trois mètres ; le cou est démesurément allongé, et la tête, excessivement petite, indique la stupidité de l'animal. Les membres postérieurs sont épais, lourds, massifs, très développés, dépourvus de cavités aériennes. Oiseaux essentiellement coureurs, les *Dinornis* ne volaient pas ; ils n'avaient pour ainsi dire pas d'ailes, ou du moins les os qui les constituaient étaient si petits, si rudimentaires, qu'ils ont jusqu'ici échappé aux recherches. Ces oiseaux, connus depuis longtemps sous le nom de *Moas*, vivaient dans la Nouvelle-Zélande. Il est probable qu'ils ont disparu à une époque relativement récente ; au British Museum se trouvent des os auxquels adhèrent encore des tendons et des débris de chairs desséchés ; quelques ossements sont calcinés et retirés de foyers certainement allumés par les aborigènes de la Nouvelle-Zélande. C'était pour eux une proie facile et qui devait leur fournir une nourriture abondante, dans un pays où les mammifères n'existent pas. Peut-être les Néo-Zélandais ne sont-ils devenus anthropophages que lorsque les *Moas* ont disparu.

La galerie renferme plusieurs tortues fossiles gigantesques : la plus grosse est celle que Grandidier a recueilli à Madagascar, dans des dépôts d'origine relativement récente, *Testudo Grandidieri*, de taille beaucoup plus forte que la *Testudo elephantina*, qui vit encore à l'île Maurice. Sa carapace est très épaisse, et se distingue de celle de ses congénères par ses ornements rugueux. Les bords du plastron sont usés par le frottement et indiquent que ces grands animaux terrestres, écrasés, accablés par le poids de leur lourde carapace, se traînaient péniblement sur le sol.

La distribution actuelle des grandes tortues terrestres est de nature à fixer l'attention. On ne les connaît plus que dans des îlots voisins de Madagascar, dans les Mascareignes, dans l'archipel des Galapagos, près du littoral de la république de l'Équateur, et chaque jour elles tendent à disparaître.

Associés à ces tortues éteintes de Madagascar, se sont trouvés des débris d'un autre oiseau plus grand encore que le *Dinornis*, et qu'on désigne sous le nom d'*Epiornis*. La galerie possède plusieurs œufs d'*Epiornis* ; ils sont énormes ; leur capacité, de plus de huit litres, égale celle de six œufs d'autruche, et de cent quarante-huit œufs de poule. Ces oiseaux, comme les précédents, n'avaient que des ailes rudimentaires et étaient essentiellement coureurs.

Un autre oiseau fossile, plus curieux encore, c'est l'*Archeopterix*, provenant du terrain jurassique de Solenhofen, et dont quelques exemplaires seulement ont été recueillis. Le mieux conservé, le plus complet, fait partie du Muséum de Berlin. L'*Archeopterix* est le plus ancien des oiseaux ; il forme un type intermédiaire des plus intéressants à étudier et plus voisin, suivant M. Vogt, des reptiles que des oiseaux. Si, d'un côté, les plumes, le bassin, les pieds postérieurs rappellent l'oiseau, d'un autre côté, la tête avec ses mâchoires dentées, le cou dont les vertèbres sont munies de côtes cervicales, l'appareil costal de l'abdomen, la structure de la queue sont des caractères qui appartiennent aux reptiles. M. Gaudry a essayé de restaurer l'*Archeopterix*; il nous le montre les ailes déployées et volant dans les airs.

A l'époque secondaire, et notamment pendant le dépôt du terrain jurassique, les mers étaient peuplées de gigantesques sauriens : parmi les plus abondants et les plus curieux, nous citerons les *Icthyosaurus*, que caractérisent leur tête énorme, leurs puissantes mâchoires garnies de dents acérées, leurs gros yeux, leur cou très court, presque nul, leurs quatre membres rappelant ceux des cétacés et dont les parties molles étaient soutenues par une infinité d'osselets disposés en mosaïque, leur queue longue, leurs vertèbres biconcaves, leur peau lisse et dépourvue de plaques et d'écailles. Par l'ensemble de ses caractères disparates, ce type extraordinaire participe à la fois des reptiles, des poissons, des cétacés et des ornithorhynques. Ces sauriens, essentiellement carnivores, abondaient surtout à l'époque du lias, et pendant toute la durée du terrain jurassique; ils se plaisaient dans les mers tranquilles, peu profondes, très peuplées, parsemées d'îles nombreuses. Leurs yeux énormes, entourés de plaques osseuses et mobiles, leur permettaient de voir de tous côtés et de saisir, la nuit, les poissons endormis et les grands céphalopodes qui leur servaient de nourriture.

Fig. 5. — L'Icthyosaurus. (Extrait de la *Nature*.)

Six specimens bien conservés représentent, dans la galerie, le genre icthyosaure; le plus intéressant de ces individus est une femelle portant son petit dans l'abdomen; il est placé en arrière, vers la région anale; les pattes sont visibles, et le jeune icthyosaure est sur le point de sortir du ventre de sa mère. On a ainsi la preuve que les icthyosaures étaient vivipares et ne subissaient, dans leur premier âge, aucune métamorphose.

Beaucoup d'autres sauriens non moins curieux vivaient dans les mers jurassiques en même temps que les icthyosaures : les plésiosaures aux dents de crocodile, à la tête de lézard, au cou très allongé; les pliosaures aux dents cannelées; les mégalosaures dont la taille dépassait dix-huit mètres; les ptérodactyles, ces êtres singuliers, ces reptiles volants aux dents grêles et finement acérées et dont les organes de locomotion, conformés pour le vol, présentent les plus grands rapports avec les ailes des chauves-souris.

Je vous parlerai encore de quelques sauriens bien étranges qui manquent dans la galerie, mais qui, je l'espère, viendront y prendre place un jour.

C'est d'abord l'*Iguanodon*, gigantesque reptile, remarquable par sa taille, sa tête de saurien, ses pattes d'oiseau, sa queue robuste et allongée. Trois exemplaires complets et montés existent au Muséum de Bruxelles. Suivant M. Dollo, qui a fait de l'*Iguanodon* une étude spéciale, le plus grand exemplaire a 9m,50 du bout du museau à l'extrémité de la queue, et debout sur ses membres pos-

Fig. 6. — L'Iguanodon au Muséum de Bruxelles. (Extrait de la *Nature*.)

térieurs, il atteint 4m,36 de hauteur. L'*Iguanodon* était amphibie; lorsqu'il se trouvait sur la terre, sa station normale était verticale.

C'était un reptile bipède, marchant comme les oiseaux à l'aide des membres postérieurs seuls; il courait et ne sautait pas comme un kangourou dont il a vaguement la physionomie, mais dont il diffère par tous ses caractères essentiels. Habitant sur le bord des fleuves, au milieu des hautes herbes, la position verticale lui était nécessaire pour que sa vue pût s'étendre au loin.

Ces *Iguanodons* ont été trouvés à Bernissart, entre Mons et Tournay, vers la frontière française, à la base du terrain crétacé, dans l'étage wealdien. Près de Bernissart, il existe un charbonnage; comme on exécutait des travaux de recherches, en creusant une galerie à travers bancs, pendant l'année 1878, des ossements furent signalés à la profondeur de 322 mètres. M. Fargès, directeur du charbonnage, avertit M. Dupont, le conservateur du Muséum de Bruxelles, qui constata la position des couches, et les fouilles commencèrent ; vingt-deux squelettes d'*Iguanodons* furent découverts dans un espace relativement restreint. Pour extraire ces ossements de la gangue très dure où ils étaient renfermés, les consolider et les transporter à Bruxelles, il fallut trois années de soins et de travaux assidus.

Comment tous ces *Iguanodons* ont-ils été enfouis non loin les uns des autres, et sans que leurs ossements aient été postérieurement remaniés ? Les *Iguanodons*, sans doute, vivaient dans la région. Animaux essentiellement herbivores, ils s'aventuraient, pour trouver leur nourriture, sur les rives marécageuses du cours d'eau qui, à l'époque wealdienne, traversait la contrée; ils entraient dans la vase; quelques-uns s'y enfonçaient, et, en raison de leur énorme pesanteur, pénétraient d'autant plus profondément qu'ils faisaient de plus grands efforts pour se retirer; ils mouraient étouffés, dans la position même où on les retrouve aujourd'hui, à différents niveaux, suivant que les dépôts formés par le fleuve s'élevaient successivement.

Citons également le *Mosasaurus* de Maëstricht, reptile crétacé et marin, de grande taille, et qui s'éloigne de tous les types connus par sa tête énorme, par ses dents pyramidales un peu arquées, par son corps très long s'amincissant de la tête à la queue, et lui donnant quelque ressemblance avec un têtard colossal. La taille du *Mosasaurus* était de 8 à 9 mètres. Il suffit d'examiner la tête très complète recueillie, il y a déjà de longues années, dans le terrain crétacé de Maëstricht, pour se convaincre que le *Mosasaurus* était un reptile essentiellement carnassier.

Citons encore l'*Hainosaurus Bernardi*, tout récemment découvert dans la craie blanche de Mesvin, près de Ciply, et qu'une note de M. Dollo nous a fait connaître. Beaucoup plus grand que le *Mosasaurus*, le nouveau reptile, installé dans le Muséum de Bruxelles dejà si riche, mesurait au minimum 13 mètres de longueur, à en juger par les débris qui ont été recueillis; sa tête volumineuse, qui n'a pas moins de $1^{m},55$, ses dents puissantes, aiguës et munies de crêtes dentelées, donnaient à ce monstre marin un aspect terrible.

Que d'animaux curieux, étranges, dont je voudrais encore vous parler! Mais le temps me presse, et je suis obligé de les passer sous silence.

N'oublions pas cependant l'*Archegosaurus*, du terrain carbonifère : c'est le plus ancien des reptiles, et son organisation participe à la fois des sauriens et des poissons. Les *Archegosaurus* sont relativement de petite taille et servent de point de départ à ces sauriens gigantesques qui, plus tard et pendant si longtemps, devaient établir leur redoutable souveraineté sur toutes les mers du globe. N'oublions pas non plus les *Labyrinthodons*, intermédiaires entre les lézards et les grenouilles, remarquables par leur grande taille, par leur tête rugueuse, par leurs dents d'une structure très compliquée, par leur corps couvert d'écailles, animaux lourds, mal conformés, se traînant avec peine, et qui ont laissé, sur les rivages des mers triasiques, des vestiges de leurs pas.

Mentionnons, en terminant, les magnifiques découvertes de M. le professeur Marsh, en Amérique, ces oiseaux de grande taille, dont le bec est garni de dents acérées, et qui ont été rencontrés dans les dépôts crétacés du versant oriental des montagnes Rocheuses; ces mammifères qui vivaient dans ces mêmes régions à l'époque tertiaire, gigantesques pachydermes, voisins des éléphants, qu'on a désignés sous le nom de *Dinocerata*, différant de tous les représentants de la nature actuelle par la présence, sur leur tête, de puissantes tubérosités, groupées par paires et situées en avant de la face, autour des yeux et sur le front.

Quel que soit l'intérêt que nous offre la nouvelle galerie dont je viens de vous entretenir, elle n'est encore qu'un commencement et un point de départ. Nous devons espérer que prochainement d'autres salles s'ajouteront à celle qui vient d'être inaugurée, et qu'un jour la France, comme l'Angleterre, comme la Belgique, possédera une collection paléontologique vraiment digne de ce nom. Ce que je désirerais pour la gloire scientifique de la France, ce que je rêve pour l'avenir, c'est, au Muséum de Paris, une vaste galerie où tous les animaux fossiles — dont les débris se rencontrent dans les couches de la terre, depuis les infiniment petits, depuis les foraminifères, pareils à des grains de poussière, que MM. Schlumberger et Munier-Chalmas ont si bien étudiés, jusqu'aux géants marins et terrestres que nous venons de reconstituer devant vous — seraient largement représentés.

Je voudrais une succession de salles où les animaux fossiles seraient classés stratigraphiquement, suivant leur âge.

Les premières salles seraient consacrées au terrain primaire ou paléozoïque.

Nous assisterions, pour ainsi dire, aux premiers développements de la vie. Les plantes se montrent d'abord; elles appartiennent à la famille des algues, et c'est là que trouveraient leur place ces étranges végétaux signalés par le marquis de Saporta, ces *Bilobites*, ces *Vexillum* aux formes indécises et qui tapissaient le fond des mers. Dans les étages siluriens et dévoniens, nous verrions se multiplier les plus anciens mollusques, les brachiopodes, si nombreux en genres et en espèces; les gastéropodes, aux coquilles gracieuses; les céphalopodes, dont quelques-uns, tels que les *Orthoceras*, acquièrent des proportions gigantesques; les zoophytes, les échinodermes, qui, pour être d'origine si reculée, n'en sont pas moins si compliqués dans leur organisation.

Des vitrines entières seraient occupées par les trilobites, ces crustacés bizarres disparus depuis si longtemps de l'animalisation du globe, représentés alors par des types si nombreux et si variés, par les *Trinucleus*, dont le bouclier céphalique est profondément ponctué; par les *Eurypterus*, munis d'antennes et d'yeux à facettes; par les *Ogygia* à la forme allongée; les *Illænus*, qui se roulent en boule, comme nos cloportes, et à côté, nous verrions des poissons étranges, osseux, n'ayant aucune ressemblance avec les poissons actuels.

Je voudrais qu'une salle entière fût consacrée à l'époque carbonifère. Ce qui imprime à cette période un caractère qui lui est spécial, c'est la nature de la flore qui se développe sur les terres émergées. La chaleur, se combinant avec l'humidité produite par l'évaporation continuelle des eaux, donne à la végétation une puissance extraordinaire. Partout le sol se couvre de plantes gigantesques, de fougères dont la hauteur dépasse celle de nos plus grands arbres; de calamites dont la tige épaisse, s'élargissant vers la base, est cloisonnée comme celle des bambous, dont les rameaux minces et flexibles sont verticillés et couverts de petites feuilles étoilées.

A côté croissent des sigillaires dont la tige, couverte de cicatrices, se dresse comme une colonne, et élève, à plus de quarante mètres, son sommet couronné de feuilles élégantes.

Tous ces végétaux, et d'autres plus curieux encore, se développent ensemble, confondent leur feuillage et leur tige, et constituent, au milieu des steppes marécageux, sur le bord des lagunes qui occupent le fond des vallées, des forêts impénétrables dont la flore actuelle ne peut donner aucune idée.

Ce sont les débris de ces végétaux qui, accumulés pendant un laps de temps considérable, ont donné naissance à ces amas puissants de houille si précieux pour l'industrie.

Je voudrais que, dans cette salle, comme dans toutes les autres, non seulement les espèces fossiles fussent classées et nommées, mais encore que des coupes de terrains, des vues d'ensemble, des fossiles grossis dans leurs détails ou reconstitués d'après les travaux des hommes les plus compétents, fussent partout mis en évidence. Les caractères de ces fossiles et la physionomie de l'époque pendant laquelle ils ont vécu se graveraient plus facilement dans l'esprit des visiteurs.

Les salles de l'époque secondaire auraient également un intérêt de premier ordre : à côté des redoutables reptiles dont nous avons parlé se rangeraient

Fig. 7. — Vue idéale d'une forêt. (Extrait du *Monde des plantes avant l'apparition de l'homme*, de M. le Mis de Saporta.)

de nombreux poissons, d'abondants crustacés qui tendent à se rapprocher de plus en plus de ceux qui vivent aujourd'hui, surtout de ceux qui ont été pêchés récemment à de grandes profondeurs. C'est dans le terrain secondaire que les céphalopodes atteignent le maximum de leur développement. Les ammonitédées, notamment, varient à l'infini leur taille, leur forme et les ornements qui les recouvrent; leurs genres sont très nombreux et les espèces se comptent par centaines : les unes sont grosses comme une lentille, d'autres atteignent les dimensions d'une roue de voiture; les plus volumineuses existent à la fin de la période secondaire. Il semblerait que cette famille, qui a fait si longtemps l'ornement des mers jurassiques et crétacées, était destinée, avant de disparaître pour toujours, à produire ses plus belles et ses plus gigantesques espèces.

C'est pendant la période secondaire que s'épanouit, dans toute sa richesse, la nombreuse série des échinides. Je regrette vivement que le temps, qui m'est compté, ne me permette pas de vous parler avec quelques détails de ces êtres si gracieux dans leur forme, si élégants et si variés dans leurs ornements, si compliqués dans leur organisation. Ce sont mes fossiles de prédilection. J'ai consacré plus de trente années à leur étude, et si un jour la galerie que je rêve s'organise, je serai heureux de lui réserver les 12,000 échantillons qui composent ma collection et ont servi à mes travaux.

A côté des échinides, une place de choix serait donnée aux crinoïdes, ces lis des mers, ces gracieux échinodermes, dont la base est implantée dans le sol, dont la tige est flexible, dont la tête, couronnée de bras mobiles, ressemble à une fleur vivante. Certaines espèces formaient, au pied des récifs, de véritables forêts sous-marines.

Les polypiers seraient largement représentés : abondants à toutes les époques, ils se sont surtout développés avec beaucoup de profusion pendant la période secondaire; ils ont formé, dans différents étages, principalement à l'époque corallienne, de puissants récifs madréporiques, de même nature que ceux qui existent aujourd'hui dans les mers équatoriales. Que d'intérêt à étudier, à comparer leurs nombreuses espèces, souvent si admirablement conservées!

A l'époque secondaire, les terres émergées étaient très étendues et recouvertes d'une végétation moins luxuriante qu'à l'époque carbonifère, mais qui n'en est pas moins fort intéressante. Les fougères aborescentes deviennent moins nombreuses et sont remplacées par des cicadées au tronc court et massif, presque ovoïde et couronné de feuilles, des zamites aux feuilles grêles, des conifères voisins des *Araucaria*, des *Brachyphyllum* dont les rameaux imbriqués sont roides et nus.

Vers le milieu de la formation crétacée, à l'époque cénomanienne, la physionomie de la flore change, et les *Dicotylédon* font leur apparition à la fois sur un grand nombre de points de notre hémisphère, et nous reconnaissons des arbres voisins des peupliers et des hêtres, et pour la première fois des *Monocotylédon* appartenant à la classe des palmiers.

Parcourons rapidement les salles de l'époque tertiaire. Signalons d'abord le véritable développement des mammifères. Assurément plusieurs genres de mammifères ont été indiqués dans le terrain jurassique, dans le trias et même dans le terrain carbonifère; mais il s'agit de petites espèces, appartenant au type inférieur des didelphes et dont quelques-unes bien douteuses encore.

Les recherches de notre collègue M. le docteur Lemoine ont amené la découverte, dans le terrain éocène inférieur des environs de Reims, de mammifères nombreux, parfaitement caractérisés, représentant des types très variés, les uns voisins des genres qui vivent aujourd'hui, les autres s'en éloignant complètement, comme les *Plesiadapsis*, dont les molaires sont tuberculeuses et les canines si bizarres, qu'on serait tenté de les attribuer à de véritables reptiles. Quelques-uns de ces mammifères sont d'une taille très petite, et leurs dents microscopiques sont visibles à peine à l'œil nu. Associé à ces mammifères se trouve un oiseau, du genre *Gastornis*, dont la taille dépassait celle du cheval. La belle série recueillie par le docteur Lemoine devra un jour nécessairement faire partie de notre galerie paléontologique.

Puis viendraient les importantes collections des mollusques, des échinodermes, des polypiers, des poissons, des crustacés, si abondants sur certains points; puis les végétaux tertiaires, parmi lesquels se distinguent de nombreux palmiers et beaucoup de genres si voisins des genres actuels, qu'il est souvent difficile de les en distinguer.

Enfin une dernière et vaste salle renfermerait l'époque quaternaire : nous y retrouverions tous les grands animaux qui caractérisent cette époque, et dans les vitrines, des mollusques, des oursins, des polypiers, des foraminifères, quelquefois identiques à ceux qui existent aujourd'hui. Nous y verrions aussi les plus anciens vestiges de l'homme; remontant à l'époque quaternaire, ils doivent avoir leur place dans une galerie paléontologique.

Nous y verrions ces silex, du type de Saint-Acheul, à la forme massive et lancéolée, évidemment taillés par l'homme; nous y verrions ces os gravés rencontrés dans les abris du Périgord, ces bâtons de commandement, ce manche de poignard qui représente un renne couché, cette plaque d'ivoire sur laquelle est gravé un mammouth, parfaitement reconnaissable à son front bombé, à la petitesse de son œil, à ses défenses arrondies, aux longs poils qui couvrent son cou et l'entourent comme d'une crinière. L'animal court; suivant une habitude propre à tous les éléphants, sa petite queue touffue se redresse, et sa trompe se rapproche obliquement de ses jambes de devant. Le dessin est assurément très imparfait; mais certains détails sont rendus avec une naïveté et en même temps avec une vérité qui ne peut faire douter un instant que celui qui le représentait n'eût eu l'animal sous les yeux. Tel était son désir de se rapprocher de la nature elle-même, qu'il a su reproduire, dans son dessin grossier, des caractères que nous a révélés plus tard l'étude même du squelette.

Fig. 8. — Les bords du lac d'Aix. (Extrait du *Monde des plantes avant l'apparition de l'homme*, de M. le Mis de Saporta.)

Enfin nous verrions, servant de couronnement pour ainsi dire à cette immense série, l'homme lui-même avec sa résille de coquillages et ses silex taillés, tel qu'il a été découvert par M. Rivière aux environs de Menton.

Quel admirable ensemble formerait cette vaste galerie! Quel sujet inépuisable d'études pour le géologue, pour le savant qui désirerait comparer les types fossiles, constater les rapports qui les éloignent ou les rapprochent, et les suivre dans leurs diverses évolutions! Que d'éléments précieux à consulter dans toutes les questions de biologie, de climatologie! Quel enseignement pour le public qui pourrait ainsi se rendre compte du nombre et de la diversité des êtres qui ont successivement peuplé le globe! Comme il reviendrait émerveillé de cette promenade de quelques heures à travers les âges!

A quelque point de vue qu'on l'envisage, la paléontologie présente un intérêt qui ne saurait être contesté par personne. Sous le rapport pratique et industriel, n'est-elle pas l'auxiliaire indispensable de la géologie, dont la connaissance est si nécessaire pour la recherche des mines et l'exploitation des carrières, pour le percement des puits et la découverte des sources, pour l'établissement des chemins de fer et le choix des matériaux de construction? Quel service ne peut-elle pas rendre à l'agriculture, qui doit toujours approprier ses cultures à la nature du sol et du sous-sol! Un fossile, souvent même un fragment de fossile, ne suffit-il pas pour déterminer l'âge incertain d'une couche?

Considérée à un autre point de vue, est-il une science dont l'étude soit plus attrayante? Le monde a été livré à nos investigations. Si, d'un côté, l'avenir demeure impénétrable et fermé, nous pouvons, à l'aide de la paléontologie, plonger jusque dans les profondeurs les plus reculées du passé, rechercher ces myriades d'êtres qui nous ont précédés sur la terre, reconnaître leurs caractères souvent étranges, et leur donner pour ainsi dire une seconde fois la vie! Quels horizons nouveaux nous apparaissent, quels paysages charmants! Est-il rien de plus curieux et de plus gracieux à la fois que cette vue idéale d'une forêt de l'époque houillère reproduite par M. de Saporta, avec ses fougères géantes, ses sigillaires dressées comme des colonnes et couronnées de feuilles, ses calamites qui végètent au milieu même des eaux?

N'est-il pas ravissant, ce paysage pris sur les bords du lac d'Aix, à l'époque de la formation des gypses, c'est-à-dire vers le milieu de la période éocène, et reconstitué avec tant d'exactitude par M. Marion? Les palmiers, les dracena, les aralia se mêlent aux figuiers, aux acacias, aux bouleaux; ils croissent ensemble et donnent à ce paysage un caractère qui ne se retrouve nulle part. Combien est riche, fécond, varié, inépuisable en ses développements, ce monde organique, ce livre de la nature dont nous ne connaîtrions, sans la paléontologie, que la page qui se déroule aujourd'hui sous nos yeux!

Est-il une science qui ouvre à nos idées un champ plus vaste et plus philosophique? Comment tous ces êtres sont-ils arrivés sur la terre? Sont-ils le résultat d'apparitions successives et distinctes? Doit-on plutôt les attribuer, suivant les théories séduisantes du transformisme, à de lentes et persistantes évolutions? Ce n'est pas ici le lieu de traiter cette grave question, l'une des plus importantes assurément qui divisent les naturalistes. Je dirai seulement que c'est surtout à la paléontologie que sa solution est réservée. C'est en étudiant, dans les couches de la terre, loin des influences profondément modificatrices de l'homme, la succession des types, qu'on pourra peut-être un jour découvrir, au point de vue scientifique, l'origine encore mystérieuse des êtres (1)!

(1) Cette conférence était accompagnée d'un grand nombre de projections exécutées avec beaucoup de talent par M. Molteni.

M. Jules ROCHARD

Inspecteur général du Service de santé de la Marine, Membre de l'Académie de médecine.

BIOLOGIE. — LES RESSOURCES ALIMENTAIRES DE LA FRANCE

Se nourrir est pour l'homme le premier et le plus irrésistible de tous les besoins. C'est le seul dont il ne puisse s'affranchir sous quelque latitude et dans quelque condition que ce soit. C'est le lien par lequel il se rattache le plus étroitement au reste du règne animal. Depuis que l'espèce humaine existe, c'est pour s'alimenter qu'elle a dépensé le plus d'intelligence et déployé le plus d'activité. Même à l'état de civilisation avancée, la nourriture est encore la grande affaire de la plupart des hommes et la plus dispendieuse des nécessités auxquelles ils sont soumis. Les progrès de la civilisation n'ont pas atténué cette charge au même degré que les autres. L'industrie a notablement réduit le prix des vêtements, du chauffage et de l'éclairage; la question des logements à bon marché touche à sa solution; les denrées alimentaires seules se dérobent à ce mouvement. Pour les classes laborieuses, la nourriture représente les deux tiers au moins de la dépense du ménage et la cherté des vivres est aujourd'hui l'objet d'une préoccupation sérieuse dans tous les rangs de la société. La question vaut donc la peine qu'on s'en occupe, et il est nécessaire de la regarder d'un peu haut pour en apercevoir la solution. Les problèmes sociaux demandent à être envisagés depuis leur origine. Celui dont il s'agit l'exige encore plus impérieusement que les autres. Il faut suivre l'évolution de l'humanité à travers les âges et dans sa lutte contre la faim, pour comprendre comment elle a fini par s'y soustraire et pour être bien fixé sur ce qui lui reste à faire encore. Le passé a de tout temps éclairé l'avenir, et il faut regarder longtemps en arrière avant d'arriver à y voir clair devant soi.

I

Lorsqu'on porte ses regards sur ces temps reculés que la science commence à éclairer de sa lumière crue, mais éclatante, on se demande d'abord comment l'espèce humaine a pu se maintenir, au moins dans nos régions septentrionales, au milieu des ennemis dont elle était entourée, comment les premiers hommes sont parvenus à se nourrir dans des contrées dont le sol encore inculte ne produisait rien qui pût leur servir d'aliment. Puis, lorsqu'on reconstitue leur existence avec les documents qu'on a retrouvés, on les aperçoit à travers le brouillard de nos pays froids et humides, épars en petits groupes clairsemés sur cette terre sauvage, réfugiés sous les grands bois, blottis au fond des cavernes. Ils nous apparaissent hirsutes, trapus, agiles, musclés comme des athlètes, guettant l'aurochs, le tapir ou le sanglier, pour en faire leur proie, ou défendant leurs familles contre ce grand ours des cavernes à côté duquel notre ours brun des Pyrénées fait l'effet d'un blaireau.

Nous les voyons, ces premiers parents, groupés autour d'un de ces grands mammifères qu'ils viennent de tuer. Ceux qui sont revenus de la bataille sont là, comme dans le tableau de Cormon, avec les femmes et les enfants. Ils dépècent l'animal avec leurs fragments de silex et se repaissent comme des bêtes fauves, en souvenir des longs jours de jeûne, en prévision des longs jours d'abstinence; toute la tribu en prend pour longtemps, afin de vivre sur ce repas, jusqu'à ce qu'elle puisse en faire un autre (1). A la fin, on fend les os avec les couteaux de silex pour en sucer la moelle; puis les hommes se remettent en chasse. La lutte ne tourne pas toujours à l'avantage du chasseur; il en est quelques-uns qui ne reviennent pas; mais les familles sont nombreuses et les vides promptement comblés. En somme, pendant la belle saison, la vie se soutient encore; mais, quand vient l'hiver, lorsque la neige couvre le sol, que le gibier farouche s'est réfugié dans des retraites inaccessibles, alors c'est la faim, la faim implacable et sans merci, et si quelque membre d'une tribu voisine a l'imprudence de s'aventurer sur le territoire de ces affamés, malheur à lui! Il y a là des mystères d'alimentation qu'il est inutile d'approfondir, des voiles que nous, qui sommes leurs descendants, nous ne devons pas soulever. Il est bon toutefois de rappeler de temps en temps aux hommes d'aujourd'hui que l'humanité n'a pas commencé par marcher sur des roses. Elle a dû se voir plus d'une fois menacée dans son existence même. Des familles, des tribus entières ont dû souvent disparaître au milieu de cataclysmes que nous pouvons à peine soupçonner; mais il en restait toujours quelque vestige, et, grâce à la prodigieuse fécondité de ces races primitives, après le plus implacable hiver, il suffisait de quelques jours de printemps pour que le pays se remît à renaître et à se repeupler.

Combien de siècles a-t-il fallu pour que l'espèce humaine prît le dessus d'une manière définitive! Nul ne le saura jamais. Nous ne pouvons pas même nous faire une idée de ce qu'il a fallu d'efforts et d'intelligence pour en arriver là. Avec la masse énorme de connaissances que les hommes possèdent aujourd'hui, il n'est pas difficile d'en acquérir de nouvelles. Une découverte en amène une autre et le progrès va tout seul; mais ce sont les premiers pas qui ont dû coûter. Celui qui a trouvé le prémier le moyen d'allumer du feu a plus fait pour le bonheur de ses semblables que tous les inventeurs qui sont venus après lui. Le moindre engin de chasse ou de pêche, l'art de creuser un tronc d'arbre pour traverser un cours d'eau, ont demandé plus de talent à ces hommes pour qui tout était mystère, que les inventions les plus brillantes de l'industrie moderne, que toutes les découvertes dont nous nous enorgueillissons aujourd'hui. Quel talent d'observation n'a-t-il pas fallu pour reconnaître la façon dont les végétaux se multiplient, pour arriver à imiter la nature et à cultiver le sol! Quelle patience, quelle sagacité pour dompter les animaux et les amener à l'état de domesticité!

Ces deux progrès, la culture et l'élevage, une fois accomplis, le genre humain a été maître de ses destinées. Il a pu dès lors s'accroître rapidement et élargir peu à peu son domaine. C'est à partir de ce moment que l'histoire commence à nous renseigner sur son compte. Elle nous le montre se développant dans les régions les plus favorisées par leur climat, sous la forme de grandes tribus, de peuples pasteurs ou agriculteurs. C'est à cette époque aussi que commencent les premières migrations, nécessitées par l'accroissement

(1) C'est encore ainsi que les Esquimaux vivent aujourd'hui. Lorsqu'ils prennent un phoque, ils le dévorent tout entier. Chacun en mange 10 ou 12 livres et vit là-dessus jusqu'à ce qu'il se présente une occasion de renouveler sa provision. Les Fuégiens font exactement de même.

démesuré de la population et par le défaut de subsistance. Alors, comme aujourd'hui, comme à toutes les époques, c'est la lutte pour l'existence qui force les peuples à émigrer. Aujourd'hui, ils se déplacent dans l'espoir d'une existence meilleure, d'une vie plus douce et plus heureuse. A cette époque, ils obéissaient à la faim. C'est elle qui poussait, il y a quatre mille ans, les Aryens à quitter l'Asie centrale pour se répandre sur l'Europe. Dans des temps beaucoup plus rapprochés de nous, les Cimbres, les Teutons, puis les Goths, les Burgondes et les Lombards obéissaient au même mobile lorsque, chassés des rudes contrées du Nord par la disette ou par l'inondation, ils se mettaient en route pour aller à la conquête de régions plus hospitalières. Ils marchaient vers le soleil, lentement, sans route déterminée, une peuplade poussant l'autre. Ils emmenaient leurs troupeaux et leurs chars, avec lesquels ils improvisaient une sorte de fortification pour se protéger pendant les temps d'arrêt qu'amenait la mauvaise saison. Ils repartaient ensuite pour une étape nouvelle, jusqu'à ce qu'ils rencontrassent sur leur route des terres à leur convenance, qu'ils enlevaient à leurs propriétaires ou qu'ils partageaient avec eux.

Les premiers rudiments de civilisation amenèrent entre les peuples l'échange de leurs denrées alimentaires. Ce commerce était déjà florissant en Assyrie et en Egypte au temps de leur puissance. Plus tard, les républiques grecques partageaient leurs produits entre elles et les échangeaient contre ceux de l'Archipel et des côtes de l'Asie Mineure, mais c'est l'empire romain surtout qui développa ce commerce. Le monde entier contribuait à nourrir la population de Rome. L'Afrique lui fournissait ses grains; le Levant, ses épices; l'Italie, ses bestiaux et ses vins; le Latium, ses légumes et ses fruits, et, tandis que le peuple ne demandait à ses maîtres que du pain et des spectacles, les patriciens s'abandonnaient à tous les raffinements de la gourmandise la plus recherchée dans des repas dont leurs historiens nous ont légué le souvenir. Nous avons tous été nourris de ces récits-là sur les bancs du collège, et quel est celui de nous auquel il n'est pas arrivé, devant la maigre pitance du réfectoire, de rêver à ces festins dans lesquels la jeunesse romaine, couronnée de roses, étendue sur des lits de pourpre, arrosait de Cécube et de Falerne les huîtres du lac Lucrin et les poissons de la mer Tyrrhénienne, en compagnie de femmes peu vêtues et de mœurs faciles?

Ces désordres gastronomiques, ainsi que le commerce qui les alimentait, finirent avec l'empire romain. Les barbares qui l'engloutirent conservèrent leurs coutumes et leurs mœurs. Ils vivaient du sol et de ses produits, sans rien demander à l'étranger. Les seigneurs y joignaient la chasse; la pêche était une ressource pour les populations du littoral. Chacun, en un mot, consommait ce qu'il trouvait sur place, et cela continua jusqu'au moment où une civilisation nouvelle vint établir entre les peuples de nouvelles relations.

A travers les phases diverses de cette évolution, il est un fait qui domine depuis l'origine des sociétés. C'est la prédominance des céréales dans l'alimentation. Malgré sa nature omnivore, en dépit de ses débuts, l'homme, depuis qu'il a su cultiver la terre, a emprunté sa principale substance à la famille des graminées. Chaque pays a adopté celle qui convenait le mieux à son climat. Le riz fait vivre la moitié de la population du globe, et le blé nourrit les trois quarts du reste. Le seigle, l'orge, l'avoine, entrent de moins en moins dans l'alimentation des peuples civilisés. Le maïs y tient encore une place assez importante. Quant au millet, il n'est guère consommé que par les noirs de l'Afrique. En dehors des graminées, on trouve le sarrasin, qui joue un certain rôle dans la nourriture des paysans en Bretagne, en Sologne et en Franche-Comté ; la racine de manioc, qui est consommée par les indigènes dans quelques parties de l'Amérique du Sud, et enfin la pomme de terre, qui a causé une véritable révolution dans l'alimentation du peuple français à la fin du siècle dernier.

Cette prédominance exclusive des céréales dans la nourriture des nations mettait leur existence à la merci des mauvaises récoltes. Aussi a-t-elle eu pour conséquence ces famines formidables qui, jusqu'à une époque très rapprochée de nous, les ont décimées d'une manière presque périodique. Dans les dix siècles qui séparent l'époque de Charlemagne de la nôtre, on ne compte pas un laps de vingt ans sans que la famine ait régné quelque part en Europe. Les historiens en ont enregistré dix dans le xe siècle, et vingt-six dans le xie. Et c'était bien la famine avec ses conséquences horribles. Lorsqu'on avait consommé le peu de grain restant de la récolte précédente, et dévoré les bestiaux, on en venait à manger l'écorce des arbres, l'herbe des prairies et les animaux les plus immondes ; on en venait à déterrer les cadavres, à guetter les voyageurs sur les routes pour les tuer et s'en repaître. Les siècles suivants ne furent pas plus épargnés. En 1420, comme en 1438, les gens mouraient de faim sur la voie publique, et les loups venaient la nuit, jusque dans l'enceinte des villes, enlever les corps abondonnés. Pendant les trois premières années du xviie siècle, il y eut d'horribles famines en Russie. 120000 habitants moururent de faim dans la seule ville de Moscou (1). Au siècle dernier, c'était encore la même chose. A cette époque, la Touraine a subi des disettes dont d'Argenson nous a laissé le récit : « Ce n'est plus le sentiment de la misère, écrivait-il en 1740, c'est le désespoir qui pousse les pauvres habitants ; ils ne se souhaitent que la mort et évitent de peupler. » Il ajoutait en 1750 : « Les paysans sont réduits à brouter de l'herbe et meurent comme des mouches (2). »

« Pendant tout le xviiie siècle, dit Maxime Ducamp, l'histoire de l'alimentation du peuple se résume dans une série de disettes. Notre pays a souffert de la faim jusqu'au commencement du xixe siècle (3). »

Dans les années de mauvaise récolte, on mourait de faim, tandis qu'aux époques d'abondance, le blé ne trouvait pas d'acheteur. On le laissait pourrir sur place, et le propriétaire criait misère, comme Mme de Sévigné, sur un sac de blé (4). Ces deux états opposés s'observaient parfois dans deux provinces voisines. L'une manquait de pain, tandis que l'autre ne savait que faire de sa récolte. Et le transport des céréales était interdit ! Les souverains seuls se permettaient quelquefois de les faire passer en fraude, spéculant ainsi sur la misère de leurs sujets, mais c'était en si petite quantité ! Le commerce des grains eût-il été aussi libre qu'il l'est aujourd'hui, que cela n'eût pas remédié à la disette, faute de moyens de communication. Les routes étaient tellement mauvaises, qu'il fallait atteler quatre chevaux à une charrette pour traîner huit ou dix sacs de blé à raison d'une demi-lieue à l'heure. Les chemins étaient de véritables fondrières dans lesquelles les voitures s'embourbaient pendant l'hiver, et dans la belle saison ils ressemblaient à des lits de torrents desséchés.

Ces disettes périodiques étaient encore aggravées par les moyens violents auxquels on avait recours pour les faire cesser. Ce n'est que de nos jours qu'on

(1) Bouchardat, *Traité d'hygiène publique et privée*, 1883. Appendice, p. xci.
(2) Baudrillart, *les Populations agricoles de la Touraine*.
(3) *Revue des Deux Mondes* du 15 mai 1863.
(4) Eugène Risler, *la Crise agricole* (*Revue des Deux Mondes* du 1er février 1885).

a compris que toute atteinte portée à la libre circulation et au commerce des grains a pour conséquence immédiate d'affamer le pays. Depuis les édits de saint Louis jusqu'à l'établissement de l'échelle mobile, l'histoire du commerce des grains n'est qu'une longue suite de mesures répressives, attentatoires à la liberté et désastreuses par leurs résultats.

Il n'y a pas plus d'un siècle que l'Europe peut se considérer comme sûre de son lendemain au point de vue de l'alimentation. Elle a encore eu de nos jours à souffrir quelquefois de la disette, mais elle n'a plus connu les épouvantables famines des siècles passés. Pour assister à de pareils désastres, il faut se transporter aujourd'hui dans des pays qui en sont encore au degré de civilisation que l'Europe présentait alors. En Chine, la faim fait périr les gens par millions, et personne ne s'en préoccupe. Dans l'Inde, les famines sont périodiques comme elles l'étaient autrefois chez nous. La récolte du riz dépend des pluies. Lorsqu'elles sont suffisantes, le peuple vit; si elles sont faibles, il *vivote;* si elles manquent, il meurt de faim. Les étangs, les puits se dessèchent, le bétail périt, et il ne reste plus, pour l'année suivante, ni grains, ni bras, ni animaux. Les Anglais font des efforts et des sacrifices considérables, dans les années désastreuses, pour venir en aide à cette population de 186 millions d'habitants. En 1873, le gouvernement de l'Inde, pour leur procurer du riz, a contracté un emprunt de 250 000 000 de francs (1). Nous assistons souvent aussi à des désastres semblables dans nos possessions d'Afrique, quand la récolte vient à manquer; et nous sommes, comme les Anglais, obligés de venir au secours des indigènes.

La seule garantie contre la disette, c'est la facilité des communications et la liberté du commerce, et c'est depuis qu'elles existent chez nous que nous n'avons plus à la redouter. A la fin du XVIIIe siècle, nous n'en étions pas encore là. C'est l'introduction de la pomme de terre dans l'alimentation qui a été pour nous la première sauvegarde contre la faim. Il y avait deux cents ans déjà que les Espagnols l'avaient introduite en Europe, après la conquête du Pérou. La culture s'en était répandue peu à peu en Italie, en Allemagne, en France et en Angleterre; mais on ne l'employait qu'à la nourriture des bestiaux. Un préjugé populaire l'accusait de donner la lèpre, et il fallut toute la persévérance, toute l'énergie de conviction de Parmentier pour triompher de cette erreur; il lui fallut l'appui de Louis XV et de Louis XVI pour réaliser l'immense progrès auquel il avait voué tous ses efforts. Les disettes de 1789 et de 1792 vinrent bientôt donner la mesure du service qu'il avait rendu et assigner à la pomme de terre la place qui lui revient dans l'alimentation des masses.

La Révolution fit tomber les barrières et rendit le commerce des grains complètement libre d'un bout du pays à l'autre. Le consulat vint, quelques années après, faciliter ce commerce, en améliorant les routes qui existaient déjà, en perçant de nouvelles voies et en développant la navigation fluviale, par le creusement des canaux. La répartition des récoltes devint plus facile; cependant les années désastreuses de 1816 et 1817 furent encore signalées par des disettes qui auraient rappelé celles du passé, sans l'usage de la pomme de terre. Grâce à ce pain tout fait, comme on l'appelait alors, on put se croire à tout jamais à l'abri de la faim; mais c'était une illusion que la maladie des pommes de terre a dissipée. C'est elle qui a causé en partie la disette de 1847. Nous nous souvenons encore de cette année désastreuse où le prix du blé

(1) Nicholson, *Journal d'hygiène*, 1er septembre 1877.

s'éleva à 38 francs l'hectolitre et à 50 francs dans certaines localités. C'est la dernière fois que la cherté des grains ait occasionné des troubles en France; encore avons-nous été bien moins maltraités que le nord de l'Europe, où la famine fit un million de victimes.

Les routes et les canaux avaient donné tout ce qu'ils pouvaient fournir (1). L'influence des chemins de fer et de la navigation à vapeur commençait à se faire sentir et à préparer une ère nouvelle pour l'échange des denrées. Depuis cette époque, les réseaux se sont complétés partout, et les communications par mer se sont multipliées. Elles sont devenues rapides, incessantes, et les produits nécessaires à l'existence s'échangent d'un bout du monde à l'autre, avec une régularité qui tend à supprimer les distances et à établir partout un même niveau. A l'aide de la télégraphie électrique, les négociants en grains sont informés chaque jour du prix des blés sur tous les marchés de globe et font leurs commandes en conséquence. Grâce à la rapidité des transports par mer et à la régularité des arrivées, ils sont sûrs d'avoir livraison de leur chargement à jour fixe et de ne pas perdre d'intérêt sur leurs capitaux. Il n'est même pas besoin de faire de demandes. Le grain se rend de lui-même des lieux où il est en excès dans ceux où il fait défaut. Pour les blés d'Amérique, par exemple, les détenteurs de New-York ont sous les yeux les prix de la veille sur les marchés de Liverpool, d'Anvers, de Marseille, du Havre, et ils dirigent leurs chargements sur le port le plus avantageux. Il suffit d'une différence de 50 centimes par hectolitre pour diriger leur choix.

Les frais de transport vont sans cesse en diminuant. Pendant la disette de 1847, la municipalité de Vesoul fit venir des blés de Marseille; le transport lui coûta 14 fr. 75 par hectolitre, c'est-à-dire 0 fr. 02 par kilomètre, par eau comme par le roulage (2). Aujourd'hui, pour le même trajet, le prix du transport d'un hectolitre de blé par les voies ferrées est de 3 francs, et les arrivages sont réguliers. Sur mer, les prix ont diminué dans une proportion plus considérable encore. Avant 1880, le fret des ports d'Amérique aux ports français était de 3 fr. 75 par 100 kilogrammes; il est de 2 fr. 25 aujourd'hui. D'Australie, il valait 7 fr., il est à 4 fr. 25; des Indes, il est tombé de 5 fr. à 2 fr. 25; de la Russie et du Danube, de 4 fr. à 1 fr. 50 (3).

Je ne me suis occupé que des grains parce que c'est l'élément le plus important pour l'alimentation, le plus variable dans sa production et le plus facilement transportable; mais la facilité des communications rend également possible l'échange des autres denrées alimentaires et notamment du bétail. Cette diffusion des moyens de subsistance est un des plus grands progrès que la civilisation ait réalisés. Non seulement elle met les nations de l'Europe à l'abri des famines horribles du passé; mais elle a supprimé les disettes et rendu presque insignifiantes les oscillations dans les prix. En facilitant l'échange, la vente et la consommation des denrées, elle en a augmenté la production dans une proportion énorme et a fait augmenter la valeur des terres dans le même rapport. De 1851 à 1879, la valeur du territoire agricole en France a augmenté de 30 pour 100, soit de plus de 30 milliards, ainsi que le constate la nouvelle évaluation des propriétés non bâties en France, à laquelle

(1) Dans la disette de 1817, l'écart entre les prix du blé avait été de 45 francs (l'hectolitre coûtait 81 francs dans le Haut-Rhin et 36 francs dans les Côtes-du-Nord). En 1847, cet écart ne fut plus que de 20 francs.

(2) Jacqmin, *Traité de l'exploitation des chemins de fer.*

(3) M. Méline, ministre de l'agriculture, discours à la Chambre des députés au suiet des droits sur les céréales, séance du mardi 10 février 1885 (*Journal officiel*).

l'administration des contributions directes s'est livrée, en exécution de la loi du 9 août 1879, et dont les résultats ont été publiés en 1883.

Il en résulte que tout le monde se nourrit mieux et à meilleur marché que par le passé. Le premier fait est évident. Il suffit de se souvenir de la façon dont on vivait, il y a cinquante ans, dans les différentes classes de la société, pour être frappé de l'augmentation du bien-être sous ce rapport, comme sous tous les autres. Le chiffre des consommations, comparé à celui de la population, en fournit la preuve mathématique. Le second fait est moins facile à apprécier. On se plaint dans tous les pays du renchérissement des denrées alimentaires. Pour ma part, depuis que je suis au monde, j'entends les ménagères pousser ce cri de détresse; mais elles ne se rendent pas compte du second terme de la question, de l'augmentation des salaires et des revenus de tout genre. Ils s'élèvent bien plus rapidement encore. Autrefois les vivres ne coûtaient pas cher, mais c'est justement parce qu'on avait très peu d'argent pour les acheter; aujourd'hui, leur prix s'est élevé, mais tout le monde est assez riche pour se les procurer. Il est certain que les ouvriers se nourrissent aujourd'hui comme le faisaient autrefois les petits bourgeois, et ceux-ci comme faisaient les nobles. Le paysan lui-même commence à vivre d'une façon un peu plus confortable.

On peut, du reste, se rendre compte, à l'aide des chiffres, de cet écart de plus en plus grand entre les salaires et le prix de l'alimentation. Il suffit pour cela de prendre deux termes, la journée de travail d'une part et le pain de l'autre. La quantité de blé qu'on peut acheter avec le prix d'une journée de travail a quadruplé depuis Louis XIV, triplé depuis Louis XVI et doublé depuis Napoléon Ier. D'après M. Foville, une famille d'ouvriers agricoles dépense aujourd'hui, en moyenne, 750 francs par an et en gagne 800. Elle réalise, par conséquent, une économie de 50 francs. Pour vivre de la même manière, de 1810 à 1815, il lui aurait fallu dépenser 650 francs; mais, comme ses salaires n'auraient été alors que de 450 francs, elle se serait trouvée en déficit de 200 francs (1).

Ce progrès ne peut manquer de se développer encore, et cela avec une rapidité d'autant plus grande, que nous avancerons davantage dans la suite des temps. Nous ne sommes qu'au commencement, pour cela comme pour tout le reste. On dirait que l'humanité sort à peine de ses langes. Lorsqu'on jette les yeux sur la sphère terrestre, on est stupéfait en voyant le peu de place qu'y tient la civilisation, et l'immense étendue de terrain que l'homme n'exploite pas encore; mais tous ces pays, incultes et presque inhabités, subiront à leur tour le mouvement qui nous entraîne, et cela se passera plus vite qu'on ne le croit. Des chemins de fer pénétreront au fond de ces continents, et y deviendront le centre d'une circulation active. Des routes, des canaux, se développeront autour des voies ferrées; les produits du sol arriveront librement à la mer et viendront réclamer leur place sur les marchés de la vieille Europe. Les frets deviendront d'autant moins élevés, que les denrées à transporter seront plus abondantes. Les grands navires à marche rapide font le voyage à beaucoup moins de frais que les petits. Le tout est de pouvoir remplir leurs immenses cales. Pour pénétrer au centre de l'Europe, ces produits du monde entier trouveront des facilités qui n'existent pas aujourd'hui, par l'abaissement progressif et inévitable des tarifs, abaissement qui est toujours proportionnel à l'intensité

(1) Eugène Risler, *la Crise agricole* (*Revue des Deux Mondes* du 1er février 1885).

du trafic. Quand la diminution des frets et l'accroissement de vitesse des navires auront rapproché les distances, ce n'est plus seulement l'Amérique qui viendra couvrir nos marchés de ses denrées à bon compte. Toutes les parties du globe qui ne seront pas trop éloignées de nous feront de même, et le percement de l'isthme de Suez nous a singulièrement rapprochés de l'Asie.

Il faut bien nous dire que cette concurrence ne s'établira pas à notre profit. L'Europe aura de la peine à soutenir la lutte. Comment espérer que des pays comme la France, qui ont à supporter le poids de leur passé, où les terres ont acquis une valeur considérable et payent un impôt égal au quart de leur revenu (1), pourront rivaliser avec des contrées encore vierges, comme les États de l'Ouest dans l'Amérique du Nord et la vallée de la rivière Rouge entre autres? Dans ces pays, encore neufs, la terre est d'une fécondité sans égale; elle ne coûte rien; on peut y former de toutes pièces des fermes de vingt ou trente mille hectares, dans lesquelles les machines labourent, sèment et moissonnent, battent le grain, le mettent en sac, le conduisent à la gare voisine et le chargent sur des wagons. Le développement de cette culture a marché parallèlement avec la construction des chemins de fer dans l'ouest, et l'étendue de ce réseau a décuplé en dix ans (2).

Ce n'est pas seulement l'Amérique qui couvre les marchés de l'Europe de ses blés, l'Inde aussi se met de la partie. Sa production, à l'heure qu'il est, est de 10 800 000 hectolitres de blé. Son exportation a décuplé depuis dix ans (3), et le fret n'est plus que de 2 fr. 25. Comment rivaliser avec un pays d'une fertilité pareille, dans lequel la main-d'œuvre coûte 30 centimes par jour, et où les naturels ne mangent que du riz?

Enfin, il n'est pas jusqu'à l'Australie et la Nouvelle-Zélande qui n'exportent aussi du blé. Elles en envoient 6 à 8 millions de quintaux en Angleterre.

Les conséquences économiques de cette exportation exubérante commencent à se faire sentir. L'Angleterre essaye de lutter et de trouver dans l'élève du bétail un revenu compensateur, mais cela ne suffit pas. On prétend qu'aujourd'hui les fermiers anglais ont perdu 4 milliards sur le capital qu'ils possédaient et qu'on estimait à 9. Beaucoup d'entre eux ne veulent pas ou ne peuvent pas renouveler leurs baux, et s'en vont en Amérique se joindre aux concurrents qui les ont ruinés. Les uns emportent un reste de capital, les autres se font commanditer par des banquiers de la Cité, comme les éleveurs de moutons de l'Australie (4). En France, nous n'en sommes pas encore là, mais l'agriculture souffre. D'après l'enquête à laquelle s'est livré le ministre, au commencement de cette année, le prix de revient du blé varie pour le culti-

(1) Le revenu foncier agricole de la France est estimé à 2 645 millions. Les charges qui le grèvent sont de 614 434 420 francs, soit 25 pour 100, tandis que la propriété urbaine, dont le revenu est de 2 milliards, paye environ 340 millions, soit 17 pour 100; l'industrie et le commerce, pour un revenu de 2 740 millions, payent 350 millions, 13 pour 100; les salaires, appointements, etc., payent environ 7 pour 100 (Méline, discours cité).

(2) En 1850, il n'était que de 14 500 kilomètres; en 1860, il atteignait 49 000; en 1870, 85 000, et 150 000 en 1880. En 1860, le blé était souvent plus cher à New-York qu'à Paris; en 1870, l'Amérique ne produisait encore que 82 millions et demi d'hectolitres et les prix y étaient déjà inférieurs à ceux de Londres. En 1878, la récolte atteignait 147 millions d'hectolitres, et l'exportation en Europe 51 millions; en 1879, la production s'élevait à 160 millions et l'exportation à 52 millions d'hectolitres. En 1882, la récolte a été de 177 millions et l'exportation de 38 800 000 hectolitres.

Le blé américain se vend aujourd'hui à New-York 10 fr. 43, le fret est de 2 fr. 25; total, 12 fr. 68.

(3) L'exportation de l'Inde pour l'Europe, dans le cours de l'année finissant le 30 juin 1884, a été de 10 millions et demi de quintaux.

(4) Eugène Risler, *loc. cit.*

vateur de 20 à 21 francs par hectolitre, et les étrangers le livrent à 15 ou 16, en prélevant encore un bénéfice de 1 à 2 francs.

C'est pour permettre au producteur français de lutter avec moins de désavantage que les Chambres ont récemment voté un droit de 3 francs par hectolitre sur les blés étrangers. La loi n'a passé qu'après une discussion très vive, au cours de laquelle la plupart des économistes se sont prononcés contre l'élévation des tarifs.

La crise agricole, pour me servir de l'expression consacrée, se fait sentir dans l'Europe tout entière et même dans l'Amérique du Nord, où les États de l'Est, les plus anciens États de la Confédération, ont été obligés de transformer complètement leur système de culture depuis que les chemins de fer leur amènent les blés du bassin du Mississipi et de la Californie.

Ce malaise n'est que transitoire. Déjà, aux États-Unis, la construction des chemins de fer commence à se ralentir. Les terres les plus rapprochées des gares s'épuisent et les nouveaux venus sont obligés d'aller plus loin et de construire des routes, ce qui augmente les frais de transports. Les tarifs des chemins de fer sont arrivés, par suite de la concurrence, à un taux ruineux pour les actionnaires et qui ne pourra se soutenir. Il en est de même des frets. Il y a, en un mot, un excédent de production dans le blé et tout le monde en souffre. Mais des peuples qui n'en mangeaient pas, commencent à s'en nourrir. Et puis la population de l'Amérique du Nord augmente de 3 pour cent par an. Ce sont des consommateurs de plus. Dans trente ou quarante ans, ils suffiront pour absorber leur production de céréales.

L'Amérique ne se borne pas à nous expédier ses blés; elle fournit à l'Europe des lards salés, des conserves de viande et du bétail. Dans les États de l'Ouest, on se livre à l'élevage des porcs sur une grande échelle. Il en arrive chaque jour d'immenses troupeaux dans de grandes usines, où ils sont saisis, égorgés, échaudés, grattés, débités et salés avec une vitesse prestigieuse et à l'aide des mécanismes les plus ingénieux. Il y a de ces fabriques de salaisons, où l'on expédie 6 000 porcs par jour. En 1879, on en a abattu onze millions dans les États de l'Ouest, et la ville de Chicago, à elle seule, en a salé et expédié 4 805 000.

Les conserves en boites, les viandes comprimées, assaisonnées, prêtes à servir sur la table et désignées sous le nom collectif de *corned meats*, sont devenues également l'objet d'un grand commerce d'exportation. Enfin, l'Amérique commence à diriger aussi sur l'Europe du bétail sur pied. C'est presque exclusivement en Angleterre qu'elle l'envoie. Autrefois les fermiers de l'Ouest tuaient leurs veaux et se bornaient à faire du beurre et du fromage; mais, grâce aux voies ferrées, les bœufs peuvent venir s'embarquer à Boston, à New-York, à la Nouvelle-Orléans, sur de grands bateaux à vapeur qui reçoivent 500 et même 700 têtes et qui les amènent à Liverpool, à Glascow, à Southampton et à Londres. En 1878, cette importation a été de 188 600 têtes, au lieu de 43 372 seulement en 1877. Ce mouvement s'est un peu ralenti à la suite de cas de péripneumonie qui s'étaient manifestés dans quelques cargaisons, et qui avaient conduit le gouvernement anglais à faire, au bétail venant des États-Unis, l'application des dispositions sur les épizooties du *Public Health Act* de 1875; mais ce n'est qu'une entrave momentanée. Il est évident que ce commerce ne peut que se relever, et qu'il doit plus tard s'étendre à d'autres pays. Nous pouvons nous attendre à voir un jour le bétail américain figurer sur nos marchés. Ce n'est qu'une question de prix. Il est facile de construire des bâtiments où les animaux seront dans d'assez bonnes conditions, pour que la concurrence soit possible. Il en mourra quelques-uns pendant la traversée; ils dépériront tous, mais quelques mois passés dans les herbages de la Normandie suffiront pour leur rendre leur poids et leur belle apparence. Il est probable que, pendant bien longtemps encore, ce commerce ne présentera pas d'avantages; mais qui sait ce que garde l'avenir? Il s'est déjà formé des Compagnies par actions, pour l'élevage du bétail, dans le Texas, l'Arkansas, le Dakota; ce n'est probablement pas pour le consommer sur place, ni pour satisfaire uniquement aux demandes de l'Angleterre. En admettant, du reste, que le transport du bétail ne donne jamais de bénéfices aux habitants des États-Unis, qui nous dit qu'il en sera de même pour l'Amérique du Sud? Sur les bords de la Plata, et dans les immenses plaines qu'arrosent le Parana et l'Uruguay, des troupeaux de bœufs, dont personne ne sait le nombre, paissent et se multiplient en liberté. Un bœuf vaut une piastre dans les saladeros. On l'abat pour sa peau. Avec un pareil prix de revient on pourra peut-être un jour compenser la longueur de la traversée et le déchet du transport. En attendant, il s'est fondé en 1863 à Fray-Bentos, sur les bords de l'Uruguay, une société pour exploiter le procédé de Liebig. Elle abat dans son usine 1000 bœufs par jour, et elle est loin de pouvoir suffire aux demandes de l'Europe. En 1877, on a constaté que son bénéfice annuel était de 3750000 francs (1).

Qui sait si, dans la suite des temps, l'Australie ne nous enverra pas ses moutons, si d'autres pays ne nous expédieront pas de nouvelles denrées dont l'usage nous est encore inconnu?

Les vieilles nations luttent encore à l'aide de leur industrie. Ainsi l'Angleterre se procure par l'exportation de ses produits manufacturés le moyen d'acquitter le prix des denrées qu'elle importe : nous faisons de même sur une plus petite échelle. Mais les peuples qui commencent par faire du blé ne tardent pas à produire autre chose. Ils ont, comme nous, des métaux, de la houille et des cours d'eau; l'Europe est là pour leur fournir des ingénieurs et leur avancer des capitaux. Il est évident qu'ils en viendront à se suffire, que nous perdrons le monopole dont nous jouissons, et il est possible qu'un jour ils viennent nous apporter, à meilleur compte que nous ne pourrons les produire, les objets manufacturés que nous leur fournissons aujourd'hui.

Ces oscillations sont dans l'essence même de la vie des peuples. Elles représentent à notre époque les grands bouleversements qui ont signalé le début des sociétés : les migrations en masse dans lesquelles les nouveaux venus se substituaient aux anciens propriétaires du sol, ou se les assimilaient. Les invasions de barbares ne sont plus possibles, parce qu'ils ne sont pas les plus forts; mais les barbares se civilisent, ils nous imitent et ce sont leurs produits qui font invasion sur nos marchés. Il en sera de même tant que le globe ne sera pas exploité dans toutes ses parties. Il y aura dans la production des exagérations comme celle qui se manifeste en ce moment pour le blé. Il y en a une telle abondance, qu'on estimait, au commencement de l'année, à une vingtaine de millions de quintaux métriques la quantité qui était en l'air, c'est-à-dire qui courait le monde sans pouvoir trouver son placement (2).

Quand cet encombrement se produira et que l'offre dépassera la demande, il en résultera des crises économiques comme celles qui ont lieu tous les jours dans l'industrie; mais ces embarras causés par l'excès de la richesse alimen-

(1) E. Daireaux, *Buenos-Ayres, la Pampa et la Patagonie*. Paris, Hachette, 1878.
(2) M. Waddington, séance de la Chambre des députés du 13 février 1885.

taire ne seront que bien peu de chose à côté des famines des temps passés. Les désastres financiers sont plus faciles à supporter que les calamités qui atteignent l'existence même des peuples. Avec le temps, l'équilibre s'établira ; chaque pays en arrivera peu à peu à se livrer à la culture la plus conforme à son sol et à son climat.

Parmi les biens de la terre, les plus utiles ne sont pas toujours les plus précieux. Dans le règne minéral, les métaux, comme l'or et le platine, sont assurément moins utiles que le fer, le cuivre et le plomb, et cependant leur prix est infiniment plus considérable, parce qu'ils sont plus rares et plus difficiles à obtenir. Il en est de même pour les denrées. Le vin et le café sont entrés dans la consommation de tout le monde, et l'hygiène en a sanctionné l'usage; mais cette culture n'est possible que dans certains terrains et dans une zone climatérique limitée. Il est évident qu'un sol qui peut produire l'un de ces végétaux précieux ne doit pas être consacré au blé ou à la pomme de terre, qui sont bien plus utiles sans doute, mais qui poussent partout et dont on a maintenant un excès. C'est, du reste, ce qui se produit de soi-même. Depuis que le phylloxera a envahi nos cépages, on a planté de la vigne partout où elle pouvait venir. L'Algérie s'en est couverte; elle a produit l'an dernier 896 290 hectolitres de vin. Les contrées de l'Europe situées sous la zone qui lui convient ont étendu leurs cultures; les États-Unis ont développé les leurs et, dans l'Amérique du Sud, le Chili est maintenant en mesure de fournir à toute la côte du Pacifique un vin excellent et à bon compte..On y cultivait en vignes, à la fin de 1884, 10 000 hectares de terrain. Enfin l'Australie commence à en produire à son tour.

La culture du café a suivi la même marche. Pendant plus d'un siècle, il nous est venu du Levant. On le regardait alors comme une rareté qui ne se montrait que sur la table des grands. C'est à la fin du XVIIe siècle que se fondèrent les premiers établissements publics qui prirent leur nom de l'infusion à la mode, mais son usage ne s'est réellement répandu qu'au commencement du XVIIIe siècle, époque à laquelle le capitaine Declieux en porta un plant à la Martinique et l'y fit prospérer. A partir de ce moment, le café fut surtout produit par les Antilles. Sauf la petite quantité qui venait du Levant, ce que les Hollandais en tiraient de Batavia, et ce qui nous arrivait de Bourbon, c'étaient Saint-Domingue, la Martinique, la Guadeloupe et les îles anglaises qui alimentaient la consommation. En 1776, la partie française de Saint-Domingue en expédiait, dans nos ports, 33 millions de livres par an. Depuis cette époque, les choses ont bien changé. Le café n'est plus une boisson de luxe; mêlé au lait, il forme la base du repas du matin dans le plus grand nombre des familles européennes. Il est entré comme élément important dans l'alimentation, et sa culture s'est répandue dans toute la zone intertropicale. C'est dans l'Amérique du Sud qu'elle s'est le plus développée. Le café constitue la principale branche d'exportation du Venezuela, de la Colombie, de la république de l'Équateur. Il y est cultivé en grand. Des surfaces énormes lui sont affectées. Il y forme de petites forêts sur lesquelles le regard se promène à perte de vue. A l'époque de la floraison, cet océan de verdure semble couvert d'une neige rosée qui embaume l'atmosphère. Les grains, après la récolte, arrivent par cargaisons entières sur les marchés de Liverpool et d'Anvers, en concurrence avec ceux du Mexique, du Brésil, des Guyanes et des Antilles, dont la production a considérablement diminué.

Lorsque la plus grande partie du globe sera mise en rapport, lorsque les cultures s'y seront réparties d'elles-mêmes, en se réglant sur les convenances du sol et du climat, lorsque les communications par terre et par mer auront fait assez de progrès pour réduire les frais de transport à des sommes insignifiantes et pour supprimer à peu près la distance, il est évident que la question alimentaire sera résolue dans le sens le plus large et le plus complet; mais ce progrès ne peut être que l'œuvre des siècles. Il suppose d'abord, pour les peuples, une ère de sécurité et de paix, qui n'est pas encore prochaine. Pour que les nations puissent se reposer les unes sur les autres du soin de se fournir réciproquement les objets les plus indispensables à la vie, il faut d'abord qu'elles soient certaines que leur harmonie ne sera jamais troublée et que leurs rapports ne seront pas à la merci du caprice d'un conquérant. Nous n'en sommes pas là. Il serait impossible, du reste, d'arriver brusquement à cette vie d'échanges complète, absolue. Il en résulterait de terribles perturbations, la ruine immédiate des pays déshérités et la fortune démesurée de certains autres. Les vieux pays grevés de dettes avec un sol épuisé, un outillage défectueux et des institutions rétrogrades, seraient évidemment les victimes et la proie des pays neufs, commençant sur de nouveaux frais et profitant de l'expérience de leurs aînés. Il faut que de pareilles transformations s'opèrent d'une façon lente et progressive. S'il y a des secousses, les États menacés d'une invasion subite de produits à vil prix sont forcés, pour défendre les leurs contre une concurrence par trop inégale, de recourir, au moins pour un temps, à des mesures de protection regrettables, surtout quand elles s'adressent aux substances alimentaires. Tout le monde est libre-échangiste aujourd'hui, dans ce sens qu'il n'est personne qui ne soit convaincu que les douanes disparaîtront un jour comme toutes les vieilles barrières qui séparent les peuples, que la liberté et la concurrence sont les deux bases sur lesquelles reposeront dans l'avenir toutes les transactions internationales. On ne diffère d'opinion que lorsqu'il s'agit de fixer la durée de la période transitoire qui précédera celle-là. Les uns veulent accélérer le mouvement, les autres pensent qu'il faut le ralentir, et les discussions se passent sur le terrain de la pratique; mais, au milieu de ces conflits, les mesures de protection vont toujours en s'atténuant et en élargissant leurs cercles. Autrefois c'étaient les provinces qui se défendaient les unes contre les autres, aujourd'hui ce sont les nations. Quelques-unes commencent même à se réunir entre elles, pour former de plus grandes agglomérations. Avant qu'il soit longtemps peut-être, tous les États de l'Europe formeront une union douanière, un *Zollverein*, pour se protéger contre l'Amérique et l'Asie. Il suffira pour cela qu'ils prennent une bonne fois le parti de ne plus se faire la guerre à coups de canon, ni à coups de tarifs. Ce sera une phase de transition dernière à l'aide de laquelle les peuples arriveront peut-être un jour à ce libre-échange complet dans le rêve duquel se complaisent tant de bons esprits. Lorsque cette ère nouvelle apparaîtra, nous ne serons plus là pour en réjouir nos yeux; mais il n'est pas mauvais de regarder en avant le plus loin possible; c'est en tâchant de sonder les voies de l'avenir qu'on parvient à comprendre les tendances et les besoins de son époque.

Revenons au présent. Ce n'est pas précisément la bonne harmonie qui préside en ce moment aux relations des peuples entre eux. Ce n'est pas la guerre, mais c'est son diminutif, la paix armée. Les nations attendent on ne sait quoi; toutes ont leurs convoitises et leurs ambitions éveillées; aucune ne sait ce que lui garde le lendemain. A l'heure présente, leurs aspirations se tournent vers les colonies. Toutes veulent en avoir, même celles qui n'ont rien à exporter, ni produits, ni population. Dans de pareilles conditions, lorsque d'un instant à l'autre peut s'allumer une conflagration générale, tous les peuples sont exposés à se voir isolés les uns des autres. Il faut que chacun d'eux puisse se suffire, et, par conséquent, qu'il produise, en dépit de son sol et de son climat, tout ce qui est indispensable à sa subsistance, de même qu'il faut qu'il fabrique ses objets de première nécessité. Il ne peut demander à l'importation qu'une très faible partie de ce qu'il consomme.

Cette obligation, jointe aux questions de tarif et de concurrence dont j'ai parlé plus haut, crée à notre époque une situation tout à fait anormale pour les sociétés. Ces conditions transitoires réclament une étude particulière, et je vais m'y livrer pour ce qui concerne la France et son alimentation.

II

La nourriture d'une population de 37 millions d'habitants est, on le conçoit sans peine, extrêmement complexe et très inégalement répartie. Surabondante et variée dans les classes riches, insuffisante dans les classes pauvres, elle est, dans les campagnes, monotone, peu réparatrice, et ne peut pas faire équilibre à la somme de travail qu'exige la culture du sol. Comme il est impossible d'étudier la question dans tous les rangs de la société, comme elle n'intéresse l'hygiène sociale que dans son rapport avec les classes laborieuses, je ne m'occuperai que de la nature des populations ouvrières et de celle des paysans. Je baserai mes calculs sur les éléments principaux qui la composent : les céréales et la viande, et je prendrai pour type une année moyenne, l'année 1880.

En 1880, la population de la France a consommé 132 432 268 hectolitres de grains (blé, méteil et seigle) (1). Nous avons récolté pendant le même laps de temps 125 119 941 hectolitres de grains d'autres espèces (avoine, orge, sarrasin, maïs et millet), mais la presque totalité de ces produits est absorbée par les chevaux, les bestiaux et la volaille, ou sert à la fabrication de la bière, et le peu qui revient à la population est bien difficile à évaluer.

Il en est de même de la pomme de terre. En 1880, nous en avons récolté 137 735 113 hectolitres; mais les bestiaux en consomment la majeure partie, et nous en expédions une certaine quantité en Angleterre par les côtes de la Manche. On ne peut guère estimer à plus du tiers, soit à 44 millions d'hectolitres, la part qui entre dans l'alimentation. Il faut y ajouter, pour ne rien omettre, 3 675 441 hectolitres de légumes secs et 6 673 473 hectolitres de châtaignes. On sait que ces dernières remplacent en partie le pain dans quelques-uns de nos départements de l'Auvergne et du Limousin, dans le Périgord et dans la Corse.

Toutefois ce sont les céréales qui forment le fond de la nourriture du peuple. Elles représentent dans leur ensemble 100 millions de quintaux ou 10 milliards de kilogrammes, lesquels produisent 7 500 millions de kilogrammes de farine et 11 050 millions de kilogrammes de pain. Si cette quantité était uniformément répartie, la ration végétale de chaque Français se composerait chaque jour de

(1) Le sol a produit 100 553 846 hectolitres de blé; nous en avons importé 26 663 916 et exporté 118 588. Il faut y joindre 5 947 555 hectolitres de méteil et 26 406 524 hectolitres de seigle, ce qui donne la somme totale de 159 556 841 hectolitres de grains; mais on estime, au ministère du commerce, que la population ne consomme que 83 pour 100 des grains employés, que le reste sert aux semailles, est mangé par les chevaux, les bestiaux ou les volailles, et cela réduit la consommation des habitants au chiffre indiqué plus haut.

820 grammes de pain et d'environ 330 grammes de pommes de terre, sans compter les légumes secs, les châtaignes et les grains dont je n'ai pas pu apprécier la consommation ; mais ce n'est pas ainsi que les choses se passent. Les gens aisés, les habitants des villes, se nourrissent mieux, mangent plus de viande et d'aliments variés et consomment moins de farineux. Ainsi, dans les villes, chefs-lieux de département, dont la population était, en 1880, de 4683499 habitants, représentant le huitième de la France, il n'a été consommé par tête que 230 kilogrammes de pain, ce qui ne donne que 630 grammes par jour (1). Si l'on réfléchit qu'il en doit être à peu près de même dans les villes de moindre importance, si l'on tient compte de ce fait que les céréales autres que le blé sont presque exclusivement à l'usage des campagnes, que celles-ci mangent beaucoup plus de pommes de terre que les villes, on verra que les paysans consomment une quantité énorme de farineux, par rapport au reste de la population.

Abstraction faite de ces différences, la France est, comme on le voit, abondamment pourvue de céréales et d'aliments féculents de toute espèce; mais il n'en est pas ainsi pour les aliments tirés du règne animal.

Occupons-nous d'abord de la viande de boucherie.

Nous avions en France, en 1880, 41050317 têtes de bétail. On en sacrifie environ le quart chaque année. L'importation l'emporte de beaucoup sur l'exportation pour les bœufs, les vaches et les moutons; elles se font équilibre, en temps ordinaire, pour ce qui concerne l'espèce porcine.

La consommation annuelle de viande de boucherie s'élève, pour la France entière, à 1300 millions de kilogrammes, dans lesquels l'importation figure environ pour 100 millions. Cela donne, par habitant, 34^{kg},754 par an ou 95 grammes par jour. C'est une quantité beaucoup trop faible, pour une nation laborieuse et qui demeure prospère, malgré ses embarras momentanés. C'est le premier point que l'hygiène sociale ait à mettre en lumière. De tout temps les économistes et les médecins ont été unanimes à réclamer un accroissement dans la consommation de la viande. Cet accroissement s'est produit, mais dans une mesure tout à fait insuffisante. Ainsi, en 1852, pour une population de 35 millions d'individus, en chiffres ronds, on ne consommait par an que 700 millions de kilogrammes de viande, ce qui ne donnait que 20 kilogrammes par tête, et 28 kilogrammes, si l'on y ajoute 280 millions de kilogrammes de volailles, gibier, poisson, œufs, fromage, etc. A cette époque, l'Angleterre consommait 82 kilogrammes de viande par personne, soit 224 grammes par jour, c'est-à-dire quatre fois plus que nous.

La quantité de viande que la France absorbe est très inégalement répartie dans les différentes classes de la population et ce sont celles qui en ont le moins besoin qui en consomment le plus. La part des villes est beaucoup plus forte que celle des campagnes. A Paris, la ration de chaque habitant est de 84 kilogrammes par an; elle est de 77 en moyenne dans les chefs-lieux de département (2) et si l'on suppose que les villes de moindre importance en consomment une quantité proportionnelle à leur population, quantité qu'on peut fixer approximativement à 65 kilogrammes, la part qui reste pour les campagnes ne donne à chacun de leurs habitants que 19^{kg},579 en moyenne par an, c'est-à-dire 53 grammes par jour, tandis que la ration moyenne du citadin est

(1) *Annuaire statistique de la France pour 1880*, p. 555.
(2) *Annuaire statistique de la France*, p. 563.

de 171 grammes (1), sans compter ce qu'il y ajoute par ailleurs sous forme d'aliments plus délicats qui ne figurent jamais sur la table du paysan.

Le calcul très approximatif auquel je viens de me livrer s'applique à la population rurale prise en masse; mais, si l'on tient compte des gens riches qui habitent sur leurs terres, pendant la totalité ou pendant une partie de l'année, et qui y conservent leur manière de vivre, si l'on fait entrer en ligne de compte la population aisée des bourgs, qui se nourrit à peu près comme celle des villes, on verra ce qui reste au paysan proprement dit. Dans les pauvres départements, c'est à peine s'il mange de la viande cinq ou six fois par an, aux grandes fêtes, aux mariages, aux baptêmes. Il en consommait encore moins autrefois. En 1855, M. F. Le Play s'exprimait ainsi : « Les paysans du Morvan ne mangent de viande qu'une fois par an, le jour de la fête communale; ils se nourrissent ordinairement de pain ou de pommes de terre assaisonnés de lait ou de graisse. Ceux du Maine mangent de la viande deux fois par an, le jour de la fête communale et le mardi gras. Enfin, ceux de la Bretagne, qui sont les plus malheureux de tous, se partagent en ceux qui ne mangent jamais de viande et ceux qui en mangent aux grands pardons, c'est-à-dire cinq ou six fois dans l'année (2). C'est le plus souvent du porc qu'ils consomment, et cela se comprend. Le porc est facile à élever. Il se nourrit des détritus de la maison. Il n'est guère de fermier ou de métayer qui n'en élève un ou plusieurs pour sa famille et le personnel de son exploitation. On le sale et on le conserve ainsi quelquefois plus d'un an. On le met par petits morceaux dans la soupe, avec les légumes, et il ajoute à l'alimentation du paysan un peu de ces corps gras qui font défaut dans son régime. Il y a encore une autre raison pour qu'il en soit ainsi, on ne trouve de bouchers que dans les gros bourgs et ils ne tuent qu'une fois par semaine; il faut faire un long trajet pour se rendre là et le paysan est économe et pauvre.

Dans les pays riches et dans les grandes fermes, on mange de la viande tous les dimanches, mais presque partout l'usage du bœuf est inconnu. Concurremment avec le porc, on consomme du mouton dans le Midi, de la chèvre dans les pays de montagnes, de la vache dans les départements du Nord (3), et partout la quantité de viande est inférieure aux exigences de l'hygiène. Elle ne suffit pas pour entretenir les forces du paysan et répondre à la somme de travail qu'il est obligé de produire. Son régime est presque exclusivement végétal. Il se compose de pain qui est inférieur à celui des villes, parce qu'il garde pour lui le plus mauvais grain, qu'il consomme à lui seul le méteil et le seigle et qu'il mêle parfois à la farine de froment celle d'avoine, d'orge ou de maïs. A la campagne le blutage de la farine est imparfait, le pétrissage défectueux, le pain est mal cuit, on le conserve trop longtemps et il est parfois moisi quand on le mange. Les bouillies de blé noir, d'avoine, de maïs, les légumes, les fruits et surtout la pomme de terre complètent le maigre régime du paysan. Il y joint

(1) La population urbaine est de . . . . 13 096 542 habitants,
la population rurale de. . . . . 24 575 506 —

Total . . . . 37 672 048 habitants.

La consommation approximative de la 1re en viande de boucherie est de 818 477 277 kilogrammes,
ou 62kg,487 par habitant.

Celle de la seconde est de . . . . 481 522 723 —
ou 19kg,579 par habitant.

Total . . . . 1 300 000 000 kilogrammes.

(2) F. Le Play, *les Ouvriers européens*. Paris, 1855.

(3) Layet, *Hygiène et Maladies des paysans*, p. 213. Paris, 1882.

du lait, un peu de beurre et quelquefois des œufs, mais toujours en très petite quantité. Ces aliments devenant de plus en plus chers, le paysan préfère les porter au marché et non les consommer lui-même.

Il résulte de tout cela que la nourriture des gens de la campagne n'est pas assez réparatrice et que les aliments tirés du règne animal n'y sont pas suffisamment représentés. Il est certain qu'on peut, à la rigueur, vivre sans manger de viande; les végétariens vous citent leur exemple et celui des trappistes pour prouver qu'on peut s'en passer; mais les exceptions n'ont jamais rien prouvé contre les règles. Que des individus bien constitués, menant par ailleurs une vie très hygiénique, puissent se maintenir avec une diète végétale, cela n'a rien qui doive surprendre. Quant aux trappistes, si leur régime est un véritable défi jeté à l'hygiène, ils compensent cette mauvaise condition par la vie au grand air, l'uniformité de l'existence, le calme absolu de la pensée, et puis on n'entre à la Trappe qu'à un âge où la constitution est formée, et les hommes qui s'y enferment y apportent une force de résistance qu'ils ont puisée dans leur vie antérieure. Il est, du reste, un très grand nombre de néophytes qui sont obligés de renoncer à cette vie, parce qu'ils succomberaient à la peine. En réalité, l'homme est omnivore. Sa nourriture a été surtout animale dans le principe, et il faut qu'il continue à suivre les lois de la nature, dont on ne s'écarte jamais sans inconvénient. Les peuples qui se nourrissent presque exclusivement de végétaux sont d'une débilité sans égale, et ils habitent les pays chauds. Sous les latitudes élevées, il faut introduire dans son régime la viande ainsi que les corps gras, et cette nécessité devient d'autant plus impérieuse qu'on se rapproche davantage des pôles. Plus on travaille, plus on a besoin d'aliments réparateurs, et réciproquement, mieux on est nourri et plus on peut développer de forces. L'expérience en a été faite maintes fois. Dans les forges du Tarn, comme dans celles d'Ivry, on a pu obtenir des ouvriers, en les nourrissant avec de la viande, un travail qu'ils ne pouvaient pas produire avec un régime végétal. Il en a été de même dans l'expérience comparative qui fut faite entre les ouvriers français et les ouvriers anglais, lors de la construction du chemin de fer de Paris à Rouen (1).

Quant à nos paysans, s'ils se maintiennent avec leur mauvais régime, cela tient, comme pour les trappistes, à la vie au grand air, au travail des champs, à la régularité de l'existence, à l'absence de toute excitation nuisible. Il faut, du reste, en rabattre beaucoup de ce qu'on a dit de leur vigueur et de leur bonne santé. Ils sont souvent malades. Les dyspepsies, les entérites, la dysenterie pendant les chaleurs de l'été, sont communes dans les campagnes. Elles tiennent à l'abus des féculents et des fruits et aussi à l'alcool dont nous ferons la part une autre fois. Quant à leur vigueur, pour en parler, il ne faut pas les avoir vus à l'œuvre.

La population des villes, même dans la classe ouvrière, se nourrit beaucoup mieux que celle des campagnes. D'abord son pain est meilleur. Elle ne consomme guère que du blé. Il est même un certain nombre de villes où l'on n'emploie que de la farine de premier choix. A Paris, par exemple, il n'y a pas de pain de qualité inférieure. Le mode de préparation diffère seul, et la

(1) Au début, les ouvriers anglais fournissaient une somme de travail plus grande que les ouvriers français. On supposa que cela tenait à ce qu'ils se nourrissaient mieux. Leur ration se composait, en effet, de 660 grammes de viande, de 550 grammes de pain blanc, de 1000 grammes de pommes de terre et de deux litres de bière. On donna la même ration aux ouvriers français, et ils travaillèrent autant que les autres.

consommation du pain de luxe va toujours croissant. Les ouvriers eux-mêmes n'en veulent plus manger d'autre. En 1883, un boulanger s'engagea à fournir le pain, à raison de 55 centimes les deux kilogrammes, aux sociétés coopératives pour la consommation. Il y en avait alors 46 formant un total de 80 000 personnes. Quinze de ces sociétés acceptèrent la proposition et la fourniture commença le 1er mars 1884. Au mois de septembre de la même année, il ne restait plus que 300 consommateurs. Pas une réclamation, pas une plainte ne s'était élevée, mais les ouvriers ne voulaient plus que du pain-gâteau.

Ce sont les villes qui consomment les viandes de premier choix et la quantité pour chaque habitant est trois fois plus grande qu'à la campagne. En faisant la part de la consommation exagérée qui s'en fait dans les familles riches, du gaspillage inévitable qui s'y commet, de la quantité notable qui est livrée aux représentants de la race canine, il en reste encore pour les classes laborieuses une quantité qui paraîtra bien suffisante si l'on songe surtout aux aliments supplémentaires qui se mangent presque exclusivement dans les villes et dont la population ouvrière a sa part. Il y a trente ans, la consommation de volaille, de gibier, de poisson, d'œufs et de fromage s'élevait déjà pour la France entière à 280 millions de kilogrammes contre 700 millions de viande de boucherie. Il n'y a pas de raison pour que cette proportion ne se soit pas maintenue. Nous pouvons donc penser qu'aujourd'hui cette nourriture de luxe atteint 520 millions de kilogrammes. En supposant que la part des villes ne dépasse pas les quatre cinquièmes, elle est encore de 416 millions de kilogrammes, ce qui donne 42 kilogrammes par an et par tête et fait monter la ration annuelle du citadin à plus de 94 kilogrammes de nourriture animale, c'est-à-dire à plus de 250 grammes par jour. Cette proportion est pourtant bien inférieure à celle qu'atteint la population de Paris. D'après le dernier recensement, chacun de ses habitants a consommé, en 1881, 126kg,162 de nourriture animale, soit 345 grammes par jour. En revanche, il n'a été mangé par tête que 194 kilogrammes de pain, soit 350 grammes par jour, quantité inférieure de 290 grammes à la ration moyenne que nous avons trouvée pour chaque habitant de la France, et la différence est encore bien plus grande pour les autres aliments féculents.

En résumé, l'habitant des villes consomme moins d'aliments en poids que celui des campagnes, mais ces aliments sont plus fortifiants, plus réparateurs. L'ouvrier est mieux nourri que le paysan; aussi est-il, en général, plus robuste et produit-il une plus grande somme de travail. Si sa santé est moins bonne, s'il paye à la maladie un tribut plus onéreux, c'est parce que le séjour des villes est malsain, qu'il y est exposé aux maladies infectieuses, que les logements qu'il habite sont insalubres, que l'atmosphère des ateliers laisse à désirer et que le travail y est rude. C'est parce que les distractions auxquelles il se livre n'ont rien d'hygiénique; c'est, en un mot, parce qu'il vit dans un milieu aussi mauvais pour le moral que pour le physique.

Parmi les aliments complémentaires dont j'ai parlé plus haut, il en est deux qui méritent une attention spéciale parce qu'ils peuvent constituer une ressource pour l'alimentation des classes laborieuses. Je veux parler du poisson et des conserves de viandes.

Dans un pays baigné par trois mers, comme la France, le poisson ne peut pas manquer de jouer un rôle important dans l'alimentation. Il forme la base de la nourriture des pêcheurs de nos côtes; c'est une ressource précieuse pour les villes du littoral et, depuis l'établissement des voies ferrées, il est devenu l'objet d'un commerce important avec l'intérieur. On peut en juger par les marchés de Paris. En 1881, il a été vendu en gros aux Halles centrales 22 996 780 kilogrammes de poisson, 4 738 840 kilogrammes de moules et coquillages, sans compter les huîtres au nombre de 12 485 775. Il est bien certain que la province n'en consomme pas des quantités proportionnelles : toutefois, on jugera de l'importance que le poisson a prise dans l'alimentation par les chiffres suivants :

En 1883, la pêche maritime a employé 82 324 marins embarqués sur 22 262 navires, sans compter 52 994 personnes (hommes, femmes et enfants) qui ont pêché à pied sur les grèves, et sans compter les Italiens qui viennent exploiter nos côtes de la Méditerranée. La valeur des produits obtenus a été de 107 226 921 francs (1). Tout ce poisson n'a pas été pris sur les côtes de France. La morue se pêche à Terre-Neuve et en Islande. Elle figure dans ce total pour une somme de 18 057 909 francs. Sur les 34 398 239 kilogrammes de poisson conservé que représente cette somme, la France n'en consomme que 20 millions environ. Tout le reste est exporté. La pêche du hareng est dans le même cas, ainsi que celle de la sardine. La première a fourni, en 1883, 11 434 474 kilogrammes de poisson valant 5 384 020 francs, la seconde a produit 1 148 375 978 têtes représentant un capital de 20 176 875 francs. La presque totalité des sardines pêchées sur notre littoral sert à la fabrication des conserves à l'huile. Cette industrie a pris une grande importance sur les côtes de la Bretagne, de la Saintonge et de l'Anjou. Elle emploie dix mille marins pour la pêche et quinze mille femmes pour la préparation des conserves. Elle fabrique par an soixante millions de boîtes et les répand dans le monde entier (2).

En résumé, en faisant la part approximative de l'exportation, on arrive à ce résultat que la pêche maritime fournit annuellement à la France en poissons, mollusques et crustacés, 132 432 627 kilogrammes de substances alimentaires, soit 3^{kg},515 par an et par habitant ; mais ce supplément de nourriture est encore bien plus inégalement distribué que la viande. La majeure partie sert à la nourriture des pêcheurs et des villes du littoral. Le reste est transporté par les voies ferrées et consommé dans les grands centres. Paris à lui seul absorbe près du quart de la quantité totale. Il n'en pénètre que très peu dans les campagnes et le paysan proprement dit n'en entend jamais parler. La ration annuelle de l'habitant des villes se trouve par ce fait augmentée de 10 kilogrammes environ.

Je n'ai parlé jusqu'ici que de la pêche maritime, parce que c'est la plus importante et que c'est en même temps celle à l'égard de laquelle nous possédons le plus de renseignements ; mais le poisson d'eau douce entre aussi, pour une part importante, dans l'alimentation. Paris en consomme 1 456 654 kilogrammes par an. Il est vrai que la majeure partie, c'est-à-dire 1 058 298 kilogrammes, vient de l'étranger. Ce qui se prend dans le reste de la France ne peut pas être évalué, mais cette source d'alimentation ne fournit certainement

(1) *Statistique des pêches maritimes.* — Ministère de la marine. — Imprimerie nationale, 1884.

(2) Indépendamment du poisson, il a été pêché, en 1883, sur nos côtes :

157 666 246 huîtres.
1 712 885 crustacés.
578 631 hectolitres de moules.
291 834 hectolitres d'autres coquillages.
1 316 381 kilogrammes de crevettes.

(*Statistique des pêches maritimes.*)

pas tout ce qu'elle pourrait donner. Des efforts importants et des expériences intéressantes ont été faits, il y a une trentaine d'années, pour la développer.

En 1850, le gouvernement apprit que deux pêcheurs des Vosges, Gehin et Rémy, avaient découvert le moyen de féconder artificiellement les œufs de poisson. Milne-Edwards se rendit sur les lieux, constata l'exactitude des faits et l'importance des résultats obtenus. A la suite de cette première enquête, une commission fut instituée pour faire des essais de fécondation, de repeuplement et d'acclimatation dans les eaux de Versailles, dans l'Isère, dans l'Eure, dans quelques autres départements du Midi et du Centre de la France. Deux ingénieurs du canal du Rhône au Rhin, MM. Berthot et Detzem, eurent l'idée d'utiliser, pour la pisciculture, la grande étendue d'eau qu'ils avaient à leur disposition, et, dans l'espace d'une année, ils fécondèrent 3 302 000 œufs d'espèces diverses, qui fournirent 1 683 200 poissons vivants. Coste, qui s'était déjà fait connaître par ses travaux en ichtyologie, fut envoyé par le ministre de l'agriculture et du commerce à Huningue, où les opérations avaient été concentrées en raison de la limpidité des eaux. Il en revint rempli d'enthousiasme pour ce qu'il avait vu, et adressa au ministre un rapport dans lequel il indiquait les moyens de repeupler en une année toutes les eaux douces de la France, ainsi que les mesures nécessaires pour augmenter la production et la multiplication des animaux marins (1). Les idées de Coste, ainsi que ses propositions, furent accueillies avec une grande faveur. L'État mit à sa disposition tout ce qu'il demanda pour le développement de la pisciculture, tant sur le littoral de la France que dans ses cours d'eau, et, pendant le reste de sa vie, le savant professeur n'a pas cessé de s'occuper de cette importante affaire. Les résultats pratiques n'ont pas répondu aux espérances que les premiers essais avaient fait concevoir. La question a été complètement résolue au point de vue théorique; mais elle n'a pas été au delà. Depuis la mort de Coste, l'enthousiasme qu'il avait excité s'est refroidi et la pisciculture a été à peu près abandonnée. Au point de vue commercial, elle ne donnait pas de résultats suffisamment rémunérateurs. M. J. Calvé, à la suite d'expériences continuées pendant huit ans, a calculé que les truites élevées dans ses viviers lui revenaient, au moment de la consommation, à 50 francs le kilogramme (2). Cependant, en 1879, le Sénat, préoccupé des plaintes qui s'élevaient de toutes parts au sujet du dépeuplement de nos cours d'eau, nomma une commission de dix-huit membres pour en rechercher les causes et pour aviser aux moyens d'y remédier. Après une longue enquête, la commission, par l'organe de M. George, son rapporteur, émit l'avis que le dépeuplement des eaux fluviales était général; qu'il était possible d'y remédier et que la législation actuelle suffisait pour amener ce résultat. Les pouvoirs publics, disait le rapport, sont suffisamment armés pour empêcher, le jour où ils le voudront, la destruction des poissons par des procédés abusifs. Cette destruction arrêtée, les cours d'eau se repeupleront d'eux-mêmes; et les procédés d'ensemencement, qui sont stériles aujourd'hui, pourront alors réussir. En résumé, en comptant les fleuves, les rivières, les étangs et les lacs, l'eau couvre en France une surface de 300 000 hectares dont on ne retire presque aucun produit. Il est impossible que nous laissions plus longtemps de pareilles ressources improductives; il

(1) *Rapport sur le moyen de repeupler toutes les eaux de la France*, adressé à M. le ministre de l'agriculture et du commerce, par M. Coste, membre de l'Institut, le 12 juillet 1852.

(2) J. Calvé, *la Pêche et la Pisciculture en France* (*Revue des Deux Mondes*, 1883, t. LX, p. 576).

n'y a pas de raisons pour que la pisciculture, qui réussit admirablement en Chine, qui donne des résultats satisfaisants en Allemagne, en Suisse et en Hollande, ne récompense pas chez nous les efforts qu'on fera pour la développer.

La pêche maritime pourrait, elle aussi, rapporter davantage. Elle aurait, pour cela, besoin d'une protection plus efficace; mais il faudrait réformer notre législation maritime, et les questions de cette nature ne sont pas du ressort de l'hygiène. Tout ce qu'elle peut faire, c'est de signaler les avantages que la population de la France y trouverait. Le poisson constitue une nourriture saine, de digestion facile et suffisamment réparatrice. Sa valeur nutritive peut être considérée comme équivalente à la moitié de celle de la viande, c'est-à-dire qu'il en faut consommer le double pour obtenir le même résultat. C'est du moins ce qui a été constaté à la suite des expériences faites récemment dans les hôpitaux anglais.

Les viandes conservées sont loin de fournir à l'alimentation des ressources équivalentes à celles que le poisson lui procure. Depuis le commencement du siècle, on cherche le moyen de préparer, de façon à pouvoir la transporter en Europe, la chair de ces innombrables troupeaux qui paissent dans les pampas de l'Amérique du Sud, et qui, sur les lieux, n'ont aucune valeur; mais on n'a pas encore trouvé de procédé répondant tout à la fois aux exigences de l'hygiène et à celles du commerce. On a successivement expérimenté les gaz tels que l'acide sulfureux et le bioxyde d'azote, les acides borique, benzoïque, salicylique, les sels tels que le borax, le sel de conserve (biborate de soude), les substances absorbantes comme le charbon; on a injecté, dans le système vasculaire des animaux, des liquides conservateurs; mais aucun de ces procédés n'a donné de résultats assez satisfaisants pour le faire entrer dans la pratique. Il en a été de même de la congélation. Les essais faits en 1880 à bord du *Paraguay*, et plus récemment sur le *Frigorifique*, ont réussi d'une manière complète au point de vue scientifique. La possibilité de transporter les viandes sans altération, à la faveur d'un abaissement de température, a été reconnue (1); mais, au point de vue commercial, l'entreprise a été un véritable échec et on n'a pas recommencé. En somme, il n'y a que deux moyens consacrés par l'expérience, l'un qui remonte aux époques les plus reculées, c'est la salaison; l'autre, de date plus récente, c'est le procédé d'Appert, qui consiste à conserver les viandes dans des boîtes de fer-blanc, en les soustrayant à l'action de l'oxygène de l'air. Les boîtes de conserve sont d'un prix assez élevé. Aussi ne sont-elles guère utilisées que pour la navigation, pour les voyages, comme aliment de réserve dans les maisons de campagne éloignées des villes et où l'on ne peut se procurer tous les jours les mets dont on a besoin, et enfin à l'étranger, comme moyen de varier le régime. Les salaisons, au contraire, sont surtout consommées par les classes laborieuses; encore ne fait-on guère usage en France que du lard salé. Il y a quelques années, cette denrée était une ressource précieuse pour la nourriture des ouvriers. J'ai parlé plus haut des quantités considérables que les États-Unis en dirigeaient chaque année sur l'Europe. La France en consommait alors près de 40 millions de kilogrammes par an (2). Le port du Havre à lui seul en recevait de 29 à 30 millions. Au mois de février 1881, le service d'inspection des viandes de boucherie à Lyon

(1) Dubrisay, *Rapport sur les viandes fraîches conservées au moyen de la machine à air froid et à glace (Recueil des travaux du comité consultatif d'hygiène publique de France*, t. X, p. 350, 1881).

(2) Il en a été importé 30 millions de kilogrammes en 1878, 38 millions en 1879, et 39 en 1880.

découvrit des trichines dans quelques morceaux de ces lards salés venus d'Amérique. Les journaux s'emparèrent du fait et il en résulta une véritable panique. La préfecture de police s'en émut; elle recommanda une surveillance attentive à ses inspecteurs, et la consommation du lard salé diminua brusquement à Paris, dans une proportion des plus sensibles. Le ministre du commerce, en présence de ce mouvement d'opinion, crut devoir intervenir, et, par un décret en date du 18 février 1881, *l'importation de viandes de porc salées, provenant des États-Unis d'Amérique, fut interdite sur le territoire de la République française.*

Cependant, la presse médicale et les sociétés savantes s'étaient saisies de la question et l'avaient traitée avec plus de calme. Le comité consultatif d'hygiène, qui avait été déjà deux fois consulté sur ce sujet par le ministre, fut appelé de nouveau à se prononcer et formula son opinion dans les mêmes termes que par le passé. D'accord en cela avec la plupart des représentants du corps médical, il émit l'avis que les lards salés provenant d'Amérique pouvaient être, sans danger, introduits et consommés en France, grâce aux habitudes culinaires de notre pays, où la viande de porc, contrairement à ce qui se passe en Allemagne, ne se mange que cuite. Déjà la salaison, lorsqu'elle a été bien complète, a fait mourir la plus grande partie des trichines, et notamment diminué l'activité de reproduction de celles qui survivent; la cuisson fait le reste. Ce qui prouve cette innocuité, c'est que nous avons pu consommer pendant plus de vingt ans les lards américains et les porcs, tout aussi suspects, qui nous viennent d'Allemagne, sans qu'il se soit manifesté un seul cas de trichinose dans notre pays, tandis qu'elle sévit souvent à l'état épidémique en Allemagne, où le lard se mange fréquemment cru. Le seul cas qu'on ait pu citer en France, celui de Crépy en Valois, a été causé par un porc élevé dans le village même et mangé à l'état frais. Depuis cette époque, l'expérience s'est confirmée; l'Angleterre et la Belgique ont continué à admettre les viandes salées d'Amérique, sans que la trichinose se soit produite sur leur territoire; nous en avons également reçu une certaine quantité provenant de ces deux pays qu'elles n'avaient fait que traverser pour dissimuler leur origine, et nous n'avons pas eu à nous en plaindre. La question a été portée devant les Chambres en 1882, et la prohibition y a trouvé d'éloquents défenseurs. Le Comité d'hygiène a été consulté derechef en 1882 et en 1883 sur la question de savoir si l'on pouvait, *sans danger pour la santé publique*, lever le décret d'interdiction du 18 février 1881; il a répondu, les deux fois, par l'affirmative; mais il n'a pas été tenu compte de son opinion, et la prohibition a été maintenue.

C'est un fait extrêmement regrettable au point de vue de l'alimentation publique. Ces lards salés d'Amérique, en dehors de la présence des trichines, sur lesquelles je me suis expliqué, sont de fort belles viandes, ainsi qu'a pu s'en assurer la commission envoyée au Havre, en 1881, par le ministre du commerce, et dont je faisais partie. Elles sont livrées en Amérique au prix de 30 centimes le kilogramme et coûtent en France au consommateur de 50 à 60 centimes, tandis que le porc indigène est vendu en moyenne 1 fr. 90 le kilogramme (1). On avait pensé que cette proscription aurait pour effet de faire monter le prix du lard salé indigène et d'en augmenter la consommation. C'est le contraire qui s'est produit. La panique qu'on avait fait naître en 1881 ne s'est pas encore dissipée. La viande salée continue à être suspecte, et la

(1) *Annuaire statistique de la France pour* 1880. XXIII, Octrois, consommations, tableau n° 5.

consommation, abstraction faite de l'importation américaine, a baissé ainsi que le prix de la denrée. Le résultat final s'est traduit par une soustraction annuelle d'environ 40 millions de kilogrammes de viande, opérée sur les ressources déjà insuffisantes de la nation, et c'est sur les classes laborieuses que cette soustraction a exclusivement porté, car ces lards d'Amérique étaient consommés, en presque totalité, dans les grandes usines, dans les centres ouvriers et dans les casernes. Elle s'est traduite, par conséquent, par une perte correspondante de force et de travail.

C'est là le côté par lequel la question des aliments demande surtout à être envisagée, et personne ne paraît s'en douter. Il semble indifférent à l'intérêt général que les gens qui travaillent soient bien ou mal nourris. On dirait que ce n'est qu'une question de bien-être, et qu'on peut, sans nuire aux forces vives de la nation, lui imposer tel ou tel régime. Si l'on se décidait à considérer le corps social comme une grande machine qui développe d'autant plus de force qu'on lui fournit plus de combustible, et que ce combustible est de meilleure qualité, on ne verrait pas des législateurs, animés des meilleures intentions, s'efforcer de restreindre l'importation du bétail en France lorsque nous n'en avons pas assez, et le frapper de droits trop faibles pour l'arrêter à la frontière et pour procurer un bénéfice sérieux à notre agriculture, mais suffisants pour faire enchérir la viande. On sait, en effet, qu'en pareil cas, toute taxe devient un prétexte que les intermédiaires s'empressent de saisir pour élever, dans une proportion démesurée, le prix de la denrée sur laquelle elle porte, et que ce sont les seuls, en réalité, qui profitent de pareilles mesures.

Lorsqu'on recherche les moyens de remédier à cette pénurie d'aliments réparateurs, dont souffrent les classes pauvres, on se demande comment il se fait qu'elles ne tirent pas un plus grand parti des ressources qu'elles ont sous la main, et qu'elles laissent se perdre la chair de tant d'animaux domestiques, qu'on pourrait utiliser avec le plus grand avantage. Presque tous ceux que nous élevons sont comestibles. En Chine, les chiens sont viande de boucherie, et il est certaines espèces qu'on élève uniquement pour figurer sur la table des gourmets. Dans tous les pays du monde, les chats servent à l'alimentation. Dans les restaurants, on leur fait subir auparavant une petite transformation pour respecter le préjugé. Ils changent de nom et de famille zoologique, avant de passer à la cuisine ; mais, dans le peuple, on n'y met pas tant de façons. Un bon chat, bien nourri, est un régal auquel on invite ses amis, sans le moindre déguisement.

Les chevaux ont été mangés de tout temps. Les Grecs donnaient aux Scythes le nom d'*hippophages*, qu'on n'a fait que rajeunir de nos jours. On trouve partout les traces de cette coutume, qui se comprend d'autant mieux que la chair de cet herbivore, si élégant et si propre, ne peut inspirer aucune répugnance. A la guerre, on fait un usage courant de la viande de cheval et de mulet. Pendant toutes les campagnes du premier empire, les soldats se nourrissaient de la chair des chevaux blessés ; ils la faisaient griller par tranches devant le feu du bivouac. C'est la ressource à laquelle Larrey avait recours, dans les moments difficiles, pour nourrir ses malades. Après la bataille d'Eslingen, quand une partie de l'armée se retira dans l'île Lobau, 6 000 blessés se trouvaient là sans nourriture, et les vivres manquèrent pendant trois jours. Larrey donna l'ordre d'abattre les chevaux des officiers généraux, en commençant par les siens. Il en fit du bouillon pour ses malades, en se servant, en guise de marmites, des cuirasses des cavaliers démontés, et en l'assaisonnant, en guise de sel, avec de la poudre à canon. Les généraux, et le maréchal Masséna en tête, se trouvèrent fort bien de cette cuisine improvisée ; il est vrai que Larrey, dérogeant à ses habitudes, s'était réservé un peu de biscuit pour son usage personnel, et qu'il le leur fit partager.

L'usage de la viande de cheval a longtemps été interdit en France. L'ordonnance de police du 24 août 1811 défendait aux équarrisseurs de la vendre, et, dès cette époque, Cadet, Parmentier et Pariset insistaient pour que cette vente fût autorisée. La proscription, souvent enfreinte, fut définitivement levée en 1816, et, depuis lors, les hygiénistes, les vétérinaires et les médecins ont uni leurs efforts pour faire entrer cette viande dans la consommation journalière. Il y a trente ans, il se fit en France un mouvement pour protéger l'hippophagie. Parmi les savants qui prêchèrent cette croisade, il faut citer en première ligne Isidore Geoffroy-Saint-Hilaire, qui fit paraître un volume sur la question (1). On se souvient encore d'un dîner qui fut donné, au mois d'août 1855, par Regnault, alors directeur de l'École d'Alfort, et dont Amédée Latour rendit compte dans l'*Union médicale*. On n'y mangea que du cheval. Tous les convives se retirèrent convertis, quelques-uns même enthousiastes. Ce ne fut pourtant que dix ans après, le 9 juillet 1866, qu'on ouvrit, à Paris, la première boucherie pour la vente de la viande de cheval, d'âne et de mulet. Pendant les quatre années qui suivirent, le nombre des animaux qui y furent abattus ne dépassa pas 10000 (2). Vint alors le siège de Paris, pendant lequel on mangea tous les animaux qui se trouvaient à l'intérieur des murailles. 65000 chevaux furent sacrifiés à l'alimentation de la ville et fournirent 12350000 kilogrammes de viande (3). Cet usage prolongé, pendant cinq mois, dissipa les préventions qui existaient encore contre l'hippophagie. Le nombre des animaux abattus tripla presque dans les années suivantes (4) Aujourd'hui, il s'élève en moyenne, par an, à 7944, produisant 1945187 kilogrammes de viande. C'est, du moins, ce qui résulte de la statistique fournie par l'abattoir de Villejuif pour l'année 1882. Ce chiffre paraît bien faible, lorsqu'on le compare à celui des chevaux et des juments que Paris renferme et qui s'élevait, dans cette même année, à 95796. A part quelques grandes villes où l'on a installé des boucheries hippophagiques, la chair provenant des chevaux, des mulets et des ânes est perdue partout. Nous avons en France trois millions et demi d'animaux appartenant à ces trois espèces (5) ; il en meurt environ un dixième par an, et, si l'on mangeait la moitié seulement de ce

(1) Isidore Geoffroy-Saint-Hilaire, *Lettres sur les substances alimentaires, et particulièrement sur la viande de cheval.* Paris, 1866.

(2)
9594 chevaux,
374 ânes,
41 mulets,
————
10009 animaux,

représentant 1887350 kilogrammes de viande.

(3) Ces chiffres sont approximatifs ; il n'y a pas eu de recensement régulier pendant les deux sièges.

(4) Du 1er juillet 1871 au 1er janvier 1873, en dix-huit mois, il a été abattu 9862 animaux qui ont donné 1364280 kilogrammes de viande, soit 1136900 kilogrammes par an (Decroix, *Bulletin de la Société d'acclimatation*, février 1873).

(5)
2848800 chevaux,
273819 mulets,
392859 ânes,
————
Total. . . . . . 3515478 animaux,

représentant approximativement 612940560 kilogrammes de viande net.

dixième, ce serait au moins trente millions de kilogrammes de nourriture animale à ajouter au régime insuffisant des classes laborieuses. Cette viande, assurément, ne vaut pas celle des animaux élevés pour la boucherie, n'ayant travaillé que dans la mesure nécessaire pour développer leur système musculaire, et qu'on abat quand ils sont encore tout jeunes. Les vieux chevaux qui ont travaillé et souffert toute leur vie, lorsqu'on les mène à l'abattoir, ne peuvent fournir qu'une chair bien coriace ; mais enfin c'est de la viande ; elle donne d'excellent bouillon, tout le monde le reconnaît, et, en la faisant cuire assez longtemps, on finit par l'attendrir. D'ailleurs, c'est surtout pour les campagnes que l'hippophagie constituerait une ressource précieuse, et les chevaux de ferme sont plus gras, mieux nourris que ceux des villes, et ne sont pas surmenés comme eux. La difficulté de trouver le débit d'animaux de cette taille est sans doute à prendre en considération ; mais les bouchers des petites villes et des bourgs pourraient s'entendre avec les propriétaires pour en abattre un par semaine ou tous les quinze jours, suivant l'importance de la localité. Et en choisissant le jour où les paysans viennent en ville, ceux-ci pourraient, en s'en retournant, emporter quelques kilogrammes de bonne viande, qui modifieraient avantageusement leur maigre régime.

En résumé, il résulte de cet examen des principales ressources alimentaires de la France, qu'elle consomme trop de féculents et pas assez d'aliments réparateurs. Les substances animales, chair musculaire et corps gras, font surtout défaut dans le régime des paysans, qui en auraient cependant le plus besoin. Ils ne vivent guère que de farineux et de légumes, et cette alimentation n'est pas en rapport avec la somme de travail qu'exige la culture rationnelle de leurs champs. Or, comme les bras font déjà défaut à l'agriculture, par suite de l'émigration de plus en plus considérable de la population rurale vers les villes, la qualité n'est pas remplacée par le nombre, et nos campagnes ne sont pas cultivées comme elles devraient l'être. Mieux nourri, le paysan pourrait donner plus d'efforts à la terre, qui le lui rendrait en produits alimentaires meilleurs et plus abondants. C'est là le cercle vicieux dans lequel on tourne toujours, en hygiène comme en pathologie, et qu'il faut pourtant arriver à rompre sur quelqu'un des points de sa circonférence. Dans le cas particulier, le problème n'est pas au-dessus des ressources humaines, et la solution est connue de tout le monde. Le sol de la France pourrait nourrir quatre fois plus d'habitants. Indépendamment des landes qui ne sont pas encore défrichées, du demi-million d'hectares de marais que nous avons à restituer à l'agriculture et à enlever à la fièvre, tout le midi de la France ne demande qu'un peu d'eau pour doubler ses produits, et le Rhône en porte à la mer cent fois plus qu'il n'en faudrait pour fertiliser ces terres brûlées par le soleil. Jusqu'ici, dans le régime des fleuves, l'agriculture a été sacrifiée à la navigation ; celle-ci perd chaque jour de son importance avec l'extension des voies ferrées, et d'ailleurs il ne s'agit pas de la sacrifier, il suffit de lui emprunter ce qui lui est inutile.

Une nécessité qui semble s'imposer encore, c'est celle de modifier notre culture. L'extrême division de la propriété et la configuration de notre sol ne nous permettent pas d'imiter les Américains et de remplacer les bras par des machines. Les considérations développées plus haut prouvent qu'il nous sera toujours difficile de produire le blé à aussi bon compte que l'étranger ; d'autre part, la culture du chanvre a été ruinée par celle du coton ; la production du colza par le commerce des arachides, et celle de la garance par l'adoption du rouge d'aniline dans les arts et dans l'industrie. La concurrence allemande a fait le plus grand tort à nos cultures de betteraves, par la supériorité de ses procédés et sa direction scientifique; mais il nous reste l'élève du bétail et la culture herbagère, qui ne demandent qu'à se développer. De l'avis de la plupart des agriculteurs, c'est la direction qu'il faut suivre. Notre pays s'y prête à merveille. Dans plusieurs provinces, en Bretagne particulièrement, les prairies sont presque toutes marécageuses. Disposées en double plan incliné sur les flancs de nos petites collines, elles regardent couler le ruisseau au fond de la vallée, sans profiter de ses eaux, qui s'accumulent par places et forment çà et là des mares ou de petits étangs. Il suffirait de détourner le cours des eaux, de faire quelques travaux de drainage, pour multiplier les plantes fourragères aux dépens des végétaux nuisibles qui y sont souvent en majorité.

Certains terrains où l'on fait venir des céréales pourraient également être cultivés en prairies. Je sais que cette transformation est coûteuse : on l'estime à 500 francs par hectare. Je sais qu'il faut deux ans pour l'opérer, et trois ans pour obtenir une rémunération en bétail. C'est par conséquent une spéculation à cinq années de vue. Il est certain encore que l'élève du bétail exige des baux plus longs et un capital d'exploitation plus considérable. Mais la dépense une fois faite, et le temps écoulé, le revenu est plus fort, plus assuré. L'élève du bétail, en augmentant la quantité de fumier, accroîtrait le rendement des terres à blé. Elles sont loin de produire, en effet, ce qu'elles pourraient rapporter. Elles ne donnent, en moyenne, que $14^{\text{hect.}}$,48 à l'hectare (1); on pourrait en obtenir assurément le quart en plus. L'augmentation des troupeaux contribuerait à ce résultat, car on sait que chaque tête de gros bétail fournit l'engrais nécessaire à un hectare de terre environ. Nous n'avons pas assez de fumier ; nos 118 milliards de kilogrammes de fumier sont destinés à la fumure de 33 millions d'hectares de terres arables, tandis que l'Angleterre en emploie 115 milliards à la fumure de 9500000 hectares. L'Angleterre dispose donc de 12400 kilogrammes de fumier par hectare et par an, tandis que nous n'en avons que 3500 kilogrammes, c'est-à-dire quatre fois moins (2). Avec une quantité de fumier plus considérable, nous pourrions avoir autant de blé, en y consacrant moins de terrain ; et d'ailleurs nous n'avons plus comme autrefois à redouter la disette. Aujourd'hui que l'Asie et l'Amérique font concurrence à l'Europe pour la production des céréales, et que les frets vont sans cesse en diminuant, nous aurons toujours autant de blé qu'il nous en faudra et à des prix moindres que les nôtres.

On oppose à cette transformation partielle des raisons empruntées à la politique. A défaut du fantôme de la famine, qui n'est plus de saison, on évoque celui de la guerre. Nous ne produisons, dit-on, que 83 pour 100 des grains que nous consommons ; nous sommes obligés d'en importer environ 20 millions d'hectolitres par an; si nous augmentons encore le tribut que nous payons à l'étranger, qu'arriverait-il le jour où nous aurions la guerre avec une puissance européenne ? Nous ne pourrions pas reconstituer du jour au lendemain notre vieux mode de culture, et la faim viendrait se joindre aux autres calamités que la guerre traîne après elle. La réponse est facile. D'abord, il n'est pas question de transformer tous nos champs de blé en prairies artificielles; il s'agit seulement d'en convertir quelques-uns qui serviront à fertiliser les autres ; mais en fût-il autrement, que nous ne serions pas pour cela menacés de la famine. En

(1) *Annuaire statistique de la France pour 1880*, XI, Agriculture, tableau n° 1.
(2) M. Méline, discours à la Chambre des députés.

effet, s'il s'agissait d'une guerre continentale, si la mer restait libre, nous recevrions les blés d'Amérique et ceux des Indes; si nous étions en lutte, au contraire, avec une puissance maritime de premier ordre, les grains de l'Europe entière nous arriveraient par nos frontières de terre. Enfin, si l'on suppose que nous ayons le monde entier sur les bras, que la terre et la mer nous soient également fermées, que nos ports soient bloqués comme nos frontières, eh bien, alors la question serait bientôt tranchée et la disette n'aurait pas le temps d'éclater. Et puis enfin, le moyen d'éterniser la guerre, c'est de l'avoir perpétuellement pour objectif et de diriger tous ses actes en vue de cette éventualité.

Revenons à l'alimentation des classes laborieuses, et plus particulièrement à celles des populations rurales.

Le paysan se nourrit mal, parce qu'il est pauvre, économe et résigné. Cette acceptation de son sort est un phénomène d'atavisme. Il a été de tout temps et partout le paria des sociétés, la proie des seigneurs et celle des gens de guerre. Armées régulières, compagnies franches, routiers en campagne, soudards et bandits ont, pendant des siècles, passé sur ses champs, pillé sa ferme et vécu à ses dépens. Tandis que les gens des villes, enfermés dans leurs murailles, serrés autour du beffroi, résistaient à leurs attaques, traitaient avec les seigneurs et parvenaient à leur arracher quelques concessions, à leur acheter quelques garanties, les paysans, isolés dans les campagnes, ne pouvaient ni se concerter, ni se réunir pour la lutte, courbaient la tête et se soumettaient à la volonté du plus fort. Cette abnégation a survécu à l'ordre des choses qui l'avait fait naître, et les populations rurales ont continué à se voir sacrifiées à celles des villes, sans surprise et sans réclamation , mais il est évident que cette résignation ne sera pas éternelle, et, comme la population rurale représente encore les deux tiers de la France, le jour où elle le voudra, il faudra compter avec elle. Il suffira, pour cela, qu'elle sache ce qu'elle veut, qu'elle comprenne ses intérêts, et qu'elle nomme des représentants décidés à les défendre. Pour qu'il en soit ainsi, il suffira que les paysans soient plus éclairés ; or on reproche au gouvernement actuel de ne rien faire pour les populations des champs; mais il a réalisé en leur faveur un progrès qui les renferme tous. Il a répandu l'instruction dans les campagnes ; il a créé partout des écoles et contraint les paysans à y envoyer leurs enfants. Lorsque ceux-ci arriveront à l'âge d'homme, plus éclairés et moins résignés que leurs pères, ils comprendront que leur premier devoir et leur plus puissant intérêt c'est d'arracher l'agriculture française à la routine dans laquelle elle se traîne encore, et de la faire profiter des conquêtes réalisées par la science, qui entre pour une bonne part dans la supériorité des autres nations. Ils s'appliqueront à assainir, à embellir leurs maisons, et prendront peu à peu le goût du confortable. Plus au courant de leurs droits et de leurs devoirs, ils sauront faire entendre au pays leurs justes réclamations, et le pays s'empressera d'en tenir compte. Les terres étant mieux cultivées, les maisons mieux tenues, les paysans plus heureux, le mouvement d'émigration qui les entraîne vers les villes, se ralentira peu à peu. Les populations urbaines auront, au contraire, une tendance de plus en plus grande à aller vivre aux champs, et voilà comment, en répandant l'instruction dans les campagnes, on y fait croître le blé, multiplier le bétail, et comment on les repeuple.

Je ne m'imagine pas que cette transformation va s'opérer d'un coup de baguette et que, dans vingt ans d'ici, nos champs seront couverts de cultivateurs érudits, de bergers élégants et de doctes pastourelles. Je ne pense même pas que nos populations rurales arrivent de longtemps à égaler celles de l'Angleterre, de la Hollande et de la Belgique, pour l'instruction générale comme pour le savoir agricole; mais il est certain qu'il se produira un progrès dans le sens que j'ai indiqué, et il faut savoir se contenter de cela pour le moment.

Je tiens à répondre, en terminant, à une objection qui ne peut manquer de se produire, c'est qu'il faudrait énormément d'argent pour réaliser les améliorations dont je viens de parler, et qu'en ce moment nous n'en avons guère. Le fait est certain; mais il faudrait commencer par ne plus gaspiller nos ressources comme nous l'avons fait jusqu'ici. Si nous avions appliqué à l'amélioration de notre sol les milliards que nous avons prêtés à des nations peu solvables, avec l'espoir d'en retirer de gros intérêts, ceux que nous avons placés, en nourrissant les mêmes illusions, dans des entreprises insensées, et qui ne pouvaient conduire qu'à des désastres financiers ; si, dis-je, nous avions commis moins de folies, et je ne parle encore que des affaires privées, nous aurions le pays le plus riche, le plus fertile et le mieux cultivé du globe. Il n'est pas possible de revenir sur le passé, mais il faut y voir un enseignement et ne plus commettre les mêmes fautes, sur le terrain économique comme sur le terrain agricole. Malgré les charges effrayantes qui pèsent sur le pays, malgré la part démesurée qui en incombe à l'agriculture, la gêne que nous endurons, et que la plupart des nations partagent, ne sera évidemment que momentanée. Une détente ne peut pas manquer de s'opérer tôt ou tard dans les relations des peuples entre eux. Ils ne peuvent pas vivre éternellement dans cet état de menace et se ruiner en d'inutiles armements. Les économies réalisées sur le budget de la guerre profiteront peut-être à l'agriculture. Il y a encore de grandes et puissantes ressources pour l'activité nationale. Mais toutes ces considérations sont du ressort de la politique. Ce terrain-là n'est pas le mien. Je reviens donc à mon point de départ.

En attendant que le pays soit plus riche, mieux cultivé et plus instruit, il serait possible d'améliorer l'alimentation des paysans et d'y faire entrer la viande en plus grande proportion, sans leur imposer de plus fortes dépenses. Il suffirait, pour cela, de réduire la consommation de l'alcool dans les campagnes, car là, comme dans les villes, c'est son abus qui ruine la France, et je compte le démontrer dans un travail ultérieur.

PROCÈS-VERBAUX DES SÉANCES DE SECTIONS

1er Groupe

SCIENCES MATHÉMATIQUES.

1re & 2me Sections

MATHÉMATIQUES, ASTRONOMIE, GÉODÉSIE ET MÉCANIQUE

Président d'honneur . . . M. H. OLTRAMARE, Prof. à l'Univ. de Genève.
Président . . . . M. DE LONGCHAMPS, Prof. de math. spéciales au Lycée Charlemagne.
Vice-Président . . . . . M. É. LUCAS, Prof. de math. spéciales au Lycée Saint-Louis.
Secrétaire. . . . . M. H. SAR, Étudiant.

— Séance du 13 août 1885 —

M. le Général de COMMINES DE MARSILLY, à Auxerre.

Sur la possibilité d'expliquer les actions moléculaires par la gravitation universelle. — L'expression de la force élastique trouvée par M. de Marsilly donne pour la gravitation, quand la distance des atomes de deux molécules voisines est du second ordre, une force élastique finie.

Si donc pendant leur révolution, les atomes de deux molécules voisines se rapprochent périodiquement à des distances infiniment petites du second ordre, on aura une série de forces élastiques dont la moyenne sera finie.

En admettant ces rapprochements périodiques, la gravitation peut expliquer les forces élastiques.

M. Édouard COLLIGNON, Ing. en chef, Insp. de l'Éc. des P. et Ch., à Paris.

Problème de géométrie. — Un bâtiment se meut sur la surface de la mer, supposée plane, avec une vitesse v, constante en grandeur; le vent souffle avec une vitesse V constante en grandeur et en direction. *Quelle route faut-il faire suivre au bâtiment pour que son pavillon, orienté par le vent, passe par un point fixe.*

On pose $k = \frac{v}{V}$.

La solution, donnée en coordonnées polaires par l'équation

$$r = r_0 e^{\pm \int_{\theta_0}^{\theta} \frac{\sqrt{k^2 - \sin^2\theta}}{\sin\theta} d\theta},$$

en coordonnées rectangles par les équations simultanées

$$x = \mathrm{A}z^k \left(k\frac{1 - z^2}{1 + z^2} + 1 \right),$$
$$y = k\mathrm{A}z^k \frac{2z}{1 + z^2},$$

comprend trois genres de courbes distincts, suivant que l'on a $k < 1$, $k = 1$, $k > 1$. Lorsque $k = 1$, elle comprend un cercle et une droite.

Indication sommaire de la recherche des rayons de courbure, de la rectification de la courbe, et d'une propriété géométrique relative aux aires polaires de la courbe et à l'ordonnée du centre de gravité de l'arc.

M. Émile LEMOINE, Ing. civ., Anc. Él. de l'Éc. polytech., à Paris.

Généralisation des propriétés des points d'un triangle ABC *dits points de Brocard et de la façon dont ils dérivent du point de Lemoine.* — M. Lemoine a déjà étudié la question dans un mémoire paru en mai 1885 dans les *Nouvelles Annales de mathématiques;* il y avait calculé les équations d'un grand nombre de droites, de coniques, etc., qui se rencontrent dans cette étude et se présentent sous une forme très simple et très élégante.

Si l'on cherche ce que deviennent les diverses propriétés considérées, en y appliquant la méthode des projections coniques, on a des théorèmes intéressants où se rencontrent les projections coniques des droites, des coniques, etc., étudiées dans le mémoire cité des *Nouvelles Annales;* le présent travail donne leurs équations, qui restent excessivement simples et gardent la même forme algébrique en employant les coordonnées homogènes et en prenant le triangle ABC pour triangle de référence; il s'y trouve en outre de nombreuses propriétés nouvelles.

Sur quelques questions de probabilité. — Voici les *principaux* énoncés des questions résolues :

1° On forme un triangle de périmètre $2p$; soient x et z respectivement le plus grand et le plus petit côté, y le troisième : quelle est la probabilité que $y^2 - xz$ sera négatif?

On trouve :

$$\frac{1}{\sqrt{3}}\left[16\left(\arc\cos\frac{1}{4} - \frac{\pi}{3}\right) - \sqrt{15}\right].$$

2. On prend au hasard n points sur une circonférence : quelle est la probabilité que ces n points ne soient pas tous du même côté d'un diamètre?

On trouve :

$$\frac{2^{n-1} - n}{2^{n-1}}.$$

3. Les aiguilles d'une montre sont sur midi, on observe deux fois au hasard l'aiguille des minutes entre midi et une heure : quelle est la probabilité que les deux observations aient lieu :

1° Toutes deux dans la première demi-heure?

2° Une dans la première, l'autre dans la seconde?

3° Toutes deux dans la seconde demi-heure?

On trouve respectivement :

$$\frac{1}{2}(1 - l2), \qquad \frac{1}{2}l2, \qquad \frac{1}{2}.$$

4. On a p urnes contenant chacune n boules numérotées 1, 2, 3..... n. On tire au hasard une boule de chaque urne : quelle est la probabilité que la plus grande différence entre deux des nombres marqués sur ces p boules soit plus grande que m?

5. On prend deux points C et D au hasard sur une droite AB : quelle est la probabilité que la longueur CD soit inférieure à une longueur a?

On trouve :

$$\frac{a(2l - a)}{l^2}.$$

M. G. OLTRAMARE, Prof. à l'Univ. de Genève.

Généralisation des identités. — M. Oltramare expose un procédé pour la généralisation des identités qu'il applique à la détermination des intégrales définies.

M. Valentino CERRUTI, Prof. à l'Univ. Royale de Rome.

Sur la déformation d'une sphère homogène isotrope. — Dans cette communication, M. Cerruti s'occupe de la déformation d'une sphère homogène isotrope lorsqu'on suppose donnés les déplacements des points de la surface, en suivant la méthode générale expliquée dans son mémoire : *Ricerche intorno all' equilibrio de' corpi elastici isotropi* (*). Il commence par calculer la déformation dans un cas particulier, en s'appuyant sur quelques propriétés des fonctions potentielles newtoniennes. Après cela, au moyen d'un théorème de *Betti*, il calcule la dilatation cubique dans le cas le plus général. La dilatation cubique une fois obtenue, il achève la solution de son problème en déterminant simplement trois fonctions finies, continues, monodromes, dont les paramètres différentiels du second ordre dépendent des coordonnées d'une manière connue et qui prennent à la surface des valeurs données, ce qui ne présente aucune difficulté. Tous les résultats de l'auteur sont exprimés par des intégrales définies.

(*) *Acc. r. de' Lincei.* Memorie della classe di sc. fis., mat. e nat., serie 3°, t. XIII, pp. 81-122.

M. J. NEUBERG, Prof. à l'Univ. de Liège.

Sur la géométrie du triangle et le point de Steiner. — La note de M. NEUBERG porte surtout sur les points suivants : 1° la transformation par points inverses de M. Mathieu, dite par l'auteur *transformation isogonale;* 2° la transformation par points réciproques, de M. de Longchamps, nommée *transformation isotomique* par M. Neuberg, font correspondre à une droite du triangle une conique remarquable. Telle est la conique de Kiepert, retrouvée par M. Brocard et qui correspond, dans la transformation isogonale ou par points inverses, à la droite qui joint le centre du cercle circonscrit au point de Lemoine.

M. ZENGER, Prof. à l'École polytechnique de Prague.

Résolution des équations. — Équation proposée :

$$x^n + A_1 x^{n-1} + A_2 x^{n-2} + \dots\dots + A_n = 0.$$

Soit u, valeur approchée d'une racine, et $x = uy$.

$$y^n + \frac{A_1}{u} y^{n-1} + \frac{A_2}{u^2} y^{n-2} + \dots\dots + \frac{A_n}{u^n}$$

$$= y^n + a_1 y^{n-1} + a_2 y^{n-2} + \dots\dots + a_n = 0.$$

Transformée pour faire subir des corrections à la valeur approchée.

Soit $u_1 = u + du$, racine exacte.

Si u était la racine exacte, on aurait $x = u$ pour racine, et $y = 1$. Donc,

$$1 + a_1 + a_2 + \dots\dots + a_n = 0.$$

Il y aura une erreur E (très petite) :

$$1 + a_1 + \dots\dots + a_n = E.$$

Substituons $u + du$, ou u_1. On aura :

a_1 changé en $a_1 + da_1$, mais $a_1 = \frac{A}{u}$; donc $\log a_1 = \log A - \log u$, $\frac{da_1}{a_1} = -\frac{du}{u}$,

a_2 $\quad a_2 + da_2 \quad a_2 = \frac{A}{u^2} \quad \frac{da_2}{a_2} = -2\frac{du}{u}$,

. . . .

. . . .

. . . .

a_n $\quad a_n + da_n \quad a_n = \frac{A}{u^n} \quad \frac{da_n}{a_n} = -n\frac{du}{u}$,

$$1 + a_1 + da_1 + a_2 + da_2 + \dots\dots + a_n + da_n = 0,$$

$$(1 + a_1 + a_2 + \dots\dots + a_n) + (da_1 + \dots\dots + da_n) = 0,$$

$$E - \frac{du}{u}(a_1 + 2a_2 + \dots\dots + na_n) = 0.$$

Correction cherchée :

$$du = \frac{uE}{a_1 + 2a_2 + \ldots\ldots + na_n} = \frac{uE}{E - [1 + a_2 + 2a_3 + \ldots + (n-1)a_n]}.$$

M. G. de LONGCHAMPS, Prof. de math. spéc. au Lycée Charlemagne, à Paris.

Intégration de suites récurrentes d'un ordre plus général que celles de Lagrange. — Les équations en question, qui sont ramenées à celles de Lagrange, sont les suivantes :

1° $$U_n + A_1 U_{n-1} + \ldots\ldots + A_j U_{n-j} = \varphi(n),$$

$\varphi(n)$ étant une fonction entière de n;

2° $$U_n + A_1 U_{n-1} + \ldots\ldots + A_j U_{n-j} = t^n \varphi(n),$$

et

3° $$U_n U_{n-1} + AU_n + BU_{n-1} + C = 0.$$

M. Éd. LUCAS, Prof. de mat. spéc. au Lycée Saint-Louis, à Paris.

Le calendrier en bâtons. — M. Lucas expose un petit appareil composé de réglettes prismatiques permettant, en connaissant une date, de trouver le jour de la semaine auquel correspond cette date.

— Séance du 14 août 1885 —

M. PILLET, Chef des Travaux graphiques à l'Éc. des P. et Ch., à Paris.

Équilibre du cerf-volant. — M. Éd. Collignon rend compte d'un travail de M. Pillet sur l'équilibre du cerf-volant. L'auteur donne les conditions de cet équilibre, sous l'action d'un vent déterminé. Il traite par le calcul la question générale, puis il traduit les formules par diverses constructions géométriques, et indique la solution d'une série de problèmes particuliers.

M. Éd. COLLIGNON, Ing. en chef, Insp. de l'Éc. des P. et Ch., à Paris.

Une remarque de dynamique. — La durée du parcours du cercle d'horizon qu'on aperçoit d'un point S, situé à une petite hauteur h au-dessus du niveau de la mer, lorsque la vitesse est due à cette hauteur h, est indépendante de cette hauteur, et sensiblement constante pour tous les points de la surface terrestre. Ce résultat peut se généraliser, pour une hauteur h quelconque, en remplaçant le cercle d'horizon par un cercle de surface équivalente à la zone qu'on voit du point S.

La vitesse angulaire du point mobile est le moyen mouvement d'un *satellite-*

limite qui raserait la surface du globe terrestre. Calcul par cette considération de la moyenne distance de la terre à la lune, en appliquant la troisième loi de Kepler. Application de la même théorie au Soleil, à Jupiter, etc.

Le produit de la durée du parcours du cercle d'horizon, pour une planète quelconque, multipliée par la racine carrée de la densité moyenne de la planète, est constant.

Application des considérations précédentes à la dynamique générale : pendule simple, problèmes qui admettent des surfaces de niveau, trajectoires décrites sous l'action d'une force centrale.

M. **Scipione RINDI**, Prof. au Lycée de Pesaro (Italie).

Quelques théorèmes d'énumération géométrique. — Nombre de surfaces d'un faisceau qui rencontrent à angle donné une droite donnée. *Jacobienne inclinée* de deux surfaces, c'est-à-dire lieu des points dont les plans polaires par rapport aux deux surfaces données font entre eux un angle donné. *Jacobienne inclinée* d'une surface et d'un faisceau. Jacobienne inclinée de deux faisceaux. Développable formée par les plans tangents aux surfaces d'un faisceau en leurs intersections à angle constant avec une surface donnée. Nombre des points de l'intersection de deux surfaces où elles font entre elles un angle donné.

M. **G. OLTRAMARE**, Prof. à l'Univ. de Genève.

Détermination de la valeur d'une fonction. — Application du calcul de généralisation à la détermination de la fonction

$$\varphi(x+y\sqrt{-1})+\varphi(x-y\sqrt{-1}),$$

dont la valeur est donnée par la formule :

$$\varphi(x+y\sqrt{-1})+\varphi(x-y\sqrt{-1})=\frac{\sqrt{2}}{\varpi}\int_{-\infty}^{\infty}\int_{-\infty}^{\infty}\frac{e^{-\frac{1}{t^2}}}{t^2}\varphi(x-yv^2t^2)(\sin v^2+\cos v^2)\,dt\,dv.$$

Application du calcul de généralisation à la détermination de l'intégrale finie $\sum_\alpha \varphi(x)$, dont la valeur peut être exprimée par une seule intégrale définie :

$$\sum\nolimits_\alpha \varphi(x)=-\frac{1}{2}\varphi(x)+\frac{1}{2\sqrt{-1}}\int_{-\infty}^{\infty}\frac{e^{2\varpi y}+1}{e^{2\varpi y}-1}\varphi(x+ay\sqrt{-1})\,dy.$$

M. **G. de LONGCHAMPS**, Prof. de math. spéc. au Lycée Charlemagne, à Paris.

Les cubiques unicursales. — En prenant dans un plan une conique Γ et une droite Δ ; sur Γ, un point O ; si, par O, on mène une transversale OAB rencontrant Γ en A, Δ en B et si l'on prend $OI = AB$, le lieu de I est une cubique unicursale, ayant le point O pour point double.

Dans le cas où Γ est un cercle, on a les cubiques unicursales circulaires et, en particulier, la cissoïde, la strophoïde et la trisectrice de Mac-Laurin. On construit les tangentes à toutes ces courbes au moyen des transversales réciproques.

M. VAN AUBEL, Prof. de math. à l'Athénée Roy. d'Anvers.

Sur le problème de Pell. — M. Édouard Lucas présente de la part de M. Van Aubel une communication sur diverses démonstrations et propositions nouvelles sur le problème de Pell. On sait que ce problème consiste dans la résolution en nombres entiers de l'équation indéterminée $x^2 - Ay^2 = \pm 1$.

Lagrange a résolu cette équation au moyen du développement en fraction continue de $\sqrt{A}$; d'autre part, Degen a donné à Copenhague, en 1817, les plus petites solutions pour toutes les valeurs de A jusqu'à 1000 (1). M. Lucas fait observer que Fermat avait résolu la question et qu'il resterait à expliquer comment il a choisi pour exemples les valeurs de A qui donnent les plus grands nombres pour les plus petites solutions.

M. SCHOUTE, Prof. à l'Univ. de Groningue.

Sur les carrés magiques à enceinte. — Indication d'un procédé de composition des carrés magiques à enceinte trouvé par M. J. Dommisse. Loi des cases initiales.

M. Éd. LUCAS, Prof. de math. spéc. au Lycée Saint-Louis, à Paris.

Construction des carrés magiques. — M. Lucas expose les méthodes de Fermat pour la construction des carrés magiques (2).

— Séance du 17 août 1885 —

M. P.-H. SCHOUTE, Prof. à l'Univ. de Groningue.

Sur une généralisation d'un problème de Steiner. — Le problème dont il s'agit est le suivant :

« Par un point donné O situé dans le plan d'une courbe algébrique C_m^n de l'ordre n et de la classe m, on mène une sécante l à la courbe, et aux n points où cette sécante l coupe la courbe on trace les tangentes à la courbe. Trouver le lieu engendré par les $\frac{n(n-1)}{2}$ points d'intersection mutuelle de ces n tangentes, quand la sécante l tourne autour du point O. »

(1) Canon Pellianus, *sive tabula simplicissimam æquationis celebratissimæ : $y^2 = ax^2 + 1$, solutionem, pro singulis numeri dati valoribus ab 1 usque ad 1000, in numeris rationalibus iisdemque integris exhibens* Hafniæ, MDCCCXVII.

(2) Le mémoire a paru en partie dans le *Journ. de math. élém.* de M. de Longchamps, et dans la note III qui termine la *Nouvelle Étude sur les carrés magiques* par M. le général M. Frolow. (Paris, Gauthier-Villars.)

Le lieu cherché est de l'ordre $\frac{(2n-3)m-x}{2}$ ou $\frac{(2m-3)n-i}{2}$, où x représente le nombre des points de rebroussement et i le nombre des points d'inflexion de la courbe donnée C_m^n.

M. le Dr V. SCHLEGEL, à Wären (Allemagne).

Sur le système réciproque à celui des coordonnées polaires.

M. Éd. LUCAS, Prof. de mat. spéc. au Lycée Saint-Louis, à Paris.

Figuration géométrique des formules d'algèbre. — M. Éd. Lucas donne une figuration géométrique de plusieurs formules d'algèbre, et en particulier de relations entre les coefficients des diverses puissances de $(x+1)^n$ et de

$$(x^2+x+1)^n.$$

Il applique cette théorie à un problème d'échecs sur la marche du roi traité d'une manière bien différente dans l'ouvrage : *Application de l'analyse mathématique au jeu des échecs*, par Jaenisch.

M. GENAILLE, Ing. aux Ch. de fer de l'État, à Tours.

Nouveaux appareils à calculer. — M. Genaille présente deux nouveaux appareils à calculer ; les dominos additionneurs avec un appareil de démonstration ; en second lieu les dominos multiplicateurs, dont le maniement est analogue.

M. Gabriel ARNOUX, Les Mées (Basses-Alpes).

Solution des carrés de magie diverse de tous les nombres entiers sans exception. — M. Arnoux dépose des carrés de magie diverse depuis un jusqu'à trente-cinq, entre autres un carré de vingt-cinq, qui est magique dans toutes les directions possibles, et des carrés de trente-cinq hypermagiques. Quant aux transformations, qui sont pour ainsi dire innombrables, elles seront exposées dans une publication spéciale, ainsi que ce qui concerne l'hyperespace hypermagique. Ces exemples sont seulement des échantillons résultant d'une méthode générale qui donne toutes les solutions pour tous les nombres entiers, cette méthode comprenant ce qui concerne l'hyperespace.

M. P.-H. SCHOUTE, Prof. à l'Univ. de Groningue.

Sur la construction des cubiques unicursales. — Extension de la construction des cubiques unicursales circulaires donnée par M. G. de Longchamps à des cubiques unicursales non circulaires. Déduction d'une droite de la cubique unicursale la plus générale.

M. G. OLTRAMARE, Prof. à l'Univ. de Genève.

Nouvelle application du calcul de généralisation à l'intégration des équations aux différentielles partielles.

3e & 4e Sections

NAVIGATION, GÉNIE CIVIL ET MILITAIRE

Président d'honneur. . . M. Ph. Cerroti, Lieutenant général du Génie italien.
Président . . . . M. le Colonel Laussedat, Direct. du Conserv. des Arts et M., à Paris.
Secrétaire. . . . . M. Boca, Ing. des Arts et Man., à Paris.

— Séance du 13 août 1885 —

M. CHAMBRELENT, Inspect. génér. des P. et Ch., à Paris.

De la fixation des torrents et du boisement des montagnes. Résultats des travaux de boisement des Dunes et des Landes. — Les torrents qui ravinent les flancs dénudés des montagnes, causent les plus grands ravages dans la contrée où le mal se produit; mais ces ravages ne s'arrêtent pas dans la contrée, ils s'étendent bien au delà, sur tout le cours des vallées; ils produisent les débordements des rivières d'une part, et d'autre part ils réduisent le débit d'étiage de ces mêmes rivières, ce qui ne permet pas d'y trouver, l'été, l'eau nécessaire pour l'irrigation des terrains riverains.

Un point essentiel à remarquer, c'est que les travaux à faire pour arrêter entièrement le mal à sa source, coûtent, le plus souvent, moins que la réparation des ravages d'un seul orage. Les débordements de la vallée de la Garonne, en 1885, causèrent des dommages s'élevant à plus de 100 millions; or, il est démontré qu'avec une somme égale on peut fixer et boiser tout le bassin pyrénéen, d'où est venu le mal.

Les boisements n'ont pas seulement pour effet d'arrêter le mal; ils produisent par eux-mêmes de grandes richesses forestières dans un avenir peu éloigné.

Deux grandes opérations de boisement, de même nature que celle dont l'urgence est signalée aujourd'hui, ont été faites en France dans le commencement du siècle: la fixation et le boisement des Dunes, l'assainissement et le boisement des Landes. La première, en faisant disparaître un danger public, a produit une richesse forestière de plus de 30 000 000 de francs. La deuxième a produit une valeur territoriale évaluée en 1878 à 205 000 000 et s'élève aujourd'hui à 250 000 000.

Les Landes de Gascogne, assainies et boisées aujourd'hui, fournissent des bois à l'Europe, à l'Afrique et à l'Amérique.

La ligne télégraphique du canal de Panama est entièrement construite avec des poteaux venus dans les Landes.

Ces contrées lointaines sont aujourd'hui tributaires d'une partie du territoire français, qui était récemment encore plus stérile.

Discussion. — M. LAUSSEDAT, président, à la suite de cette communication, dont il constate l'importance, demande à M. Chambrelent si la couche de tuf nommée alios qui forme le sous-sol des Landes, à une faible profondeur de la surface, n'est pas un obstacle au développement des arbres et s'il n'est pas nécessaire de la briser pour assurer ce développement.

M. CHAMBRELENT répond que l'alios, qui était la principale cause de la stérilité des Landes avant l'assainissement, est devenu au contraire depuis cet assainissement une cause favorable à la végétation.

Cet alios, qui empêchait l'eau de s'écouler intérieurement, n'est pas d'une imperméabilité absolue, c'est une sorte de pierre ponce qui arrête l'écoulement rapide des eaux à sa surface; mais depuis que les eaux pluviales s'écoulent à la surface par les travaux d'assainissement exécutés dans tout le pays, l'inconvénient de l'alios n'existe plus.

D'un autre côté, cet alios, reposant sur un sous-sol aquifère où il pompe l'eau par capillarité, se trouve toujours humide, même dans les chaleurs de l'été, et les racines des arbres y trouvent une fraîcheur qui en favorise considérablement la végétation.

C'est ce qui explique le développement si rapide des forêts des Landes.

Avant l'assainissement l'alios était la pierre maudite des Landes, elle en est aujourd'hui la pierre bénite.

M. MERCERON-VICAT, Ing. des P. et Ch., à Grenoble.

Sur le durcissement des gangues hydrauliques.— M. MERCERON-VICAT fait remarquer que Vicat attribuait la solidification à une cristallisation confuse, mais n'avait fait aucune expérience pour justifier sa manière de voir.

Il rappelle ensuite les théories de MM. Rivot, Frémy, Le Chatelier.

Suivant M. Merceron-Vicat, les cristaux qui se forment dans les portlands, après leur cuisson, ralentissent la prise, mais n'en sont pas la cause efficiente. Le phénomène de la prise est un phénomène purement mécanique analogue à celui de la consolidation des grès à ciments siliceux. La chaux joue le rôle de sable et l'argile celui de la silice; la consolidation est rapide parce que du premier coup on apporte tous les matériaux nécessaires, et que la chaux en s'hydratant sèche l'argile et la durcit. Cette théorie est conforme aux idées de L. Vicat, qui regardait la chaux hydraulique éteinte comme un mélange de chaux hydratée et d'argile gélatineuse.

M. Philippe CERROTI, Lieut. gén. du Génie italien.

Inadmissibilité de l'hypothèse du prisme de plus grande poussée dans la théorie des murs de soutènement. — Dans le calcul des murs de soutènement, on part de l'hypothèse d'un prisme de plus grande poussée, que l'on considère comme un solide libre glissant avec tout son poids sur le plan de rupture; on imagine que la paroi de soutènement oppose à l'effort de descente du prisme une force simplement horizontale. Mais cela n'est pas vrai : car, le frottement des terres contre la paroi n'étant pas nul, de l'existence de cette force horizontale s'ensuit l'existence d'une autre force verticale, c'est-à-dire de la résistance due au frottement entre les terres et la paroi de soutènement. Naturellement une partie du poids du prisme est élidée par cette résistance.

Mais, comme en tenant compte aussi de cette résistance, qui d'ailleurs ne pourrait pas être facilement déterminée, il résulterait une formule plus complexe que la formule ordinaire, on ne saurait plus trouver comme de la manière ordinaire l'angle qui détermine ce prisme hypothétique de plus grande poussée par le maximum du produit des tangentes des deux angles partiels, dans lesquels celui du talus naturel est décomposé par le plan de rupture. Partant, l'hypothèse du prisme de plus grande poussée ne peut pas nous conduire à la connaissance de ce que nous cherchons, c'est-à-dire de la véritable poussée des terres : que nous devons déterminer par d'autres moyens, où l'on considère l'action simultanée horizontale et verticale des terres contre la paroi des murs de soutènement, c'est-à-dire de l'inclinaison de la poussée contre cette paroi.

Discussion. — M. Gobin fait observer qu'il est d'accord avec M. le général Cerroti pour reconnaître que l'hypothèse du prisme de plus grande poussée s'enfonçant comme un coin entre le massif de terre et le mur est insuffisante pour expliquer le phénomène de la poussée des terres et pour en déterminer l'intensité.

Ce mouvement d'enfoncement n'étant pas celui qui se produit dans le massif soutenu lorsque le mur s'avance d'une quantité infiniment petite dans la direction de la poussée, le frottement n'a pas l'intensité qu'on lui attribue dans le calcul de l'équilibre. M. Gobin est arrivé par des démonstrations élémentaires à expliquer la formation, dans le massif, d'un *plan de rupture.* Il a expliqué sa théorie par des expériences variées.

— Séance du 14 août 1885 —

M. le Colonel LAUSSEDAT, Direct. du Conserv. des Arts et M., à Paris.

Présentation du circuli-diviseur Mora. — Ce petit instrument est destiné à diviser une circonférence ou un angle quelconque en parties égales.

Dans le premier cas, on emploie une sorte de compas à verge dont la tige porte un curseur armé d'une molette à axe horizontal. A chaque tour que fait cette molette en roulant, une dent qui forme légèrement saillie y marque un point. Des traits numérotés de 1 à 25 sont tracés sur la verge et, en plaçant le curseur sur l'un deux, on obtient la division correspondante sur la circonférence décrite par la molette. En traçant ensuite les rayons et en les prolongeant jusqu'à la circonférence donnée, on obtient le résultat cherché.

Pour diviser un angle ou un arc quelconque, on emploie un petit gabarit de bois mince dont le profil est un arc de spirale logarithmique, au pôle duquel est un angle droit qui limite également le gabarit.

En appliquant le sommet de cet angle droit au centre de l'arc et en dirigeant le long côté sur l'une des extrémités de cet arc, le rayon vecteur qui correspond à l'autre extrémité est l'unité que l'on doit porter sur son prolongement un nombre de fois égal à celui de la division proposée.

Si l'on décrit alors, du centre, des arcs concentriques passant par les répères équidistants ainsi obtenus, les points d'intersection de ces arcs de cercle avec la spirale du gabarit seront ceux qu'il faut joindre au centre pour obtenir les rayons qui divisent l'angle ou l'arc du cercle donné en autant de parties égales.

Cet appareil est construit par M. Molteni.

Sur les applications du télémétrographe. — M. LAUDESSAT rappelle en quelques mots le principe de l'instrument qu'il a désigné sous le nom de *télémétrographe.* Il fait remarquer que l'image virtuelle, vue au moyen de la lunette terrestre et projetée par le prisme de la chambre claire sur une planchette horizontale, permet, quand toute parallaxe a disparu, de mesurer très exactement la distance de la vue distincte, pour chaque opérateur.

Il entre ensuite dans le détail des opérations très simples que l'on peut effectuer, à l'aide du télémétrographe, notamment dans les pays très accidentés. Il explique incidemment pourquoi la photographie, qui peut rendre tant de services dans les reconnaissances qui embrassent une étendue limitée de pays, ne peut pas être employée aussi avantageusement que le télémétrographe, lorsqu'il s'agit d'opérer à de grandes distances, et il déclare que c'est après avoir essayé de se servir de la photographie, pendant le siège de Paris, qu'il a eu recours à la lunette terrestre armée d'un prisme ordinaire de chambre claire et qu'il a obtenu les résultats qu'il a fait connaître dernièrement à l'Académie des sciences. Il croit, d'ailleurs, devoir rappeler que le principe de l'appareil a été publié depuis longtemps par lui, dans le n° 16 du *Mémorial de l'officier du Génie,* année 1854, ce qui le dispense de mentionner les instruments analogues, moins complètement étudiés, qui ont été proposés beaucoup plus récemment par d'autres personnes.

M. GOBIN, Ing. en chef des P. et Ch., à Lyon.

Appareils Th. Colin à ouvrir et à fermer automatiquement les réservoirs. — Les appareils de M. Th. Colin sont destinés à la vidange automatique des réservoirs créés pour l'irrigation des prairies dans les régions montagneuses, à l'obtention de chasses d'eau automatiques pour le lavage des égouts, au réglage du niveau des étangs, etc.

Ces appareils se divisent en deux catégories :

1° Les *Bondes automatiques* ou *appareils de chasse,* qui tiennent toujours les réservoirs hermétiquement fermés ou complètement ouverts, dans le but de les vider en totalité ou en partie;

2° Les *Régulateurs de niveau,* qui maintiennent l'eau toujours à la même hauteur.

Le fonctionnement des appareils de la première catégorie repose sur le principe de l'équilibre instable, d'après lequel ils sont toujours hermétiquement fermés ou complètement ouverts.

Dans les régulateurs de niveau, au contraire, le système est en équilibre stable ; quand l'eau dépasse le niveau fixé, le clapet de l'appareil s'ouvre plus ou moins suivant le volume à débiter.

M. Edmond **BOCA**, Ing. des Arts et Man., à Paris.

Traction par l'air comprimé sur le métropolitain de Paris. — M. Edmond Boca montre que si l'on adopte la solution du chemin de fer souterrain, suivant le système accepté par le conseil municipal de Paris, le conseil général de la Seine, le conseil général des Ponts et Chaussées, ce n'est qu'en rejetant toute machine à vapeur avec foyer et même sans foyer que l'on évitera les inconvénients qui résulteraient de la traction pour les voyageurs.

Il étudie, parmi les diverses solutions acceptables, celle consistant à faire remorquer les trains par des locomotives à air comprimé.

Ces machines de même poids et de même apparence extérieure que les locomotives à vapeur, sauf la cheminée, auraient un approvisionnement d'air de 17 mètres cubes à 50 atmosphères, soit 1000 kilogrammes d'air.

La dépense d'air pour remorquer un train de 75 tonnes étant de 40 kilogrammes par kilomètre, les machines pourraient effectuer sans rechargement 20 kilomètres de parcours.

Quant aux usines de compression, elles pourraient être installées à plusieurs kilomètres des points de chargement.

Les frais de traction seraient les mêmes qu'avec des locomotives à vapeur ordinaires.

— Séance du 17 août 1885 —

Les 3e-4e sections se sont réunies à la 17e section pour traiter la question suivante :

Sur les conditions hygiéniques et économiques du problème du chauffage et de la ventilation des édifices (1).

— Séance du 19 août 1885 —

M. **THIERVOZ**, Dir. du service de la Voirie et des Eaux, à Grenoble.

Sur les eaux de Grenoble et l'emploi du ciment dans les travaux publics. — M. Thiervoz fait la description de son projet en cours d'exécution, qui consiste à capter à 10 kilom. 200 de Grenoble une source donnant 30000 litres à la minute, assurant ainsi 1000 litres d'eau par jour et par habitant. La pression obtenue par la simple action de la gravitation sera de 20 mètres, toute perte de charge déduite.

Les conduits de captage et d'amenée des eaux sont en béton de ciment jusqu'à 2 kilom. 500 à l'aval du village de Pont-de-Claix, et en fonte après ce point. La traversée du torrent du Drac se fait au moyen d'un siphon composé de deux puits verticaux de 30 mètres de hauteur, reliés par une galerie hori-

(1) Le compte rendu de cett séance figure dans les travaux de la 17e section.

zontale de 80 mètres de longueur. La dépense totale, y compris la distribution en ville, sera de deux millions. Les travaux ont été dirigés par le service municipal; la ville exploitera elle-même le service.

En terminant sa communication relative aux eaux de Rochefort, M. Thiervoz a énuméré les travaux nombreux où le ciment avait son emploi : conduits d'égouts à petit diamètre, remplaçant les égouts à grande section; escaliers en ciment pour les voies non charretières et ayant de fortes déclivités; radiers d'égouts construits dans la nappe, blocs artificiels pour bâtiments; poteaux de treillage; conduits pour ligne souterraine télégraphique; enfin et surtout, chaussées cimentées, etc.

Discussion. — M. Durand-Claye s'associe complètement à l'idée de généraliser l'emploi des conduites en ciment pour l'assainissement de la ville; les égouts à grande section doivent être réservés pour les collecteurs. Les conduites formant les dernières artères du réseau devront être munies en tête de réservoirs de chasse; aux jonctions des diverses conduites il devra être établi des regards de visite et d'aération. Dans ces conditions, on peut aller jusqu'à des pentes de $0^m,001$ par mètre; il suffit de vérifier que la vitesse sera, au minimum, de $0^m,70$ à la seconde.

M. Durand-Claye ne serait pas partisan de l'idée de laisser le radier des égouts, perméables par les joints. Si les eaux de la nappe entrent par ces joints dans les galeries, transformées en drains, il pourrait arriver que l'inverse eût lieu, et que le sous-sol fût infecté par les eaux d'égout.

M. LORY, Doyen de la Fac. des Sc., à Grenoble.

Sur les concrétions ferrugineuses dans les conduites en fonte. — M. Lory expose les études qu'il a faites sur les concrétions ferrugineuses, ou *tubercules*, développées dans les anciennes conduites en fonte des eaux de Grenoble, et plus récemment dans celles de Saint-Étienne et d'Utrecht. Ces concrétions sont essentiellement formées de *peroxyde de fer hydraté* et dépourvues de *carbonate de chaux*, lors même qu'elles sont formées par des eaux, comme celles de Grenoble, contenant 17 centigrammes de carbonate de chaux par litre. De plus, elles contiennent toujours une grande quantité de menus débris végétaux, de diatomées, etc.

M. Lory pense que l'attaque des tuyaux de fonte provient de l'action de ces matières organiques en suspension ou en dissolution dans les eaux, et il en déduit les essais préliminaires à faire et les précautions à prendre à l'égard des eaux qu'on se propose d'amener par des conduites en fonte.

M. Alfred **DURAND-CLAYE**, Ing. en chef, Prof. aux Éc. des P. et Ch. et des Beaux-Arts, à Paris.

Travaux de défense et de correction des torrents. — M. Durand-Claye rappelle les beaux travaux de M. Surell sur la question. — Il analyse les diverses phases et les divers caractères des torrents, spécialement des torrents des Alpes françaises, dont les membres de l'Association ont l'occasion de voir de nombreux spécimens autour de Grenoble, et dans la vallée de la Durance aux environs de Gap et d'Embrun. Il indique les travaux à exécuter dans les bassins de réception et sur les cônes de déjection, barrages, terrassements, etc., et montre la connexion forcée de ces travaux avec le reboisement et le gazonnement, qui restent les vraies mesures défensives de la montagne. Il insiste sur l'influence morale des résultats à obtenir ou déjà obtenus pour guérir la plaie vivace du dépeuplement de nos belles Alpes françaises.

M. FOURET, Répét. à l'Éc. polyt., à Paris.

Pression hydrostatique sur une paroi cylindrique. — Cette communication a pour objet la détermination graphique de la pression exercée par un liquide pesant, sur une portion de cylindre de révolution ayant son axe horizontal et faisant partie, par exemple, du parement intérieur d'un mur de barrage. En décomposant le profil d'un pareil mur en segments circulaires et rectilignes, et déterminant pour chacun la pression partielle, on obtiendra par une construction facile la pression totale.

— Séance du 20 août 1885 —

M. L.-L. VAUTHIER, Ingénieur des Ponts et Chaussées, à Paris.

Étude sur les mouvements des fonds au débouché de l'estuaire de la Seine, de 1834 à 1880 (1). — L'étude dont il s'agit porte sur l'ensemble des fonds au débouché de l'estuaire, entre deux méridiens situés, l'un à 9 kilom. 500 à l'est du Havre, l'autre à 4 kilom. 500 à l'ouest. La surface envisagée est de 136 millions de mètres carrés.

L'étude des mouvements des fonds a été faite au moyen des sept reconnaissances hydrographiques que l'on possède et qui datent : la première de 1834 ; la dernière de 1880. Cette étude donne, dans l'étendue du périmètre considéré, les cubatures, par carreaux de 1000 toises de côté, des volumes d'*eau* en *contrebas* du zéro des cartes marines et des volumes de *sable* en *contrehaut* dudit zéro ; ces derniers volumes toujours très faibles relativement aux premiers.

Le premier résultat de la recherche, c'est que les fonds étudiés sont en état incessant de mobilité ; les volumes d'eau constatés à certains moments varient de 1/4 à 1/5 par rapport à ceux constatés dans d'autres. De plus, et ce résultat est d'une extrême importance, l'étude montre, contrairement à des prévisions considérées comme indiscutables, que l'effet général de 1834 à 1880 est un *dégagement*, non un *encombrement*. De 1834 à 1853, les apports sont considérables ; ils s'élèvent à 35 millions de mètres cubes. Mais, de 1853 à 1869, il s'opère une série d'affouillements atteignant presque 79 millions de mètres cubes. A partir de cette dernière année, le sens du mouvement se renverse de nouveau, et, de 1869 à 1880, l'encombrement est mesuré par un remblai de 37 millions de mètres cubes. D'après cela, quand on envisage la période entière, le résultat final est un *déblai* qui dépasse 6 millions de mètres cubes.

M. Vauthier montre, en outre, au moyen de cartes spéciales, comment se répartissent par grandes masses les apports et les affouillements survenus d'une période à l'autre.

(1) Des indications analogues à celles produites dans cette étude ont été données dans une *note* jointe à une *déposition* de M. Vauthier devant la Commission *des ports et voies navigables* de la Chambre des députés, dans sa séance du 3 décembre 1884, à propos de l'exécution d'une nouvelle entrée au port du Havre. (Rouen, imprimerie Ch.-F. Lapierre ; 1885.)

Ces constatations de fait sont certainement de nature à jouer un rôle extrêmement utile dans les recherches ultérieures ayant pour objet de déterminer le moyen, sinon de fixer entièrement les fonds de l'estuaire de la Seine, du moins d'en diminuer la mobilité.

M. CAHEN, Capitaine du Génie, à Grenoble.

Matériel en fer pour charpentes démontables par éléments transportables. — Après un historique complet des recherches antérieures, M. le capitaine CAHEN expose son système de pont et charpente qui consiste dans l'emploi d'éléments généralement assemblés de façon à présenter l'image d'un arbalétrier de ferme Polonceau, sans toutefois exclure les autres dispositions possibles. Il fait ressortir que, grâce au choix qu'il a fait des angles de 30°, 60°, 90° pour les assemblages, son système est le plus général de tous et peut, à la rigueur, comprendre, comme cas particulier, les systèmes Eiffel, Cottreau, Henry, etc., sans que cette propriété soit réciproque, et qu'en outre, ce type général permet de réaliser, outre les ponts droits, tel système de charpente qu'on voudra, voire même les fermes de toiture.

On a remarqué également le mode de réunion des pièces de contreventement passant à travers des jours de la plaque d'assemblage et comportant au besoin l'emploi de plusieurs fermes accolées.

2e Groupe

SCIENCES PHYSIQUES ET CHIMIQUES

5e Section

PHYSIQUE

PRÉSIDENT. . . . . M. BAILLE, Répét. à l'Éc. polyt., Prof. à l'Éc. de Phys. et de Ch. industrielles à Paris.
SECRÉTAIRE. . . . . M. HURION, Prof. à la Fac. des Sc., à Grenoble.

— Séance du 13 août 1885 —

M. Philippe BRETON, Ingénieur en chef des P. et Ch. en retraite, à Grenoble

Étude expérimentale sur la Loi qui lie les Sensations lumineuses avec les Quantites de Lumière.—1° Un grand nombre de physiciens français attribuent à la loi dite de Fechner une portée que M. Fechner était très loin de lui donner.

2° Des expériences, faites d'abord avec le lavis à l'encre de Chine, puis avec de petites bougies de cire, portant l'ombre d'un écran sur un tableau blanc, s'accordent pour confirmer la loi suivante : « l'intensité de la *Sensation umi-* « *neuse* est proportionnelle à la *racine carrée de la Quantité de Lumière.* »

3° Dessins détaillés d'instruments projetés, pour de nouvelles expériences, savoir :

a) Disques tournants à échelons, pour manifester à un nombreux auditoire la « *fausseté de l'hypothèse logarithmique* », et la « *vérité très approximative* de l'hypothèse parabolique. »

b) Série d'écrans blancs dans une boîte tapissée de velours noir, échelonnés à des *distances mesurées à volonté à une bougie unique,* donnant une série d'éclairages mesurés exactement depuis 0 jusqu'à 100.

4° La *Loi parabolique* représente, dans la théorie des ondes, la *Sensation* comme proportionnelle à l'*Effort moyen* qui sollicite les éléments organiques sensibles, tandis que la Quantité de Lumière est le *Travail* de cet effort moyen.

M. PILLET, Ch. des Travaux grap., à l'École des P. et Ch., Prof. à l'École des beaux-arts, à Paris.

Sur un ludion barométrique. — Cet instrument se compose essentiellement d'un baromètre à cuvette lesté de manière à se comporter comme un aéromètre qui s'enfonce plus ou moins quand la pression atmosphérique vient à varier.

Discussion. — M. Duboscq fait remarquer que cet appareil pourrait être utilisé dans les observations météorologiques.

M. MACÉ DE LÉPINAY, à Marseille.

Dispersion de double réfraction du quartz. — M. Macé de Lépinay, en utilisant les franges de Fizeau et Foucault produites par deux lames de quartz superposées, taillées l'une et l'autre parallèlement à l'axe, et dont les épaisseurs avaient été directement mesurées en longueur d'onde de la raie D_2 par les franges de Talbot (voir les *Comptes rendus de l'Académie des sciences*, t. C, p. 1377), a pu déterminer les valeurs absolues de la différence $n'-n$ des deux indices du quartz, par rapport au vide, pour 9 raies du spectre visible. Ces valeurs sont certainement exactes au moins à $\frac{1}{10\,000}$ près. Elles conduisent à considérer la formule de Cauchy $n'-n = a + \frac{b}{\lambda^2} + \frac{c}{\lambda^4}$ comme absolument insuffisante. La concordance entre l'expérience et la formule de Briot $n'-n = a + \frac{b}{\lambda^2} + \frac{c}{\lambda^4} + d\lambda^2$ est au contraire complète.

M. J.-B. BAILLE, Rép. à l'Éc. polyt., Prof. à l'Éc. des P. et Ch., à Paris.

Propagation d'un ébranlement dans un cylindre. — Newton avait autrefois étudié la propagation d'un ébranlement dans un cylindre indéfini, et il en avait conclu la vitesse théorique du son. La théorie de Newton, appliquée à l'air, donne comme vitesse du son le nombre 280 mètres par seconde, tandis que les expériences les plus concluantes, comme celles de M. Regnault, donnent comme vitesse de son le nombre 330^{m},6 à 0°. — Cette divergence entre la formule théorique et le résultat pratique a été inexpliquée jusqu'à La Place, qui, reprenant les calculs de Newton et prévoyant les résultats de la thermodynamique, indiqua que toute compression d'un gaz est accompagnée nécessairement d'un échauffement de ce gaz, phénomène que Newton croyait négligeable, mais qui introduit dans le phénomène un facteur considérable. Pour arriver à la formule vraie, il faut faire intervenir le rapport des cha'eurs spécifiques des gaz, et on arrive alors au nombre véritable 330^{m},5.

La perturbation, introduite dans le phénomène par l'échauffement du gaz résultant de la compression, est d'autant plus faible que le cylindre dans lequel est renfermé le gaz est plus étroit, et l'on peut espérer retrouver le nombre de Newton en étudiant la propagation d'un ébranlement dans un cylindre de plus en plus étroit, dont les parois enlèveraient à la masse de gaz la chaleur à mesure qu'elle se produirait. — C'est le but que j'ai poursuivi en installant à l'École municipale de physique et de chimie de la Ville de Paris un long tube de cuivre de 300 mètres et de 6 centimètres de diamètre. La vitesse du son mesurée dans ce tuyau a été trouvée 310 mètres en moyenne.— On peut donc affirmer qu'un tuyau d'un diamètre plus petit encore donnerait un nombre encore plus rapproché de 280.

Cette expérience, dont le résultat n'était pas douteux, est cependant intéressante, non seulement comme vérification d'une idée théorique, mais encore comme exercices d'expériences précises faits par les élèves de l'École municipale.

M. HURION, Prof. à la Fac. des Sc., à Grenoble.

Sur la variation de résistance des métaux aimantés.— M. HURION a constaté que l'aimantation diminue la longueur des fils de nickel et augmente leur résistance. Les deux effets sont proportionnels et réguliers quand on opère sur des fils recuits.

— Séance du 14 août 1885 —

M. H. TRANNIN, Dr ès sciences, à Arras.

Saccharimètre des râperies.— M. TRANNIN donne la description d'un saccharimètre spécialement destiné aux analyses rapides des jus de betterave, en vue de la détermination du sucre qu'elles contiennent. Cet instrument repose sur le principe de la compensation d'une différence optique constante pour une colonne de liquide actif *de longueur variable.* La différence optique constante est égale à la rotation d'une plaque de quartz *G* de 0mm,202 ou en sucre de canne à une longueur de 10 centimètres avec une richesse de 10 0/0. Le polariscope employé est du genre du polariscope Sénarmont, avec cette différence qu'on a fait glisser l'un par rapport à l'autre les deux ensembles parallèles qui le constituent, d'une longueur égale au déplacement effectif qu'introduirait entre les franges la différence optique constante. Ce saccharimètre donne directement, sans calculs, la quantité de sucre contenue dans le jus de betterave considéré.

Réfractomètre différentiel. — Cet instrument est destiné à déceler et à mesurer des différences très faibles de réfraction de liquides. Il est constitué essentiellement par un prisme rectangle vertical formé de lames de glace plan-parallèles et divisé en deux parties par une cloison horizontale. Ce double prisme est placé dans une cuve en glace à faces parallèles. La partie inférieure du prisme communique avec le liquide de la cuve ; l'autre partie, au contraire, est close de toute part excepté par le haut et ne communique pas avec le liquide de la cuve parallèle; mais elle renferme le liquide que l'on veut comparer à celui de la cuve.

Dans ces conditions les rayons lumineux qui traversent cet ensemble se divisent en deux portions : la portion inférieure du faisceau n'éprouve pas de déviation et donne une image qui peut servir de point de repère. La portion supérieure du faisceau est déviée d'autant plus que les indices de réfraction des deux liquides sont plus différents et c'est cette déviation qui sert de mesure. L'appareil est assez sensible pour déceler dans l'eau pure 1/2,000 de sucre, 1/1,500 de sel marin et un mélange de 1 0/0 d'huile de lin dans l'huile de pavot.

Diabétomètre. — Cet instrument présente une disposition nouvelle, particulièrement commode aux médecins, qui peuvent faire les analyses des urines très rapidement, au domicile des malades.

M. A. RIBAUCOUR, Ing. des P. et Ch., à Vesoul.

Sur deux phénomènes d'hydrodynamique observés au bassin de Saint-Christophe. — Dans le bassin, l'introduction des eaux a lieu par le fond.

Les eaux de la Durance sont, à bref délai, ou très chargées ou peu chargées de limons. On observe (lorsque l'accumulation des vases a réduit la capacité du bassin) deux phénomènes qui établissent que tout se passe comme si l'on introduisait successivement et en ordre inverse deux liquides de densités différentes.

M. LOIR, Direct.-ing. des Télégr., à Lyon.

Organisation de la télégraphie militaire en France. — La télégraphie militaire emploie deux moyens de correspondance, l'un électrique, l'autre optique. Les lignes sont généralement construites en câbles à un conducteur. Les appareils en usage sont le morse et le parleur ; ils peuvent fonctionner soit par courants successifs, soit par courant continu. La pile est du système Leclanché.

Les appareils optiques sont à projection. Le diamètre des objectifs varie avec la portée des appareils et augmente avec elle. On utilise soit la lumière solaire, soit celle d'une lampe.

M. le Dr DAGRÈVE, à Tournon (Ardèche).

Bobine d'induction destinée aux applications médicales. — La bobine présentée est une bobine à chariot; elle est construite pour les applications médicales et physiologiques.

Elle se distingue des autres en ce que les bobines induites à gros fil et fil fin sont roulées sur la même bobine ; elle permet : 1° d'employer l'extracourant, 2° un courant induit à gros fil, 3° un courant à fil fin, 4° la réunion de deux ou des trois courants, 5° de doubler en grosseur ou en longueur le gros fil, 6° la disparition de l'étincelle de tension dans le fil gros induit au moyen d'une pince en fil de laiton.

— Séance du 17 août 1885 —

M. BAILLE, Répét. à l'Éc. polyt., Prof. à l'Éc. de Ph. et de Ch. industrielles, à Paris.

Détermination des moments magnétiques par l'amortissement des aimants oscillants (1).— Les moments magnétiques des barreaux ne peuvent être mesurés en valeur absolue que par la méthode de Gauss.— Pourtant l'ancienne expérience de Gambey, expliquée par Arago, donne une équation de laquelle on peut tirer la mesure du moment magnétique.

L'expérience fondamentale de cette méthode consiste à faire osciller un barreau aimanté à l'intérieur d'une bobine de fils, alternativement ouverte et fermée, et à mesurer l'amortissement des oscillations dans les deux cas. — Lorsque la bobine est fermée, l'amortissement est bien plus fort que lorsqu'elle est ouverte; et la différence de ces deux quantités est d'une part proportionnelle au carré du moment magnétique de l'aimant oscillant, et d'autre part en raison inverse de la résistance électrique, évaluée en ohms, du fil composant la bobine.

Les autres quantités, telle que la constante galvanométrique de la bobine, se mesurent assez facilement par les procédés ordinaires.

On obtient donc par une seule expérience, très courte, les données expérimentales qui permettent de mesurer les moments magnétiques du barreau oscillant.

Les applications que j'ai faites de cette méthode, concurremment avec celles de Gauss, ont donné d'excellents résultats.

Cette méthode de l'amortissement est surtout intéressante pour la détermination du moment magnétique terrestre. — On obtient ce moment à l'instant précis de l'observation, qui n'est pas possible avec l'expérience de Gauss.

Présentation de travaux imprimés

ENVOYÉS AU CONGRÈS POUR ÊTRE COMMUNIQUÉS A LA 5e SECTION

M. Dufet. — Variations des indices de réfraction sous l'influence de la chaleur.

M. D. Tommasi. — Éclairage des trains de chemins de fer par l'électricité combinée avec le gaz.

---

(1) Voir le mémoire in extenso, *Ann. de Ch. et Ph.*, juillet 1885.

6e Section

CHIMIE

PRÉSIDENTS D'HONNEUR . . MM. ALEXEYEFF, Prof. à l'Univ. de Kiew.
FRANCHIMONT, Prof. à l'Univ. de Leyde.
FRIEDEL, M. de l'Inst.. Prof. à la Fac. des Sc. de Paris.

PRÉSIDENT. . . . . M. DE CLERMONT, Dir. du Labor. de Ch. de la Sorbonne, à Paris.

VICE-PRÉSIDENT . . . . . M. RAOULT, Prof, à la Fac. des Sc., à Grenoble.

SECRÉTAIRE . . . . M. SAGLIER, Prépar. à la Fac. des Sc., à Paris.

— Séance du 13 août 1885 —

MM. C. FRIEDEL et J.-M. CRAFTS.

Sur la séparation des hydrocarbures isomériques de la série aromatique. — Lorsqu'on laisse digérer à froid pendant quelques heures, avec un excès de brome additionné d'une petite quantité d'iode, ou, dans certains cas, d'un peu de chlorure d'aluminium, le mélange d'hydrocarbures, on constate que tout l'hydrogène contenu dans le noyau benzénique est remplacé par une quantité correspondante de brome, sans que l'hydrogène des chaînes latérales soit attaqué. Ainsi, un hydrocarbure renfermant 2 chaînes latérales fournira un dérivé tétrabromé; un hydrocarbure renfermant une seule chaine latérale, en donnera un qui contient 5 atomes de brome. Ces corps auront, en général, des propriétés fort différentes et pourront être séparés quantitativement.

L'analyse du produit brut donne déjà une indication précise sur les proportions du mélange primitif.

Il y a plus, on pourra oxyder ces corps bromés par l'action du brome en excès en présence de l'eau, et obtenir, dans le cas des xylènes tétrabromés, par exemple, des acides phtaliques tétrabromés; dans celui de leur isomère l'éthylbenzine, du méthylbenzoyle perbromé.

Ces diverses réactions fournissent une méthode générale de séparation de divers hydrocarbures isomériques de la série aromatique.

M. STUDLER, à Sidi-bel-Abbès.

Contribution à une théorie mécanique de l'atomicité. — On a défini la molécule la plus petite masse d'une substance qui puisse exister à l'état libre. Cette définition s'applique aussi bien aux corps simples qu'aux corps composés. La molécule ainsi définie est formée de parties distinctes, même dans une substance réputée simple. Ainsi, la molécule de chlore se fractionne dans le rapport de 2 à 1, quand il se forme de l'acide chlorhydrique. La molécule de soufre se polymérise dans le rapport de 1 à 3, quand la température s'abaisse de 1000 vers 500°.

Les réactions chimiques font connaître le nombre des particules que leur attraction mutuelle maintient en un tout solidaire dans une molécule. Est-il possible de pousser plus loin cette étude et de découvrir l'arrangement mutuel des atomes dans chaque molécule? Les données expérimentales sont insuffisantes pour donner la solution du problème, et doivent être complétées par une hypothèse sur la forme même de l'atome.

L'hypothèse la plus simple consiste à admettre que les atomes sont sphériques. Le problème à résoudre est alors celui-ci : Trouver la disposition d'équilibre de *n* sphères, égales, impénétrables, et dont chacune est attirée par toutes les autres. Voici la solution : Le groupe d'équilibre est un polyèdre qui est limité de toutes parts par des triangles équilatéraux. — Si l'on discute successivement les cas particuliers, on arrive à des conséquences qui présentent une coïncidence frappante avec des faits encore inexpliqués, mais connus. Les plus importants de ces faits sont :

1° Si l'énergie chimique de l'atome est éteinte par son contact avec 1, 2, 3, 4 ou 5 atomes semblables, il se forme des molécules limitées dont chacune est un polyèdre régulier;

2° Si la force chimique ne s'éteint qu'au sixième contact, la molécule peut s'étendre indéfiniment en forme de chaîne linéaire;

3° Si la force chimique ne s'éteint qu'au huitième contact, la chaîne principale peut recevoir des chaînons latéraux;

4° Les molécules réputées simples constituent des familles naturelles, dans chacune desquelles les poids atomiques sont les termes successifs d'une progression par différence;

5° Il y a des molécules symétriques dont l'atomicité ne peut, dans aucun cas, devenir impaire;

6° Il y a des molécules asymétriques dont l'atomicité, généralement impaire, peut, dans certains cas, devenir paire. Exemple : l'azote.

MM. de CLERMONT et CHAUTARD.

Sur l'iodacétone (1). — MM. de Clermont et Chautard font connaître un procédé avantageux de l'acétone monoïodée. Ils font agir un mélange d'iode et d'acide iodique sur l'acétone; en opérant ainsi, ils obtiennent facilement l'acétone iodée pure, dont ils ont constaté les propriétés physiques et chimiques les

(1) *Comptes rendus des séances de l'Académie des sciences*, t. C, p. 745, séance du 9 mars 1885.

plus importantes. Ils ont reconnu, en outre, qu'un mode de préparation avantageux de l'acétone diiodée symétrique consistait à décomposer l'acétone monoïodée par un acide minéral.

M. RAOULT, Prof. à la Fac. des Sc., à Grenoble.

Formules de constitution. — M. Raoult, à l'occasion de l'intéressante communication de M. de Clermont, fait remarquer que les formules de constitution des composés organiques peuvent être figurées très rapidement, au moyen des conventions suivantes : l'hydrogène et autres éléments monoatomiques sont représentés par des *points* plus ou moins gros, l'oxygène par une petite barre, le carbone par une croix, etc. Cette notation, employée depuis plusieurs années par M. Raoult, est très goûtée des élèves.

M. le Dr Ch. BLAREZ, Prof. agr. à la Fac. de Méd. de Bordeaux.

Observations sur le dosage acidimétrique de l'acide phosphorique. — Après avoir parlé du dosage acidimétrique de l'acide phosphorique en se servant du réactif indicateur cochenille, qui vire nettement après la saturation du premier hydrogène, et du phénol phtaléine qui se colore après la saturation du deuxième, M. Blarez expose une série d'expériences desquelles il résulte principalement :

1° Que l'on peut doser acidimétriquement, et par reste, le phosphate tricalcique, en le dissolvant dans un excès d'acide chlorhydrique titré et en neutralisant, en présence de la cochenille, l'excès d'acide.

Un équivalent d'acide disparu correspond à un équivalent de phosphate tricalcique.

2° Que lorsque, dans une solution de phosphate tricalcique dans l'acide chlorhydrique, on verse un alcali de façon à obtenir un mélange alcalin vis-à-vis le phénol phtaléine, il faut employer une quantité d'alcali plus considérable que celle qu'indique la théorie.

Dans ces conditions, il y a formation de phosphates renfermant plus de trois équivalents de bases; de plus, l'acide phosphorique n'est pas entièrement précipité, car on en trouve une portion dans le liquide surnageant le précipité.

3° Lorsqu'on opère de la façon indiquée par Maly, pour déterminer l'acidité absolue des liquides de l'organisme, on trouve toujours des résultats trop élevés.

— Séance du 14 août 1885 —

M. RAOULT, Prof. à la Fac. des Sc., à Grenoble.

Principes de cryoscopie chimique (1). — M. Raoult, après avoir fait l'historique de la question avant ses recherches, décrit le procédé qu'il emploie pour obtenir exactement l'abaissement de point de congélation des dissolutions. Il énonce les lois simples qui régissent les abaissements moléculaires de con-

(1) Voir, sur le même sujet, *C. R. de l'Ac. des Sc.*, et *Ann. de Ch. et de Ph.*, de 1882 à 1885.

gélation, quel que soit le dissolvant, et il montre le parti qu'on en peut tirer pour établir les poids moléculaires de toutes les substances, organiques ou inorganiques. Le temps lui fait défaut pour indiquer les applications de la cryoscopie à l'analyse et à la statique chimique.

M. A. P. N. FRANCHIMONT, Prof. à l'Univ. de Leyde.

Action de l'acide azotique sur les dérivés méthylosubstitués de quelques amides de la série oxalique(1). — Après avoir rappelé ses découvertes, communiquées à la session de Rouen, à savoir celles des vraies nitramines et nitramides de la série grasse, obtenues par l'action de l'acide azotique réel sur des amides substituées, M. Franchimont indique les expériences qu'il a entreprises pour éclaircir la réaction. A cette fin, il a étudié l'action de l'acide azotique sur les dérivés méthylosubstitués des amides d'acides faibles (acides acétique et carbonique) et d'acides forts (acides sulfurique, oxalique, malonique, succinique, isosuccinique et diméthylmalonique). Dans le cas des acides faibles, le résidu de l'acide faible est remplacé par celui de l'acide azotique. Dans le cas des acides forts, il y a des anomalies qui exigent une autre explication.

Il montre les nouvelles amides méthylosubstituées, qu'il a préparées avec des acides de la série oxalique et les corps nitrogénés, tels que la malondinitrodiméthylamide.

M. R.-D. SILVA, Prof. à l'Ec. de Ph. et de Ch. industrielles, à Paris.

Sur un acide provenant de l'action du chlorure de chaux sur l'alcool allylique. — M. R.-D. Silva entretient la section d'un acide provenant de l'action du chlorure de chaux sur l'alcool allylique. Quand on ajoute une dissolution aqueuse d'alcool allylique à un lait de chlorure de chaux, une vive réaction, accompagnée d'un fort dégagement de chaleur, a lieu. Après le refroidissement du mélange, qui reste chaud pendant plusieurs heures, on trouve une bouillie contenant tout le chlore du chlorure de chaux à l'état de chlorure de calcium, et un sel de calcium d'un acide qui doit contenir 3 at. de carbone, la réaction ayant lieu sans qu'il se forme du gaz carbonique.

M. Silva a réussi à isoler l'acide, dont il montre une petite quantité à la section, et dont les propriétés physiques ressemblent à celles de l'acide lactique.

Des essais tentés avec cet acide, notamment sa manière d'être à l'égard du gaz iodhydrique, qu'il absorbe en quantité notable d'abord sans dégagement d'iode, conduisent à supposer que ce corps pourrait bien être constitué comme le montre la formule :

$$\mathrm{CO.OH.CH.CH^2.}$$
$$\diagdown\mathrm{O}\diagup$$

---

(1) Publié dans le *Recueil des travaux chimiques des Pays-Bas* t. IV, p. 195.

— Séance du 17 août 1885 —

M. A. FIGUIER, Prof. à la Fac. de Méd., à Bordeaux.

Synthèse de l'acide cyanhydrique(1). — Un mélange à volumes égaux de formène et d'azote traversant un ozoniseur, précédemment décrit, à décharge variable et se réglant à volonté, a été soumis à l'action de l'effluve. La réaction donnant lieu à la formation du cyanure d'ammonium, d'après l'équation : $CH^4 + Az^2 = CAz, AzH^4$, s'effectue surtout sous la décharge obscure. — La formation de l'acide cyanhydrique est moins accentuée sous la décharge en pluie de feu ; dans ce cas, le produit gazeux, au sortir de l'appareil, est très odorant ; l'odeur de la benzine a été perçue à un moment donné.

Sur quelques produits de combustion. — On a fait brûler le corps expérimenté sous le fourneau d'une grosse pipe en terre communiquant avec un flacon de Woolf contenant une solution au 100me de potasse. Un aspirateur à siphon et à écoulement constant entraînait les produits de la combustion dans la solution alcaline.

Résultats obtenus : *Huile d'olive* (brûlant dans une lampe modérateur munie de son tube en verre). Acides *azotique* et *azoteux*. — *Huile essentielle de pin.* Acides *azoteux* et *acétique*. — *Alcool éthylique.* Acides *azotique* et *azoteux*.

Dans un deuxième essai la mèche avait charbonné par suite d'un défaut d'alcool momentané. Dans ces nouvelles conditions, il s'est formé des traces d'acide CYANHYDRIQUE.

Gaz d'éclairage. — 1° (non purifié) *flamme non éclairante* donnée par un brûleur de Bunzen. Acides *azotique, azoteux, acétique.* — 2° *Flamme éclairante.* Dans ces conditions, la présence de l'acide cyanhydrique a été reconnue. Les acides azotique et azoteux ne se sont point formés. — Le gaz avait été préalablement purifié par la potasse caustique et l'hydrate mercurique. — 3° Brûlant sans flamme contre la mousse de platine. Acides azotique et azoteux. — 4° Brûlant sans flamme sur de la mousse de platine préalablement recouverte de noir de fumée. Acide cyanhydrique.

Hydrogène pur. — Brûlant sans flamme sur de la mousse de platine, préalablement recouverte de noir de fumée. Absence des acides azotique et azoteux. Formation d'ACIDE CYANHYDRIQUE.

Remarque : L'acide cyanhydrique paraît prendre naissance au contact d'un excès de carbone, dans l'acte de la combustion, et dans les conditions où les composés oxygénés de l'azote cessent ordinairement de se produire.

Synthèse de l'alcool. — 1° Par l'action de l'*hydrogène* sur le *charbon* imprégné d'acide sulfurique étendu de son volume d'eau. L'opération a été faite dans un ozoniseur dont la forme a déjà été décrite.

La décharge diffuse est la plus convenable.

2° Par l'action de l'éthylène sur de la ponce imprégnée d'acide sulfurique étendu de son volume d'eau. Même observation que ci-dessus.

L'alcool peut être retiré de l'acide sulfovinique obtenu. Dans les deux expé-

(1) *Recherches sur la pile à gaz et sur des synthèses chimiques provoquées par l'effluve électrique.* — Thèse de Bordeaux, 14 juin 1884.

riences citées, de l'alcool libre a été entraîné en dehors de l'ozoniseur, sans doute par suite de la dissociation partielle de l'acide sulfovinique, sous l'action plus vive et passagère de la décharge.

M. ALEXEYEFF, Prof. à l'Univ. de Kiew.

Action de la lumière sur l'acide nitrocuminique. — Il y a une dizaine d'années que MM. Paterno et Fileti (*Gaz. chim. ital.*, V, 385) ont démontré que l'acide nitrocuminique se transforme à la lumière solaire en une substance rouge amorphe insoluble dans le benzol. Ils pensent que c'est en quelque sorte une azoxycombinaison. Si c'est vrai, par la réduction ils devaient donner l'acide azocuminique étudié par P. Alexeyeff (*Bulletin*, XLII, 321). Mais, au lieu de ce dernier, on obtient une substance incolore qui de nouveau s'oxyde rapidement. M. P. Alexeyeff pense que la substance de MM. Paterno et Fileti est une vraie matière colorante, produit de la condensation de nitrosocombinaison

$$C^6H^3 < \frac{C(OH)(CH^3)^2}{AzO} CO^2H$$

se formant par la désoxydation du groupe AzO^2 par l'hydrogène tertiaire de l'isopropyle de l'acide nitrocuminique $C^6H^3 < \frac{CH(CH^3)^2}{AzO^2} CO^2H$. Cela veut dire en suite d'une réaction qui a lieu, en même temps que l'hydratation, quand l'acide nitrophénylpropyolique $C^6H^4 < {C \equiv C.CO^2H \atop AzO^2}$ se transforme en hydrate de l'acide isatogénique $C^6H^4 < {C(OH) = C(OH).CO^2H \atop AzO}$ ou dinitrodiphényldiacétylène $C^6H^4 < {C \equiv C - C \equiv C \atop AzO^2 \qquad AzO^2} > C^6H^4$ — en di-isatogène

$$C^6H^4 < {CO.C \equiv C.CO \atop AzO \qquad AzO} > C^6H^4$$

(voyez la note de P. Alexeyeff, *Journal de la Société chimique russe*, XVI, 147, mentionnée dans la Correspondance, *Bulletin*, XLII, 320). M. P. Alexeyeff trouve la confirmation de sa supposition dans les faits suivants : le nitrocuminol $C^6H^3 < \frac{CH(CH^3)^2}{AzO^2} CHO$ et l'éther éthylique de l'acide nitrocuminique

$$C^6H^3 < \frac{CH(CH^3)^2}{AzO^2} CO^2(C^2H^3)^5$$

se colorent à la lumière solaire, tandis que l'acide nitro-oxycuminique

$$C^6H^3 < \frac{C(OH)(CH^3)^2}{AzO^2} CO^2H$$

et l'acide nitropropylbenzoïque $C^6H^3 < \frac{CH^2.CH^2.CH^3}{AzO^2} CO^2H$ restent sans aucune altération.

M. R.-D. SILVA, Prof. à l'Éc. de Ph. et de Ch. industrielles, à Paris.

Sur la production de la propylbenzine normale. — M. R.-D. SILVA fait connaître la production d'un cumène bouillant entre 158-160° en chauffant un mélange de chlorure d'aluminium et du diphénylpropane, $CH^2.C^6H^5.CH.C^6H^5.CH^3$, corps obtenu par lui il y a déjà quelques années en faisant réagir le chlorure d'allyle sur la benzine en présence du chlorure d'aluminium. Dans la réaction qui fait l'objet de sa communication, M. Silva a constaté qu'il se forme beaucoup de benzine, une matière goudronneuse non distillable et le cumène bouillant vers 160°, qu'il croit être la propylbenzine normale. Le résultat de cet essai confirme une hypothèse émise par l'auteur dans la réponse faite par lui à une réclamation de deux chimistes allemands, MM. Wispeck et Züber et consignée dans le *Bulletin de la Société chimique de Paris*, t. XLIII, p. 591 ; 1885.

M. MEUNIER, Licencié ès sciences physiques.

Sur un isomère de l'hexachlorure de benzine (1). — M. MEUNIER indique la préparation et la purification d'un isomère de l'hexachlorure de benzine, qu'il sépare de l'hexachlorure ordinaire au moyen du cyanure de potassium. Il établit que cet hexachlorure est bien un isomère et non un polymère de l'hexachlorure de benzine ordinaire.

Pour la détermination de la densité de vapeurs, M. Meunier s'est servi de l'appareil de Crafts et Meyer, qu'il a modifié de façon à lui permettre d'opérer sous de faibles pressions. M. Meunier termine en indiquant la production de la pyrocatéchine par saponification de l'hexachlorure de benzine.

Dr BLAREZ, Prof. agr. à la Fac. de Méd., à Bordeaux.

Présence du fluor dans certains vins naturels. — M. BLAREZ a pu constater que certains vins naturels renfermaient une petite quantité de fluor et il attire l'attention sur le fait que le fluorure de baryum, qui est difficilement soluble dans les acides, peut être pris pour du sulfate de baryum, et faire croire à la présence d'acide sulfurique alors que cet acide n'existe pas.

Réaction caractéristique du dérivé sulfoconjugué de la fuchsine. — Lorsque ce produit se trouve en présence d'une liqueur acide, il n'est ni détruit ni décoloré par l'action oxydante du bioxyde de plomb, tandis que les autres dérivés sulfoconjugués, colorés en rouge, sont détruits par le même agent. De ce fait il résulte que l'on peut caractériser rapidement et sûrement le sulfoconjugué de la fuchsine dans les vins. Il suffit d'agiter pendant quelques secondes 20 centimètres cubes de ce liquide avec 5 grammes de bioxyde de plomb et de filtrer. Le liquide filtré sera coloré en rose et sera décoloré par addition d'ammoniaque si le vin renfermait le produit dont il s'agit.

---

(1). Voir *C. R. de l'Ac. des Sc.*, 1884-85.

— Séance du 19 août 1885 —

M. Adolphe CARNOT, Ing. en chef des Mines, à Paris.

Nouvelle réaction caractéristique de l'or (1). *Son dosage rapide par un procédé colorimétrique.* — De petites quantités d'or peuvent être mises en évidence, dans une solution chlorhydrique très faiblement acide, au moyen de différentes actions réductives indiquées par l'auteur; la réaction la plus caractéristique s'obtient en ajoutant quelques gouttes de perchlorure de fer et d'acide arsénique, puis introduisant du zinc en poudre dans la liqueur. Il se produit une coloration, qui varie du rose pâle au rouge pourpre, suivant la quantité d'or contenue et qui est due à la formation d'un sel d'oxydule d'or.

Cette réaction peut être utilisée pour la recherche qualitative du métal et aussi pour son dosage par une méthode colorimétrique. L'auteur expose la marche à suivre pour déterminer rapidement, par voie humide, la teneur approximative d'un minerai aurifère.

M. FIGUIER, Prof. à la Fac. de Méd., à Bordeaux.

Inversion du courant produit par un accumulateur. — Un accumulateur fort simple formé par deux lames de graphite rendues impolarisables par un dépôt métallique de platine, plus particulièrement, ou de mousse charbonneuse, et plongeant dans de l'eau aiguisée d'acide sulfurique, a été mis en contact, pendant quelques instants, avec un couple, zinc amalgamé et charbon impolarisable, excité par de l'acide sulfurique étendu. On a fait alterner, en les renversant, les contacts polaires entre la pile auxiliaire et l'accumulateur.

Ce dernier a reproduit ces deux phases, en donnant successivement des courants secondaires de directions opposées. Le courant secondaire résultant de la combinaison à travers le liquide de l'hydrogène et de l'oxygène occlus en couches alternatives et superposées dans chaque charbon polaire de l'accumulateur doit nécessairement s'inverser, puisque l'ordre des gaz, en présence l'un de l'autre, se trouve interverti à partir d'un certain moment.

M. ROUSSEL, Chimiste, à Clermont-Ferrand.

Fabrication du kermès vétérinaire à froid. — M. ROUSSEL propose la préparation suivante : On mélange très intimement du sulfure d'antimoine réduit en poudre impalpable avec la moitié de son poids de sel de soude à 85° ; on arrose le mélange jusqu'à ce qu'on obtienne une bouillie demi-claire. On triture la masse de nouveau humectée d'eau pour éviter le durcissement, et on l'abandonne à elle-même pendant 10 ou 15 jours. Il ne reste plus qu'à mettre sur un filtre et à laver à grande eau jusqu'à cessation de réaction alcaline. On obtient ainsi un excellent kermès vétérinaire.

M. Roussel revient ensuite sur l'existence dans ce kermès d'une partie insoluble dans les alcalis, soluble dans un lait de chaux, et de composition

(1) Voir *C. R. de l'Ac. de Sc.*, t. XCVII.

analogue à la partie soluble. On peut ensuite, par évaporation des eaux de lavage, obtenir un beau kermès médicinal, comparable comme qualité au kermès dit de Cluzel.

Le caoutchouc.— M. Roussel expose quelle est, à l'heure actuelle, la situation de l'industrie du caoutchouc, livrant des produits manufacturés de qualité très inférieure afin d'arriver à des prix de vente suffisamment bas. M. Roussel trouve que le fabricant pourrait, dans les mêmes conditions de prix, livrer des articles de bonne qualité à l'aide de procédés de fabrication mieux entendus et plus nouveaux. Il voit dans une transformation du vieux matériel et dans un plus grand soin apporté à la vulcanisation un moyen de ramener la prospérité dans cette industrie.

M. CHAUTARD, à Paris.

Sur l'iodaldéhyde. — L'iodaldéhyde s'obtient par un mélange d'iode et d'acide iodique en proportions convenables sur l'aldéhyde étendue d'eau. Ses propriétés et ses réactions rappellent les propriétés et les réactions des produits chloro et bromo substitués de l'aldéhyde. Les autres aldéhydes de la série grasse et de la série aromatique, traitées d'une manière analogue, fournissent aussi des dérivés iodés.

MM. GAUTIER et A. COLSON, Rép. à l'Éc. polyt., à Paris.

Action du perchlorure de phosphore sur les méthylbenzines. — En tubes scellés, les méthylbenzines sont attaquées par le perchlorure de phosphore, comme le serait leur vapeur par le chlore: elles donnent des chlorures correspondant aux alcools et aux aldéhydes : les auteurs décrivent les chlorures correspondants à l'aldéhyde téréphtalique et à l'aldéhyde phtalique.

M. J.-H. GLADSTONE, M. de la Soc. Royale de Londres.

Sur la réfraction et la dispersion spécifiques. — M. Gladstone rappelle qu'en 1872, au Congrès de Bordeaux de l'Association, il a entretenu la section de la question des équivalents de réfraction et qu'alors déjà il se hasardait à dire que les indices de réfraction joueraient un rôle important dans la chimie de l'avenir.

La réfraction spécifique, $\frac{\mu - 1}{d}$, c'est-à-dire l'indice diminué de l'unité et divisé par la densité, est pratiquement constant et ne varie pas avec la température; il n'en est pas de même de la dispersion spécifique $\frac{\mu_H - \mu_A}{d}$, c'est-à-dire de la différence des indices de réfraction des raies A et H du spectre solaire divisée par la densité.

Cette double propriété peut servir souvent à identifier une substance et à reconnaître sa pureté.

Elle est importante encore en ce qu'elle dépend de la constitution atomique des corps et est modifiée en une certaine mesure par l'arrangement moléculaire. C'est ce qu'on voit plus facilement en considérant l'équivalent de réfraction du corps, c'est-à-dire la réfraction spécifique multipliée par le poids moléculaire $P\frac{\mu - 1}{d}$.

L'équivalent de réfraction d'un corps est la somme des équivalents de réfraction de ses composants. On trouve, par exemple, celui de l'alun en faisant la somme des équivalents de réfraction du sulfate d'ammoniaque, du sulfate d'aluminium et de l'eau. On n'arriverait pas à un résultat correct en opérant de même pour le sucre et en le considérant comme un hydrate de carbone. Il faut tenir compte de la constitution du sucre et de l'état particulier dans lequel se trouve l'oxygène saturé à la fois par le carbone et par l'hydrogène.

La valeur de l'équivalent de réfraction du carbone change suivant que ce corps est dans l'état ordinaire de combinaisons, ou dans celui qu'on appelle à double liaison et qui se présente dans les corps non saturés.

On voit l'importance théorique que peut présenter l'étude des équivalents de réfraction.

MM. C. FRIEDEL et J.-M. CRAFTS.

Sur l'action du chlorure de méthylène sur la benzine et sur ses homologues. — Le chlorure de méthylène réagit facilement en présence du chlorure d'aluminium sur la benzine et fournit le diphénylméthane, mais en même temps et d'une façon prépondérante, si la benzine n'est pas en grand excès, il se produit de l'anthracène par la réaction de deux molécules de chlorure sur deux molécules de benzine. Dans cette réaction une certaine quantité de chlorure de méthylène est réduite en chlorure de méthyle qui réagit sur une portion de la benzine pour donner du toluène. Avec les benzines substituées, on obtient ainsi des anthracènes substitués; avec le toluène, du diméthylanthracène ; avec les xylènes, du tétraméthylanthracène ; avec le pseudocumène, un corps qui paraît être l'hexaméthylanthracène; en même temps une notable partie du pseudocumène est transformée en durol.

La formation de benzines méthylées supérieures à celle employée donne lieu à la production de méthylanthracènes plus élevés et il est assez difficile d'isoler ces corps à l'état de pureté.

M. Georges Friedel ayant fait réagir le chlorure de méthylène sur la benzine monochlorée, a obtenu du diphénylméthane dichloré en notable proportion, bouillant sans décomposition à 320-325° et une petite quantité d'un corps en lamelles cristallines, qui n'a encore pu être étudié et qui est probablement un anthracène chloré.

M. A. de SCHULTEN, Prof. de Chimie, à Helsingfors (Finlande).

Sur la production artificielle de quelques minéraux. — M. Friedel présente, au nom de M. A. de Schulten, les résultats de ses recherches sur la reproduction artificielle de la strengite, de la brucite et de l'hydrate de cadmium cristallisés. L'auteur avait envoyé des échantillons bien cristallisés, que les membres de la section ont pu étudier au microscope.

M. STUDLER, Direct. de l'Éc. prim. sup. à Sidi-bel-Abbès.

Sur l'existence de quelques molécules dans lesquelles l'azote est incomplètement saturé.

7e Section

MÉTÉOROLOGIE ET PHYSIQUE DU GLOBE

PRÉSIDENT D'HONNEUR. . . M. D. RAGONA, Dir. de l'Obs. Royal de Modène.
PRÉSIDENT . . . . M. BOUVIER, Ing. en chef des P. et Ch., à Avignon.
SECRÉTAIRE. . . . . M. A. ROGER, à Épernay.

— Séance du 13 août 1885 —

M. RAGONA, Dir. de l'Obs. royal de Modène.

Sur le régime des vents dans les Apennins. — En discutant les observations d'une station sur les Apennins, très élevée sur le niveau de la mer et à horizon tout à fait libre (Zocca), M. RAGONA trouve de remarquables relations entre la fréquence des vents et les époques des solstices et des équinoxes, ainsi qu'une courbe annuelle de la vitesse du vent, très réguliere et identique à celle de Modène (à 32 kilomètres de distance), avec une anticipation de 35 jours sur les maxima et minima de cette dernière.

M. Alfred ANGOT, Météorologiste au Bur. central météor. de France, à Paris.

Étude sur les époques de vendanges en France (1). — M. ANGOT a réuni les observations d'époques de vendanges en France dans plus de 600 stations; ces observations remontent au moins à quarante ans, et pour quelques stations à cent ans, deux cents et même davantage. La discussion de ces observations permettra de comparer les phénomènes notés maintenant régulièrement chaque année par les correspondants du Bureau central météorologique, avec les phénomènes moyens tels qu'ils résultent d'une longue série d'observations. Cette discussion a conduit aux résultats suivants :

1° La date des vendanges varie d'une année à l'autre entre des limites très étendues qui, dans un même pays, peuvent atteindre et même dépasser 70 jours.

(1) Le travail est publié *in extenso* in *Ann. du Bur. centr. météor.* pour 1883, t. I. Paris, 1885.

2° L'époque de la maturité de la vigne est réglée principalement par la condition que la plante doit avoir reçu, depuis le commencement de la période végétative, une certaine somme de chaleur, bien déterminée pour chaque espèce de vigne. D'autres conditions accessoires, âge du plant, humidité du sol, mode de culture, soufrage, etc., peuvent modifier d'une manière notable l'époque normale de la maturité.

3° Les époques moyennes des vendanges pour un même pays éprouvent avec le temps de longues variations; mais ces variations ne présentent pas le même caractère dans des régions très voisines; elles doivent donc être attribuées à des changements dans les habitudes locales, dans la nature des espèces cultivées ou dans le mode de culture. En tous cas, on ne peut en conclure d'aucune manière que le climat aille sans cesse en se détériorant.

4° Les époques de vendanges ne présentent pas de variations périodiques que l'on puisse rapprocher de celles des taches du soleil.

M. l'Abbé MAZE, à Harfleur.

Sur le cercle de Bishop et les lueurs crépusculaires. — D'observations faites pendant l'été dernier, notamment le 11 et le 12 juin, les 16, 17 et 18 juillet, il résulte que le phénomène auquel M. Forel a donné le nom de cercle de Bishop de même que celui des lueurs crépusculaires sont d'autant plus visibles que le ciel est plus pur et les étoiles sont plus visibles.

Ce fait rend peu probable l'hypothèse qui attribue ce phénomène à des poussières suspendues dans l'atmosphère.

M. BOUVIER, Ing. en chef des P. et Ch., Prés. de la Comm. météor. de Vaucluse, à Avignon.

Observatoire du Mont-Ventoux : Travaux. — Instruments. — Paratonnerre. — M. Bouvier fournit d'intéressantes explications sur les travaux de l'Observatoire du Mont-Ventoux, son installation scientifique et l'exécution prochaine de son paratonnerre à pointes et à conducteurs multiples, dont l'étude a été faite par M. Melsens et soumise au contrôle de M. Mascart.

M. HOUDAILLE, Répétiteur à l'Éc. d'Agric. de Montpellier.

Sur un pluviomètre enregistreur (1). — Ce pluviomètre enregistreur a pour organe essentiel un vase de Tantale débitant périodiquement les 1/2 millimètres de pluie. L'exactitude de chaque jaugeage est assurée par l'adjonction d'un flotteur provoquant l'interruption de l'arrivée de l'eau au moment où le vase mesureur commence à se vider; la chute de chaque 1/2 millimètre de pluie détermine l'impression d'un point sur la bande de papier d'un inscripteur de Morse.

(1) Le travail *in extenso* est publié in *Ann. de l'Ac. des Sc. de Montpellier*, 1885.

Sur l'organisation de l'Observatoire météorologique de l'École d'agriculture de Montpellier. — L'Observatoire météorologique de l'École d'agriculture de Montpellier a été fondé en 1873; sa période de rapide développement, caractérisée par l'emploi d'appareils enregistreurs, ne date que de 1882. La station comprend un laboratoire où l'on trouve le baromètre, le thermomètre, l'anémoscope enregistreur Rédier, un anémomètre enregisteur Hervé-Mangon, un hygromètre de MM. Richard, un pluviomètre enregistreur, l'actinomètre enregistreur de M. Crova. Le parc extérieur d'observation renferme l'inscripteur solaire de M. Dubosq, l'évaporomètre enregistreur Rédier. Un abri robuste protège les instruments usuels d'observation discontinue.

— Séance du 14 août 1885 —

M. RAGONA, Dir. de l'Obs. royal de Modène.

Températures superficielles du sol. — M. Ragona expose la discussion des observations des trois thermomètres à minima, exactement comparés entre eux, situés à différentes hauteurs et presque dans la même verticale : le premier, à l'ombre et à l'air libre, à 32 mètres sur le sol; le second, à l'ombre et entouré d'une riche végétation dans un jardin, à 3 mètres sur le sol; le troisième, enterré à 12 centimètres au-dessous du sol. Les époques des températures maxima et minima annuelles se manifestent auparavant dans le jardin, et plus tard dans le sol. Les différences journalières des indications de ces thermomètres, présentent une courbe annuelle très régulière, qui est la même que celle de la pression atmosphérique. Et précisément les époques des maxima barométriques correspondent aux époques où les indications des thermomètres à minima sont plus rapprochées entre eux, tandis que les époques des minima barométriques correspondent à celles où les thermomètres à minima sont le plus éloignées.

M. l'Abbé MAZE, à Harfleur.

Sur la connexion de l'état hygrométrique à la Havane, le magnétisme du même lieu et les aurores boréales des États-Unis. — Les courbes thermométriques et hygrométriques (humidité relative) de l'Observatoire du collège de Belen, tenu par les jésuites à la Havane, sont en général d'une très grande régularité, avec un seul minimum et un seul maximum par jour; mais parfois ces courbes sont très irrégulières. Or cette irrégularité précède généralement d'un à trois jours une grande perturbation magnétique, bien sensible au bifilaire du même établissement, laquelle se manifeste également par des aurores boréales visibles aux États-Unis.

M. CROVA, Prof. à la Fac. des Sc. de Montpellier.

Sur un actinomètre enregistreur (1).—Un élément thermo-électrique fer et cuivre, ayant la forme d'une disque très mince, exposé librement aux radiations solaires, est guidé par un mouvement équatorial mû électriquement. Le tube

(1) Voir *C. R. de l'Acad. des Sc.;* t. CI, p. 418.

qui contient le disque actinométrique porte plusieurs diaphragmes étroits, de diamètres graduellement décroissants, qui arrêtent complètement l'action perturbatrice du vent. Le courant obtenu actionne un galvanomètre à miroir qui réfléchit la lumière d'une lampe sur une feuille photographique animée d'un mouvement uniforme par l'horloge qui entretient électriquement le mouvement équatorial de l'actinomètre.

Les courbes obtenues sont étalonnées par des observations faites avec un actinomètre absolu. — Elles indiquent des oscillations continuelles de l'intensité de la radiation solaire, et des particularités remarquables que l'auteur étudie actuellement.

M. DUPONCHEL, Ing. en chef des P. et Ch., à Montpellier.

Variations de la température terrestre. — M. DUPONCHEL expose ses idées générales sur le principe de la conservation de l'énergie dans l'univers et sur le cas particulier des radiations astrales entretenues par les ondulations tangentielles de l'éther.

Comme preuves de sa théorie, il explique le phénomène de la variation d'éclat des étoiles et l'existence d'un cycle de deux ans pendant lequel la température terrestre subit 27 ondulations périodiques à phases inégales. Il termine en indiquant comment la lune et toutes les planètes donnent lieu à une série de perturbations périodiques dont la superposition règle finalement les variations normales de la température terrestre en chaque lieu.

M. le Dr E. VIBERT, au Puy.

Appareil destiné à démontrer la coexistence d'un mouvement descendant et ascendant dans certaines trombes (1). — M. le Dr VIBERT présente un appareil destiné à démontrer comment, dans certaines trombes, un mouvement secondaire à direction *ascendante* peut se produire et coexister avec le mouvement propre du météore qui, lui, est *descendant*.

L'appareil montre : 1° comment la paroi *externe* de l'entonnoir que forme la trombe donne lieu, en se désagrégeant au contact du sol, à la formation de l'embrun ; 2° comment les produits de désagrégation de la paroi *interne* de cet entonnoir aérien, emprisonnés dans cette gaine, au fond de laquelle ils affluent continuellement, sont, par cela même, forcés de s'échapper par en haut sous forme de colonne *ascendante*.

— Séance du 17 août 1885 —

M. FOLIE, Dir. de l'Obs. Roy. de Bruxelles.

Sur les froids périodiques. — Pour vérifier si, conformément à l'opinion d'Erman, combattue par Mädler, Buys-Ballot et Faye, les minima de février et de mai sont en relation de cause à effet avec les essaims de météorites d'août et de novembre, j'ai recherché si d'autres essaims bien caractérisés donneraient lieu à des froids correspondants à six mois de distance.

(1) Voir *C. R. de l'Ac. des Sc.*, 12 janv. 1885.

Les essaims de juillet et du commencement de mai m'ont amené à former les tableaux ci-joints, donnant les moyennes des températures de 52 années d'observation à Bruxelles (1833-1884), pendant les mois de janvier et de novembre, c'est-à-dire à six mois de distance des essaims précités :

Janvier.		Octobre-novembre.	
13	1.94	31	8.32
14	2.21	1	7.93
15	2.23	2	7.73
16	**1.72**	3	**7.35**
17	1.94	4	7.69
18	2.34	5	7.66
19	2.48	6	7.98
20	2.21		
21	**1.83**		
22	2.21		
23	2.63		
24	3.14		

M. TEISSERENC DE BORT, Ch. du serv. de météor. génér. au Bur. central météor. de France, à Paris.

Recherches sur la position des grands centres d'action de l'atmosphère au printemps (1). — M. Léon Teisserenc de Bort expose la suite de ses recherches sur la position des grands centres d'action de l'atmosphère comparée aux caractères généraux du temps. Son travail, qui fait suite à celui sur les grands hivers, porte cette fois sur le mois de mars. L'étude des isobares en mars conduit à classer les situations atmosphériques en cinq types principaux, qui sont les suivants :

Type F. — Ce type est caractérisé par la présence d'une aire de fortes pressions sur nos régions, avec pressions plus faibles sur les Açores et la région sibérienne voisine de Tobolsk. Ce type, très analogue au type B d'hiver, est généralement sec; un de ses caractères dominants est de déterminer en Islande une surélévation de température très considérable.

Type G. — Il est caractérisé par l'extension vers le nord-est de l'Europe des hautes pressions de l'Asie; il est généralement accompagné d'un temps sec. Lorsque les vents de sud-est sont prédominants, ce qui dépend de la latitude du centre du maximum barométrique et de l'orientation des isobares, la température est au-dessus de la normale; c'est à ce type qu'appartiennent les mois assez chauds de mars 1862 et 1873.

Type G'. — Lorsque le gradient est dirigé vers le sud-ouest et que le vent prend de la force, cela constitue le type G' avec lequel la température reste basse.

Type H. — Les temps doux et pluvieux sont déterminés par le type H, caractérisé par la présence des basses pressions de l'Atlantique auprès du nord-ouest de l'Europe. Les vents de sud-ouest sont très dominants, la température douce, les pluies abondantes.

Type I. — Les temps doux sans excès de pluie sont déterminés par le type I;

(1) Voir le mémoire original dans les *Ann. du Bur. central météor.* pour 1883, tome IV. Paris, 1885.

celui-ci est caractérisé par l'extension sur la France et la péninsule Ibérique des hautes pressions océaniennes. Les vents d'entre le sud et l'ouest sont très prédominants.

M. HOUDAILLE, Répétiteur à l'Éc. d'Agric. de Montpellier.

Sur les lois de l'évaporation (1). — L'évaporation p de l'eau par unité de surface, liée à la température et à l'état hygrométrique par le facteur $(F - f)$, dépend du périmètre C de la surface évaporante S. Elle est donnée dans l'air en repos par la relation

$$p = (F - f)0{,}365 + 0{,}998\frac{C}{S}.$$

Sous l'action d'un courant d'air de vitesse V, l'évaporation P par centimètre carré de l'évaporomètre de M. Piche a été trouvée égale à

$$P = \frac{p}{1 + 0{,}5V} + \frac{25{,}1(F' - f)}{1 + 0{,}24(F' - f)}(V + 5\sqrt{V}).$$

F' est la tension de vapeur correspondant à la température du thermomètre mouillé d'un psychromètre observé dans les mêmes conditions de température et d'état hygrométrique.

M. ZENGER, Prof. à l'École polyt. de Prague.

Parallélisme des grandes perturbations atmosphériques et séismiques, et du mouvement de rotation du soleil.

M. H. VIGUIER, Prof. à la Fac. des Sc. de Montpellier.

Des lueurs crépusculaires à toutes les époques (2). — De tout temps les lueurs crépusculaires ne sont pas restées étrangères aux *phénomènes, prodiges* ou *pronostics*. Les éruptions volcaniques, les tremblements de terre n'ont pas joué un rôle analogue dans des phénomènes qui rappellent, plus ou moins, les lueurs de quelque vaste incendie, ou même un embrasement général du ciel. La confusion s'est surtout produite à l'égard des aurores boréales. De nos jours, avec la connaissance plus avancée des phénomènes terrestres ou cosmiques, on a tenté de les faire intervenir dans l'explication des *prodiges* rapportés par les historiens ; mais c'est rarement avec un plein succès.

M. Viguier résume la discussion à ce point de vue, en y introduisant la considération des lueurs crépusculaires, à peu près entièrement négligée jusqu'ici ; il rappelle combien il importe d'avoir égard à l'heure de l'apparition des phénomènes, à leur durée, à la région du ciel où ils apparaissent, enfin à toutes les circonstances de leur manifestation ; cela même lorsqu'il n'est pas

(1) Voir *C. R. de l'Acad. des Sc.*, janvier et août 1885.

(2) Suite à une série d'articles publiés ou en voie de publication. (Voir *Société de géographie languedocienne*, année 1885 ; article et dessins communiqués à l'Association scientifique, *Bulletin* des 24 et 31 mai 1885.

toujours possible de les rapporter à une époque parfaitement déterminée, ou de faire la part de l'exagération née sous l'empire des événements extraordinaires qui durent s'accomplir à la suite des présages considérés généralement comme des manifestations de la colère céleste.

M. LAURIOL, Ing. des P. et Ch., à Thonon.

Sur les oscillations rythmées du lac Léman. — Le lac de Genève présente trois systèmes d'oscillation dont les périodes sont 10, 35 et 73 minutes et qui affectent la surface du lac dans le sens longitudinal ou transversal. Ces oscillations, dont l'amplitude maxima a atteint 25 centimètres, paraissent se relier plutôt aux brusques perturbations barométriques qu'aux variations de vitesse du vent. Les points d'observation étaient Genève, Thonon et Morges.

Dans sa séance du 13 août, la 7e section a émis le vœu suivant :

La 7e section, s'associant aux conclusions présentées par M. Bouvier, président de la commission météorologique de Vaucluse, émet le vœu que l'observatoire du Mont-Ventoux, comme ceux du Puy-de-Dôme et du Pic-du-Midi, soit classé parmi les observatoires de l'État et elle demande qu'il soit transmis par le Conseil d'administration à M. le ministre de l'instruction publique.

L'Assemblée générale du 20 août a adopté ce vœu (1).

Ouvrages imprimés

ENVOYÉS AU CONGRÈS

POUR ÊTRE SOUMIS A LA 7e SECTION

M. Houdaille. — Bilan météorologique de 1883. — Le laboratoire de physique et le service de la météorologie à l'École d'agriculture de Montpellier. — Sur le pluviomètre enregistreur. — Bulletin météorologique du département de l'Hérault. — Les lois de l'évaporation.

M. Hurion. — Rapports mensuels présentés à la Commission météorologique de l'Isère (1881-82-83). — Notions de météorologie.

M. C. Millon. — La classification des nuages de Poey.

M. D. Ragona. — Sul calore delle irridiazzioni solari. — Sul clima di Assab. — Andamento annuale della umidita relativa e assoluta. — Andamento diurno e annuale della velocita del vento. — Andamento diurno e annuale dello stato del cielo. — Osservazioni sulla evaporazione. — Sul periodo diurno della elettricita atmosferica.

---

(1) Voir p. 1.

3e Groupe

SCIENCES NATURELLES

8e Section

GÉOLOGIE ET MINÉRALOGIE

PRÉSIDENT D'HONNEUR. . . M. DE LORIOL, Géologue, à Crassier, canton de Vaud (Suisse).
PRÉSIDENT . . . . M. LORY, Doyen de la Fac. des Sc. de Grenoble.
VICE-PRÉSIDENTS. . . . . . MM. COTTEAU, Anc. Prés. de la Soc. géolog. de Fr., à Paris.
POMEL, Dir. de l'Éc. supér. des Sc., à Alger.
SECRÉTAIRE . . . . M. BOURGERY, à Nogent-le-Rotrou.

— Séance du 13 août 1885 —

M. COLLOT, Prof. à la Fac. des Sc. de Dijon.

Diversité corrélative des sédiments et de la faune du miocène marin des Bouches-du-Rhône. — Le rivage oriental de la mer miocène dans les Bouches-du-Rhône était formé par des plages sur lesquelles prenaient naissance des sables coquilliers. Les mollusques de la terre voisine (Hélices, Cyclostomes, Glandines) se sont conservés en grand nombre dans ce *grès à Hélix*.

Au-dessous de ces plages s'accumulaient des sables et graviers siliceux, que les vagues étaient impuissantes à relever sur la pente trop rapide.

Vers Luynes, des galets très plats rappellent les cordons littoraux.

Dans la région de Rognes, Lambesc, Pélissane, des collines néocomiennes doivent leur dernier relief à des mouvements postérieurs au miocène, mais ont leur origine dans des plissements et cassures antérieurs.

Dans les vallées sous-marines les sables s'accumulaient en masses épaisses. A Lambesc, de grands Peignes peuplaient ces sables vaseux.

Sur les petits plateaux submergés qui séparaient ces vallées, la sédimentation et la vie étaient tout autres, au sein d'eaux limpides et agitées. Ainsi, de gros Gastroprodes (Pyrula cornuta), accompagnés d'autres plus petits et de rares Lamellibranches, vivaient aux aires de Rognes. Des *Algues calcaires, Lithothamnium*, plus ou moins mêlés avec les débris de Gastropodes et d'Échinides, ont formé un calcaire grossier blanc sur les hauteurs des Taillades et sur le plateau d'Aurons. Les éléments détritiques inorganiques étrangers, à l'état de sable ou de vase, n'ont généralement pas atteint les plateaux pour souiller ces roches d'origine organique.

M. POMEL, Dir. de l'Éc. sup. des Sc., à Alger.

Présentation du rapport sur une mission géologique en Tunisie, en 1877, et de la carte géologique du massif d'Alger. — Le rapport sur la mission en Tunisie constitue le premier numéro du *Bulletin de l'École supérieure des sciences d'Alger;* il devait être suivi d'une deuxième partie relative à la géographie ancienne, à quelques notes sur la paléontologie et la botanique, mais la publication est tout au moins retardée par suite du refus de la subvention promise par l'Administration.

La carte géologique du massif d'Alger a été dressée par M. Delage, professeur de minéralogie à l'École des sciences d'Alger, sous la direction de MM. Pomel et Pouyanne, chargés par le Ministre des travaux publics de diriger l'exécution de la carte géologique de l'Algérie à grande et à petite échelle. Celle-ci est à l'échelle de $\frac{1}{20,000}$ et présente :

1° Le terrain cristallophyllien, gneiss, schistes micacés et cipolins ;

2° De petits lambeaux de grès à clypéastres du miocène inférieur ;

3° Des marnes à globigérines de l'horizon du terrain sahélien (probablement tortonien) ;

4° Des mollasses pliocènes commençant par les assises à *Terebratula ampulla* et des alternances de conglomérats, grès et argiles marneuses y formant un deuxième étage très distinct ;

5° Des dépôts quaternaires : plages marines soulevées à *Strombus mediterraneus*; dunes anciennes formant des grès à hélices; éboulis des pentes et limons rouges à *Elephas africanus*, avec quelques autres espèces de mammifères disparues.

M. A. PERON, à Bourges.

Sur les subdivisions de la craie aux environs de Troyes (Aube). — M. Peron communique une note où il indique la succession des strates et des zones fossilifères dans les étages cénomanien, turonien et senonien du département de l'Aube, ainsi que leur extension géographique aux environs de Troyes. Il signale plusieurs niveaux intéressants qui n'avaient pas encore été reconnus dans ce département et conclut à la continuité des dépôts crayeux dans l'Aube comme dans l'Yonne.

M. V. **GAUTHIER**, Prof. au Lycée de Vanves.

Description de trois espèces nouvelles d'Échinides de la craie. — M. Gauthier donne la description détaillée de trois espèces nouvelles, citées dans la note de M. Peron.

Ces trois espèces sont :

1° *Micraster Sanctæ Mauræ*, de Sainte-Maure, près de Troyes et de Couvrot (Marne) ;

2° *Micraster Beonensis*, recueilli à Béon, près de Joigny ;

3° *Epiaster Renati*, provenant de La Grange-au-Rez, près de Troyes, et de Thème, près de Joigny.

M. **POMEL**, Dir. de l'Éc. sup. des Sc. d'Alger.

Sur la station préhistorique de Ternifine, près Mascara. — La subvention accordée par l'Association pour continuer l'exploration de la station de Ternifine (Palikao) a permis de constater un certain nombre de faits intéressants.

Les espèces de vertébrés sont : 1° l'*Elephas atlanticus* dont la série entière des dents a été retrouvée, et un autre petit éléphant voisin du Melitensis, dont une seule dent est connue.

2° Un rhinocéros du type Atelodus, bien distinct des espèces quaternaires de l'Europe et qui portera le nom de *R. mauritanicus;*

3° Un hippopotame de très grande taille dont les canines et incisives inférieures étaient collectionnées pour armes ou outils ;

4° Un chameau (*Camelus Thomasii*) de la taille du dromadaire, dont il diffère par la forme du palais et du jugal.

5° Un cheval un peu plus grand que le zèbre, dont les dents sont très rares et dont les canons abondent;

6° Des antilopes et bœufs indéterminés ;

7° Le lion, représenté par un seul os (cubitus).

Les haches sont en grès grossier et en calcaire ; des coquilles et des nucléus de silex indiquent que l'homme de ce temps était malhabile à tailler les instruments tranchants; des pierres de foyer avec poterie grossière présentent cela d'intéressant, qu'elles proviennent de la carapace calcaire du terrain quaternaire ancien, dans lequel, du reste, on a trouvé une autre espèce d'éléphant. On est étonné aussi de la quantité de cavités cotyloïdes des bassins d'éléphant et d'hippopotame qu'on rencontre. Enfin, il y a à signaler l'absence de chiens domestiques et même de toute trace d'os rongés par les carnassiers.

— Séance du 14 août 1885 —

M. G. **COTTEAU**, Anc. Prés. de la Soc. géol. de France, à Paris.

Ensemble des Échinides du terrain jurassique de la France. — M. Cotteau présente quelques considérations générales sur l'ensemble des Échinides du terrain jurassique de la France ; il indique la répartition dans les divers étages des cinq cent vingt-cinq espèces qu'il a décrites et fait figurer dans la *Paléon-*

tologie française. M. Cotteau montre combien, sur certains points, notamment dans les stations coralligènes, la faune échinitique était abondante et variée en genres et en espèces.

M. DE LORIOL, à Crassier, Vaud, Suisse.

Considérations générales sur les Crinoïdes des couches jurassiques de la France. — L'étude des Crinoïdes jurassiques de la France vient d'être terminée par l'auteur pour la *Paléontologie française*. Le nombre des espèces décrites se monte à 209, dont 86 nouvelles pour la science. Les premières apparaissent dans le lias au nombre de 31. Une comparaison avec les apparitions des espèces d'Échinides jurassiques de la France montre que, si dans le lias le nombre d'espèces de Crinoïdes est relativement plus élevé, par contre, dans l'étage bajocien, où se manifeste un développement extraordinaire des Échinides, le contraire arrive pour les Crinoïdes. Ces derniers ont leur maximum de développement dans l'étage oxfordien; ils diminuent subitement après l'étage séquanien, et le portlandien n'en compte plus qu'une espèce. Parmi les divers genres de Crinoïdes entre lesquels se répartissent les espèces, le genre *Millericrinus* en compte 64, le genre *Pentacrinus*, 43 espèces. Les genres *Balanocrinus* et *Extracrinus*, qui en comptent ensemble 28, sont reconnus comme devant être distingués. La valeur des caractères fournis par les tiges de Pentacrinidées, pour la distinction des genres et des espèces, est reconnue plus grande qu'on ne l'avait pensé d'abord; l'étude des espèces fossiles, comme celle des espèces vivantes, en fournit des preuves.

M. le Professeur MALAISE, de Gembloux (Belgique).

État actuel des connaissances relatives au cambrien et au silurien de la Belgique (1). — M. le professeur Malaise parle des terrains cambrien et silurien de la Belgique. Le cambrien de l'Ardenne n'a fourni jusqu'à présent que des fossiles de la faune primordiale : *Oldhamia radiata* et *Dictyonema sociale*.

L'ancien massif ardoisier du Brabant renferme du cambrien à *Oldhamia radiata*; et du silurien à faune seconde avec *Calymene, Trinucleus, Orthis Actoniæ, O. biforata*, etc., et à faune troisième à *Monograptus priodon*.

La bande de Sambre-et-Meuse est caractérisée par les faunes seconde et troisième.

— Séance du 17 août 1885 —

M. COLLOT, Prof. à la Fac. des Sc. de Dijon.

Constitution du crétacé dans les Bouches-du-Rhône. — Le crétacé marin des Bouches-du-Rhône, connu aux Martigues, peut être suivi à peu près sans interruption jusqu'à Brignoles. Sa constitution présente dans cette étendue des modifications importantes.

Sa base est formée par des calcaires blancs avec lits de marne verdâtre et

(1) Des Notices ou Mémoires sur ce sujet ont été publiés par nous dans les *Annales de la Société géologique de Belgique* et dans les *Bulletins et Mémoires de l'Académie Royale de Belgique*.

Natica Leviathan, Nérinées, tandis qu'au nord d'Aix ce sont des calcaires marneux à Céphalopodes de Berrias.

Le néocomien proprement dit appartient uniformément au faciès calcaréo-marneux à Lamellibranches et *Echinospatagus* des mers peu profondes.

L'urgonien renferme à sa base des bancs de Dolomie.

L'aptien est composé d'une assise inférieure, calcaire, à *Ancyloceras Matheronis*, d'une partie moyenne marneuse et d'une assise supérieure glauconieuse à Trigonies, etc. Cette partie, la plus élevée, avait été considérée à tort comme aptien inférieur par Coquand et par Reynès.

Le gault est représenté de Simiane à Mimet par des calcaires gris, siliceux, avec rares *Inoceramus concentricus*.

Les étages crétacés jusqu'au turonien à *Radiolites cornu pastoris* sont en retrait les uns sur les autres et se concentrent graduellement vers le littoral actuel. Mais les calcaires à Hippurites (provencien de Coquand) débordent au nord la craie moyenne et à l'est le néocomien lui-même, s'étendant au loin sur le jurassique supérieur.

Ce mouvement d'extension s'est continué *graduellement* pendant la formation des couches lacustres, qui comprennent les lignites de Fuveau et à la partie supérieure desquelles appartient le calcaire de Rognac.

Discussion. — M. Lory donne des explications qui confirment, en ce qui concerne les environs de Grenoble, les observations faites par M. Collot dans le département des Bouches-du-Rhône.

M. F. LEFORT, à Nevers.

Recherches sur l'âge relatif des différents systèmes de failles du Morvan. — M. Lefort continue la démonstration du rôle joué par les failles dans le cantonnement des divers terrains de la Nièvre. Il envisage les limites de l'îlot porphyrique de Saint-Saulge et du massif permocarbonifère de La Machine. De cette seule étude, il déduit la date chronologique de plusieurs systèmes de failles, caractérisés chacun par un groupe de nombreuses cassures parallèles. L'apparition d'un système de dislocations coïncide avec la constatation subite du renouvellement de la faune. La modification de la structure pétrographique des couches sédimentaires d'un même niveau est aussi profonde que la différence remarquée dans la composition des roches azoïques, suivant l'influence des failles de différents âges dans chaque région. La conclusion est une preuve apportée à la théorie des évolutions successives d'Alcide d'Orbigny par la seule observation des failles et en même temps une impossibilité d'admettre l'évolution de notre planète.

M. L. QUENAULT, M. de la Soc. Linn. de Normandie et de l'Acad. de Caen, à Montmartin-sur-Mer (Manche).

Traduction en français du mémoire de M. Issel. Des observations qui doivent être faites pour l'étude des mouvements séculaires du sol. — M. A. Issel, professeur à l'Université de Genève, après avoir constaté que le sol est sujet non seulement à des mouvements brusques instantanés, mais aussi à des mouvements lents qu'on appelle *bradisismi*, mot dérivé des deux mots grecs *sismos*, mouvement, et *brados*, lent, soit de haut en bas, soit de bas en haut, qui ont été observés presque partout, indique les observations qui doivent être faites pour les apprécier. Il termine ainsi : Dans la condition actuelle de la science, il importe avant tout d'établir en fait le changement d'altitude de la terre émergée eu égard au niveau moyen de la mer, reconnu conventionnellement comme invariable. Plus tard, les savants compétents rechercheront les phénomènes qui se rapportent au bradisismi, et ceux qui sont dus au mouvement de la masse des eaux.

Ce mémoire est suivi d'un questionnaire qui n'a pas été reproduit par M. Quenault, ce questionnaire ayant beaucoup de ressemblance avec celui qui a été lu en 1884 au Congrès de Blois.

Mouvements lents de la mer et du sol. — La mémoire de M. Quenault fait suite à celui qu'il a lu en 1884 au congrès de Blois. Les catastrophes d'Ischia, du détroit de la Sonde et de l'Espagne, les observations qui ont été faites à la suite de ces désastres semblent avoir donné quelques lumières sur les dénivellements lents et réguliers de la mer et du sol. Il est bien constaté que les dénivellements du sol proviennent de deux causes principales : 1° la force d'expansion que la terre recèle dans son sein et qui se manifeste par des éruptions volcaniques et des tremblements de terre, et 2° l'influence astrale, qui est indubitable pour le phénomène des marées et très vraisemblable pour les mouvements lents et réguliers du sol et de la mer. Les premiers sont brusques et instantanés et bouleversent la superficie de l'écorce terrestre ; les autres, lents, réguliers, la laissent en repos parce que l'influence astrale cause les dénivellements par un changement dans la direction de la gravitation de notre planète. Les marées sont dues à l'influence soli-lunaire ; les mouvements lents et réguliers qui déplacent les eaux sur la terre seraient la conséquence d'une évolution astrale qui déplace momentanément les eaux sur la terre et cause par ce déplacement une phase géologique.

Discussion. — M. Pomel a déjà signalé la formation d'une dépression dans le golfe de Gabès, entre les îles Kerkissa et Djerba, et il en est encore fait mention dans un dernier mémoire inséré au Bulletin de l'École des sciences d'Alger. Mais il ne pense pas que ce mouvement s'étende aussi loin que le pensent quelques personnes ; il croit que tout au plus il s'étend du cap Dimas un peu au-delà de Djerba. Le quaternaire marin à *Strombus mediterraneus* manque sur toutes les plages qui s'étendent de Mellonge jusque bien au-delà de Gabès ; on ne trouve que les *Murex brandaris* et *M. trunculus* utilisés pour la fabrication de la pourpre, l'atterrissement gypso-limoneux y est presque partout d'origine continentale, non marine, et ce n'est qu'au nord de Mellonge, au Ras Kapondia ; que le quaternaire marin couronne le précédent, soit au niveau du flot, soit sur les falaises peu élevées qui constituent les îles de Djerba et Kerkissa, qui répondent par conséquent aux régions émergées ; toutes réserves faites sur les oscillations en sens inverse qui auraient pu se produire sur ces îles.

M. Émile RIVIÈRE, à Paris.

Le gisement quaternaire du Perreux de Nogent-sur-Marne (Seine). — M. Émile Rivière fait connaître le résultat de ses recherches dans les sablières quaternaires, situées presque sur les bords de la Marne, au Perreux de Nogent-sur-

Marne. Ces sablières, au nombre de quatre, lui ont donné, entre autres pièces, plusieurs dents et os d'*Elephas primigenius* et de *Rhinoceros tichorhinus*, quelques échantillons de bois fossiles, ainsi qu'un certain nombre de silex taillés, remarquables par leur beauté, leurs grandes dimensions et le fini de leurs retouches.

M. G. COTTEAU, à Paris.

Présentation de planches sur les Échinides éocènes. — M. Cotteau fait passer sous les yeux de la section les premières planches de son ouvrage sur les Échinides éocènes de la France. Ces planches, exécutées avec beaucoup de talent et d'exactitude par M. Humbert, sont relatives aux genres *Spatangus*, *Maretia* et *Euspatangus*. Dans le but de rendre son travail plus complet, M. Cotteau fait un appel à tous les géologues qui possèdent des Échinides éocènes, et les prie de vouloir bien les lui envoyer en communication.

— Séance du 19 août 1885 —

M. Émile RIVIÈRE, à Paris.

Faune des invertébrés des grottes de Menton, en Italie. — Dans une seconde communication, M. Émile Rivière appelle l'attention sur la faune des invertébrés des grottes de Menton. Cette faune, dont il donne la nomenclature complète, est des plus remarquables : 1° par l'énorme quantité des coquillages qu'il a recueillis lui-même dans lesdites grottes ; 2° par le grand nombre et la variété des espèces (174), terrestres ou marines, fossiles ou vivantes, méditerranéennes ou océaniques, dont les unes ont servi à l'alimentation de l'homme et les autres comme objets de parure ou monnaie d'échange.

M. l'Abbé BEROUD, à Ceyzériat (Ain).

Sur la grotte des Balmes, près Villereversure (Ain). — Communication faite à la section d'Anthropologie, surtout au point de vue paléontologique, et soumise également à la section de Géologie, en tant que les divers apports meubles qui constituent ce remplissage peuvent se rapporter aux temps tertiaires et quaternaires. M. l'abbé Beroud y a trouvé une succession de douze formations distinctes, depuis des sables éocènes ocracés : un fragment de dent d'*Elephas meridionalis* ; puis, dans les apports récents, la faune quaternaire, depuis le *Tichorhinus*, l'*Elephas primig.*, l'*Ursus sp.* et l'*Hyæna sp.*

— Séance du 20 août 1885 —

M. Ed. FUCHS, Ing. en chef des Mines, à Paris.

La géologie et les gîtes de cuivre du Bolio (Basse-Californie). — La presqu'île de la *Basse-Californie* est le prolongement de la chaîne côtière de la Californie. Son arête centrale est composée de roches éruptives, vitreuses et laviques, contre lesquelles s'appuient des terrains sédimentaires d'âge récent. Sur le versant Est, formant le rivage occidental de la mer Vermeille, vers le milieu de la presqu'île, ces terrains sont formés par des tufs feldspathiques et argileux à la base, puis marneux et finalement fossilifères ou disposés en couches régulières et légèrement relevées vers l'axe de la presqu'île. Quelques pitons de roches trachytiques émergent au milieu de ce plateau ; enfin des nappes de laves basaltiques le recouvrent partiellement.

C'est au milieu de ces tufs qu'apparaissent, à 120 kilomètres environ au nord de Muleje et en face de Guaymas, sur la côte mexicaine, au pied du volcan des Trois-Vierges, des *gîtes cuivreux* d'une grande importance. Ils sont constitués par trois couches régulièrement intercalées au milieu des tufs et surmontant chacune un conglomérat dont les éléments sont exclusivement empruntés aux massifs éruptifs de l'axe de la presqu'île.

Chacune de ces couches a environ 1 mètre de hauteur et le cuivre y apparaît sous forme d'oxyde, d'oxydule, de carbonate bleu et vert et quelquefois de silicate, associé ou accidentellement combiné au fer et au manganèse (*Crédnerite*). Exceptionnellement, on trouve, au-dessous du niveau hydrostatique des eaux, un peu de sulfures (principalement de la *Covelline*), mais l'arsenic et l'antimoine, ainsi que les métaux précieux, sont entièrement absents.

Ces différents minerais sont disséminés, dans chacune des trois couches, tantôt en veines irrégulières ou en petits lits discontinus, situés principalement à la base de la couche, tantôt en rognons ou en petites boules oolithiques (*Boleo*), disséminées au milieu d'un tuf argileux analogue à celui des couches encaissantes. Vers le sud-est la teneur en cuivre s'atténue lentement ; vers le nord-ouest, le cuivre semble faire place au sulfate de chaux cristallisé (albâtre), qui forme de puissantes masses dans le ravin de l'Infierno. Dans les trois ravins de *Providencia, Purgatorio, Soledad,* la teneur moyenne du minerai peut être évaluée à 10 pour 0/0 de cuivre métallique, la surface occupée par les couches se chiffrant par plusieurs milliers d'hectares.

Enfin, la composition du minerai est telle qu'il peut être fondu directement au four à manche, sans addition d'aucun fondant, en donnant directement un cuivre noir d'une grande pureté (94 pour 0/0).

Sur les graviers aurifères de la Sierra Nevada en Californie. — Les graviers aurifères de Californie sont des alluvions pliocènes et occupent le fond de vallées anciennes, creusées dans le massif schisto-granitique de la Sierra Nevada, à une altitude et avec une orographie complètement différentes des vallées actuelles.

Ces vallées anciennes ont fréquemment été suivies et quelquefois recoupées par des coulées de laves qui masquent partiellement les alluvions qu'elles renferment et qui ont reçu le nom de *deep leads*. Les alluvions sont constituées par deux couches distinctes, l'une, inférieure, bleue argileuse, dépourvue de toute stratification fluviatile, qui a reçu le nom de *blue gravel* et dont l'épaisseur moyenne varie de 1 à 3 mètres ; l'autre, composée de graviers et de sables stratifiés fluviatilement, dont la puissance atteint parfois jusqu'à près de 100 mètres.

Elles sont aurifères toutes deux, mais la couche bleue inférieure possède une richesse beaucoup plus grande que celle du gravier sableux qui la surmonte ; aussi est-elle souvent susceptible d'être exploitée par galeries, à la manière des gîtes stratifiés. Le gravier supérieur, au contraire, est toujours exploité hydrauliquement et sa puissance exceptionnelle permet de poursuivre avantageusement cette exploitation alors même que la teneur s'abaisse jusqu'à 0g,15 et même 0g,125 d'or par tonne.

Enfin, la couche schisteuse, qui forme le *substratum* du gravier bleu et que l'on désigne sous le nom de *bed rock*, est elle-même imprégnée de paillettes d'or sur une épaisseur de plusieurs millimètres. Cette circonstance, jointe au fait de la coloration bleue du gravier, qui exclut toute idée d'un courant se mouvant à l'air libre, oblige à chercher l'origine du *blue gravel* ailleurs que dans un simple phénomène fluviatile.

L'analogie du gravier bleu avec le *krosstens grus* de la Scandinavie et l'importance des pressions qu'a exigées la pénétration de l'or dans les schistes, font penser aux phénomènes glaciaires, bien que l'on n'ait pas encore constaté, sur le *bed rock* inférieur au gravier, les *stries* qui sont si éminemment caractéristiques de l'existence et de l'action des glaciers.

9e Section

BOTANIQUE

PRÉSIDENTS D'HONNEUR. . . MM. A. CHATIN, M. de l'Inst., Dir. de l'Éc. sup. de pharm., à Paris.
MUSSET, Prof. à la Fac. des Sc. de Grenoble.
PRÉSIDENT. . . . . M. le Marquis DE SAPORTA, Corr. de l'Inst., à Aix (B.-du-Rhône).
VICE-PRÉSIDENTS. . . . . . MM. J.-B. VERLOT, Dir. du Jard. botan. de Grenoble.
L'Abbé FAURE, Pr. de la Soc. dauphinoise, à Grenoble.
ARVET-TOUVET, à Gières-Uriage.
SECRÉTAIRE . . . . M. Paul MAURY, Prépar. à l'Éc. des Haut. Ét., à Paris.

— Séance du 13 août 1885 —

M. le Dr Ant. MAGNIN, Chargé d'un cours à la Fac. des Sc. de Besançon.

Quelques mots sur la géographie botanique du Lyonnais et présentation de sept cartes inédites de phytostatique. — M. A. MAGNIN rend compte à la section du résultat des recherches qu'il a poursuivies pendant quinze années pour déterminer les lois qui président à la distribution des végétaux dans la région lyonnaise.

Il donne successivement : la description des régions géographiques qui constituent la région lyonnaise; la méthode qu'il a employée dans cette étude, et particulièrement l'emploi qu'il a fait des lois d'analogie et d'association; la comparaison des diverses parties analogues des régions géographiques et l'établissement des *régions naturelles botaniques*, qui sont :

1° Région des vallées et des coteaux de la Saône, du Rhône et de l'Ain; 2° région du Mont-d'Or et du Beaujolais calcaire; 3° région du Beaujolais et du Lyonnais granitiques; 4° région de la Dombes d'étangs et de la Bresse, en y joignant les Terres froides du Dauphiné.

M. Magnin examine ensuite l'influence des différents facteurs, climat (température, pluie, etc.), nature du sol, qui agissent sur la répartition des végétaux; les modifications locales apportées au climat par l'exposition et l'altitude; les faits appuyant la doctrine de la prépondérance de l'influence de la composition chimique du sol, etc.

M. Magnin insiste principalement sur ce résultat important auquel il est arrivé que : 1° l'établissement de *divisions naturelles* dans la région lyonnaise est tout à fait sous la dépendance de la composition *chimique* du sol; 2° leurs subdivisions sont au contraire déterminées par le régime des pluies, l'exposition et les autres facteurs, les variations de la constitution physique du sol ne se manifestant que par les *stations* ou des modifications *locales* de la Flore (1).

Il présente enfin, à l'appui de sa communication, les cartes suivantes, tirées en couleur :

1° Carte des régions naturelles du Lyonnais; 2° carte des zones d'altitude; 3° carte de la distribution de la vigne et de la répartition des principaux cépages; 4° carte de la nature du sol; 5° carte représentant l'extension des espèces méridionales; 6° carte figurant l'extension des espèces occidentales; 7° carte donnant l'explication des localités.

Discussion. — M. le président appelle l'attention des membres de la Section sur l'importance des cartes présentées par M. le docteur Magnin et fait ressortir l'intérêt qu'il y aurait pour la géographie botanique générale à posséder, pour les diverses contrées d'un pays, des documents aussi nets que ceux-ci. De même que les flores locales ont pu seules faire connaître l'ensemble des végétaux, de même les études locales de répartition des plantes pourront seules résoudre les difficiles problèmes de la géographie botanique.

M. Paul MAURY, Préparat. à l'Éc. des Hautes-Études, à Paris.

Sur la structure et la fonction des organes sécréteurs des Plumbaginacées. — Après avoir signalé l'existence sur toutes les Plumbaginacées sans exception d'organes spéciaux dont la structure a pour la première fois été décrite en 1865 par Gaetano Licopoli, mais d'une façon incomplète, M. MAURY recherche quelle peut être la fonction de ces organes, qu'il propose de nommer *organes de Licopoli*. Contrairement à l'opinion du botaniste italien, il les regarde comme des organes sécréteurs, attendu qu'ils ont une fonction physiologique bien déterminée, celle de régulariser la transpiration en recouvrant la plante d'une croûte calcaire qui s'oppose à la trop grande évaporation. Il décrit la façon dont s'opère cet encroûtement, ayant pu s'en rendre compte expérimentalement. Dans une atmosphère très sèche, la substance minérale est expulsée des organes sous forme de filaments blancs très ténus, se pelotonnant au-dessus de l'orifice. A l'air humide, ces filaments fondent et se déposent en petites croûtes. En plaçant la plante alternativement dans ces deux conditions, on obtient constamment ces résultats. Enfin la substance sécrétée serait un mélange d'azotate de potasse et de chaux.

Discussion. — M. Ch. MUSSET est d'accord avec M. Maury pour voir, dans le rôle des encroûtements calcaires que ce dernier vient de décrire, un rôle physiologique; mais il se demande si ces encroûtements ont seulement pour but de préserver la plante contre une trop grande transpiration. Le calcaire qui forme ce revêtement n'a-t-il aucune influence sur la décomposition de l'acide carbonique par la plante? D'un autre côté, il pense que la plante ayant à se débarrasser d'une certaine quantité de sels minéraux inutiles à son entretien, les fait servir à régulariser la transpiration, comme le pense M. Maury. La

(1) Tous ces documents sont réunis dans un mémoire en cours de publication dans les *Annales de la Société botanique de Lyon*, t. VIII à XII, 1880-1885.

fonction des organes de Licopoli serait donc double : excrétrice d'abord, protectrice ensuite.

M. MAURY ne pense pas qu'il existe de relation entre la fonction des organes de Licopoli et la fixation du carbone en présence d'une atmosphère plus ou moins salée. En effet, ces organes fonctionnent dans toutes les conditions où peut se trouver la plante et non pas seulement dans le voisinage de la mer, les sebbka et les steppes, où beaucoup vivent d'ordinaire. Un grand nombre de ces plantes vivent aussi sur les montagnes; elles sont cependant pourvues de ces organes; lorsqu'on les cultive loin de la mer, ces organes ne disparaissent pas; enfin ce sont les espèces désertiques sur lesquelles on constate le plus de ces organes et un encroûtement général. Quant à la seconde objection, elle est évidemment d'une grande valeur; mais M. Maury fait remarquer que la présence d'un plus grand nombre de ces organes sur les espèces des pays les plus chauds et les plus secs plaide en faveur de son opinion.

M. RICHARD ne pense pas que les sels composant la substance minérale renfermée dans les organes spéciaux des Plumbaginacées soient des azotates de potasse et de chaux; il croit plutôt que ce sont des carbonates de chaux formés par la plante avec les matériaux qu'elle a puisés dans un sol très riche en chaux, soit libre, soit combinée avec d'autres corps.

M. MAURY déclare que l'étude chimique de la substance sécrétée par les Plumbaginacées étant réservée par M. L. Bourgeois et par lui, il ne répondra pas à l'objection de M. Richard. Toutefois il fait remarquer que rien ne s'oppose à ce que les sels en question soient des azotates, les travaux récents de MM. Berthelot et André ayant fait connaître l'existence de ces sels en assez grande quantité dans un certain nombre de plantes.

— Séance du 14 août 1885 —

M. le Dr Ant. MAGNIN, à Besançon.

Remarques sur le mémoire de Mouton-Fontenille intitulé : Observations sur les différentes espèces de végétaux propres aux montagnes calcaires et granitiques des environs de Grenoble (1798). — M. MAGNIN signale aux botanistes phytostaticiens un mémoire publié en 1798 par Mouton-Fontenille, sur les différences qu'on observe dans la végétation des montagnes calcaires et des montagnes granitiques des environs de Grenoble ; de même que les observations de Giraud de Soulavie (signalées pour la première fois par le Dr A. Magnin), ce mémoire n'a pas été mentionné par les botanistes qui se sont occupés de la question de l'influence du sol sur la végétation.

M. Magnin donne des renseignements sur la vie et les travaux de Mouton-Fontenille (mort à Lyon en 1837), et fait l'examen critique des énumérations de plantes qu'il a établies dans le susdit mémoire.

Documents inédits concernant les relations de Villars avec les botanistes La Tourrette, De Bournon, Sionest, etc. — M. MAGNIN rappelle les documents nombreux qu'il a trouvés dans les herbiers du conservatoire de botanique du jardin des plantes de Lyon concernant les relations qui ont existé entre Villars et divers botanistes lyonnais, tels que Claret de Fleurieu de la Tourrette de (1770 à 1788), De Bournon, Sionest, etc. (1); il présente quelques documents inédits provenant des manuscrits de ce dernier naturaliste, et particulièrement une lettre contenant des observations sur la *Flora danica*, adressée à Villars, dans laquelle le nom du botaniste grenoblois est écrit : *Villart*.

Discussion. — A propos de l'orthographe du nom de Villars, M. J.-B. Verlot déclare posséder des lettres des deux frères de ce botaniste, dans lesquelles l'un écrit : *Villard* et l'autre *Villar*. Enfin, le père du botaniste, qui était instituteur, a rédigé lui-même l'acte de naissance de son fils, et il a orthographié : *Villar*.

M. Casimir **ARVET-TOUVET**, à Gières, près Grenoble (Isère).

Commentaire sur le genre Hieracium. — Conditions d'une bonne monographie; nécessité de tenir grand compte de la tradition et en particulier des travaux de Villars et de Fries. Principaux botanistes de notre époque qui s'occupent d'une façon spéciale de l'étude de ce genre : le Dr Nägeli et sa monographie du sous-genre *Pilosella*, en collaboration avec le Dr Peter. Du transformisme et du jordanisme ; des principes linnéens. De la valeur et de la fréquence des hybrides dans le règne végétal et particulièrement dans le genre *Hieracium*. De la dispersion du genre en Europe et plus spécialement dans les Alpes du Dauphiné et de la Savoie. Aperçu systématique et nouvelle classification.

M. le docteur de **FERRY de la BELLONE**, à Apt (Vaucluse).

Sur le mycélium des Champignons hypogés et sur celui des Tubéracées en particulier. — Les *Hypogés basidiosporés* ont un *mycélium* permanent, dont les *Rhizopogon* et les *Sclérodermées* offrent des exemples.

Ce mycélium est *brun* et forme un beau *stroma*, chez les *Sclérodermées* surtout.

Les *Hypogés Ascosporés* ont un mycélium *permanent* ou *fugace ;* il est *permanent* chez les *Genea* et les *Elaphomyces*. Ce mycélium est également *brun*. Il est parasite chez les *Élaphomyces* des racines des châtaigniers et des pins, et des racines des chênes chez les *Genea*.

Le *Tuber panniferum*, qui est une *Tubéracée* véritable, offre aussi un mycélium *permanent* à filaments *bruns*.

Les racines des chênes, avoisinant les *truffières*, présentent en grande quantité un mycélium particulier, brun, *bouclé*, et *non blanc*, qu'on retrouve au milieu de la terre qui contient les *truffes*, et quelquefois sur les truffes elles-mêmes.

Si ce mycélium *brun* et *fugace*, que j'ai trouvé, en grande quantité, au pourtour des *Tuber Melanosporum* — *T. Brumale*, *T. Æstivum*, etc., etc., — est celui des *Tubéracées*, ce que mes préparations et mes microphotographies semblent prouver, ces Tubéracées seraient des parasites des chênes auprès desquels elles viennent.

Ce fait expliquerait la nécessité de planter des chênes dans les terres où l'on veut récolter des truffes. Il expliquerait aussi la *dénudation* pro-

(1) Voir *Claret de la Tourrette, sa Vie, ses Travaux, ses Recherches sur les Lichens du Lyonnais*, etc., par le Dr A. Magnin. Paris et Lyon, 1885.

gressive des places truffières : le même mycélium envahissant les racines des plantes qui y croissent.

Discussion. — M. MAURY, sans nier le moins du monde l'existence d'un mycélium pour la truffe comestible, fait observer que la communication ou les préparations de M. de Ferry de la Bellone n'apportent aucune preuve certaine en faveur de cette existence, si ce n'est une présomption. En effet, M. de Ferry n'a pas observé la formation de tubercules sur le mycélium brun qu'il pense être celui de la truffe. Dans ses préparations, les filaments bruns adhérents aux fragments de tubercule peuvent n'être que les extrémités des filaments formant le feutrage qui enveloppe le périthèce; dans le cas d'un tubercule traversé par une racine, les filaments libres tout autour du corps étranger paraissent n'être que les filaments dissociés du tissu stérile du périthèce. Le parasitisme n'est pas d'avantage formellement démontré, les filaments bruns trouvés sur des morceaux de racines pouvant appartenir à un tout autre champignon que la truffe. Néanmoins on doit reconnaître que si le fait n'est pas encore scientifiquement démontré, il y a beaucoup de probabilités pour qu'il se produise, ainsi que le pense M. de Ferry.

M. MUSSET, Prof. à la Fac. des Sc. de Grenoble.

Appareil destiné à apprécier le dégagement d'acide carbonique des plantes, sous l'influence des rayons colorés.

— Séance du 17 août 1885 —

M. le Dr A. MAGNIN, à Besançon.

Examen des Lichens de l'herbier Villars. — Dans une lettre adressée à M. le Président, M. MAGNIN rend compte de l'étude qu'il vient de faire de la partie lichénologique de l'herbier de Villars, conservé dans le Musée de la ville de Grenoble (1).

M. Magnin a constaté que le 1/6 des espèces provient des environs de Lyon, d'où elles ont été envoyées par La Tourrette. De plus, M. Magnin a pu identifier plusieurs espèces établies par Villars, qui avaient échappé à l'examen rapide fait en 1860 par M. Nylander (2).

M. le marquis de SAPORTA, Corresp. de l'Inst., à Aix (B.-du-Rh.).

Nouvelles observations sur les genres Podocarya Buckl. *et* Williamsonia Carruth. — M. de SAPORTA a résumé les notions recueillies par lui, à la suite d'une étude qu'il a entreprise sur les genres *Podocarya* et *Williamsonia* comparés. Le *Podocarya* a été établi en 1836 par le célèbre Buckland et figuré dans l'ouvrage de cet auteur *Geology and Mineralogy*. Il n'a plus été figuré depuis par les divers paléophytologues, sans excepter Schimper; les *Williamsonia* ont reçu leur nom

(1) Voir la Notice consacrée à ces herbiers dans le *Bull. de la Soc. botan. de France*, 1860, t. VII p. 822.
(2) *Bull. de la Soc. botan. de France*, 1863, t. X, p. 258.

de Carruthers en 1868, et ce nom s'applique à des restes recueillis par M. Williamson et attribués au *Zamites gigas*, de l'oolithe de Scarborough (Yorkshire). En réalité les deux types n'en font qu'un, qui doit retenir la dénomination de *Williamsonia*, celle de *Podocarya* paraissant impropre. M. de Saporta a montré, à l'appui de son opinion, de nombreux dessins qui représentent toute une série d'échantillons inédits du Muséum de Paris. Il repousse l'attribution des divers organes qu'il a examinés aux Cycadées, avec lesquelles ils ne manifestent d'analogie d'aucune sorte; il n'est pas disposé non plus à reconnaître en eux des Balanophorées, comme l'a pensé M. A. Nathorst, mais plutôt un type entièrement nouveau, d'affinité douteuse, mais des plus curieux, et qui n'aurait avec les Pandanées vivantes qu'une certaine conformité de structure extérieure, sans véritable parenté.

— Séance du 19 août 1885 —

EXCURSION SPÉCIALE ET HERBORISATION A PRÈMOL ET A CHANROUSSE (1).

Il était bien difficile à la section de Botanique de l'Association française de ne pas profiter du Congrès de Grenoble pour étudier sur place la riche végétation des Alpes du Dauphiné, c'est-à-dire pour faire une herborisation dans les environs. Malheureusement le temps à consacrer à cette excursion ne pouvant guère dépasser une journée, pour rester dans les limites fixées par notre règlement, il était impossible de songer à visiter les hauts sommets, du reste assez éloignés de Grenoble; il fallait trouver un point qui réunît à la fois la plupart des espèces caractéristiques de la flore alpine, et qui permît d'apprécier aisément les zones de végétation correspondant à diverses altitudes. La section de Botanique doit se féliciter de ce que, sur la demande de son président M. de Saporta, MM. Verlot, l'abbé Faure et Arvet-Touvet, botanistes pour lesquels la flore dauphinoise n'a plus de secrets, aient bien voulu, même avant la réunion du Congrès, choisir une localité à explorer qui réunit toutes ces conditions. Leur choix ne pouvait être plus heureux; aussi, sous leur aimable et savante direction, l'excursion a-t-elle eu un succès complet et un attrait qu'il va être bien malaisé de rendre exactement et de faire goûter dans un aride compte rendu.

Afin de gagner le plus de temps possible, le mardi 18, au soir, une voiture conduit les excursionnistes, au nombre de douze, de Grenoble à Uriage, où nous trouvons deux gardes des Forêts envoyés au-devant de nous par M. l'Inspecteur Pison pour nous guider jusqu'à Prémol. D'Uriage nous commençons à monter par des chemins pierreux vers Vaulnaveys, récoltant en passant: *Salvia glutinosa* L., *Spiræa Aruncus* L. et le long des taillis ou des buissons *Melampyrum nemorosum* L., et *Geranium nodosum* L. M. l'abbé Boulu nous fait prendre dans une haie de beaux échantillons de *Rosa subglobosa* Lm. en fruits. Bientôt nous atteignons les premiers sapins sur des granites et des schistes au-dessus de Vaulnaveys, et M. Pellat nous fait récolter dans un buisson au bord du chemin *Vicia dumetorum* L., plante rare aux environs de Grenoble, tandis que M. Arvet-Touvet nous montre en place le *Hicracium symphytaceum* Arv.-T. Dans le bois clairsemé et humide nous trouvons *Impatiens Noli tangere* L. et au

(1) Ce rapport, fait par M. Maury, secrétaire de la Section, a été lu dans la séance du 20 août 1885.

milieu de la forêt de sapins, au bord du chemin où coule une source : *Chrysosplenium oppositifolium* L., *Saxifraga rotundifolia* L., *Veronica urticæfolia* L.. A ce moment la forêt, dont le grand silence n'est troublé que par un bruit de chutes d'eau, est éclairée par les derniers rayons dorés du soleil, qui va disparaître derrière un rideau de montagnes ; son aspect est des plus grandioses et des plus saisissants, aussi chacun s'arrête-t-il un instant pour contempler ce féérique décor. Nous arrivons à la Chartreuse de Prémol (1 095 mètres d'altitude) et dans les prairies, sous des murs en ruines, nous récoltons le *Myrrhis odorata* Scop., cette plante importée par les Chartreux.

Un accueil des plus sympathiques nous est fait dans la Maison des gardes par M. et Mme Pison, qui veulent bien mettre à notre disposition la maison tout entière. En attendant que l'on serve le dîner, on entoure avec plaisir la cheminée, où brûle un feu clair. La transpiration causée par la montée, d'environ deux heures, le froid de cette région élevée, nous font apprécier vivement cette attention de nos hôtes. A peine sommes-nous à table, qu'arrivent MM. l'abbé Faure, Gillot, Gadeceau. Ces messieurs, qui, la veille, ont fait l'ascension du Grand-Som, ont tenu à prendre part à l'excursion de Chanrousse, et à la hâte ils sont revenus de la Grande-Chartreuse à Grenoble, de Grenoble à Uriage et à Prémol pour se trouver ce soir avec nous. Le repas, des plus succulents, des mieux servis, est présidé avec la plus extrême amabilité par Mme Pison et il s'achève au milieu de la plus franche bonne humeur.

Les lits étaient excellents, aussi le lendemain à cinq heures du matin tout le monde fut debout, dispos, et, après un premier déjeuner, prêt à partir. Notre hôte, M. Pison, tient à nous accompagner jusqu'au lac Luitel et, comme la veille, il met à notre disposition deux de ses gardes pour nous guider.

En quittant la Maison des gardes, nous passons devant les restes de l'ancienne abbaye : un seul arceau de la chapelle, encore debout au milieu des arbres qui ont envahi les ruines (1). A travers des prairies arrosées par des sources qui descendent des hauteurs voisines et bordées de toutes parts par des sapins encore mélangés de hêtres, nous nous dirigeons au sud-ouest vers le lac Luitel. Nous récoltons sur les parties sèches : *Viola alpestris* Jord., *Senecio Fuchsii* Gmel., *Lonicera nigra* L., *Hypericum quadrangulum* L. ; dans les parties humides : *Crepis paludosa* Manch., *Ranunculus aconitifolius* L., *Geranium sylvaticum* L., et ça et là, le long du chemin : *Rumex arifolius* All., *Stelleria nemorum* L., *Dentaria digitata* Lam. et *pinnata* Lam. ; deux *Circæa : C. lutetiana* L. et *C. intermedia* Ehrh. ; *Luzula nivea* DC. en abondance sur le bord du chemin ; sous bois les deux formes de *Prœnanthes purpurea* L. à feuilles larges et étroites (*P. tenuifolia* L.) ; *Saxifraga cuneifolia* L. dans les parties sèches du talus de la route ; *Lunaria rediviva* L. en fruits, dans les parties ombragées ; *Melica uniflora* Retz., *Polypodium Phegopteris* L. et *Dryopteris* L., et un peu partout *Hieracium subalpinum* Arv.-T., forme typique, nous dit M. Arvet-Touvet.

Dans la partie de la forêt que nous traversons avant d'atteindre le lac, nous trouvons : *Alnus viridis* DC., *Cardamine sylvatica* Link., *Asplenium Filix fœmina* Bernh., et sur les pointes de rochers *Silene rupestris* L. Beaucoup de sapins sont envahis par *Usnea barbata* Hoffm. et un peu partout on récolte *Bartramia pomiformis* Hedw.

Après environ une heure de marche depuis Prémol, nous sommes au lac

(1) La Chartreuse de Prémol, à 1095 mètres d'altitude, fut fondée en 1232 par Béatrix de Montferrat, épouse du Dauphin Guigues André, et détruite pendant la Révolution.

Luitel, qui occupe l'échancrure formée par le col de Prémol, à près de 1 300 m. Ce lac est, à proprement parler, un marais divisé en deux bassins dont un seul est tourbeux et accessible aux recherches. Tout autour et dans les parties du marais où il existe un sous-sol, on trouve une assez grande variété d'arbres et d'arbrisseaux : *Rosa alpina* L. à la lisière du bois, *Pinus pumilio* Hœnke., *Salix ambigua* Ehrh., *Juniperus alpina* Clus., *Rhododendron ferrugineum* L., *Hippophæ rhamnoides* L., *Arctostaphylos uva ursi* Spreng. Dans la partie tourbeuse au bord du bassin, on récolte : *Drosera rotundifolia* L. et *Vaccinium oxycoccos* L. sur les touffes de *Sphagnum ; Comarum palustre* L., *Carex limosa* L., *Carex stellulata* Good. Dans le second bassin, où il reste encore de l'eau, on trouve : *Carex pauciflora* Lightf., *canescens* L., *vesicaria* L., *pilulifera* L., *ampullacea* Good., *Scheuchzeria palustris* L., *Alchemilla alpina* L., *Lycopodium inundatum* L., *Parnassia palustris* L. et un peu au-delà des bords *Viola palustris* L. — M. Verlot, qui se dispose à nous abandonner pour faire une ample provision de ces richesses botaniques pour le Jardin de Grenoble, trouve non loin du premier bassin *Poa Chaixii* Vill. et *Lycopodium Selago* L.

Après cette belle récolte nous nous disposons à poursuivre notre route. M. l'Inspecteur Pison nous fait alors ses adieux et tous nous nous séparons à regret de lui, emportant le souvenir d'une amabilité et d'une cordialité peu communes. Nous le laissons avec M. Verlot, auquel l'âge interdit la fatigue et qui, en sa qualité de directeur du Jardin des Plantes, songe à le pourvoir d'espèces précieuses.

Tout près du lac, au bas des rochers que nous escaladons, nous trouvons *Asplenium septentrionale* Swartz., et dans les parties bien exposées *Veronica saxatalis* Jacq., *Gentiana campestris* L., *Primula Viscosa* Vill. Du reste, pendant cette montée sur les rochers de Séchillienne, qui nous conduit jusqu'à la forêt du même nom, nous rencontrons souvent ces mêmes plantes, ainsi que *Gnaphalium sylvaticum* L.. *Saxifraga aspera* L., *Sempervivum arachnoideum* L., et *piliferum* Jord., *Astrantia minor* L., *Viola Thomasiana* Song. et Perr., *Gentiana Kochiana* Song. et Perr. en fruits, et *Rosa intercalaris* Desegl. et *R. lagenaria* Vill. que nous recommande M. l'abbé Boulu.

Il est neuf heures : le soleil brille de tout son éclat et s'élèvent de toutes parts, le long des pointes de la montagne, de blancs et légers nuages. Nous arrivons à la forêt de Séchillienne, composée, outre de rares hêtres et dans les clairières quelques touffes de *Betula verrucosa* Ehrh., de *Pinus uncinata* Rem., *pumilio* Hœnke, avec *Abies excelsa* DC. et *vulgaris* Poir. Partout le *Vaccinium Myrtillus* L. et surtout le *Rubus glandulosus* Bellard., nous offrent leurs fruits délicieux et parfumés, que nous mangeons à pleines mains. Nous récoltons en abondance dans les gazons qui recouvrent la roche schisteuse :

Dans les parties découvertes :

Allium fallax Don.
Melampyrum sylvaticum L.
Campanula barbata L.
Carduus defloratus L.
Phyteuma betonicæfolia Vill.
Peucedanum osthrutium Koch.
Hieracium pœnanthoides Vill.
— *pseudo-viride* Arv. T.
— *juranum* Fries.
— *subalpinum* Arv. T.

Sur le plateau herbeux :

Phalangium liliago Schreb.
Lilium croceum Chaix.
Convallaria verticillata L.
Epilobium spicatum Lam.

Au bord du bois :

Ranunculus platanifolius L.
Mulgedium alpinum Less.

Dans les parties ombragées :

Epipactis atrorubens Schult.
Orchis bifolia Vill.
Galium rotundifolium L.
Pyrola rotundifolia L.
— *secunda* L.
Digitalis grandiflora All.
— *lutea* L.
Laserpitium latifolium L.
Monotropa hypopitis L.
Chærophyllum hirsutum Vill.

Au bord du chemin, près d'une source ferrugineuse, on trouve *Pinguicula vulgaris* L., *Carex pallescens* L. contre le talus qui s'élève au-dessus en pente abrupte, tandis que du côté de la vallée une éclaircie de la forêt nous permet de contempler un magnifique spectacle. A plus de 500 mètres au-dessous de nous s'étend une étroite vallée dont les champs se présentent à nous comme autant de parties d'un même tapis vert, différemment nuancées suivant qu'elles reçoivent une lumière d'intensité différente. Il s'en élève de légers nuages blancs qui vont s'accrochant aux cimes voisines. De l'autre côté de la vallée, un panorama superbe de sommets sur lesquels scintillent, d'une blancheur éclatante, les neiges et les glaciers. Nous nous arrachons avec peine à cette contemplation, et après quelques instants de marche nous sortons de la forêt.

Nous sommes dans la prairie de l'Arselle et nous voyons au loin, devant nous, le but que nous nous sommes proposé : la Croix de Chanrousse. La prairie montueuse, sèche et déjà broutée par les moutons, ne nous offre que peu de plantes à récolter : *Euphrasia minima* Schleid., *Dechampsia flexuosa* Griseb. *Leontodon pyrenaicus* Gouan.; *Campanula barbata* L., *Paronychia serpillifolia* DC. Mais, en revanche, nous trouvons sur les bords du torrent qui la traverse *Selaginella spinulosa* Al. Br. et au pied des rochers qui la limitent dans sa partie la plus élevée :

Silene nutans L.
Antennaria dioica Gaertn.
Potentilla rubens Vill.
Orchis nigra Scop.
Hieracium Pelleterianum Merat.
Sedum Anacampseros L.
Gentiana punctata L.
Plantago alpina L.
Phleum alpinum L.
Daphne Mezereum L.

Sur les rochers mêmes *Bupleurum stellatum* L. et des Lichens : *Cetraria islandica* Ach., *Lecidea geographica* L.

A la suite de cette prairie, en montant toujours vers la Roche-Béranger, nous traversons le dernier bois de sapins, au-delà duquel s'élèvent les prairies alpines. Une intéressante discusssion surgit entre MM. de Saporta et Doûmet-Adanson à propos du *Pinus cimbra* L. que nous trouvons là. Enfin, aux environs immédiats de la Roche-Béranger (2000 mètres d'alt.), nous récoltons : *Festuca rubra* L., *Luzula pediformis* DC., *Luzula spicata* DC. et *Chenopodium Bonus Henricus* L., *Capsella Bursa pastoris* Mœnch., dont le voisinage de l'homme est la seule cause de leur présence à cette hauteur.

Il est onze heures, et la course, déjà longue, que nous venons de faire en montant, nous a mis en appétit ; aussi faisons-nous honneur au déjeuner qui nous est servi dans le chalet du père Tasse, une des stations du Club Alpin français. Après un moment consacré au repos, après avoir placé dans les cartables les plantes récoltées dans la matinée et consigné sur le registre du chalet le témoignage de la course de la 9e section du Congrès de l'Association française, les plus dispos d'entre nous, sous la conduite de l'infatigable abbé Faure, commençons vers une heure l'ascension de la Croix de Chanrousse. En nous attendant, ceux qui ne nous suivent pas vont faire une petite course autour du chalet.

Le temps s'est rafraîchi, et le vent glacé qui souffle sur ces hautes prairies oblige à se boutonner. Pendant une heure et demie environ que dure la montée, le ciel reste couvert et nous ne pouvons jouir du coup d'œil. En revanche, nos regards attachés au sol y découvrent les plantes propres à ces régions dénudées et qu'ont épargnées les moutons :

Nardus stricta L. en fleurs et abondant partout.
Avena versicolor Vill.
Trisetum distychophyllum P. Beaur.
Draba frigida Saut.
Leucanthemum alpinum Lam.
Veronica bellioides L.
— *alpina* L.
— *saxatilis* Jacq.
Cerastium strictum L.
Alsine verna Bartl.
— *striata* Gren.
Cherleria sedoides.
Silene acaulis L. var. *excapa.*
Gentiana alpina Vill.
— *brachyphylla* Vill. en fruits.
Festuca violacea Gaud.
— *pumila* Chaix.

Nous arrivons au sommet (2 225 mètres), où une pyramide en maçonnerie supporte un poteau brisé, ce qui reste de la croix de Chanrousse. Un berger, assis au bas de la pyramide, surveille dans le brouillard son grand troupeau de moutons, qui fuient à notre approche, comme s'ils avaient conscience de leur crime de lèse-Botanique! Néanmoins, malgré leurs ravages, au pied et autour de la croix les raretés abondent :

Poa alpina L.
Hieracium alpinum L.
— *glanduliferum* Hoppe.
— *Auricula* L.
Ajuga pyramidalis L.
Senecio incanus L.
Polygonum viviparum L.
Gaya simplex Gaud.
Luzula lutea DC.

Je demande l'*Armeria alpina* L. indiquée ici par M. Verlot, et M. l'abbé Faure me conduit à environ dix minutes de la Croix, au-dessus du lac Robert, dans les éboulis de roche, où nous la trouvons passée de fleur. De là nous contemplons le lac Robert à plus de 300 mètres au-dessous de nous ; il est entouré d'un tapis blanc comme de la neige, c'est *Eriophorum Scheuchzeri* Hoppe., que nous ne pouvons malheureusement pas aller récolter.

En remontant vers la Croix, nous recueillons : *Homogyne alpina* Cass., *Alchemilla vulgaris*, var. *subsericea* Gren., *Geum montanum* L.

Enfin, le ciel vient de s'éclaircir pour un instant, le soleil brille et nous jouissons du plus beau des panoramas. Vers l'ouest, Grenoble tout petit, là-bas dans la vallée, au confluent de l'Isère et du Drac, qui nous apparaissent comme deux rubans d'argent; plus près de nous, la vallée de la Romanche, Vaulnaveys, Uriage; derrière nous, du nord au sud, des pics et des glaciers de la chaîne des Alpes : les Écrins, les Grandes-Rousses, le glacier de l'Homme, Belledone, le Taillefer. Mais l'heure presse, il faut redescendre à la Roche-Béranger. En descendant, nous récoltons encore :

Potentilla aurea L.
— *grandiflora* L.
Nigritella angustifolia Rich.
Circium spinosissimum Scop.
Spergularia rubra Pers.
Sagina Linnæi Presl.
Paronychia polygonifolia DC.

Vers quatre heures, nous rejoignons au chalet du père Tasse nos compagnons, qui nous attendent pour partir. Les gardes attachent les bagages sur un âne, et la descente vers Uriage commence. Nous nous dirigeons droit sur Belmont sans nous arrêter; les cartables et les boîtes sont pleines, et ce n'est qu'avec peine que nous pouvons y faire entrer les dernières plantes que nous récoltons : *Pyrola rotundifolia* L., *Rosa canina* L., *alpina* L. et *trichoneura* Rip.

La descente paraît interminable à travers la forêt de sapins, dans des chemins pierreux qui servent de lits aux torrents lors de la fonte des neiges. Après les sapins nous revoyons les hêtres, puis les chênes, enfin la vigne : nous sommes à Uriage. Il est environ sept heures et demie, et cette dernière course nous a plus fatigués que la montée la veille et le matin. Après un dîner copieux à Uriage, une voiture nous ramène vers dix heures à Grenoble, un peu fatigués, mais heureux des récoltes faites, des observations notées sur place, du spectacle contemplé; en un mot, enchantés de cette excursion si bien conduite et si bien réussie. Cette première herborisation de la section de Botanique de l'Association française est certainement du meilleur augure pour celles qu'on ne manquera plus désormais d'entreprendre dans les Congrès à venir.

M. A. CHATIN, M. de l'Inst., Dir. de l'Éc. sup. de Pharm., à Paris.

Des espèces alpines qui font partie de la Flore parisienne. — M. CHATIN signale, en passant en revue les principales localités où elles croissent, l'existence, dans la Flore de Paris, d'un grand nombre d'espèces alpines (*Swertia perennis, Oxycoccos palustris, Vaccinium Vitis-Idæa, Senecio Fuchsii, Aconitum Napellus*, etc.). Aux plantes alpines il oppose un certain nombre de représentants des flores de l'Ouest et du Midi. Un aperçu sur leurs stations principales, montre que les plantes alpines se trouvent le plus souvent sur les sols tourbeux, ou, du moins, mouilleux et ombragés; les espèces méridionales (*Astragalus monspessulanus, Reseda phyteuma*) préférant au contraire les collines calcaires et les lieux arides bien insolés. — Quelle est l'origine de ces florules qui semblent être étrangères dans la région parisienne? Représentent-elles des colonies venues du centre de leur aire, ou sont-elles les restes d'une flore autochtone, aujourd'hui presque disparue? M. Chatin adopte cette dernière hypothèse, tout en signalant quelques cas bien évidents d'importation (*Goodyera repens, Trifolium resupinatum*).

M. le Dr QUÉLET, Lauréat de l'Acad. des Sc., à Hérimoncourt (Doubs).

Quelques espèces nouvelles ou critiques de la flore mycologique de France.

10e Section

ZOOLOGIE ET ZOOTECHNIE

Président d'honneur . .	M. Félix PLATEAU, Prof. à l'Univ. de Gand.
Président.	M. G. CARLET, Prof. à la Fac. des Sc. de Grenoble.
Vice-Présidents	MM. Georges POUCHET, Prof. au Muséum, à Paris.
	A. SABATIER, Prof. à la Fac. des Sc. de Montpellier.
	Le Dr V. LEMOINE, Prof. à l'Éc. de Méd. de Reims.
Secrétaire.	M. H. GADEAU DE KERVILLE, Secr. de la Soc. des Amis des Sc. natur. de Rouen.

— Séance du 13 août 1885 —

M. Georges POUCHET, Prof. au Muséum d'Hist. nat., à Paris.

De l'asymétrie chez les Cétacés cétodontes.— M. Pouchet présente diverses considérations auxquelles il a été conduit en étudiant le défaut de symétrie du crâne des Cétacés cétodontes. Il montre qu'on peut interpréter ce défaut de symétrie comme accusant une tendance qu'aurait l'animal à revêtir partiellement le caractère pleuronecte, caractère qui se trouve à son entier développement chez les poissons, mais avec cette différence que chez les poissons le « pleuronectisme » est en quelque sorte indifférent, tandis que chez toutes les espèces de Cétodontes connues il accuse une tendance à porter le côté gauche (le plus lourd) de l'animal en haut et le côté droit en bas.

M. F. PLATEAU, Prof. à l'Univ. de Gand.

Expériences sur le rôle des palpes chez les Myriopodes et les Arachnides. — M. Félix Plateau rappelle d'abord qu'il a déjà publié une note antérieure sur le rôle des palpes chez les Insectes broyeurs (*Bulletin de la Société zoologique de France*, t. X, 1885), travail dans lequel il a montré expérimentalement, surtout par l'ablation des palpes chez des Coléoptères et des Orthoptères, que ces organes restent inactifs durant la manducation et que leur suppression n'empêche pas les Insectes de trouver leur nourriture et de manger d'une façon normale.

Dans la communication actuelle, l'auteur cite, en premier lieu, des expériences qui prouvent que les palpes ne sont pas le siège de l'odorat. Puis, étendant ses recherches aux Myriopodes Chilopodes et aux Araignées, il arrive à des conclusions analogues à celles qu'il a cru pouvoir tirer de ses études sur les Insectes. Ainsi, malgré la suppression des palpes, les Araignées femelles tissent leur toile, capturent des mouches et vivent longtemps en captivité, absolument comme si elles étaient intactes.

M. Plateau conclut de ses nombreuses expériences, faciles à répéter, que les palpes des Articulés maxillés doivent être rangées dans la catégorie des organes conservés par atavisme, mais devenus inutiles.

M. A SABATIER, Prof. à la Fac. des Sc. de Montpellier.

La spermatogénèse chez les Crustacés décapodes. — M. A. Sabatier expose les résultats de ses recherches sur la spermatogénèse chez les Crustacés décapodes. Elles ont été faites au laboratoire de la station zoologique de Cette. L'auteur arrive à cette conclusion que l'élément mâle n'est pas un élément provenant d'une *vraie segmentation* des cellules mères du testicule, mais que c'est d'abord un corpuscule né par *genèse directe* dans le protoplasma de la cellule mère par agrégation de grains chromatinés. Ces corpuscules sont donc rigoureusement les homologues des corpuscules nés dans le vitellus de l'œuf pour former les cellules du follicule. Ce sont des éléments qui se différencient au sein du protoplasma de l'ovule neutre ou hermaphrodite, et qui représentent l'élément mâle, tandis que le noyau en représente l'élément femelle. Les Crustacés décapodes rentrent donc dans la règle générale, et pour eux comme pour les autres types étudiés jusqu'à présent, la différenciation sexuelle de la cellule résulte de l'élimination de l'un ou l'autre des deux éléments.

M. le Dr V. LEMOINE, Prof. à l'Éc. de Méd. de Reims.

Développement et métamorphoses de l'Aspidiotus du laurier-rose. — La femelle de cet Hémiptère, au moment de la ponte, ne présente plus ni antennes, ni pattes, ni généralement d'yeux. Son corps, irrégulièrement arrondi, est rempli d'œufs. Son appareil digestif se fait surtout remarquer par le développement des longs filaments qui la fixent à la feuille. Le mâle adulte, manquant complètement de ces pièces buccales, contraste par le développement tout spécial de ses antennes, de ses yeux, et l'apparition de deux gros organes saillants, à la partie antérieure de la tête. Ses pattes sont robustes et son thorax porte, en outre, une paire d'ailes suivie d'une sorte de balanciers. Malgré ces différences fondamentales, l'étude du développement des œufs et des diverses métamorphoses de l'insecte montre, contrairement à l'opinion admise jusqu'ici, la plus grande analogie, comme évolution, entre les deux sexes. Il semble que la femelle, ne franchissant pas l'état larvaire, utilise sa réserve biologique uniquement au développement de ses œufs. Le mâle, au contraire, après avoir, comme la femelle, perdu successivement ses pattes et ses antennes, passe à l'état de nymphe, subit une sorte de fonte de plusieurs de ses tissus, suivie de la réapparition de nouveaux appendices dont le développement a pu être suivi pas à pas. Une dernière mue l'amène l'état d'insecte parfait.

M. le Dr CARLET, Prof. à la Fac. des Sc. de Grenoble.

Recherches expérimentales sur la fixation, la morsure, la succion et la déglutition de la sangsue. — 1° Pour faire une saignée, la sangsue commence par fixer sur la peau les bords, puis le fond de sa ventouse antérieure, de façon à amener une adhérence complète *(fixation)* ;

2° Le fond de la ventouse, constitué par le pharynx, se relève un peu et entraîne à sa suite un mamelon de peau sur lequel, par une série de mouvements rapides et simultanés, les trois mâchoires produisent bientôt une blessure triangulaire *(morsure)* ;

3° En même temps que les mâchoires s'enfoncent dans cette blessure, elles s'écartent, et leur divergence amène la dilatation du pharynx qui prend alors la forme d'un entonnoir à base triangulaire, dans le vide duquel le sang s'élance *(succion)* ;

4° Après s'être abaissées et écartées, les mâchoires se relèvent et se rejoignent pour lancer derrière elles, à la façon d'un piston, le sang dans la direction de l'estomac *(déglutition)*.

Le procédé opératoire de la sangsue correspond ainsi à l'action de trois instruments imaginés par l'industrie : la ventouse, le scarificateur et la seringue.

M. Henri GADEAU DE KERVILLE, Secr. de la Soc. des Amis des Sc. nat. de Rouen.

Aperçu de la faune générale de la Seine et de son embouchure, depuis Rouen jusqu'au Havre (1). — M. GADEAU DE KERVILLE communique le résultat de ses recherches sur la faune générale de la Seine et de son embouchure, depuis Rouen jusqu'au Havre. Après avoir donné quelques détails sur la composition et la profondeur des différents fonds de ce fleuve, il énumère rapidement les animaux micro et macroscopiques les plus intéressants qu'il a recueillis jusqu'à ce jour. En terminant, l'auteur parle de la distribution topographique des animaux dans l'estuaire de la Seine, et indique les limites des faunes d'eau douce, d'eau saumâtre et d'eau salée, limites qu'il a pu fixer d'une manière assez nette.

— Séance du 14 août 1885 —

M. le Dr G. CARLET, Prof. à la Fac. des Sc. de Grenoble.

Recherches expérimentales sur le venin des Hyménoptères, ses organes sécréteurs et le mécanisme de son expulsion. — Le venin des Hyménoptères à aiguillon barbelé est un liquide à réaction acide, résultant toujours du mélange d'un acide *(acide formique)* et d'une base. Ses organes sécréteurs sont deux glandes

(1) Voir, à ce sujet, Henri Gadeau-de Kerville, *Aperçu de la faune actuelle de la Seine et de son embouchure, depuis Rouen jusqu'au Havre*, in *L'Estuaire de la Seine*, par G. Lennier. Le Havre, imprimerie du journal *Le Havre*, 1885, vol. II, p. 168.

Un résumé de ce travail, accompagné d'une planche en couleur, a été publié par M. Henri Gadeau de Kerville dans son *Compte rendu de la 23e réunion des Délégués des Sociétés savantes à la Sorbonne, 1885* (*Sciences naturelles*), in *Bull. de la Soc. des Amis des Scienc. natur. de Rouen*, 3me sér., 21e ann., 1er sem. 1885, p. 37.

sécrétant, l'une l'acide formique, l'autre le liquide alcalin. Ces deux glandes débouchent dans le gorgeret de l'aiguillon, et le venin est expulsé de deux manières, soit avec le mécanisme de l'injecteur (Guêpes, Frelons, etc.) par la contraction de la vésicule venimeuse, soit avec le mécanisme de la seringue (Abeilles, Bourdons, etc.) par l'action de deux pistons fixés sur les stylets perforateurs. Chez ces Hyménoptères, le venin ne tue qu'à la condition de contenir ses deux liquides constituants. Les Hyménoptères à aiguillon lisse (Philanthes, Pompiles, etc.), qui pourvoient leurs larves de proies vivantes, ont un venin qui agit simplement comme anesthésique, engourdissant mais ne tuant pas. Chez eux, la glande alcaline est rudimentaire ou nulle, mais la glande acide ne manque jamais.

M. le Dr V. LEMOINE, Prof. à l'Éc. de Méd. de Reims.

De l'évolution des divers organes du Phylloxera (forme agame aptère). — M. V. Lemoine signale les particularités les plus intéressantes qu'il a observées dans ses recherches anatomiques, physiologiques et biologiques sur la forme agame aptère du Phylloxera du chêne à fleurs sessiles (*Phylloxera punctata* Licht.). En outre, il fait passer sous les yeux des membres de la section une nombreuse série de planches représentant cette forme agame aptère à toutes les phases de son développement.

M. A. SABATIER, Prof. à la Fac. des Sc. de Montpellier.

De la signification et de l'émission des globules polaires. — M. A. Sabatier expose ses idées sur la signification des globules polaires. Il distingue dans ce phénomène deux processus qui sont indépendants l'un de l'autre, quoiqu'ils coïncident le plus souvent : 1° une segmentation inégale de l'œuf, et 2° l'expulsion d'une portion de protoplasme plus ou moins différencié qui environnait la vésicule germinative.

M. A. Sabatier considère la segmentation comme représentant une segmentation parthénogénétique due à l'influence d'un élément mâle qui reste encore dans l'œuf après l'élimination des cellules folliculaires. Cet élément mâle est expulsé avec le globule polaire, et c'est à la coïncidence de son expulsion et de la segmentation parthénogénétique qu'est due l'inégalité très prononcée de cette dernière. Cet élément mâle ou diviseur, relégué dans le globule polaire, y produit souvent des segmentations successives que l'œuf lui-même ne pourra subir qu'après avoir reçu de l'extérieur un nouvel élément mâle perfectionné par la division du travail.

— Séance du 17 août 1885 —

M. Hermann FOL, Prof. à l'Univ. de Genève.

Sur la queue chez l'espèce humaine (1). — Il semble avéré que, chez aucune race humaine actuelle, le nombre des vertèbres ne dépasse le chiffre, considéré

(1) Voir *C. R. de l'Acad. des Sc.* 8 juin 1885.

comme normal, de 33 à 34, et que, dans aucun cas tératologique, les appendices observés au bas du dos ne contenaient de vertèbres supplémentaires. Il est également vrai, comme His l'a soutenu, que l'embryon humain de 4 semaines, soit 7^{mm} 1/2 de longueur totale, n'a que 34 vertèbres. Mais l'on admettait universellement, et sur ce point Ecker et His s'étaient mis d'accord, que ce nombre n'est jamais dépassé à aucune phase du développement de l'homme, et que conséquemment l'appendice caudiforme que possède l'embryon humain de 8 à 12^{mm} n'est pas une queue véritable. Cette conclusion des recherches faites jusqu'à ce jour serait renversée si l'on pouvait démontrer que l'appendice en question renferme de véritables vertèbres surnuméraires. Or, j'ai pu mettre en évidence la présence de quatre ou cinq vertèbres éphémères chez des embryons de 8 à 11^{mm}, c'est-à-dire de la 5e et de la 6e semaine, ce qui porte à 38 le chiffre total des pièces vertébrales à cet âge. Il est donc impossible de refuser à l'appendice caudiforme le nom de queue véritable.

M. H. Fol insiste moins sur les faits que sur la nature des preuves sur lesquelles il s'appuie et qui intéresseront beaucoup plus que de simples affirmations. Il soumet donc à l'examen des membres de la section : 1° sous le microscope, les coupes d'un embryon humain de 9^{mm} environ qui est particulièrement démonstratif à cet égard ; 2° les dessins faits à la chambre claire de chacune des 320 coupes qu'il a faites de cet embryon et sur lesquels on peut suivre la méthode très précise de numération et de reconstruction qu'il a suivie, pour connaître le chiffre des vertèbres, en évitant toute chance d'erreur.

M. A. SABATIER, Prof. à la Fac. des Sc. de Montpellier.

Sur les cellules nutritives de l'ovaire des insectes.— M. A. Sabatier fait une communication sur les cellules nutritives de l'ovaire des insectes. Il divise ces cellules en deux groupes : 1° celles qui accompagnent les œufs et leur restent attachées pour être absorbées par lui vers les derniers temps de la maturation ; 2° celles qui restent fixées dans l'extrémité supérieure de l'ovaire et qui se relient aux œufs par des prolongements protoplasmatiques dans lesquels circulent probablement des éléments nutritifs destinés à l'œuf. Les cellules du premier groupe, que l'on observe surtout chez la plupart des Coléoptères et chez les Lépidoptères, prennent naissance dans le protoplasme de l'œuf au voisinage de la vésicule germinative et probablement par voie de condensation et de genèse directe. Elles rentrent donc avec les cellules folliculaires dans la classe des éléments éliminés de l'œuf, et doivent être comparées au noyau vitellin des Aranéides, ce dernier étant dévoré par l'œuf avant d'avoir opéré sa sortie, et d'avoir acquis une constitution cellulaire complète. Quant aux cellules nutritives du second groupe, que l'on observe chez les Hémiptères et chez quelques Coléoptères, ce sont peut-être des cellules de l'ovaire différenciées en cellules nutritives, tandis que d'autres se sont différenciées en ovules en suivant un processus dont M. A. Sabatier expose les principaux caractères.

M. PLATEAU, Prof. à l'Univ. de Gand.

Recherches expérimentales sur la vision des Insectes (1). — M. F. PLATEAU s'est proposé de rechercher expérimentalement si, oui ou non, les insectes à yeux composés voient la forme des objets; il a étudié leur manière de se comporter dans une chambre noire en face de deux orifices lumineux de formes différentes et tels que l'insecte en puisse traverser un seulement. Il conclut que la grandeur seule de l'orifice paraît influer, c'est-à-dire que ces insectes se laissent guider par l'intensité lumineuse et non par la forme.

M. le Dr V. LEMOINE, Prof. à l'Éc. de Méd. de Reims.

De l'évolution des divers organes du Phylloxera (forme agame ailée et formes dioïques). — M. V. LEMOINE expose les points principaux de ses recherches anatomiques, physiologiques et biologiques sur la forme agame ailée et sur les formes dioïques du Phylloxera du chêne à fleurs sessiles (*Phylloxera punctata* Licht.), et fait passer sous les yeux des membres de la section une nombreuse série de planches représentant ces diverses formes à tous les états de leur développement.

— Séance du 19 août 1885 —

M. Émile YUNG, Prof. à l'Univ. de Genève.

Développement de la sexualité des larves de grenouilles et influence d'un mouvement de vague sur le développement. — M. Émile YUNG, ayant nourri des larves de *Rana esculenta* L. d'une manière spéciale (viande de poisson, de bœuf, albumine, etc.), a constaté que les jeunes grenouilles, auxquelles ces larves donnent naissance, sont en immense majorité des femelles.

Il indique les résultats obtenus dans trois séries d'expériences et qui, se contrôlant mutuellement, confirment en même temps ceux publiés par M. le Dr Born, de Breslau. La glande génitale, neutre au début, se différencie donc en testicule ou en ovaire sous l'influence de la qualité de la nourriture.

M. Yung indique également les résultats obtenus dans ses expériences sur le développement des animaux d'eau douce placés dans l'eau salée. Chez la grenouille, l'eau salée retarde le développement et les larves ne peuvent se développer dans de l'eau renfermant plus de 1 p. 100 de sels marins. Cependant, si on tient les larves dans de l'eau agitée par un mouvement de vague, elles paraissent supporter une dose de sels un peu plus forte. (Voir *Comptes rendus de l'Acad. des Sc. de Paris*. Séances du 12 octobre et du 16 novembre 1885.)

Discussion. — M. SABATIER dit qu'il a aussi, de son côté, commencé une série d'expériences sur le même sujet. Elles ont porté sur les vers à soie et ont été inspirées par l'étude des processus de genèse des éléments reproducteurs. Ce processus comprend deux phases: 1° la segmentation successive des cellules d'origine de l'organe sexuel futur, et, 2°, l'élimination de l'élément centripète ou noyau, ou de l'élément centrifuge ou cellules folliculaires, suivant qu'il doit se produire un mâle ou une femelle. Or, M. A. Sabatier a remar-

(1) Ce travail a été communiqué à l'Ac. des Sc. de Belgique le 1er août 1885

qué que la première phase était toujours plus courte dans le sexe femelle et que la série des segmentations y était bien moindre. Il s'est demandé si ce n'était pas une nutrition exagérée, un engraissement précoce de ces cellules qui, comme dans la segmentation inégale de l'œuf, mettait un terme précoce à leur division. Ceci l'a conduit à penser qu'une alimentation abondante de la mère et une nutrition très active pourrait bien produire des femelles, tandis que les mâles se formeraient surtout dans des conditions opposées. Il a entrepris dans ce sens des éducations de vers à soie, auxquels il distribuait la nourriture dans des proportions très variables. Le ver à soie lui a paru un sujet d'autant plus intéressant qu'il présente des cas assez nombreux de parthénogenèse. Ces expériences seront continuées et les résultats publiés plus tard.

M. H. BEAUREGARD, Aide-Natur. au Muséum d'Hist. nat., à Paris.

Du développement de la Cantharide. — M. Henri BEAUREGARD fait connaître quelques particularités du développement de la Cantharide, dont il a pu suivre l'évolution dans ses diverses phases.

M. H. NICOLAS, Archéologue, à Avignon.

Sur l'arrêt complet du développement de la larve chez les Hyménoptères; sur l'instinct; sur le parasitisme. — Un nid d'*osmia adunca* Panz., comptant neuf cellules établies dans un roseau, placé avec intention, a fourni l'éclosion des larves des cinq premières cellules; mais dans les deux cellules suivantes les larves sont restées stationnaires, comme frappées d'immobilisation, tandis que les autres larves continuaient l'évolution normale. Enfin, les deux dernières cellules possédaient des insectes parfaits, mais morts, qui n'avaient pu franchir les deux cellules où les larves s'étaient arrêtées dans leur développement.

Pour l'instinct, on ne peut douter qu'il est susceptible d'être modifié. En expérimentant sur l'Ammophile hérissée et sur le *Parasphex albisecta* Lep., j'ai reconnu que dans une lutte entre elles pour occuper le terrier, l'Ammophile avait recreusé trois fois sa galerie. L'*Anthidium septemdentatum* Lat. m'a montré la même constance pour terminer son nid et a repris jusqu'à trois fois aussi le comblement de la cellule. Je ne parle pas du *Pelopœus spirifex* Fab. (1).

Enfin, le parasitisme chez les Hyménoptères offre des cas multiples. Deux Malachius ont été retrouvés dans des cellules d'Hyménoptères.

M. RENAUT, Prof. à la Fac. de Méd. de Lyon.

Note sur les fibres unitives des cellules du corps muqueux de Malpighi. — M. RENAUT montre que les cellules du corps muqueux de Malpighi donnent naissance à des différenciations tangentielles sous forme de fibres raides, noyées dans l'exoplasme de la cellule et traversant les lignes de ciment sous forme de pointes de Schultze pour ensuite gagner une autre cellule, une troisième, etc. Ces longues fibres sont les analogues exacts des fibres de la névroglie.

(1) Mémoire publié dans les *Annales de l'Académie de Vaucluse*, 1re livraison, année 1883.

Énormes et peu nombreuses dans le modèle épidermique du sabot des Ruminants, elles se multiplient en devenant plus fines dans le limbe onguéal. Là, elles persistent dans les lignes de ciment, tandis que, sur les points où l'épiderme desquamant se forme au-dessus d'un *stratum granulosum*, elles font entièrement défaut. Il en résulte que l'éléidine n'est pas à proprement parler une substance kératogène, mais bien qu'elle est en relation avec la disparition des filaments unitifs qui, une fois opérée, laisse les cellules se kératiniser sans être reliées entre elles par les fibres unitives ; d'où le peu de solidité de la formation *épidermique* comparée à la formation *cornée*, dans laquelle la kératinisation s'opère sur des éléments qui demeurent intimement reliés entre eux par leurs filaments unitifs.

M le Dr HÉNOCQUE, Dir. adj. du Labor. de méd. de l'Éc. des Hautes-Études au Collège de France.

Présentation d'instruments destinés à l'analyse spectroscopique biologique. — Après avoir résumé les applications de l'examen direct des tissus avec le spectroscope et démontré les avantages de son procédé d'étude sur la porcelaine ou l'émail de couleur blanche, des humeurs ou des liquides colorés, M. Hénocque présente :

1° L'instrument spécial qu'il appelle *hématoscope*, et qui, servant à l'analyse spectrale du sang, peut être appliqué à l'étude de tous les liquides colorés d'origine organique ;

2° Deux modèles d'*hémato-spectroscopes*, qu'il a fait construire par **M. Lutz**, opticien à Paris, l'un, très simple, destiné aux étudiants, l'autre disposé de manière à permettre l'étude exacte et la mesure des bandes, avec leur position précise, dans le spectre. Destinés plus particulièrement à l'étude spectroscopique du sang, ces instruments permettent la plupart des recherches spectroscopiques et peuvent être utilisés pour l'étude des raies lumineuses, comme pour celle des bandes d'absorption ;

3° Une plaque hématoscopique en émail blanc, qui, réunie à l'*hématoscope*, permet l'évaluation de la quantité d'oxyhémoglobine contenue dans le sang, par la simple inspection à l'œil nu.

Ouvrage imprimé

ENVOYÉ AU CONGRÈS

POUR ÊTRE COMMUNIQUÉ A LA 10e SECTION

P.-A. Doussard. — *Manuel du Naturaliste préparateur ou Manière d'empailler les Oiseaux et Quadrupèdes*, à l'usage des instituteurs et des écoles primaires.

11e Section

ANTHROPOLOGIE

PRÉSIDENTS D'HONNEUR. . MM. le Dr GOSSE, Doyen de la Fac. des Sc. de Genève.
G. DE MORTILLET, Prof. à l'Éc. d'Anthr. de Paris, à Saint-Germain en-Laye.
Élisée RECLUS, Géographe, à Paris.

PRÉSIDENT . . . . M. Ph. SALMON, V.-Prés. de la Comm. des Monuments mégalithiques, à Paris.

VICE-PRÉSIDENTS . . . . MM. D'AULT-DUMESNIL, Géologue, à Abbeville.
le Dr TESTUT, Prof. à la Fac. des Méd., à Lille.

SECRÉTAIRES . . . . . . MM. le Dr PINEAU, à Château-d'Oléron.
GUIGNARD, V.-Prés. de la Soc. d'Hist. nat. de Loir-et-Cher, à Chouzy.
le Dr COLLOMB, Médecin de la Marine.

— Séance du 13 août 1885 —

M. G. de MORTILLET, Prof. à l'Éc. d'Anthr. de Paris, à Saint-Germain-en-Laye.

Position de la question tertiaire au point de vue anthropologique. — Il ne s'agit pas de savoir si l'homme, tel qu'il existe de nos jours, existait déjà à l'époque tertiaire. Sur ce point, le problème est résolu par les données et les lois de la paléontologie. Les animaux varient certainement d'une couche géologique à une autre. Ces variations sont d'autant plus importantes que les couches considérées sont géologiquement plus distantes. Enfin, plus les êtres occupent une place élevée dans l'échelle animale, et plus leurs variations sont rapides.

Or, l'homme occupe le sommet de l'échelle animale; il doit donc varier au moins aussi rapidement que les autres mammifères, sinon plus. Comme les terrains tertiaires contiennent des espèces de mammifères différentes de celles qui vivent de nos jours, l'homme doit suivre la même loi, et, s'il était représenté à l'époque tertiaire, il devait l'être par des espèces différentes de celles qui vivent aujourd'hui.

Il ne s'agit donc pas de découvrir l'homme actuel à l'époque tertiaire, mais seulement d'y chercher une forme ancestrale de l'homme actuel, un précurseur de l'homme d'aujourd'hui.

On peut encore préciser davantage la question en la présentant sous sa forme paléoethnologique : Existe-t-il dans le terrain tertiaire des objets qui impliquent l'existence d'un être intelligent? Telle est la véritable manière de poser la question.

Ces objets, on les a trouvés, en effet, dans deux niveaux géologiques différents, à l'époque tertiaire; dans le tertiaire moyen inférieur, comme à Thenay, et dans le tertiaire supérieur le plus ancien, comme à Otta, en Portugal, et au Puy-Courny, dans le Cantal. Ces objets prouvent qu'à ces deux époques existaient en Europe des animaux connaissant l'usage du feu et sachant tailler plus ou moins la pierre.

Pendant le tertiaire, il a donc existé des animaux moins intelligents que l'homme actuel, mais beaucoup plus que le plus intelligent des singes vivants.

Cet animal, baptisé anthropopithèque, singe-homme, était une forme ancestrale dont nous ne connaissons pas encore le squelette, mais qui nous est révélée d'une manière indubitable par ses œuvres.

M. d'AULT-DUMESNIL, à Abbeville (Somme).

Nouvelles fouilles faites à Thenay en septembre 1884; coupes et tableaux géologiques. — M. d'AULT-DUMESNIL expose le résultat de ses recherches à Thenay. Il ressort de ses études que la couche d'argile verte contenant les silex éclatés et craquelés de l'abbé Bourgeois est intercalée entre deux bancs de marne miocène et appartient certainement à l'Aquitanien inférieur.

M. DALEAU, à Bourg-sur-Gironde.

Silex recueillis à Thenay dans les fouilles de 1884. — Après avoir rappelé les circonstances de ces fouilles, auxquelles il avait pris part avec M. d'Ault-Dumesnil, M. DALEAU fait passer sous les yeux de la Section divers cartons sur lesquels une partie des silex recueillis dans la couche tertiaire avaient été classés. Les uns sont décortiqués, d'autres sont craquelés ou brûlés; parmi ces derniers, il y en a qui offrent des cavités cupuliformes caractéristiques. Les gros silex provenant de l'argile verte ont surtout attiré l'attention; presque tous sont décortiqués ; sur un certain nombre il y a des cassures concaves ou convexes et des arrêtes tranchantes émoussées ou retouchées.

M. Daleau exprime l'avis que, dans la circonstance, il faut reconnaître une division intentionnelle du silex par étonnement et qu'il faut croire à l'intervention d'un être intelligent, conservateur du feu au moins, s'il ne savait même l'allumer.

Discussion. — Par lettre, M. ARCELIN exprime sa manière de voir, dans le débat, en indiquant que ce n'est pas un vrai homme, l'homme tel qu'il existe aujourd'hui, qu'il faut demander aux gisements tertiaires, mais un animal de transition, quelque chose comme l'anthropopithèque de M. de Mortillet, mais il craint qu'il faille encore « plus d'un Congrès » avant qu'on puisse trancher la question.

A propos d'une observation de M. SIRODOT touchant le silex présenté par M. Daleau, M. GOSSE tient à faire remarquer que cette pièce présente très posi-

-tivement le bulbe de percussion, seulement une partie de ce bulbe a été détachée par une cause inconnue.

M. Sirodot ne voit dans ce bulbe de percussion qu'un conchoïde banal.

M. le Dr Testut se déclare convaincu par les pièces produites.

M. G. de Mortillet maintient que si l'action du soleil peut décortiquer des silex à la surface du sol, même les craqueler légèrement, il faut la chaleur pour arriver aux degrés extrêmes du craquelage et à l'effritement. Il présente à ce propos des silex profondément altérés en ce sens par le feu et qui proviennent de l'emplacement de la forêt brûlée de Breuil-le-Sec (Oise), où l'on pourrait en peu de temps en remplir des tombereaux.

M. Sirodot. — Les pièces sont insuffisantes en quantité et en qualité.

M. d'Ault-Dumesnil rappelle que les ouvriers qui travaillent la craie rejettent les rognons de silex, dont ils n'ont que faire, et qu'il suffit qu'un hiver passe sur le tas pour que ceux de la surface, par les alternatives de la chaleur et du froid, se craquèlent. Il les a observés dans la Somme, dans Seine-et-Oise, Seine-et-Marne. Bien plus, pour lui, le transport du silex, le roulage dans le limon rouge pourrait peut-être suffire, dans certains cas, à produire le craquelage.

M. LOTTIN, Juge de paix, à Selles-sur-Cher.

Silex craquelés trouvés à la surface des sables de la Sologne. — M. Lottin présente deux échantillons de silex craquelé qui, au point de vue de la grande question de l'anthropopithèque de Thenay, ne seront peut-être pas sans intérêt. Ces fragments ont été recueillis par lui à la surface du sol des sables de Sologne, où on en trouve communément d'épars. Cette fréquence des silex craquelés sur des points bien différents, mais toujours sur le même terrain géologique, n'indiquerait-elle pas que le craquelage est dû à une autre action que celle du feu?..... D'un autre côté, M. Lottin signale l'analogie qui existe entre la structure de ces deux échantillons et celle d'un morceau d'opale brut, qui fait partie de sa collection de minéraux et qui possède de très beaux feux... Cette analogie est aussi complète que possible; ce sont les mêmes craquelures se prolongeant dans la masse et ayant déterminé un effritement semblable. Or, cette opale n'a pas évidemment subi l'action du feu, puisqu'elle présente de superbes jets de lumière, et qu'autrement elle serait devenue laiteuse et sans reflets. Cette analogie morphologique ne semblerait-elle pas indiquer une analogie de formation ou d'influences modificatrices qui, dans ce cas, ne pourrait être le feu; mais, par exemple, un retrait de la matière aussitôt après sa solidification?

Discussion. — M. G. de Mortillet ne voit dans ces silex craquelés que des silex brûlés dans des feux de bergers. Quant à l'opale à laquelle il est fait allusion, M. de Mortillet accorde que, si elle avait été craquelée au feu, elle fût, en effet, devenue opaque; mais il y a une grande différence entre l'opale, silicate très hydraté, qui se craquellerait en se solidifiant, et les silex de Thenay, qui n'ont été décortiqués et craquelés qu'après avoir subi déjà un remaniement et qui étaient déjà durs et déjà déshydratés, lorsqu'ils se sont craquelés. Ce n'est, en effet, qu'une analogie, non une identité.

M. GAILLARD, à Plouharnel (Morbihan).

Présentation de silex craquelés trouvés à Beg-er-Goalennec. — M. Salmon présente, de la part de M. F. Gaillard, des silex craquelés trouvés dans la presqu'île de Quiberon, à la station de Beg-er-Goalennec (Morbihan). « Ces silex craquelés se retrouvent dans les éclats comme dans les morceaux travaillés; il y en a de gris, de lilas, de bruns, de rouges, etc... Mais ils ne paraissent nullement craquelés au feu. Du moins, la plupart de ces échantillons n'en portent pas trace. »

M. A. VILLOT, à Grenoble.

L'antiquité géologique de l'homme dans les Alpes du Dauphiné. — M. Villot ne croit pas qu'il existe de station humaine vraiment quaternaire dans les Alpes du Dauphiné. La grotte de Rovon (voir *Bulletin de la Société des sciences naturelles du Sud-Est*, t. Ier, p. 65, 67, 68 et 70), découverte et malheureusement détruite en 1882, contenait, il est vrai, avec un pariétal humain des ossements et des dents d'un ours qui paraît se rapporter à l'*Ursus spelæus*; mais ces débris étaient accompagnés d'autres espèces animales actuellement vivantes (chèvre ou bouquetin). M. Villot pense que cette station se rattache plutôt au commencement de l'époque moderne qu'à la fin de l'époque quaternaire. Quant aux grottes de la Balme et des environs de Crémieux, l'âge que leur attribue leur explorateur, M. Chantre, a été contesté. Il est donc permis de croire que, là aussi, nous nous trouvons en présence de stations appartenant au début de l'époque actuelle.

Ce n'est qu'après le retrait des glaciers quaternaires et avec le réchauffement de la température, que l'homme a pu pénétrer dans la région montagneuse du Dauphiné. Lorsqu'il est venu s'établir sur les premiers contreforts des chaînes subalpines, la vallée du Grésivaudan et celle de Voreppe étaient libres et les glaciers relégués sur les pentes des montagnes. La faune et la flore glaciaires étaient, elles aussi, déjà entrées dans la voie des rétrogradations. Plantes et animaux, suivant les glaciers et devançant l'homme, se sont ainsi peu à peu retirés sur les cimes des Alpes, où nous trouvons encore aujourd'hui quelques-unes des espèces glaciaires.

Discussion. — M. Chantre. — On vient, à propos de l'antiquité de l'homme dans les Alpes dauphinoises, de rappeler mes découvertes dans les grottes des environs de Crémieux. M. Villot nous dit que l'attribution quaternaire que j'ai donnée à la faune d'une de ces grottes n'est pas admise par tout le monde. Je crois, au contraire, que personne n'a pu mettre en doute l'époque à laquelle on doit rattacher l'existence du renne dans nos contrées.

M. Villot cite, à l'encontre de l'opinion que vient d'émettre M. Chantre, un passage très explicite de Florian Vallentin :

« La présence du renne à la Balme, à Béthenas, à Brotel, etc..., a été la « cause déterminante du classement de ces stations aux temps quaternaires. Nos « vallées avaient leur configuration et leur profondeur actuelles, lorsque le « renne y émigra, sans doute pour trouver un milieu plus favorable. Au point « de vue géologique, la présence du renne dans notre région est donc unie aux « temps néolithiques. Le renne vivait alors dans les Alpes françaises avec une « faune qui s'est peu modifiée depuis. Il paraît avoir disparu assez rapidement

» pour des causes diverses ; il a pu, par exemple, être détruit; il a pu aussi « gagner une région plus favorable à son développement. Aussi les gisements « voisins de ceux que je viens d'énumérer ne livrent-ils aucune trace de ce « ruminant. Au point de vue de l'industrie, on ne peut faire aucune différence « entre ces diverses stations. La race était la même ; M. Broca, qui a examiné « le crâne de Béthenas, attribué par M. Chantre à l'époque de la Madeleine, a « reconnu qu'il ressemblait fort peu aux crânes de cette époque. Ainsi, la pré- « sence du renne dans les stations de la Balme, de Béthenas et de Brotel ne « saurait faire remonter ces stations aux temps quaternaires, en l'absence de « tout autre fait caractéristique. »

M. de Mortillet fait remarquer que cette discussion porte sur un malentendu. Il y a à Béthenas deux grottes : l'une magdalénienne — Béthenas supérieur; — l'autre néolithique — Béthenas inférieur. — C'est dans cette dernière que l'on a découvert le crâne en question.

Il conteste la conclusion de M. Vallentin, dont M. Villot s'appuie, sous prétexte que c'était le travail d'un débutant, et que M. Vallentin, qui s'est distingué depuis dans l'épigraphie, n'avait pas, au moment où il écrivit ce mémoire, une compétence suffisante.

M. Carret dit que le Dr Topinard a rencontré, il y a peu de jours, un fouilleur de la vallée de la Bourne, qui lui a offert des débris d'*ursus spelæus*.

M. Chantre ne conteste pas l'*ursus spelæus*, mais il n'a entendu parler d'aucun objet d'industrie ou reste humain.

M. le professeur Gosse offre de donner, dans le Jura, l'indication d'une fouille fort intéressante, qu'il a commencée, mais ne peut poursuivre, et qui renferme des débris humains incontestables.

Avec du renne il a trouvé du polissage, aussi croit-il pouvoir avancer, sans l'affirmer toutefois, que dans les Alpes spécialement, l'âge du renne se serait prolongé beaucoup plus longtemps qu'ailleurs, jusqu'à la fin de l'époque glaciaire, par exemple. Ainsi, il a trouvé une fusaïole en grès poli au plafond d'une grotte funéraire.

M. Chantre ne voit dans la découverte de M. Gosse qu'un remaniement par les néolithiques d'une grotte du renne.

M. de Mortillet rappelle, au surplus, que le musée de Saint-Germain contient un polissoir de l'époque de la Madeleine; qu'à cette époque on polissait un peu la pierre, beaucoup l'os, et que la dénomination d'âge de la pierre polie ne convient qu'à la hache polie, parce que le polissage ne se généralisa vraiment qu'à ce moment.

Pour confirmer ce que vient de dire M. G. de Mortillet, M. Testut rappelle qu'il y a quelques mois il a présenté à Bordeaux trois polissoirs magdaléniens.

M. CHANTRE, à Lyon.

Un nouveau gisement chelléen dans la Drôme. — M. Chantre, après avoir décrit le placage quaternaire de Curson, dans la vallée de la Vaune, expose que, dans une sablière, on a recueilli des restes d'*Elephas intermedius* en connexité avec des éclats de quartzite et des percuteurs. Une partie de ces débris d'éléphant sont au Muséum de Lyon. Les quartzites ouvrées et les percuteurs sont mis sous les yeux de la Section. Leurs caractères les rapprochent des quartzites travaillées des hauteurs de Toulouse et ne permettent pas de les classer ailleurs que dans le chelléen.

L'Abbé J.-M. BEROUD, à Ceyzériat (Ain).

Nouvelles découvertes dans la grotte des Balmes, près Villereversure, en Revermont (Ain). — Cette communication embrasse la monographie complète de la grotte et des brèches ossifères voisines. Douze couches de dépôts meubles, intacts, non remaniés, variant de composition minéralogique, d'origine et de richesse paléontologique : sables éocènes, limons jaunes, limons rouges ocreux, rouges brun ou terne, purs ou avec cailloutis, blocs et ossements, intercalés au milieu des bancs calcaires ou régulièrement entassés dans une énorme excavation de plus de 1500 mètres cubes.

La brèche ossifère proprement dite se présente la dernière dans l'ordre de succession des dépôts ; elle forme 700 mètres cubes de matériaux empâtant à toute hauteur et dans toute direction, ossements innombrables de la faune quaternaire, depuis le Tichorinus (1) deux silex taillés, réputés moustériens ; quartzites alpins ; et cela en plein territoire glaciaire.

Il serait fort désirable de classer géologiquement ce remplissage et d'en fixer la date. La couche supérieure, violée, représente l'époque moderne gallo-romaine (?) avec crânes et ossements humains, poteries, foyers, armes et ornements en bronze, fer, cuivre et plomb et faune actuelle.

Discussion. — M. CHANTRE rapprocherait plutôt de l'*Intermedius* que du *Meridionalis* la dent d'*Elephas* présentée par M. Beroud.

M. G. DE MORTILLET y voit le *Priscus*, variété de l'*Africanus*, et cette détermination serait importante parce qu'elle établirait une donnée climatérique.

M. SIRODOT croit pouvoir dire que la détermination d'un éléphant par la dent est chose bien difficile, car tous les degrés s'observent dans l'écartement, la longueur, la terminaison des lames d'émail ou la disposition du ciment. Pour lui, il a rencontré toujours les plus grandes difficultés dans cette étude.

M. le Docteur E. PINEAU, Château-d'Oleron (Ch.-Inf.).

Retailles néolithiques de silex paléo et néolithiques.— La station d'Ors, dans l'île d'Oleron (Ch.-Inf.), qui est une des belles stations néolithiques de la région, m'a fourni, à l'heure qu'il est, quelques centaines de pièces, éclats, ou débris provenant d'autres gisements, notamment de Gresillon, village éloigné de moins d'une lieue et où l'on trouve surtout du chelléen et du moustérien, et d'un atelier également néolithique actuellement enfoui dans le lit de la Seudre, si j'en juge par ce fait que les nombreux débris qui me l'ont signalé, ont été trouvés exclusivement dans le cordon de galets qui borne ce bras de mer.

Ces silex, faciles à distinguer par leur patine ocreuse (Seudre), ou blanc nacré (Gresillon), de ceux généralement de couleur foncée d'Ors, présentent, pour une trentaine, des retailles très nettes qui permettent d'établir ces deux conclusions :

1° L'ère néolithique, comprise entre la taille première et seconde de ces silex, a été extraordinairement prolongée ;

2° Rapprochée d'autres trouvailles de même nature, sur d'autres points du littoral, l'existence de silex néolithiques sur le cordon littoral de nos pertuis

(1) L'*Elephas meridionalis* (?).

saintongeois permet d'attribuer la formation de ceux-ci à des affaissements lents du sol, et de les dater d'une époque post-néolithique.

Discussion. — M. G. DE MORTILLET dit en avoir rencontré de semblables sur divers points du littoral de l'Océan.

M. D'AULT-DUMESNIL a rencontré dans le département de la Somme un grattoir large, rond et très recourbé, qui n'est qu'un grattoir moustérien converti en grattoir néolithique.

M. DALEAU en a trouvé de très analogues aussi sur le bord d'un des étangs des environs d'Arcachon.

M. Ph. SALMON. — Dans les pays où le silex est rare, ces pièces retaillées se rencontrent assez souvent. Le sol, où les instruments paléolithiques gisaient abandonnés, devenait une sorte de carrière et les objets eux-mêmes une matière première.

— Séance du 14 août 1885

M. SIRODOT, Doyen de la Fac. des Sc. de Rennes.

L'âge du gisement du Mont Dol (Ille-et-Vilaine). — De ses recherches, M. SIRODOT conclut : — 1° Que le gisement est situé dans un sédiment marin, formant un talus limité, adossé contre les escarpements granitiques ; — 2° Qu'il est distribué dans ce sédiment suivant trois niveaux entre des blocs granitiques résultant de trois éboulements successifs ; — 3° Qu'il se trouve également à la surface d'un sable d'eau douce, sur lequel repose le sédiment marin ; — 4° Que, par conséquent, les débris d'animaux et d'industrie humaine du gisement devaient être accumulés dans les anfractuosités des escarpements granitiques, avant le dépôt du sédiment marin, avant que la mer vînt battre les escarpements et en déterminer la chute ; — 5° Que le sédiment marin est recouvert par un sable ocracé et un conglomérat granitique, qui se prolonge sur le versant du monticule jusque sous les sédiments récents qui constituent actuellement la plaine basse du marais de Dol ; — 6° Que le sable ocracé et le conglomérat granitique sont d'origine glaciaire, et datent du dernier minimum de température de l'époque glaciaire ; que, par conséquent, l'accumulation des débris d'animaux et de l'industrie humaine est antérieure à ce minimum ; — 7° Que le sédiment marin dans lequel se trouve inclus le gisement est relevé actuellement de 14 mètres au-dessus du niveau de la mer ; — 8° Qu'il est probable que le mouvement du sol qui a produit ce relèvement est contemporain de celui qui, au milieu de l'époque glaciaire, exhausse certaines régions des côtes de la mer Baltique ; — 9° Que l'accumulation des débris du gisement est donc antérieure à ce mouvement du sol.

A l'étude de ce gisement se rattachait intimement celle de la formation des terrains récents constituant le marais de Dol. L'exploration a mis en relief des alternatives de sédiment marin et de tourbe, accusant des alternatives correspondantes dans l'allée de la mer. M. Sirodot en rend compte avec l'hypothèse d'un cordon littoral passant par les îles de la Manche, et qui plusieurs fois aurait été rétabli et rompu.

Ce cordon littoral aurait été constitué par les matériaux de différente nature transportés par des banquises à la fin de l'époque glaciaire.

M. l'Abbé J. TOURNIER, Prof. au Collège de Thoissey (Ain).

Station moustérienne de Noblens (Ain) (1). —Des silex ont été trouvés à Noblens (Ain), portant, quelques-uns du moins, les caractères de l'industrie moustérienne. Cette station, se trouvant en plein territoire glaciaire, a une grande importance au point de vue de la chronologie préhistorique.

Discussion. — D'après M. Chantre, toutes les pièces présentées ne seraient pas de l'époque moustérienne; beaucoup seraient de l'époque néolithique.

M. François DALEAU à Bourg-sur-Gironde.

Présentation d'os travaillés de l'époque paléolithique. — Je vous ai fait part au congrès d'Alger, en 1881, de la découverte de ma caverne quaternaire de Pair-non-Pair, située commune de Marcamps (Gironde).

J'ai l'honneur de vous présenter huit os travaillés, provenant de cette grotte, où je trouve : moustérien, solutréen et magdalénien superposés. Sept de ces spécimens présentent des encoches parallèles ornementales.

Le huitième est un os d'oiseau, malheureusement incomplet, percé de trois trous et rappelant les flûtes en roseau des Arabes.

Discussion. — M. Pommerol voudrait attirer l'attention sur une pièce osseuse que vient de présenter M. Daleau, celle qui est rectiligne, aplatie, en forme de lamelle étroite allongée. Cette pièce n'a pas appartenu à une côte de renne, de cerf, ou de tout autre animal. La côte, avec sa forme arquée, ne peut pas prendre la forme aplatie, même par le polissage. Il n'y a que l'esquille d'un os long, droit, comme un métatarsien, et surtout un métatarsien de cheval, qui peut être invoquée comme ayant servi à la fabrication de la pièce en question.

M. E. CHANTRE, à Lyon.

Découvertes préhistoriques en Dauphiné. — Dans la région alpine du Dauphiné, l'homme ne s'est montré qu'à la fin des temps quaternaires, au moment du retrait définitif des glaciers. En dehors de la zone d'extension du phénomène erratique, il apparaît, au contraire, dès l'époque chelléenne, comme le prouvent les quartzites intentionnellement taillées du gisement à *Elephas intermedius* de Curson (Drôme).

Les vestiges industriels de la période néolithique sont plus nombreux. Les plus remarquables proviennent des grottes sépulcrales de Béthenas inférieur, des Cresses, de la Buisse (Isère), de Clansail, de Châteauneuf (Drôme), de la station des Balmes-de-Fontaine, près Grenoble, etc.

Les différentes périodes des âges du bronze et du fer se sont succédé en Dauphiné dans le même ordre que partout ailleurs et sont fort bien représentées, les unes, par les nombreuses fonderies et cachettes de marchands que M. Chantre a décrites dans son *Age du bronze*, les autres, par les grands cimetières des Alpes et par les tumulus, inexplorés pour la plupart, du département de l'Isère.

(1) La station de Noblens a déjà été signalée dans les *Matériaux*, livraison de septembre 1884.

Discussion. — Relativement à l'époque de la pierre polie, M. Villot croit devoir rappeler la découverte faite en 1870 à l'Échaillon. Une grotte sépulcrale, creusée dans les calcaires coralliens et mise à découvert par l'ouverture d'une carrière, a fourni de nombreux ossements humains, accompagnés d'instruments en silex, de poteries grossières et d'ossements d'animaux. Cette station a été rapportée par M. Villot à la fin de l'époque néolithique, et elle se trouve sommairement décrite dans les procès-verbaux de la Société de statistique du département de l'Isère, séance du 25 juillet 1870. La grotte sépulcrale de l'Échaillon est évidemment contemporaine de celle de la Buisse et de l'abri des Balmes-de-Fontaine, tout récemment exploré. Elle contenait le même mobilier funéraire, les mêmes instruments en silex, les mêmes poteries et les débris des mêmes espèces animales.

M. G. de MORTILLET, à Saint-Germain-en-Laye.

Le département de l'Isère aux temps préhistoriques (1). — Parlant de la période d'introduction du bronze, M. de Mortillet fait remarquer que partout où on a pu observer le passage de la pierre aux métaux, ce passage s'est effectué par l'emploi du bronze, et que la hache plate à bords droits a été, au moins dans le bassin du Rhône, la forme caractéristique de cette époque de transition. Il cite, comme appartenant à cette époque, les cachettes de Ternay et de Chasse, dans l'arrondissement de Vienne. Le bronze était alors apporté tout formé aux populations du Dauphiné et leur arrivait probablement par la vallée du Rhône. Cependant on en trouve jusque dans les montagnes, au moins pendant la seconde période, comme à Réallon (Hautes-Alpes).

A la deuxième période du bronze appartiennent les cachettes de fondeur de la Poype (arrondissement de Vienne); de Goncelin (Grenoble) et de Saint-Siméon-de-Bressieux (Saint-Marcellin). Une autre cachette, celle de Thodure, paraît se rattacher également à cette époque.

Discussion. — M. Gosse ne peut admettre que le bronze a été apporté à l'état d'alliage, puisque dans la vallée du Rhône, et spécialement à Genève, on a trouvé du cuivre à l'état pur et de l'étain à l'état pur, soit non ouvrés, soit ouvrés.

M. de Mortillet dit qu'il y a malentendu. Le cuivre, existant partout, a été exploité et utilisé partout. A quelle époque? C'est ce qu'il s'agit de savoir. Mais le bronze n'a pu être inventé que dans un pays fournissant aussi de l'étain. On peut donc affirmer qu'au début de la civilisation du bronze, cet alliage était apporté tout fait, habituellement ouvré même, aux populations occidentales. Ce n'est qu'à la seconde période que l'on a introduit chez nous l'étain séparé du cuivre soit en lingots, soit comme ornement.

M. Chantre partage l'opinion de M. de Mortillet quant à l'introduction tardive de l'étain pur dans le bassin du Rhône; c'est même seulement dans les palafittes de l'âge du bronze ayant donné des traces de l'influence de la civilisation dite hallstattienne que l'on a rencontré des objets en étain pur ou des ornementations faites de ce métal.

---

(1) Voir *l'Homme*, 10 août 1885, avec carte.

M. le Dr **MANOUVRIER**, Prépar. à l'Éc. d'Anthrop. des H. Études, à Paris.

Note sur la collection de crânes du Muséum de Grenoble. — CONCLUSIONS. — Les stations néolithiques de la Buisse et des Balmes ont fourni deux types crâniens bien caractérisés : le type de Cro-Magnon, représenté par trois crânes, et le type savoyard actuel, représenté par deux crânes. Le Musée de Grenoble renferme un crâne d'enfant dont les sutures sagittales et une suture coronale sont synostosées, d'où un commencement de déformation.

M. Manouvrier dit également quelques mots d'un crâne de criminel appartenant à la même collection, et présentant tous les caractères du type criminel, même les *bosses* du meurtre et du vol selon le système de Gall.

Discussion.— M. TESTUT, répondant à M. Magitot, qui prétend qu'on pourrait regarder la saillie temporale, appelée *bosse du meurtre*, comme une conséquence du développement exagéré du maxillaire inférieur, demande à son collègue s'il a nettement constaté par des mensurations précises le développement parallèle du maxillaire inférieur et du temporal. Pour lui, il estime *à priori* que le développement exagéré du maxillaire inférieur, constaté chez quelques criminels, peut bien entraîner un développement concomitant de la portion articulaire ou mandibulaire du temporal, mais il ne comprendrait pas comment le maxillaire inférieur pourrait influencer la morphologie de l'écaille temporale, qui n'a avec le maxillaire aucun rapport immédiat ; or, c'est bien sur l'écaille temporale que l'on a observé la prétendue bosse du meurtre, dont il est ici question. Peut-être alléguera-t-on que la portion écailleuse du temporal est en rapport avec les masticateurs par le muscle temporal, qui est un muscle essentiellement masticateur et qui prend sur elle une bonne partie de ses insertions d'origine. Mais le développement du muscle temporal, toujours en rapport avec les dimensions (en surface et en profondeur) de la fosse temporale où il se trouve logé, me paraît devoir entraîner plutôt une écaille rentrante qu'une écaille saillante.

M. Ad. **ARCELIN**, à Chalon-sur-Saône.

Silex soi-disant taillés de l'époque tertiaire. — M. Chantre présente, au nom de M. ARCELIN, une série de silex sur lesquels ce dernier croit voir des caractères analogues à ceux que l'on observe sur les spécimens soi-disant travaillés de l'époque tertiaire. Selon M. Arcelin, tous ces caractères peuvent être le résultat d'actions naturelles et purement fortuites. Il cite un certain nombre d'exemples se rapportant soit à des pièces recueillies en Mâconnais, à la surface du sol, et façonnées accidentellement par le pic des casseurs de pierres, sous les sabots des vaches ou les roues des voitures, etc., soit à d'autres provenant des couches profondes des sables siliceux éocènes de la même région et décortiquées, craquelées comme les silex de Thenay.

Discussion. — M. POMMEROL voudrait signaler spécialement les deux échantillons craquelés de la collection de M. Arcelin. Il n'y a pas d'analogie à établir entre ces silex et les silex craquelés de Thenay. Les premiers ont été recueillis à la surface du sol, il n'y a rien d'étonnant à ce qu'ils aient subi l'action des feux de bergers ou de laboureurs. De plus, nous ne trouvons pas, sur la plupart des pièces, les arêtes vives, franches, et les facettes nettes, planes ou curvilignes des échantillons de Thenay. Les silex de M. Arcelin ne viennent pas affaiblir la portée de la découverte de l'abbé Bourgeois.

M. POMEL, Dir. de l'Éc. sup. des Sc., à Alger.

Station préhistorique de Ternifine, près de Mascara (Algérie). — M. Pomel communique les résultats de ses fouilles à Ternifine. La station remonte manifestement au paléolithique, comme on a pu en juger par les instruments de pierre et par les restes de certains animaux : *Elephas atlanticus, Rhinoceros mauritanicus, Hippopotamus major.* On y a trouvé en outre le cheval, un chameau, un bœuf et d'autres ruminants. Ces éléments plus modernes ont dû s'y trouver confondus par suite de superpositions ; ce qui le prouve, c'est l'existence d'un foyer néolithique, avec débris de poterie, établi sur le terrain quaternaire sous-jacent. Quand la place est favorable, on doit s'attendre à y rencontrer la trace des hommes des diverses époques ; c'est à l'observateur de discerner les couches de superposition et de débrouiller la part de chacune.

Discussion. — M. Zaborowski insiste spécialement sur la présence à la station de Ternifine d'un camélidé, d'un bœuf, d'un cheval. Nous connaissons par les anciens auteurs et les sculptures sur rochers la présence à une époque peu ancienne, dans l'Afrique du Nord, d'un éléphant et d'un bœuf à cornes recourbées en avant. M. Pomel dit que l'éléphant qu'il a découvert était au moins de la taille du *Meridionalis.* Il fallait de vastes pâturages pour un tel animal. Le bœuf trouvé par M. Pomel n'est pas celui figuré sur les rochers, du Maroc à la Tripolitaine. En ce cas il s'éloigne aussi du bœuf des anciens Égyptiens, que des naturalistes veulent rapporter à la grande race grise des steppes et faire venir d'Asie. Mais il prouve l'existence de différentes races de bœufs dans l'Afrique du Nord, à une époque reculée. Jusqu'à présent, l'origine toute récente du chameau en Afrique a paru démontrée. Les anciens Égyptiens ne l'ont pas figuré sur leurs monuments. La trouvaille de débris d'un camélidé est, dans ces conditions, très curieuse.

A ces remarques et à quelques autres qui lui sont adressées, M. Pomel répond que :

1° Les auteurs anciens ne font aucune mention de la présence du dromadaire en Barbarie avant l'invasion arabe. Il ne figure pas non plus sur les images rupestres d'animaux de cette région ; le bœuf, au contraire, s'y trouve représenté par un type dont les traces se retrouvent peut-être dans d'autres gisements algériens. Celui de Ternifine est petit comme le zébu, et, du reste, trop peu connu encore. Quant au chameau, il est d'espèce différente du dromadaire.

2° Les molaires des éléphants quaternaires d'Algérie ont bien l'émail de leurs lames assez fortement festonné, mais cet émail est relativement peu épais et diffère de celui de la dent citée par M. de Mortillet.

3° La petitesse des éclats tranchants de silex qui caractérise la station ternifienne ne tient pas à l'absence de matériaux dans la contrée, à une date plus récente les outils en silex de plus grande dimension ne manquent pas. Cela tient sans doute à l'inhabileté des hommes qui les éclataient.

M. DELORT, Prof., à Auxerre.

Restes de faune de l'époque quaternaire dans l'Yonne, et diverses trouvailles. — A Bonnard, au confluent de l'Yonne et du Serein, à la suite de travaux de dragage, M. Delort a pu recueillir : 1° une hache acheuléenne de très grande dimension, à côté de bois de grands cervidés et particulièrement de renne ; 2° de nombreuses lames de silex avec retouches.

Dans cette même station, un vigneron a récemment découvert un sarcophage en calcaire de Bourgogne. Il contenait un squelette que l'on s'était empressé de broyer, et un vase funéraire à couverte noire, de facture gauloise ; ce qui porterait à classer cette sépulture dans une époque de transition.

Enfin, la station de Bussy-en-Othe a fourni de nouvelles haches et grattoirs néolithiques.

En dehors de ces trouvailles bourguignonnes, il nous était venu de la Vendée divers bronzes, entre autres, une belle tête de lance aux bords légèrement ondulés ; deux poids, dont l'un en plomb et l'autre en bronze ; plus une hache à oreillettes, en bronze.

Discussion. — M. Chantre pense que la hache présentée est bien une pièce chelléenne, mais il est impossible de considérer son gisement comme quaternaire, puisque M. Delort nous dit qu'elle provient de dragages au confluent de deux rivières. C'est une belle pièce isolée, mais non des dépôts dits du diluvium.

M. Pommerol. — Les ossements quaternaires trouvés associés aux silex présentés par M. Delort appartiennent : la grande corne, au *Cervus elaphus ;* la petite, à un fragment de corne de renne mâle, la femelle ayant des cornes plus aplaties et moins volumineuses. La dent de *Sus* est une canine inférieure gauche, appartenant à un sanglier adulte ; la grosse molaire représente le *Bos primigenius*, et l'incisive, le bœuf ordinaire ou *Bos taurus*. Cette faune est bien caractéristique de la période quaternaire.

M. le Docteur FICATIER, à Auxerre.

Nouvelles fouilles dans la grotte de Nermont, près Saint-Moré (Yonne). — M. le Dr Ficatier rend compte du résultat de nouvelles fouilles qu'il a entreprises dans la grotte de Nermont. Ces fouilles ont démontré qu'avant de rencontrer le sol de la grotte, on rencontrait trois foyers superposés bien distincts séparés entre eux par des couches d'épaisseur variable de terre et de pierres détachées de la voûte. Le mobilier rencontré dans les différents foyers appartient à l'époque néolithique, bien que certains silex de la profondeur rappellent par leur forme l'époque de la Madeleine. Les objets trouvés consistent principalement en une grande quantité de silex du type couteau, perçoir, grattoir ; des haches polies en jade ou en granit de la Cure ; des objets en os, poinçons, poignards, herminettes ; des dents perforées d'ours, de loup, de chien, de chevreuil ; des andouillers de cerf travaillés et percés de trous ; des pointes de flèches en silex finement travaillées ; enfin, une grande quantité de débris de poteries, dont les plus grossières se retrouvent toujours dans le foyer le plus profond. Ce foyer a donné, en outre, quatre vases entiers demi-sphériques, d'une forme et d'une structure absolument primitives, qui font partie de la collection de M. le Dr Ficatier. Le résultat de ces fouilles prouve que la grotte de Nermont a été habitée seulement à l'époque néolithique, et confirme celui de la Société des sciences de l'Yonne, qui n'avait pas atteint le sol de la grotte.

Discussion. — M. Pommerol essaye d'expliquer les trous que l'on remarque, associés deux à deux, sur les fragments de poterie. Ils lui semblent destinés à remplacer les anses absentes ou brisées. Ces ouvertures ont été faites après la cuisson du vase, et ce qui le prouve, c'est leur forage conique. Les trous faits quand la pâte est molle sont toujours cylindriques.

M. Gosse estime que quelques-unes de ces poteries présentent des anses de suspension, d'autres des trous de suspension et enfin d'autres encore des trous faits après la cuisson pour remplacer une anse fêlée.

— Séance du 17 août 1885 —

M. CHANTRE, à Lyon.

Présentation de quartzites taillées de Curson (Drôme). — M. Ernest Chantre présente une nouvelle série de quartzites taillées des alluvions quaternaires à *Elephas antiquus* de Curson (Drôme). Il rappelle sa communication précédente sur le même sujet et, s'il insiste sur ces instruments, c'est qu'ils ont été recueillis, les uns, par des personnes étrangères à la science, les autres, par quelqu'un de nos collègues, lors d'une récente excursion dans ce gisement. Parmi ces objets, un surtout porte tous les caractères des silex taillés par l'homme et ressemble absolument aux quartzites des alluvions de la Garonne.

Discussion. — Parmi les éclats de quartzite présentés, il en est un dont la taille paraît indiscutable à M. Pommerol. C'est celui qui est muni de plusieurs facettes planes, du plan de frappe, du conchoïde de percussion et des lignes courbes concentriques. Il est moins affirmatif pour les autres fragments, qui ont été détachés de gros cailloux roulés. Sont-ils des déchets de fabrication, ou des éclats naturels? La face éclatee est certainement de date postérieure à la surface roulée, mais est-ce l'homme qui a produit ce grossier éclatement? Cela paraît difficile à admettre.

M. Daleau a visité, avec quelques-uns de ses collègues, la sablière de Curson, d'où M. Chantre a retiré la magnifique mâchoire *d'Elephas antiquus* des galeries du Muséum de Lyon. On a extrait sous leurs yeux, de ce sable quaternaire, plusieurs éclats de quartzite taillés intentionnellement et semblables à ceux qui viennent d'être présentés. Ces grands éclats, tranchants à la partie inférieure, ont dû servir d'instruments à nos lointains ancêtres, et il espère que de nouvelles fouilles nous dévoileront les secrets de cette station.

M Sirodot insiste de nouveau sur la nécessité de ne produire que des pièces parfaitement caractérisées. Si parmi les quartzites recueillies, il en est qui ne peuvent être sujettes à aucune contestation, d'autres, bien qu'offrant le bulbe de percussion, paraissent être les résultats de chocs accidentels. Plus la taille est grossière, plus il faut apporter de réserve dans le choix des documents qui seront introduits dans la discussion.

M. SIRODOT, à Rennes.

Compte rendu d'une visite faite au Muséum d'Histoire naturelle de Lyon. — M. Sirodot a trouvé au Muséum de Lyon une collection paléontologique quaternaire d'un intérêt exceptionnel. Il signale aux travailleurs les précieuses ressources accumulées dans ce Musée par les soins de M. Jourdan, de M. Lortet et de M. Chantre.

C'est au Musée de Lyon qu'il faut aller faire l'étude de deux genres qui s'accompagnent toujours : les genres Elephas et Rhinoceros. Cette étude a une haute importance, car s'il y a de très grandes variations dans les molaires des éléphants, elles sont moins accusées chez les rhinocéros, et alors le rhinocéros servira souvent à la détermination de l'éléphant. Le Muséum de Lyon renferme des pièces nombreuses classées sous le nom d'*Elephas intermedius*.

Je serais bien aise que M. Chantre voulût préciser la nature des couches de Lehm dans lesquelles les pièces principales ont été recueillies.

M. le Professeur GOSSE (de Genève).

Compte rendu d'une visite faite au Laboratoire de médecine légale de la Faculté de médecine de Lyon. — Nous avons été reçus par MM. les Drs Lacassagne et Coutagne, lesquels ont bien voulu nous faire l'honneur des locaux qu'ils occupent dans la Faculté de médecine. Quoique certains aménagements, tels que la galerie de la salle d'autopsie, soient regrettables, tout est organisé d'une manière remarquable pour faciliter les recherches des professeurs et rendre les études des élèves vraiment pratiques et sérieuses. Le Musée, quoique ne datant que de quelques années, renferme déjà un nombre considérable d'objets et, en particulier, une collection de crânes et de moulages de têtes de criminels vraiment remarquable. Parmi les nombreuses séries que nous voudrions toutes signaler, nous nous permettrons de signaler le recueil des tatouages et les tableaux statistiques de M. le professeur Lacassagne.

M. OLLIER DE MARICHARD, Archéologue, à Vallon (Ardèche).

Exploration de la vallée d'Auzon (Ardèche). — Les objets que j'ai l'honneur de vous présenter proviennent de l'exploration d'une petite vallée située dans l'Ardèche, dans laquelle se trouvent une infinité de sépultures antiques que j'ai fouillées. Quelques-unes de ces sépultures m'ont fourni des objets de l'époque néolithique, tels que belles pointes de flèches et de belles perles en pierre et en os, d'autres renfermaient dans leur mobilier funéraire des objets en bronze, en fer et même en or, tels que fibules, agrafes de ceinturon, boucles d'oreilles en bronze, bracelets et gros anneaux en fer, et deux bagues en or, associées à une quarantaine d'anneaux en bronze ou bracelets filigranes. Il est évident que ces sépultures datent de deux époques différentes et, en général, sont identiques à toutes celles que j'ai déjà signalées dans le département de l'Ardèche.

M. Ernest CHANTRE, à Lyon.

Nouvelles découvertes préhistoriques au Caucase. — M. Chantre, en présentant les premières feuilles de ses *Recherches anthropologiques au Caucase*, annonce que les explorations qu'il a entreprises dans les nécropoles préhistoriques de l'isthme pontocaspien, avec l'assistance de Bayern, l'instigateur des fouilles méthodiques dans ce pays, sont poursuivies avec activité d'après ses indications.

Il rappelle l'historique de ces fouilles, qui ont donné déjà de si beaux résultats et que certains touristes paraissent ignorer et oublient dans leurs publications archéologiques. Il importe également que tout le monde sache que, parmi les collections de bronzes préhistoriques rapportées depuis quelque temps en Europe et provenant surtout de l'Ossethie, c'est celle que M. Chantre a déposée au Musée de Saint-Germain qui, seule, présente un intérêt scientifique complet. La plus grande partie des objets qui la composent a été identifiée par ses propres fouilles, les plus importantes qui aient été opérées jusqu'à ce jour dans ces montagnes, et cela sous les auspices du ministère de l'instruction publique de France.

Fouilles dans les grottes de Saint-Amour (Jura). — M. Chantre signale la découverte récente de sépultures néolithiques dans la grotte de Gigny, près Saint-Amour (Jura). Des fouilles y ont été opérées récemment, d'après ses indications, par MM. Lafond et Carron, géologues habitant la localité.

On y a recueilli jusqu'à ce jour de nombreux éclats de silex, des fragments de beaux poignards et une scie faite d'un silex qui a tous les caractères de celui du Grand-Pressigny. Outre ces objets, on a encore trouvé dans ces sépultures, dont le nombre est difficilement appréciable, une petite hache en chloromélanite, des fusaïoles, des débris de poterie, des pendeloques faites d'os polis et de dents diverses percées, puis des ossements humains en partie décomposés. Le tout était enfoui sous 1^{m} en moyenne de remblai mêlé à de la cendre et au milieu duquel on a extrait des poteries, des débris d'objets divers en bronze plus ou moins brisés et de peu de valeur, tels que des fibules et des poinçons, puis enfin des fragments de ferraille : fers de cheval, clef et parties de lances d'une époque plus récente.

Cette grotte a donc été utilisée depuis l'époque néolithique jusqu'à la période moderne. Les fouilles que l'on y poursuit montreront sans doute que les populations paléolithiques en avaient fait antérieurement leur demeure.

M. le Docteur TESTUT, Prof. à la Fac. de Méd. de Lille.

Les polissoirs néolithiques du département de la Dordogne. — M. Testut parle des polissoirs néolithiques du département de la Dordogne. L'*Inventaire des Monuments mégalithiques* n'en signale aucun. Cependant on peut, dès à présent, affirmer l'existence dans la Dordogne de *quarante* monuments de ce genre, soit entiers, soit à l'état de fragments. Le Musée de Périgueux en renferme un certain nombre qui n'auraient pas dû échapper à la connaissance des archéologues. M. Testut décrit succinctement chacun de ces polissoirs et montre des dessins et des photographies qui les représentent. Il insiste sur les dangers qu'il y aurait à asseoir, dès à présent, des conclusions sur les données de l'Inventaire des Monuments mégalithiques, qui est absolument incomplet.

M. NICOLAS, Cond. des P. et Ch., à Avignon.

Les dernières découvertes préhistoriques dans la vallée du Rhône en 1885. — M. Nicolas expose les résultats de ses dernières recherches relatives au préhistorique dans la partie moyenne du bassin du Rhône en 1885 :

Grotte de Tresque. — C'est dans un grès à petits grains que s'ouvrent les grottes que nous signalons. L'ouverture est limitée à droite et à gauche par des blocs droits, non recouverts par d'autres. Trois salles se montrent : l'une d'elles, à gauche, était dallée, et à l'entrée d'un petit couloir était un squelette dont le crâne seul a été remis à l'explorateur, puis une autre salle, vis-à-vis l'ouverture principale, et enfin une troisième comblée entièrement. C'est là que les fouilles ont mis à découvert un nouveau crâne avec des débris très nombreux de poteries brisées. Les humérus ne sont pas perforés, les tibias sont platycnémiques. Les poteries montrent des formes très variées et des dessins remarquables.

Grottes de Roquemaure. — Au nombre de plus de cinquante, ces grottes ont été fouillées à diverses époques, toutes par les soins de M. Nicolas et sous sa surveillance. Les objets sont au Musée de Saint-Germain.

La dernière fouille a fourni, dans une capacité très restreinte, plus de mille disques ou perles en coquilles de cardium, deux amulettes, plus un silex ou grattoir. L'intérêt de cette découverte est l'extension donnée à l'aire de ces disques, dont les limites se trouvent reportées jusque sur les bords du Rhône.

Enfin M. Nicolas signale des vestiges de l'âge du bronze aux environs de Roquemaure.

Discussion. — M. Gosse indique que le dallage des grottes a été signalé dans plusieurs endroits, mais est toujours un fait rare. On peut remarquer que ce travail se trouve généralement dans des grottes présentant plusieurs salles, c'est la plus petite qui est dallée; c'est dans cette salle que l'on trouve des ossements humains; en outre, le dallage repose sur de l'argile, lequel à son tour repose sur du sable. Ce dépôt de l'argile et sa superposition au sable dans les grottes du Néocomien et des terrains inférieurs ou supérieurs est probablement le résultat de la diminution des sources, qui, coulant plus lentement, ont déposé alors des sédiments ténus qui précédemment étaient emportés par le courant.

La signification de ce dallage est facile à saisir. On le trouve, en effet, dans les dolmens, et M. Pommerol en a publié un exemple provenant d'Auvergne. En Algérie, où les monuments mégalithiques abondent, on observe parfois le dallage des dolmens; mais, le plus souvent, c'est une couche de terre apportée de loin qui forme le sol de la chambre. Cette coutume est liée aux usages, aux rites funéraires de l'époque néolithique; elle a une signification d'ordre probablement religieux. Elle est pratiquée dans le but de préserver le cadavre du contact de la terre et des causes de décomposition qui en proviennent, de même que la table et les grandes dalles latérales doivent le préserver des violations du dehors.

M. le Docteur L. **MANOUVRIER**, à Paris.

Sur les proportions pondérales du squelette des membres chez l'homme et les anthropoïdes. — CONCLUSIONS. — Le poids du membre supérieur est beaucoup plus considérable, relativement au poids du membre inférieur, chez les anthropoïdes que chez l'homme. — Le poids des extrémités est plus grand par rapport au poids du reste des membres chez les anthropoïdes que chez l'homme. — Le poids des autres segments des membres est à peu près le même relativement au poids total des membres chez l'homme et chez les anthropoïdes.

M. **FAUVELLE**, à Paris

Des moyens pratiques de se rendre compte du degré d'intelligence des différents groupes ethniques. — Dans son travail, M. LE Dr FAUVELLE appelle l'attention de ses collègues sur le peu de précision des données recueillies sur l'intelligence des différents groupes ethniques mis en observation. Il expose ensuite les bases d'une méthode qui, suivant lui, devrait donner de meilleurs résultats. Il s'agirait d'abord de donner plus d'importance à l'examen morphologique et histologique des centres nerveux; puis de se rendre compte de la puissance des organes des sens et de recueillir les idées qu'ils procurent, en s'élevant des plus simples aux plus complexes et en ayant soin de distinguer celles acquises par l'expérience de celles transmises par la tradition. En terminant, l'auteur prie la section d'Anthropologie de vouloir bien accorder à ses idées son approbation et l'appui de son autorité.

Discussion. — M. MAGITOT se range à l'avis de M. Fauvelle et pense qu'il serait utile d'ajouter aux questionnaires fournis aux voyageurs une note annexe tenant compte des observations que comporte la méthode qui vient d'être exposée.

M. TESTUT pense que la méthode préconisée par M. Fauvelle serait profitable aux progrès des sciences anthropologiques. Mais les procédés de mesure exacts (acuités visuelle et auditive, sensibilité cutanée, etc.) ne peuvent être appliqués sans études préalables; à plus forte raison, l'étude morphologique des centres nerveux est-elle complexe. Tout en formulant ces réserves, M. Testut s'associe de grand cœur au vœu exprimé par M. Fauvelle. Il a cru devoir mettre en évidence les difficultés inhérentes à la méthode d'observation qu'il préconise. Il n'en est pas moins persuadé de son importance au point de vue ethnographique et estime, en définitive, qu'il a tout intérêt à confier à une commission compétente la rédaction d'un programme d'études.

M. GOSSE juge la proposition d'autant plus importante que les populations qu'il s'agit d'étudier, d'ici à très peu de temps se seront modifiées, lors que ce ne serait que par la présence des voyageurs chargés de les étudier. Il tient néanmoins à faire remarquer, contrairement à l'opinion émise à cette occasion par le Dr Magitot, que des faits admis généralement, tels que ceux indiqués par les Drs Lunier, Foville, etc., montrent que certaines déformations crâniennes ethniques ont eu une influence sur le développement de la folie.

M. POMMEROL n'est pas de l'avis de son honorable confrère M. le Dr Gosse, relativement à l'altération de l'intelligence par les déformations crâniennes. On connaît des exemples de déformation crânienne, avec l'intelligence normalement développée. Ainsi Barnard Davis, dans ses *Synostotic Crania*, cite l'exemple d'un scaphocéphale remarquable, vivant, et présentant intactes toutes ses facultés intellectuelles. Souvent aussi on trouve des synostoses précoces localisées, correspondant à des lésions cérébrales. Mais ces dernières sont la cause première des déformations, des altérations crâniennes, lorsque les lésions cérébrales se produisent avant le complet développement de l'individu.

M. FAUVELLE ne se dissimule pas la difficulté du sujet; il sait très bien qu'au point de vue anatomique la lumière n'est pas encore faite sur les centres nerveux, et que le cerveau type de l'homme civilisé n'est pas encore spécifié. Mais des recherches comparatives ne pourront que faire avancer la science. Suivant lui, c'est aux diverses sociétés d'anthropologie qu'il appartient de formuler le questionnaire qui devra aider les explorateurs dans leurs recherches sur l'intelligence. Il se propose de saisir la Société de Paris d'une proposition à ce sujet et il sera certain d'être écouté si la Section veut bien lui accorder son haut appui.

Le Section approuve à l'unanimité le projet de M. Fauvelle et l'autorise à se prévaloir de cette approbation devant la Société d'Anthropologie de Paris.

M. le Docteur MAGITOT, à Paris.

La cité souterraine de Combperet (Puy-de-Dôme). — Le Dr MAGITOT rend compte au Congrès des résultats de la mission qu'il a reçue du ministère de l'Instruction publique avec subvention de l'Association, dans le but d'entreprendre des fouilles dans une station humaine décrite par lui au Congrès de Blois en 1884. Ces fouilles ont porté sur douze fosses, soit simples, soit doubles, et sur neuf monticules ou sépultures. Les cases d'habitation ont été ainsi reconstituées à ciel ouvert avec leur couloir d'entrée, leur foyer, leurs restes de cuisine, leurs objets divers, leurs poteries. La toiture a été retrouvée au fond de l'excavation et a pu, elle aussi, être reconstituée. Elle se composait de trois couches superposées : 1° des branchages en viorne, 2° une couche de terre glaise en plaques et tuiles rudimentaires séchées au soleil, 3° un revêtement en mottes gazonnées.

Les monticules considérés comme des sépultures ont été explorés avec attention et dans chacun d'eux on a pu recueillir, au milieu de la masse de terre remaniée, une poignée de cendres noires que l'auteur regarde comme une partie des produits de l'incinération des cadavres. L'incinération avait vraisemblablement lieu à l'air libre et le rite funéraire consistait à déposer emblématiquement au centre du monticule la poignée de cendres représentant les restes de la cérémonie.

A la suite de cet exposé, M. Magitot mentionne dans le voisinage de la station de Combperet la trouvaille de silex travaillés, pointes de flèches, grattoirs, couteaux de même substance, dont il se propose de chercher le gisement originaire. Les résultats de ces nouvelles recherches seront portées devant le Congrès de Nancy en 1886.

Ces divers objets ne sont pas contemporains de Combperet, lequel répond exactement à l'ère barbare, qui commence vers la fin du Ve siècle et fut marquée par des invasions de Francs, de Burgondes et de Visigoths qui refoulèrent dans les hauteurs montagneuses les habitants qui ont construit ces demeures souterraines.

Discussion. — M. POMMEROL rappelle qu'il a étudié un certain nombre de stations analogues à celle décrite par M. Magitot. Il établit entre elles deux groupes distincts. Les unes, construites à ciel ouvert et à murs plus ou moins élevés, étaient situées sur les plateaux ou sur des sommets peu accessibles; telles les stations de Saint-Nectaire et du puy de Chignor. Les autres, creusées dans les coulées de lave, avaient leurs parois revêtues de murs en pierres sèches: la toiture consistait en grosses branches. en mottes de terre ou chaume, le tout recouvert de lave afin de dissimuler l'habitation aux regards; à cette catégorie appartiennent les villages de Chazaloux, de Villars et aussi celui de Combperet, quoique d'un genre un peu différent, étant non muré et sans ouverture pour le passage de la fumée.

D'après M. Pommerol, l'âge de ces habitations varierait entre le VIIIe et le Xe siècle. Il fait remarquer le petit nombre des objets que les fouilles de M. Magitot ont mis à découvert. Ce fait prouverait, suivant lui, que ces demeures étaient purement temporaires et utilisées seulement aux moments de danger. Voilà pourquoi il n'a pas été trouvé de cimetière dans le voisinage. M. Pommerol ne peut croire que les accumulations de cendres trouvées devant chaque fosse soient des sépultures par incinération. Ce rite n'était plus observé durant le moyen âge.

M. MAGITOT n'admet pas que les cases de Combperet aient été des refuges. Leur nombre et leur agencement s'opposent à cette interprétation.

M. le Dr GOSSE fait observer que l'incinération n'a pas dû disparaître partout en même temps et dès les premiers progrès du christianisme. Sans rien préjuger sur cette question relativement aux montagnes du centre de la France, il cite un certain nombre d'exemples de survivance des coutumes païennes au milieu des rites introduits par la religion nouvelle, survivances fréquentes surtout dans les régions montueuses et peu accessibles.

M. TESTUT estime que la pauvreté du mobilier rencontré par M. Magitot dans les décombres qu'il a explorés avec tant de soin n'est pas une raison suffisante pour conclure que ces décombres ne sont pas des restes d'habitations. Il s'agit de populations pauvres dont les ustensiles de ménage étaient naturellement peu nombreux et peu variés. Les nombreuses habitations découvertes dans ces dernières années en Amérique du Nord n'ont presque pas fourni d'objets. Les huttes effondrées des premiers âges du fer, fouillées tout récemment par MM. Testut et Dufourcet dans le département des Landes, n'ont fourni bien souvent que quelques misérables tessons de poterie; dans bien des cas, ils n'ont rencontré que le sol de la hutte. Les huttes habitées encore de nos jours par quelques populations sauvages ou demi-sauvages, les Esquimaux notamment, ne renferment qu'un mobilier bien mesquin. En conséquence M. Testut pense que l'opinion de M. Magitot, tendant à considérer les huttes de Combperet comme des habitations permanentes et non comme de simples cachettes, est parfaitement rationnelle.

M. le Docteur F. POMMÉROL, à Gerzat.

Parure et poterie néolithiques. — Les objets présentés ont été découverts entre une couche de sables volcaniques et une couche de limon, dans le gisement que j'ai signalé en 1880, au Congrès de Reims.

Les uns forment une série d'ossements percés à une de leurs extrémités. Quatorze pièces sont des métatarsiens, et neuf autres sont des métacarpiens de chiens tous percés près de l'extrémité tarsienne ou carpienne, préalablement usée et amincie. Sept pièces sont des métacarpiens ou des métatarsiens de *Sus scrofa* ou sanglier. Cinq canines inférieures appartiennent encore à cet animal. Ajoutons encore deux incisives de bœuf. Ces ossements perforés devaient certainement servir de pendeloques à un collier ou à toute autre parure.

Avec eux ont été trouvés deux vases presque entiers. L'un est un bol très grossier, fait à la main, à fond distinct, plat et irrégulier, montrant sur ses parois les traces du torchon d'herbes qui a servi à le lisser. Le second a la forme du pot actuel; il est renflé, à large ouverture et à fond horizontal, peu détaché. Comme le précédent, il a été fait sans l'aide du tour. La forme de son anse unique montre qu'elle a été moulée sur l'index gauche de l'ouvrier; et l'état d'usure de la partie antérieure du fond prouve qu'on approchait le vase du foyer, en le faisant vivement frotter contre le sol. Ainsi font encore les paysans actuels.

M. le Docteur CHAUMIER, au Grand-Pressigny (Indre-et-Loire).

M. CHAUMIER décrit un polissoir de petite dimension, en silex, provenant du Grand-Pressigny. Sur l'une des faces sont creusées six rainures, d'une profondeur variant entre 1 et 2 centimètres, et d'une longueur de 26 à 41 centimètres.

M. Chaumier s'étant informé si des pièces analogues avaient été trouvées dans la même région, a découvert la trace de huit polissoirs, l'un en grès, les autres en silex.

M. L. GUIGNARD, V.-Prés. de la Soc. d'Hist. nat. de Loir-et-Cher, à Sans-Souci, Chouzy (Loir-et-Cher).

Découverte d'un atelier de silex taillés à Chouzy (Loir-et-Cher). — M. GUIGNARD relate les découvertes faites par lui en 1884-1885, et présente des silex taillés qu'il a trouvés à Vineuil-les-Bois, à Villermain, dans le bois de Bière et le long du taillis de ce nom, sur le territoire des communes de Lorges, de Mer, de Suèvres, de Chambon, d'Orchaise, au hameau de Bury (Chambon), à Soings, près du grand et du petit tertre dits les Montangeon. Il termine en donnant la description d'un atelier de silex de la période robenhausienne, découvert par lui au lieu dit la Lande (commune de Chouzy).

— Séance du 19 août 1885 —

M. Ernest CHANTRE, à Lyon.

Tumulus du Dauphiné. — M. CHANTRE rappelle qu'il existe dans le Dauphiné de nombreux tertres qui peuvent être rangés dans la catégorie de ceux qui doivent être appelés *tumulus*. Aucun n'a été fouillé avec méthode, et chaque jour leur nombre diminue par suite du développement de la culture des terres.

Il signale particulièrement les tertres des environs de Crémieu, Bourgoin et Chandieu comme devant être fouillés dans un avenir prochain.

M. GOSSE, à Genève.

Sur la station lacustre de la Tène, au lac de Neuchâtel (Suisse). — M. Gosse présente une série d'objets en bronze, lames, haches, bracelets, épées, etc., presque tous fragmentés, qui ont été trouvés dans le lit du Rhône dans les travaux exécutés l'année dernière ; ces objets de diverses époques, qui appartiennent aux différentes époques du bronze et du fer, étaient réunis entre eux par une oxydation des plus tenaces. — La date de la réunion de ces objets a été heureusement donnée par le fait que l'on a trouvé au milieu de ce magma une monnaie en bronze des Sequanais. — Il montre une série des objets trouvés à la Tène, et trouvés ensemble dans une couche nettement déterminée, et parmi lesquels étaient des monnaies des Sequanais identiques à celle mentionnée plus haut. Il attire l'attention sur quelques-uns des objets : sur les épées touchant l'ornementation des fourreaux, sur les marques de fabriques (il en montre quelques-unes) et un poinçon, utilisé à cet égard ; sur une collection d'instruments, limes, ciseaux, gouges, etc., qui se trouvaient, lors de leur découverte, renfermés dans un sac en cuir ; enfin sur des mors de chevaux, dont l'un peut-être est un peu plus récent que les autres, mais qui n'en est pas moins gaulois. Il présente une analogie très frappante avec le mors conservé dans le trésor de l'église de Carpentras.

Discussion. — M. Magitot retrouve dans les ornements de cheval présentés par M. Gosse les formes qu'il a observées au Congrès préhistorique de Lisbonne en 1880. Dans certaines occasions, on a vu apparaître des équipages vraiment préhistoriques. Véritables chars à roues pleines et attelés au moyen de harnais couverts de plaques et d'ornements en bronze très analogues à ceux-ci et formant un cliquetis sonore vraiment extraordinaire.

M. Chantre se range volontiers à l'avis de M. Gosse en ce qui concerne le danger qu'il y a de considérer comme caractéristiques de l'âge du bronze tous les dépôts appelés fonderies ou cachettes de fondeurs. La plupart présentent des ensembles ayant appartenu sans aucun doute à l'âge du bronze et pouvant donner une idée assez juste de cette civilisation. Mais la présence, au milieu de ces dépôts, de pièces plus récentes prouve qu'ils ont été effectués postérieurement à sa période d'activité.

Tel est le cas, par exemple, des fonderies de Larnaud, en France, et de Bologne, en Italie. On voit, en effet, dans ces trouvailles de superbes séries d'armes, d'ustensiles, de parures et de harnachement de l'âge du bronze ; mais on y trouve également quelques objets caractéristiques de l'âge du fer, torques, fibules, rasoirs, représentations animales, etc. Ces dépôts ne montrent donc pas la civilisation du bronze en pleine activité ; ce sont des collections de vieux matériel recueillies par des marchands du premier âge du fer.

M. Chantre ajoute que l'un des mors de la Tène, celui que M. Gosse compare au mors du reliquaire de Carpentras, présente une très grande ressemblance avec une pièce du même genre qu'il a découverte dans les tombeaux du Koban, au Caucase. Une plaque de harnais, feuille de bronze rectangulaire, évidée, à trois axes recourbés rayonnant d'un noyau central circulaire, est également semblable à un objet indéterminé trouvé dans la même nécropole. Celle-ci, très antérieure à la station de la Tène, lui paraît appartenir au groupe des nécropoles dites hallstattiennes.

M. le Docteur CHARVET, à Grenoble.

Débris d'objets trouvés dans le terrain d'un ancien tumulus, à Rives (Isère), en 1882. — M. le Dr B. Charvet présente des objets d'un ancien tumulus détruit et transporté sur le territoire de la commune de Rives. Voici l'inventaire de ce mobilier : trois lances; trois épées brisées ou courbées intentionnellement au moment des funérailles; quelques rares débris d'os incinérés; et enfin une ceinture de suspension d'épée que M. Charvet avait prise d'abord pour la chaînette du côté droit du timon d'un char de guerre. Cette attribution lui a été inspirée par la remarque faite d'une disposition analogue existant sur plusieurs attelages d'une troupe de bohémiens observée en 1876 au Pont-de-Beauvoisin, où elle fit un assez long séjour.

M. Charvet est tout disposé à abandonner cette première attribution; mais il tient à appeler l'attention sur la constatation dont il vient de parler.

Discussion. — M. Chantre dit que des objets semblables à la pièce en question se rencontrent parfois dans les cimetières gaulois de la Marne, et cela dans des sépultures où jamais on n'a trouvé de traces de char ou même de harnachement.

M. Ernest CHANTRE, à Lyon.

Les dernières découvertes opérées en 1885 dans les palafittes du lac de Paladru (Isère). — M. Chantre rappelle l'historique de la découverte des palafittes du lac de Paladru et l'importance des fouilles qu'il a fait pratiquer dans ce lac en 1866 et surtout en 1869-70. Puis il expose les faits nouveaux que l'on a pu observer l'hiver dernier.

Depuis 1870, les eaux n'avaient jamais été si basses et il a été possible non seulement de contrôler les descriptions qu'il avait données de la construction de ces palafittes, mais encore reconnaître la disposition d'un plus grand nombre d'habitations et leur position sur la plateforme commune. On a reconnu la présence d'une immense digue, faite de trois rangées de pieux, construite en avant des palafittes, du côté du grand lac et faisant office de brise-lames ou de môle; elle était destinée à garantir les constructions contre certains coups de lac parfois très violents.

L'extraction des superbes bois de chêne employés à ces constructions ayant été reprise cette année, les fouilles ont mis à jour une nouvelle série d'objets intéressants tels qu'une belle lame de sabre, un umbo de bouclier, des lances, de nouveaux éperons, des fers de cheval et des ustensiles de ménage : couteaux, faucilles, etc.

M. le Dr B. Charvet se propose de présenter à la Section la plupart de ces objets qui viennent confirmer ce qui a été dit de l'âge de ces stations, qui ne remonte pas au-delà de l'époque carlovingienne.

M. le Docteur CHARVET, à Grenoble.

Inventaire d'objets retirés du lac de Paladru (Isère) dans les mois de février et mars 1885. — Tous les objets retirés du lac sont de l'époque carlovingienne et ont été retirés de la station dite des Roseaux; en voici l'inventaire: Deux débris de cuillers à pot en bois; deux débris de peigne en *buis* à deux fins. Mâchoire inférieure de sanglier, dents isolées; quantité de tessons de poteries sans vernis, dix-sept couteaux en fer, deux clefs forées en fer, une faucille en fer, quantité de fers de chevaux de petite taille, une force pour tondre la laine, une étrille en fer, deux éperons en fer, une partie centrale d'un umbo en laiton, et sa pointe terminale en fer forgé; on y a retrouvé un morceau de peau et des poils de chèvre.

C'est, du reste, la répétition des objets trouvés par M. Chantre.

M. Léon TEISSERENC DE BORT, à Paris.

Présentation de silex taillés trouvés dans l'Erg (Sahara).— Chargé d'une mission scientifique, dans le Sahara algérien et tunisien, M. Léon Teisserenc de Bort y a recueilli d'abord avec ses compagnons d'études de forts nombreux silex taillés, particulièrement dans la région encore inexplorée que l'on traverse pour aller de Touggourt à Bereçof, de Bereçof à Guettariät, et de ce dernier point au Nefzaoua, c'est-à-dire sur un espace de 250 kilomètres, aujourd'hui désert, et qui a dû être relativement plus habité aux âges préhistoriques, car on ne peut pas expliquer d'une autre manière le nombre de ces silex taillés. Souvent, d'ailleurs, ces silex sont accompagnés de nombreux débris de poterie grossière gisant sur le sol.

Sépultures dans des jarres à Oumach, près de Biskra (Algérie).— M. Teisserenc de Bort présente aussi les photographies des fouilles qu'il a faites aux environs de Biskra, avec le gracieux concours de MM. Fau et Fourreau, de Biskra, et qui ont amené la découverte de jarres de grandes dimensions emboîtées deux par deux, les unes dans les autres, et qui ont servi de tombes à une époque éloignée.

La pointe de l'une des jarres est brisée, et l'extrémité ainsi mutilée se trouve engagée dans une autre jarre éventrée de la même façon.

Le corps à ensevelir était placé dans ces deux jarres réunies, la tête et le tronc dans une jarre, les jambes et les pieds dans l'autre.

L'ouverture des jarres était oblitérée par une sorte d'entonnoir, qui paraît n'être autre chose que la pointe inférieure préalablement séparée.

Les ossements sont mal conservés à cause des infiltrations et inondations d'une rivière voisine, l'Oued Biskra. Les eaux ont colmaté les jarres de telle façon que les débris d'ossements sont enfermés dans une terre argileuse très dense.

Il n'y a aucun objet de poterie ou de métal dans les jarres.

L'étendue de cette nécropole est d'au moins 20 hectares.

En un autre point des Zibans, on a trouvé, il y a quelques années, une nécropole de ce genre, mais là il y a trois étages de jarres superposées, et en dessus, des cercueils de bois résineux qui paraît être un thuya.

M. ZABOROWSKI, à Thiais (Seine).

L'origine du fer assyrien. — Pour faire venir les Chaldéens avec leur civilisation de l'Asie centrale, on s'appuie sur l'absence de certains signes dans l'écriture cunéiforme, sans tenir compte de l'absence de certains autres signes, tels que celui du cheval, laquelle a un sens tout opposé ; on s'appuie sur l'existence de caractères mongoliques, touraniens, sans bien connaître ces caractères et sans pouvoir nier que des peuples ayant ces caractères étaient répandus depuis l'Inde jusqu'à l'Asie Mineure depuis un temps immémorial. Malgré la nature péremptoire de ces affirmations, il se présente une contradiction évidente, puisqu'après avoir fait descendre la civilisation chaldéenne des sommets de l'Altaï, on nous la montre prenant son essor sur les rives mêmes du golfe persique ; on nous la montre comme l'œuvre originaire des Kouschites navigateurs et commerçants. Ces derniers aussi, il est vrai, on les fait venir de l'Asie centrale, mais c'est en voyant leur nom dans le nom récent et aryen de l'Hindou-Koch et en négligeant l'existence de leur nom bien incontestable au sud de l'Égypte, dans un pays où il est reconnu qu'eux-mêmes ont séjourné depuis une antiquité indéterminée. Enfin les assyriologues les plus compétents ne peuvent pas se défendre de voir dans les formes archaïques des cunéiformes une imitation altérée par la pratique, par le tracé sur la brique molle, des hiéroglyphes égyptiens. Pour être négatives, ces preuves ne nous paraissent pas dépourvues de signification. On peut, quant à présent, nier que les Chaldéens aient apporté de l'Altaï leurs connaissances métallurgiques ; on peut nier qu'ils aient connu l'emploi industriel du fer avant leurs relations avec les Égyptiens, avant leurs relations avec l'Afrique, relations qui ont pu être, au surplus, antérieures à leur histoire.

M. **Émile RIVIÈRE**, à Paris.

Le Trou-au-loup (station de la pierre polie à Clamart (Seine). — Le travail de M. Émile Rivière est relatif à la découverte qu'il a faite, le 23 mars 1884, d'une station de la pierre polie dans les bois de Clamart près de Paris (Seine), station dans laquelle il a recueilli en différentes fois, soit à la surface du sol, soit très peu profondément enfoncés dans la terre, plus de neuf cents silex travaillés de main d'homme ou éclatés, entiers ou brisés et de toutes formes : hache polie, grattoirs, racloirs, lames, pointes, etc. Ces divers instruments sont généralement de moyennes dimensions.

M. **Charles BOSTEAUX**, Maire à Cernay-les-Reims.

Le cimetière gaulois de la Pompelle. Curieux spécimen de céramique gauloise. — M. Ch. Bosteaux montre le plan des environs de Reims et l'emplacement, au sud de la route nationale de Châlons à Reims, à 7 kilomètres sud-est de cette dernière cité, d'un cimetière gaulois auquel il donne le nom d'une colline — *la Pompelle* — située un peu au nord.

Il fait voir aussi les dessins de deux vases provenant de l'une des tombes qu'il a pu fouiller. Le premier a $0^m,45$ de hauteur ; il est de forme évasée, à pied étroit, à panse brusquement rétrécie vers le haut, et se termine par une large ouverture en entonnoir ; son ornementation consiste en trois zones de losanges doubles peints en rouge violacé sur fond brun. Le second vase est un hanap en forme de cornet, ayant $0^m,31$ de hauteur ; il est de terre brune et orné à l'ébauchoir de traits dont les creux sont peints de couleurs variées.

M. HONNORAT, à Digne (Basses-Alpes).

Moustiers-Sainte-Marie avant l'histoire. — M. Ed.-F. HONNORAT dépose une note sur Moustiers-Sainte-Marie (B.-A.) et ses environs aux temps préhistoriques.

Cette note nous apprend que les historiens s'accordent à considérer Moustiers comme habité dès le ve siècle par des moines de Lérins, qui auraient bâti un couvent en ce lieu, autour duquel les populations des alentours seraient venues se grouper; qu'avant les moines, cet endroit fut occupé par les Romains, mais qu'à une époque beaucoup plus reculée, cette localité fut habitée par les premiers autochtones de la contrée.

Des poteries préhistoriques, recueillies d'abord par l'auteur de cette note dans les environs de Moustiers, et des haches en serpentine polie, trouvées dans le sous-sol de Moustiers comme dans les terrains avoisinants par différentes personnes, viennent à l'appui de cette dernière opinion.

M. GAILLARD, à Plouharnel (Morbihan).

L'atelier de silex et de pierre polie du rocher de Beg-er-Goalennec, en Quiberon. — M. F. GAILLARD donne quelques détails sur les découvertes faites à la station néolithique de Beg-er-Goalennec, au sud-ouest de la presqu'île de Quiberon. Il y a trouvé le squelette d'un individu probablement rachitique et un assez grand nombre d'objets : haches en silex, en diorite, en schistoïde, pointes de flèches barbelées, grains de collier en talc, pendeloques diverses, fragments d'un polissoir, etc... C'est de cet atelier que proviennent les silex craquelés présentés au cours de la discussion sur l'ancêtre tertiaire de l'homme, p. 157.

M. G. CARRIÈRE, à Oran, (Algérie).

Les mensurations anthropologiques locales. — M. Gabriel CARRIÈRE présente quelques considérations sur l'importance des mensurations anthropologiques locales pour la détermination des caractères ethniques.

M. ZABOROWSKI, à Thiais.

Les Finnois et une série de crânes finnois anciens. — M. ZABOROWSKI présente une étude sur une série de crânes finnois anciens. Le nom de Finnois ne s'applique aujourd'hui à aucune population anthropologiquement caractérisée et par confusion on y rattache souvent les Lapons. Mais avant les temps actuels, dans le territoire dont les extrémités sont occupées aujourd'hui par les héritiers des Finnois, existait une population à caractères uniformes bien tranchés. La dolichocéphalie originaire s'est trouvée mélangée de brachycéphalie ; l'appoint est allé en augmentant et la provenance des nouveaux venus a paru attribuable à l'Est de la Russie. Dans les cantons les plus reculés, on a pu constater que l'élément dolichocéphale était plus nombreux et, s'il a existé une intrusion appréciable, on est autorisé à penser que ce sont les constructeurs de tumulus ou Kourganes russes qui y ont pénétré.

M. le Docteur COLLOMB, Méd. de la Marine.

Les Mandingues : ethnologie, anthropométrie. — Les Mandingues sont originaires des montagnes de Kong et des rives du Niger Supérieur. Ils sont descendus peu à peu, et en ce moment habitent les rives du Niger jusqu'au lac Débo, et se sont même étendus sur une partie des territoires arrosés par le haut Sénégal.

Les Bambaras et les Malinkhés, nations d'origine mandingue pure, sont assez bien séparés par une ligne fictive qui partirait de Bakel, passerait à Kita, Bammako; les Bambaras se tenant au nord, les Malinkhés au sud.

Anthropométriquement le Mandingue nous donne :

	HOMMES	FEMMES	HOMMES ET FEMMES
	—	—	—
Nombre d'observations	65	15	80
Age moyen	22 ans 6 mois.	22 ans 8 mois.	22 ans 7 mois.
Indice céphalométrique	73.63	75.50	74.00
— frontal	77.55	80.17	78.15
— nasal	99.51	94.01	98.30
Taille en millimètres	1 667mm, 3	1 621mm, 8	1 659mm, 4
Taille = 100; envergure	106.32	106.79	106.38

M. le Docteur TESTUT et M. DUFOURCET.

Les Tumulus du premier âge du fer dans la région sous-pyrénéenne. — A la suite de fouilles nombreuses, MM. Dufourcet et Testut croient devoir rejeter l'opinion généralement admise sur la signification de ces tumulus, à savoir que ce sont des tertres funéraires élevés dans le but exclusif de recouvrir une dépouille mortelle.

Pour eux, ce sont des restes de huttes circulaires en terre, qui ont été construites pour servir d'habitation permanente ou temporaire à des populations des premiers âges du fer, et qui se sont effondrées depuis, soit par l'action de l'homme, soit plus simplement par l'action du temps. Cela ressort de la forme même des tumulus, de leur groupement intentionnel autour d'une source ou d'un cours d'eau et, avant tout, de la découverte faite par les deux explorateurs, dans chacun des tumulus fouillés par eux, du sol intérieur de la hutte primitive.

Les rares tumulus qui renferment aujourd'hui un mobilier funéraire ont été *primitivement* des huttes. Ce n'est que *secondairement* qu'on a déposé sur le sol de ces huttes les cendres d'un ou de plusieurs de ses habitants, suivant une coutume qui fut longtemps en usage aux époques préhistoriques et que l'on retrouve encore aujourd'hui chez quelques peuplades sauvages.

Il est probable même que les cellas funéraires que l'on rencontre sous quelques tumulus ont été, elles aussi, construites secondairement dans l'intérieur d'une hutte. MM. Dufourcet et Testut croient toutefois devoir réserver leur opinion à cet égard, faute de documents suffisamment nombreux ou suffisamment précis. Ils espèrent que de nouvelles recherches leur permettront de résoudre définitivement cette dernière question. (Voir Note plus détaillée dans *Bulletin de la Soc. d'Anthropologie de Bordeaux et du Sud-Ouest*, t. Ier, 1884, p. 259 ; — voir encore, *Bull. de la Soc. de Borda*, de Dax, 1884 et 1885, *passim.*)

12e Section

SCIENCES MÉDICALES

PRÉSIDENT D'HONNEUR. . . M. PACCHIOTTI, Sénateur, Prof. de Méd. à l'Univers. de Turin.
PRÉSIDENT . . . . M. H. HENROT, Prof. à l'Éc. de Méd. de Reims.
VICE-PRÉSIDENTS . . . . . MM. Ch. BOUCHARD, Prof. à la Fac. de Méd. de Paris.
DIDAY, Ex-chir. en ch. de l'Antiquaille, Secr. gén. de la Soc. de Méd. de Lyon.
BERGER, Direct. de l'Éc. de Méd. de Grenoble.
GIRARD, Prof. à l'Éc. de Méd. de Grenoble.
GRASSET, Prof. à la Fac. de Méd. de Montpellier.
PAMARD, Chir. en chef de l'Hôp., à Avignon.
SECRÉTAIRES . . . . MM. PETIT, Sous-Biblioth. à la Fac. de Méd. de Paris.
VALUDE, à Paris.
LAUNOIS, à Paris.
DELBET, à Paris.

— Séance du 13 août 1885 —

M. P. LANDOWSKI, de Paris.

*Action destructive du suc de l'*Euphorbia heterodoxa *dans certains néoplasmes.* — En 1875, Müller a découvert aux environs de Pernambuco une euphorbiacée (*Euphorbia heterodoxa*), nommée par les indigènes *Alveloz*, dont le suc, préparé convenablement, est un altérant local énergique. M. le Dr Landowski rappelle que les renseignements sur la plante même sont dus à M. Klingelhœfer, un Brésilien ami de la science, et à M. de Santa-Cruz, chimiste distingué de Pernambuco.

Après avoir communiqué ses observations qui portent sur des épithéliomas et des cancroïdes, ainsi que sur des végétations syphilitiques, le Dr Landowski résume son opinion de la manière suivante :

1° Cette préparation mérite une expérimentation sérieuse; elle réunit à l'action escharotique puissante une action dissolvante des tissus organiques, et l'on pourrait dire qu'elle réunit les propriétés d'un puissant caustique avec celles de la papaïne.

2° La destruction des tissus pathologiques se fait promptement et peut être graduée, pour ainsi dire, couche par couche.

3° L'application du nouveau topique est très facile, car il suffit de plusieurs badigeonnages superficiels au pinceau. Les pansements sont faits, à Pernambuco par le Dr Velloso, à la feuille de tabac. M. Landowski les fait au sublimé au 1/2000 ou à la vaseline boriquée.

4° Malheureusement le suc de l'*Euphorbia heterodoxa* se détériore rapidement et perd ses propriétés. On ne pourra attendre en Europe de vrais services du nouveau topique que si la substance qui a été isolée par M. le baron de Santa-Cruz, et qui est d'une conservation parfaite, peut remplacer le suc en nature. M. Landowski expérimente actuellement cette substance, et aussitôt qu'il sera édifié à ce sujet, il transmettra ses conclusions à ses confrères. — Inutile d'ajouter que M. Landowski estime que ledit moyen est un excellent topique, mais qu'il n'exerce aucune influence sur la diathèse cancéreuse.

Discussion. — M. Duplouy dit avoir expérimenté également ce suc dans le traitement de quelques néoplasmes et avoir constaté les mêmes effets que M. Landowski.

M. CHAUVEAU, Prof. à la Fac. de Méd. de Lyon.

Sur l'inoculation préventive du choléra. — Dans cette communication, M. Chauveau examine la valeur des inoculations pratiquées par Ferran, en Espagne, dans le but de prévenir le choléra. Les principes sur lesquels s'appuie le médecin espagnol pour pratiquer ses inoculations, c'est-à-dire l'injection répétée deux ou trois fois de grandes quantités de liquide atténué, sont passibles d'objections que formule et discute M. Chauveau ; mais il en arrive à conclure que les données scientifiques actuelles autorisent à pratiquer ces injections dans le tissu cellulaire ; que le choix du terrain explique leur innocuité par le peu d'activité du développement des bacilles dans le même tissu. Quant à leur efficacité, il faudra attendre la publication de statistiques précises et suffisamment étendues pour se prononcer à cet égard.

M. BOUCHARD, Prof. à la Fac. de Méd. de Paris.

Sur le choléra. — Les propositions de Koch, sur lesquelles s'est appuyé M. Ferran pour établir sa théorie et sa pratique d'inoculations anticholériques, sont battues en brèche par des observations cliniques recueillies par M. Bouchard au cours de la dernière épidémie parisienne. Suivant Koch : 1° le choléra est une maladie infectieuse, dont l'agent est le bacille-virgule ; 2° ce bacille habite exclusivement l'intestin ; 3° puisqu'il habite l'intestin sans pénétrer dans le corps, il faut qu'il agisse par la production d'un poison qui est versé dans l'organisme. A l'aide d'expériences faites sur des malades et sur des animaux au moyen des liquides provenant des déjections cholériques, M. Bouchard démontre que l'agent du choléra n'existe pas exclusivement dans la cavité intestinale et qu'il ne sécrète pas le poison cholérique : donc le bacille de Koch n'est pas le bacille du choléra. L'intoxication cholérique provient de la production d'un poison spécial qui, injecté dans le système vasculaire, détermine l'apparition des symptômes du choléra. A cette première intoxication s'ajoute celle qui est causée par le poison urémique normal, quand vient l'anurie.

Discussion. — M. Chauveau n'a pas voulu discuter la question de la spécificité du choléra, il a seulement présenté l'état actuel des injections anticholériques avec les objections qu'elles comportent. Les opinions de M. Bouchard sont également passibles de quelques réserves; en effet, l'assimilation du lapin à un cholérique n'est pas rigoureuse; si on peut injecter du liquide intestinal au lapin et l'intoxiquer sans lui donner le choléra, cela peut prouver que cet animal est réfractaire au choléra aussi bien que le liquide ne renferme pas de poison cholérique. Enfin, il n'est pas bien sûr que les injections antiseptiques dans l'intestin agissent aussi puissamment que le soutient M. Bouchard.

M. Bouchard. — Si le lapin est réfractaire, la théorie de Koch n'en est pas moins fausse, puisqu'il s'est servi de cet animal dans ses expériences.

M. Bernheim dit que l'antisepsie intestinale n'est pas capable de faire avorter le choléra. Les antiseptiques peuvent agir sur le contenu intestinal, mais non sur la paroi, en particulier l'épithélium et les glandes, dont les cellules renferment le bacille-virgule.

M. Bouchard. — Koch a parlé de la cavité et non des glandes, et je n'ai discuté que ce qu'il avait annoncé.

M. LÉPINE, Prof. à la Fac. de Méd. de Lyon.

Étiologie et diagnostic des néphrites chroniques. — Les néphrites chroniques, sous le rapport étiologique, peuvent être rangées en deux classes. La première reconnaît pour origine *presque constante* une dyscrasie habituelle, en prenant ce mot dans le sens le plus large, c'est-à-dire en la définissant toute modification de la constitution normale du sang. La seconde est constituée par les néphrites ascendantes, parmi lesquelles peut se présenter la pyélonéphrite microbienne indépendante de toute altération antérieure des voies urinaires, dont la réalité, au moins à l'état subaigu, est démontrée par de récentes expériences (Lépine et Roux).

Indépendamment des signes indirects, secondaires (urémiques) des néphrites, les signes directs, positifs, d'une néphrite chronique sont les suivants :

1° L'*albuminurie*, si elle se présente dans l'une des quatre conditions suivantes : (a) grande quantité centésimale; — (b) grande quantité diurne (c'est-à-dire albuminurie et polyurie); — (c) quantité centésimale *constante*, même très faible, mais persistant pendant des mois consécutifs; — (d) quantité centésimale augmentant parallèlement avec la polyurie;

2° Les cylindres *granuleux* (et les globules rouges si l'on peut exclure l'existence d'une cystite ;

3° La *lenteur relative de l'élimination* de l'iode injecté sous la peau.

Les trois ordres de signes *positifs* précédents peuvent d'ailleurs manquer sans qu'on soit en droit d'affirmer la non-existence d'une néphrite.

M. VOISIN, Méd. des Hôp. de Paris.

De l'hypnotisme employé comme traitement de l'aliénation mentale et des applications de la suggestion chez les aliénés et les nerveux. — Les quatre conclusions suivantes m'ont paru pouvoir être tirées des observations d'aliénés et de nerveux atteints de délire partiel ou d'excitation maniaque que j'ai traités avec succès par l'hypnotisme :

1º L'hypnotisme produit un effet immédiat bien saillant : le *sommeil* et le *calme*, qu'aucun médicament ne pouvait amener d'une façon aussi complète, sans présenter de danger;

2º Il en résulte une série de phénomènes consécutifs en tête desquels il faut placer la diminution et la suppression de l'habitude morbide;

3º L'hypnotisme permet d'employer la suggestion et d'amener, par son influence, des modifications des idées, du caractère et des instincts; le retour aux travaux manuels et intellectuels; la cessation d'hallucinations et de conceptions délirantes; le rétablissement des fonctions organiques; la suppression de gastralgies et d'entéralgies; la possibilité, par conséquent, d'une alimentation régulière chez des aliénés et chez des nerveux qui se refusent à manger, et partant d'une bonne hygiène et ses conséquences favorables;

4º L'hypnotisme permet encore d'obtenir, de malades qui se refusent à rien dire qui puisse éclairer le médecin, des confidences qui lui permettent de connaître les causes et la pathogénie de leur affection nervo-mentale et de donner des soins physiques et moraux mieux appropriés à leurs souffrances.

Discussion. — M. Diday. — On doit toujours se défier de la supercherie des aliénés ou nerveux. Lelut raconte l'histoire de malades qui, après avoir promis sur l'honneur de ne plus se livrer à maints actes grossiers, ne tardaient guère à oublier leurs promesses et à enfreindre les ordres reçus.

M. Bernheim. — Je crois l'hypnotisme très difficile à réaliser chez les aliénés; tout au plus le pourrait-on chez des sujets atteints de délire partiel. Le terrain est loin d'être aussi favorable que chez les hystériques ou les dipsomanes.

M. Voisin. — C'est bien ce que j'ai spécifié; l'hypnotisme réussit seulement chez les délirants partiels, non chez les déments.

M. Bernheim. — Les enfants sont très faciles à hypnotiser à partir de l'âge de raison, et bien des mères y réussissent par le balancement du berceau.

M. VERDIN, Const. d'inst. de précision pour la physiol., à Paris.

Présentation d'instruments d'électro-physiologie et de physiologie. — M. Verdin met sous les yeux des membres de la section plusieurs appareils, notamment, un appareil enregistreur présentant des vitesses variables : 1º Entre un tour en 5 secondes et un tour en 30 secondes; 2º Une boîte d'excitateurs pour les expériences d'électro-physiologie; 3º Une muselière très légère permettant d'entretenir la respiration artificielle chez le chien en évitant la trachéotomie : par le changement d'une pièce, elle permet d'obtenir l'anesthésie; 4º Une muselière analogue pour lapin ne permettant pas l'anesthésie.

M. DIDAY, Ex-Chirurg. en ch. de l'Antiquaille, à Lyon.

Résurrection de la blennorrhagie. — M. Diday signale ce fait méconnu, que lorsqu'une blennorrhagie uréthrale a résisté à l'emploi du copahu, si l'on suspend le médicament, l'écoulement reparaît *plus abondant* qu'il n'était avant qu'on administrât le copahu. L'auteur explique ainsi ce fait : La médication spécifique agit en diminuant les qualités nutritives du terrain où le gonococcus s'alimente. En même temps que celui-ci perd de sa vitalité, il perd de ses facultés proliférantes. Mais lorsque, en cessant l'emploi du copahu, on rend au terrain uréthral ses qualités nutritives, toutes les proliférations retardées, en suspens faute d'aliment, reprennent leur essor ; et de là le débordement, la *résurrection* de la blennorrhagie.

M. Diday montre comment le fait clinique, ainsi expliqué, éclaire ce qu'il peut y avoir d'obscur dans son apparition, et comment il sert à établir plus sûrement les indications thérapeutiques.

Discussion. — M. Constantin Paul préconise les injections à 40°, qui ont pour avantages de dilater l'orifice de la muqueuse uréthrale et de permettre au liquide d'y atteindre le gonococcus. Il pourrait y avoir avantage à employer une solution de sublimé au 1/20 000.

M. Landowski fait remarquer que ces injections sont difficiles à appliquer en ville, le patient craignant d'être brûlé.

M. Pamard (d'Avignon) recommande comme injection antiseptique une solution contenant 2 grammes de sous-nitrate de bismuth et 50 centigrammes d'iodoforme.

M. de Valcourt, revenant au sujet principal de la question, pense qu'il ne s'agit pas d'une résurrection de la maladie, mais seulement d'une augmentation de la sécrétion uréthrale, qui change de nature par l'action locale des substances balsamiques, transformation qui peut amener la guérison.

M. Diday. — Dire que le copahu guérit la blennorrhagie en augmentant la sécrétion, c'est une hérésie. Le copahu diminue immédiatement la sécrétion, et il la diminue toujours, en premier lieu.

Pour ce qui est de la recette de M. Constantin Paul, je ne crois pas qu'elle soit plus infaillible qu'un grand nombre d'autres qui ont été données.

Pour moi, j'ai aussi ma recette. Lorsque la blennorrhagie est arrivée à maturité, je donne pendant trois jours trois cuillerées à soupe par jour de la potion de Chopart. Au bout de ces trois jours, le canal est absolument sec. J'ordonne alors les injections au sublimé à faible dose, fréquemment répétées. Au bout de trois autres jours, le traitement est terminé et la chaude-pisse aussi.

M. RECLUS, Prof. agr. à la Fac. de Méd. de Paris.

Molluscums fibreux de la région ano-rectale (1). — M. Reclus étudie un genre nouveau de tumeur qui n'a pas encore été décrite. Il s'agit de néoplasmes implantés sur la marge de l'anus, le trajet sphinctérien et l'ampoule rectale, et que des cliniciens tels que Verneuil, Fournier et Trélat avaient pu confondre avec des syphilômes naissants, des rétrécissements syphilitiques au début, le premier stade d'une gomme péri-anale.

Or, l'analyse clinique de quatre observations, l'examen histologique de deux de ces faits prouvent que la syphilis ne saurait être invoquée à aucun titre. Il s'agit de *molluscums fibreux* non encore signalés dans cette région. Ces molluscums, absolument semblables à ceux qui prennent naissance sur la peau, se reconnaissent à leur souplesse, à l'absence de rétrécissement au sens propre du mot, à l'intégrité de la muqueuse sur laquelle ils s'implantent, au manque

(1) Le travail complet a été publié dans les *Archives de Médecine* du 1er septembre 1885.

de rectite ulcéreuse, de règle dans les rétrécissements provoqués par la vérole.

M. Reclus termine son exposé clinique et anatomo-pathologique par les deux conclusions suivantes :

1° Nous proposons de distraire du groupe des condylômes, mot sans signification précise et qui sert à désigner des tumeurs de nature très diverses, les molluscums fibreux, dont nous avons tracé un tableau clinique aussi fidèle que possible.

2° Ces molluscums n'ont rien de commun avec le syphilôme ano-rectal, dont ils diffèrent aussi bien par l'origine que par la structure et le caractère clinique.

Discussion. — M. Duplouy (de Rochefort) a soigné en effet un des malades de M. Reclus, et il était arrivé, faute de mieux, à l'idée de tumeur molluscoïde.

M. Verneuil. — J'ai soutenu contre Reclus la nature syphilitique des produits dont il a été question, mais aujourd'hui je suis ébranlé et prêt à abandonner mon hypothèse, à la condition qu'on mette quelque chose à la place. En général, il ne faut pas trop multiplier les formes pathologiques.

Il n'y a, du reste, qu'une observation qui soit convaincante, sur les deux qui me sont personnelles.

La dame grecque avait, en même temps que la forme hypertrophique, une forme ulcéreuse. J'avais été appelé pour pratiquer une restauration de la cloison recto-vaginale. J'étais absolument persuadé qu'il y avait là de la syphilis. Mais aujourd'hui je pense qu'on peut admettre que la muqueuse du rectum doit être annexée aux autres muqueuses capables de produire le molluscum. Peut-être vaudrait-il mieux adopter le nom de tumeur molluscoïde, en attendant que le débat soit tout à fait terminé.

Quant à ce qui est de la thérapeutique, il est probable que l'opération, l'ablation, donneraient dans ces cas d'excellents résultats.

M. Reclus. — J'abandonne volontiers l'observation insuffisante ; mais il en reste trois. Pour ce qui est du nom de molluscum fibreux, il s'est présenté à l'esprit de tous ceux qui ont vu les préparations histologiques de la tumeur. Je pense donc qu'il doit être adopté.

M. Constantin PAUL, Médecin des Hôpitaux, à Paris.

De la guérison de la gangrène pulmonaire par l'aspiration d'air phéniqué. — Me basant sur les données de la méthode antiseptique, je fais respirer mes malades à travers un flacon qui contient une solution phéniquée saturée. Le flacon contient 700 grammes d'eau et 100 grammes d'acide phénique, qui reste au fond.

Le côté intéressant de l'appareil est que le tube qui amène l'air plonge de 8 centimètres dans l'eau saturée. L'air inspiré doit donc soulever une colonne d'eau de 8 centimètres au plus. Dans ces conditions le malade respire sans fatigue. Si le tube enfonce davantage, la colonne d'eau à soulever exige un effort qui amène promptement la dyspnée.

Sous cette influence de l'aspiration de cet air phéniqué, la putréfaction des tissus mortifiés s'arrête et après l'élimination de ceux déjà produits, la maladie entre généralement dans la voie de la guérison. Les crachats diminuent, leur fétidité cesse, l'appétit renaît.

Depuis 1876, j'ai traité ainsi sept malades avec un plein succès : la dernière observation, récente de quelques mois, offre l'histoire d'une jeune femme considérée comme phtisique au dernier degré et qui n'était autre qu'une malade atteinte de gangrène ayant débuté par une hémoptysie.

Après six semaines du traitement tel que j'en ai donné le principe, la guérison était assurée et en fort bonne voie.

Voici donc une maladie grave pour laquelle nous possédons un moyen de traitement facile et sûr.

Aucun autre traitement n'est capable de donner de semblables résultats; toutefois il est utile d'ajouter à l'inhalation phéniquée l'emploi des médicaments internes et surtout l'usage de l'alcoolature de l'eucalyptus, vanté, avec raison, par M. Bucquoy à la Société médicale des hôpitaux (9 juillet 1875). M. Bucquoy conseille ce médicament à la dose de 2 grammes par jour. J'ajoute, en terminant, que je n'ai jamais observé d'accidents d'intoxication avec la méthode dont je viens d'exposer les principaux traits.

Discussion. — M. Leudet. — Le sphacèle du poumon est, on le sait, le mode de terminaison de plusieurs lésions différentes : dilatation des bronches, tuberculose pulmonaire, pneumorrhagie, etc.

Il est indispensable de savoir à quelles variétés de gangrène, M. C. Paul a eu affaire, car, suivant les cas, le pronostic est on ne peut plus variable. On conçoit de quelle importance est l'élément pronostic d'une maladie dans l'évaluation de l'efficacité d'un médicament.

M. Teissier. — A côté des inhalations phéniquées, on peut placer d'autres variétés d'inspirations médicamenteuses, telles que les inhalations de térébenthine que je pratique à l'exemple de M. Sandras.

M. GRASSET, Prof. à la Fac. de Méd. de Montpellier.

Un nouvel élément de thermométrie clinique : de la vitesse d'ascension du thermomètre comme moyen d'apprécier le pouvoir émissif du corps, l'intensité des combustions et les qualités de la température(1). — Le thermomètre, tel qu'on l'applique, donne la température du sujet; mais, ne tenant pas compte de la quantité de chaleur perdue par rayonnement, il ne donne qu'une idée incomplète et inexacte de la fièvre vraie. Il y a donc intérêt clinique à apprécier le pouvoir émissif. On y arrive simplement en prenant la température initiale du thermomètre t_0, la température après une minute t_1 et la température finale T. Le rapport $\frac{t_1 - t_0}{T - t_0}$ représente le pouvoir émissif E. On voit alors que ce pouvoir émissif n'est pas proportionnel à la température du corps; il marche même quelquefois en sens inverse. A l'état physiologique, il oscille de 72 à 76 (pour mon thermomètre); à l'état pathologique, de 78 à 88.7. Ce pouvoir émissif, souvent en contradiction avec la température du sujet, est au contraire en rapport avec la sensation fournie au toucher par le corps. On trouve donc ainsi, dans ce procédé, un moyen d'apprécier scientifiquement et de mesurer ce que les anciens appelaient les qualités de la température.

Discussion. — M. Lépine : 1° Le choix de la région de l'aisselle ne me paraît

(1) Publié *in extenso* dans la *Semaine médicale* (août 1885) et dans le *Montpellier médical* (septembre 1885).

pas très heureux ; les extrémités, la paume de la main, par exemple, donneraient certainement des résultats plus frappants ; 2° M. Grasset, par son procédé, ne mesure pas, à proprement parler, la chaleur émise pendant un temps donné, mais, en partie, la chaleur *emmagasinée* dans la peau. A cet égard, l'appareil proposé il y a quelques années par M. Winternitz est bien préférable, — et aussi celui plus récent de M. d'Arsonval. Quant à moi, si je me proposais de poursuivre les recherches de M. Grasset, j'emploierais volontiers un cylindre *creux* que le patient pourrait prendre à pleine main, à parois métalliques très minces, et dans le centre duquel serait un thermomètre. Comme le réservoir de cet instrument ne serait échauffé que par rayonnement aérien, la vitesse d'ascension de la colonne ne serait certainement pas aussi grande que lorsqu'il est placé dans le creux axillaire ; mais en se servant d'un réservoir fort petit, elle serait certainement encore suffisamment rapide pour qu'un tel instrument pût paraître d'un emploi assez pratique. Je soumets cette vue à mon savant collègue.

— Séance du 14 août 1885 —

M. LUTON, Prof. à l'Ec. de Méd. de Reims.

Injections intra-musculaires de mercure métallique contre la syphilis (1). — Le tissu musculaire offre, de préférence au tissu cellulaire, une voie d'absorption au mercure métallique. Des effets thérapeutiques indéniables (15 cas) viennent confirmer cette manière de voir. L'absorption par cette voie est si complète, que plus d'une fois nous avons constaté le développement de la stomatite mercurielle.

L'assimilation du mercure peut se produire de plusieurs manières : soit par une sorte d'émulsion du métal liquide qui se transforme en menus globulins facilement absorbables, soit par un phénomène de dissolution chimique.

Pratiquement on commencera les injections à la dose de *1 gramme* au plus de métal, et en prenant pour règle de la répétition des injections l'évaluation, en bichlorure, de la dose du mercure primitivement employée. On saura que 1 gramme de mercure donnerait 1 gr. 354 de bichlorure.

L'efficacité de cette méthode la doit recommander surtout dans les cas graves de syphilis, à la période dite de transition et tertiaire.

M. LIMOUSIN, pharmacien, à Paris.

Nouveau mode de préparation des injections hypodermiques. — Le procédé imaginé et décrit par M. Limousin pour préparer et conserver les solutions pour injections hypodermiques, est une application de la méthode de M. Pasteur pour la conservation des liquides à l'abri des germes contenus dans l'air atmosphérique.

Il introduit la solution médicamenteuse dans de petites ampoules en verre, qui ont été préalablement soumises dans une étuve à la température de 200 degrés environ.

Ces ampoules ont la forme d'un petit ballon d'un centimètre cube de capacité ; on les remplit, soit en introduisant le liquide froid dans l'ampoule où on a fait le

(1) *Des milieux hypodermiques*, in *Arch. gén. de Méd.*, décembre 1882.

vide préalablement, en chassant l'air à la flamme de la lampe, soit en y faisant pénétrer la solution avec un petit injecteur terminé par une aiguille fine.

Le tube presque capillaire qui termine l'ampoule est alors fermé à la lampe oxhydrique, et la solution médicamenteuse se conserve à l'abri de l'air, sans pouvoir être modifiée, soit par évaporation du liquide, soit par cristallisation du sel, jusqu'au moment de l'emploi.

Pour pratiquer l'injection et remplir la seringue, on brise avec les doigts le tube de l'ampoule, après avoir donné un léger trait de lime à la base.

Les solutions d'ergotine et de morphine se conservent ainsi sans subir d'altération, et le médecin peut les garder indéfiniment dans sa trousse pour les administrer immédiatement dans les cas urgents.

MM. BOURRU et BUROT, de Rochefort.

De l'action des substances médicamenteuses et toxiques à distance (1).—MM. Bourru et Burot ont observé, sur deux sujets hystéro-épileptiques, l'action des substances médicamenteuses et toxiques à distance. Une action est produite par tout médicament enveloppé dans du papier, ou même contenu dans un flacon bouché à l'émeri, présenté à quelques centimètres du corps du sujet, à son insu, à l'état de veille et même par une personne étrangère.

On obtient d'abord des actions banales d'agacement ou d'inhibition; puis bientôt se déroule un tableau, toujours le même pour la même substance médicamenteuse. Ce tableau comprend des phénomènes psychiques ou hallucinations, et des phénomènes somatiques. Ces derniers sont les plus importants, et ce sont ceux que les auteurs se sont surtout attachés à constater. L'iodure de potassium fait éternuer et bâiller. L'opium fait dormir; le sommeil est lourd et le réveil difficile; le chloral donne un sommeil léger. Les alcooliques produisent des actions différentes suivant la provenance de l'alcool: l'alcool éthylique donne une ivresse gaie; l'alcool amylique, une ivresse furieuse. L'ipéca fait vomir; la scammonée donne des contractions intestinales. Les antispasmodiques ont aussi des actions spéciales; l'eau de laurier-cerise a donné à une femme l'extase religieuse suivie de convulsions thoraciques; l'essence de mirbane, qui a la même odeur que l'eau de laurier-cerise, mais de composition différente, a produit une autre action; la valériane a donné chez les deux sujets des phénomènes analogues à ceux qu'elle développe chez les chats. La cantharide donne du priapisme et de l'ardeur des voies urinaires; le phosphore, du tremblement; la vératrine, de l'enchifrènement, du picotement des narines et des troubles de la vue.

L'interprétation de ces faits est difficile à donner. On ne peut que signaler trois théories : 1° théorie de la suggestion ; 2° théorie des vibrations ; 3° théorie du champ nerveux, à laquelle nous nous rattachons.

Les conséquences pratiques paraissent importantes; ces expériences renseignent au moins sur l'impressionnabilité de certains sujets aux médicaments.

Discussion. — M. Duplouy. — Les faits que vient d'énoncer M. Burot m'avaient paru si étranges, qu'avant de les accepter j'ai dû les contrôler moi-même. Je dois dire que mon étonnement a été grand, et que ces constatations,

(1) Une étude sur cette question vient d'être faite dans la thèse de M. Berjon, présentée à la Faculté de Bordeaux le 11 janvier 1886.

qui tiennent du merveilleux, sont indéniables. J'ai vérifié manifestement l'action à distance de la valériane et de la cantharide, telle que, les flacons étant fréquemment mélangés, aucune supercherie ne pouvait exister. J'ai dû me rendre à l'évidence, bien que, de par mon caractère, je sois désolé d'être obligé d'accepter ces faits qui paraissent surnaturels.

M. Degrais. — Les observations de cette nature sont bien singulières. J'ai eu l'occasion de traiter une hystérique sensible à l'or, qui perdit cette sensibilité à la suite de l'application qui lui fut faite du boîtier d'une montre en or.

M. le Professeur GOSSE, à Genève.

De l'importance de la photographie en médecine légale. — M. Gosse fait remarquer que la photographie s'impose dans toutes les sciences, pour fournir la preuve de ce que l'on a constaté, mais l'on n'a pas jusqu'ici insisté sur l'importance qu'elle doit avoir en médecine légale.

Il indique les procédés et les appareils mis en usage et les modifications qu'il y a apportées touchant la reproduction des cadavres et des pièces à conviction. Les simples signalements d'inconnus ne peuvent être comparés à des photographies, surtout si vous donnez au cadavre un aspect vivant. Il montre que l'aplatissement de l'œil, la toile glaireuse, etc., sont dus à la dessiccation. Pour redonner l'apparence de la vie, il faut donc remplacer les liquides évaporés ; si les paupières ne restent pas ouvertes, on peut obtenir ce résultat en passant dessus une solution faible de sulfate d'alumine.

Dans beaucoup de cas médico-légaux, le faciès de la victime, son attitude, l'aspect des lésions externes ne peuvent être rendus que par des photographies ; les descriptions, même les plus complètes, ne peuvent les remplacer. A l'appui de son opinion, M. Gosse présente une très nombreuse série de photographies.

Quelques-unes des pièces à photographier se trouvaient, par le fait de leur couleur propre, dans des conditions qui rendaient leur reproduction impossible jusqu'ici, ou du moins très difficile. M. Gosse indique comment il est arrivé à les reproduire. Il modifie la couleur antiphotogénique de la pièce par une projection de lumière électrique, la traverse de verres colorés, de telle sorte que la couleur de l'objet, ainsi modifiée, devienne photogénique.

M. Gosse indique les avantages des photographies dans les discussions devant les tribunaux. Elles facilitent énormément la tâche de l'expert, soit dans son rapport, soit dans les débats ; quelquefois la vue de la photographie produira, à elle seule, la conviction. Elles sont indispensables lorsque les crimes doivent être jugés par des tribunaux étrangers, ou si la cause est renvoyée à des juges qui n'ont connaissance de l'affaire que par des rapports écrits.

Comme conclusions, M. Gosse demande que des ateliers photographiques soient mis à la disposition des experts, et que ceux-ci soient *tenus* de joindre à leurs rapports les photographies qui élucident les questions qu'ils ont été chargés d'examiner et peuvent être la preuve de leurs assertions.

M. PONCET, Prof. à la Fac. de Méd. de Lyon.

Des ostéites de l'apophyse coracoïde et de la résection de cette apophyse. — Cette affection, que M. Poncet propose d'appeler *coracoïdite*, se manifeste surtout dans l'adolescence, avant la soudure des épiphyses, sous forme d'ostéite primitive simulant la scapulalgie, ou une ostéite de l'extrémité supérieure de l'humérus, parfois même un mal de Pott cervical, en raison des conditions douloureuses de toute cette région. On peut porter le diagnostic d'après le siège de la douleur à la pression et le trajet du pus, qui suit les gaines du coraco-brachial et de la courte portion du biceps.

Le traitement consiste dans la résection de l'apophyse, qui se pratique à l'aide d'une incision en T; une première incision, parallèle au bord inférieur de la clavicule, mesure 6 à 8 centimètres, son milieu répondant au sommet de l'apophyse; une autre de 6 centimètres, perpendiculaire à la première, répond à l'interstice cellulo-graisseux qui sépare le grand pectoral du deltoïde. Si la lésion s'étend jusqu'à la base de l'apophyse coracoïde, on peut, pour se faire du jour et pour enlever tout le tissu malade, réséquer la tête humérale comme opération préliminaire.

Dans les ostéites tuberculeuses, la réunion par première intention ne saurait être cherchée; il faut drainer largement et conserver du jour pour combattre les récidives fongueuses par des cautérisations fréquentes, soit parfois avec le fer rouge, soit régulièrement avec les crayons de nitrate d'argent et d'iodoforme.

M. SPILLMANN, Prof. agr. à la Fac. de Méd. de Nancy.

Contribution à l'histoire de la fièvre exanthématique bulleuse. — On a décrit sous le nom de pemphigus aigu, de fièvre pemphigoïde, de fièvre bulleuse, un exanthème infectieux encore mal connu et fort rare, caractérisé par un début brusque, avec frisson initial suivi de malaise, de céphalée, d'hyperthermie, de douleurs dans les membres et de production d'un exanthème généralisé de nature bulleuse. La terminaison de cette maladie est presque toujours rapidement fatale.

M. Spillmann communique au Congrès l'observation d'une femme de trente-neuf ans, jusqu'alors bien portante, qui a succombé en sept jours aux suites d'une fièvre bulleuse.

Le sang, examiné pendant la vie, contenait dans le sérum des spores arrondies, isolées ou réunies deux par deux, mobiles, mesurant 7 à 13 dix-millièmes de millimètre de diamètre. La sérosité des bulles contenait également des spores, mais plus nombreuses, réunies par deux ou trois, de manière à présenter l'aspect d'un bâtonnet noueux, court, rectiligne. L'urine en contenait plus encore; les bactéries étaient formées de 4 à 10 granulations; il y avait aussi des spores isolées. Partout ces éléments étaient animés d'un mouvement giratoire, onduleux ou oscillant.

Le liquide rempli de bactéries, inoculé aux animaux, n'a nullement impressionné ces derniers.

L'auteur propose de réunir les cas décrits jusqu'à ce jour sous le nom de pemphigus aigu, de fièvre pemphigoïde, de fièvre bulleuse pour en faire une entité morbide, que l'on pourrait désigner du nom de *fièvre exanthématique bulleuse.*

Discussion. — M. BOUCHERON. — Le mode de genèse de ces bulles est encore à l'étude, et plus d'un point est obscur dans cette pathogénie.

La principale question est de savoir si la formation de ces bulles est due à un phénomène microbique ou bien à un phénomène chimique.

M. J. TEISSIER, Prof. à la Fac. de Méd. de Lyon.

Sur certaines formes d'albuminurie transitoire. — Parmi les formes d'albuminurie transitoire qui méritent une attention toute spéciale, il faut mentionner surtout celle que Pavy vient de décrire récemment au dernier Congrès de l'Association britannique, sous le nom d'*albuminurie intermittente cyclique.*

M. TEISSIER a dans ses observations six cas qui lui permettent de contrôler les observations du célèbre médecin anglais ; les points qui l'ont le plus frappé dans cet ensemble de faits sont les suivants :

1° L'*albuminurie* se présente dans des conditions de présence et d'absence toujours identiques. La quantité en est faible ;

2° Le cycle pathologique présente dans son évolution un certain nombre de phases toujours régulières, qui sont les suivantes :

Eliminations exagérées de matière colorante ; albuminurie ; uraturie ; azoturie.

La santé générale des sujets soumis à mon observation laissait à désirer, et ceux-ci souffraient de fatigues variées et de troubles divers.

L'interprétation physiologique de ces histoires morbides est assez difficile à donner exactement ; il est à croire que l'influence de la digestion est loin de jouer le rôle unique qu'on lui a attribué. L'augmentation de pression circulatoire mise en avant au Congrès britannique n'a pas été retrouvée par l'auteur. Le sphygmomanomètre du docteur Potain indiquait plutôt un abaissement dans cette pression.

Étant donnés les antécédents des malades, M. Teissier serait plutôt disposé à rattacher ces phénomènes à la *prédisposition constitutionnelle,* qui aurait pour effet de ralentir la combustion des matières albuminoïdes dans l'économie. L'albuminurie, l'uraturie, l'azoturie, seraient les conséquences de ce défaut de combustion complète.

Discussion. — M. POTAIN a rencontré quelques cas semblables, mais il ne les a pas suivis avec le même soin, ni avec la même idée. On sait combien, dans l'état actuel de la science, il est difficile de déceler, par les moyens ordinaires, la petite quantité d'albumine que renferment les urines normales.

Quant à la conclusion à tirer des observations de M. Teissier, il semble qu'il y aurait peut-être lieu de songer au début de la néphrite goutteuse. La légère excitation habituelle au rein, chez les goutteux, ne peut-elle pas, à elle seule, expliquer les différents phénomènes des albuminuries transitoires?

M. HENROT. — Dans l'hémoglobinurie, on peut obtenir de l'albuminurie transitoire à volonté, en exposant au froid les sujets qui sont atteints de cette affection. Et cependant il n'y a là aucun état morbide des reins, mais un changement dans la constitution du sang, dont le sérum contient de l'hémoglobine en dissolution.

M. TEISSIER. — Ce sont les cas observés par M. Henrot qui ont justement attiré mon attention.

M. HAYEM. — Il n'est pas démontré que l'hémoglobinurie tienne à une dissolution de l'hémoglobine dans le sérum sanguin.

M. LÉPINE a indiqué que la nutrition chez certains sujets nerveux a une périodicité tierce, quarte et même quelquefois plus longue.

M. DUZÉA, Int. des Hôp., à Lyon.

Troubles trophiques concomitants à des angiomes. — Ces troubles consistent dans un développement du squelette portant à la fois sur la longueur et l'épaisseur des os principaux du membre, sans que l'angiome siège immédiatement à leur niveau. Ainsi, dans un cas où un nævus congénital très superficiel siégeait au genou et à la jambe, le fémur présentait un allongement de deux centimètres.

L'origine de ces troubles trophiques est d'ailleurs à peu près inconnue.

Discussion. — M. HENROT pense qu'il faut les rattacher à ceux qu'il a signalés dans un cas de myxœdème accompagné d'hypertrophie de certains os, et les rapporter au grand sympathique.

M. R. DUBOIS, Prép. à la Fac. des Sc., à Paris.

Présentation d'appareils pour le dosage des mélanges d'air et de chloroforme pour l'anesthésie.

M. DROUINEAU, Chir. en ch. des Hosp. civils de la Rochelle.

De la ponction vésicale aspiratrice. — M. DROUINEAU donne communication de deux observations de rétention d'urine, avec fausses routes, dans lesquelles le cathétérisme est devenu praticable après la ponction capillaire aspiratrice. Il conclut, de ce fait et de ceux déjà existants, en faveur de cette opération innocente et sans danger, et pense que dans les cas difficiles que rencontre le praticien, quand le cathétérisme paraît impraticable ou que les instruments sont insuffisants, il faut sans hésitation pratiquer la ponction aspiratrice d'abord et le cathétérisme ensuite. Par cette manière de procéder, il estime que les fausses routes se produiront, dans la pratique, moins souvent.

M. HÉNOCQUE, Dir. adj. du Labor. de méd. des H.-Études du Coll. de Fr., à Paris.

La spectroscopie du sang. Exposé d'une nouvelle méthode. Présentation d'instruments spéciaux. — La méthode de M. HÉNOCQUE comprend cinq procédés. Le premier consiste dans l'examen méthodique du sang à la région sous-unguéale du pouce ; il permet d'apprécier la durée de la réduction de l'oxyhémoglobine dans la phalange du pouce.

Le second est l'examen direct du sang dans des godets de porcelaine blanche, il sert à reconnaître la production de méthémoglobine, ou la réduction de l'oxyhémoglobine.

Le troisième est l'étude du sang déposé en couche mince entre deux lames de verre superposées et écartées très légèrement l'une de l'autre; cet appareil, qu'il appelle hématoscope, permet l'évaluation de l'oxyhémoglobine suivant l'épaisseur de la couche nécessaire pour observer le phénomène qu'il décrit sous le nom d'*apparition des deux bandes égales en intensité*. L'hématoscope permet la photographie du sang ou quatrième procédé.

Enfin M. Hénocque a inventé un procédé chromométrique destiné aux recherches cliniques et basé sur l'emploi de l'hématoscope superposé à une plaque d'émail portant une échelle sur laquelle on lit d'emblée la quantité d'oxyhémoglobine contenue dans le sang.

Il présente, en outre de ces instruments, deux modèles d'hémato-spectroscopes construits sur ses indications par M. Lutz, fabricant d'optique à Paris.

Discussion. — M. DE FERRY DE LA BELLONE. — La spectroscopie du sang, indiquée seulement, au point de vue médico-légal, par M. Hénocque, n'est applicable que dans certaines conditions.

1° Il faut assez de sang pour le soumettre à quatre réactions : (réduction — réoxydation — acidification — alcalinisation), et obtenir ainsi tous les spectres caractéristiques de l'hémoglobine ;

2° Le sang ne doit pas être *trop vieux*, il ne donnerait plus de spectre.

Dans les expertises du sang, il faut toujours chercher et *obtenir* les cristaux de chlorhydrate d'hématine, réaction caractéristique, très sensible et très sûre avec les moindres quantités, et n'exigeant qu'un microscope.

MM. APOSTOLI et DOLERIS, à Paris.

Sur un nouveau traitement électrique de l'hématocèle péri-utérine par la galvano-puncture négative. — *L'hématocèle péri-utérine* est destinée à trouver dans une méthode, pleine de précision et de sécurité, la *galvano-puncture négative*, une ressource précieuse qui la conduira rapidement à la guérison, en diminuant la gravité ordinaire du pronostic.

D'une façon générale, la *galvano-puncture négative*, ou la *térébration électro-chimique* (cautérisation tubulaire de M. Tripier), agit par un double mécanisme : le premier *chirurgical* et *fistulant* plus ou moins largement (suivant la volonté de l'opérateur) des exsudats solides; (*phlegmon chronique*, etc.) des néoplasmes; (*fibro-myômes utérins*, etc.) des parois kystiques; (*hématomes, kystes extra-utérins, grossesse extra-utérine*, etc.) et en leur ouvrant une voie d'élimination variable, dosable et localisable.

Le deuxième mécanisme, tout *médical*, consiste à créer un processus intime de désintégration suivi d'une régression rapide et manifeste. Le traitement électrique de l'hématocèle est un premier chapitre de gynécologie que nous compléterons prochainement en l'associant au traitement analogue de la *périmétrite* et du *phlegmon chronique*.

M. HAYEM, Prof. à la Fac. de Méd. de Paris.

Sur l'examen du sérum du sang. — M. Hayem indique le procédé qui lui permet d'obtenir sans faire de saignée une quantité suffisante de sérum pour étudier la réaction et les variations de coloration de ce liquide.

Le sérum normal est toujours alcalin ; il ne devient neutre ou acide que dans le choléra.

A l'état physiologique, le sérum est d'une couleur verdâtre assez variable qui paraît due à la présence d'une certaine quantité de biliverdine. Dans les maladies le sérum peut être plus pâle, comme dans les anémies et surtout la chlorose, ou, au contraire, plus foncé, comme dans l'ictère. Entre la coloration la plus pâle et la plus foncée, on observe un grand nombre d'intermédiaires; mais toutes ces variations de coloration paraissent dues aux fluctuations dans la proportion de biliverdine contenue dans le sérum.

Le sérum peut encore être altéré par la présence d'une certaine quantité d'hémoglobine lui donnant l'apparence connue sous le nom de *sérum laqué*. Cette particularité s'observe dans l'hémoglobinurie et dans les maladies infectieuses : variole, fièvre typhoïde, certaines formes de pneumonie.

Discussion. — M. Hénocque. — L'hémoglobinurie est une maladie très compliquée, à propos de laquelle il est difficile de formuler une conclusion définitive. Souvent on observe une transformation de l'hémoglobine en méthémoglobine.

M. Hayem. — Si on a soin de recueillir et d'examiner l'urine, chez un hémoglobinurique, justement au moment de l'accès, on trouvera toujours qu'il contient de l'oxyhémoglobine ; mais si on laisse l'urine séjourner dans un vase, ou si on attend quelque temps après l'accès pour en demander au malade, on y trouve de la méthémoglobine. D'où cette conclusion que la méthémoglobine est un produit de décomposition de l'oxyhémoglobine, lorsque celle-ci séjourne dans l'urine, soit dans un vase clos, soit dans le réservoir urinaire.

M. DAGRÈVE, à Tournon.

Le choléra à Tournon. — M. Dagrève lit un travail sur les affections cholériformes de Tournon depuis plusieurs années. Après avoir décrit certaines épidémies de cholérine caractérisée par une guérison rapide après des symptômes graves, diarrhée, vomissements, crampes, il décrit la cause d'importation du choléra asiatique en 1884 et sa communication par une source, la seule d'eau agréable dans le quartier. Une épidémie de cholérine avait frappé un autre quartier une quinzaine de jours avant; ce dernier quartier avait eu seul des cas de choléra asiatique en 1854 ; ces cas avaient été importés, comme en 1884, par des émigrants; ce quartier fut indemne du choléra asiatique dans la dernière épidémie.

M. LEUDET, Direct. de l'Éc. de Méd. de Rouen.

De l'hypertrophie de la mamelle chez les hommes atteints de tuberculose pulmonaire (1). — La glande mammaire peut être le siège de tubercules qui la frappent

(1) Publié dans les *Arch. gén. de Méd.*, janvier 1886.

d'emblée ou qui surviennent à la suite du développement de la tuberculose dans d'autres organes. Cette variété de lésion a été étudiée par L. Dubar, Le Dentu, Poirier, Ohnacker, Verchère et Orthman. Dans ces cas, les tubercules se manifestent dans la glande par induration isolée ou conglomérée. Les unes, et c'est le plus grand nombre, suppurent; d'autres se terminent par induration. Elles sont précédées ou accompagnées d'engorgement des ganglions lymphatiques voisins. L'examen histologique a fait reconnaître des follicules tuberculeux et dans les faits récents des bacilles, comme dans les cas de Verneuil, d'Orthman. Ce dernier auteur a constaté l'absence de bacilles dans la mamelle et leur présence dans les ganglions lymphatiques.

Trois observations prises *chez des hommes* atteints de tuberculose pulmonaire ont permis d'étudier une autre forme de lésions du sein dans la tuberculose. L'affection existait dans tous les cas du côté de la lésion maximum du poumon; souvent même, la tuméfaction mammaire coïncidait avec une poussée pleurétique nouvelle. L'apparition de l'hypertrophie mammaire était précédée et accompagnée de douleurs vives dans la paroi thoracique, et quelquefois même d'un travail ulcéreux de la plèvre. L'affection du sein se manifestait d'emblée par une augmentation de volume de toute la glande sans induration partielle. Elle pouvait atteindre successivement les deux glandes mammaires. L'hypertrophie ne provoquait ni rougeur de la peau, ni inflammation du tissu cellulaire voisin, ni engorgement des ganglions lymphatiques. Elle pouvait persister plusieurs mois et rétrograder. La douleur diminuait alors et le volume du sein aussi.

Cette lésion de la glande mammaire appartient plutôt à une irritation de voisinage qu'à une tuberculose.

M. NEPVEU, Chef du Labor. de la Pitié, à Paris.

Contribution à l'étude de la généralisation des néoplasmes par les veines et les lymphatiques. — M. Nepveu démontre qu'à côté de la perforation des grosses veines par les masses néoplasiques il faut admettre aussi la perforation des petites veinules, et même une véritable prolifération épithéliomateuse de l'épithélium vasculaire à distance du cancer primitif, fait que M. Nepveu cherche à prouver par des dessins microscopiques.

Le rôle des lymphatiques dans les néoplasmes est peu connu, leur présence et même leur développement exagéré sont cependant bien démontrés dans un grand nombre de tumeurs; dans les lipômes les plus volumineux, M. Nepveu a trouvé d'énormes lymphatiques; il en a aussi observé dans les myômes utérins, comme Ranvier, etc., dans les myxosarcômes (Colomiatti), dans les sarcômes, les fibrômes. Dans les tumeurs du sein il a observé la prolifération épithéliale propre des lymphatiques; il n'est pas exclusif et admet la généralisation par perforation néoplasique, par prolifération épithéliale de la paroi, par embolie comme Virchow.

M. NIEPCE, Ancien Méd.-insp., à Allevard.

De la méthode des inhalations gazeuses employée à Allevard. — M. Niepce rappelle comment, à Allevard, il eut le premier la conception du principe de l'inhalation gazeuse, laquelle, d'une observation empirique, devint une observation clinique tellement importante, dit-il, que depuis elle se répandit dans la science hydrologique et devint une méthode adoptée d'une manière absolue, et dont les applications se généralisèrent surtout après l'Exposition universelle de 1855, où il avait envoyé le modèle de la salle d'inhalation dont il avait conçu l'idée.

M. Niepce insiste sur les effets physiologiques des inhalations qu'il a instituées à Allevard, tant sur la respiration que sur les mouvements du cœur, et entre dans de longs détails sur les effets immédiats produits par le séjour d'un individu dans une salle d'inhalation. Ces effets peuvent se diviser en trois périodes : 1° une période de sédation ; 2° une période de retour ; 3° une période d'excitation. Mais ils ne sont pas exclusivement dus au gaz acide sulfhydrique ; et M. Niepce pense que la présence d'une certaine quantité d'azote associée à la composition de l'air des salles d'inhalation (oxygène, acide carbonique et acide sulfhydrique) peut et doit contribuer à l'action sédative que produit la respiration de ce mélange.

M. Niepce rappelle qu'il a démontré que toute inoculation du bacille tuberculeux devient impossible lorsqu'il a été en contact avec le gaz sulfhydrique. C'est à une action de ce genre qu'il attribue les bons effets des salles d'inhalation d'Allevard.

M. PICHENEY, Vétér. en 1er au 21e d'artillerie, à Angoulême.

Recherches sur la curabilité de la morve par la méthode du Dr Lévi.

M. DUPLOUY, Dir. du service de santé de la Marine, à Rochefort.

De la taille hypogastrique. — M. Duplouy communique deux observations de taille hypogastrique :

L'une, chez un vieillard de 77 ans, atteint d'hypertrophie considérable de la prostate ; les calculs, au nombre de six, ont été facilement extraits, mais on a pu constater au cours de l'opération une particularité intéressante, l'intolérance de la vessie n'ayant pas permis de la distendre par une injection, le ballon rectal agissant sur la vessie vide lui avait donné la forme d'un bissac dont le renflement inférieur, fortement collé contre le pubis, contenait trois pierres prismatiques, et le supérieur, un instant méconnu, trois autres pierres semblables. La guérison a été parfaite.

La seconde observation offre plus d'intérêt en ce que la présence du calcul se compliquait d'un sarcôme embryoplastique du trigône vésical et de la portion prostatique de la vessie ; l'urètre était presque oblitéré par une masse de la grosseur d'une amande.

La taille hypogastrique a permis d'attaquer facilement toutes les masses sarcomateuses avec les ongles, les tenettes et les ciseaux courbes, de faire, en un mot, un véritable raclage de la vessie. M. Duplouy considère la taille hypogastrique comme devant être, par sa facilité relative, la méthode de prédilection pour l'extirpation des tumeurs intravésicales.

M. DECÈS, Prof. à l'Éc. de Méd. de Reims.

Laparotomie dans l'étranglement interne. — M. Decès veut seulement apporter un fait à la statistique des opérations pratiquées pour l'étranglement interne, question discutée dernièrement à la Société de chirurgie.

Il s'agit d'une jeune femme de 24 ans atteinte depuis trois jours de suppression complète des selles et des gaz, accompagnée de vomissements fécaloïdes; en un mot, l'étranglement interne était aussi manifeste que possible; un peu au-dessus et à droite de l'ombilic, on sentait une tumeur un peu sensible à la pression et qui semblait le siège de l'obstacle au cours des matières.

Après l'emploi de tous les moyens usités en pareil cas, la mort étant imminente, on décide l'opération, et la laparotomie est pratiquée avec toutes les précautions antiseptiques habituelles. Aussitôt que la paroi abdominale fut ouverte, la tumeur disparut et, en dévidant l'intestin, on ne trouva rien autre chose qu'une anse intestinale rouge et gonflée, qui devait, selon toute probabilité, constituer un volvulus. La malade guérit rapidement, sans accidents, et depuis cette époque, elle a eu une grossesse et un accouchement très heureux.

Ce fait semble plaider fortement en faveur de la laparotomie contre la pratique d'un anus artificiel, au moins dans les cas où il n'existe pas de signes positifs d'une lésion organique de l'intestin.

M. BERTIN, Chir. hon. des Hôp. de Gray, à Dijon.

Reproduction de la carotide primitive après ligature chez un enfant de onze mois (1). — Petite fille de onze mois, portant depuis les premiers temps de sa naissance une tumeur vasculaire, *pulsatile*, de la joue droite, ayant pris un développement rapide, et coïncidant avec un nævus de l'oreille gauche.

Injections iodées, injections de perchlorure de fer : *résultat nul* ou *mauvais*.

Ligature de la carotide primitive après chloroforme. Pas d'accidents : chute du fil le quatorzième jour.

Affaissement et guérison rapide de la tumeur. *Après deux ans*, il ne reste que les noyaux d'induration produits par les injections de perchlorure de fer.

Constatation de la présence d'une artère dans le trajet de la carotide normale, avec les mêmes rapports : battements moins forts que de l'autre côté, visibles à l'œil; artère paraissant avoir le volume de la radiale de l'enfant. Fait vérifié plusieurs fois et par plusieurs confrères.

Pas de lésion du cœur pour expliquer un pouls veineux : pas d'anomalie des thyroïdiennes constatée pendant l'opération.

Il y a donc là une artère nouvelle, *carotide supplémentaire*, analogue à celles développées chez les animaux, dans certaines expériences. (Voir Follin et Duplay, t. II, page 274, figures 3 et 4.)

L'observation a été présentée à la Société de chirurgie le 19 décembre 1883. L'existence d'une nouvelle artère a été niée et les battements attribués à l'aorte soulevant le moignon.

Le professeur Duplouy, de Rochefort, ayant un fait identique avec autopsie, j'ai cru devoir revenir sur cette observation.

(1) Publié dans le *Concours médical* le 6 septembre 1884.

M. DELTHIL, à Nogent-sur-Marne (Seine).

Traitement curatif et prophylactique de la diphthérie par les fumigations de goudron de gaz et d'essence de térébenthine. — M. DELTHIL présente la statistique suivante :

Traitement curatif. — 68 observations, 64 guérisons, 4 décès.

Traitement prophylactique. — 364 personnes ont assisté les malades à des titres divers, deux seulement ont été contagionnées d'une façon bénigne.

Il cite des observations rapportées par plusieurs médecins, entre autres celles de MM. Dujardin-Beaumetz, Musgrave-Clay, etc., puis, il présente un mémoire imprimé du Dr Georges, professeur de laryngoscopie à l'Université de Montréal (Canada), qui cite 9 observations suivies de succès, et qui confirme comme rigoureusement exactes les conclusions de l'auteur du traitement.

M. Delthil recommande de pratiquer à côté du malade des évaporations d'essence de térébenthine d'une façon permanente, dès le début de l'affection, puis, si la gravité du cas augmente, de soumettre pendant un quart d'heure, toutes les deux heures, l'enfant à des fumigations du mélange de goudron de gaz et d'essence de térébenthine.

Ces fumigations seront faites dans un petit cabinet et leur importance doit être en rapport avec l'étendue de la pièce et la hauteur du plafond.

Le traitement local consiste en badigeonnages avec l'eau de chaux, le jus de citron, l'essence de térébenthine et la benzine.

Discussion.— M. ONIMUS pense que ce qui agit dans les inhalations de M. Delthil, c'est l'ozonéine, dont on a étudié tout récemment les propriétés.

M. CONSTANTIN PAUL. — Le traitement de M. Delthil est important à connaître en tant que méthode. Il faut encourager cette thérapeutique par les vapeurs, qui, chez l'enfant surtout, est d'une application plus sûre et plus facile que toute autre.

M. DELTHIL. — L'inhalation des vapeurs de mon mélange donne de très bons effets pour empêcher les hémorrhagies sous-muqueuses qui se produisent dans certaines formes de la diphthérie.

M. Th. DAVID, à Paris.

De la maladie de Fauchard, son histoire, sa nature, son étiologie. — La maladie de Fauchard est cette affection des procès alvéolaires, caractérisée au point de vue clinique par la destruction lente et progressive des alvéoles et une pyorrhée alvéolaire, par l'ébranlement, le déchaussement progressif des dents, qui finissent par tomber sans présenter de lésions apparentes. Fauchard l'a décrite le premier avec détail en 1728 ; depuis les auteurs n'ont guère ajouté à cette description. Pour cette raison, et en outre pour mettre fin à la confusion donnée à l'histoire de la maladie par ses nombreuses dénominations, et par les causes non moins multiples qu'on lui a attribuées et qui préjugent trop de sa nature encore peu connue, M. DAVID propose de donner à cette affection, jusqu'à ce qu'on soit mieux renseigné sur sa nature, son étiologie, sa pathogénie, son anatomie pathologique, le nom de maladie de Fauchard. Il résulte actuellement de l'analyse des travaux publiés et de l'appréciation des faits observés par

M. David, que la maladie de Fauchard ne survient que chez des sujets qui, pour des causes très diverses, sont atteints de troubles graves, passagers ou durables de la nutrition. Au point de vue de sa nature, cette maladie paraît consister essentiellement dans une lésion osseuse : les procès alvéolaires s'atrophient, se résorbent comme le tissu osseux en général, comme le col du fémur chez les vieillards. Des conditions topographiques particulières exposent cette lésion à l'air et font qu'elle s'accompagne de lésions gingivales et périostales, circonstances auxquelles est due la suppuration inter-alvéolo-dentaire.

M. CHAUVEAU, Prof. à la Fac. de Méd. de Lyon.

Sur la présence éventuelle des germes pathologiques dans le sang de sujets bien portants. — M. Chauveau. — L'examen histo-chimique du sang, tel que nous savons le pratiquer aujourd'hui, montre que le sang des sujets bien portants ne contient aucun germe étranger. Il serait à penser que nos moyens d'investigations sont encore bien imparfaits, car il est des phénomènes qu'on peut observer chez les sujets sains et qui ne sauraient s'interpréter autrement qu'en admettant une action de microbes contenus dans le torrent circulatoire.

Nos expériences de bistournage, qui sont déjà connues par les travaux de mes élèves, Cornevin et Homas, le prouvent jusqu'à l'évidence.

Ainsi, j'ai pu deux fois, chez des animaux sains en apparence, provoquer le développement d'accidents suppuratifs au pourtour du testicule, sans qu'une rupture à la peau ait été faite, sans qu'aucun germe ait pu s'introduire par aucune voie naturelle.

La présence du pus indique, d'autre part, l'action d'un microbe dont la présence ne peut s'expliquer que par son existence éventuelle dans le courant sanguin. Resté innocent jusque-là, le germe s'est développé dès que le traumatisme funiculaire en a fourni les conditions favorables.

Discussion. — M. Verneuil. — M. Chauveau vient d'exprimer là une idée que je partage complètement pour l'avoir vérifiée bien des fois par des observations analogues, au lit du malade. Alors que nous jouissons d'une santé parfaite en apparence, nous sommes *habités*, nous constituons une *ménagerie*, ou si l'on veut mieux une *serre chaude*, pour ne rien préjuger de la nature animale ou végétale des germes que nous renfermons.

Bien des faits pathologiques en sont une preuve indéniable.

Un malade a des hydatides en circulation dans le courant sanguin, un traumatisme qui se produit au lieu le plus commun, à la cuisse, vient appeler en ce point ces germes morbides; ces germes, déposés dans le tissu cellulaire, y rencontrent un milieu propre à leur multiplication et à leur accroissement.

C'est de cette manière seule qu'on peut s'expliquer l'existence si ordinaire des kystes hydatiques à la cuisse et le rapport si fréquent de ces kystes avec un traumatisme ancien.

L'ostéite de l'adolescence n'est-elle pas un argument des plus frappants ? Un jeune homme des plus vigoureux, d'une santé florissante, se heurte légèrement et est emporté en quatre jours avec les symptômes que vous connaissez et qui ont fait donner à la maladie le nom de typhus des membres. Comment admettre de pareils accidents, aussi infectieux, survenant sans une éraflure à la peau, si on ne comprend que l'organisme des malades était préalablement habité ?

Voici encore un tuberculeux qui se foule un pied. Aussitôt se déclare une entorse bâtarde qui dégénère en arthrite tuberculeuse. Un syphilitique reçoit un coup : au point frappé pousse une exostose. Voici plus de faits qu'il n'en faut pour bien mettre hors de doute cette vérité, que nous sommes habités par des colonies infectieuses qui ne cherchent qu'une occasion de se fixer en un point de l'organisme et de s'y développer.

M. Tison rappelle les expériences de Ch. Richet et Ollivier; ces expérimentateurs auraient trouvé à l'état normal des microbes dans le sang de certains poissons.

M. Hayem. — Les accidents suppuratifs, les abcès qui se forment dans la convalescence de certaines maladies, sont une démonstration clinique des faits expérimentaux de M. Chauveau.

M. Chauveau. — Je me suis à dessein tenu à l'écart des faits pathologiques, qui ne manquent pas, je le sais. Je veux bien entendre que les sujets soumis à mon expérience étaient des animaux *sains, absolument sains.*

M. Verneuil. — Ces sujets étaient *en apparence sains*, c'est tout ce qu'on peut affirmer.

M. Chauveau. — Pour moi, les animaux étaient en état de santé parfaite.

M. Hayem. — Dans les deux cas de suppuration que nous a cités M. Chauveau, il y en a un dans lequel le pus n'a présenté aucun microbe. Qu'en pense M. Chauveau ? Croirait-il que le pus peut se former sans germe figuré par une cause pathogène autre ?

M. Chauveau. — Je crois que, dans l'état actuel de la science, on ne doit pas se prononcer sur ce point.

M. Henrot. — Ne pourrait-on admettre l'introduction du germe dans le sang, par le fait d'une éraillure de la muqueuse bronchite ou pharyngienne, passée inaperçue?

M. Chauveau. — Ceci est impossible à avancer aussi bien qu'à nier.

M. Ollier. — A l'appui des opinions de MM. Chauveau et Verneuil, je citerai les faits d'ostéomyélite à répétition, les cas où la maladie se réveille après dix ans et plus de guérison parfaite. Les microbes jaunes, blancs, sommeillent et sont aptes pourtant à se réveiller sans une cause déterminante. Mais il est à noter que ces accidents de répétitions sont plus bénins que les premiers, comme si le microbe s'atténuait par le fait de son séjour dans l'économie.

M. Verneuil. — J'ai déjà donné un fait qui prouve le séjour innocent dans l'organisme de microbes très infectieux. M. Nepveu et moi avons publié jadis des observations d'abcès fétides des membres dans lesquels ces germes pathogènes se retrouvent en quantité innombrable.

Les vieilles blessures, qui, après de longues années, se réenflamment, deviennent le siège de phlegmons, malgré une apparence de guérison parfaite, sont d'une démonstration très claire à ce sujet.

Dans tous ces faits, il est impossible de comprendre une autre interprétation que celle-ci : Le foyer ancien conserve dans son sein une colonie sommeillante de microbes, qui, au moindre appel, sortent de leur sommeil et produisent les vastes foyers infectieux où le vibrion septique se retrouve en abondance.

M. POTAIN, Prof. à la Fac. de Méd. de Paris.

Théorie du bruit de galop. — Toutes les théories à l'aide desquelles on a tenté d'expliquer le mécanisme du bruit de galop, étant passibles d'objections cliniques qui les rendent inacceptables, M. POTAIN entreprend d'établir, à l'aide de démonstrations graphiques, la théorie suivante :

Le choc du galop est diastolique et résulte de *l'entrée en tension brusque* de la paroi ventriculaire sous l'influence de la pénétration du sang dans la cavité.

Il est d'autant plus accentué que la paroi est plus inextensible, et ce défaut d'extensibilité peut dépendre, soit de l'épaississement scléreux de la paroi cardiaque (hypertrophie d'origine brightique), soit d'un épuisement de la tonicité musculaire, d'où résulte que la paroi, n'ayant plus pour résister à l'ondée sanguine que son élasticité seule, entre en tension au moment précis où celle-ci entre en jeu (fièvre typhoïde, dilatation cardiaque droite d'origine abdominale).

Le galop peut se produire dans tous les cas où la résistance élastique de la paroi l'emporte sur sa tonicité musculaire, soit par augmentation de la première, soit par diminution de la seconde.

On l'a rencontré dans le cours d'un bon nombre de maladies aiguës, notamment de la fièvre typhoïde et aussi chez certains sujets cachectiques ou chez ceux affectés de symphyse cardiaque. Il accompagne d'une façon à peu près constante et avec des caractères beaucoup plus accentués, l'hypertrophie cardiaque gauche d'origine brightique d'une part et de l'autre la dilatation cardiaque droite d'origine hépato-gastro-intestinale. Il reste donc un signe précieux en raison du caractère souvent latent ou insidieux de ces deux dernières affections.

Le nom de *bruit de galop*, introduit par Bouillaud, mérite d'être conservé, quoique le phénomène auquel il s'applique ne conserve pas toujours le rythme propre au galop du cheval. On peut employer la dénomination de *bruit de choc diastolique* dans tous les cas auxquels s'applique la théorie exposée ci-dessus, réservant le nom de bruit de galop proprement dit pour la variété qui affecte le rythme de l'anapeste.

Discussion. — M. CHAUVEAU désire seulement ajouter quelques développements aux considérations qui ont été exposées par M. Potain sur le synchronisme d'action des deux cœurs.

En ce qui concerne les ventricules, oui, ils fonctionnent d'une façon tout à fait synchrone. Toutes les tentatives faites pour troubler le rythme du cœur, n'ont jamais abouti à détruire ce synchronisme. Il y a cependant une remarque à faire à ce sujet, c'est qu'à l'état physiologique il arrive parfois que la systole du ventricule droit commence un peu plus tôt et finit un peu plus tard que celle du ventricule gauche. Mais il ne s'agit que de différences négligeables, que les moyens perfectionnés employés maintenant en cardiographie permettent seuls de mettre en évidence.

Que si l'on étudie et l'on compare les mouvements des deux oreillettes, ce n'est plus la même chose.

Et d'abord, à l'état physiologique, l'oreillette droite commence sa systole sensiblement avant l'oreillette gauche. De plus, cette dernière systole a une durée plus longue que la première.

En second lieu, si le rythme du cœur est troublé intentionnellement, surtout par les manipulations extérieures ou intérieures de l'organe mis à nu, on constate que les mouvements de l'oreillette gauche s'altèrent beaucoup plus que ceux de l'oreillette droite. Le plus souvent, celle-ci continue à battre régulièrement ou irrégulièrement, mais toujours en concordance avec le battement ventriculaire. Quant à la systole de l'oreillette gauche, il arrive souvent qu'elle s'éteint entièrement puis reprend avec la plus grande énergie, et alors en discordance plus ou moins complète avec les mouvements ventriculaires. Les traces cardiographiques montrent même quelquefois que la systole auriculaire s'effectue *pendant la systole ventriculaire*. C'est alors une anarchie complète.

M. Chauveau ajoute que, au cours de ses expériences et démonstrations sur le rythme troublé du cœur, il a vu souvent, dans des cas quasi-physiologiques, alors que les deux oreillettes fonctionnaient simultanément, la systole de ces deux cavités se rapprocher tellement de la diastole ventriculaire de la révolution précédente, qu'on aurait pu considérer le mouvement auriculaire comme faisant partie de cette révolution et non pas de la suivante.

M. Potain. — Il est impossible de faire jouer à la contraction des oreillettes le moindre rôle dans la production du bruit de galop.

Ce qui vient, plus que tout le reste, à l'appui de ma théorie de la production du bruit anormal par la tension de la paroi, est le fait que, dans le cas d'intermittence cardiaque où la tension n'existe plus, il se fait à la suite une ou deux révolutions sans bruit de galop.

M. Constantin Paul. — Je demanderai à M. Potain s'il attribue une très grande puissance à l'attitude couchée ou debout, dans le fait de la production ou de l'arrêt du bruit de galop? Seraient-ce les lois de pesanteur qui seraient en jeu selon lui? Et quel rôle aurait la respiration?

M. Potain. — Je crois que l'attitude couchée ou debout, changeant les conditions de hauteur de la colonne sanguine, est d'une très grande importance et d'une plus grande à coup sûr que la respiration.

M. GIRARD, Prof. de l'Éc. de Méd. de Grenoble.

Traitement de la coxalgie. — Ce traitement consiste dans l'immobilisation avec l'appareil silicaté de Verneuil, après redressement, et la médication reconstituante. Sur 38 malades ainsi traités, il y eut 6 morts et 32 guérisons, dont 7 avec luxation ou subluxation, les 25 autres avec ankylose; ceux-ci ont des raccourcissements qui varient de 2 à 5 centimètres, tandis que chez les premiers le raccourcissement est de 5 à 10 centimètres. Si l'on compare la statistique de M. Girard à celle de Bœckel, on voit que la durée du traitement est plus longue dans la première que dans la seconde, mais que l'utilité du membre est aussi bonne et la mortalité moindre. On devrait réserver la résection pour les cas où l'immobilisation n'a pas réussi et où la subluxation s'est produite.

MM. BOURRU et BUROT, de Rochefort.

Des phénomènes d'inhibition et de dynamogénie chez deux hystéro-épileptiques (1). —Nous avons observé, sur deux sujets hystéro-épileptiques, un homme et une femme, certains phénomènes qui se rapprochent de ceux sur lesquels M. Brown-Séquard a établi sa théorie de l'inhibition et de la dynamogénie, mais d'ordre différent.

D'abord nous avons constaté qu'il existe sur certaines parties du corps des points dont la pression la plus légère détermine l'arrêt des fonctions de relation : le sujet ne parle plus, il reste immobile, il ne sent plus, ne voit pas et

(1) La thèse de M. Berjon, Bordeaux 1886, contient des développements à ce sujet.

n'entend pas; chez l'homme, ces points sont situés : 1° à la région frontale du côté gauche; 2° au tiers supérieur et externe du bras gauche; 3° à la commissure labiale droite; ce sujet est hémiplégique et hémianesthésique à droite; chez la femme, hémianesthésique à droite avec hyperesthésie à gauche, les trois points d'inhibition sont sensiblement les mêmes, avec cette différence que le point labial est à gauche au lieu d'être à droite, et que les points du front et du bras ne produisent qu'un embarras de la parole.

Chez l'homme, la pression des membres du côté gauche détermine un affaiblissement de la parole, à l'exception des médius de la main et du pied, dont la pression produit le renforcement; c'est l'inverse à droite. De sorte qu'en comprimant alternativement le médius de la main gauche et le médius de la main droite, on peut à volonté faire baisser la voix ou la renforcer.

Ces points d'inhibition et de dynamogénie varient chez ce sujet avec les états physiques que l'on peut déterminer. Si on le rend hémiplégique à gauche, ces points sont symétriquement intervertis. En le rendant paraplégique, plus rien dans la moitié supérieure du corps; l'inhibition se produit alors par la pression à la partie externe du genou gauche, à la partie interne du genou droit et sur le cou-de-pied droit. Quand on lui enlève toute paralysie, le point d'inhibition se trouve à la partie postérieure de la tête du côté gauche. En somnambulisme, il se trouve à la région frontale du côté droit.

Dans certaines conditions déterminées par la pression de certains points de la tête, on peut le faire parler.

La main droite du sujet placée sur sa main gauche amène l'inhibition. Si on forme un cercle de trois à quatre personnes, y compris le sujet, celui-ci est immédiatement influencé, et il tombe en crise si le contact se prolonge.

En présentant la main en regard de la tête du malade du côté gauche, on observe un véritable phénomène d'attraction.

Enfin, on peut mettre à l'actif de la dynamogénie certains faits relatifs à la transposition des sens. En lui bouchant les oreilles et en parlant à voix basse en regard d'une partie quelconque de son corps, des doigts ou des orteils, par exemple, il entend très distinctement. Il peut lire, les yeux fermés, certaines grosses lettres, en les touchant avec l'extrémité des doigts.

Nous ne ferons que signaler ces faits sans tirer aucune conclusion générale; nous ferons seulement remarquer que les points d'inhibition nous paraissent différer sensiblement des points hypnogènes, puisque tout cesse avec la pression.

Discussion. — M. Azam est convaincu de la réalité de ces faits, mais ceci est exceptionnel et il est aussi impossible d'en tirer une conclusion que d'étendre ces expériences à d'autres sujets.

Il ajoute que tous les malades de cette sorte doivent, pour en arriver à donner de pareils résultats, subir un véritable entraînement.

M. Burot croit aussi que ces cas sont rares, mais pour ce qui est de l'entraînement, son malade est resté stationnaire au point de vue des faits de suggestion.

M. HAYEM, Prof. à la Fac. de Méd. de Paris.

Présentation d'un instrument destiné au pansement antiseptique des ulcérations du col de l'utérus. — Pour mettre cet organe en contact permanent avec les topiques, M. Hayem a imaginé un petit appareil composé essentiellement d'un pessaire de Dumontpallier-Gairal, auquel on a soudé un sac en caoutchouc muni à son centre d'un tube fermé par un robinet à son extrémité libre. L'appareil étant en place, le col plonge dans le sac; on injecte alors par le robinet la solution médicamenteuse, qui est une solution borique à 3 0/0 ou une solution de sublimé à 1 pour 2000, puis on ferme le robinet. On peut encore, pour retenir plus sûrement la solution médicamenteuse dans le sac en caoutchouc, garnir celui-ci d'une petite éponge fine, qui reste imbibée du liquide. On fait deux pansements par jour. La guérison survient rapidement; au bout de trois ou quatre jours, la surface ulcérée est recouverte d'une couche épithéliale épaisse qui finit par tomber, mais sous laquelle la cicatrisation définitive s'effectue. Ce processus a lieu surtout avec la solution de sublimé.

M. AZAM, Prof. à la Fac. de Méd. de Bordeaux.

Du caractère dans les maladies. — Rien de plus vulgaire au premier abord que cette question, car tout le monde sait combien varie le caractère chez les malades; seulement, au point de vue scientifique, le sujet n'avait pas été étudié, la communication du professeur de Bordeaux comble cette lacune. Il a passé successivement en revue les états physiologiques et les diverses maladies, insistant surtout sur les maladies cérébrales, parmi lesquelles il cite particulièrement la paralysie générale, où, comme on le sait, les variations du caractère sont un prodrome important. M. Azam croit avec M. Luys que le caractère peut être localisé dans la région de la base qui est en rapport avec les processus cérébelleux. (Voir les *Annales médico-psychologiques*, novembre 1885.)

M. DEMONS, Prof. agr. à la Fac. de Méd. de Bordeaux.

Sur la chirurgie du cerveau. — Après quelques considérations générales sur la chirurgie du cerveau, M. Demons insiste spécialement sur deux points de la pratique de la trépanation :

1° Après avoir enlevé la rondelle osseuse, il arrive souvent que le chirurgien ne trouve aucune lésion pouvant expliquer les accidents observés. Les cas sont nombreux dans lesquels le malade a succombé parce que l'opérateur n'a pas osé aller plus loin. J'ai déjà dit un mot, au premier Congrès français de chirurgie, sur la nécessité, dans ces cas-là, d'inciser la dure-mère, de l'exciser au besoin, de faire, si vous me permettez ce néologisme, la *méningectomie*. Un fait nouveau me permet d'insister encore davantage sur ce point. Il y a peu de temps, je pratiquai la trépanation sur un homme qui, ayant reçu une balle de revolver sur la tête un mois auparavant, présentait des signes de compression du cerveau. Ce n'est qu'après avoir réséqué les méninges dans toute l'étendue de la rondelle osseuse que je trouvai deux esquilles libres dans la couche corticale du cerveau. Le malade va très bien. Les faits, bien connus, de plaies du crâne avec déchirure des méninges et issue de la substance cérébrale, faits suivis souvent de guérison, autorisent cette tentative et nous permettent même de ne pas craindre d'intéresser le cerveau, sur certains points, bien entendu.

2° La trépanation est habituellement accompagnée d'un écoulement sanguin assez abondant et assez persistant sur lequel les auteurs de traités de médecine opératoire n'ont pas suffisamment attiré l'attention. Il prolonge désagréablement l'opération. Certains chirurgiens ont cherché à l'arrêter par l'application du thermo-cautère. Je ne pourrais dire si ce moyen ne présente pas quelques dangers. Deux fois, j'ai fait deux ou trois ligatures sur des vaisseaux assez volumineux pour pouvoir être saisis : ces ligatures sont assez pénibles. Quant à l'écoulement en nappe, je m'en suis rendu maître par une douce compression exercée avec de fines éponges : une bonne dose de patience est nécessaire. Le sang provenait des méninges divisées : celui qui s'écoulait en petite quantité du diploé s'est arrêté spontanément.

M. Edmond CHAUMIER, au Grand-Pressigny (Indre-et-Loire).

Nouvelles études sur la nature épidémique de la pneumonie franche et son traitement par le froid. (1) — Le Dr Ed. Chaumier communique le résultat des observations qu'il a faites depuis le Congrès de Blois. Il a soigné 52 pneumoniques, qui se répartissent en une épidémie principale (41 malades) commençant le 6 mars et se terminant le 12 juin, et en 11 cas épars, mais non isolés, survenant par deux ou par trois.

Il cite plusieurs cas qui ne peuvent s'expliquer que par la contagion.

Cette année encore les enfants ont été plus atteints que les adultes et les vieillards. Il n'est mort (sur 52 malades) qu'une femme indigente, âgée de soixante-douze ans, qui n'a été vue que la veille de sa mort.

L'auteur a observé un certain nombre de pneumonies frustes qu'on ne reconnaissait qu'avec la plus grande attention, et dont il compte publier les observations.

Vingt malades ont été traités par le froid; 12 ont eu des affusions froides toutes les deux ou trois heures, 6 ont pris des bains (trois ou quatre par jour), 2 ont eu trois bains par jour et des affusions toutes les deux heures. Tous ont guéri.

En réunissant les 20 malades ainsi traités aux 15 de l'an dernier, cela fait un total suffisant pour proclamer l'innocuité de la méthode et son utilité.

Discussion. — M. Leudet dit que la température de 27° n'est pas le froid et conteste que la médication puisse prendre le nom de traitement par le froid. Quant aux cas de pneumonies diagnostiqués en dehors de tous signes physiques par la seule courbe thermique, il n'est pas convaincu de leur bien fondé.

La contagion de la pneumonie, telle que la présente M. Chaumier, semble un peu fantaisiste. Les pneumonies se produisent en avril fréquemment et leur assemblage en cette saison provient d'une influence climatérique, saisonnière et point épidémique.

M. Chaumier, en parlant de pneumonies diagnostiquées au thermomètre, a voulu entendre les cas douteux, ou les cas dont les signes physiques caractéristiques avaient disparu. Le fait peut se produire et la courbe thermique est alors le seul et bon moyen de diagnostic.

M. Leudet. — La pneumonie n'a pas un cycle invariable, comme le voulait Wunderlich ; on sait maintenant que les répétitions sont fréquentes et que les poussées se succèdent de manière à enlever au processus morbide toute régularité au point de vue de la courbe thermique.

(1) Ce mémoire sera publié en 1886 dans la *Gazette médicale de Paris*.

M. Chaumier. — Les 52 cas dont j'ai parlé auraient été diagnostiqués par n'importe quel médecin après un examen consciencieux. J'ai dit qu'il y avait des cas frustes qui pourraient passer inaperçus après un examen superficiel; et qu'on voit pendant les épidémies de pneumonie des maladies qui sont peut-être des pneumonies, mais sur la nature desquelles on ne peut se prononcer, vu l'absence des symptômes caractéristiques.

M. FAUVELLE, à Paris.

Contribution à l'étiologie de la pellagre. — La pellagre se rencontre non seulement dans les pays où se consomme le maïs, mais un peu partout quand on veut bien la chercher. C'est une maladie de toute la substance, dont la cause est restée inconnue jusqu'ici.

Cette cause ne peut résider que dans la masse du sang, d'où elle exerce ses ravages sur un grand nombre d'organes, et notamment sur le tube digestif et les centres nerveux.

L'élément pathogène a besoin pour se développer de la chaleur et de la lumière du printemps et de l'été; à l'automne il disparaît laissant des altérations organiques plus ou moins profondes, en même temps que le germe d'un d'un nouvel accès pour l'année suivante; le plus souvent le malade succombe au bout de trois ou quatre ans.

Cette marche semble calquée sur celle de la plupart des maladies parasitaires des végétaux; il est donc légitime d'attribuer la pellagre au développement de quelque thallophyte inférieur et de diriger les recherches dans ce sens.

Discussion. — M. Leudet. — Je me suis jadis occupé de la pellagre et j'avoue que les 97 cas de M. Fauvelle m'ont étonné. N'y aurait-il pas eu une confusion fréquente entre la vraie pellagre, qui est assez rare, et la fausse pellagre ou *mal de misère?* En tous cas, je ne crois pas qu'il soit permis, par un simple raisonnement hypothétique, d'admettre l'existence d'un parasite inconnu, d'un microbe annuel. Il nous aurait fallu, pour être convaincus, un diagnostic précis, des détails de nature à entraîner la conviction, et je les cherche sans trouver.

M. Fauvelle. — Je puis affirmer l'authenticité des cas de pellagre que j'ai observés: plusieurs ont été vérifiés par des médecins dont la valeur en cette matière est au-dessus de toute contestation. Quant à l'idée, je la produis dans l'espoir de concourir au progrès, but principal de l'Association française pour l'avancement des sciences.

M. H. HENROT, Prof. de l'Éc. de Méd. de Reims.

Traitement par l'électrolyse capillaire des kystes hydatiques du foie.—M. Henrot, rappelant les résultats très avantageux obtenus par l'électrolyse capillaire dans un goître vasculo-kystique, a employé également ce moyen avec succès chez un malade atteint d'un vaste kyste hydatique du foie.

Un homme de soixante ans, portant une vaste tumeur, éprouvait des douleurs continuelles telles, qu'il avait complètement perdu l'appétit et qu'il était tombé dans une cachexie profonde. Une seule séance d'électrolyse capillaire de deux minutes de durée avec trente éléments de la machine Gaiffe (le pôle positif communiquant avec la canule, le pôle négatif appliqué sur la cuisse) suffit pour amener la guérison.

Aussitôt après l'opération, les douleurs insupportables qui minaient le malade depuis plusieurs mois cessèrent comme par enchantement; l'opération date maintenant de deux ans; le malade a retrouvé sa bonne santé d'autrefois.

L'électrolyse capillaire, c'est-à-dire celle où l'aiguille est remplacée par une petite canule qui reste libre, présente les avantages suivants :

1° Elle supprime immédiatement les douleurs;

2° En évacuant une partie du liquide de la poche, elle permet à l'action chimique de s'exercer d'une façon plus active sur un liquide soumis à une plus faible tension;

3° Elle permet, pendant le passage du courant, la sortie de la mousse gazeuse qui résulte de la décomposition chimique de l'eau entrant dans la composition du liquide kystique;

4° Elle tue l'hydatide et transforme une substance vivante à marche constamment envahissante en une masse indifférente qui se durcit et se rétracte sans amener la moindre gêne fonctionnelle;

5° Elle amène la guérison définitive du kyste sans faire courir au malade les dangers d'une opération grave ou les conséquences toujours redoutables d'une longue suppuration.

Discussion. — M. Verneuil. — J'emploi la ponction faite avec un gros trocart à ovariotomie, auquel je substitue une grosse sonde en caoutchouc rouge munie d'une capote à la manière de Reybard.

Parfois, les ponctions simples peuvent donner des résultats satisfaisants, mais il importe de surveiller les malades de très près, de reconnaître la récidive dès qu'elle se produit pour y remédier par le moyen radical qui précède.

J'ai vu plus d'une fois la reproduction du liquide se faire après la simple ponction aspiratrice et chaque fois avec des caractères de plus en plus inquiétants.

M. Henrot. — Ce que vient de dire M. Verneuil pour la ponction simple est parfaitement juste, et c'est pourquoi j'y ajoute l'électrolyse, qui tue l'hydatide, coagule le liquide du kyste et amène ainsi la guérison.

M. Verneuil. — L'électrolyse ne peut agir que pour tuer les échinocoques : or, dans les deux cas que j'ai eu à soigner, ces hydatides étaient bien réellement mortes. La récidive est donc causée par l'ensemble du kyste hydatique lui-même et contre lui l'électrolyse ne peut rien.

M. Leudet. — Il faut distinguer la récidive du kyste d'avec le développement d'un kyste voisin, resté auparavant sans prendre d'accroissement et qui pousse après la ponction et l'évacuation du premier.

M. Hayem. — En multipliant les ponctions capillaires, n'y aurait-il pas lieu d'amener la guérison par un véritable assèchement de la poche kystique?

M. Lépine. — Je crois que la bénignité ou la malignité des kystes tient à ce que les premiers ne contiennent pas de vésicules filles, alors que les seconds récidivent par le fait de ces hydatides à la deuxième génération.

M. Verneuil. — Je suis de l'avis de M. Lépine, et c'est pourquoi je dis : Si la ponction exploratrice (que je conseille toujours) me révèle la présence de beaucoup de liquide, je m'en tiens là avec l'espoir de la guérison par ce simple moyen; s'il y a peu de liquide, il est à penser que les vésicules filles sont nombreuses, il y a lieu de recourir à un traitement radical.

Puis il faut se mettre à l'abri des redoutables accidents qui se produisent quelquefois, lorsque la moindre goutte du liquide kystique pénètre dans la séreuse péritonéale.

M. Henrot. — C'est ici encore que l'électrolyse joue un rôle bienfaisant en cautérisant légèrement les parois du trajet de la canule de manière à éviter toute suffusion du liquide dans le péritoine.

M. **GIRARD**, à Grenoble.

Traitement des abcès froids. — L'auteur a traité d'abord les abcès froids par les anciennes méthodes, ponction et injection iodée, drainage, etc.; puis par le raclage, et enfin, depuis la communication de M. Verneuil au Congrès français de chirurgie, a essayé les injections d'éther iodoformé. Le raclage d'abcès de diverses régions lui a donné 15 guérisons, 7 morts et 14 récidives sur 36 cas. Dans deux cas d'injection iodoformée il y eut deux guérisons, l'une en quinze jours, l'autre en trois semaines. Lorsque la peau est intacte, M. Girard préfère ce dernier moyen; lorsque la peau est ulcérée, qu'il y a des phénomènes de septicémie, sans généralisation tuberculeuse, on peut pratiquer le raclage.

— Séance du 19 août 1885 —

M. **VALUDE**, à Paris.

Quelques faits nouveaux dans l'antisepsie de la chirurgie oculaire. — Depuis quelques mois, M. le Dr Panas suit une pratique qui est appelée à donner les meilleurs résultats, et qui consiste en lavages antiseptiques de la chambre antérieure à l'aide d'une solution au biiodure de mercure à 1/20 000.

M. Panas pratique systématiquement ces lavages comme complément à l'opération, dans l'extraction de la cataracte.

Dans les kératites purulentes avec hypopion, ces mêmes lavages sont unis à la cautérisation au thermo-cautère.

Les meilleurs résultats consécutifs optiques ont été constatés chez les cataractés ainsi traités, et quant aux malades atteints de suppuration de la chambre antérieure, on a vu tout aussitôt tomber les symptômes inflammatoires, qui étaient restés fréquents, progressifs.

Enfin, dans l'énucléation, les lavages antiseptiques de la cavité ténonienne permettent la réunion primitive très rapide par suture de la conjonctive.

M. **FERRET**, à Paris.

De la nature diathésique de quelques ulcères simples des jambes. — Trois observations d'ulcères chez des sujets arthritiques avancés en âge, succédant à une contusion ou à une irritation légère de la peau, et guéris sous l'influence du repos, des pansements et du traitement interne par le salicylate de soude. C'est pourquoi l'auteur propose de rattacher ces ulcères à l'arthritisme.

M. TROLARD, à Alger.

Lacs sanguins de la dure-mère. — Veine vertébrale. — M. TROLARD communique un mémoire sur les lacs sanguins de la dure-mère, leurs rapports avec la circulation intra-cérébrale et extra-crânienne, et le rôle que jouent les sinus, en particulier la veine vertébrale, dans la circulation de la tête.

M. TERRILLON, Prof. agr. à la Fac. de Méd. de Paris.

Calcul de l'amygdale. — M. TERRILLON présente un calcul de l'amygdale extrait chez un homme de 50 ans, et ayant déterminé depuis deux ans des phénomènes inflammatoires tantôt aigus, tantôt subaigus, qui firent croire à l'existence d'un cancer de l'amygdale.

Celle-ci était, en effet, dure, bosselée, hypertrophiée, violacée, douloureuse, et le diagnostic de cancer paraissait pleinement justifié. L'exploration de la tumeur avec le doigt fit sentir un corps dur, piquant, dont l'examen avec un stylet et un fort éclairage fit reconnaître la nature. Le calcul, comme enchatonné dans le tissu de l'amygdale hypertrophiée, fut extrait avec des pinces après qu'on eut débridé avec deux coups de ciseaux les bords de l'espèce de loge qui le contenait. L'affection céda facilement ensuite à quelques gargarismes émollients et astringents.

M. Terrillon rappelle des cas analogues signalés par Louis, Monro, Passaquay, etc., et attire l'attention sur la possibilité de confondre les accidents causés par le séjour prolongé d'un calcul dans l'amygdale avec le cancer de cet organe ; le diagnostic est facile à faire par l'exploration directe.

M. L.-H. PETIT, Bibl. adj. à la Fac. de Méd. de Paris.

Dégénérescence épithéliale des trajets fistuleux anciens. — Certaines fistules osseuses, anales, urinaires peuvent présenter, au bout d'un temps très long, une dégénérescence épithéliale.

Cette dégénérescence se montre chez les sujets âgés de 40 à 60 ans, époque à laquelle le cancer se manifeste le plus fréquemment ; il est donc très probable qu'il s'agit alors d'une localisation de la prédisposition cancéreuse du sujet sur le trajet fistuleux, considéré comme *locus minoris resistentiæ*.

Dans les cas cités jusqu'alors, on a observé deux formes de dégénérescence : l'une, épithéliale, relativement bénigne, ne se généralisant pas ; l'autre, variablement cancéreuse, aussi grave que le cancer le plus malin, s'accompagnant de généralisation dans les ganglions et les viscères, et se terminant par la cachexie et la mort.

Le diagnostic de la dégénérescence est assez difficile au début, parce qu'on n'y songe guère, à cause de sa rareté ; lorsqu'on la reconnaît, on ne peut en général faire d'opération radicale, surtout quand elle siège au périnée ou dans le rectum. On ne peut la pratiquer que lorsque l'affection, d'origine osseuse, siège sur les membres.

M. PIERRET, Prof. à la Fac. de Méd. de Lyon.

De la sclérose symétrique simple du tractus moteur des centres nerveux. — M. Pierret présente trois observations de sclérose symétrique simple des tractus moteurs des centres nerveux, et établit que cette dernière lésion, caractéristique du tabes spasmodique, n'est en quelque sorte que la préface de la sclérose latérale amyotrophique.

M. BERNHEIM, Prof. à la Fac. de Méd. de Nancy.

Gangrène et artérite dans la fièvre typhoïde. — M. Bernheim rapporte quatre observations de gangrène dans la fièvre typhoïde, dont voici les conclusions :

1° On peut rencontrer, dans la fièvre typhoïde, des gangrènes externes et internes, parmi lesquelles le noma et la gangrène du diaphragme ;

2° Le noma n'a pas été influencé par le traitement antiseptique ;

3° Les gangrènes viscérales peuvent être latentes et ne pas déterminer de symptômes spéciaux permettant le diagnostic ;

4° L'artérite peut ne déterminer de douleurs qu'au siège de la gangrène, le trajet du tronc artériel malade restant indolore et sans tuméfaction apparente ;

5° La tunique musculeuse de l'artère peut se vasculariser d'une façon remarquable.

M. ONIMUS, à Paris.

De l'influence de la direction des courants en électrothérapie. — Les courants de la pile ont une influence dans les névralgies selon leur direction, et, comme plusieurs médecins l'ont observé empiriquement, c'est le courant descendant qui a l'action la plus sédative.

Les exceptions sont presque toujours dues à des appareils mal conditionnés, ou a des erreurs de diagnostic. Souvent, par exemple, on prend pour des névralgies sciatiques des douleurs des membres inférieurs qui sont provoquées par des scléroses commençantes, ou même des affections cérébrales. Les objections opposées par quelques médecins ne sont même que la confirmation des faits que nous avions signalés il y a déjà plusieurs années.

M. SATRE, à Grenoble.

Une cause peu connue de suffocation à la suite de la trachéotomie dans le croup. — Après la trachéotomie, les deux ou trois premiers jours, la canule ou la trachée peuvent être obstruées: 1° par des fausses membranes mêlées à du mucus plus ou moins fluide ; 2° par du mucus trachéal devenu compact, solide à la façon du mucus nasal. M. Satre n'aura égard qu'à cette deuxième modalité d'obstruction que les auteurs ont insuffisamment étudiée. Symptômes : l'expectoration devient rare, demi-concrète ; l'enfant a une respiration accélérée, sifflante, à caractère métallique ; les crachats blancs, demi-concrets, deviennent rares, visqueux, jaunâtres, plus solides. A ce moment, si on n'y prend garde, l'enfant étouffera grâce à la formation rapide d'un bouchon de mucus qui oblitère la canule ou la trachée. Soudain, l'enfant présente tous les signes de la présence des corps étrangers dans les voies respiratoires. La suffocation se termine par la mort ou par le rejet provoqué ou spontané d'un bouchon de mucus solide qui peut avoir parfois un centimètre et demi de longueur et presque le diamètre de la trachée.

M. Satre fournit quelques indications sur les symptômes provoqués par ces accidents et sur les moyens à employer pour les éviter.

M. Henri HUCHARD, Méd. des Hôp., à Paris.

Nature et traitement curatif de l'angine de poitrine vraie (1). — D'après M. Huchard, on a confondu les angines fausses et les angines vraies parce que les auteurs ont réuni dans leurs descriptions des symptômes appartenant à des affections différentes. Les théories ont nécessairement participé à cette confusion et sont devenues si nombreuses, qu'il n'en existe pas moins de 35. M. Huchard s'efforce d'établir une distinction nette entre les deux catégories d'angines : les fausses dépendent d'une foule de maladies ; les vraies, d'une lésion des artères coronaires et d'une ischémie cardiaque, organique ou fonctionnelle. Le traitement devient ainsi très simple : les angines vraies demandent une thérapeutique double, celle des accès, représentée par les inhalations amyliques, et celle de la maladie artérielle, qui comporte les iodures de potassium, de sodium ou de lithium. Cette nouvelle médication par les iodures continuée pendant un à deux ans à la dose quotidienne de un à trois grammes d'iodure de *sodium* (préférable à l'iodure de potassium en raison de l'action nocive des sels de potassium sur le cœur) a donné à M. Huchard des résultats extrêmement remarquables et des guérisons complètes et définitives dont il rapporte plusieurs observations concluantes.

Discussion. — M. Fr. Franck rappelle que les accès d'angine s'accompagnent d'une élévation de la tension artérielle.

M. Huchard répond qu'ainsi s'expliquent les bons effets des médicaments (nitrite d'amyle et iodures), qui agissent en diminuant cette tension.

M. Potain ne croit pas que la distinction entre les angines vraies et les angines fausses soit aussi facile en clinique que le pense M. Huchard ; il ne croit pas non plus que la douleur brusque des accès d'angine ait pour cause la tension des artères coronaires, comme le voudrait M. Franck, parce que cette tension est continue et que les accès ne sont que passagers ; enfin il est aussi d'avis de donner l'iodure de potassium, qui agit plutôt sur la paroi que sur la tension artérielle, à doses moindres que l'indique M. Huchard (0,25 à 0,50 centigrammes).

M. Huchard insiste sur la nécessité et la possibilité de séparer cliniquement les deux catégories d'angines de poitrine et se déclare d'accord avec M. Potain sur l'action de l'iodure de potassium non seulement sur la tension artérielle, mais aussi sur la paroi vasculaire.

(1) Ce travail a paru dans le *Bulletin de thérapeutique* et l'*Union médicale* (septembre et octobre 1885).

M. OLLIER, Prof. à la Fac. de Méd. de Lyon.

Sur la néphrectomie. — Voici deux nouveaux cas qui seront très utiles pour poser les indications de l'opération. Ils portent à cinq le nombre des cas de néphrectomie déjà opérés par l'auteur.

Dans le premier cas, il s'agissait d'une femme présentant un rein tuberculeux, et causant des douleurs très vives qui motivèrent l'opération ; on avait toutes les raisons de croire l'autre intact, lorsque vingt-quatre heures après l'opération la patiente mourut de septicémie aiguë. A l'autopsie, on trouva l'autre rein criblé de tubercules, bien que rien pendant la vie n'ait pu faire soupçonner cette éventualité.

Dans le second cas, un jeune interne en pharmacie fut pris, à la suite d'une blennorrhagie, de phénomènes vésicaux déterminés par un calcul, lequel fut enlevé par la taille périnéale. Un mois après, il se produisit dans la région lombaire une tumeur fluctuante, volumineuse, qu'on prit pour un abcès néphrétique et qui fut ouverte. Il en sortit un litre de pus, siégeant non pas dans le tissu cellulaire péri-néphrétique, mais dans le rein lui-même, énormément distendu et aminci. M. Ollier voulait d'abord se contenter de faire la néphrotomie, mais l'exploration de la cavité lui fit constater que le tissu du rein était absolument séparé de ses connexions, et l'ablation, jugée dès lors nécessaire, fut opérée très facilement, grâce à la méthode sous-capsulaire qu'il a déjà employée dans ses précédentes opérations et proposée comme méthode générale dans les pyélo-néphrites suppurées.

M. Ollier établit la nécessité de bien rechercher dans quel état est le second rein avant d'enlever l'autre, et, comme procédé opératoire, préfère l'ablation sous-capsulaire avec résection de la douzième côte, si la voie n'est pas assez large.

MM. Félix ALLARD, de Grenoble, et **CORTYL**, Méd. en Ch. de l'Asile de Saint-Yon.

Désarticulation scapulo-thoracique. — Présentation d'un jeune homme de 21 ans, auquel on dut pratiquer, à l'âge de 13 ans, une désarticulation scapulo-thoracique avec résection de la clavicule. L'absence du membre droit a produit des déformations spinales et thoraciques sur lesquelles les auteurs appellent l'attention ainsi que sur la bénignité relative de cette opération comparée à la gravité de la désarticulation scapulo-humérale.

M. ARNAUD de FABRE, à Avignon.

Note physiologique sur l'ésérine.— On ne saurait trop insister sur l'étude expérimentale préalable des substances médicamenteuses actives. L'ésérine exerce son action sur le cœur des organismes les plus divers. Elle détermine des convulsions partielles, et des convulsions générales avec diminution de la force musculaire constatée au dynamomètre. Les doses très actives physiologiquement sont des doses dangereuses ; l'ésérine a une action visible au microscope sur le protoplasma du *glaucoma scintillans*, et sur celui des cellules du spirogyra.

M. Paul SPILLMANN, Prof. agr. à la Fac. de Méd. de Nancy.

Traitement du chancre phagédénique et des syphilides ulcéreuses. — M. Spillmann a eu l'occasion de traiter dans son service, depuis cinq ans, deux malades atteints de syphilides serpigineuses anciennes et trois malades atteints de chancres simples phagédéniques.

Le phagédénisme, qu'il se porte sur une lésion spécifique ou qu'il attaque une lésion chancreuse simple, est dû, en grande partie, à une infiltration périphérique d'éléments jeunes, et à des colonies microbiennes qui compriment les vaisseaux et troublent ainsi profondément la vitalité des tissus. Le traitement du phagédénisme doit avoir pour but d'enlever, de détruire toute infiltration capable de comprimer les vaisseaux et d'entraver la cicatrisation. C'est le résultat que l'auteur a obtenu en enlevant, par le raclage, les couches fongueuses, grisâtres, et en remplaçant par une plaie de bonne nature, ayant de la tendance à se cicatriser rapidement, les plaies serpigineuses, envahissantes du phagédénisme. Dans les cinq observations contenues dans son mémoire, l'auteur a obtenu un succès complet et rapide.

Il propose, en résumé, de traiter le phagédénisme, qu'il accompagne les accidents syphilitiques ou le chancre simple, par le raclage à la curette tranchante, l'excision des bords décollés avec des ciseaux courbes, suivie d'une cautérisation au thermo-cautère et d'un pansement avec de la liqueur de Van-Swieten dédoublée.

M. AUBERT, de Lyon.

Période utile des injections dans la blennorrhagie (1). — M. Aubert admet que la blennorrhagie est une maladie spécifique due au gonococcus de Neisser, et pense, contrairement à M. Guyon, que toujours et dès les premiers temps elle envahit l'urètre postérieur. Elle suit ensuite une marche rétrograde et se localise à l'urètre antérieur. Il faut attendre ce moment pour faire les injections avec un liquide antiseptique quelconque qu'on pousse jusqu'au fond de l'urètre antérieur, mais pas plus loin, au moyen d'un petit tube en caoutchouc introduit jusqu'au cul-de-sac de bulle.

M. RENAUT, Prof. à la Fac. de Méd. de Lyon.

Sur les fibres unitives des cellules du corps muqueux de Malpighi. — Les pointes qui unissent entre elles les cellules du corps muqueux de Malphighi ne sont pas de simples épines allant d'une cellule à l'autre, mais des fibres qui se développent tangentiellement sur des séries de cellules, et qui les relient solidement entre elles dans le sens de leur élévation. Quand le corps muqueux doit devenir une *corne solide* (ongle, sabot, épidermicule ou écorce d'un poil), la kératinisation s'opère, sur les éléments ainsi reliés, sans l'intermédiaire de l'éléidine. Quand, au contraire, le corps muqueux doit donner naissance à de l'*épiderme* soumis à la desquamation, l'éléidine apparaît dans la couche granuleuse et, au-dessus de cette couche, il n'y a plus de fibres unitives. Les cellules sont simplement collées par le ciment qui les unit et les sépare, sans que les

(1) Voir *Lyon médical*, nos des 3 et 10 janvier 1886.

joints soient chevillés par les filaments unitifs. De là la possibilité de la desquamation. Ces faits concourent à séparer absolument l'*évolution cornée* proprement dite de l'*évolution simplement épidermique*; ils montrent que, contrairement à ce que nombre d'histologistes avaient cru, l'éléidine n'a pas la signification d'une substance kératogène.

En anatomie pathologique cutanée, cette notion a de nombreuses applications.

M. Raphaël DUBOIS, à Paris.

La méthode d'anesthésie par les mélanges titrés. — M. Raphaël Dubois fait connaître tout d'abord comment M. Paul Bert a été amené, par l'expérimentation sur des animaux, à imaginer la méthode des mélanges titrés et comment cette méthode, appliquée chez l'homme, « si elle ne donne pas une sécurité absolue, offre du moins, sur les autres procédés, d'immenses avantages » ; enfin comment la machine à anesthésier de M. Dubois « répond à tous les desiderata exprimés ».

La mise en mouvement de cette machine se fait sans effort, au moyen d'une manivelle qui peut être confiée à la personne la moins exercée, si l'aide chargé de surveiller l'anesthésie ne prend pas ce soin lui-même.

Le titrage du mélange devant varier suivant les cas, la machine a été munie d'un certain nombre de godets, dont chacun porte un gros chiffre en relief indiquant le nombre de grammes de chloroforme qui sera mélangé à 100 litres d'air en employant ce godet.

M. Dubois donne quelques détails sur le manuel opératoire (1).

M. DELTHIL, à Nogent-sur-Marne.

Traitement du cancer de l'estomac par la magnésie. — M. Delthil traite depuis plusieurs années, avec succès, à l'aide de doses progressives de magnésie, des malades chez lesquels le diagnostic de cancer de l'estomac a été posé par plusieurs médecins des hôpitaux de Paris; il débute par de petites doses répétées plusieurs fois par jour, jusqu'à ce que la tolérance se soit établie, puis augmente progressivement lorsque l'action obtenue commence à s'affaiblir. Il a pu arriver ainsi à faire prendre 40 grammes par jour, mais au bout de deux ou trois ans. L'action du médicament, qui fait disparaître les troubles de la digestion, et permet la nutrition de se faire à peu près normalement, s'expliquerait par une modification dans les tissus morbides et dans les sécrétions de l'estomac, ayant pour résultat le ralentissement de la marche du mal et la fluidification des aliments, qui franchiraient ainsi plus facilement le pylore. Quoi qu'il en soit de l'explication, les faits n'en existent pas moins.

Discussion. — MM. Leudet et Renaut expriment de grandes réserves à l'endroit du diagnostic, en rappelant que des ulcères simples de l'estomac, accompagnés d'hypertrophie de l'organe, ont pu être pris pour des cancers avec tumeur; qu'un cancer de l'estomac ne dure pas trois ans, et qu'une affection de l'estomac qui dure trois ans n'est pas un cancer; mais si l'affection, diagnos-

(1) R. Dubois, *Sur l'anesthésie par les mélanges titrés*, Mémoires de la Société de Biologie. Paris, 1884.

tiquée cancer par des médecins des hôpitaux, a pu être assez améliorée pour prolonger la vie et la rendre supportable pendant plusieurs années, grâce à quelques grammes de magnésie, on ne doit pas négliger l'essai de ce médicament dans des affections graves de l'estomac, à diagnostic douteux.

M. BOUCHERON, à Paris.

Du régime peu azoté dans les affections arthritiques des organes des sens. — Dans les affections arthritiques des organes des sens, où la diététique doit être plus sévère que pour les affections des organes moins nobles, M. BOUCHERON estime que, parmi les moyens diététiques les plus importants, il faut choisir l'alimentation peu azotée, avec ou sans abstinence des substances alcooliques, selon la gravité des cas.

Aux objections théoriques que peut soulever cette manière d'agir, l'auteur oppose l'expérience séculaire qui se poursuit à la Grande-Chartreuse (1084).

Cette expérience est d'autant plus intéressante qu'elle porte sur des hommes adonnés aux travaux de l'esprit, sortis des couches élevées de la population, et disposés, par leur race et leurs habitudes antérieures, aux effets de la nutrition retardante.

M. Boucheron donne quelques détails sur l'alimentation des Chartreux et signale chez eux l'absence de la goutte, de la plupart des affections arthritiques et des affections des voies respiratoires.

M. Edmond CHAUMIER, au Grand-Pressigny (Indre-et-Loire).

Les maladies dites de dentition(1).—Le Dr Edmond CHAUMIER a examiné depuis sept ans, au point de vue de la dentition, tous les jeunes enfants auprès desquels il a été appelé et s'est assuré que la poussée des dents n'est pour rien dans les maladies qui les atteignent. — La poussée d'une dent ne produit aucune inflammation locale, aucune douleur ; les lésions locales ont une origine étrangère. Les aphtes, les inflammations membraneuses sont épidémiques. Épidémiques aussi sont les maladies générales : la diarrhée d'été, la bronchite, la pneumonie, les éruptions nommées feux de dents (impétigo), les angines. Les convulsions tiennent à l'hystérie, à l'épilepsie, ou à une lésion des centres nerveux. Souvent c'est l'ignorance de la maladie qui occasionne les symptômes qu'on observe qui fait dire : ce sont les dents.

M. MABILLE, Méd. en ch. de l'Asile d'aliénés, à Lafond, près de la Rochelle.

Hémorrhagies cutanées causées par auto-suggestion (2).—M. le Dr MABILLE ajoute aux faits de somnambulisme déjà décrits par MM. Bourru et Burot un fait des plus bizarres. Un malade est plongé dans l'hypnotisme ; pendant son sommeil, il reproduit une scène de suggestion à laquelle il avait été soumis

(1) Ce Mémoire sera publiée, en 1886, dans la *Gazette médicale de Paris* et dans le *Concours médical*.

(2) H. Mabille, Note sur les hémorrhagies cutanées par *auto-suggestion* dans le sommeil provoqué par suggestion à terme, in *Progrès médical*, n° 35, 1885.

deux jours auparavant; on lui avait ordonné alors de faire apparaître des stigmates sous forme de V sanglant à l'avant-bras, et, cette fois, il se suggéra à lui-même de faire reparaître les stigmates, ce qui eut lieu, exactement sous la même forme que la première fois. Ces phénomènes d'auto-suggestion jetteront-ils quelque lumière sur les stigmatisées dont l'histoire a fait tant de bruit il y a quelques années ?

M. FERRET, à Paris.

Méningite tuberculeuse consécutive à un simple débridement du canal nasal chez un sujet scrofuleux. — Opération sous le chloroforme; quelques vomissements alimentaires au réveil; suites normales. Huit jours après, sans aucune inflammation locale, phénomènes de méningite qui devinrent rapidement inquiétants. Mort le septième jour.

— Séance du 20 août 1885 —

M. L. ARDUIN, à Paris.

Action physiologique et thérapeutique de l'antipyrine (1). — L'antipyrine a une action spéciale dans les maladies du poumon en général et principalement dans la fièvre des tuberculeux, car avec des doses minimes de 25 centigrammes, ou 50 centigrammes, on fait baisser la température de 1 degré et demi à 2 degrés; tel est le premier point important. Dans les grandes pyrexies, il faut donner de 1 à 3 grammes d'antipyrine pour obtenir un abaissement de la température; jamais son action n'a échoué avec ces doses.

Enfin, on peut signaler son action dans les maladies nerveuses : le rhumatisme articulaire aigu et l'albuminurie.

Au point de vue physiologique, il résulte des expériences de MM. Hénocque et Arduin que l'antipyrine agit sur la moelle allongée et sur le cerveau lui-même. Son action sur les vaisseaux n'est pas encore élucidée; les battements du cœur sont ralentis.

Enfin, M. Arduin a insisté sur une propriété nouvelle de l'antipyrine, sur son action hémostatique plus rapide que celle de l'ergotine et du perchlorure de fer. En outre, l'antipyrine serait un antiputride au même titre que l'acide salicylique.

Parmi l'action thérapeutique à signaler, il faut citer en outre le traitement des hémorroïdes flatulentes avec des suppositoires antipyrinés.

M. de FROMENTEL, à Gray.

Nouveau cas de chromidrose. — M. de Fromentel donne l'observation détaillée d'un nouveau cas de chromidrose étudié par lui et de laquelle il conclut :

1° Que la chromidrose est une affection nosologique du système encéphalique dont le point de départ est un état psychique plus ou moins prononcé;

2° Que l'emploi des agents modificateurs locaux n'a qu'une action momentanée ou nulle;

(1) Chez Doin, 1885, et *Union médicale*, n° 155, novembre 1885.

3° Enfin, que la médication par les moyens généraux est peut-être la seule qui ait une action complète contre cette maladie.

M. BESSETTE, à Angoulême.

Traitement de la gangrène spontanée des membres par la cautérisation au thermo-cautère et les pansements antiseptiques. — Suite d'une observation envoyée l'an dernier au Congrès de Blois. Le malade, alcoolo-diabétique, resta guéri plusieurs mois; mais alors l'autre pied fut envahi à son tour. Cette fois, le malade ayant refusé d'abord le thermo-cautère, fut traité par la cautérisation au fer rouge, qui ne put enrayer le mal, le thermo-cautère seul y parvint, mais les désordres produits obligèrent de faire l'amputation de la jambe, au cours de laquelle on trouva les artères très athéromateuses. M. Bessette est convaincu qu'on aurait pu enrayer le mal si on avait employé le même traitement que pour l'autre pied.

M. EYSSAUTIER, à Paris.

De l'érosion dentaire dans la scrofule. — M. Eyssautier ne vient pas réconcilier la théorie de la syphilis héréditaire et celle des dents éclamptiques; il laissera volontairement même la question doctrinale de côté.

Nulle maladie ne peut exclusivement produire les désordres dentaires capables de réaliser l'érosion proprement dite.

Les érosions dentaires sont le résultat de la dénutrition générale; toutes les cachexies peuvent l'engendrer.

La scrofule est un état cachectique qui influe sur l'état général et qui par des lésions de voisinage atteint directement les germes dentaires.

L'irritation du trijumeau produit des troubles trophiques dont l'origine est dans la localisation péri-maxillaire des manifestations strumeuses.

C'est l'érosion en sillons qui caractérise l'érosion qui reconnaît la scrofule pour cause; elle frappe de préférence les deux prémolaires supérieures et inférieures, la première et la seconde grosses molaires.

M. MONTAZ, à Grenoble.

Nouveau procédé de résection du genou. — Ce qu'il faut rechercher dans cette opération, c'est une ankylose rectiligne et solide; pour cela, conserver le tendon rotulien qui s'oppose à la flexion lente, mais continue, de la jambe. Pour éviter cette section, tout en conservant les ligaments de l'articulation, M. Montaz fait sur la face interne du genou une large incision en H; l'incision transversale s'étend depuis le bord interne du tendon rotulien jusqu'au ligament latéral interne exclusivement. Un coup de rugine sur les ligaments croisés et l'articulation bâille en dedans. Résection, nettoyage, suture osseuse, pansement antiseptique, attelle plâtrée comme d'habitude. Ce procédé a été appliqué une fois sur le vivant avec un plein succès.

Le travail dont le titre suit n'a pu, faute de temps, être inscrit à l'ordre du jour de la section des Sciences médicales :

Lantier, *Blessures de la main par éclatement d'un fusil.*

4me Groupe

SCIENCES ÉCONOMIQUES

13e Section

AGRONOMIE

PRÉSIDENT D'HONNEUR. . . . M. BOULEY, M. de l'Inst., Insp. gén. des Éc. vétér., Prof. au Muséum, à Paris.

PRÉSIDENT . . . . M. WEBER, Prés. de la Soc. centr. de Méd. vétér., à Paris.

VICE-PRÉSIDENT. . . . . . . M. P.-P. DEHÉRAIN, Prof. au Muséum et à l'Éc. d'agr. de Grignon, à Paris.

SECRÉTAIRE. . . . . M. ROUAULT, Prof. départemental d'agric., à Grenoble.

SECRÉTAIRE ADJOINT. . . . . M. JACQUIER, à Gières (Isère).

— Séance du 14 août 1885 —

M. Gaston JACQUIER, à Gières, près Grenoble (Isère).

De la sciure de bois considérée comme litière et comme engrais (1).— La sciure de bois, d'après les expériences personnelles de M. JACQUIER pendant trois ans, peut être employée avantageusement comme litière et comme engrais. La sciure de bois blanc, de peuplier, par exemple, doit être préférée. Elle absorbe tous les excréments des animaux et toutes les odeurs ammoniacales. Elle est avantageuse pour le rationnement des animaux. Les effets comme engrais se font principalement sentir sur les pommes de terre et les betteraves.

Elle ne doit pas être employée au sortir des écuries. Elle produit plusieurs effets physiques et chimiques dans le sol.

La chaleur produite pendant sa combustion lente peut être utilisée pour le chauffage des serres et des bâches.

(1) Demander la brochure explicative sur l'emploi de la sciure comme litière et sur ses effets comme engrais, à l'auteur, M. Jacquier, à Gières (Isère).

Discussion. — M. Weber fait observer qu'à la Compagnie des Omnibus, à Paris, on a employé la sciure de bois, par mesure économique, pendant un certain temps. On en était très satisfait à ce point de vue, mais malheureusement les fumiers se vendaient alors très mal et trouvaient difficilement preneurs. On a dû, pour cette raison, y renoncer et on ne s'en sert que pour les chevaux gros mangeurs, qui consomment la paille de leur litière. Dans ce cas spécial, on a pu remarquer une diminution notable dans les cas de coliques et indigestions provenant d'une absorption exagérée d'aliments secs et peu digestibles, comme la paille.

M. XAMBEU, de Saintes.

Recherches sur la diffusion du sulfure de carbone dans le sol. — M. Xambeu indique l'action du sulfure de carbone sur la triéthylphosphine ($Ph C^2H^5)^3$; la combinaison $(Ph C^2H^5)^3, CS^2$ se sépare rapidement en lames rouges cristallines et la réaction est caractéristique.

Après avoir rappelé les travaux de M. Marion en 1877 et ceux de M. Gayon en 1884 sur la diffusion et le pouvoir insecticide du sulfure de carbone, M. Xambeu explique comment il a utilisé la réaction de la triéthylphosphine pour la recherche du sulfure de carbone dans le sol.

Discussion. — D'un échange d'observations entre MM. Xambeu, des Hours et Rouault, il résulte que la déperdition du sulfure par diffusion verticale se fait surtout par la surface, mais qu'elle a peu d'importance dans les couches profondes, que les vignes résistent d'autant mieux qu'elles sont plus espacées, que le sol est plus profond, les racines plus longues et plus puissantes. Enfin la diffusion superficielle semblerait, d'après quelques observations encore incomplètes et peu nombreuses, favoriser la résistance de la vigne à quelques parasites aériens de la classe des champignons.

— Séance du 17 août 1885 —

M. CHAUVEAU, Corr. de l'Inst., Dir. de l'Éc. vétér., à Lyon.

Sur la vaccination charbonneuse. — M. le professeur Chauveau expose le résumé de ses recherches récentes sur la vaccination charbonneuse, qu'il préfère désigner sous le nom d'inoculation préventive contre le sang de rate ou fièvre charbonneuse.

Il rappelle le procédé d'atténuation par la chaleur, découvert par un de ses anciens élèves, M. Toussaint, qui avait déjà donné des résultats encourageants, et celui de M. Pasteur, incomparablement meilleur. Il a démontré (Comptes rendus) que dans les deux cas c'est la chaleur qui joue le principal rôle et a imaginé également une méthode d'atténuation par la chaleur, mais elle n'offre aucun progrès sur celle de M. Pasteur.

Dans la méthode Pasteur deux opérations sont nécessaires : une première inoculation avec du virus très atténué ne pouvant se conserver au-delà de 10 à 15 jours; une deuxième inoculation avec un virus moins atténué.

M. Chauveau vient de réaliser un progrès important par l'emploi de l'*oxygène comprimé* comme agent d'atténuation.

Une seule inoculation suffit alors généralement, — avec deux, l'immunité est absolument certaine et le virus peut se conserver actif plusieurs mois.

Des essais tentés en Suisse ont donné d'excellents résultats et en Normandie également; d'autres se poursuivent ailleurs.

Discussion. — M. le Président exprime le vœu que M. Chauveau distribue du virus à tous les expérimentateurs afin de répandre cette découverte, dont l'importance est évidente.

Sur une question de M. Jacquier, M. Chauveau fait remarquer que l'on ne sait rien deprécis encore sur la durée réelle de l'immunité provoquée par l'inoculation préventive. D'une manière générale, on peut dire que l'immunité obtenue artificiellement par inoculation n'est pas de très longue durée.

M. XAMBEU, de Saintes.

Sur les vignobles de la Charente-Inférieure. — M. Xambeu compare la situation agricole dans les Charentes avant et après l'invasion du phylloxera.

La défense des vignes françaises par les insecticides a été possible dans les terres profondes, mais la dépense totale qui en résulte n'a pas toujours été compensée par une plus-value des produits.

La reconstitution des vignes se fait d'une manière un peu lente par le greffage des anciens cépages du pays sur les plants américains. La Folle blanche, greffée sur Riparia, reproduit les meilleurs vins blancs destinés à la chaudière et identiques à ceux qui donnaient les excellentes eaux-de-vie des Charentes.

Les Alicante Bouschet, les Balzard, les Terret-Bouchet, les Quercy greffés sur Riparia, donnent des vins rouges qui n'ont rien perdu de leurs qualités.

Les producteurs directs Jacquez, Elvira faiblissent et sont fortement attaqués par le mildew et l'anthracnose; l'Herbemont se maintient dans certains terrains; l'Othello et le Triumph donnent quelques espérances.

M. DOUMENJOU, Avocat à Foix.

Influence des bois sur l'atmosphère. — M. Doumenjou expose :

Que la surface boisée en France est de 9385310 hectares; — Que l'état forestier est suffisant pour pourvoir aux nécessités de la vie, à la conservation des sources, à la consolidation des terrains en montagnes, à l'ordre des saisons; — Qu'il n'en est pas de même en Algérie, où les terres, d'une fertilité exceptionnelle, ne sont pas arrosées par les pluies à cause de la pénurie des bois.

Il est reconnu par la science que les arbres ont la propriété d'attirer les vapeurs aqueuses de l'atmosphère. L'homme peut donc, par un boisement distribué avec art, rendre habitables les sables de l'Afrique; par un déboisement général il peut dessécher les pays noyés par les pluies, les brouillards et les eaux des fleuves débordés.

Les résultats de ces études sont exposés dans un livre publié par M. Doumenjou en 1883 (1).

(1) *Sur la revision du code forestier, les reboisements en France et en Algérie.* Baudry, éditeur, rue des Saints-Pères, 15.

— Séance du 19 août 1885 —

M. FOEX, Dir. de l'Éc. d'Agr. de Montpellier

Durée de l'immunité provoquée par l'inoculation préventive contre la fièvre charbonneuse. — M. Foex fournit quelques observations sur la durée de l'immunité provoquée par l'inoculation préventive contre la fièvre charbonneuse. Ces observations sont tirées des expériences faites à l'École d'agriculture de Montpellier. Les races méridionales paraissent plus réfractaires au charbon que les races du Nord. Les sujets mis en expérience appartiennent aux trois races : Barbarine, des Causses et du Larzac, de l'espèce ovine. Tous les six mois on a inoculé les animaux vaccinés et par comparaison des animaux de même race et non vaccinés. Jusqu'au mois de mai dernier, aucun décès n'a été constaté chez les moutons vaccinés : à cette époque, sur un lot de six, une seule bête de race Larzac a succombé après 92 heures, quand les animaux inoculés et non vaccinés ont péri après 45 heures seulement. Aucun décès, au contraire, sur les lots des deux autres races. On peut donc dire que l'immunité est de 2 ans 1/2 au moins.

M. ROUAULT, Prof. départ. d'Agric., à Grenoble.

Les fleuves et les rivières dans leurs rapports avec l'agriculture et les propriétaires riverains (1). — Les fleuves et rivières sont les tuyaux de retour du vaste thermo-siphon dont la mer est la chaudière centrale et le soleil le foyer naturel. L'eau arrache aux versants d'alimentation des matières solides qui restent en suspension ; d'autres, au contraire, par action dissolvante. La quantité des premières est proportionnelle à la pente, au coefficient de désagrégation des roches et terrains, à leur dénudement et aux actions physiques extérieures. On les diminue donc notablement par le gazonnement et les boisements (2). Mais le gazonnement doit être le but et le boisement le moyen. Les boisements ne doivent donc être que partiels et répartis d'après les règles d'une sorte de tactique de défense topographique. Les grands boisements généraux, coûteux, longs et difficiles, ne sauraient être que l'exception, puisque l'on peut, plus économiquement, arriver au même résultat en empruntant davantage au gazonnement, qui constitue la spéculation la plus lucrative. Les rivières élèvent donc leurs lits proportionnellement à la quantité des matières en suspension qu'elles charrient. Les digues coûteuses élevées pour protéger les terrains riverains doivent donc suivre la même loi. Donc, à perpétuité, l'exhaussement des digues comme aussi l'exhaussement des fonds. Dans ces conditions les infiltrations latérales s'accroissent dans les terrains riverains dont la hauteur reste stationnaire et les chances de rupture, les désastres de l'inondation croissent avec la charge d'eau ou la hauteur du lit.

L'*Isère* charrie assez de limon pour en couvrir en une année d'une couche de 9 centimètres la portion de vallée en amont de Grenoble d'une superficie de 6,750 hectares.

Il y a donc lieu de reprendre une partie de ces limons qui exhausse le lit et

(1) Journal *le Sud-Est*, n°s de janvier 1883, octobre et novembre 1885.
(2) On diminue aussi les chances d'inondation dans le même sens.

appauvrit les terrains d'origine et d'en profiter pour enrichir et exhausser les terrains riverains au moyen de colmatages économiques et d'irrigations abondantes. Quelques plantations arbustives et surtout l'extension des prairies dites bauchères, formées de certaines graminées et surtout de cypéracées, se prêtent admirablement à cette combinaison, puisqu'il en existe qui rapportent à peu de frais et sans risques de 300 à 400 francs de produit brut à l'hectare et que certains hectares valent jusqu'à 8,000 francs. Et ces sortes de prairies, qui fournissent une litière abondante et excellente, consomment assez d'eau et peuvent recevoir assez de limons pour répondre aux exigences du problème. L'emploi des eaux à l'irrigation et au colmatage devient un besoin du présent et il est à coup sûr une nécessité de l'avenir, ou alors, dans un temps peu éloigné, il faudra laisser reprendre aux rivières les terrains que nous leurs avons si chèrement enlevés.

Discussion. — A l'appui de cette communication M. Jacquier rapporte qu'ils ont pu, son père et lui, de cette manière, conquérir sur l'Isère, et dans l'espace de 35 ans, 20 hectares de très bons terrains ayant reçu dans cet intervalle un dépôt d'alluvions de $1^{m},50$ d'épaisseur. Ils ont employé à cet effet des plantations de peupliers en lignes avec fossés intercalaires. Ces terrains, actuellement beaucoup plus élevés que ceux qui ont été protégés par des digues et qui avaient été achetés 3,500 francs, ont déjà produit une valeur brute de 50,000 francs de bois exploités. Ils ont pu faire des digues eux-mêmes, éviter les infiltrations et ne sont pas grevés des forts impôts que payent les propriétaires dont les terrains sont inscrits aux rôles des syndicats de défense.

M. FOEX, Dir. de l'Éc. d'Agric. de Montpellier.

État des vignobles de l'Hérault; les vignes américaines et les maladies cryptogamiques. — Les traitements insecticides sont employés dans quelques cas seulement. La submersion a donné des résultats excellents. Les irrigations d'été dans les sols légers ont parfois aussi été fructueusement employées. La voie le plus généralement suivie est donc actuellement la reconstitution par vignes américaines. Il y en avait en 1880 2,500 hectares ; en 1881, 5,000 ; en 1882, 10,000; en 1883, 19,000 et en 1884, 45,000. Les producteurs directs ont été surtout essayés sous la forme de Jacquez, qui donne un vin recherché, se vendant facilement 40 à 45 francs l'hectolitre, mais ce cépage est très maltraité par le *peronospora* et *l'anthracnose*. L'Othello se répand peu, le peronospora et le goût foxé de son vin sont des obstacles à son expansion. C'est donc surtout aux porte-greffes que s'adresse actuellement la viticulture de l'Hérault.

M. Foex cite quelques vendanges de 2,000 hectolitres de vin français sur américain ; — il y en aura de 4,000 cette année. Le greffage rentre dans les habitudes et ne constitue plus qu'un obstacle aisément surmontable.

Une maladie commune et parfois inquiétante est la *chlorose*, qui sévit sur les pieds américains qui sont dans des sols qui ne leur conviennent pas. Après des recherches variées, M. Foex a reconnu que la chlorose était due a un échauffement trop lent ou insuffisant du sol au moment où la résorption de la chlorophylle peut se faire pendant la période printanière, où la plante dépense beaucoup et absorbe peu. Il est parvenu à détruire expérimentalement la chlorose en recouvrant le sol d'une couche de débris de coke.

L'anthracnose. — Certains cépages sont sérieusement attaqués, et les années humides seulement, le Jacquez surtout. Influence prédominante de l'humidité. Le soufre et la chaux blutée, en commençant par le rapport de 1 de CaO et 5 de soufre, en augmentant successivement CaO, donnent de bons résultats. Les badigeonnages avec solutions saturées de sulfate de fer complètent heureusement en hiver les traitements précédents exécutés en été.

Peronospora. — Influence combinée de la chaleur et de l'humidité, mais faible. Les conidies ou spores d'été peuvent germer en deux heures. Le mycélium s'enfonce dans le parenchyme par la face supérieure de la feuille, et les raisins sèchent par suite de la mortification du pédoncule.

Tous les procédés essayés par M. Foex ont échoué. On détruit bien les ramifications mycéliennes de la surface, mais les parties internes sont respectées et les accidents continuent. La destruction des feuilles est longue, coûteuse, et ne peut suffire, car les spores d'hiver, fécondées dans le parenchyme, échappent en partie à la destruction. Enfin M. Foex dit qu'on lui apprend à l'instant l'invasion du *black-rot* des Américains, maladie qui s'attaque aux raisins, qui se recouvrent ensuite de conceptacles du *Phoma vitis*.

Discussion. — M. Xambeu demande à M. Foex s'il a remarqué que les vignes traitées au sulfure de carbone sont moins attaquées que les autres par le mildew. Il a observé que les vapeurs de CS^2 semblent rendre les feuilles plus vertes, plus vigoureuses et rappelle que M. Dehérain a constaté que la KO, par exemple, avait une action sur la fonction chlorophyllienne.

M. Foex répond que ses essais avec CS^2 ont été négatifs, ainsi qu'avec le liquide antiseptique (SO^2 en solution dans l'eau de Seltz) de M. Pictet. Les sels de potasse sont aussi sans action sur la chlorose. Il faut d'ailleurs distinguer les matières actives et la puissance d'assimilation qui permet de les utiliser, et dans la chlorose ce sont les organes capables d'absorber qu'il faut faire renaître.

M. Andouard dit qu'en entendant M. Foex faire l'apologie des vignes américaines, il craint qu'on n'abandonne trop vite la lutte. Cependant le sulfure, sans préjudice des autres substances que l'on peut ultérieurement utiliser, judicieusement employé, donne généralement de bons résultats.

M. Foex dit qu'il n'a parlé que de l'Hérault, où l'on ne peut lutter, puisque les vignes françaises ont à peu près complètement disparu. Ce serait donc une grave imprudence que d'en replanter. Partout ailleurs, évidemment, les traitements doivent précéder les vignes américaines dans un intérêt d'ordre général. La question économique, du reste, doit entrer en ligne de compte tout comme l'efficacité.

M. A. DUPONCHEL, à Montpellier.

Préparation et emploi du monosulfure de calcium extrait des charrées de soude (1). — M. Duponchel appelle l'attention sur les points de fait ci-après :

1° Par une série convenable de lessivages à l'air libre on peut transformer en monosulfure de calcium soluble la totalité du soufre existant dans les charrées de soude, résidu de fabrication aujourd'hui sans valeur. 100 kilogrammes de charrée fraîche peuvent donner environ 40 kilogrammes de sulfure dissous.

2° Le liquide obtenu est parfaitement limpide, incolore et se conserve très longtemps sans altération sensible à l'air libre. Il possède à un très haut

(1) Voir *Journal de l'Agriculture* (Barral), 16 août 1883.

degré les propriétés des eaux sulfureuses minérales naturelles et peut servir à les compléter et à les imiter beaucoup plus avantageusement que les polysulfures alcalins.

3° En dehors de son emploi médical probable, le monosulfure de calcium, à raison de son faible prix de revient, paraît nettement indiqué comme remède à employer contre les maladies parasitaires de la vigne. La dissolution, répandue avec un arrosoir à la surface des feuilles, est aussitôt absorbée et entre en entier dans le courant circulatoire de la sève. Les premiers essais de ce traitement faits cette année, tardivement, dans des conditions incomplètes, ont donné des résultats très satisfaisants contre l'oïdium et le mildew, et il est à espérer que le effets n'en seront pas moindres contre le phylloxera.

M. ANDOUARD, Prof. à l'Éc. de Méd. de Nantes.

Eaux de puits de Nantes (1). — A la suite de l'épidémie de choléra de 1884, M. Andouard a entrepris l'examen des eaux de la ville de Nantes, à la demande du médecin des épidémies. Près de mille échantillons d'eau ont été analysés. De cette étude, il résulte que la plupart de ces eaux sont séléniteuses et qu'il existe des matières putrescibles dans un très grand nombre d'entre elles (la proportion des eaux ammoniacales est de 12 0/0 environ, pour celles qui ont été remises à la station agronomique). Presque toutes renfermaient, en outre, des nitrites et des nitrates.

Quoiqu'il soit élevé, le nombre des eaux souillées ne dépasse probablement pas celui des autres grandes villes, où les causes de contamination sont les mêmes et où les précautions prises pour en annuler les effets ne sont vraisemblablement pas plus efficaces. Les efforts des administrations municipales doivent tendre à l'amélioration des eaux de puits ou à leur remplacement par des eaux plus pures, étant donné qu'elles entrent pour une part notable dans l'alimentation des classes peu aisées.

Discussion. — M. Xambeu recommande l'emploi de l'acide osmique en solution au 1/100, également rapide et plus précis.

Analyse des beurres (2). — L'appréciation des beurres du commerce est basée aujourd'hui surtout sur le dosage des acides gras fixes et sur celui des acides gras volatils. Pour ce dernier, il n'y a pas de divergences d'appréciation bien marquées. Mais pour des acides fixes, les uns estiment que le beurre pur n'en contient pas plus de 87,50 0/0, alors que d'autres élèvent ce quantum jusqu'à 90 0/0. M. Andouard pense que ce dernier chiffre doit être accepté, tant que la question ne sera pas complètement étudiée, et que, du reste, avant de décider de la pureté d'un produit alimentaire, il faut opérer contradictoirement sur la matière suspecte et sur une substance authentique de même origine.

Analyse commerciale des sucres exotiques (3). — L'usage s'est malheureusement établi de titrer les sucres coloniaux, pour les besoins du commerce, d'après une méthode vicieuse, dite *méthode commerciale*, dans laquelle on n'évalue pas

(1) Publié dans les *Annales du Conseil d'hygiène et de salubrité de la Loire-Inférieure*, 1885.
(2) Publié dans le *Journal de Pharmacie et de Chimie*, 1885.
(3) Publié dans le Bulletin de la Station agronomique de la Loire-Inférieure.

la proportion du sucre cristallisable. Cette méthode irrationnelle conduit à des résultats absurdes, il est désirable qu'elle soit abandonnée, l'analyse saccharimétrique seule pouvant donner la richesse exacte des produits de cette nature.

— Séance du 20 août 1885 —

M. A. LADUREAU, Dir. du Labor. central agricole et commercial, à Paris.

Recherches sur le ferment ammoniacal. — M. Ladureau a continué ses recherches sur le ferment ammoniacal qui transforme l'urée de l'urine en carbonate d'ammoniaque. Il a reconnu que l'acide sulfurique, l'acide borique, l'acide salicylique, l'acide phosphorique libre, le phosphate acide de chaux, l'acide chlorhydrique et le protochlorure de fer ne pouvaient empêcher ce ferment d'agir, même lorsqu'on les employait à doses assez élevées, et propose de combattre la déperdition d'azote ammoniacal occasionnée par la fermentation du fumier, en y adjoignant des sels de magnésie solubles et des superphosphates, de manière à former du phosphate ammoniaco-magnésien, sel fixe, à l'abri de la volatilisation, peu soluble, mais d'une assimilation très facile par les plantes.

M. Paul TISSERAND, Prof. au Collège d'Oran.

La culture de la vigne dans le département d'Oran. — Le département d'Oran paraissait déshérité; les broussailles, les palmiers nains, les lentisques, les jujubiers et autres plantes parasites, fortement enracinées dans le sol, rendaient la culture plus difficile que dans les deux autres départements de l'Algérie. On est parvenu, à force de travail et de persévérance, à vaincre tous les obstacles, et tout à coup la culture de la vigne a pris des proportions considérables. M. Tisserand, pour le prouver, fait la description d'une des fermes les plus remarquables des environs de la ville. Il entre dans quelques détails sur les procédés que l'on emploie pour obtenir le vin de meilleure qualité, — il prouve par des chiffres officiels que l'exportation des vins, qui n'existait pas en 1878, s'est élevée graduellement, en 1879, de 4,000 à 5,000 hectolitres pour le département d'Oran; en 1883 et 1884, au chiffre de 49,000 hectolitres (1). A l'exposition d'Anvers, les dégustateurs ont déclaré que les vins d'Algérie étaient, parmi ceux de tous les pays du monde, ceux qui se rapprochaient le plus par la saveur et le goût des vins de France.

L'auteur de la communication parle un peu du phylloxera que l'on combattra avec énergie et fait des vœux pour que la France apprécie de plus en plus les progrès accomplis dans notre belle colonie.

Présentation d'ouvrages imprimés

ENVOYÉS AU CONGRÈS

POUR ÊTRE COMMUNIQUÉS A LA 13e SECTION.

Annales de l'École nationale d'agriculture de Montpellier.

(1) La statistique officielle de la douane porte jusqu'aujourd'hui (12 décembre 1885) l'exportation des vins du département d'Oran, pour l'année 1885, à 70,686 hectolitres. La communication *in extenso* paraîtra dans la *Revue géographique internationale*.

14e Section

GÉOGRAPHIE

PRÉSIDENT D'HONNEUR. . . M. VENUKOFF, Major général russe, en retraite.
PRÉSIDENT (1) . . . . . . M. le Général PARMENTIER, M. du Com. des fortifications, à Paris.
VICE-PRÉSIDENT. . . . . . M. DE ROCHAS, Chef de bat. du Génie, à Blois.
SECRÉTAIRE. . . . . M. H. DUHAMEL, Prés. de la section de l'Isère du C. A.-F., à Gières.

— Séance du 13 août 1885 —

M. VENUKOFF, Major général russe, en retraite, à Paris.

Présentation de diverses cartes russes. — M. le général VENUKOFF présente quelques cartes russes qu'il offre à l'Association. La première de ces cartes, en six feuilles, représente la Russie d'Europe avec toutes les voies de communication, chemins de fer, chaussées, canaux et rivières pouvant être parcourues par la navigation à vapeur. Cette carte est publiée à Saint-Pétersbourg par le ministère des travaux publics sous la direction du général Barkowsky. Elle contient plusieurs détails peu connus sur le relief du sol en Russie, notamment tout ce qui concerne les profils des canaux et les embranchements des chemins de fer.

L'autre carte offerte par M. Venukoff est celle du pays transcaspien publiée à Tiflis sous la direction du général Stebnitzky, à l'échelle de 1/840,000. Elle est composée de sept feuilles, dont cinq seulement sont terminées et mises en vente. Les deux autres, représentant le pays arrosé par le Héri-Roud et le Mourghâb, seront publiées lorsqu'on les aura complétées d'après les levers topographiques tout récemment exécutés. Pour combler cette lacune sur la grande carte de Turcménie, M. Venukoff offre une autre carte représentant tout ce pays à l'échelle de 1/2,100,000. Son intérêt est d'autant plus grand qu'on peut voir sur cette carte non seulement la Turcménie dans toute son étendue, mais aussi les parties limitrophes de la Perse, de l'Afghanistan et du Boukhara. On peut voir également sur cette feuille le chemin de fer transcaspien, depuis Mikhaïlovsk jusqu'à Kaahka, d'où il doit être prolongé presqu'en ligne droite jusqu'à Merw.

Enfin, M. Venukoff présente un profil des monts du Caucase, dressé par le général Stebnitzky d'après de nombreuses données hypsométriques. Ce dessin

(1) M. le Colonel PERRIER, Président élu en 1884, ayant donné sa démission pour raison de santé, M. le Général PARMENTIER a été élu à sa place par la 14e Section, au Congrès de Grenoble.

présente la vue générale du Caucase telle qu'elle se développe devant les yeux du voyageur parcourant la région de la mer Caspienne, ainsi que les plaines arrosées par le Térek et la Coubane. On y voit aussi, au second plan, toutes les montagnes de la Transcaucasie, c'est-à-dire de l'Arménie, du Karabakh, du Schirwan et même de la Perse septentrionale.

M. HANSEN-BLANGSTED, à Paris.

Origine des mots Baltique *et* Belt. — M. HANSEN-BLANGSTED considère comme ayant une origine commune le *Baltus* des Latins et le *Belt* ou *Balt* des Goths, et que le sens attribué à ces mots se rapportait non seulement à une mer intérieure, mais également à un détroit.

M. VENUKOFF, Major général russe, en retraite, à Paris.

État actuel des connaissances sur le magnétisme terrestre en Russie. — M. le général VENUKOFF donne lecture d'un travail « sur l'état actuel des études sur le magnétisme terrestre en Russie » et présente deux mémoires du général Tillo, publiés récemment par l'Académie des sciences de Saint-Pétersbourg sur ce même sujet. L'utilité et les progrès très considérables des recherches concernant la déclinaison magnétique sur les divers points du globe sont rappelés éloquemment par le savant auteur. Ce que l'on doit surtout signaler, c'est le grand service rendu à la science par M. Tillo en découvrant une formule mathématique qui exprime la valeur des changements de la force magnétique en fonction du temps et de la position géographique des localités.

— Séance du 14 août 1885 —

M. le Colonel PERRIER, M. de l'Inst. et du Bur. des longit., à Paris.

Présentation de cartes de France du Dépôt de la Guerre. — M. Maunoir, au nom du Colonel PERRIER, présente diverses feuilles de la carte de France du Dépôt de la Guerre à l'échelle de 1/200,000 et un essai de carte de France à l'échelle de 1/50,000. D'intéressants détails sont donnés sur l'exécution matérielle de cette publication par un procédé de photozincographie fort simple et économique permettant de livrer chaque feuille, d'un excellent tirage, gravée sur zinc à six couleurs, au prix de 2 *francs*. La carte au 1/200,000 comprendra 80 feuilles (ou fractions de feuilles) de $0^{m},64$ sur $0^{m},40$ correspondant à un rectangle de 128 kilomètres de base sur 80 de hauteur, et embrassant exactement la superficie de quatre feuilles de la carte au 1/80,000 dite de l'État-Major. Quant à la carte au 1/50,000, qui doit avoir 1,100 feuilles, d'après le projet primitif, son établissement nécessitait le relèvement à l'échelle de 1/10,000 des grandes lignes de la planimétrie du sol français, ainsi que la détermination par points des courbes de niveau.

Dix ans devaient suffire pour terminer ce travail. Malheureusement les difficultés budgétaires ont fait ajourner la demande adressée à ce sujet à la Chambre des députés d'un crédit de 22,000,000 de francs répartis en dix exercices.

En attendant, le Dépôt de la Guerre a entrepris la publication, avec ses propres ressources, d'une carte au 1/50,000 en courbes et en couleurs, d'après les minutes de l'ancienne carte au 1/80,000 levées au 1/40,000.

Les réductions des crédits budgétaires ont obligé à suspendre cette dernière publication, qui en était à sa 57me feuille, dans le région du Nord-Est.

Enfin une carte des environs de Toul, à l'échelle de 1/50,000, dressée par la brigade topographique du génie militaire français, montre le progrès réalisé tant au point de vue de la planimétrie que du relief du sol, tous deux traités avec une égale perfection.

M. CROUZET, Cap. du Génie, au Service géographique.

Nouveau procédé de zincographie. — M. le capitaine Crouzet expose sommairement un nouveau procédé de zincographie au moyen de tailles légères à l'acide. Ce procédé, dû à M. le lieutenant-colonel de La Noë, est employé au Dépôt de la Guerre pour la carte de Tunisie.

Discussion. — M. Maunoir rappelle que tous les pays étrangers augmentent l'échelle de leurs cartes grâce à l'économie produite par les procédés actuellement en usage.

Le procédé de M. le lieutenant-colonel de La Noë a été l'objet d'un brevet en 1878 ou 79, il est tombé dans le domaine public. Il est décrit dans une petite feuille *qui n'est pas dans le commerce* (Recueil de renseignements imprimé pour être distribué gratuitement à l'École régimentaire du Génie de Versailles, numéro de janvier 1882). Je ne sache pas qu'il soit publié autre part. Du reste, ce procédé a été modifié depuis et n'est pas employé au Service géographique comme il l'était dans le principe au Dépôt des Fortifications.

Pour plus amples détails, si on les désire, s'adresser à M. Maunoir, qui est en relations avec M. le lieutenant-colonel de La Noë.

M. G. POUCHET, Prof. au Muséum, Dir. du Labor. maritime de Concarneau, à Paris.

La température de la mer à Concarneau. — M. G. Pouchet communique les observations faites à Concarneau sur la température de la mer à l'aide d'un ingénieux appareil dont il donne la description (1).

M. Ch. RABOT.

Voyages dans les régions septentrionales. — Dans une lettre datée de Tromsö (Norwège) le 1er août, M. Rabot constate que les 600 kilomètres carrés de glaciers primaires que l'on a l'habitude d'indiquer sur les cartes dans la région du Store Börgesfjeld (Laponie) n'existent pas ; à peine constate-t-on quelques plaques de neige cristallisée correspondant aux glaciers secondaires de nos Alpes.

---

(1) La description détaillée de cet appareil figure dans le *C. R. du Congrès de Blois, Notes et Mém.*, *. p. 186.

M. E. COTTEAU, M. de la Soc. de Géogr., à Paris.

Voyage autour du monde(1). — Parti de Toulon le 20 mars 1884, M. COTTEAU s'est rendu directement à Singapour (par Suez, Aden et Colombo). De là il a fait une intéressante visite à Sarawak (Bornéo), dans les États du Rajah Brooke. Au mois de mai, il était à Java et prenait part avec MM. Bréon et Korthals à l'exploration scientifique de Krakatau, des îles voisines et des rives du détroit de la Sonde. Puis il a parcouru l'intérieur de Java et fait l'ascension de quatre volcans actifs. Poursuivant seul, à partir de ce moment, sa route vers l'Australie par le détroit de Torrès, il a visité en deux mois, successivement, les colonies de Queensland, Nouvelle-Galles du Sud, Victoria, et aussi la Tasmanie. A la fin de septembre, M. Cotteau se trouvait à Nouméa. Après avoir fait le tour de la Nouvelle-Calédonie, visité les Loyalty et l'archipel encore peu connu des Nouvelles-Hébrides, il s'est rendu à Tahiti. Notre voyageur a consacré un mois à la visite de cette île ravissante et à sa voisine Mouréa, plus charmante encore si c'est possible.

Le 25 janvier 1885, M. Cotteau débarquait à San-Francisco après 41 jours de traversée sur un petit voilier. De la Californie, il s'est rendu au Mexique par la nouvelle voie ferrée qui met en communication Mexico et New-York. Enfin il a effectué son retour de Vera-Cruz à Saint-Nazaire en touchant aux Grandes-Antilles. Son voyage, dont l'itinéraire développé ne compte pas moins de 74,000 kilomètres, avait duré une année, jour pour jour.

— Séance du 17 août 1885 —

M. le Général PARMENTIER, M. du Com. des fortifications, à Paris.

Vocabulaire scandinave-français des termes de géographie.

M. R. de BISSY de LANNOY, Ch. de bat. du Génie.

Présentation d'une carte d'Afrique au 1/2,000,000. — M. le Commandant DE LANNOY présente quatre notices sur la carte d'Afrique à l'échelle du 1/2,000,000 publiée par le service géographique de l'Armée et dressée par ses propres soins, ainsi que les diverses feuilles, parues jusqu'à ce jour de cette carte, en exposant le but de cette publication, ainsi que les documents dont il a fait usage, les procédés matériels mis en pratique pour la confection des planches destinées au tirage de ces feuilles, enfin les services déjà rendus par cette œuvre.

M. MAUNOIR, Sec. gén. de la Soc. de Géogr., à Paris.

La géodésie en Afrique. — M. MAUNOIR rappelle les diverses opérations géodésiques ou topographiques faites en Afrique, et, en particulier, le rôle très important rempli par les Français dans cet ordre de travaux.

---

(1) Volume en préparation : *Le Tour du Monde en 365 jours.*

— Séance du 19 août 1885 —

M. Henri MAGER, à Paris.

Présentation d'un Atlas colonial. — M. Henri MAGER présentait l'an dernier, à la réunion de Blois, les premières cartes parues de son Atlas colonial (1). Appel a été fait pour l'élaboration de ce travail à tous les anciens administrateurs des colonies et à toutes les personnes pouvant, à un titre quelconque, fournir d'utiles renseignements. M. Mager accueille avec plaisir toutes les critiques ou tous les vœux que les membres de l'Association peuvent formuler. Un membre de la Section demandait, en 1884, que les courbes maritimes fussent ajoutées sur les côtes. Ce désir n'a pu encore être réalisé. Pour se conformer à la demande faite, l'auteur a indiqué toutes les sondes sur les plans des ports qui accompagnent ses cartes. M. Henri Mager ne pouvait tracer les courbes sur les cartes générales, qui sont, pour la plupart, d'une échelle très réduite : les courbes de 2 mètres, 4 mètres, $8^m,50$ qui sont les plus utiles à connaître, se seraient confondues avec la ligne de côte.

Les cartes de l'Atlas colonial ont été dressées et dessinées par M. Henri Mager. Elles sont accompagnées de notices signées par MM. Henri Mager, Levasseur, de Lesseps, Aube, Félix Faure, général Faidherbe, Bouquet de La Grye, Dutreuil de Rhins, Romanet du Caillaud, Grandidier, Paul Soleillet, Docteur Harmand, Jean Dupuis, Le Myre de Villers, de Lanessan, Paul Bert.....

La première partie de l'Atlas, comprenant les colonies et les possessions actuelles, est terminée (1). La seconde partie, en préparation, renfermera des cartes et des notices sur les anciennes colonies, sur les pays de langue et d'origine françaises. L'Algérie est en préparation.

Ces cartes seront constamment tenues à jour, les pierres seront gravées à nouveau toutes les fois qu'il deviendra nécessaire ; l'éditeur, M. Bayle, surveille avec soin particulier la publication de cette œuvre importante d'utilité nationale.

M. Henry DUHAMEL Prés. de la section de l'Isère du C. A. F., à Gières.

Présentation d'une nouvelle carte du Haut-Dauphiné. — M. Henry DUHAMEL présente diverses esquisses d'une carte, qu'il est sur le point de publier, de la région centrale des Alpes Dauphinoises. Il signale quelques-unes des erreurs les plus graves du figuré du terrain de la feuille de Briançon de la carte de l'État-Major. Ces erreurs sont scrupuleusement répétées dans toutes les publications du Dépôt de la Guerre ayant trait à ce district ; d'autre part, il est préférable de passer sous silence les prétendues revisions annoncées sur les derniers tirages. Quant aux autres cartes du grand massif alpin dauphinois éditées pendant les vingt dernières années, elles ne sont que d'aveugles copies du mauvais modèle sur lequel elles se sont basées. L'auteur rappelle les difficultés spéciales que l'on rencontre pour mener à bonne fin, principalement sur le terrain, les travaux géodésiques et topographiques dans la grande montagne, difficultés qui devaient être bien plus considérables encore

(1) La première partie, seule publiée, comprend un grand volume in-4°, édité chez Bayle (16, rue de l'Abbaye), Paris.

qu'aujourd'hui à l'époque où les officiers de l'État-Major ont visité le massif du Pelvoux. Il est cependant intéressant de remarquer que les sections attribuées à certains officiers ont été souvent extrêmement mal traitées, tandis que d'autres l'étaient infiniment moins, et cela sans que le terrain présente de sensibles différences d'accès. La démonstration des faits avancés par M. Duhamel est confirmée par des photographies prises sur tous les points des Alpes du Dauphiné, dont il a réuni plus de six mille vues panoramiques ou de détail. Cette précieuse collection de documents authentiques, jointe à près de quatre mille observations faites depuis dix ans dans la même région par le conférencier, au moyen d'instruments de précision, permettent d'assurer de réelles qualités d'exactitude à la carte annoncée. Il n'est parlé que pour mémoire des innombrables données recueillies à l'aide de baromètres; car, sans vouloir critiquer outre mesure les observations de cette sorte, l'orateur dit que dans son opinion on en exagère souvent l'exactitude. En terminant, un vœu est formulé à propos des modifications permanentes et souvent des plus singulières auxquelles l'orthographe des noms de lieux est soumise, surtout depuis un certain temps, par une quantité d'étymologistes improvisés. Des commissions locales pourraient être chargées dans chaque région de fixer les orthographes des noms anciens et d'adopter les appellations nouvelles proposées.

M. P. TISSERAND, Prof. au Collège d'Oran.

Sur quelques villes de l'Algérie. — Bou-Medfa, Afreville, Milianah, Orléansville; Bouguirat, petit village de trois cents habitants, tous Français, ayant un revenu annuel de 35,000 francs; Mostaganem, Saint-Denis du Sig : telles sont les localités dont M. Tisserand parle dans sa communication « *sur quelques villes de l'Algérie* ». Il s'est efforcé de les présenter sous leur aspect véritable, donnant à chacune sa physionomie particulière, rappelant ses origines, son histoire, ses transformations, montrant partout le travail, la prospérité, le progrès. Il signale à Orléansville une mosaïque de 15 mètres de long sur 9 mètres de large qu'on a enfouie, pour ne pas la détériorer, dans la grande place de la ville; c'était un plancher du chœur de la basilique construite au IVe siècle par l'évêque Réparatus. A Saint-Denis du Sig, la rupture récente du barrage des Cheurfa a donné lieu à quelques réflexions sur l'aménagement des eaux en Algérie.

— Séance du 20 août 1885 —

M. Georges RENAUD, Dir. de la *Rev. Géogr. Internat.*, à Paris.

Le port de Port-Vendres. — M. Renaud rappelle les origines de Port-Vendres. Il signale l'importance tout exceptionnelle de ce port au point de vue commercial aussi bien qu'au point de vue militaire. Il y a là un bassin d'une profondeur de huit à neuf mètres, et cela au bord même du quai. C'est le point de départ de la route la plus courte qui existe entre la France et l'Algérie (28 heures sur Alger, 36 à 38 sur Oran). Il existe un projet d'agrandissement du port par la construction d'une troisième darse. La grande supériorité de Port-Vendres sur Cette, c'est qu'on peut entrer à toute heure dans le port, par n'importe quel temps, tandis que les paquebots transatlantiques sont parfois obligés de brûler l'escale de Cette. Il est fâcheux que la Compagnie du Midi ne se soit pas montrée plus disposée à favoriser le développement de ce port par des tarifs équitables. M. Renaud conclut en demandant simplement l'égalité de traitement pour Port-Vendres.

Discussion. — M. Cazanove exprime la crainte que les travaux d'agrandissement projetés ne rencontrent quelques difficultés matérielles non signalées par M. Georges Renaud.

M. le Dr de Valcourt rappelle les difficultés signalées par M. G. Renaud au sujet de l'arrivage des marchandises dans le port de Port-Vendres, grâce aux tarifs défavorables appliqués spécialement à ce port. A ce propos il signale les prohibitions que les voyageurs venant des Alpes-Maritimes et du Var rencontrent pour atteindre Grenoble, où le Congrès est réuni en ce moment. En effet, deux lignes ferrées existent, l'une passe par Marseille, l'autre par Carnoules et Gardanne. La seconde est plus courte de cinquante kilomètres; elle a été construite, à grands frais, en majeure partie par l'argent des contribuables, mais l'horaire est combiné de telle façon qu'il est impossible aux nombreux voyageurs venant des stations hivernales pour se rendre dans les Alpes, à Grenoble, Uriage, Allevard, Aix-les-Bains, de s'en servir à moins de mettre 33 heures pour aller de Nice à Grenoble, tandis que ce trajet n'exigerait normalement que 16 à 17 heures. Ce fait se reproduit malheureusement un peu partout.

14e et 15e Sections réunies

— Séance du 20 août 1885 —

M. A. DURAND-CLAYE, Ing. en ch. des P. et Ch., à Paris.

Les canaux d'irrigation (1).

Dans sa séance du 14 août 1885, la 14e Section a émis le vœu suivant :

Que le projet d'exécution d'une carte de France à 1/10,000 soit repris et réalisé, et qu'à cette occasion il soit introduit de l'unité dans l'exécution des travaux topographiques en France.

L'Assemblée générale du 20 août a adopté ce vœu (2).

---

(1) Le résumé de cette communication figure dans le compte rendu des travaux de la 15e Section.

(2) Voir page 1.

15e Section

ÉCONOMIE POLITIQUE ET STATISTIQUE

PRÉSIDENT. . . . M. LIÉGEOIS, Prof. à la Fac. de Droit de Nancy.
SECRÉTAIRE. . . . M. BOIS, Avocat, à Paris.

— Séance du 13 août 1885 —

M. DORMOY, Ing. en chef des Mines, à Paris.

Établissement d'une Caisse de retraite en faveur des ouvriers. — M. Dormoy expose à la Section un projet consistant à établir en faveur de tous les ouvriers une Caisse de retraite obligatoire. Elle serait établie d'après les mêmes principes que les Caisses de retraite des fonctionnaires de l'État, ou des employés des grandes administrations. Cette Caisse serait alimentée par trois sources :

1° Une retenue sur les salaires, payée par les ouvriers ;

2° Une addition aux salaires, payée par les patrons ;

3° S'il y a lieu, une allocation payée par l'État, les départements ou les communes.

Ce qui rend l'établissement d'une semblable Caisse à peu près indispensable, c'est que dans l'industrie, comme le démontre M. Dormoy, les ouvriers ne peuvent jamais recevoir que des salaires ; et que, d'autre part, d'après la *loi d'airain,* formulée par Karl Marx, les salaires fixes, touchés en argent comptant, ne peuvent guère dépasser un certain *minimum*, nécessaire aux ouvriers pour subvenir à leurs dépenses courantes.

M. Dormoy annonce qu'il a fondé, avec quelques amis, une Société spéciale pour l'étude de cette question d'une *Caisse de retraite en faveur des ouvriers* ; son siège est rue Coq-Héron n° 5. L'orateur invite tous les amis de la paix sociale à vouloir bien y prendre part.

Discussion. — M. Bouvet. Je viens d'entendre dire qu'il ne conviendrait pas de verser le montant des cotisations de la Caisse des retraites dans les Caisses de l'État, parce que celui-ci pourrait en employer le montant à son profit et qu'il pourrait se trouver empêché d'en opérer le remboursement dans un moment difficile, ainsi que cela a eu lieu pour les Caisses d'épargne.

Je dois faire remarquer que l'État ne reçoit pas l'argent des Caisses d'épargne et n'augmente pas sa dette par ce dépôt, qui ne lui est pas confié.

Les Caisses d'épargne versent leur recette à la Caisse des Dépôts et Consignations, qui gère ses fonds suivant son règlement en achetant des rentes à la Bourse, ou en prêtant directement aux communes, ce qui lui permet de servir un intérêt de 4 0/0.

Mais l'État ne reçoit rien et par conséquent n'a rien à rembourser aux déposants des Caisses d'épargne.

Je tenais à présenter cette observation parce qu'un très grand nombre de personnes croient que l'État reçoit les dépôts des Caisses d'épargne et augmente ainsi la dette flottante. Cette erreur étant très répandue, je saisis cette occasion de la rectifier.

D'un autre côté, la Caisse des Dépôts et Consignations, quoique instituée par l'État, sous la surveillance de l'État, se meut d'une façon tout à fait indépendante en se conformant à ses règlements.

A la proposition faite par M. Dormoy de l'institution par loi d'une Caisse de retraite et de l'obligation légale d'un versement à cette Caisse, M. Nottelle objecte que la loi proposée se heurterait à une impossibilité radicale, à cause de l'énorme diversité des conditions dans lesquelles se meuvent les industries. L'atténuation au mal signalé par M. Dormoy, c'est surtout la participation aux bénéfices, aussi favorable d'ailleurs aux patrons qu'aux ouvriers, mais qui elle-même doit rester libre parce qu'elle ne peut s'appliquer qu'à des industries bien définies, possédant un personnel sensiblement fixe. L'insuffisance des salaires est encore un obstacle presque infranchissable à la retenue obligatoire. Il serait intéressant d'étudier les causes de cette insuffisance. C'est ce que M. Nottelle se propose de faire dans une prochaine communication.

M. J. Henrot croit pouvoir recommander, comme moyen pratique, l'institution de collecteurs chargés, chaque dimanche (le lendemain des jours de paie), d'aller chez les adhérents toucher les cotisations. Il croit que c'est en grande partie à cette institution de détail qu'on doit attribuer le succès de la Caisse de retraite pour la vieillesse, créée à Reims il y a 15 ans, par un ouvrier, sous le patronage des Sociétés de secours mutuels, et qui compte aujourd'hui près de 1,600 adhérents. Cette Caisse de retraite, qui a déjà liquidé les pensions d'un grand nombre de ses membres, donne à 60 ans une pension annuelle de 365 francs, moyennant le versement de 40 centimes par semaine, de 20 à 60 ans.

Depuis quelques années il s'est aussi formé à côté, et comme complément de la Caisse de retraite pour la vieillesse, une Caisse d'exonération, qui permet à un père d'assurer à son enfant la même pension en versant pour lui, depuis sa naissance jusqu'à l'âge de 20 ans, la modique somme de 13 francs par an.

Quant à l'obligation pour les ouvriers de participer aux versements de cotisation, la Société n'aurait-elle pas le droit de l'exiger de l'ouvrier valide comme, du reste, de tous, riches au pauvres, puisqu'il doit tomber, quand il ne pourra plus travailler, à la charge de la société? D'ailleurs il est bien entendu que le gouvernement ou la commune, ou une Société de bienfaisance, devrait verser une partie de ces cotisations ; les salaires, dans bien des cas, ne permettant pas à beaucoup d'ouvriers de pourvoir à ce versement.

M. Liégeois, président, essaye de résumer la discussion.

Répondant d'abord à une observation faite par M. Bouvet, il fait remarquer que l'État n'est pas responsable de la gestion intérieure des Caisses d'épargne, mais qu'il reçoit dans ses caisses les fonds déposés par ces établissements et qu'il leur assure un compte de dépôts et de remboursements. A ce point de vue, la somme à laquelle s'élèvent les dépôts doit être prise en grande considération pour le mouvement des fonds du Trésor.

Abordant ensuite la grave question soulevée par M. Dormoy, il se prononce énergiquement contre le système de l'épargne obligatoire, proposé par l'honorable orateur. L'épargne, et surtout l'épargne imposée, suppose que le salaire est suffisant pour subvenir aux besoins de la vie de l'ouvrier. Mais quand cela n'est pas, quand l'ouvrier n'a qu'un salaire trop faible, ou quand il subit un chômage, soit par la réduction de la production, soit par suite de grèves, que fera-t-on ? On propose alors de faire intervenir l'État, les départements, les communes, qui compléteront les retenues faites sur les salaires. Mais où prendra-t-on l'argent ? Dans la poche des contribuables, et, à un budget aussi chargé que celui de l'État, on va imposer une dépense nouvelle, dont le chiffre ne peut être précisé, mais qui certainement dépassera 200 ou 300 millions par an ! Faire des rentes à une catégorie de citoyens au moyen de l'impôt est une conception très dangereuse, c'est une sorte de socialisme d'État. Il faut donc laisser agir la liberté et l'initiative individuelles. Encourager l'épargne, rien de mieux ; l'imposer serait une faute et une chimère. La Caisse de retraite pour la vieillesse, créée sous la garantie de l'État par la loi du 18 juin 1850, offre d'ailleurs toutes les facilités désirables aux ouvriers qui veulent, par des versements modiques, assurer la sécurité de leurs vieux jours.

M. le Docteur SORDES, à Tarare (Rhône).

Résultats de la loi Roussel ; leur influence sur l'accroissement de la population en France. — La loi Roussel a pour but la protection des enfants du premier âge. Il est démontré, dès maintenant, qu'elle aura la plus heureuse influence sur l'accroissement de la population en France.

Le besoin de cette loi se faisait d'autant plus sentir que la natalité depuis longtemps, déjà, reste chez nous dans des proportions ascendantes peu sensibles : pour 1,000 habitants, l'excès des naissances sur les décès ne donne que 2,3 °/₀₀, en France ; tandis qu'il est, en Allemagne, de 12,35 °/₀₀.

D'autre part, des statistiques rigoureuses ont établi que chez nous, avant la loi Roussel, la mortalité s'élevait jusqu'à 40, et dans certains départements jusqu'à 60 °/₀ ; tandis que dans ceux, où elle est rigoureusement appliquée, la mortalité est descendue à 10 °/₀. Dans le Rhône, elle n'a été cette année que de 7,78 °/₀ ; alors qu'elle a été de 10,70 pour les enfants élevés dans les familles.

On peut donc conclure :

1° Partout, où la loi Roussel est obéie, les enfants, placés en nourrice, meurent dans des proportions bien moindres qu'autrefois.

2° La mortalité de ces enfants est sensiblement inférieure à celle des enfants élevés dans la famille.

3° La population de la France s'accroîtra *considérablement* à mesure que la loi Roussel sera rigoureusement appliquée partout.

4° Il est donc nécessaire que cette loi, par un article additionnel, soit décrétée d'utilité publique, et qu'elle soit partout appliquée d'une manière uniforme.

5° En attendant, il faut que tous les départements organisent le service de la protection comme on l'a fait dans le Rhône ; que les inspecteurs et sous-inspecteurs surveillent activement ce service, ainsi que cela se fait dans notre département, avec un zèle et un dévouement au-dessus de tout éloge ; que partout on s'impose des sacrifices en rapport avec les résultats à obtenir, et l'on pourra bientôt apprécier l'importance des services rendus par la loi Roussel à la famille et à la patrie.

Discussion. — M. G. RENAUD est très surpris des conclusions de l'auteur, attendu qu'elles sont contraires à ce que l'expérience a démontré jusqu'ici. En effet, la mortalité des enfants placés en nourrice a toujours été signalée comme étant de beaucoup supérieure à la mortalité des enfants élevés dans les familles. Au moins faudrait-il distinguer entre les familles ouvrières proprement dites et les autres.

M. Renaud ne croit pas à la réalité d'une aussi grande efficacité du service d'inspection, quel que soit le zèle de ceux auxquels il est confié.

M. SORDES affirme de nouveau l'exactitude rigoureuse de sa statistique et de celle du Rhône. M. Renaud n'ignore pas que les ouvriers qui ont quelque aisance placent généralement leurs enfants en nourrice, trouvant plus avantageux de travailler que d'élever leurs enfants. Ceux qui sont élevés dans la famille appartiennent aux ménages nécessiteux qui manquent souvent du nécessaire. Dès lors, on comprendra que la mortalité est ici plus grande, les enfants manquant de confort et de soins médicaux.

Il est hors de doute que les enfants élevés dans les familles aisées, et surtout au sein, meurent en moins grand nombre que ceux élevés en nourrice au biberon.

Dans tous les cas, les heureux résultats de la protection ne sont plus à discuter.

— Séance du 14 août 1885 —

M. Yves GUYOT, à Paris.

La politique coloniale au point de vue économique. — Examen de la politique coloniale à deux points de vue seulement : expansion de la race française ; débouchés aux produits français. — Expansion de la race? Toutes les colonies françaises, sauf l'Algérie, la Nouvelle-Calédonie, Saint-Pierre et Miquelon, sont situées sous le climat torride. Or, sous ce climat, l'Européen ne peut ni travailler, ni se reproduire. Le résultat est donc négatif.

Au point de vue des débouchés à nos produits : nous vendons pour 68 millions à nos colonies, Algérie déduite ; les budgets ordinaires des colonies avec les troupes coloniales montent à 60 millions. Les commerçants français vont donc simplement y chercher l'argent des contribuables que le gouvernement y a envoyé d'abord. C'est un artifice de comptabilité. Nous envoyons pour 154 millions à l'Algérie ; mais quand on décompose la population de l'Algérie, on voit que le plus grand nombre des Français qui y demeurent forment une population factice.

Notre politique coloniale de guerre a donc abouti à un résultat plus que négatif. Au lieu d'aller chercher des clients obligatoires et onéreux, il faut s'adresser aux clients riches et volontaires. Pendant la période quinquennale de 1855 à 1859, la moyenne annuelle des exportations de la France était de 1894 millions; le traité de 1860 intervient: la moyenne annuelle des exportations de 1861 à 1865 est de 2,564 millions, différence en plus : 670 millions. L'expérience est décisive. Elle nous montre la voie que nous devons suivre.

Sans colonies, dit-on, il n'y a ni débouchés ni marine. L'exemple de la Suisse et de la Norwège contredisent cette affirmation.

La politique d'expansion gouvernementale doit faire place à une politique d'expansion volontaire et individuelle. L'émigration qui se dirige sur Buenos-Ayres en est la preuve. Nos lois militaires cependant l'entravent.

Si nous voulons créer des débouchés à nos produits, il faut produire à bon marché, économiser par conséquent les frais de la politique coloniale, ouvrir nos frontières aux produits étrangers, afin de les avoir au plus bas prix. Si nous ne pouvons lutter sur notre marché, comment aurions-nous la prétention de lutter au dehors avec nos concurrents?

Discussion. — A M. Yves Guyot, qui affirme que l'acclimatement des Français en Algérie ne peut se faire d'une manière complète que pour les habitants du midi de la France, M. Tisserand répond qu'il y a erreur et que l'Algérie est peuplée en grande partie d'habitants venus du Nord, surtout d'Alsaciens-Lorrains et de Vosgiens, qui y jouissent d'une santé parfaite et que ces Français Algériens ne s'y comportent pas aussi mal qu'on voudrait bien le dire. Il proteste contre quelques insinuations qui tendraient à discréditer nos compatriotes d'Algérie; tous ont contribué à enrichir la colonie par leurs travaux, leur esprit de dévouement et de sacrifice, et s'il y a quelques exceptions, elles sont en rapport avec celles qu'on rencontre dans tous les pays.

M. Georges Renaud combat les conclusions de M. Yves Guyot, en ce qui concerne la politique coloniale, mais non dans ce qui se rapporte à la politique commerciale. Il montre, chiffres en main, que la possession de nos colonies n'est pas stérile, comme on le prétend, pour le développement de notre commerce et de notre marine. Il cite des exemples qui donnent un démenti formel à l'impossibilité absolue pour les Européens de se perpétuer dans les régions tropicales. Les indications des lignes isothermes ne signifient rien, si on n'en rapproche simultanément les indications tirées de la connaissance des lignes isochimènes et des lignes isothères.

M. P. TISSERAND, Prof. au Collège d'Oran.

Quelques mots sur l'établissement de la propriété individuelle en Algérie. — L'administration fait en ce moment tous ses efforts pour constituer la propriété individuelle en Algérie; elle prend pour point de départ la loi du 26 juillet 1873 et les ordonnances du 1er octobre 1844 et du 21 juillet 1846. Elle n'a pas encore obtenu tous les résultats qu'on était en droit d'attendre, mais les premières difficultés sont aplanies et on commence à donner aux Arabes un état civil. M. Tisserand cite l'opinion d'un indigène, Allal-Ould-Abdi, interprète, pour prouver que les Arabes ne sont pas opposés à cette organisation nouvelle ; il cite aussi un article d'un colon du département d'Oran, M. Magnier, qui partage cet avis et qui semble satisfait des mesures prises à cet égard. Il conclut en faisant des vœux pour que les commissaires enquêteurs terminent le plus tôt possible des opérations qui mettront fin aux contestations qui surgissent à chaque instant à propos des titres de propriété.

M. le Docteur TROLARD, à Alger.

Le reboisement en Algérie. — Le seul élément qui manque à l'Algérie pour assurer sa prospérité agricole, c'est l'EAU. La diminution dans le débit des sources, qui s'est produite dans des proportions effrayantes depuis quelques années, tient au déboisement. L'enquête forestière publiée tout récemment a démontré une fois de plus la véritable cause de la sécheresse persistante. Il faut donc à tout prix reboiser. M. TROLARD estime que les crédits demandés par l'administration sont insuffisants. La question du reboisement est une question de vie ou de mort pour l'Algérie.

Discussion. — M. STUDLER s'associe à tout ce que vient de dire M. Trolard au sujet de l'urgence qu'il y a à conserver les forêts qui existent en Algérie et à en créer des nouvelles. Comme M. Trolard, il pense qu'on ne s'occupe pas assez en Algérie de la question de l'aménagement des eaux pluviales ; mais tout en adoptant sans restriction les conclusions, M. Studler fait quelques réserves au sujet de l'exposé des motifs. Si le tableau tracé par M. Trolard était rigoureusement conforme à la réalité, il faudrait désespérer de l'avenir de l'Algérie, et le colon n'aurait pas de meilleur parti à prendre que de quitter un pays où le débit des eaux peut diminuer en quelques années dans une proportion aussi énorme. Si les plaintes au sujet du manque d'eau deviennent de plus en plus vives, cela tient non pas à la diminution du débit des sources, mais à une augmentation de la densité de la population. On peut citer des communes qui ne comptaient que 4 ou 500 habitants il y a vingt ans, et qui sont devenues depuis de véritables petites villes de 14, 15 ou 20,000 habitants. Le phénomène du tarissement des sources dont parle M. Trolard s'observe dans tous les pays soumis, comme l'Algérie, à de fréquentes commotions souterraines: ce n'est pas un phénomène de diminution, mais un phénomène d'une autre distribution des eaux pluviales. L'eau, qui jusque-là émergeait sous forme de source, est retenue dans les profondeurs du sol ; si elle ne reparaît pas ailleurs, le puits artésien peut la rendre aux besoins de l'économie domestique ou à l'agriculture.

A M. Studler qui pense qu'il y a à faire plutôt du boisement que du reboisement et qui s'appuie sur Salluste, le Dr TROLARD répond par d'autres auteurs latins qui affirment que l'Algérie était très boisée au commencement de l'occupation romaine. Sans remonter aussi haut, il cite des exemples plus récents et un passage du rapport du conservateur des Forêts de Constantine.

Au sujet des petits barrages, le Dr Trolard fait remarquer que dans la brochure qu'il a distribuée ce matin aux membres du Congrès, il a émis une opinion absolument semblable à celle qui vient d'être exprimée.

M. Studler faisant remarquer que les tremblements de terre ont pu faire disparaître des sources, M. Trolard répond que la disparition des sources est générale dans tout le pays.

D'autre part, enfin, M. Trolard explique que 97 % des incendies des forêts proviennent du feu que les indigènes mettent aux broussailles pour se procurer des pâturages. L'administration se refuse à leur donner l'autorisation de brûler leurs broussailles : ils mettent alors le feu en cachette et se sauvent. Il est fâcheux que l'administration ne veuille pas accorder cette autorisation, quoique du côté de Bone la chose ait été faite, il y a une quinzaine d'années, de la seule autorité d'un commissaire civil.

M. NOTTELLE, à Paris.

La patrie dans l'humanité. — A notre époque, où la solidarité entre les peuples s'affirme avec tant d'évidence par leur mouvement spontané, le progrès de la civilisation assigne nécessairement à la patrie, dans l'humanité, une fonction analogue à celle de chaque région dans la patrie.

Le patriotisme de chaque région, pour former la patrie, a dû se dépouiller de son exclusivisme, si enclin à verser dans la haine ; chaque nation, dans son propre intérêt, doit s'harmoniser à la vie de la société entière, en cessant de donner l'exclusivisme et la haine comme aliment à son patriotisme.

Dans le cours de sa démonstration, il rappelle, par exemple, la guerre du Péloponèse, où le patriotisme de la guerre est pris en flagrant délit d'assassinat de la patrie.

Il insiste particulièrement sur le monstrueux phénomène que présente notre époque, et qui est le résultat du patriotisme étroit et faux : les peuples multipliant et renforçant par le *protectionisme* les obstacles artificiels contre leur mouvement de pénétration réciproque, que d'un autre côté ils s'efforcent de développer par d'énormes travaux exécutés à frais communs. M. Nottelle démontre, par les faits, que le protectionisme, en enchérissant les produits destinés à être exportés, de la valeur payée sur les produits étrangers qui entrent dans leur fabrication, est la véritable cause du recul ou de l'état stationnaire de nos exportations, et comme conséquence, des crises industrielles qui semblent passer à l'état chronique.

— Séance du 17 août 1885 —

M. LEVASSEUR, M. de l'Inst., Prof. au Col. de Fr. et au Conserv. des A. et Mét., à Paris.

Expansion de la race européenne hors d'Europe. — M. Levasseur fait une communication sur l'expansion de la race européenne hors d'Europe. Il l'a traitée en s'appuyant sur les données de la statistique.

Depuis la découverte de l'Amérique et du passage aux Indes par le cap de Bonne-Espérance, les Européens se sont répandus rapidement au dehors. Pourtant, les résultats obtenus pendant les XVIe, XVIIe et XVIIIe siècles sont moins considérables qu'on ne serait porté à le croire. M. Levasseur arrive à un nombre de 9 millions et demi d'individus, de sang pur ou mélangé, qui représentaient, au commencement du XIXe siècle, la race et la civilisation européennes hors d'Europe.

L'Europe compte aujourd'hui environ 82 millions de représentants hors d'Europe, et pourtant sa population ne s'est pas appauvrie.

L'Amérique est au premier rang. La puissance du Canada a 4 millions et demi d'habitants ; les États-Unis comptent, en 1885, plus de 50 millions de blancs ; l'Amérique Centrale et l'Amérique du Sud, environ 20 millions.

En Afrique, dans la région méditerranéenne, on trouve aujourd'hui 520,000 Européens environ.

M. Levasseur attribue à trois causes principales le rapide accroissement qui a porté, en moins d'un siècle, de 9 millions et demi à 82 millions le nombre des représentants de la race européenne hors d'Europe :

1° La première est l'accroissement naturel par l'excédent des naissances sur les décès d'une population qui a devant elle un espace pour ainsi dire illimité ;

2° La seconde, qui est vraisemblablement celle qui a exercé l'influence prépondérante, est le perfectionnement des moyens de communication ;

3° La troisième est l'émigration, conséquence même du progrès des voies de communication. Ainsi, aux États-Unis, l'immigration, fort peu considérable jusqu'en 1845, a augmenté quand les services à vapeur se sont multipliés.

Cette expansion de la race européenne a eu sur le commerce et sur la civilisation d'importantes conséquences. Les 82 millions de représentants de la race européenne existant aujourd'hui hors d'Europe, ont enrichi des contrées inoccupées ou mal cultivées. Il y a aujourd'hui, par suite de cette expansion, plus de richesse dans le monde. L'Europe elle-même en a profité.

La France ne doit pas détourner les yeux de ce spectacle. Elle doit suivre le mouvement si elle veut maintenir sa situation dans le monde, et jusqu'ici elle ne s'est pas assez accommodée aux circonstances nouvelles ; elle n'a pas un nombre suffisant de représentants à l'étranger.

Le commerce français commence à se rendre compte de la situation et à en comprendre les inconvénients. Est-il facile d'y porter remède ?

Discussion. — M. Nottelle regrette qu'en montrant combien les grands progrès modernes ont été favorables à ce mouvement d'expansion, M. Levasseur n'ait pas dit un mot d'une cause, malheureusement générale aussi, qui agit dans un sens diamétralement opposé. Le protectionisme, en relevant partout les obstacles artificiels entre les commerces des peuples, atténue certainement dans une très large mesure, et parfois annule, le bénéfice du raccourcissement des distances que produisent les chemins de fer, la navigation à vapeur, la télégraphie électrique, les percements des isthmes, des montagnes, etc. Il a dû, par voie de conséquence, troubler profondément le mouvement de colonisation et lui imprimer une direction fausse, un caractère rétrograde qui conduisent à des résultats négatifs.

Il y aurait utilité réelle à rapprocher, pour les étudier pratiquement, les effets contraires de ces deux causes. M. Nottelle, qui attache à ce point une importance décisive, serait très reconnaissant qu'une parole aussi autorisée que celle de M. Levasseur lui en dît au moins quelques mots.

— Séance du 10 août 1885 —

M de CLERMONT, S.-Dir. du Labor. de Chim. à la Sorbonne, à Paris.

L'Union *d'Audincourt (Doubs).* — M. de Clermont rend compte de la situation prospère de « l'Union », société d'alimentation à Audincourt (Doubs). Cette association, fondée en 1873 par des ouvriers de MM. Constant Peugeot et Cie, a 484 actionnaires à 50 francs, a fait un chiffre d'affaires de 347,000 francs en dernier lieu et possède une maison de vente de la valeur de 80,000 francs.

14e et 15e Sections réunies.

— Séance du 20 août 1885 —

M. Alfred DURAND-CLAYE, Ing. en ch. des P. et Ch., à Paris.

Les canaux d'irrigation en France; réforme de leur régime administratif. — M. Durand-Claye signale la triste situation financière de la plupart des entreprises de canaux d'irrigation. Il attribue cette situation, d'une part, aux frais généraux considérables d'entreprises dont le siège est à Paris, loin du lieu d'exploitation, et au luxe exagéré des travaux; de l'autre, au peu d'empressement des cultivateurs à prendre des engagements d'arrosage. Il pense que le remède consisterait à obtenir la formation de Sociétés sur place avec le concours des intéressés; pour vaincre l'inertie individuelle et les craintes instinctives des propriétaires et cultivateurs, les communes pourraient s'engager collectivement par votes de leurs conseils municipaux, qui auraient ensuite recours sur les particuliers. Des engagements de ce genre ont été déjà pris et admis comme valables par l'administration. Les communes pourraient également se syndiquer pour organiser l'entreprise et surveiller les travaux.

Discussion. — M. Levasseur demande quelques explications sur l'intervention des personnes morales : conseils municipaux, etc... Elles interviennent sans doute pour garantir une clientèle? un minimum d'abonnement?

M. Durand-Claye. Oui, et même aussi pour l'exécution des travaux qui n'offrent pas de grandes difficultés techniques, pour se substituer à l'entrepreneur. Un groupe de communes syndiquées a autant de droit qu'une compagnie concessionnaire.

M. Levasseur. Au point de vue de la sanction de l'engagement pris, la seule personne engagée c'est la commune, elle a un engagement ferme?

M. Durand-Claye. Cela se résout en pratique. L'État donne une subvention ordinairement égale au tiers de la dépense prévue et la verse à mesure que les communes exécutent les travaux.

D'ailleurs, c'est d'usage simplement et de jurisprudence. L'État, depuis quinze ou vingt ans, a donné une subvention du tiers et une garantie d'intérêt, de 4,65 %.

M. Levasseur. N'est-ce pas un danger, une charge éventuelle pour l'État?

M. Georges Renaud. C'est ce qui explique la mauvaise humeur de l'État. Des déceptions ont été éprouvées.

M. Breittmayer regrette de ne pas partager les vues de l'auteur de la communication. Le mauvais état financier de bon nombre d'entreprises d'irrigation tient moins, selon lui, à l'élévation des frais généraux ou autres qu'à un manque de recette. Tandis que toutes les opérations répondant à des besoins de première nécessité voient presque toujours les prévisions de recette dépassées, il en est autrement des entreprises d'irrigation parce qu'elles prennent généralement pour base une partie trop considérable du périmètre à irriguer, c'est-à-dire un maximum de recette pour lequel on obtient tant bien que mal des adhésions que souvent les propriétaires ne peuvent pas tenir. Le groupement des communes intéressées, comme le propose l'auteur, pourra bien obtenir le capital à meilleur compte qu'une société spéciale, mais il est à craindre que cette sorte de syndicat, qui ne sera pas facile, du reste, à constituer, ne se laisse influencer par certaines idées ou personnalités locales, ou même, mû par l'engouement que produit toute chose nouvelle, n'engage les communes au-delà de leurs ressources, comme cela s'est vu en Suisse pour l'établissement des chemins de fer.

M. Georges Renaud fait observer que l'obstacle le plus sérieux à la constitution des syndicats est l'insuffisance des projets mis en avant et le peu de résultats donnés par ceux qui existent. Le Sénat a repoussé récemment toutes les garanties d'intérêt à accorder aux syndicats de la Bourne, de la Siagne, du Loup, et il a eu raison. On ne saurait admettre l'intervention de l'État en pareille matière. C'est aux intéressés à se grouper d'eux-mêmes, à faire les premiers fonds, et cela ira tout seul, le jour où les ingénieurs apporteront des projets étudiés, appelés à donner sûrement de l'eau à ceux qui l'auront achetée. M. Renaud cite à ce propos l'exemple du Roussillon.

M. Durand-Claye. Les observations de M. Renaud confirment en partie les miennes. J'ai été d'avis de refuser une subvention de l'État à une commune, parce que, informations prises sur la nature du terrain, sur les conditions des travaux à faire, il ne semblait pas probable que des travaux d'irrigation pussent réussir.

Il n'y a pas de comparaison entre les travaux d'irrigation et les entreprises comme les chemins de fer, les tramways, etc.

M. Alglave. Dans des pays où des canaux d'irrigation ont réussi, par exemple dans le Milanais, on a réussi en faisant avec les intéressés ce marché qu'ils payeront tant quand l'eau leur sera livrée.

Présentation de travaux imprimés

ENVOYÉS AU CONGRÈS

POUR ÊTRE COMMUNIQUÉS A LA 15e SECTION.

Allain. — Projet d'unification des poids et mesures.

L. Donnat. — La politique expérimentale.

Société d'économie politique de Lyon. — Compte rendu des séances de l'année 1884-1885.

16e Section

PÉDAGOGIE

PRÉSIDENT. . . . M. J. VINOT, Dir. du *Journal du Ciel*, à Paris.
SECRÉTAIRE . . . M. BOUDIN, Principal du Collège, à Honfleur.

— Séance du 13 août 1885 -

M. GROULT, Fondateur des Musées cantonaux, à Lisieux (Calvados).

De l'influence matérielle et morale des Musées cantonaux. — Les Musées cantonaux mettent en œuvre, au profit de tous, les connaissances des spécialistes et les bonnes volontés des patriotes du canton. Ceux déjà ouverts répandent dans leur région beaucoup de lumières et de richesses: ils y développent les germes féconds du bien et du progrès (1).

M. Arthur BOUDIN, Principal du Collège de Honfleur.

Des dernières réformes de l'enseignement secondaire et des baccalauréats. — Les programmes de 1880 sont excellents, malheureusement ils restent en grande partie lettre morte.

Ainsi le *dessin*, les *sciences* et les *langues vivantes* doivent, à juste titre, être enseignés dans toutes les classes; mais comme le dessin n'est demandé ni au baccalauréat ès sciences ni au baccalauréat ès lettres, il est délaissé par le plus grand nombre des élèves; comme les sciences n'entrent pour rien dans la première partie du baccalauréat ès lettres, les élèves de rhétorique en font peu ou point; et quant à la langue vivante, quoiqu'elle entre dans le programme de philosophie, elle ne paraît plus au baccalauréat ès lettres, deuxième partie.

Or, c'est un fait constant d'expérience que tout ce qui manque de sanction est négligé ou nul.

Le remède consisterait donc à faire porter l'examen sur toutes les matières enseignées. Un deuxième moyen plus pratique et plus efficace encore, serait un carnet d'études contenant les places obtenues et la valeur de toutes les compositions faites pendant les deux ou trois dernières années scolaires.

(1) Voir *Annuaire des musées cantonaux.*

A propos de l'enseignement secondaire, d'où sort l'état-major de la nation, on a constaté qu'à peine 4 0/0 de la jeunesse française dépasse l'instruction primaire. Afin d'augmenter cette proportion réellement insuffisante, on a cherché à attirer les élèves vers l'enseignement secondaire spécial en élevant le niveau de cet enseignement et en le couronnant par un baccalauréat aussi sérieux que le baccalauréat ès sciences (réforme de 1882).

M. Boudin affirme que le résultat de cette mesure est et sera absolument contraire à celui qu'on en attendait. Il conseille de revenir à l'esprit qui a présidé à la fondation de l'enseignement spécial, c'est-à-dire d'en faire un enseignement commercial, industriel et agricole, conduisant à un diplôme *accessible* et jouissant de quelques privilèges pour l'entrée des administrations.

Discussion. — M. Haraucourt ne croit pas que l'on puisse accepter les conclusions de M. Boudin ; ce serait revenir en arrière. Sous la forme que M. Duruy lui avait donnée en 1865, l'enseignement spécial n'avait pas dans tous les établissements son cadre de quatre années, les études de français y étaient insuffisantes ; ici et là il paraissait être l'enseignement que l'on a répandu depuis sous le nom d'enseignement primaire supérieur. Le caractère de la réforme de 1882 a été d'en faire un enseignement secondaire, une éducation analogue à l'éducation classique, sans grec ni latin, convenant merveilleusement au plus grand nombre des enfants de notre bourgeoisie.

Les exercices de français ont une grande place dans le premier cycle, qui s'en plaindrait ? Le second cycle n'a pas actuellement beaucoup d'élèves, c'est vrai ; il n'en aura jamais un aussi grand nombre que le premier, mais il lui en viendra quand on aura donné au baccalauréat qui le termine les prérogatives attachées aujourd'hui aux autres baccalauréats et tout d'abord celle d'ouvrir toutes les administrations de l'État.

Si l'enseignement spécial peut, dans quelques parties de ses programmes, être adapté plus particulièrement aux besoins de la contrée, il n'en doit pas moins garder son cadre et donner, non pas l'instruction professionnelle et le complément de l'instruction primaire, c'est le rôle de l'enseignement primaire supérieur, mais bien une large instruction générale. C'est dans cette pensée qu'ont été arrêtés les programmes de 1882, appliqués seulement depuis trois ans ; il n'y a ni utilité ni intérêt à les remanier. Et si l'on veut développer l'enseignement spécial, c'est en donnant des sanctions à ses études qu'on y arrivera.

M. Xambeu répond, aux observations présentées par MM. Boudin et Haraucourt, que les programmes de l'enseignement secondaire, soit classique, soit spécial, ne peuvent pas être suivis de la même manière dans tous les établissements d'enseignement public.

Les élèves de l'enseignement spécial deviennent nombreux dans les collèges communaux, et la raison de cette clientèle a été suffisamment expliquée.

L'État a aussi le devoir de soutenir l'enseignement spécial et il devrait donner le plus tôt possible une sanction sérieuse aux diplômes accordés.

Entre le baccalauréat ès lettres de l'enseignement classique et le baccalauréat ès arts de l'enseignement spécial, tels qu'ils ont été réglementés en 1880 et en 1883, il n'y a plus de place pour le baccalauréat ès sciences actuel.

Ce baccalauréat devrait être supprimé : les études classiques seraient fortifiées par cette suppression, elles le seraient davantage si l'on pouvait séparer les deux enseignements secondaires, classique et spécial, dans des établissements différents.

L'État dans ses lycées, les municipalités dans les collèges communaux cherchent à retenir le plus grand nombre d'élèves et sont amenés à des sacrifices énormes par l'organisation simultanée des deux enseignements dans un même local ; il y aurait bénéfice pour tous, pour les élèves, pour les communes, pour l'État, à faire une séparation complète. Les communications sont devenues plus faciles et plus rapides ; il y aurait intérêt à créer dans chaque département deux établissements (lycées ou collèges) bien séparés l'un de l'autre, destinés l'un aux élèves de l'enseignement classique et l'autre aux élèves de l'enseignement secondaire spécial.

Mme Élisa BLOCH, Statuaire, à Paris.

Sur l'enseignement du modelage et de la sculpture dans les écoles. — Après quelques considérations sommaires sur les élèves de maintenant et les disciples d'autrefois, Mme Bloch, par étapes, à degrés successifs d'avancement, amène ses élèves du modelage à l'art statuaire, ce grand art, tout de conception. Au préalable, des notions élémentaires du dessin sont exigées par l'auteur, pour que l'élève puisse mettre à profit toutes les instructions qu'elle a longuement développées. Puis, par une courte digression, l'auteur attire l'attention de nos dirigeants sur l'admission de l'élève femme à l'École des Beaux-Arts. Des artistes du sexe féminin, dont Mme Bloch cite quelques noms, ont marqué dignement leur passage au milieu des artistes. Elle s'étend quelque peu sur les bienfaits qu'une telle innovation répandrait au milieu de ces âmes d'élite toutes dévouées à l'art.

Bien que, dit-elle en terminant son mémoire, on ne fasse pas une femme statuaire comme on façonne une adepte à telle ou telle profession, il n'en est pas moins avéré que l'élève, suivant littéralement ses instructions, arriverait à créer une œuvre qui commanderait l'attention en faveur de la créatrice presque toujours si méconnue !

Mlle LANET, Dir. de l'Éc. matern. laïque, à Jallieu (Isère).

Enseignement de l'histoire à l'École maternelle. — Contrairement à ce que pensent certaines personnes inexpérimentées, l'histoire peut et doit être enseignée à l'École maternelle.

« L'histoire, dit-on, est au-dessus de la force des enfants, ils ne peuvent vous suivre qu'au prix d'efforts considérables, vous perdez votre temps ou vous excédez leur attention. »

Est-ce donc impossible ? Non. L'enseignement de l'histoire est praticable à l'École maternelle. Il peut même être l'un des exercices les plus attrayants ; il peut devenir très fécond. Comment ? en restant simple.

Il ne s'agit pas de faire un cours complet d'histoire à ces enfants : c'est par des anecdotes, par des récits, par des causeries familières que l'on cherchera à les initier aux grands faits du passé et par des comparaisons entre le passé et le présent, etc.

— Séance du 14 août 1885 —

M. CALLOT, à Paris.

Les bataillons scolaires. — L'institution des bataillons scolaires, créée depuis la guerre de 1871, avait été tentée précédemment dans d'autres pays : en Suisse, en Belgique. Elle y fut promptement abandonnée comme inutile et peu féconde en résultats sérieux. L'Allemagne, qui est une initiatrice en fait de réformes militaires, a toujours repoussé cette institution. Notre pays seul l'a admise, et, grâce à la complicité des municipalités, elle a pris un développement considérable. Elle est devenue, ce qu'on pouvait prévoir facilement, un jeu pour nos enfants et surtout pour nos édiles. On a prétendu que cette institution aurait pour effet d'inculquer aux jeunes générations, par le maniement de l'arme, les premiers principes de l'art militaire et de leur inspirer de bonne heure l'amour de la patrie.

Le maniement de l'arme ! En quelques semaines on peut l'apprendre ; commencer à manier le fusil à 10 ou 11 ans est donc chose inutile. Qu'on change le modèle de l'arme, que la théorie soit modifiée, ce qui arrive souvent, et le jeune conscrit aura perdu tout le bénéfice de l'enseignement reçu à l'école. Il est même à souhaiter qu'à ce moment-là il ne lui en reste plus aucun souvenir.

L'amour de la patrie ! le patriotisme ! Pour les enfants ce sont des mots, pas autre chose. Au lieu de leur faire perdre des heures précieuses à jouer au soldat, qu'on leur fasse aimer et admirer leur pays, en leur racontant les grands faits de l'histoire de France, et ainsi, par cet enseignement solide et fortifiant, on arrivera à leur inspirer le culte de la patrie.

On a dit aussi que cette institution était propre à créer et à entretenir l'esprit de discipline. Erreur ! Jamais l'indiscipline n'a été plus grande dans les écoles que depuis l'établissement des bataillons scolaires. Les gradés, plus encore que les simples soldats, donnent l'exemple de la rébellion. Les instituteurs sont devenus impuissants ; s'ils se plaignent à leurs chefs, on les prie de se taire ; l'institution des bataillons scolaires étant devenue une arche sainte à laquelle il n'est pas permis de toucher, surtout quand on est instituteur. Tôt ou tard cette institution tombera sous le ridicule, comme l'ancienne garde nationale. Il faudrait aviser. Le mieux serait de créer des bataillons d'adultes, dans lesquels les jeunes gens entreraient vers 18 ou 19 ans ; là au moins ils recevraient une forte instruction militaire. Les Sociétés de gymnastique sont des écoles tout indiquées pour donner cet enseignement. Que les villes et que l'État les encouragent et alors, au lieu de ces bataillons d'enfants qui ne signifient rien, nous aurons à offrir chaque année à l'armée un fort contingent de jeunes hommes instruits, disciplinés, patriotes, prêts à sacrifier leur vie pour le salut de la France et de la République.

Discussion. — M. Drouineau expose que la création des bataillons scolaires a trouvé des opinions contradictoires entre lesquelles il pense faire de la conciliation.

Pour cela, il croit qu'il faut envisager l'exercice militaire comme complément de l'exercice gymnastique et il justifie cette opinion en faisant observer que l'arme employée est presque partout une arme insuffisante au point de vue de l'exercice militaire, puisque c'est un fusil de bois.

Il faut donc, à son avis, dégager le côté absolument militaire de la création, supprimer les prescriptions venant de ce côté, et laisser les communes organiser, équiper, instruire les compagnies et bataillons scolaires suivant leurs ressources.

Il pense, en outre, qu'il faut encourager les Sociétés de gymnastique, qui seules peuvent faire le chaînon entre l'école et l'armée et qui possèdent toutes les éléments de l'instruction militaire.

M. le Dr Delmas, contrairement aux opinions qui viennent d'être exprimées, croit aux excellents résultats de cette institution. L'école primaire, les collèges et lycées, l'armée forment une gamme dont toutes les notes sont nécessaires.

M. A. Rey défend absolument l'idée de l'éducation militaire de la jeunesse, qui est plus ancienne qu'on ne pense; il la regarde comme le développement naturel du système pédagogique du XVIIIe siècle, système fixé par la loi de 1791. Cette éducation civique et militaire, vraiment capable de former des citoyens, peut seule nous préserver des Waterloo et des Sedan. Si l'avenir nous ramenait ces jours néfastes, ce qu'il ne peut croire, ajoute M. A. Rey, qui ne se sentirait coupable s'il avait contribué à détruire ces bataillons? qui pourrait affirmer que là n'était pas le salut?

M. Petiton dit que trois choses, d'après les militaires, suffisent pour faire un bon soldat : obéir, porter et marcher. La famille seule peut enseigner l'obéissance; la gymnastique développe les forces et habitue à porter et à marcher; le reste est donc inutile et point n'est besoin des bataillons scolaires.

Mme Pérez-Tarissan dit que, comme institutrice, elle peut affirmer n'avoir trouvé de patriotisme que chez les enfants dont les familles étaient animées de l'amour de la patrie; à ce point de vue, suivant elle, c'est la famille qui est la meilleure école.

— Séance du 17 août 1885 —

M. PETITON, Ing. des Mines, à Paris.

De la nécessité absolue d'une langue universelle (application au volapük). — M. Petiton expose la nécessité absolue d'une langue universelle qui permettrait aux différents peuples de communiquer les uns avec les autres, tout en conservant, bien entendu, pour chaque peuple, l'usage de sa langue propre. Cette nécessité d'une langue universelle admise, M. Petiton a examiné les conditions de simplicité que doit remplir une langue universelle. Il croit avoir rencontré ces conditions irréductibles dans le *volapük*, langue formée après vingt années d'étude par M. le pasteur Schleyer, de Constance, et professée à Paris par M. Kerckhoffs, docteur ès lettres, professeur à l'École des Hautes Études commerciales, à Paris.

M. Petiton expose rapidement les principes de la grammaire volapük et termine en conseillant aux membres du Congrès de faire comme lui : c'est-à-dire de lire la grammaire volapük. Il a la conviction que la simplicité du volapük leur plaira, et qu'elle leur inspirera le désir de la répandre et de la pratiquer.

Discussion. — M. Vinot. Nous avons en France, depuis 50 ans, une langue universelle qui n'a que sept lettres, les noms des sept notes de la musique; cette langue a une grammaire, un dictionnaire imprimés depuis longtemps. Il serait à désirer que l'on étudiât, avant de prendre une langue aussi dure que le volapük, lorsque les sept lettres de la musique se prononcent de la même manière dans toutes les langues.

M. Van Hamel n'est nullement enthousiaste de cette Minerve sortie tout armée du cerveau de M. Schleyer et recommandée avec tant de chaleur par M. Petiton. Il pourrait s'associer aux conclusions de M. Dormoy, qui veut réduire le volapük aux proportions d'une langue commerciale destinée à faciliter les moyens de communication intellectuelle dans les différents bureaux de commerce. Mais cette langue, qui n'a pas d'histoire, qui n'a rien d'artistique, qui, dans la formation des mots et dans la création des formes grammaticales, se conforme tantôt à l'usage d'une langue, tantôt à celui d'une autre, lui paraît mal choisie pour servir à exprimer des idées plus complexes et des sentiments plus poétiques. Il se demande, en outre, si parmi les sons qu'elle admet il n'y en a pas que de certaines bouches se refuseront à prononcer et si la question d'accentuation est aussi simple que M. Petiton semble le supposer; il est évident que les peuples de race germanique mettront l'accent sur le radical et non pas sur la terminaison. Cette différence inévitable d'accentuation rendra bientôt l'emploi du volapük comme langue universelle plus difficile qu'on ne pense. Il craindrait surtout — et voilà son objection capitale — que l'étude du volapük ne détournât les esprits de l'étude des langues étrangères vivantes et ne les privât ainsi d'un travail qu'il range au nombre des plus grands et des plus doux plaisirs.

MM. E. LUCAS, Prof. au Lycée Saint-Louis, à Paris, et **H. GENAILLE**, Ing. aux Ch. de fer de l'État, à Tours.

Divers appareils de calcul.

Mlle LANET, Dir. de l'Éc. matern. laïque, à Jallieu (Isère).

Un devoir de géographie.

M. Antonin BRUN, à Paris.

Méthode d'enseignement de l'histoire. — Dans son *Mémoire sur la manière d'enseigner l'histoire*, M. Brun émet le vœu que les livres d'histoire ne soient mis entre les mains des élèves que lorsque le maître aura développé une période historique. Le maître doit enseigner d'abord oralement ce qu'il sait et ne jamais faire réciter le contenu d'un livre. Il divisera une période, soit d'une façon arbitraire, soit d'une façon naturelle, en quelques faits principaux autour desquels il groupera des faits secondaires et des faits tertiaires, s'attachant surtout à établir une sorte de classification et des rapports entre ces diverses parties de l'histoire.

Il composera une série de tableaux synoptiques courts, mais précis, et dont l'élève, après les avoir copiés, trouvera le développement dans le cours oral du maître.

— Séance du 19 août 1885 —

M. FERRAND, Instituteur, à Jons.

De l'enseignement des sciences naturelles et physiques à l'école primaire rurale. — L'enseignement des sciences naturelles et physiques à l'école primaire rurale se borne aux notions élémentaires appliquées aux choses utiles de la vie pratique : à l'hygiène, à l'agriculture, à l'industrie et particulièrement aux industries locales.

Le premier moyen d'étude pour acquérir des connaissances dans les sciences est l'observation. Il faut apprendre aux enfants à voir des yeux et de l'esprit. La leçon de choses est l'exercice qui convient le mieux pour atteindre ce but.

Deux procédés méthodiques sont appliqués dans les leçons de choses : l'un fait de la leçon un exercice distinct, à une heure marquée dans l'emploi du temps; l'autre met au contraire la leçon dans tout, partout et ne l'inscrit pas dans la distribution horaire des classes.

Division des élèves d'une classe en deux cours : le cours élémentaire et le cours moyen.

Le second système est préférable pour le cours élémentaire parce qu'il ne fatigue pas l'attention des petits enfants et qu'il économise le temps. Le premier procédé est réservé aux cours moyen et supérieur.

Part active du maître et de l'élève dans les deux cours, pour la préparation de la leçon de choses; compte rendu oral ou écrit des observations faites par les élèves; musée scolaire organisé par les soins des élèves et sans cesse renouvelé; collections diverses; programme concentrique des cours.

En physique, notions faciles à faire comprendre sur l'air, l'eau et la combustion. En chimie, étude des gaz les plus répandus : oxygène, azote, hydrogène, carbone, etc., et des métaux et métalloïdes les plus usuels; expériences simples faites sans appareils de physique et de chimie.

Rôle actif des élèves et du maître en classe après la préparation de la leçon. Le maître a la charge de coordonner les observations de ses élèves, d'en faire un tout propre à être retenu et à en dégager une loi. Court résumé oral et écrit de la leçon ainsi faite; qualités du langage du maître.

Des promenades scolaires : leur but et leur préparation préalable en classe; profiter des promenades libres du dimanche et du jeudi; compte rendu des promenades. Tableaux scientifiques, herbier agricole.

Côté moral de l'enseignement scientifique.

M. Paul TISSERAND, Prof. d'hist. au Collège d'Oran.

Du baccalauréat, de la possibilité de sa suppression. — Après quelques réflexions générales sur les inconvénients du baccalauréat et sur le peu de garantie qu'il donne sur les capacités et la valeur des individus, M. TISSERAND a montré qu'en l'état actuel il n'était guère possible de le supprimer. Il faudrait, pour y arriver, transformer complètement la marche des études et reprendre les idées si judicieuses exposées par l'ancien ministre de l'instruction publique, M. Duruy, qui avait divisé les études en catégories parfaitement graduées. Fusionner les classes inférieures de l'enseignement classique avec celles de l'enseignement spécial, consacrer moins de temps à l'étude du latin et procéder par des examens de passage, telle est la conclusion admise par l'auteur de la communication.

Discussion. — M. RENAUD appuie absolument les conclusions formulées par M. Tisserand. Il demande comme lui la suppression du baccalauréat, qui peut avoir un intérêt comme grade universitaire, dénotant l'aptitude de ceux qui veulent passer aux grades supérieurs, en admettant que l'utilité de ces grades soit bien démontrée, mais alors l'examen du baccalauréat devrait être très sérieux, très sévère et ne laisser passer que ceux qui désirent réellement se consacrer à l'enseignement supérieur. Comme examen d'instruction générale il ne signifie rien, surtout passé devant des professeurs de faculté qui sont ou trop indulgents ou trop sévères, mais n'ont pas le sentiment pédagogique nécessaire. Il doit être remplacé par un simple certificat d'études, délivré à la fin des classes dans l'établissement où l'on a suivi les cours, avec la moyenne des notes. Mais alors à l'entrée de chaque carrière il doit exister des examens spéciaux, bien calculés, bien adaptés à la spécialité dont il s'agit, au moyen desquels on appréciera le véritable mérite de l'individu tant au point de vue de son instruction générale que de son instruction technique, et que devront faire passer non des chefs de bureau ou des chefs de division, mais des professeurs spéciaux dont c'est le métier.

M. Georges RENAUD, Prof. aux Éc. prim. sup. de la ville de Paris.

Des méthodes et de la pédagogie dans l'enseignement primaire. — M. RENAUD présente quelques observations sur la situation actuelle de l'enseignement primaire. Il insiste une fois de plus sur les dangers que présente, non l'exagération des programmes, mais la manière abusive dont ils sont appliqués. La faute en est, selon lui, à la manière dont les délégués cantonaux font passer les examens du certificat d'études primaires. Il demande que, dans chaque matière, on se borne à enseigner les lignes principales. Il montre, enfin, combien les méthodes se sont peu améliorées, et il signale avec regret le fait de l'abaissement des connaissances primaires des élèves candidats aux écoles primaires supérieures. Il préconise la méthode de l'enseignement par l'aspect, qui semble mal comprise et souvent inintelligemment appliquée.

M. Paul BERTON, à Paris.

Échanges entre Musées scolaires et cantonaux. — L'enseignement primaire a aujourd'hui pour base la méthode intuitive ou *enseignement par l'aspect*, par les leçons de choses ou leçons de sciences, qui facilitent l'exercice et la mémoire des sens et des facultés. L'éducation scientifique de l'enfant à l'école et à tous les degrés n'est possible que par la vue des objets, par l'observation et par l'analyse. L'emploi de ce système intuitif impose à tout instituteur la création et l'organisation d'un *Musée scolaire*, composé d'objets de toute provenance de notre pays et même de l'étranger. Les leçons de choses, s'étendant à toutes les *notions technologiques*, sont regardées comme la meilleure préparation au travail manuel, à l'apprentissage du travail agricole ou industriel.

Aux collections locales ou empruntées à une région restreinte, on peut ajouter par les échanges les choses qui manquent. Ce système d'échanges est organisé par notre intermédiaire tout confraternel. Les offres et les demandes sont reçues par le *Secrétaire fondateur de l'Association des échanges entre Musées scolaires et cantonaux*. Il informe directement les intéressés, ou par la voie de la presse, les moyens d'opérer ces échanges en France et à l'étranger. Il fait appel en outre aux agriculteurs, industriels ou fabricants, voyageurs, commerçants, pour étendre leurs dons jusque dans la plus humble école de hameau de notre pays.

M. Ch. BERDELLÉ, Délégué cant. à Rioz (Haute-Saône).

Symétrie des chiffres du livret (*Table de multiplication*). — M. Berdellé indique une manière de construire le livret, basé sur la symétrie qui existe dans la disposition des chiffres.

17e Section

HYGIÈNE ET MÉDECINE PUBLIQUE

PRÉSIDENTS D'HONNEUR. . . MM. le Dr PACCHIOTTI, Sénateur, à Turin.
le Dr ROCHARD, Insp. gén. des services de santé de la Marine, à Paris.
REY, Maire de Grenoble.

PRÉSIDENT. . . . . M. Émile TRÉLAT, Dir. de l'Éc. spéc. d'Arch., Prof. au Conserv. des A. et Mét., à Paris.

VICE-PRÉSIDENT . . . . . . M. le Dr GIRARD, Chir. en ch. de l'Hôpital de Grenoble.

SECRÉTAIRES. . . . . MM. le Dr BERTHOLLET, Méd. en ch. de l'Hospice de Grenoble.
CHATROUSSE, Architecte, à Grenoble.
RICOUD, Architecte, à Grenoble.

— Séance du 13 août 1885 —

M. le Docteur TROLARD, à Alger.

Des bureaux municipaux d'hygiène. — La réunion en un bureau de tous les médecins ayant un service quelconque dans une ville donnerait d'excellents résultats. Ce bureau, très utile en temps ordinaire, aurait le commandement suprême des mesures préventives et défensives en temps d'épidémie. Trois villes seulement ont adopté cette institution. En présence de l'indifférence des municipalités, n'y aurait-il pas lieu de rendre ces bureaux obligatoires dans toutes les villes, puisqu'il s'agit de mesures de salut public ?

M. le Docteur TROLARD, à Alger.

Mouvements de troupes pendant les épidémies et aux approches des épidémies. — Des quarantaines maritimes. — Sur les onze épidémies de choléra qui ont sévi sur l'Algérie, neuf ont été amenées et propagées par des mouvements de troupes. Les deux autres, pendant lesquelles il n'y eut pas de ces mouvements, ont été très bénignes.

Les quarantaines, même très sévères, faites en Algérie, n'ont pas donné de bons résultats. Les mesures de dissémination appliquées à Philippeville et à Bone sur un régiment contaminé à bord d'un bateau ont enrayé net le fléau.

En présence des difficultés considérables et des sommes énormes que coûterait l'installation de véritables lazarets, n'y aurait-il pas lieu de s'en tenir à des mesures d'isolement et de dissémination, et de pousser activement à l'assainissement des villes?

Les quarantaines seraient seulement maintenues à Suez pour le passage des pèlerins musulmans.

Discussion. — M. Rochard défend vivement les lazarets et les quarantaines maritimes. Il est fortement approuvé.

M. le sénateur Pacchiotti fait quelques réflexions à propos de l'épidémie de l'année 1884.

Il parle patriotiquement de l'effet moral produit sur la panique après la visite du roi dans les villes contaminées. Il fait ensuite, avec beaucoup d'esprit et beaucoup de verve, le procès des quarantaines terrestres, des cordons sanitaires et des fumigations. Il soutient les bons effets de l'isolement, des visites médicales aux frontières, la désinfection par l'étuve des objets suspects et demande enfin que la section d'Hygiène fasse un ordre du jour bien étudié dans le sens de ces observations.

M. Rochard reprend la parole et conclut dans le même sens que l'honorable sénateur Pacchiotti.

M. Napias déclare qu'il faut proclamer hautement les bons effets de l'assainissement des villes.

M. Émile Trélat considère l'assainissement des villes comme devant être le principal moyen prophylactique de l'épidémie.

A la suite de cette discussion l'ordre du jour suivant est proposé :

La section d'Hygiène publique du Congrès de l'Association française pour l'avancement des sciences, réuni à Grenoble, a formulé, après discussion, les conclusions suivantes :

1° Les quarantaines terrestres, les cordons sanitaires, les fumigations générales, sont des mesures inutiles et dangereuses. Les seules précautions à prendre aux frontières de terre sont les visites médicales des voyageurs et l'isolement de ceux qui sont atteints du choléra, la visite des wagons, la désinfection par la chaleur humide des vêtements, linges, literie et autres objets contaminés ;

2° C'est d'abord à sa porte d'entrée par la mer Rouge que le choléra doit être arrêté ;

3° Les quarantaines maritimes sont encore actuellement nécessaires et doivent être imposées dans la limite et la forme qui ont été indiquées par la dernière conférence de Rome ;

4° Enfin, l'assainissement des villes s'impose avant tout aux nations comme le meilleur moyen de s'opposer à l'extension du mal s'il venait, malgré tout, à être importé.

Ces conclusions, mises aux voix, ont été adoptées à l'unanimité.

M. G. DROUINEAU, Chir. en ch. des Hosp. civils, à la Rochelle.

Des épiceries et de l'hygiène. — M. Drouineau expose la situation de la législation concernant la visite des épiceries et le rôle important que jouent ces entrepôts alimentaires dans l'alimentation publique. Après avoir constaté l'insuffisance de la législation actuelle, il conclut qu'il faut modifier la loi et faire disparaître l'ordonnance qui régit la matière, rendre la visite obligatoire pour toutes les épiceries sans distinction, donner aux inspecteurs une autorité véritable et le pouvoir de verbaliser, leur fournir les moyens de faire les expertises nécessaires à l'aide de laboratoires départementaux. Il ajoute qu'il faudrait encore avoir pour guider les investigations des inspecteurs une unité de direction, qui fait aujourd'hui complètement défaut et qui permettrait de saisir utilement les fraudes les plus répandues dans chaque région et qu'enfin une organisation sanitaire compétente serait le meilleur moyen d'arriver à tous ces desiderata.

M. le Docteur DELTHIL, à Nogent-sur-Marne (Seine),

Quelques considérations sur l'inspection médicale des écoles. — M. le Dr Delthil expose que l'inspection médicale, créée, il y a cinq ans, dans les écoles primaires de la Seine, a justifié son institution par de réelles améliorations, mais de nombreuses lacunes existent encore et des réformes doivent être demandées.

Il fait connaître les principaux avantages obtenus, signale les améliorations dont l'inspection est susceptible et indique les réformes qu'il y aurait lieu d'introduire dans les écoles.

Discussion. — M. Berthollet déclare qu'un médecin-inspecteur doit avoir toute autorité dans son inspection et qu'à Grenoble ce médecin-inspecteur n'est point soumis au contrôle des délégations cantonales.

M. Delthil prétend qu'au point de vue des exercices gymnastiques ordonnés aux enfants, les meilleurs sont la brouette, la pelle et la pioche, qui sont à la portée de tout le monde et sans dangers.

MM. Drouineau, Berthollet et Brémond prétendent, au contraire, que les exercices de gymnastique rationnelle sont d'un puissant secours pour le développement physique des enfants, mais sont d'avis aussi d'écarter les exercices dangereux.

M. RAMBERT, Corr. de l'Ac. de Méd., et **M. DESBAN**, Pharm., à Châteaudun.

Caractères microscopiques différentiels du poivre pur et du poivre falsifié avec le grignon ou noyau d'olive (1). — Cette falsification du poivre par le noyau d'olive a pris depuis quelques années une extension considérable, les auteurs s'étonnent que des mesures n'aient pas été prises pour faire cesser cette fraude. Ils pensent que cela peut tenir à ce que, suivant MM. Chevalier et Baudrimont (*Dict. des altér. et falsific.*, etc.) une confusion est possible entre les cellules pierreuses du poivre et celles du noyau d'olive et que le caractère distinctif entre le poivre pur et le poivre falsifié avec le noyau d'olive consiste surtout en l'augmentation des cellules pierreuses dans ce dernier. Les auteurs s'élèvent contre cette appréciation, qu'ils considèrent comme étant tout à la fois inexacte et erronée.

Ils le prouvent par une description complète des caractères microscopiques

(1) Voir le mémoire *in extenso* du *Journ. de Méd. de la Soc. des Sc. médic. et nat. de Bruxelles.*

de ces deux substances isolées et réunies et ils sont conduits à la conclusion suivante :

Le poivre pur et le poivre falsifié avec le noyau d'olive ont des caractères tellement nets, qu'on peut distinguer avec certitude l'un de l'autre, et même déterminer approximativement les proportions de l'addition de cette dernière substance.

— Séance du 14 août 1885 —

M. le Docteur SORDES, de Tarare (Rhône).

Des causes les plus fréquentes de la mortalité chez les enfants du premier âge. — Les causes les plus fréquentes de la mortalité, chez les enfants du premier âge, sont : 1° la faiblesse inhérente à l'enfant ; 2° le mode d'alimentation ; 3° les diathèses syphilitique, scrofuleuse et tuberculeuse, chez les ascendants ; 4° l'alcoolisme ; 5° les saisons ; 6° une alimentation vicieuse ; 7° le lait de mauvaise qualité ou impur ; 8° un sevrage prématuré.

Quelques considérations sur l'hygiène infantile. — M. Sordes démontre que l'allaitement maternel est de beaucoup préférable à l'allaitement par une nourrice et insiste beaucoup sur la nécessité d'élever au sein les enfants placés en nourrice, quand il y a impossibilité absolue de la part de la mère de garder et nourrir elle-même son enfant.

Quand l'allaitement par le sein n'est point possible, avoir recours au biberon, mais aux conditions suivantes :

1° Que le biberon soit tenu dans un état de propreté irréprochable ; 2° donner du lait bouilli, coupé avec de l'eau bouillie et conservés en vase bien clos ; 3° que jusqu'à sept mois l'enfant ne prenne que du lait, ainsi préparé ; 4° que la nourriture solide (potages, légumes, viande, etc.) ne soit donnée ensuite qu'avec modération et progressivement ; 5° que, dans aucun cas, le sevrage de l'enfant n'ait lieu qu'après la percée des douze ou seize premières dents ; 6° que l'enfant, dans aucun cas, ne porte pas de serre-tête et ne soit jamais enveloppé dans un maillot ; 7° que l'enfant soit lavé deux fois par jour et baigné toutes les semaines, en été.

Grâce à toutes ces précautions, sur 1,200 enfants que j'ai soignés ou inspectés, depuis 7 ans, je n'en ai perdu que 69. Je suis ainsi parvenu à abaisser la mortalité de 46 0/0 avant la création de mon service à 7 0/0.

M. Jules ROCHARD, Insp. gén. des serv. de santé de la Mar., à Paris.

Organisation du service de la vaccine en France. — On a fait disparaître la variole des armées par les revaccinations, on peut en faire autant pour la population civile. Avant de rendre la vaccine obligatoire, il faut la mettre à la portée de tout le monde, à l'aide d'un service régulier, fonctionnant dans toute la France, par les soins et aux frais du gouvernement. Ce service dépendrait du ministre du commerce. Il exigerait un médecin vaccinateur par arrondissement et quatre inspecteurs généraux se partageant le territoire. — Les médecins vaccinateurs passeraient, au printemps et à l'automne, dans toutes les communes de leur arrondissement, vaccinant dans les mairies, à jour fixe et suivant un itinéraire tracé à l'avance, surveillés sur place par les inspecteurs généraux, qui rendraient compte au ministre.

Ce service coûterait à l'État 772,000 francs par an ; mais comme la variole coûte au pays, en frais de traitement, d'invalidation, en pertes provenant des décès, de neuf à dix millions par an, ne réduisît-on ces dépenses que de moitié, ce serait encore une économie annuelle de quatre à cinq millions.

Discussion. — M. le Dr GIRARD déclare que déjà nous avons la vaccination cantonale, mais il se plaint de la difficulté de se procurer du vaccin et demande à ce que l'autorité compétente s'occupe de cette lacune.

M. le Dr SORDES demande que le vaccin soit d'une bonne nature.

M. DELTHIL, préconise le vaccin de la génisse.

M. DROUINEAU demande le contrôle des opérations.

MM. DELTHIL et BERTHOLLET disent qu'il existe déjà, par la demande du certificat de vaccination à l'entrée des élèves aux écoles, un moyen de contrôle qu'il y aurait lieu de demander à toutes les écoles sans distinction.

M. le sénateur PACCHIOTTI, après avoir indiqué comment le mode de vaccination est en usage en Italie, attire l'attention sur le fait de syphilis causé par le vaccin impur.

M. HUDELO, Ing. civil, à Paris.

Revision de la loi du 13 avril 1850 sur les logements insalubres. — La loi sur les logements insalubres du 13 avril 1850 fut l'objet d'une proposition présentée par M. de Melun à l'Assemblée nationale; ce projet fut amendé et modifié par la commission de l'Assistance publique, qui, le considérant comme une atteinte à la propriété, crut devoir y introduire *les précautions et les garanties les plus sévères*. Cette loi, qui ne fut appliquée que dans un petit nombre de localités, présente un grand nombre de défectuosités et ne permet guère de remédier au mal qu'il s'agit de détruire. Les membres de la commission des logements insalubres de Paris, auxquels se joignent ceux de la commission de Grenoble, proposent d'émettre le vœu qu'il soit fait promptement, par les pouvoirs publics, une revision de la loi de 1850.

M. le Dr GIRARD, Chir. en ch. de l'hôpit. de Grenoble.

Quelques points de l'hygiène de Grenoble (1).— M. le Dr GIRARD étudie l'assiette géologique et hydrologique de la plaine de Grenoble, les conditions générales de l'hygiène de cette ville, sa surface aératoire, ses maisons, le mode de revêtement des chaussées, etc., etc.

Puis il décrit les égouts, dont le nombre, les dimensions et la bonne construction, les chasses faciles et fortes, placent Grenoble, à ce point de vue, au premier rang des villes de province. La pente seule laisse à désirer, mais elle est encore de 5 à 8 dix-mill., alors que celle des égouts de Paris et de Lyon n'est que de 3 à 5 dix-mill.; l'abondance des eaux de chasse compense d'ailleurs largement cet inconvénient.

Le système des vidanges est celui des fosses fixes; l'auteur espère que ce

(1) Le travail *in extenso* a été publié dans le volume offert aux membres du Congrès.

système disparaîtra d'ici à peu de temps, et il propose le tout à l'égout, dont l'application lui paraît singulièrement favorisée par le voisinage de deux rivières importantes roulant 100 mètres cubes à la seconde, à l'étiage, et près de 3000 mètres en fortes eaux. Si, d'ailleurs, on ne voulait point perdre d'engrais humain, il montre, en aval de Grenoble, une plaine caillouteuse et sablonneuse qui serait bien mieux disposée encore que celles de Gennevilliers et de Saint-Germain pour jouer le rôle de filtre.

Passant aux eaux potables, M. le Dr Girard déclare qu'elles sont de très bonne qualité, car elles sont limpides et sans saveur marquée, elles sont fraîches et à température peu variable; elles contiennent enfin, en très petite quantité seulement, des sulfates et chlorures alcalins.

Les sources qui les débitent fourniront aux Grenoblois 36500 litres d'eau à la minute, c'est-à-dire plus de 1000 litres par habitant et par jour; de telle sorte que Grenoble et Rome seront les deux villes du monde les mieux approvisionnées en eaux potables. L'eau ne sera vendue que 5 centimes le mètre cube et la pression, due aux différences de niveau, permettra de la monter au cinquième étage des maisons.

Population. — Le fonds de la population est constitué par des Galato-Celtes auxquels se sont mêlés des Romains, des Burgundions et des Sarrasins. — A l'aide d'un tableau donnant l'état récapitulatif des jeunes gens réformés, ajournés ou classés dans les services auxiliaires de 1870 à 1884, dans les trois cantons de Grenoble, l'auteur compare au point de vue physique les habitants de ces trois cantons : 1° avec l'ensemble des habitants de la France; 2° avec l'ensemble des habitants de l'Isère. Il met aussi en parallèle : 1° les habitants de la ville et ceux des communes rurales; 2° les habitants des divers cantons.

La natalité est inférieure à la mortalité dans la proportion 1104 pour 1167 par année.

La moyenne de la vie est de 39.39. Les vieillards sont nombreux, car on compte 107 sexagénaires sur 1000 habitants.

Le taux de la mortalité annuelle est inférieur à celui des villes de même importance, car il n'est que de 23.3 pour 1000.

En terminant, l'auteur étudie la morbidité et les causes de la mortalité.

M. SOMASCO, Ing., à Creil.

Quelques constatations faites dans une maison d'habitation chauffée par un courant d'air chaud passant à l'intérieur de doubles murs. — M. Somasco a construit, sur un terrain bas et humide, au bord de l'Oise, et dans le voisinage de constructions atteintes par l'humidité, une maison qu'un système de construction particulière a rendue sèche et salubre.

Cette maison est construite en brique; les murs sont creux depuis le sous-sol jusqu'aux combles; et l'air circule abondamment dans ce vide des murs. De plus, un tuyau rempli d'eau qu'on chauffe l'hiver d'une manière très simple, circule au sous-sol tout le long des orifices correspondant aux vides réservés dans les murs. L'air qui circule dans le creux des murs est aussi chauffé et amène les parois des salles habitées à une température de 30 à 35 degrés; ce qui suffit pour éviter le chauffage direct desdites salles. On constate dans celles-ci une température de 14° en hiver, température qui ne descend jamais au-dessous de 8° par les plus grands froids, malgré l'ouverture quotidienne et fréquente des fenêtres. La construction est si sèche, que M. Somasco a cru devoir recourir, et avec grand succès, à l'emploi de plantes vertes répandues dans les appartements pour y assurer un degré hygrométrique convenable.

Le résultat est extrêmement remarquable.

M. Émile TRÉLAT, Dir. de l'Éc. spéc. d'Arch., Prof. au Conserv. des A. et Mét., à Paris.

Le chauffage et l'aération des nouveaux bâtiments de la Sorbonne (1). — M. TRÉLAT expose les conditions dans lesquelles le chauffage et l'aération des nouveaux bâtiments de la Sorbonne devront être assurés. Il apprécie les données auxquelles il devra être satisfait. La diversité des services, — dont les uns sont permanents, d'autres intermittents, d'autres occupés par un petit nombre de personnes, d'autres hantés par les foules, — commande des installations calorifiques très puissantes, très actives et très variées. Les voies publiques qui entoureront l'édifice et les cours qui seront ménagées à l'intérieur des masses construites forment une base d'alimentation d'air assez développée et assez proprement entretenue pour satisfaire à une large et saine aération des locaux. M. Émile Trélat fait ressortir l'indispensable nécessité qui s'impose ici d'assurer le chauffage par un méthodique entretien de la température des murs ou partie solide quelconque de l'édifice, et de renouveler l'air des salles par des prises *directes* à l'extérieur. Il faut, en un mot, appliquer strictement à la Sorbonne la formule de salubrité que professe M. Émile Trélat : *Respirer de l'air frais au milieu de murs entretenus en température convenable.*

Discussion.— M. HERSCHER déclare partager entièrement les vues de M. Émile Trélat sur le chauffage et l'aération des édifices. Il admet en conséquence le principe de la division des deux opérations : Chauffer les parois et aérer avec de l'air frais et pur.

Il insiste sur la suppression complète, obtenue par le mode de chauffage préconisé par M. Émile Trélat, des courants giratoires parfois très violents dans les grands vaisseaux et dus à la différence de température entre l'air intérieur surchauffé par la présence de nombreux individus rayonnants en vertu de la chaleur qui leur est propre, et les parois enveloppantes soumises au refroidissement extérieur.

M. GROUVELLE, à l'appui des théories émises par M. Émile Trélat, dont il partage entièrement les idées, cite l'exemple de la salle des Dépôts et Consignations. Cette salle, fermée à sa partie supérieure par un vitrage simple, sur charpentes et colonnes en fer et fonte, est parcourue dans le sens de chaque colonne, et malgré le chauffage énergique et direct de l'air de la salle (18°), par des courants descendants d'air froid très pénibles. Cet inconvénient serait évité avec un double vitrage et interposition d'un matelas d'air chaud entre les deux vitrages. Cet exemple montre la nécessité des doubles parois, soit verticales, soit horizontales.

M. HUDELO, tout en étant en principe de l'avis de M. Émile Trélat, fait des réserves. Il pense que, si jusqu'à maintenant on ne s'est préoccupé que du chauffage de l'air ambiant, sans s'inquiéter de celui des parois, il ne faut pas tomber dans l'excès contraire et il estime qu'on ne doit pas se désintéresser absolument de la température de l'air introduit. Il est nécessaire qu'il ait acquis,

(1) Pour cette communication, la 3e-4e section s'est réunie à la 17e section.

avant son introduction ou à peu près, la température qui doit régner dans la salle, afin de permettre, à un moment donné, l'ouverture des fenêtres, pour donner le coup de balai et empêcher la stagnation sans abaisser outre mesure la température, ce qui dans les hôpitaux et pour certaines maladies aurait de graves inconvénients. En un mot, l'orateur ne croit pas qu'il soit prudent de respirer de l'air absolument frais, la température de la peau étant élevée.

M. Limousin pense que le système de M. Émile Trélat n'est pas susceptible d'être généralisé. Pour habitations particulières il serait à la rigueur admissible s'il y a économie, quoique la perspective de vivre constamment dans une température constante ne présente rien d'attrayant. Mais dans les hôpitaux, si le système a du bon pour les affections chirurgicales, il est inadmissible pour certaines autres. On ne pourra pas non plus donner le coup de balai réclamé par M. Hudelo, vu le trop grand refroidissement de la température qui en résulterait et la trop longue durée du réchauffement après l'ouverture complète des fenêtres. De plus, le prix de revient sera trop élevé.

M. Émile Trélat maintient absolument son principe. La température du corps doit être entretenue dans un milieu habité par *le rayonnement des parois, elles-mêmes* entretenues à un degré convenable pour remplir cet office. Dans ces conditions l'air respiré est toujours suffisamment chaud, quand bien même on le prend directement dehors. Il ne peut point ici aborder la spécialisation du système à telle ou telle nature d'édifices, ni envisager la question économique. Il ne s'agit dans ce débat que de théories et de généralités. Au surplus, pour rassurer ses honorables contradicteurs sur le refroidissement ou sur les variations de température, M. Émile Trélat les renvoie aux expériences concluantes de Tyndall sur le réchauffement des objets par le rayonnement des surfaces chauffées et à la communication faite à la séance précédente par M. Somasco.

MM. Deshayes et Herscher appuient de nouveau les théories de M. Émile Trélat; et M. Herscher, répondant spécialement à M. Limousin, dit que les admissions d'air faites directement de l'extérieur permettront de régler à peu près à volonté la température; ce qui empêchera l'habitation qui serait ainsi chauffée de devenir *la boîte à température constante* que semble redouter M. Limousin.

M. le Docteur DESHAYES, Secr. du Cons. d'Hyg. de la S.-Inf., à Rouen.

Carte d'hydrographie; aérothérapie; les thermes de France. — Pour simplifier l'étude de l'hydrographie, M. Deshayes a rédigé une carte spéciale de la France seulement, y compris l'Algérie, la Corse et l'*Alsace-Lorraine.* Au point de vue patriotique, M. Deshayes recommande aux médecins de n'envoyer leurs malades qu'en France seulement. Suivant la nature chimique des eaux, le nom du pays où elles se trouvent est imprimé avec une teinte spéciale, conventionnelle, conformément à une légende qui figure en tête de la carte.

A un autre point de vue, M. Deshayes, qui définit l'aérothérapie : traitement par l'air, recommande les déplacements, le séjour au bord de la mer, les voyages sur mer, dans les montagnes, la création de sanatoria, etc., et ce pour guérir et pour éviter les appauvrissements du sang et surtout le développement de la tuberculose pulmonaire.

M. le Docteur FAUVEL, Chir. des Hôp., au Havre.

Le nouvel hôpital du Havre. — Le nouvel hôpital du Havre, inauguré le 14 juin dernier, et qui fonctionne actuellement avec un entier succès, est construit sur le coteau d'Ingouville; il repose sur le talus d'éboulement du terrain crétacé, très perméable et très salubre. La surface totale du terrain occupé est de 63,000 mètres. Elle se subdivise en trois parties à peu près égales en étendue : une place au nord et située à 70 ou 80 mètres au-dessus de la troisième partie; une seconde en pente assez prononcée, et une troisième, sur laquelle reposent tous les pavillons de l'hôpital proprement dit, inclinée de 15 mètres sur une longueur de 140 mètres.

Sept pavillons de malades et de blessés reposent sur cette partie inférieure, ainsi que les pavillons des services généraux (Bains, Cuisine, Pharmacie, Lingerie, Buanderie, etc.).

Un des pavillons de malades ou de blessés a 80 mètres de long, 8m,70 de large et 11 mètres de haut. Il se compose de deux salles de malades, d'une salle d'opération et de quatorze chambres à usage de cabinets d'isolement, de salle de bains, de cabinet du chirurgien, etc. Chaque salle a 24 mètres de long sur 8 de large et 7 de haut; elle offre 48 mètres cubes par lit; elle a douze fenêtres, est chauffée et ventilée par un calorifère et par une cheminée à double foyer; son sol est un dallage en mosaïque, etc. Les murs sont à double enveloppe (mur extérieur de 0m,22, matelas d'air de 0m,06 et cloison intérieure de briques creuses de 0m,06).

Les salles, comme les jardins et le parc, sont éclairées à l'électricité.

Au service des bains et de l'hydrothérapie est annexée une machine à désinfection à l'air sec et à la vapeur, d'après les données de Koch.

L'hôpital aura coûté 1,874,000 francs, ce qui, pour trois cents lits, donnera comme prix de revient un peu plus de 6,000 francs par lit.

Le Havre n'a point la prétention d'avoir fait une œuvre sans défaut ni une œuvre achevée. On peut dire, en effet, que l'hôpital est une de ces œuvres qui ne s'achèvent jamais, car la recherche des meilleurs moyens d'assurer une guérison sûre et rapide des malades et des opérés est une tâche que des administrateurs, des architectes et des médecins ne doivent jamais considérer comme définitivement remplie.

Là, plus que partout ailleurs, le progrès est un devoir.

Discussion. — La discussion, à laquelle prennent part MM. Émile Trélat, Drouineau, Deshayes, Gaston Trélat et Ricoud, fait ressortir les avantages incontestables du nouvel hôpital du Havre au point de vue du malade et du blessé; mais, à cause de l'éloignement des pavillons des services généraux, elle fait ressortir aussi la grande difficulté de fonctionnement de ces mêmes services (médecine et chirurgie, cuisine, pharmacie, etc.). C'est un inconvénient très grave qui a frappé tous les visiteurs de cet hôpital et auquel l'administration du Havre aura beaucoup de peine à remédier, même à grands frais.

Aux objections qui sont faites sur la difficulté du service dans le nouvel hôpital du Havre, le Dr Fauvel répond que les pavillons de malades et de blessés, c'est-à-dire l'hôpital proprement dit, ne sont point disséminés sur les 63,000 mètres de terrains, mais réunis sur 20,000 mètres seulement; — que la cuisine et les services généraux sont placés au milieu de ces pavillons, et que l'expérience faite jusqu'ici laisse supposer que le service sera infiniment plus facile que ne le pensent les personnes qui ont vu et parcouru tout le terrain dans son ensemble.

Les constructions placées à la partie supérieure sont des chalets de contagieux et, en cas de choléra ou de variole, ils auront des services généraux tout spéciaux.

— Séance du 10 août 1885 —

M. BEVIÈRE, Dir. des Abattoirs de la ville, à Grenoble.

La tuberculose des animaux, au double point de vue de l'hygiène et du commerce. — CONCLUSIONS : 1° Étant reconnue la possibilité de la transmission de la tuberculose, par inoculation et par ingestion, aux animaux;

2° Sachant qu'il a été démontré expérimentalement que quand le poumon présentait quelques tubercules seulement, en exprimant une partie d'un muscle pris dans n'importe quelle région de l'économie, le microscope révélait dans le liquide exprimé des traces de la tuberculose;

3° Comme il est de toute probabilité que cette affection peut se transmettre à l'homme par les mêmes voies et moyens, doit-on éliminer de la consommation l'animal qui, atteint, ne présente encore que quelques tubercules et malgré son embonpoint?

4° Dans l'affirmative prononcée par le Congrès, ne devrait-on pas provoquer la création d'une loi spéciale qui, tout en traçant d'une manière précise la ligne de conduite du vétérinaire-inspecteur des viandes de boucherie, si souvent aux prises avec la spéculation et le plus souvent encore avec l'ignorance, l'armerait suffisamment pour prohiber de la consommation la viande provenant d'animaux atteints de tuberculose?

Si, scientifiquement, le Congrès ne croit pas devoir se prononcer affirmativement, j'ai l'honneur de demander qu'il provoque de nouvelles recherches afin que l'on puisse résoudre le plus vite possible cette question qui intéresse à un si haut degré l'hygiène publique et le commerce des animaux.

M. LAYNAUD, Archit., à Paris.

Les hôpitaux à pavillons disséminés. — M. LAYNAUD discute le plan schématique que le Dr Rochard avait joint à son remarquable rapport lorsque la Société de médecine publique a examiné et discuté les conditions hygiéniques auxquelles devait satisfaire la construction d'un hôpital. M. Laynaud reprend les prescriptions des hygiénistes et recherche les solutions que l'architecte peut leur assurer et la direction qu'il doit donner à ses applications. Il rappelle en outre un rapport fait à l'Académie des sciences par un de ses membres, Leroy, à la fin du siècle dernier; toutes les prescriptions de l'hygiène hospitalière qui réunissent aujourd'hui l'assentiment des gens compétents y sont développées avec une grande précision.

M. Laynaud conclut en demandant à la Section d'émettre le vœu suivant :

« Il sera constitué une commission spéciale pour l'étude des questions relatives à la construction et au matériel des édifices hospitaliers et à l'effet de préparer un règlement conforme à celui édicté par le ministère de l'instruction publique. »

M. le Docteur H. HENROT, Prof. à l'Éc. de Méd. de Reims.

De l'enseignement national dans ses rapports avec l'hygiène. — La somme des connaissances qui doivent meubler l'intelligence des jeunes gens a considérablement augmenté depuis cinquante ans; cependant on peut affirmer que les cerveaux contemporains ne sont ni plus solides, ni mieux organisés que ceux de nos ancêtres; il y a donc entre la somme de travail à fournir actuellement et la constitution de l'organisme cérébral une disproportion qu'explique la fréquence beaucoup plus grande des maladies nerveuses. Si avant de choisir une carrière le jeune homme veut savoir à fond tout ce que contiennent les programmes d'études, il risque fort d'y laisser sa santé ou sa raison; on peut citer de nombreux exemples de ces faits malheureux.

Il ne faut pas oublier que dans ces questions d'éducation, il y a deux choses qu'il faut s'efforcer de toujours maintenir dans un parfait équilibre : le développement de l'intelligence et celui du corps; il est donc imprudent de laisser aux seuls membres de l'Université le soin d'arrêter les programmes; les hygiénistes devraient être officiellement appelés dans les conseils chargés de les élaborer.

L'enseignement national, qui comprend l'enseignement universitaire et l'enseignement primaire, doit avant tout avoir pour objet de former dans toutes les branches du savoir humain des citoyens capables de faire honneur à leur pays. Il ne faut pas qu'au moment où il entre dans la vie active, au moment où il va prendre sa place dans la société, le jeune homme ait sacrifié ses forces physiques pour suractiver le développement intellectuel.

La surcharge intellectuelle précoce conduit au nervosisme et en politique, dans les lettres, dans les sciences, dans l'art militaire, une impressionnabilité trop grande retire à l'homme le sang-froid qui lui est toujours si nécessaire, il le laisse à la merci des événements qu'il devrait au contraire commander. Il serait intéressant de connaître la statistique des élèves surmenés au moment où la masse cérébrale est encore en voie d'évolution physiologique. Pour ménager les forces de l'enfant, l'enseignement qui se donne au nom de l'État et aux frais des départements et des communes, devrait être conçu sur un plan d'ensemble qui permettrait au plus grand nombre d'arriver à un minimum de connaissances générales dont l'aboutissant serait le baccalauréat élémentaire.

Au point de vue démocratique, l'enseignement actuel crée dès le début une sélection des enfants : ceux qui appartiennent à des familles aisées, qui pourront consacrer dix ans à leurs études, et ceux dont les familles ne pouvant pas supporter une si lourde charge, doivent se contenter de l'enseignement primaire. Il y a cependant dans ces écoles des enfants qui, par leurs facultés natives, par l'aiguillon que donne la nécessité de se créer seuls une situation dans la société, pourraient devenir des hommes très distingués.

M. Henrot examine en détail comment l'enseignement donné à l'école maternelle, à l'école primaire, dans les lycées, dans les classes spécialisées devrait être agencé et comment il conduirait par degrés au certificat d'études, au baccalauréat élémentaire, qui serait passé dans les lycées de 1re classe, et aux baccalauréats spéciaux, qui seraient subis devant une faculté de l'État.

De l'ensemble d'un enseignement ainsi constitué et susceptible d'être modifié par des hommes compétents, il résulterait qu'il n'y aurait plus de spécialisation hâtive.

Au point de vue social, c'est dans la démocratie tout entière, en facilitant l'accès de l'enseignement secondaire aux élèves les plus méritants des écoles primaires, que se recruteraient les forces vives de la France.

Au point de vue hygiénique une semblable organisation permettrait aux enfants d'arriver à l'âge d'homme, sans secousse, sans efforts trop grands au moment de la croissance et en possession d'une instruction sérieuse.

Discussion. — M. Girard prétend que la faiblesse cérébrale de nos prédécesseurs était aussi grande que la nôtre et que cependant leur travail était aussi considérable. D'autre part, il ne croit pas que la surcharge de travail de nos enfants soit aussi forte que le prétend M. Henrot et qu'enfin les bifurcations existant déjà dans les écoles secondaires donnent une moins-value dans la somme de travail.

M. Henrot répond que, d'après ses observations personnelles, les forces physiques et cérébrales des enfants ne sont pas en rapport avec le travail demandé.

MM. les docteurs Ricci, Drouineau et Berthollet appuient l'opinion de M. Henrot.

M. Trélat critique la quantité de petites choses qu'on apprend aux élèves, alors qu'il sont incapables d'avoir de grandes idées, c'est-à-dire des idées plus larges. En définitive, on fait beaucoup d'instruction, pas assez d'éducation de l'intelligence.

M. le Professeur REDARD, Doct. en Méd., à Genève.

Sur les moyens prophylactiques employés à la gare de Genève contre le choléra en 1884. — M. Redard décrit les procédés employés à la gare de Genève pour les personnes et les bagages venant du Midi. Chaque voyageur était introduit dans une boîte où l'on provoquait un dégagement de gaz chloreux, la tête seule émergeait, le cou était enveloppé d'un linge imbibé d'eau ammoniacale. Il fut constaté que les vêtements étaient pénétrés par le gaz désinfectant et que les étoffes ne subissaient aucune détérioration. Les bagages étaient réunis dans un fourgon clos où l'on dégageait 1 litre d'acide sulfureux liquide (système Raoul Pictet). Des expériences faites par MM. Fol et Redard montrèrent que les matières virulentes suivantes perdaient leur pouvoir nocif : matière variolique liquide ou sèche, virus charbonneux sec (tissus imprégnés) ; le résultat fut nul pour les matières charbonneuses et typhogènes liquides contenues dans des éprouvettes ; il fut douteux pour les matières typhogènes desséchées.

En résumé, M. Redard pense que ces procédés de désinfection ont été efficaces.

M. Ch. HERSCHER, Ing. civ., à Paris.

Sur les étuves à désinfection. — M. Herscher croit qu'il est opportun d'insister sur les conditions vraies dans lesquelles on peut efficacement et sans inconvénient réaliser la désinfection, par la chaleur, des vêtements, linges et objets de literie, d'après les données fournies notamment par MM. Pasteur, Koch, Tyndall et Davaine. Si, en effet, ce procédé d'épuration tend à se répandre partout, on ignore généralement, par contre, que les appareils dont on se sert en France et à l'étranger pour réaliser cette épuration sont défectueux, et comme construction et comme fonctionnement.

M. Herscher rappelle alors, d'après les savants précités, que la chaleur n'est sûrement destructive des organismes pathogènes qu'à la condition d'être humide et d'atteindre 100° centigrades. Le mieux est même de dépasser un peu ce chiffre et d'atteindre 105°; ce qui ne peut d'ailleurs se réaliser qu'avec des étuves sous pression. Les objets sont exposés à l'action de la vapeur directe; et pourvu que les appareils aient une enveloppe chaude, l'épuration s'effectue avec rapidité, sûrement et sans inconvénients. Il ne faut pourtant pas dépasser sensiblement 105°, sous peine de détérioration, que M. Herscher a constatée sur certaines étoffes, au moyen d'expériences dynamométriques multipliées.

Quand on ne dispose pas de vapeur en pression, cas très fréquent, on peut encore, très utilement, se servir d'étuves à air chaud, à la condition que celles-ci soient munies ou accompagnées d'un foyer-bouilleur fournissant abondamment de la vapeur à 100°. En faisant arriver dans l'étuve un mélange d'air et de vapeur successivement à des températures en dessous puis au dessus de 100°, on assure l'action à certains moments de la vapeur humide à 100°; action considérée comme nécessaire pour la destruction des micro-organismes.

M. Herscher explique comment l'adjonction d'un petit ventilateur à main et la manœuvre très simple de registres lui a permis de réaliser ce résultat et d'obtenir, en même temps, une action plus rapide, plus sûre et plus économique qu'avec les procédés usuels.

M. le Docteur BERTHOLLET, Méd. en ch. de l'Hospice, à Grenoble.

Des sociétés de secours mutuels à Grenoble dans leurs rapports avec l'hygiène. — La ville de Grenoble est une des villes de France les mieux outillées pour la mutualité.

22 sociétés d'hommes et 20 sociétés de femmes forment dans leur ensemble un total de 7,324 associés, recevant en cas de maladie les soins des médecins attachés à chaque société, les médicaments et des secours journaliers soit en argent, soit en nature.

La première société, celle des gantiers, a été fondée à Grenoble le 1er mai 1803, sous l'influence de quelques ouvriers de la corporation et notamment d'André Chevalier. M. Renauldon était maire à cette époque. Ce maire, si apprécié par son administration et son intelligence, se hâta de faire le nécessaire pour édifier une œuvre aussi complètement philanthropique.

Un an après, 1804, se créa celle des cordonniers, un peu plus tard celle des peigneurs de chanvre, et bientôt après les femmes suivirent l'exemple des ouvriers et fondèrent, à leur tour, des sociétés de même nature.

Sans entrer dans les détails pour démontrer l'utilité sociologique et d'économie politique de ces institutions, nous voulons simplement retenir ce qui touche de plus près au côté médical et hygiénique.

Si à ce dernier point de vue nous prenons les résultats obtenus pendant l'année 1884, nous trouvons qu'il a été donné des soins à 1,397 malades dont 809 hommes et 588 femmes, alors que l'hôpital pendant la même année n'a eu qu'un total de 1,151 malades. Encore de ce chiffre faut-il défalquer les enfants, les adolescents et les syphilitiques, qui ne pouvaient appartenir à aucune société.

D'autre part, il est à remarquer que grâce aux soins donnés par les Sociétés à leurs membres malades, le nombre des maladies aiguës a été très restreint à l'hôpital.

Ainsi nous n'avons eu dans cet établissement qu'un chiffre de 320 malades soignés pour affections aiguës, alors que pendant la même période les affections chroniques s'élevaient au nombre de 373.

Nous pouvons conclure :

1° Que les soins donnés par les Sociétés à leurs membres diminuent la mortalité de la population ouvrière, dont on connaît en général les mauvaises conditions hygiéniques. Du reste, est-ce pour nous une des causes qui fait que la moyenne de la vie à Grenoble est de 39 années pour chaque individu, chiffre plus élevé que partout ailleurs, fait déjà consigné par mon honorable confrère M. le Dr Girard dans son article « Hygiène de Grenoble »;

2° La plupart de ces ouvriers qui, s'ils n'étaient pas de Sociétés, seraient obligés d'aller à l'hôpital, peuvent recevoir chez eux, au milieu des leurs, les soins exigés par leur maladie (condition meilleure d'hygiène pathologique) ;

3° Nous plaçant au point de vue des intérêts de l'hôpital, diminution du nombre des malades dans cet établissement et, par conséquent, diminution des dépenses;

4° Enfin il serait à désirer que des Sociétés de secours mutuels semblables à celles de Grenoble se multiplient de plus en plus sur tout le territoire de la Patrie.

Sous-section d'Archéologie

PRÉSIDENT D'HONNEUR . . . M. CHANTRE, S.-Dir. du Muséum de Lyon.
PRÉSIDENT . . . . M. L. GUIGNARD, V.-Prés. de la Soc. d'Hist. nat. de Loir-et-Cher, à Chouzy (Loir-et-Cher).
VICE-PRÉSIDENT . . . . . . M. MARTIN, M. de la Comm. départ. de S.-et-O., à Villeneuve-Saint-Georges.
SECRÉTAIRE . . . . M. FÉMINIER, M. de la Soc. d'étude des Sc. nat. de Nîmes.

— Séance du 13 août 1885 —

M. L. GUIGNARD, V.-Prés. de la Soc. d'Hist. nat. de Loir-et-Cher, à Chouzy (Loir-et-Cher).

Présentation de poteries antiques, description de bijoux. — L'étude de quelques fragments de poteries gauloise, romaine et franque amène la discussion sur la découverte faite en 1885 à Chartres (Eure-et-Loir), place des Épars, par M. Ludovic GUIGNARD, d'une tombe de la période gallo-romaine, présentant les deux rites funéraires d'inhumation et d'incinération. Cette découverte est d'autant plus intéressante que le coffre contenait deux bracelets de fer et un cuspis de flèche de même métal mêlés à des monnaies de Néron, ce qui ferait remonter l'âge du fer, dans la région des Carnutes, vers 54-68 après J.-C., si l'on considère que ces monnaies n'étaient accompagnées d'aucune autre des empereurs qui succédèrent à ce souverain.

M. Guignard présente à la Section une certaine quantité d'objets trouvés dans la commune de Chouzy (Loir-et-Cher); il fait savoir qu'il a en outre découvert des silex taillés et éclatés par le feu dans le cimetière gallo-romain et mérovingien dit des Vernous. Les silex auraient donc été déposés dans ces tombes, soit comme hommage au mort ou comme un symbole religieux.

Discussion. — M. le Dr NOELAS fait observer que ce symbolisme peut aussi bien s'appliquer à des symboles de la vie civile ou militaire.

M. GUIGNARD réplique qu'il n'est pas exclusif au point de vue du symbolisme religieux, car enfin jusqu'à ce jour certains silex ont pu à bon droit être considérés comme des armes ou des outils, mais bien d'autres affectent des formes qui doivent écarter toute discussion à cet égard : ce que M. Guignard veut spécialement constater, c'est que la période des silex taillés a duré non seulement pendant l'époque du bronze dans le préhistorique, mais aussi jusqu'à une époque assez avancée, indéterminée malheureusement, de la période du fer. Il continue sa démonstration des silex considérés comme symboliques, en présentant à l'auditoire quelques échantillons affectant la forme de têtes humaines coiffées d'un semblant de casque (imitation de celui de Berru). Certains de ces masques sont frappants, d'autres sont réservés dans la discussion.

M. da SILVA, M. (Le Chevalier), Archit. de Sa Majesté le roi de Portugal, à Lisbonne.

Inscription gravée sur un rocher dans la province de Douro (Portugal). — M. DA SILVA adresse à la Section un dessin reproduisant cette inscription, qui paraît très ancienne et appelle l'attention sur l'intérêt qu'il y aurait à en trouver l'explication.

M. L. GUIGNARD, à Chouzy (Loir-et-Cher).

Application d'une nouvelle méthode pour la découverte de l'écriture hiéroglyphique des dolmens. — M. GUIGNARD donne communication de la méthode qu'il a employée pour découvrir le sens des hiéroglyphes des dolmens de Gavr'innis, de Manné-er-H'Roc'h, de Mein-Drein, de Manné-Lud, de Petit-Mont. Après avoir fait, en quelques mots, l'exposé de cette méthode, il l'applique à une carte symbolique présentée par M. da Silva, et résout les difficultés soulevées par quelques signes inconnus. La théorie de M. Guignard est adoptée dans son ensemble par la Section.

— Séance du 14 août 1885 —

M. L. GUIGNARD, à Chouzy (Loir-et-Cher).

Aire d'une habitation présumée gauloise. — M. GUIGNARD fait passer sous les yeux des membres de la Section le dessin de l'aire d'un bâtiment ayant 50 mètres de façade et six chambres, trois par trois, au nord et au sud, de 4m,50 sur 5. Il fait remarquer un bloc anormal de 0m,90 de diamètre placé non loin de cinq tuiles à rebords placées à plat sur le dos, deux à deux et une.

Discussion. — M. le Dr NOELAS y verrait, ainsi qu'au Beuvray (Bibracte), par analogie, l'atelier d'un artisan à cause du bloc.

MM. NOELAS ET GUIGNARD sont d'accord pour reconnaître la nécessité des étymologies unies à la linguistique pour l'étude des noms des climats. L'endroit où l'habitation est située s'appelle le Thuilay et est fort près du lieu dit « l'Arrêt », ce qui indique un relais ancien.

M. le Dr NOELAS, Prés. de la Comm. de topogr. des Gaules pour le dép. de la Loire, à Roanne.

Recherches sur les villes antiques du Lyonnais portées sur la table de Peutinger.— M. NOELAS a étudié le problème de l'assiette des villes antiques de Mediolanum Segusiavorum, Forum, Aquæ-Segete, Ariolica, Voroglo, portées sur la table de Peutinger et encore mal déterminées. Il expose une méthode scientifique basée sur le départ d'un point incontesté pour les mesures itinéraires, sur la linguistique et l'étude sur le terrain lui-même ; il démontre que Roanne, Rodumnasur-Loire est ce point; que la route de Peutinger de Roanne à Lyon n'est autre que le chemin *de Sayette*, voie de terre des Phéniciens-Sidoniens du Rhône à la Loire navigable et faisant suite à la *voie Viennoise*, où il trouve Forum à Saint-Bonnet-des-Places avec Feurs *pour port antique;* Mediolanum à Moilon-Châtelard, près la digue de Pinay; Ariolica à Rouillère-Chenay (Saône-et-Loire), Voroglo au Breuil et non à Varennes (Allier) sur la ligne de retraite de César (après Gergovia), vers la Loire. Saint-Galmier est Aquæ-Segete et non Moingt, Cusson-la-Valmitte, *Icidmago* et non Usson. Au nord, il place Sitilla à Chizeuil-les-Digoin, Pocrinium à Pringuc, près Charolles. Une carte routière et détaillée vient à l'appui. Les noms donnent lieu à une discussion étymologique avec M. Guignard, d'où il résulte que l'étymologie même avec ses progrès modernes ne doit pas marcher sans la *linguistique*, qui amène de savants rapprochements de races et de peuples sur nos origines nationales.

— Séance du 17 août 1885 —

M. Ludovic GUIGNARD, à Chouzy (Loir-et-Cher).

De l'influence de l'art gaulois sur le portail de Mesland (*Loir-et-Cher*). — M. Guignard démontre par les nombreux indices rassemblés que l'église de Mesland a dû être bâtie sur l'emplacement d'un temple païen dédié à Mercure ou l'Hermès gaulois. Il montre l'art gaulois lui-même se perpétuant à travers les âges sur les nombreuses sculptures de l'édifice attribué à tort, selon lui, au style romano-byzantin. Il en donne, comme un exemple frappant, les moindres reliefs travaillés du portail, qui, malheureusement, tend chaque jour à se dégrader d'une façon irrémédiable pour l'archéologie locale ; il émet le vœu que cette œuvre d'art soit restaurée dans un bref délai. Ce vœu est adopté par la Section à l'unanimité.

M. BOSTEAUX, Maire, à Cernay-les-Reims.

Découverte d'une statuette gallo-romaine en bronze, avec inscription sur son piédestal en bronze. — Cette statuette en bronze, que j'ai mise à découvert le 25 février 1885 sur le territoire de Berru (Marne), représente le Jupiter Tarranis des Gaulois; il porte la foudre dans une main et il devait tenir le marteau de l'autre.

Au piédestal, qui supporte la statuette, se trouve gravée l'inscription abréviative latine suivante :

D . IOV . MAPA . SOLLI . FIL .

V . L . M .

Cette abréviation complétée et la traduction de ce texte nous a fait présumer que cette jolie statuette a été le résultat d'un vœu aux dieux de l'antiquité.

M. Théophile HABERT, à Troyes.

Réorganisation des musées de province. — M. Habert expose dans une lettre préliminaire :

Que l'Association française n'est pas seulement constituée dans le but de rechercher et de produire devant la science et devant l'histoire des faits nouveaux, mais aussi de veiller à la conservation des monuments acquis.

Que la négligence, l'indifférence et, par suite, le désordre, nécessitent une prompte et radicale réforme dans la tenue de nos musées de province.

Que, pour y remédier, deux choses sont nécessaires :

1° Nomination d'un inspecteur-directeur régional, capable et largement rétribué, ayant pour mission de veiller à l'exécution du règlement dont il va être parlé, de rechercher dans les travaux publics et particuliers ce qui peut intéresser l'archéologie ; de faire des conférences ; d'instituer des sociétés d'archéologie et de fonder des musées cantonaux ;

2° Création d'un règlement s'appliquant à toute la France, dans les termes qui sont formulés.

M. Gervais LAUNAY, Prés. de la Soc. Archéol., Scient. et Littér. du Vendômois.

Le fort de Fontenailles à Nourray, près Vendôme. — M. LAUNAY donne une description détaillée du fort de Fontenailles. Ce bâtiment militaire comprend une enceinte garnie de fossés avec quantité de buttes quadrangulaires en dehors, une en long, l'autre en travers et ainsi de suite.

Discussion. — M. le Dr NOELAS y voit une ligne de défense et un rapprochement des camps de cavalerie avec leurs mottes entourées de fossés d'écoulement, mais, en l'absence de mensurations desdites buttes et de tout document pouvant amener l'éclaircissement de la question, il n'est pas permis de conclure.

M. le Dr CHARVET.

Reconstitution d'époque et d'origine d'un mors de cheval. — Ce frein, qui tient le milieu entre le simple bridon et le mors de bride, a dû, vu l'étroitesse de son embouchure, servir à un cheval de petite taille, comme à un cheval barbe, comme en avaient les hordes barbares qui envahirent la Gaule au début de la monarchie française.

Sa conformation rappelle le mors oriental, et le manque absolu d'anneaux, dans les trous existants aux extrémités des branches, indiquerait que, comme les mors du Caucase, des lanières de cordes ou de cuir y étaient retenues non pas encore par des boucles, mais par des nœuds.

Ne connaissant pas assez bien l'histoire des invasions des hordes étrangères de la localité où cet objet a été trouvé seul, sans autres objets contemporains, et ne trouvant nulle part le dessin d'un même type, il devient très difficile de lui attribuer une époque certaine ainsi qu'une origine; mais, par analogie, je le crois arrivé par l'Asie ou la Germanie, à l'époque du commencement de la monarchie française.

M. l'Abbé TOURNIER.

Description de poteries anciennes. — M. l'abbé TOURNIER donne la description de poteries noires avec empreintes en creux au doigt ou bien lisses, ou saupoudrées et mélangées de mica, qui furent trouvées dans la grotte des Balmes, à Villereversure. Pour la plupart, ces vases sont faits au tour et se rencontrent dans les couches supérieures des endroits explorés au milieu de crânes et d'ossements. Parmi les découvertes, il signale un fragment de belle épée en bronze, une boucle, un morceau de bracelet perlé, un petit anneau de bronze uni et un motif d'ornement percé d'un trou dans un fossile (genre solarium), plus une fibule arrondie, avec étoile à cinq rayons en bronze, et un fragment indéfini de même métal.

– Séance du 19 août 1885 –

M. L. GUIGNARD, à Chouzy (Loir-et-Cher).

De quelques pierres curieuses observées dans le pays blésois. — M. GUIGNARD donne lecture d'un travail concernant quelques pierres curieuses observées dans le pays blésois. Il signale des poudingues siliceux se retrouvant comme boute-roues dans les villages anciens et portant parfois des stries profondes, produit d'un travail humain ; il montre l'antique origine du mur mitoyen relatée par une pierre à inscription, rue Vauvert, à Blois. Il termine en donnant la description de blocs sculptés encastrés dans la muraille, au-dessus de la porte de l'église d'Orchaise (Loir-et-Cher).

EXCURSIONS

VISITES SCIENTIFIQUES ET INDUSTRIELLES

PROGRAMME GÉNÉRAL.

Pendant la durée du Congrès de Grenoble, et conformément au programme général qui avait été donné, les membres ont eu l'occasion de faire diverses visites industrielles et de prendre part à des excursions tant générales que spéciales à quelques sections.

Nous reproduisons le programme de ces excursions et de ces visites dans leur ordre chronologique :

JEUDI, 13 août 1885.

Visites industrielles.

Usine de la Porte-de-France de MM. Dumollard et Viallet. Fabrication de ciment naturel ; visite des galeries du Mont-Jalla.

Visite de l'abattoir de Grenoble.

VENDREDI, 14 août 1885.

Le soir à 8 heures 1/2. Expériences d'extinction d'incendie, manœuvres des pompes, etc., par les pompiers de la ville de Grenoble, au nouvel Hôtel des Postes, place Vaucanson.

SAMEDI, 15 août 1885.

Excursion de la Grande-Chartreuse.

Départ par voiture à 5 heures du matin.
Montée par le Sappey.
Arrivée à la Chartreuse vers 11 heures.
Déjeuner à Saint-Pierre-de-Chartreuse.
Promenades aux environs de la Grande-Chartreuse.
Départ à 3 heures. Retour par Saint-Laurent-du-Pont et Voreppe.
Arrivée à Grenoble vers 7 heures et demie.

Excursion de Lus-la-Croix-Haute.

Départ par chemin de fer à 8 heures 37.

La vallée de la Gresse, Vif, Lus-la-Croix-Haute. Arrivée à 11 heures 26, déjeuner.

Visite du périmètre de reboisement.

Départ de Lus-la-Croix-Haute à 2 heures.

Arrivée à Grenoble à 4 heures 46.

DIMANCHE, 16 août 1885.

Excursion de Vizille et Uriage.

Trajet en voiture.

Départ à 6 heures (heure militaire); rendez-vous place Grenette.

Le Pont-de-Claix; visite des travaux de la distribution d'eau de Grenoble; visite du pont sur le Drac.

Vers 9 heures 1/2, arrivée à Vizille : fabrique de soieries, papeterie Peyron; visite du château, promenade dans le parc.

A 3 heures, départ pour Uriage.

Visite de l'établissement thermal et du château, promenades; dîner.

Départ pour Grenoble, arrivée vers 10 heures.

LUNDI, 17 août 1885.

Visites industrielles.

A. — Visite à Voiron : fabrique de soieries de M. Pochoy.

Départ par le chemin de fer à 2 heures 57; arrivée à 3 heures 39.

Départ de Voiron à 6 heures 52; arrivée à Grenoble à 7 heures 42.

B. — Visite à Brignoud et Lancey : fabrique de papier et de pâte à papier; usines de M. Fredet et de M. Bergès. Départ par voiture à 1 heure; retour à 7 heures 3/4.

C. — Visite de la section de Botanique au Jardin des Plantes et au Muséum d'Histoire naturelle.

MARDI, 18 août 1885.

Excursion de la vallée de la Bourne.

Départ par le chemin de fer, à 6 heures du matin.

Arrivée à Saint-Hilaire-du-Rozier à 8 heures 3; départ par voiture à l'arrivée du train.

Pont-en-Royans, collation.

Arrivée à Villard-de-Lans à 2 heures; déjeuner.

Départ à 4 heures.

Sassenage.

Arrivée à Grenoble à 7 heures 1/2.

Excursion d'Allevard.

Les membres se divisent en deux groupes suivant qu'ils s'intéressent aux questions médicales ou aux questions industrielles.

Départ par le chemin de fer à 6 heures 27.

GROUPE A	GROUPE B
Arrivée à Goncelin à 7 heures 30. Départ par voiture pour Allevard. Visite de l'établissement thermal.	Arrivée au Cheylas à 7 heures 41. Ascension des plans inclinés, visite des galeries de mines, des ateliers de triage, des fours de grillage.

Banquet général à l'établissement thermal.
Continuation de la visite de l'établissement.
Départ en voiture pour Pontcharra.
Départ de Pontcharra par chemin de fer à 6 heures 17.
Arrivée à Grenoble à 7 heures 47.

MERCREDI, 19 août 1885.

Excursion spéciale de la 9e section.

Excursion de la section de Botanique à Premel et à Chamrousse.

Visite générale.

Visite des travaux du Génie militaire au polygone; manœuvres diverses; lançage de ponts; expériences à la dynamite, etc.
Rendez-vous, place Malakoff, à 1 heure 1/2.

VENDREDI, 21 août 1885 et jours suivants.

Excursions finales.

I. EXCURSION D'ANNECY.
Pour une partie de l'excursion, les membres se sont divisés en trois groupes.

VENDREDI, 21 août 1885.

Départ par voiture à 5 heures du matin; rendez-vous place Grenette.
Arrivée à la Chartreuse vers 10 heures.

GROUPE A	GROUPE B	GROUPE C
Déjeuner à la Grande-Chartreuse. Promenades. Départ à 3 heures pour les Échelles. Dîner, coucher.	Déjeuner à la Grande-Chartreuse. Promenades. Départ à 3 heures 1/2 pour Saint-Laurent-du-Pont. Dîner et coucher.	Déjeuner à Saint-Pierre-de-Chartreuse. Promenades. La Grande-Chartreuse. Dîner et coucher.

SAMEDI, 22 août 1885.

Visite de l'établissement de pisciculture de Seaugettes.	Départ à 7 heures du matin.	Départ à 6 heures du matin.

Départ général des Échelles à 8 heures 1/2.
Saint-Béron : départ par chemin de fer à 10 heures 24.
Arrivée à Aix-les-Bains à 11 heures 55.
Déjeuner; visite de l'établissement thermal; promenades, dîner, coucher.

DIMANCHE, 23 août 1885.

Départ par chemin de fer à 5 heures 30 pour Lovagny.

Arrivée à 7 heures 15 ; visite des gorges du Fier.

Départ pour Annecy à 9 heures 22 ; arrivée à 9 heures 36.

Promenade en bateau sur le lac ; déjeuner.

Départ d'Annecy à 2 heures ; arrivée à Chambéry à 4 heures.

Départ à 5 heures 25 ; arrivée à 7 heures 47.

II. EXCURSION DE BRIANÇON.

Pour cette excursion, les excursionnistes se sont divisés en deux groupes.

Groupe A.

Les vendredi, samedi et dimanche 21, 22 et 23 août.

VENDREDI, 21 août 1885.

Départ par voiture, à 5 heures du matin (heure militaire) ; rendez-vous, place Grenette.

La vallée de la Romanche ; déjeuner au Bourg-d'Oisans ; dîner et coucher à la Grave.

SAMEDI, 22 août 1885.

Excursion au glacier de la Grave ; à 11 heures, déjeuner.

Départ à 1 heure ; passage du col du Lautaret.

Arrivée à Briançon vers 5 heures ; dîner à l'hôtel Terminus avec le groupe B ; coucher.

DIMANCHE, 23 août 1885.

Départ par le chemin de fer à 5 heures 30 du matin.

Arrivée à Gap à 8 heures 46 ; visite de la ville : déjeuner.

Départ à 11 heures 27, col de la Croix-Haute.

Arrivée à Grenoble à 4 heures 56.

Groupe B.

Les samedi, dimanche et lundi 22, 23 et 24 août.

SAMEDI 22 août 1885.

Départ par chemin de fer à 5 heures 3 du matin ; le col de la Croix-Haute.

Arrivée à Gap à 11 heures 25 ; déjeuner, visite de la ville.

Départ par chemin de fer à 2 heures 20 ; arrivée à Briançon à 5 heures 41 ; visite de la ville ; dîner avec le groupe A ; coucher.

DIMANCHE, 23 août 1885.

Départ par voiture à 5 heures du matin ; déjeuner à la Grave.

Excursion au glacier de la Grave ; promenades diverses, dîner, coucher.

LUNDI, 24 août 1885.

Départ pour le Bourg-d'Oisans, déjeuner.

Départ à 1 heure ; la vallée de la Romanche ; arrivée à Grenoble à 6 heures.

EXCURSION DE LA GRANDE CHARTREUSE.

15 AOUT 1885.

Les excursionnistes, au nombre de 100, se réunissent à cinq heures du matin sur la place Grenette, lieu ordinaire de nos rendez-vous, et s'installent dans une dizaine de voitures; le temps est beau et on nous promet une journée splendide, ce que la suite confirma. Après un léger retard, occasionné par les voitures, le convoi s'ébranle et nous partons au grand trot; cette allure ne devait pas durer et bientôt nous arrivons à une route présentant une pente considérable; aussi, malgré les chevaux de renfort, le trajet se fait au pas et cela pendant plusieurs heures. La route s'élève en lacet et découvrant la vallée du Graisivaudan et la ville de Grenoble dans le fond, tandis que de toutes parts l'horizon est borné par de hautes montagnes. L'air est pur, le soleil brille radieux, aussi l'on ne perd aucun détail; on distingue chaque maison de la ville, les fermes qui s'échelonnent à diverses hauteurs, et, dans le fond, l'Isère qui, après de nombreuses sinuosités, va confondre ses eaux avec celles du Drac.

Nous montons toujours et à un dernier tournant nous disons adieu à la vallée pour nous enfoncer dans le massif de la Grande Chartreuse. Bientôt nous sommes au Sappey; il est encore de bonne heure, mais l'air du matin éveille l'appétit et le déjeuner est encore loin; aussi on envahit le premier cabaret que l'on rencontre et l'on dévore vivres frais et provisions, c'est une rafle complète. Pendant ce temps les chevaux ont soufflé et sont prêts à nous emporter de nouveau; nous partons donc. Le pays que nous traversons est intéressant, la route est pittoresque, les flancs des montagnes sont boisés, les cimes seules restent nues; parmi elles Chamechaude, que nous n'avons point perdue de vue durant la presque totalité de la durée de l'excursion.

Enfin, nous arrivons à Saint-Pierre de Chartreuse, nous mettons pied à terre et nous nous dirigeons directement, et non sans hâte, vers la salle à manger, qui est installée pour nous dans les salles de l'École par les soins de l'hôtel Victoria; un arc de triomphe de feuillage avec les mots : « Honneur à la science, » nous en indique l'entrée, et après quelques minutes tout le monde est confortablement installé; on déjeune sans se presser, disons même en prenant trop ses aises, faute d'être bien renseignés d'ailleurs.

Nous avons abandonné nos voitures que nous devons retrouver plus loin et c'est à pied que nous faisons le trajet de Saint-Pierre à la Grande Chartreuse. La promenade est charmante; ici un ruisseau au fond d'une profonde vallée, là une sapinière, partout de la verdure; mais il fait chaud, le soleil est ardent et la marche paraît dure à beaucoup au sortir de la table, aussi le cortège s'allonge de plus en plus et il est près de trois heures lorsque l'on voit les constructions énormes du monastère. Elles faisaient plus d'impression autrefois, nous, dit-on, alors que les routes n'existaient pas et que l'on y parvenait par des sentiers ardus; l'importance des bâtiments contrastait avec les difficultés du chemin : cet effet n'existe plus, et, il faut l'avouer, le couvent n'a aucun caractère architectural.

Mais, déception ! nous ne pouvons entrer au couvent : outre que l'heure est tardive, la solennité de la fête du jour complique la question; quelques-uns cependant, les premiers arrivés, peuvent suivre la procession dans le cloître immense, mais c'est tout. Au fond, le mal n'est pas bien grand, car le couvent n'offre aucun intérêt réel; ce n'en est pas moins une contrariété pour beaucoup.

On se console en absorbant quelques verres de chartreuse au couvent des Dames de la Providence; heureusement encore que quelques-unes de nos collègues nous ont accompagnés, car les sœurs ne veulent rien donner, disons mieux, ne veulent rien vendre qu'aux personnes de leur sexe.

Les abords du couvent sont remplis de monde, de paysans d'abord, qui, je pense, sont venus assister aux offices; puis nombre de personnes venues de Grenoble par des services réguliers ou par des voitures particulières et qui font la tournée en sens contraire de la nôtre. Nous rencontrons notamment plusieurs de nos collègues qui n'avaient pu participer à notre excursion faute de places.

Mais l'heure du départ a sonné et, lentement, par un chemin boisé de toute beauté, nous nous dirigeons vers le point où nous trouverons nos voitures. On arrive enfin, on s'installe et le cortège défile.

Le chemin que nous suivons est magnifique, les gorges et les vallées se succèdent; de l'avis de ceux qui la connaissent, la route de la Via Mala est absolument comparable à celle que nous parcourons. Nous apercevons en passant l'importante usine où se fait la liqueur de la Grande Chartreuse, qui n'a jamais été fabriquée au couvent, et nous arrivons dans la riante petite ville de Saint-Laurent-du-Pont, où l'on s'arrête pour laisser souffler les chevaux, et où, d'une manière générale, tout le monde se désaltère.

A partir de ce point la route, sans cesser d'être jolie jusqu'à Voreppe, ne peut se comparer à ce que nous avons vu, elle mérite mieux cependant que l'indifférence avec laquelle elle a été accueillie en général.

A Voreppe nous sommes en plaine et presque en ligne droite jusqu'à Grenoble, où nous arrivons à la nuit, un peu fatigués par la durée de la promenade et par la chaleur, mais enchantés, en somme, de cette excursion, qui est classique et qui mérite de l'être.

EXCURSION DE LUS-LA-CROIX-HAUTE.

L'excursion de la Croix-Haute, organisée pour ceux des membres qui n'avaient pu, vu le nombre limité, prendre part à celle de la Grande-Chartreuse, n'était, en réalité, qu'une longue promenade en chemin de fer. Mais quelle promenade pittoresque que cette ligne reliant Grenoble à Gap, qui s'élève, par des tracés en lacets, par des tours et contours, de l'altitude de 200 mètres à plus de 1,000 mètres sur un parcours de 80 kilomètres! Sans se fatiguer, d'une station à l'autre, le voyageur voit se dérouler sous ses yeux un panorama splendide; ce jour-là, le soleil brille de tout son éclat, le temps est magnifique, et la chaîne des Alpes dauphinoises apparaît dans toute sa beauté.

On devait faire une visite aux travaux de reboisement, entrepris par le service des Eaux et Forêts, sur le col de la Croix-Haute. Le court délai entre l'heure d'arrivée et l'heure de départ n'était que juste suffisant pour le déjeuner servi à la Croix-Haute. On est obligé de se contenter d'une vue, à vol d'oiseau, des travaux déjà fort avancés sur les flancs des montagnes qui bordent la voie ferrée. Partis à huit heures et demie, nous étions rentrés à Grenoble à cinq heures du soir et, avouons-le tout bas, la chaleur torride, la digestion d'un déjeuner un peu rapide avaient rendu bien des voyageurs un peu somnolents. A coup sûr, on a mieux regardé en allant qu'en revenant.

EXCURSION DE PONT-DE-CLAIX, VIZILLE ET URIAGE.

16 AOUT 1885.

Une seule excursion avait lieu le dimanche 16 août et les 150 excursionnistes qui y prenaient part se trouvaient encore réunis sur la place Grenette; on s'installe promptement et bientôt on est en route. Nous suivons d'abord une belle allée plantée d'arbres, qui sur une longueur de 8 kilomètres s'étend en ligne droite entre Grenoble et Pont-de-Claix, où nous nous arrêtons et mettons pied à terre. Nous sommes reçus par le maire, M. Breton, qui a montré pendant toute l'excursion une extrême obligeance et nous nous dirigeons vers les travaux destinés à amener à Grenoble une quantité considérable d'eau potable. Sous la conduite du maire de Grenoble et de l'ingénieur chargé des travaux, on examine la double canalisation, les vannes qui livreront passage à l'eau ou l'intercepteront; les sources étant de l'autre côté du Drac, les tuyaux de conduite passent sous la rivière, dans un tunnel que presque tout le monde traverse pour ressortir sur l'autre rive: le passage est long parce que l'entrée et la sortie se font par des puits où l'on monte et descend dans des bennes. Sur la rive gauche on voit la cascade formée par les eaux qui, captées à 1500 mètres environ, sont actuellement rejetées dans le Drac, en attendant que les travaux étant terminés, elles puissent être envoyées dans la canalisation.

Les ingénieurs et les gens spéciaux se rendent aux sources mêmes; ils ne sont pas suivis par la foule des excursionnistes, qui vont voir le pont ou plutôt les ponts situés sur le Drac, et qui sont placés côte à côte. L'un, l'ancien, qui remonte au XVIe siècle, est constitué par une seule arche en plein cintre d'une grande hauteur: il constituait autrefois une des sept merveilles du Dauphiné. De son sommet on a une vue magnifique sur la vallée du Drac à l'amont et à l'aval. Le nouveau pont a été construit pour éviter les marches qu'il fallait gravir pour passer sur l'ancien pont; il est, en effet, beaucoup plus bas; il se compose aussi d'une seule arche très surbaissée.

Mais l'heure s'avance et à dix heures tout le monde est venu autour d'une longue table servie en plein air sous une tente; pour hâter le service, qui risquerait de se faire lentement, sur une longueur de 50 mètres on a installé de chaque côté une voie ferrée Decauville, qui aboutit d'autre part à la cuisine et sur laquelle roulent de petits wagonnets qui transportent ainsi rapidement d'un bout à l'autre les plats et les assiettes.

Le déjeuner s'achève, non sans quelques toasts, et l'on se dirige en hâte vers les voitures, qui bientôt s'ébranlent. La route suit à quelque distance le Drac d'abord, puis la Romanche. Bientôt nous sommes à Vizille et nous nous arrêtons à la papeterie de MM. Peyron, qui est toute pavoisée en notre honneur.

C'est grande fête à Vizille aujourd'hui ; cependant, sachant notre visite, une équipe d'ouvriers à consenti à travailler pour nous montrer le fonctionnement des diverses machines. On suit avec intérêt les modifications que subit le chiffon pour sortir la feuille de papier découpée et glacée, et l'on écoute les explications, qui sont clairement données. On ne nous laisse pas partir sans nous rafraîchir à un buffet qui avait été largement installé, et après notre départ les ouvriers viennent recevoir la compensation de leur sacrifice. Aussi, M. Gariel, profitant de cette occasion, remercie au nom de l'Association les ouvriers qui nous ont consacré une partie de leur journée de repos.

On remonte en voiture et bientôt on est au château qui appartient à la famille Casimir-Périer ; il est joli, bien situé, présentant une belle terrasse et un vaste parc, mais ne saurait se comparer à ce que nous avons vu à Blois ; un souvenir historique capital s'y rattache et suffit, à la rigueur, à expliquer la visite que nous y avons faite : c'est dans ce château que se réunirent le 21 juillet 1788 les délégués des municipalités dauphinoises qui réclamèrent la convocation des États généraux.

Pendant notre visite au château, une cavalcade de bienfaisance, avec des chars nombreux et variés et des quêteurs costumés, a envahi les rues de Vizille. Les quêteurs sont ardents, acharnés même et ont dû recueillir parmi nous une somme assez rondelette. Mais les chemins sont encombrés, nos voitures bloquées, et force nous est d'attendre ; les commissaires de la fête, d'ailleurs fort obligeamment, hâtent le mouvement ; nos voitures sont délivrées, nous y montons et nous partons.

La route que nous suivons et qui passe à Vaulnaveys est fort jolie ; on y rencontre de nombreux promeneurs venant d'Uriage, où nous arrivons vers cinq heures ; chacun prend son vol, les uns allant visiter l'établissement, d'autres se promenant dans le parc ou aux environs, d'autres enfin montent au château, fort joli, admirablement situé et où des rafraîchissements sont offerts par les soins du propriétaire, M. de Saint-Féréol.

L'heure du dîner arrive et l'on se répartit par groupes dans divers restaurants, conformément aux indications qui avaient été données d'avance. Après le repas, promenade dans le parc et, pour quelques fanatiques, danse au Casino, dont les portes nous avaient été gracieusement ouvertes. Mais promenade et danse ne durent pas longtemps, car le départ est fixé à neuf heures ; la journée a été longue et chaude et tout le monde est heureux de rentrer à Grenoble, où l'on arrive vers dix heures.

EXCURSION D'ALLEVARD.

18 AOUT 1885

Pendant que les voyageurs pour la vallée de la Bourne, le premier groupe sous la conduite de M. Gariel, prennent d'assaut les voitures qui les promèneront dans ces sites merveilleux du Vercors, une centaine de membres de l'Association, parmi lesquels un grand nombre de médecins et d'ingénieurs, s'acheminent vers le chemin de fer pour aller visiter Allevard. A six heures, tout le monde est au rendez-vous ; le temps est si beau que personne ne veut manquer la promenade. A Goncelin, la moitié des excursionnistes descend pour gagner Allevard directement par les voitures et visiter en détail l'établissement thermal, sous la conduite du directeur, des médecins inspecteurs et de tous les médecins de la station. L'autre moitié continue le trajet jusqu'au Cheylas ; les wagons qui nous ont été réservés sont détachés du train et ramenés sur la ligne spéciale de la Compagnie minière de Saint-Pierre-d'Allevard. Ces mines appartiennent aujourd'hui à l'usine du Creusot; on y extrait le minerai qui sert, comme pour l'usine Charrière, à la fabrication des fers si appréciés, dits *fers d'Allevard*. Les mines sont à Saint-Pierre et le charroi, qui se faisait jadis à dos de mulet, puis par voitures, se fait aujourd'hui entièrement par voie ferrée et à l'aide de plans inclinés qui descendent le minerai des galeries les plus élevées (à 1,100 mètres d'altitude) jusqu'à la gare du Cheylas. Un premier plan incliné, de 300 mètres, nous mène à la ligne construite par la Compagnie sur le flanc de la montagne. On s'installe, tant bien que mal, dans les wagons à minerai et le train roule jusqu'à Saint-Pierre, où s'étagent trois autres plans inclinés qui montent jusqu'au sommet de la montagne. Le directeur de la Compagnie nous fait les honneurs de son exploitation. Le temps dont nous disposons est malheureusement trop court pour qu'on puisse visiter les galeries de mines. On est forcé de voir au pas de course et l'on revient prendre les voitures qui nous amènent à Allevard. Nos compagnons du premier groupe ont tout vu en détail, sauf l'usine Charrière, dont la visite, annoncée par le programme, nous avait été gracieusement accordée, mais qui est fermée par suite de la mort subite de son directeur, dont les obsèques ont eu lieu le matin même.

L'heure s'avance et c'est avec un empressement significatif que chacun prend place à la table, somptueusement servie sous la vérandah de l'hôtel de la Compagnie. Le déjeuner se prolonge même un peu trop; mais, dame, les appétits étaient ouverts depuis cinq heures du matin. MM. les docteurs Isnard et Niepce portent la santé de leurs hôtes et boivent à la prospérité de l'Association française. Le professeur Potain répond par un toast spirituel aux compliments de bienvenue de ses confrères. On se disperse quelques instants dans le parc et, à quatre heures, quinze voitures nous emmènent à Pontcharra; le trajet est charmant ; la vallée du Breda offre les plus jolis sites, et si ce n'était une poussière effroyable qui s'abat sur nous comme un brouillard épais, on se fût récrié sur la courte durée du trajet. A Pontcharra, tout le monde se précipite dans le train, qui nous ramène à Grenoble à huit heures du soir.

EXCURSION DES GORGES DE LA BOURNE.

18 AOUT 1885.

Cette fois, le départ a lieu par le chemin de fer : le rendez-vous est donc à la gare ; on s'installe dans les voitures qui nous sont obligeamment réservées, et, à six heures, le train se met en marche ; nous suivons d'abord la route de Grenoble à Lyon, passant à Voiron, renommée pour ses fabriques de soieries, puis à Moirans, où nous prenons la ligne qui conduit à Valence. Le pays est joli, mais il n'a plus rien de grandiose des parties que nous avons traversées samedi ; voici Thulins, Saint-Marcelin, renommé par ses noix ; voici enfin la station de Saint-Hilaire, où nous nous arrêtons. Nous nous dirigeons à pied vers un pont suspendu situé à quelque distance et au-delà duquel nous trouvons nos voitures, qui sont arrivées la veille de Grenoble. On s'installe, non sans quelques lenteurs, puis le cortège s'ébranle, les voitures laissent entre elles un certain intervalle pour éviter les inconvénients de la poussière, autant du moins qu'il est possible. Nous traversons Saint-Nazaire, situé dans une verte et riante vallée, qui est coupée dans le village même par un haut et beau viaduc qui porte le canal de la Bourne. La route commence à monter et bientôt nous sommes au niveau de ce canal que nous suivons de près sur une longue distance : la vallée est large, bien cultivée, la verdure est souriante et non point brûlée, ce qui tient précisément à l'excès d'eau qu'elle possède ; le pays a l'air riche.

Après une heure de trajet environ, nous arrivons à Pont-en-Royans, où nous faisons halte pour prendre une collation qui est un véritable repas dont le besoin commençait à se faire sentir ; le rendez-vous pour reprendre les voitures est au pont du Diable, d'où l'on a une belle vue. Mais le diable paraît avoir mal fait sa besogne, car le pont est en grande réparation. Enfin, après quelque retard, tout le monde est prêt et l'on part : on entre dans ce qu'il conviendrait d'appeler non la vallée, mais les Gorges de la Bourne. Ce sont, en effet, de véritables gorges que nous traversons et que nous avons tout le loisir d'examiner, car elles sont longues et la route monte tout le temps, ce qui permet de faire aisément le chemin à pied aussi vite qu'en voiture. Ces gorges sont profondes et étroites sur nombre de points ; au fond, on voit le torrent tantôt couler en cascades sur les rochers qu'il blanchit de son écume, et tantôt former des nappes tranquilles dont la coloration rappelle celle de l'émeraude. La route est à une grande hauteur, taillée dans le rocher, tantôt en surplomb sur l'abîme, tantôt à moitié recouverte par les rochers que l'on a dû entailler ; sur certains points mêmes, il a fallu pratiquer des tunnels. Le spectacle est plein de grandeur et d'intérêt et, de l'avis de tous, cette excursion, qui n'est pas assez renommée, vaut au moins la classique course de la Grande Chartreuse.

Mais nous arrivons au sommet de cette longue montée, nous sommes à la Balme, dans une belle et large vallée, à une altitude élevée ; l'allure des chevaux s'accélère et nous sommes bientôt en vue de Villard-de-Lans, que l'on aperçoit au-dessus de soi, et où l'on ne parvient que par une route en lacet présentant une forte rampe. Les voitures s'arrêtent sur la place principale. Toutes les maisons sont pavoisées en notre honneur, la population s'empresse autour de nous et nous guide vers la salle à manger, jardin public où une longue table est dressée sous des arbres. On fait honneur au repas, car il est trois heures et la collation de Pont-en-Royans est loin ; au dessert, une jeune et charmante personne, Mlle A....., fait une collecte en faveur des pauvres et recueille une somme de 60 francs, qui est remise au maire.

Villard-de-Lans, qui n'a d'ailleurs rien d'intéressant en soi, est en passe de devenir un lieu de villégiature et nous y rencontrons un certain nombre de congressistes dont les familles y sont installées.

A cinq heures, le départ ; on suit pour revenir à Grenoble, une autre route, qui descend sur une très grande longueur avec une pente vertigineuse, en traversant les gorges d'Engins. Ces gorges sont renommées, elles nous paraissent cependant loin de valoir celles que nous avons traversées en venant; bien que la fatigue, la lassitude, le changement d'éclairage, car le jour tombe, puissent expliquer cette impression en partie, je crois que réellement elles sont moins intéressantes.

Cette longue descente se fait au pas, depuis Lans, sur une longueur de 10 kilomètres environ. Aussi fait-il nuit noire quand nous arrivons à Sassenage, au pied de la montagne; on laisse souffler les chevaux, on allume les lanternes, puis on repart, rapidement cette fois, car la route est belle et plate, et à huit heures et demie on débarque à Grenoble sur la place Grenette, naturellement.

EXCURSION FINALE D'AIX-LES-BAINS, ANNECY.

21, 22 ET 23 AOUT 1885.

La course de Briançon, convoitée par le plus grand nombre, ne comportait qu'un nombre limité d'excursionnistes; encore avait-il fallu combiner des marches en sens inverse pour assurer à tous le vivre et le couvert. Les refusés de cette pittoresque promenade s'étaient rejetés, un peu à contre-cœur, sur l'excursion d'Aix-les-Bains; ils n'ont pas été, croyons-nous, les moins bien partagés.

A cinq heures du matin, le vendredi, tous les voyageurs sont réunis; les uns pour Briançon, les autres pour Aix. A heure militaire, on se salue d'un dernier adieu et les voitures partent au galop. Nous refaisons, dans cette première journée, l'excursion de la Grande-Chartreuse, ascension par le Sappey, déjeuner à Saint-Pierre-de-Chartreuse, visite du couvent. Une partie du groupe couche à la Grande-Chartreuse et nous retrouvera demain matin. Le reste descend à Saint-Laurent-du-Pont et vient s'installer dans le village des Échelles, tout étonné d'avoir tant de voyageurs à la fois. Tout le monde ne trouve pas l'installation bien confortable, mais une nuit est bien vite passée.

Le lendemain, samedi, visite, au passage, de l'établissement de pisciculture de Seaugettes, établissement privé. Nous traversons, un peu trop vite, au gré des touristes, la gorge de la Chaille, qui mérite d'être vue, même après les merveilleuses gorges de la Grande-Chartreuse, et nous prenons à Saint-Béron le train pour Aix-les-Bains.

Nous ne ferons pas le tableau de ces régions pittoresques, que tout le monde connaît; mais nous ne saurions remercier trop vivement les membres du corps médical d'Aix, qui ont fait au groupe, trop peu nombreux, de l'Association française une réception si cordiale et si brillante. Tout avait été préparé par leurs soins; tous ces messieurs se sont tenus, en dépit de leurs occupations personnelles, si multipliées dans cette saison, à la disposition de leurs hôtes. Un déjeuner, servi à la villa des Fleurs, nous attend au sortir de la gare; puis, vient la visite de l'établissement thermal; à quatre heures, un bateau, réservé exclusivement pour nous, nous emmène de l'autre côté du lac, à l'abbaye de Haute-Combe. Le soir, un banquet somptueux nous est offert par le corps médical dans les salons du Casino. Nous étions soixante-dix en arrivant; nous voici plus de cent à table. Poussant l'amabilité jusqu'à ses dernières limites, ces messieurs ont invité tous les médecins, tous les membres de l'Association se trouvant à ce moment en résidence à Aix. C'est ainsi que le président de l'Association, M. Verneuil, qui n'avait pu, en raison de son état de fatigue, suivre l'excursion, s'est trouvé au milieu de nous, fort à propos pour remercier de leur accueil les médecins d'Aix-les-Bains et répondre aux toasts de leur doyen M. Davat, de MM. Brachet, Blanc, Petit, etc.

C'est à peine si, dans cette après-midi si mouvementée, on a eu le temps de reconnaître son logement; chacun s'est trouvé, cependant, casé à sa complète satisfaction. Un seul point noir dans cette fête, point noir qui s'est traduit, au retour de Haute-Combe, par une averse torrentielle, mais qui n'a duré que le temps de rafraîchir l'air et d'abattre fortement la poussière. Inutile d'ajouter que les directeurs du Casino, de la villa des Fleurs avaient admis gracieusement les membres de l'Association dans les salons; plus d'un, malgré la fatigue, a voulu entendre le joli opéra de Bizet, *Carmen*, qu'on jouait le soir.

A cinq heures du matin, le dimanche, journée finale : un train spécial nous emmène à Annecy; les touristes s'égrènent; plus d'un s'est attardé dans cette coquette ville d'Aix. Nous sommes loin de compte; à peine si une cinquantaine de voyageurs sont à la gare à l'heure du départ. M. Friedel, devenu notre président pour 1886, ne nous quitte heureusement pas.

Le train s'arrête à Lovagny, pendant une heure, pour nous permettre de visiter les gorges du Fier et la mer de Rochers. A Annecy, de la gare nous allons droit au bateau; le docteur Thonion et M. Dunand, conservateur du Musée, ont tout disposé pour que notre temps soit bien et agréablement occupé. Qu'ils nous permettent de leur adresser nos sincères remerciements. Un bateau pavoisé nous promène pendant deux heures sur le lac d'Annecy; une bouée a été jetée la veille sur l'emplacement d'habitations lacustres et, grâce à la transparence de ces belles eaux, on peut voir les troncs de support des habitations indicateurs de ces vestiges des temps primitifs. N'oublions pas dans son remerciements la musique municipale d'Annecy et la Société de cors, qui, à l'arrivée, au départ et pendant le déjeuner, nous ont joué les meilleurs morceaux de leur répertoire. A quatre heures, le train nous ramène à Aix, puis à Chambéry; chacun part de son côté; un petit nombre va jusqu'à Grenoble. Le Congrès est fini, car la clôture vraie ne compte que de l'excursion finale; on se donne rendez-vous pour l'année suivante, et l'on part, enchanté de l'accueil si cordial des Dauphinois et Savoisiens, enchanté du temps merveilleux qui a favorisé nos promenades.

EXCURSION FINALE DE BRIANÇON.

21, 22 ET 23 AOUT 1885.

Le 21 août, à cinq heures du matin, cent cinquante excursionnistes environ se trouvaient réunis sur la place Grenette et se répartissaient dans deux groupes de voitures qui, tout à l'heure, devaient partir en sens contraire. L'installation n'est pas trop longue et bientôt nos trois voitures, deux diligences et un break couvert se mettent en route vers le sud, tandis que l'autre groupe, plus nombreux, part vers le nord. Le temps est beau d'ailleurs et la journée s'annonce bien.

Nous suivons d'abord la route que nous avons parcourue le dimanche précédent; nous traversons Pont-de-Claix, puis Vizille; mais ici, au lieu de nous diriger sur Uriage, nous continuons à monter la vallée de la Romanche, qui tantôt se resserre et tantôt devient plus large; de hautes montagnes apparaissent successivement avec leurs sommets découpés présentant quelquefois de bizarres découpures; on commence à apercevoir des glaçons. La route s'éloigne peu de la Romanche, dont le cours est très impétueux, mais qui a été utilisé cependant pour faire marcher quelques scieries, mais surtout une importante papeterie.

Vers onze heures, nous arrivons au Bourg-d'Oisans, petite ville située à la rencontre de deux vallées, non loin du confluent de la Romanche et de la Vénée; on se dirige, avec quelque hâte, vers l'hôtel de Milan, où une table de 50 couverts a été dressée et où un déjeuner copieux nous attend; nous lui faisons bon accueil, les heures paraissent longues lorsqu'on est en route depuis cinq heures du matin. Nous retrouvons à table quelques congressistes qui ont quitté Grenoble avant la fin du Congrès et fait des excursions variées dans le pays; ils nous quittent bientôt pour rentrer à Grenoble.

Le déjeuner terminé, on va voir une cascade située à quelque distance et qui, sans être dénuée d'intérêt, ne diffère guère de toutes celles que nous rencontrerons sur notre route; à une heure nous trouvons les voitures sur la route, on s'installe et l'on part.

Le chemin commence bien, d'abord il est presque horizontal; mais voici bientôt la montée qui commence, pour durer pendant plusieurs heures. La route s'élève en lacet, surmontant toutes les difficultés que l'on peut imaginer; la Romanche coule au fond du ravin, qui est assez large, à une grande profondeur au dessous; les montagnes sont dénudées sur presque toute leur étendue; de distance en distance cependant, des parties boisées, des espaces cultivés. L'effet est moins pittoresque que dans la vallée de la Bourne, il est plus triste et plus grandiose; ce caractère de désolation s'accroît d'ailleurs à mesure qu'on monte.

Chemin faisant, presque tout le monde est descendu, car l'air commence à être frais et il fait bon marcher; puis, selon leurs goûts, les uns herborisent, les autres recueillent des minéraux, observent les couches de terrain; d'autres encore, de loin en loin, prennent quelques croquis rapides. On s'intéresse à un village perché sur un sommet et pour lequel les communications sont d'une extrême difficulté, à des travaux qu'on exécute pour une route, paraît-il, qui doit passer bien au-dessus de celle que nous suivons, aux sources qui laissent filtrer l'eau le long des rochers. Nous passons, nous dit-on, non loin d'une route romaine, et l'on a retrouvé des traces d'un arc de triomphe; mais le temps nous manque pour aller voir l'une et l'autre. Nous sommes d'ailleurs en haut de cette longue montée; de nouveau nous nous installons dans nos voitures, qui partent au trot, et qui, à travers un pays également désolé, nous amènent à la Grave, où se termine notre étape. Nous arrivons plutôt au bas de la Grave, car le village, très ramassé, est construit sur un mamelon très abrupt; la route est à mi-côte, la Romanche au fond du ravin, et, devant nous, la montagne et les glaciers de la Mège.

L'hôtel de la Mège, où nous sommes arrêtés, a doublé et même triplé le nombre des lits dans chaque chambre. Cela ne suffit point encore; mais, prévenu en temps utile par le Comité local, l'hôtelier, M. Juge, s'est assuré de lits dans le pays, cinq chez le curé, trois chez le notaire, et ainsi de suite. Il faut procéder à la répartition : aidé de M. Ferran, un membre actif du Comité local et du Club alpin, qui nous guide dans cette excursion, M. Gariel fait le classement; bien que la chose soit peu aisée, chacun y met du sien et finalement nul ne se plaint. On se rend d'abord au domicile qui nous a été désigné pour en prendre possession et faire une toilette très sommaire, et l'on revient à l'hôtel, la salle à manger étant le lieu de réunion tout indiqué. Voici tout le monde casé, la soupe apparaît et respectueusement le silence se fait; il disparaît au fur et à mesure que l'appétit se trouve apaisé et bientôt la conversation devient générale. Après le dessert, quelques-uns prennent du café, quelques-uns vont fumer en se promenant, d'autres vont se coucher immédiatement, il est neuf heures! Mais quelques enragés veulent danser; il y a bien des éléments, les danseurs ne manquent pas, ni les danseuses, mais la musique fait défaut. Un aimable congressiste embouche un saxhorn dont il tire quelques sons, sans pouvoir en faire sortir une mélodie. N'est-ce que cela? on dansera en chantant. En un clin d'œil on a enlevé le couvert, mis de côté les tables et les chaises, et les couples s'élancent en chantant: une valse, le quadrille des lanciers, une autre valse, un quadrille américain. On s'arrête enfin pour laisser dormir ceux qui sont couchés, tout le monde se sépare. Quelques-uns vont faire une promenade charmante par un beau clair de lune, qui dessine de magnifiques ombres; puis on rentre chez soi, on se couche et à onze heures le silence est absolu, tout le monde dort à la Grave.

Le programme n'indique rien de général pour le samedi matin; aussi les uns se promettent-ils de se reposer en faisant la grasse matinée, d'autres se contenteront de petites promenades peu fatigantes aux environs, poussant même jusqu'au prochain village, qu'on appelle la Terrasse et d'où l'on a une belle vue. Mais deux excursions sérieuses ont été organisées et se mettent en route à cinq heures du matin, chacune sous la direction d'un guide; l'une se dirige vers les plateaux de Paris, d'où l'on a une vue d'ensemble de la vallée et des glaciers; l'autre, réservée aux alpinistes, se dirigera par un chemin détourné vers ces glaciers mêmes, que faute de temps elle n'atteindra cependant pas. Pour cette dernière, bien que le chemin ne présente aucune difficulté réelle, l'ascension est raide, on monte pendant trois heures et demie presque sans désemparer. On parvient ainsi à une altitude de 2,200 mètres, s'étant élevé de près de 1,000 mètres depuis le départ, et on s'arrête en un point peu éloigné du glacier, dominant un lac aux eaux calmes et de couleur variant suivant les jeux d'ombre et de lumière. M. Ferran prend une vue photographique du groupe des excursionnistes, et l'on se met en route pour descendre; la descente est rapide, plus rapide que la montée, elle n'en dure pas moins de deux heures et demie, elle est très fatigante, et il faut une certaine attention si l'on veut aller vite. A onze heures les excursionnistes qui étaient en tête du groupe arrivent à l'hôtel; les autres suivent de plus ou moins loin, mais tous parviennent sans incident.

Le déjeuner se passe sans encombre; mais on attelle les chevaux, il faut se dépêcher, on prend le café à la hâte, et de nouveau l'on s'installe. Le signal du départ est donné, la caravane se met en route.

Au sortir de la Grave, la route traverse deux tunnels, dont l'un a, dit-on, une longueur de 800 mètres; au delà la vallée s'élargit, mais en prenant un caractère de désolation de plus en plus marqué; la route monte beaucoup et présente de nombreuses sinuosités, de telle sorte que l'aspect du pays change à chaque instant avec le changement de direction du chemin. Peu à peu, presque tout le monde met pied à terre, car l'air commence à se rafraîchir; réunis par groupes où l'on devise sur les sujets les plus variés, nous arrivons vers trois heures au col du Lautaret, à 2,075 mètres d'altitude; nous y rencontrons une première bande de congressistes (nous en croiserons deux autres plus loin sur la route) qui fait, en voiture particulière et en sens contraire, la tournée que nous exécutons. L'hospice, construit sur le col et qui porte son nom, est maintenant une maison de cantonnier, qui peut au besoin servir d'auberge et où nous absorbons les liquides les plus divers.

Encore une fois nous remontons dans les voitures, que nous ne quitterons plus jusqu'à notre arrivée, et nous partons; la route descend, cela va sans dire, et descend beaucoup, elle continue à être sinueuse. La vallée de la Guisane que l'on suit est assez vaste, bordée de hautes montagnes dont les sommets sont couverts de glaciers; elle est d'abord nue, désolée, mais à mesure qu'on descend la verdure apparaît, les arbres, les cultures, sans que d'ailleurs, il y ait rien de particulier à signaler. Nous traversons Monestier et bientôt nous apercevons Briançon, et surtout sa citadelle et les forts qui l'entourent. Nous arrivons par la hauteur et, par rapport à la citadelle, la ville nous paraît presque être dans un fond; il faut la voir par l'autre route, de la gare du chemin de fer, pour bien se rendre compte qu'elle est, au contraire, bâtie sur une éminence, à laquelle on n'accède d'un côté que par une route présentant une rampe excessivement forte.

Les voitures s'arrêtent à la porte de France, tout le monde descend, il est plus de cinq heures et demie. On entre dans la ville, que l'on a vite fait de visiter, on va voir le pont du Diable, on admire les aspects magnifiques qui se présentent de tous côtés, puis on se rend à la gare, où est le rendez-vous général et où nous trouvons le groupe B de l'excursion officielle, qui, parti seulement le samedi matin, fait en sens contraire la même tournée que nous, qui sommes le groupe A.

La question du logement est compliquée, il ne faut pas trouver moins de 80 lits; l'hôtel Terminus, qui fait partie de la gare, en doublant les lits, peut offrir une vingtaine de places. Les hôtels de la ville sont pleins, paraît-il, et, d'ailleurs, ils sont trop éloignés pour qu'on puisse les utiliser; un certain nombre de particuliers ont aussi offert des chambres, mais la même raison fait rejeter la plupart; seules quelques-unes, qui sont dans le quartier bas, à Sainte-Catherine, près de la gare, sont prises. La grande majorité trouve l'hospitalité dans un dortoir de 68 lits établis à l'usine Chancel; c'est un des dortoirs destinés aux ouvrières italiennes qui travaillent la soie, ce dortoir est vide en ce moment, il a été obligeamment mis à notre disposition, ce qui a grandement facilité cette excursion.

A huit heures on se met à table, où l'on sert un banquet avec un certain luxe; le champagne à la fin pétille dans les coupes, on prononce quelques toasts, courts et peu nombreux, mais on ne s'attarde pas, et bientôt tout le monde est dans son lit.

Le dimanche, branle-bas général à quatre heures et demie; il faut manger un morceau avant le départ, qui a lieu à cinq heures trente minutes, heure à laquelle nous prenons le train régulier, tandis que les excursionnistes du groupe B s'installent dans les voitures que nous avons quittées hier et vont refaire en sens inverse le trajet que nous avons suivi depuis Grenoble.

Le chemin est intéressant et on regrette la vitesse, modérée cependant, avec laquelle le train nous emporte et qui ne nous permet de voir qu'en passant des points qui mériteraient de nous arrêter quelques heures. Voici Mont-Dauphin, où la vallée du Guil vient déboucher dans celle de la Durance, que nous suivons depuis notre départ et qui est si pittoresque avec ses bords à pic, ses roches dentelées; plus loin, c'est Embrun, dont les murailles sont démantelées sur une vaste étendue pour permettre à la ville de s'étendre, Embrun, qui est bâtie au bord d'une falaise à pic dominant la vallée.

Encore quelques tours de roue et nous quittons la vallée de la Durance; bientôt nous sommes à Gap.

Nous trouvons dans cette ville. l'inspecteur d'Académie qui, très obligeamment, se met à notre tête et nous guide dans la visite que nous faisons, visite rapide, car la ville ne présente pas un grand intérêt; nous voyons l'église, la préfecture et le tombeau du connétable de Lesdiguières, le musée d'histoire naturelle, et c'est tout, à ce qu'il nous semble.

Le déjeuner nous rassemble à l'hôtel de Provence, déjeuner qui nous paraît satisfaisant à tous égards, car nous sommes déjà depuis longtemps en route; c'est d'ailleurs notre dernière réunion, car, dès notre arrivée à Grenoble, tout le monde se dispersera.

On revient à la gare en jetant un dernier coup d'œil sur la ville et sur les montagnes qui l'entourent de toutes parts. Puis nous remontons dans nos wagons que, sauf pendant un arrêt à Veynes, nous ne quitterons qu'à notre arrivée à Grenoble.

De Veynes à Grenoble, la route est très accidentée et, seule même, mériterait le voyage; à droite se développe une belle vallée, tandis qu'au loin apparaissent les Alpes dauphinoises, dont on distingue nettement les principaux pics, tandis que la voie se développe à flanc de montagne sur la gauche. Nous passons au col de la Croix-Haute et nous arrivons dans la vallée de la Gresse jusqu'à Vif, où la ligne serpente d'une manière curieuse pour descendre jusqu'au village.

A quatre heures cinquante-six minutes nous arrivons à Grenoble et, comme nous le pensions, la séparation est brusque, les uns rentrent dans la ville tandis que les autres restent à la gare pour prendre les trains qui partent dans diverses directions.

On ne se sépare pas, cependant, sans s'être souhaité un bon voyage et s'être promis de se retrouver, au prochain Congrès, à Nancy.

GRENOBLE. — MANŒUVRES DES POMPIERS ; TRAVAUX DU GÉNIE.

14 AOUT, 19 AOUT 1885.

Indépendamment des excursions et visites industrielles proprement dites, nous devons parler des deux intéressantes séances qui ont été données aux membres de l'Association par les pompiers de Grenoble et par le régiment et l'École du Génie.

Les manœuvres des pompiers eurent lieu le vendredi 14 août, au nouvel

Hôtel des Postes, vaste bâtiment dont la construction est terminée, mais qui n'est pas encore aménagé. Une vaste enceinte avait été réservée sur la place Vaucanson et des chaises avaient été disposées pour les membres du Congrès. Une foule nombreuse se pressait en dehors de l'enceinte et toutes les fenêtres regorgeaient de spectateurs.

A neuf heures les clairons se font entendre et des deux côtés de la place arrivent au pas de course les compagnies de pompiers avec leurs pompes et tous les accessoires, qui prennent rapidement place dans l'enceinte réservée. Les officiers se pressent auprès du commandant, M. Ricoud, qui donne les dernières instructions, et bientôt les manœuvres commencent.

Nous ne suivrons pas le programme dans tous ses détails, nous n'insisterons pas sur la mise en batterie des pompes dans diverses conditions et nous signalerons seulement quelques-uns des exercices qui ont le plus attiré l'attention.

D'abord, l'escalade de la façade à l'extérieur à l'aide d'échelles métalliques mobiles recourbées à une extrémité et que l'on accroche aux balcons, aux appuis des fenêtres, aux gouttières, et qui permettent d'arriver rapidement du niveau du sol jusqu'au toit.

Puis la descente le long d'une corde fixée seulement à la partie supérieure et sur laquelle, grâce à l'emploi d'un appareil fort simple, on s'arrête à une hauteur quelconque.

La manœuvre des échelles de sauvetage roulantes que l'on développe le long de la façade permet d'attaquer le feu à diverses hauteurs et facilite le sauvetage des individus et des objets précieux.

L'emploi du long tube en toile que l'on fixe à la partie supérieure et dans lequel on se laisse glisser dans des conditions telles que l'on peut régler la vitesse et éviter des chocs dangereux, a fort intéressé les spectateurs.

Nous en dirons autant de l'extinction d'un lac de bitume et de goudron enflammé à l'aide du mata-fuegos, appareil portatif qui projette sur le foyer de l'eau chargée d'acide carbonique.

La séance s'est terminée par une grande manœuvre dans laquelle, de trois côtés à la fois, des escouades de pompiers se sont précipitées dans le bâtiment et sont parvenues à installer jusque sur le toit, en un temps assez court, leurs tuyaux, d'où l'eau jaillissait en jets vigoureux, permettant d'attaquer de haut en bas le foyer supposé de l'incendie.

Quelques chandelles romaines, des feux de Bengale permettent, jusqu'à un certain point l'illusion, et en tout cas forment un tableau pittoresque.

Mais la retraite sonne, tout cesse ; bientôt les pompes et accessoires sont mis en ordre, le défilé a lieu à nos vifs applaudissements, applaudissements bien mérités que répète la foule sur toute la place.

La séance à laquelle nous étions conviés par le régiment et l'École du Génie eut lieu le mercredi 19 août, dans la journée, au polygone, et sur le bord de l'Isère. Cette séance, à laquelle assistait le général Davoust, commandant le 14e corps d'armée, eut un succès mérité ; nous ne saurions trop remercier à cette occasion les officiers, qui se sont mis à notre disposition pour nous donner complaisamment toutes les explications nécessaires.

Nous ne saurions, en quelques lignes, résumer tout ce que nous avons vu et nous devons nous borner à un programme à peine détaillé.

Le forage des puits, le forage instantané, qui fournit de l'eau dans un temps très court, a paru d'autant plus intéressant que son emploi n'est pas limité aux opérations militaires, mais qu'il peut servir dans nombre d'autres circonstances.

La visite des galeries de mines a été particulièrement goûtée, elle était d'ailleurs rendue facile par l'éclairage électrique à l'aide de lampes à incandescence qui ne vicient pas l'air et ne présentent aucun inconvénient.

Puis vinrent les travaux de sape, l'établissement de tranchées; on a regretté de ne pouvoir consacrer plus de temps à regarder l'organisation intelligente de ces travaux exécutés méthodiquement et rapidement et qui, en présence de l'ennemi, exigent une si minutieuse attention.

On a également visité avec intérêt les batteries de campagne élevées en quelques heures.

On peut dire cependant que c'est sur les fossés et sur l'Isère que le spectacle était le plus curieux. Nous avons assisté à la construction rapide de ponts de divers modèles et dans des conditions variées; nous avons admiré la précision des manœuvres, qui permettent une construction rapide; sur les fossés, c'étaient un pont de circonstance, une passerelle d'acier que nous avons vu commencer et terminer. Sur l'Isère nous avons admiré un pont Bigaro qui, commencé à midi, se terminait à quatre heures, au moment où nous arrivions; un pont de radeaux, dont nous avons vu établir plusieurs travées.

Puis, après les travaux de construction, l'œuvre de destruction. L'emploi de la dynamite pour rompre un pilot, pour briser un rail, frappe l'esprit, même de ceux qui connaissent la puissance de cet agent explosif.

Mais, là encore, c'est sur l'eau que les effets ont été les plus remarquables; nous avons vu lancer sur l'Isère une torpille qui, après un certain temps, a fait explosion en projetant en l'air une magnifique gerbe liquide. S'il s'était trouvé un obstacle en ce point, il eût infailliblement disparu.

Pour la clôture, nous revenons aux fossés et nous assistons à la destruction par la dynamite d'un pont de chevalets; placés à l'extrémité d'une vaste nappe d'eau, nous distinguons le pont, qui se projette sur un fond de verdure. Au signal d'un clairon une étincelle électrique a jailli, l'eau a bouillonné et s'est élevée en masse, et lorsqu'elle est retombée le pont n'existait plus et des pièces de bois éparses flottaient de toutes parts.

Si nous ajoutons que le temps était magnifique, on comprendra qu'un excellent souvenir soit resté de cette journée à toutes les personnes qui ont assisté à ces manœuvres.

LES CIMENTS DE LA PORTE DE FRANCE (1).

La ville de Grenoble est située au pied du dernier escarpement du mont Rachais, à la base duquel se dressent les rochers abrupts que couronnent les forts Rabot et de la Bastille. Au-dessus de la Bastille s'élève le mont Jalla, qui domine Grenoble d'environ 430 mètres de hauteur, et d'où l'on jouit d'un panorama magnifique sur la belle plaine du Graisivaudan. Cette montagne renferme le célèbre filon de la Porte de France, qui fut découvert en 1842 par M. Breton, aujourd'hui colonel du génie en retraite.

La Société des ciments de la Porte de France tire son nom d'une des anciennes portes de Grenoble, bâtie sous Lesdiguières, et située sur la rive droite de l'Isère, au nord-ouest de la ville. Elle comprend, sous la même raison sociale (2), trois maisons qui s'occupent

(1) Extrait d'une note publiée par M. Talansier dans le journal *le Génie civil*.

(2) Société générale et unique des ciments de la Porte de France (Delune et C°).

de la fabrication et de la vente des ciments : la maison Dumolard et Viallet et la maison J. Arnaud, Vendre et Carrière, dont les carrières sont situées au mont Jalla ; la maison Dupuy-de-Bordes et Cie, dont l'exploitation est à Seyssins, à 7 kilomètres au sud de Grenoble. Nous nous occuperons ici surtout du premier de ces établissements, le plus important et le plus intéressant au point de vue de l'exploitation.

Calcaire de la Porte de France. — La pierre à ciment de la Porte de France est extraite d'une puissante couche de calcaires argileux et bitumeux, de couleur noire, à grains très fins et à cassures conchoïdales. D'après M. Lory, le savant géologue, doyen de la Faculté des sciences de Grenoble, cette couche se lie intimement avec la base du terrain crétacé et est remarquable par l'homogénéité et la finesse du mélange argileux qu'elle contient dans la proportion d'environ 24 %.

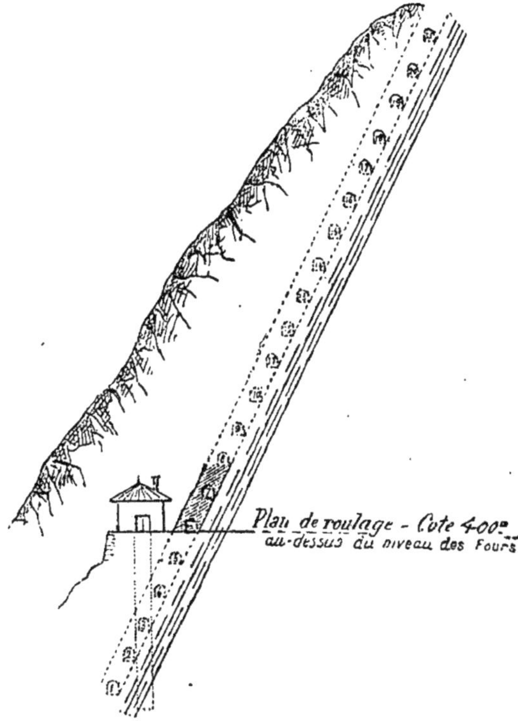

Fig. 9. — Coupe verticale du filon principal du mont Jalla perpendiculairement aux galeries d'exploitation.

Le filon principal de la Porte de France fait un angle d'environ 15° avec la verticale ; son épaisseur est de 4m,50. A droite de ce premier filon, s'en trouvent deux autres qui ont la même composition, mais dont l'épaisseur n'est que de 1 mètre à 1m,50.

Nous donnons plus loin les résultats que donne ce calcaire à l'analyse.

Carrières. — Les carrières de MM. Dumolard et Viallet, situées au sommet du mont Jalla, comprennent 20 étages de galeries de 3m,50 de hauteur, séparées par des plafonds de même épaisseur (fig. 9). La galerie principale se trouve à la cote 400 mètres au-dessus des gueulards des fours. Les

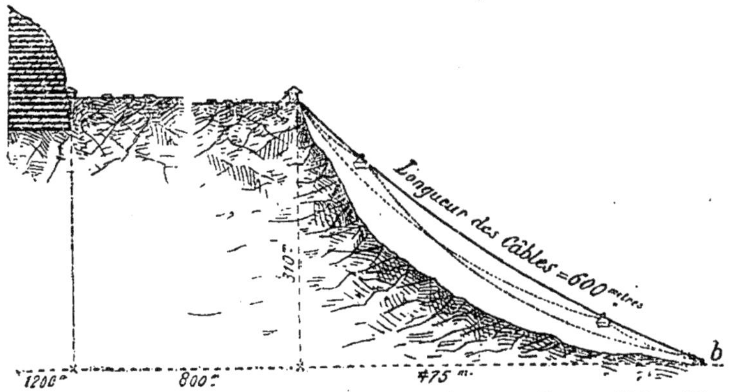

Fig. 10.— Coupe longitudinale de l'exploitation supérieure du mont Jalla et profil des câbles aériens.

pierres extraites des 14 galeries supérieures sont amenées dans la galerie principale par des puits creusés dans les couches secondaires ; celles exploitées dans les 5 galeries inférieures sont remontées au même niveau par un monte-charge actionné par l'eau en temps ordinaire et par une machine à vapeur en temps de sécheresse. Les pierres sont emportées par des wagonnets de 2 mètres cubes de capacité.

Au sortir de la galerie principale, la voie court à flanc de coteau et, après un parcours d'environ 800 mètres, s'arrête au bord d'un précipice de 300 mètres de profondeur. Là, les pierres sont déchargées et elles franchissent les pentes abruptes de la montagne dans des caisses portées par un câble aérien automoteur de 600 mètres de longueur (fig. 10). Arrivées en bas, elles sont précipitées dans un puits vertical aboutissant à une galerie horizontale par laquelle on les amène directement dans des wagonnets sur la plate-forme même des fours.

Câble aérien automoteur du mont Jalla (1). — La distance verticale entre le point de départ du câble et la gare d'arrivée est de 310 mètres. Entre ces deux points le sol est tellement accidenté, qu'il était impossible d'y établir aucune communication directe par route ou par voie ferrée. L'emploi de câbles aériens se trouvait naturellement indiqué ; mais jusqu'alors ces câbles n'avaient eu que des portées maxima de 200 à 300 mètres et n'avaient transporté que des charges ne dépassant pas 400 kilogrammes. Au mont Jalla,

STATION DE DÉPART DES CABLES AÉRIENS.

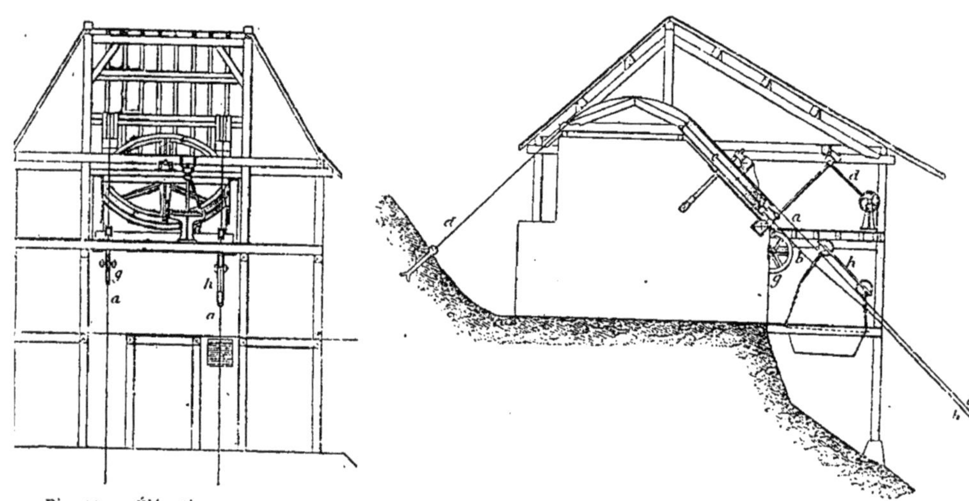

Fig. 11. — Élévation.

Fig. 12. — Coupe.

la portée devait être de 600 mètres, sans aucun support intermédiaire en raison de la disposition du terrain ; en outre, l'exploitation correspondant à un mouvement journalier de plus de 100 000 kilogrammes, les charges transportées ne devaient pas être de moins de 1 000 kilogrammes. On relia la gare supérieure de départ avec la gare inférieure d'arrivée par deux câbles en fil d'acier de 45 millimètres de diamètre, servant de support aux caisses de transport des pierres. Ces câbles furent amarrés dans le rocher à la partie supérieure et enroulés, à la partie inférieure, sur de puissants treuils permettant de leur donner à chaque instant la tension nécessaire (fig. 11 à 15).

Primitivement les deux caisses étaient reliées par un câble de retenue, de 18 millimètres de diamètre, s'enroulant autour d'une poulie de frein placée à la gare de départ et de longueur telle que l'une des caisses était à cette gare lorsque l'autre était à la gare d'arrivée. Dans ces conditions, la caisse pleine, en descendant sur un des gros câbles, entraînait le câble de retenue et faisait remonter la caisse vide sur l'autre câble-support. On reconnut aussitôt de graves inconvénients à ce système : le câble de retenue, dont le

(1) Câble aérien transporteur et automoteur servant à l'exploitation du ciment de la Porte de France à Grenoble, note par M. C.-M. Gariel, ingénieur en chef des Ponts et Chaussées. (*Annales des Ponts et Chaussées*, avril 1877.)

poids était de 600 kilogrammes, agissait comme résistance pendant la moitié du chemin, et comme moteur pendant l'autre moitié; en outre, sous l'influence de son poids, ce câble prenait une courbe accentuée et assez variable. De là de grandes irrégularités dans le mouvement et des changements brusques de tension dans les câbles de retenue, donnant lieu à de nombreux accidents et à une usure rapide de ces câbles et du frein.

Pour remédier à ces inconvénients, on équilibra le câble de retenue en reliant les caisses, à la partie inférieure, par un autre câble semblable au premier et passant sur une poulie inclinée placée à la station d'arrivée. On assura la régularité de la tension dans ce câble sans fin, qui avait ainsi une longueur de 1 200 mètres, en montant la poulie inférieure *f* sur un wagonnet tendeur à quatre roues, suffisamment chargé, qui monte ou qui descend sur un plan incliné de 20 mètres de long, suivant que la tension augmente ou diminue (fig. 14 et 16). On obtint ainsi un équilibre constant des deux brins du câble

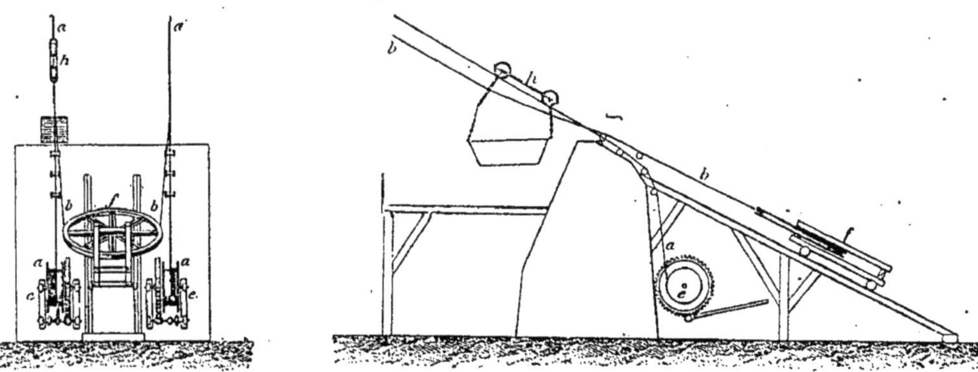

Fig. 13. — Élévation. STATION D'ARRIVÉE DES CABLES. Fig. 14. — Profil.

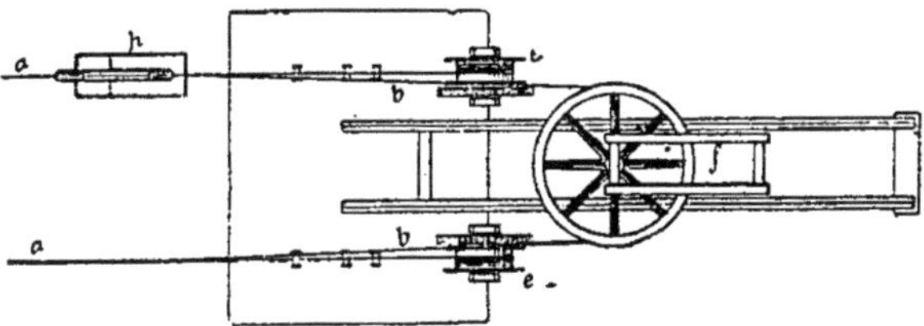

Fig. 15.— Vue suivant le plan des câbles.

de retenue et une tension invariable, avantages d'où résultèrent un travail régulier du frein, une douceur de marche parfaite et une grande précision dans l'arrivée des caisses. En outre, ces modifications ont permis de remonter un poids utile qui est environ les 0,4 de la charge descendante.

Dans le cas où les charges à monter auraient un poids supérieur à celui des charges à descendre, le même système serait applicable en actionnant la poulie fixe, qui pourrait être alors installée à la station inférieure, par une machine à vapeur ou un moteur quelconque.

Les câbles fixes ont 600 mètres de longueur, $0^m,045$ de diamètre, et sont distants entre eux de 3 mètres; leur poids total est d'environ 6 000 kilogrammes. Le câble de retenue a 1 200 mètres de longueur, $0^m,018$ de diamètre, et un poids d'environ 1 000 kilogrammes. Chaque caisse, à fond mobile, a une capacité de $0^{mc},900$; le poids à la descente dans une caisse est de 1 000 kilogrammes. Les poulies, leviers, boulons, chariots, ferrures des caisses, en un mot toute la partie métallique, sauf les câbles, pèsent 8 500 kilogrammes.

La vitesse du mouvement est d'environ 6 mètres par seconde; l'ascension de la caisse se fait en une minute et demie; le voyage complet, comprenant chargement et déchargement, dure 3 minutes. Cette installation permet une exploitation de 120 000 à 150 000 kilogrammes par journée de 12 heures. Le prix total d'établissement a été de 15 500 francs, non compris les maçonneries et les charpentes, ce qui met le prix moyen de la partie métallique à 1 franc le kilogramme.

Le système que nous venons de décrire fut installé en 1874 par la maison Brenier et Cie, de Grenoble; depuis lors il n'a cessé de fonctionner avec une grande régularité. Les résultats qu'il a donnés immédiatement ont été assez satisfaisants pour que, dès 1875, MM. Dumolard et Viallet en fissent établir tout à côté un second entièrement semblable, afin de subvenir aux besoins de leur exploitation.

Au-dessous de cet établissement, se trouve celui de MM. Arnaud, Vendre et Carrière, qui comprend 18 galeries. Au sortir de la galerie principale, les wagonnets suivent une voie d'environ 500 mètres, continuée par un câble aérien automoteur établi suivant les mêmes dispositions générales que les câbles de MM. Dumolard et Viallet; cette installation diffère surtout de la première par l'importance, la portée du câble n'étant ici que de 300 mètres.

Fours. — Les fours sont installés au pied du mont Jalla; nous venons de voir comment y sont amenées, d'une hauteur d'environ 400 mètres, les pierres extraites de la carrière. Ces fours, au nombre de 46, sont de forme ovoïde et ont une capacité moyenne de 60 mètres cubes. Ils peuvent être mis à volonté à feu continu ou à feu intermittent.

Le chargement s'opère par couches alternatives de pierres et d'anthracite, dans la proportion d'environ 250 kilogrammes d'anthracite du bassin de la Mure par 1 000 kilogrammes de pierre crue pour le ciment lent, et 180 kilogrammes de poussière d'anthracite par 1 000 kilogrammes de pierre crue pour le prompt.

La durée de la cuisson est essentiellement variable : elle dépend de la dimension des fours, de la grosseur des matériaux, des conditions atmosphériques, et surtout de l'existence et des conditions des cheminées d'appel. On peut cependant admettre, avec une certaine approximation, qu'un four à feu intermittent produit par jour et par mètre cube de capacité 40 kilogrammes de ciment, et qu'un four à feu continu produit 100 kilogrammes par jour et par mètre cube de capacité.

Au défournement, on trouve deux sortes de produits ayant sensiblement la même composition chimique et ne présentant de différence que par le degré de cuisson. Ce sont : 1° les pierres surcuites, vitrifiées, de couleur noire, d'une grande densité, donnant le *ciment Portland naturel de la Porte de France*, et employées aussi à la fabrication du *ciment artificiel;* 2° les pierres cuites, mais n'ayant pas éprouvé de surcuisson, de couleur jaunâtre, de densité bien inférieure à celle des précédentes, donnant le *ciment prompt de la Porte de France.* Le triage de ces produits peut s'opérer à la main avec une grande facilité; on a soin de laisser une proportion donnée de surcuits dans les pierres destinées à la fabrication du ciment prompt. On peut aussi, par une cuisson étudiée, obtenir des fournées intermittentes ne donnant que des surcuits.

Moulins. — Après le triage des pierres cuites, on les transporte par route aux moulins. La mouture s'opère au moyen de 24 paires de meules horizontales, actionnées par de puissantes turbines, roues hydrauliques ou machines à vapeur, de la force totale de 580 chevaux. Ces moteurs servent en outre à mettre en mouvement : 1° les concasseurs à mâchoires, destinés à réduire en morceaux de grosseur moyenne les ciments avant de les envoyer aux meules; 2° les vis d'Archimède qui les transportent, une fois fabriqués, dans les silos d'emmagasinement.

Les silos sont au nombre de 54 et ont une capacité totale d'environ 20 000 mètres cubes.

Les centres d'approvisionnements des produits de la Porte de France sont Saint-Robert, Grenoble et Seyssins. Des embranchements particuliers relient Grenoble et Saint-Robert, qui sont les points d'expédition, au chemin de fer P.-L.-M., qui en emporte, dans toutes les directions, environ 50 wagons par jour.

La Société des ciments de la Porte de France occupe un personnel de plus de 500 employés et ouvriers; ceux-ci se décomposent en mineurs, chaufourniers, meuniers, mécaniciens, chauffeurs, tonneliers, charrons, voituriers, etc.

DES PRODUITS OBTENUS ET DE LEURS APPLICATIONS SPÉCIALES.

Le calcaire de la Porte de France donne à l'analyse les résultats suivants :

Argile.	Silice	13,3	23,7
	Alumine	5,1	
	Peroxyde de fer	2,6	
	Chaux	1,7	
	Magnésie	1,0	
	Carbonate de chaux		76,3
	— de magnésie		
	Eau, bitume, etc.		
			100,0

Les ciments fabriqués sont de quatre sortes :

1° Ciment prompt, à prise prompte ;
2° Portland naturel, à prise demi-lente ;
3° Portland artificiel à prise lente ;
4° Portland blanc.

Nous allons étudier successivement les propriétés et les principales applications de chacun de ces produits, d'après les documents qui nous ont été fournis par M. Marius Viallet, ancien élève de l'École polytechnique et ancien élève externe de l'École des Ponts et Chaussées.

Ciment prompt. — Le ciment prompt est obtenu par la simple cuisson du calcaire de la Porte de France. A l'analyse, il donne les résultats suivants :

Argile.	Silice	22,10	40,31
	Alumine	18,21	
	Oxyde de fer		Traces.
	Chaux		55,98
	Magnésie		0,37
	Sulfate de chaux		3,34
			100,00

Employé pur, ce ciment fait prise en cinq minutes et acquiert rapidement une résistance considérable qui augmente avec le temps suivant une courbe parabolique.

Parmi les applications spéciales auxquelles ce produit a donné naissance, nous citerons :

1° *Les conduites d'eau sous pression en béton de ciment.* — Dosage par mètre cube : ciment, 500 kilogrammes ; sable, 0mc,500 ; gravier, 0mc,750.

C'est en 1843 que la maison de la Porte de France a imaginé la première le système des canalisations sous pression, application heureuse qui devait, en peu d'années, provoquer une véritable révolution dans l'exécution des distributions d'eau, économiser des millions aux communes et aux particuliers, et leur permettre d'amener à peu de frais une eau potable et abondante. De nombreuses villes ont adopté ce système, qui présente de grands avantages, tant au point de vue de l'économie qu'à celui de la durée. Parmi les canalisations exécutées avec les ciments de la Porte de France, nous citerons celles de Grenoble, Valence, Montélimar, Annonay, Privas, Narbonne, Nice, Belfort, Colmar, Autun, Constantine, Bâle, Zurich, etc.

2° *Les conduites en béton de ciment pour transmissions électriques.* — La Société des ciments de la Porte de France a fait breveter en 1882 un système qui consiste dans l'emploi de tuyaux en béton de ciment, ouverts longitudinalement, assemblés dans les tranchées par longueur de un mètre environ et hermétiquement fermés, avec du mortier de ciment, seulement après la pose du câble, qui s'effectue par simple déroulement (fig. 16). Dans les tuyaux métalliques, au contraire, la pose ne pouvant s'effectuer que par traction, il en résulte parfois des détériorations pour les câbles.

Ce système de conduites a été essayé, dès 1882, à Toulouse pour les télégraphes, et à Lyon pour les téléphones. Les résultats ayant été satisfaisants, l'État a fait exécuter par ce procédé une ligne télégraphique souterraine de 100 kilomètres de longueur, qui a été achevée en trois mois, malgré les difficultés du terrain. La Société de la Porte de France a également établi depuis lors une nouvelle ligne souterraine de 40 kilomètres, et elle a, actuellement, plusieurs travaux du même genre en cours d'exécution, entre autres un réseau d'éclairage électrique, avec tuyau double, pour la ville de Saint-Étienne.

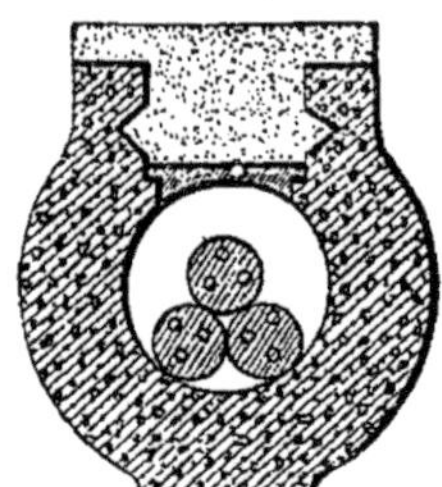

Fig. 16. — Tuyau des télégraphes (Réseau de l'État).

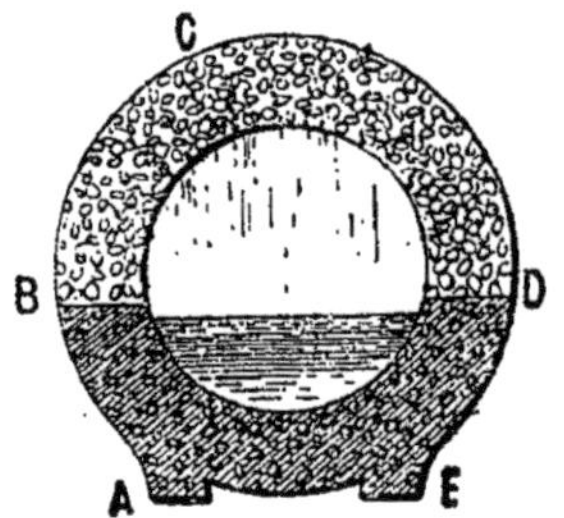

Fig. 17. — Conduite pour drainage.

3° *Les conduites en béton de ciment pour drainages et captations d'eau* (système breveté en 1885). — Le tuyau se compose de deux parties distinctes (fig. 17) : le draineur BCD qui laisse passer l'eau et le collecteur BAED qui recueille les eaux qui ont passé à travers le drain. Celui-ci est formé d'un béton maigre composé de 150 kilogrammes de ciment et 1 mètre cube de gravier ; le collecteur est fait avec un béton plein qui contient 500 kilogrammes de ciment, $0^{m^3},500$ de sable et $0^{m^3},750$ de gravier par mètre cube. Ces deux parties distinctes, étant moulées en même temps, forment un tout présentant une grande résistance.

4° *Les égouts et conduites libres à grande section.* — Ces conduites sont faites avec un béton composé de 400 kilogrammes de ciment, $0^{m^3},500$ de sable et $0^{m^3},750$ de gravier par mètre cube. Leurs principaux avantages sont : la rapidité d'exécution, la régularité dans la forme, la suppression de l'enduit, la faible épaisseur des parois, le durcissement rapide et la possibilité de reprise immédiate de la circulation.

Le ciment doit être de prise très prompte et de qualité supérieure ; autrement ces grandes masses de béton courraient le risque de s'affaisser sous leur propre poids avant que la prise leur eût donné une résistance suffisante.

L'aqueduc libre de la ville de Nice, les passages sous routes pour le génie militaire à Grenoble, les égouts de Bâle, Annecy, Saint-Chamond, etc., ont été exécutés par ce procédé.

5° *Les revêtements et consolidations de tunnels en béton de ciment.* — Ce système est surtout avantageux au point de vue de la rapidité d'exécution, qui permet d'éviter de nombreux accidents ; en outre, dans bien des cas, il est plus économique que les revêtements en moellons. Si l'on n'a pas à craindre d'infiltrations d'eau dans les parois, il suffit d'employer un béton maigre composé de 1 partie de ciment pour 7 de gravier.

En résumé, la rapidité de prise du ciment prompt, sa résistance exceptionnelle à la traction, obtenue en peu de jours, lui assurent une supériorité incontestable dans tous les travaux spéciaux qui nécessitent des matériaux de premier choix, une cohésion égale à celle des pierres les plus dures et une exécution rapide.

A côté des grands travaux, qui sont le domaine de l'ingénieur, le ciment prompt a des applications plus modestes et qui n'en sont pas moins intéressantes. C'est ainsi qu'il y a une vingtaine d'années, un entrepreneur formait le projet de substituer les piquets de ciment aux piquets de bois pour soutenir les treillages de vignes. Sur la ligne de Grenoble à Lyon, il existe, à Saint-Robert, une application de ce système sur une étendue de 20 hectares, où l'on a établi environ 40000 de ces piquets.

Ciment Portland naturel à prise demi-lente. — Le Portland naturel à prise demi-lente de la Porte de France s'obtient par la surcuisson des pierres à ciment. Il donne à l'analyse les résultats suivants :

Silice	22,61	42,40
Alumine	19,79	
Chaux		51,63
Magnésie		0,37
Sulfate de chaux		5,60
		100,00

Ce ciment, à l'état pur, fait prise en 30 minutes et acquiert en peu de temps une résistance à la traction supérieure à celle du ciment prompt. Celui-ci est cependant préférable dans tous les travaux qui exigent une grande rapidité d'exécution et de démoulage, tels que canalisations sous pression, etc.

Au moment des fortes chaleurs, qui accélèrent la prise, pour la ralentir on mélange quelquefois le ciment prompt et le Portland naturel dans certaines proportions. La résistance à la traction tient alors le milieu entre celles qu'on aurait obtenues séparément avec chacun de ces produits. Ce fait expérimental démontre l'erreur de l'opinion qui consiste à croire que dans un mélange de ciments chacun se comporte comme s'il était seul. S'il en était ainsi, la prise du ciment prompt serait contrariée par celle du ciment lent, et il devrait en résulter une désagrégation dans la masse, c'est-à-dire que le produit final devrait être analogue à celui obtenu par un ouvrier inexpérimenté qui continuerait à gâcher et à tourmenter le ciment pendant la prise. De nombreux essais ont, au contraire, prouvé que deux ciments mélangés en présence de l'eau se comportent comme un produit nouveau, unique, empruntant ses propriétés à chacun des éléments qui le composent.

Un mélange de ciment prompt et de Portland naturel facilite beaucoup le moulage des *pierres factices;* les arêtes sortent avec netteté et les surfaces sont parfaites. Cette fabrication a pris un développement considérable dans la région du Dauphiné, où ces pierres factices remplacent aujourd'hui la pierre de taille dans un grand nombre de constructions.

Le ciment Portland naturel est très employé pour les enduits de réservoirs (gazomètres, réservoirs d'eau, etc.). La rapidité de prise du ciment prompt ne permettrait pas le dressage minutieux de la couche sur de grandes surfaces; au contraire, un produit à prise très lente, comme le Portland artificiel, s'appliquerait difficilement sur des surfaces verticales ou à l'intrados des voûtes.

Ce ciment naturel à prise demi-lente est encore employé pour les voûtes sur fers à T, qui se prêtent parfaitement à une décoration en relief venue avec la voûte sur l'intrados. Des travaux de ce genre ont été exécutés, entre autres, par la maison de la Porte de France pour la Direction d'artillerie de Clermont-Ferrand.

Les bâtis de machines exécutés en béton de ciment Portland naturel offrent tous les avantages des massifs monolithes très résistants.

Ciment Portland artificiel à prise lente. — Le Portland artificiel, employé pur, fait prise en trois heures; il est donc d'une application facile, même pour des ouvriers inexpérimentés. Ce produit a sensiblement la même composition chimique que les ciments de Boulogne et d'Angleterre, ainsi qu'il résulte du tableau suivant emprunté à un savant rapport qui a été fait sur le Portland artificiel de la Porte de France par MM. Cendre, ingénieur en chef des Ponts et Chaussées, directeur des Chemins de fer de l'État;

Bochet, ingénieur en chef des Mines; Raoult, professeur à la Faculté des Sciences de Grenoble.

	Portland artificiel de la Porte de France.	Composition chimique des sept ciments Portland d'Angleterre et de Boulogne types (Hervé Mangon).
	—	—
Silice	25,20	24,1
Alumine et oxyde de fer	11,40	10,3
Chaux totale	56,00	61,4
Magnésie	2,40	0,5
Acide sulfurique, alcali, eau et corps non dosés	4,90	3,7
	100,00	100,0

Ce produit est très employé pour la confection des trottoirs, des dallages, des mosaïques, etc.

Les rues et chaussées, construites en béton et mortier de ciment artificiel, donnent de bons résultats. Il y en a de nombreux exemples dans la ville de Grenoble, où les expériences datent d'environ quinze ans : l'usure est moindre qu'avec les pavés ordinaires ; on évite le bruit des voitures et les cahots occasionnés par les irrégularités du sol ; l'entretien en est facile ; enfin les chaleurs de l'été et les fortes gelées de l'hiver sont sans action sur ses chaussées.

Le temps nécessaire au complet durcissement du mortier de Portland artificiel étant d'environ un mois, dans les rues trop fréquentées pour supporter une si longue interruption de circulation, on peut remplacer les dallages faits sur place par l'emploi de dalles portatives qui sont fabriquées en chantier, posées sur bain de sable ou de chaux et rejointoyées avec un mortier de ciment.

Des travaux de ce genre ont été exécutés par la maison de la Porte de France pour la Direction d'artillerie de Clermont-Ferrand, pour les forts des environs de Belfort, pour les écuries du quartier de cavalerie à Montauban, pour diverses rues et trottoirs de Grenoble, etc.

Ce ciment artificiel est également employé dans la construction des murs d'enceinte, en béton maigre moulé sur place et composé de 1 partie de ciment pour 7 de gravier. La résistance considérable obtenue avec ce béton permet de réduire de près de moitié les épaisseurs habituellement données aux maçonneries ordinaires.

Parmi les autres applications spéciales de ce produit, nous citerons : les moulages en béton maigre pour ponts monolithes et pour créneaux (créneaux des murs d'enceinte de Lyon, travaux en cours d'exécution), les blocs artificiels pour jetées, etc.

Ciment Portland blanc de la Porte de France. — Nous terminerons en signalant un ciment de Portland de couleur presque blanche, destiné à la fabrication des carreaux comprimés et à des rejointements de pierres blanches et de marbre.

TABLE DES MATIÈRES

PREMIÈRE PARTIE

SÉANCE GÉNÉRALE DU 14 AOUT 1885. — Présidence de M. VERNEUIL, président.

CONFÉRENCES.

PROCÈS-VERBAUX DES SÉANCES DE SECTIONS

PREMIER GROUPE. — SCIENCES MATHÉMATIQUES.

1re et 2e Sections. — Mathématiques, Astronomie, Géodésie et Mécanique.

3e et 4e Sections. — Navigation, Génie civil et militaire.

DEUXIÈME GROUPE. — SCIENCES PHYSIQUES ET CHIMIQUES.

5e Section. — Physique.

6e Section. — Chimie.

7e Section. — Météorologie et Physique du globe.

TROISIÈME GROUPE. — SCIENCES NATURELLES.

8e Section. — Géologie et Minéralogie.

9e Section. — Botanique.

10e Section. — Zoologie et Zootechnie.

11e Section. — Anthropologie.

12e Section. — Sciences médicales.

QUATRIÈME GROUPE. — SCIENCES ÉCONOMIQUES.

13e Section. — Agronomie.

14e Section. — Géographie.

14e et 15e Sections réunies.

15e Section. — Économie politique et Statistique.

14e et 15e Sections réunies.

16e Section. — Pédagogie.

17e Section. — Hygiène et Médecine publique.

Sous-Section d'Archéologie.

Excursions, visites scientifiques et industrielles.

PARIS, IMPRIMERIE CHAIX (S.-O.). — 24742-5.

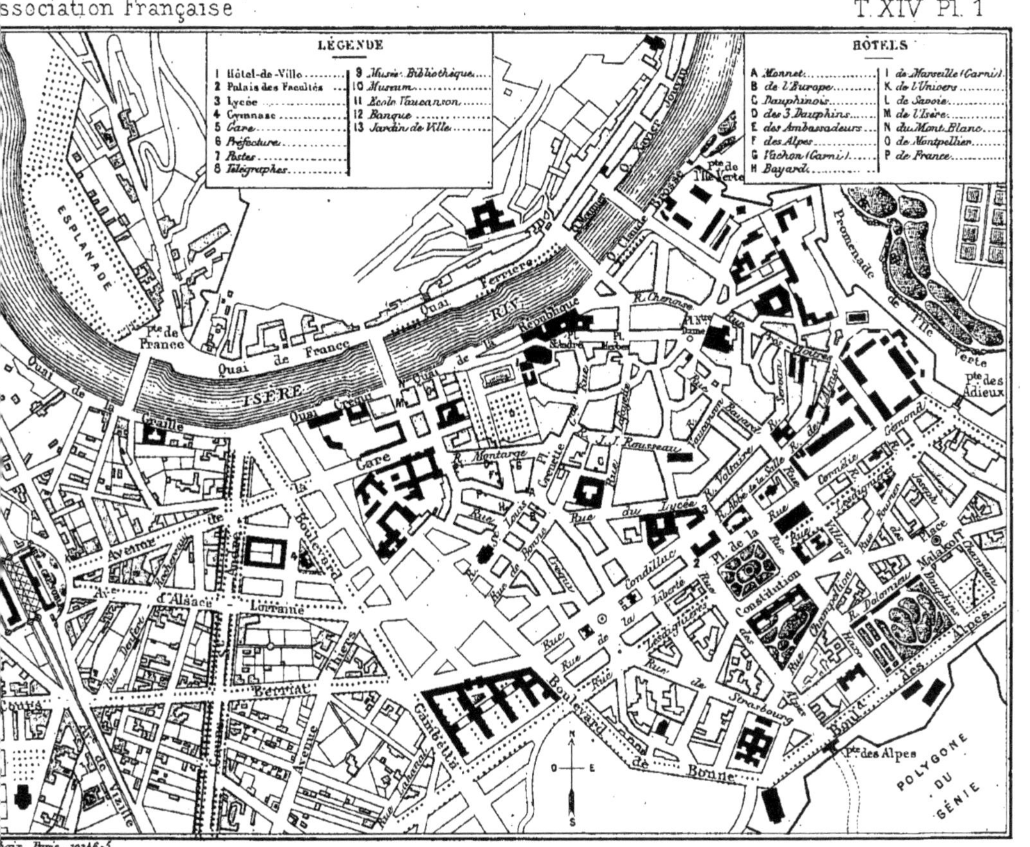

PLAN DE GRENOBLE.

www.ingramcontent.com/pod-product-compliance
Ingram Content Group UK Ltd.
Pitfield, Milton Keynes, MK11 3LW, UK
UKHW020153250726
13967UKWH00003B/1035